U0662503

"十二五"普通高等教育本科国家级规划教材

高等学校计算机教育系列教材

人工智能

（第4版）

贲可荣　张彦铎　卢涛　张献　编著

清华大学出版社
北京

内 容 简 介

本书介绍人工智能的理论、方法、技术及其应用,除了讨论那些仍然有用的和有效的基本原理和方法之外,着重阐述一些新的和正在研究的人工智能方法与技术。此外,本书使用比较多的篇幅论述了人工智能的应用,包括新增的预训练模型、基于 LLM 的 Agent 等内容。

本书包括下列内容:①人工智能的起源与发展,人工智能的研究与应用领域;②知识表示与推理、不确定推理、因果推理等;③盲目搜索、启发式搜索、博弈搜索、贪婪局部搜索、模拟退火算法、遗传算法等搜索技术;④Agent、基于大模型的 Agent、卷积神经网络、循环神经网络、Q-Learning 算法、深度强化学习等人工智能技术和方法;⑤智能规划、自然语言处理、信息搜索、语言翻译、语音识别、阅读理解、ChatGPT、群体智能、机器人等应用;⑥人工智能伦理与安全、人工智能治理。

本书适用于高等学校计算机类专业本科生和非计算机专业研究生人工智能课程教学,也可作为科技人员深入学习人工智能的参考书。

图书在版编目(CIP)数据

人工智能/贲可荣等编著. -- 4 版. -- 北京:清华大学出版社,2025.7. -- (高等学校计算机教育系列教材).
ISBN 978-7-302-69751-0

Ⅰ. TP18

中国国家版本馆 CIP 数据核字第 2025GN5314 号

责任编辑:张瑞庆　薛　阳
封面设计:常雪影
责任校对:刘惠林
责任印制:沈　露

出版发行:清华大学出版社
　　　　网　　　址:https://www.tup.com.cn,https://www.wqxuetang.com
　　　　地　　　址:北京清华大学学研大厦 A 座　　　　邮　　编:100084
　　　　社　总　机:010-83470000　　　　　　　　　　邮　　购:010-62786544
　　　　投稿与读者服务:010-62776969,c-service@tup.tsinghua.edu.cn
　　　　质量反馈:010-62772015,zhiliang@tup.tsinghua.edu.cn
　　　　课件下载:https://www.tup.com.cn,010-83470236
印　装　者:三河市龙大印装有限公司
经　　　销:全国新华书店
开　　本:185mm×260mm　　　　印　　张:29.25　　　　字　　数:788 千字
版　　次:2006 年 2 月第 1 版　2025 年 8 月第 4 版　　　印　　次:2025 年 8 月第 1 次印刷
定　　价:79.90 元

产品编号:104466-01

　　我和本教材主编贲可荣教授与人工智能的缘分有一段类似的经历。我们都是本科学习数学，硕士期间学习数理逻辑和计算机科学理论。攻读博士学位期间，又共同师从陈火旺院士，开展人工智能与软件工程交叉研究。贲可荣教授博士论文研究采用自动推理技术证明程序正确性，属于 AI4SE，我的博士论文研究面向智能体的人工智能程序设计语言，属于 SE4AI，我们在人工智能方面的"童子功"都属于符号主义学派的范畴。虽然在我们研究生期间，Hopfield 网络模型的出现激起了连接主义人工智能的一朵浪花，但符号主义人工智能的主导地位不可撼动，我和贲可荣教授对自己能够在当时的人工智能主航道上学习和工作倍感荣幸。然而，很快我和贲可荣教授共同经历了之后人工智能由热转冷的全过程。后来，我们又作为研究生导师，共同见证了因深度学习带来的连接主义人工智能的再次兴起，符号主义学派似乎被冷落了，大语言模型热潮又一次唤起人们对通用人工智能的憧憬。

　　学派分野带来的学科区分在人工智能领域十分明显，导致三种人工智能学派你方唱罢我登场。可以预见，自主机器人和具身智能将带来行为主义人工智能的大发展。实现具身智能的关键在于具身智能体对环境的感知、互动、适应、决策和行动，需要有效连接思考、感知与行动三大智能空间，从而推动全自主无人系统的具身智能技术发展。未来人工智能发展需要三种人工智能学派的大合唱，取长补短，走向融合和集成，共同为人工智能的发展做出贡献。为此亟须破解人工智能学科交叉问题，以及复合型人工智能人才培养问题，这里既包括融合三种人工智能学派的知识体系，也包括人工智能对人类未来发展的新挑战新认知。令人敬佩的是，贲可荣教授始终保持着学生时代对人工智能研究的热情投入，以及对人工智能最新发展的敏锐洞察。这种投入和洞察反映在了他主编的这本《人工智能》教材持续迭代升级之中。本书具有如下特点。

　　一是以人为本，紧跟时代步伐。站在立德树人的角度，融入楷模引领、典型应用、大国工匠、使命担当、批判思维、敢为人先、风险管控等德育元素，结合人工智能学科特点，因势利导，培养学生高尚的道德情操。

　　二是以融为先，系统设计内容。站在学科交叉的角度，阐述智能感知、智能推理、智能决策和智能行动所涉及的基本概念、基础理论、基本方法，内容涵盖了 ACM 和 IEEE-CS 制定的新版人工智能知识点。体系严谨，选材精练，讲解翔实。

　　三是以实为要，直面问题建模。站在提升能力的角度，通过每一章节"湿漉漉"的案例让学习者找到感觉，参与其中，提高解决复杂问题的实践能力，每章后的思考题也为学生课后实践提供了拓展空间。

　　本教材、的前序版本先后评为普通高等学校"十一五"国家级规划教材、"十二五"普通高等教育本科国家级规划教材、首届全国优秀教材二等奖、"十四五"普通高等教育本科国家级规划教材。我希望本教材能够为人工智能课程教学提供范本，更希望在智能时代到来之时，有更多的相关专业本科生、相关学科研究生、人工智能爱好者能够从中受益，成为新时代人工智能大合唱中不可或缺的、生动和谐的声部。

王怀民

国防科技大学教授

中国科学院院士

人工智能发展历程可以从两个角度来分析。第一，整个人工智能的发展可以看成怎么解决搜索问题的过程，开始是利用暴力搜索，而后希望采取高级搜索来寻找精确解。因为我们面临的问题会越来越复杂，寻找精确解不太可行，只好采取近似搜索的方法。所以使用优化算法、随机算法，以及更为广泛的学习方法。第二，从如何处理知识表示的角度看待人工智能，这触及人工智能的本质和技术难点。基于规则的学习其目的是把人类对事物的理解形式化，从而希望机器能够有效和人类认知对齐以达到智能的目的。迄今为止，这条路径成效有限，转而采取较为可行的基于数据统计的方法，即用统计数据来代表知识表示，然后在数据上运行算法。而深度神经网络提供了一个统计数据的进一步表示，使得系统可以更为有效地进行端对端学习。

思路的改变对人工智能的发展起到了关键作用。例如，模式识别、自然语言处理、语音识别、视觉处理等都从统计方法上获得了巨大的成功。此外，从统计学的数据建模到计算机的算法建模，人工智能则从机器学习中看到了新的路径。

根据人工智能的发展历史，人工智能主要是要处理三个任务：①识别，可以把识别看作搜索的一个高级形态；②决策；③生成。而这三个任务刚好又和机器学习的三大学习范式——有监督学习、强化学习和无监督学习相一致。

1. 感知智能、认知智能和决策智能

按照问题智能处理的水平可将智能分为感知智能、认知智能和决策智能。

感知智能的核心在于模拟人的视觉、听觉和触觉等感知能力，目前用于完成人可以简单完成、重复度较高的工作，如人脸识别、语音识别等。其核心业务目标是提高效率，降低成本。在智能能力方面，主要集中在模式识别层面，重在提升视觉、语音等场景中的效率，不具备理解和推理能力。

认知智能是指系统能推理、会理解，需要具有对信息的认知、理解、推理、存储和转换的能力，即与思维能力密切相关。推理是从已有的知识得出新的知识的思维形式，在推理中可以清楚地看到人类思维的创造性。

决策智能意味着能思考、会决策，在一种不确定的环境中做出合适的行动，或者做出合适的选择和决定的能力。智能应具备对不确定性环境的探索和发现。这里的环境，即指我们试图用智能科学更好地了解、探索、建模和驾驭的物理世界、人类社会等系统。决策智能主要基于对不确定环境的探索，因此需要获取环境信息和自身的状态，从而进行自主决策，并使得由环境反馈的收益最大。

2. 大语言模型

大语言模型主要利用语言数据，而现在则希望使用语言、图像和音频等融合的多模态异构数

据。考虑到计算机视觉、自然语言处理和语音识别等也是由机器学习发展起来的，所以，现代人工智能可以理解成通过机器学习及由其驱动而发展起来的计算机视觉、自然语言处理和语音识别等技术来实现多模态数据的现实交互。

大语言模型是指具备数十亿乃至万亿参数，通过高达万亿词元数量的文本语料训练出来的深度神经网络模型。大语言模型在语言理解和生成上取得了出色的成绩，其发展历史可以追溯到 2013 年的 Word2Vec，但直到近年诸如 GPT-3、LaMDA、PaLM、PaLM-2、LLaMA、LLaMA-2、CodeLLaMA、WizardMath 等大模型的出现，才使得大语言模型的应用得到普及。广义的大模型则包含语言、声音、视觉等多模态任务，其典型代表是 Flamingo 和 GPT-4。大语言模型能够发展到如此高度，得益于充分利用注意力机制进行序列建模的变换器网络（Transformer）架构以及稀疏变换器网络这样的变种。最近，变换器网络架构最终统一了语言、视觉、声音和多模态的建模。大语言模型支持通过提示工程实现应用于特定任务的情境学习，展示了强大的通用能力，并预示了通用人工智能曙光初现。此外，知识更新、事实凭据、复杂推理等对智能系统至关重要，知识图谱在其中发挥着关键作用。

3. 智能系统

智能系统是一类能够模拟人类智能，具有感知、理解、学习、推理、决策和交互等能力的计算机系统。智能系统能够根据环境和目标自主或半自主地进行决策和行动，能够处理复杂、不确定和动态的任务。智能系统的核心目的是利用人工智能方法和技术解决实际问题，其发展过程与人工智能相伴相生。

智能系统具备根据用户需求动态地调整决策和行动的自适应性，能够与人类或其他智能系统进行有效的交互，实现沟通和协作，确保决策与行动可靠并符合预期，并能够以用户可理解的方式对决策和行动进行说明和解释。典型的智能系统有基于规则和逻辑的专家系统、基于统计学习和贝叶斯推断的不确定性推理系统、多智能体系统、基于知识的智能系统等。

典型智能系统架构由交互、需求理解、决策、行动、环境理解、评估和结果生成等组件构成。随着大语言模型能力的涌现，以大语言模型为智能核心的智能系统逐渐兴起并成为主流。

基于大语言模型的智能系统，充分利用了大语言模型的能力，实现智能系统的感知、理解、学习、推理、决策和交互，进而实现广泛的领域适应性、灵活的多任务迁移和友好的多模态交互能力。基于大语言模型的智能系统架构中，大语言模型是智能系统之所以智能的核心所在，提示工程则是智能系统实现智能的直接体现，知识图谱为智能系统的知识更新、事实凭据、复杂推理提供支撑，模型训练与管理、数据管理和微调管理等组件为大语言模型提供基础支撑。

4. 生成式人工智能

2022 年年底出现的大语言模型计算范式，推动了人工智能从一个模型解决一个任务迈向一个模型解决所有任务（All in one）的新计算架构发展阶段。这一架构的核心就是生成式人工智能（Generative AI，生成式 AI），它以强大的内容合成能力为特征，推动了语言生成和对话式人工智能等领域的突破性进展。生成式 AI 的发展将进一步推动人工智能技术的普及和深入应用，为社会带来更多的便利和创新。

基础大模型是生成式 AI 的"大脑"，而正在兴起的整个价值链将支持该技术的训练和使用。专用硬件提供了训练模型所需的庞大算力，云平台则提升了对这类硬件的利用。MLOps 和模型中心供应商则提供企业所需的工具、技术和实践，让企业能够调试使用基础大模型并将其部署到终端用户应用中。

生成式 AI 是一种能够创造新事物的人工智能形式，可以创建音频、文本、代码、视频、图像和其他数据等内容。生成式 AI 模型通过数据集进行训练，并能通过研究基本模式来生成新数据。例如，利用生成式 AI 讲故事，用户只需提供一个开头，生成式 AI 就可以续写这个故事。生成式 AI 的突出例子是 GPT-4 语言预测模型。通过对大量互联网数据进行训练，它们能够创建类似人类创建的文本，而且与人类写的文本几乎没有区别。

传统 AI 就像一个战略大师，能够根据一套规则做出明智的决策。以人机国际象棋大赛为例，计算机懂得所有规则，可以预测对手的动作，并根据预先确定的策略决定自己的棋路。它并没有发明新的下棋方式，只是从已经编程的策略中选出一个合适的策略——这就是传统 AI。传统 AI 的其他例子包括语音助手，如 Siri、Alexa 和 Netflix，以及亚马逊的推荐系统、Google 的搜索算法等。传统 AI 需要遵守某些规则，无法自主创造新内容。

表 0-1 对比了生成式 AI 与传统 AI。二者之间的主要区别在于它们的功能和应用场景不同。传统 AI 主要用于数据分析和预测，而生成式 AI 则更进一步，可以创建全新的内容。

表 0-1　AI 综合比较表

比 较 要 素	传统 AI	生成式 AI
主要特点	执行特殊任务	可以创建新数据
	研究数据并做出决策或预测	使用原始数据创建新的原创内容
	在一组预定义的规则下工作	可以生成文本、图像、音乐和代码
学习方法	控制式学习	不受控制的学习
	需要标记数据以用于训练	不需要标记数据进行训练
限制	受限于具体任务	生成内容的细节不受控
	无法创新原创内容	生成的内容可能不够一致或准确
	需要大量标记的数据进行训练	需要大量数据进行训练
典型应用场景	人机对战国际象棋	OpenAI 公司的 GPT-4
	Spam Sieve for Mac 垃圾邮件过滤器	DeepArt 绘画转换
	语音助手（Siri、Alexa）	创建内容（故事、艺术、音乐）
	推荐系统（Netflix、亚马逊）	DeepFake（AI 换脸）
	搜索引擎（Google）	个别 AI 响应

综上，生成式 AI 和传统 AI 技术的主要区别在于，生成式 AI 能够生成新内容，所生成的新内容通常以"非结构化"形式（如书面文本或图像）呈现，而不是以表格形式排列。

生成式 AI 将人类绝大多数知识装进数字化知识容器中，重构了人类知识版图，成为大数据时代中一种新型的"知识提供者"。然而，生成式 AI 的局限性也是显而易见的，它对个体自主思考、判断、学习能力乃至伦理道德观提出了前所未有的挑战。在人类教育史上，每一次伟大的技术创新（如文字、印刷术和互联网技术）都引发了教育领域质和量的飞跃。以 ChatGPT 为代表的生成式 AI 技术将实现对传统教育体系的再次迭代升级，促使人类教育目标从知识本位和能力本位走向素养本位。

5. 科学研究的赋能范式

科学研究的赋能范式，DeepMind 或 Google 最近做出了一系列突破性的代表工作。第一个是利用强化学习寻找矩阵相乘中利用加法运算来代替乘法运算，从而达到使用尽可能小的乘法运算的目的，这实际上是一个搜索匹配问题。第二个是蛋白质结构预测 AlphaFold，它是在一个三维空间，或者在某个坐标系框架里，找到氨基酸序列的一个坐标对应，当然这里需要满足氨基酸序列原有的结构信息，因此，是在一个约束体系里找到一个位置对应。第三个是芯片设计，这是一个序贯的决策或者一个有顺序关系的排列组合问题。此外，在数学研究中通过 AI 去找到一些证明启示或新的数学规律。

从这几个例子可以归纳出：人工智能可以描述为如何求解具有组合结构的高维复杂问题。第一，问题有组合或离散结构的，如对应关系、顺序关系或稀疏特性等。第二，它是高维的，通常规模也很大。我们需要从满足这种结构的不同组合中找到一个最佳的方案或者代价最小的解。这是人工智能在数学上的一个描述，因此，重点是如何解决维数诅咒和规模可扩展性问题。

6. 人工智能技术发展趋势

人工智能在最近十余年有两个最重大的突破。第一个是在 2010 年前后深度神经网络在视觉图像上的应用产生了第一个人工智能的里程碑突破，可把它理解为视觉+深度学习。第二个里程碑工作 ChatGPT 则是在前一个突破基础上，深度强化学习在自然语言领域的成功，即语言+强化学习或者多模态数据+深度强化学习。

人工智能创新型突破性技术不断涌现。一是人工智能技术加速演进。人工智能技术经过七十多年的发展，早期是机器学习、专家系统、神经网络等技术不断演进，近十几年随着互联网、大数据的发展，深度学习、强化学习等技术引领了新一轮爆发式增长的高潮。二是大模型开启人工智能新纪元。通用大模型平台为人工智能技术创新和应用提供了强大的算力和训练能力支撑，加速了各类垂直领域行业大模型应用的开发和部署。三是通用人工智能可能会加速到来。2022年 12 月，OpenAI 推出生成式大语言模型 GPT-3.5，将机器对人类语言的理解推向新高度。2024 年2 月，OpenAI 推出文本生成视频大模型 Sora，被称为"世界模拟器"，对真实物理世界的理解和还原能力远超人类想象。这些人工智能取得的新技术突破，使更多人认为像人类一样思考、拥有多种用途的通用人工智能（AGI）将成为可能。

人工智能基础设施建设快速发展。一是人工智能算力需求呈指数级增长。据 OpenAI 报告指出，从 2012 年到 2018 年，AI 模型训练的算力增长近 30 万倍，平均 3.5 月翻一倍，且呈进一步加速态势。二是人工智能数据资源重要性日益凸显。多模态和跨模态数据集的建设，对人工智能技术发展起到关键支撑作用。

人工智能大规模产业应用将快速展开。传统人工智能技术已经广泛应用。而随着大模型在语义理解、视觉感知和逻辑推理等方面的能力突破，对各行业的颠覆和重塑将会上演。大模型将为未来产业发展注入"智能"，并引发产业竞争新格局。当前全球人工智能产业规模正迅速增长，预计 2030 年我国人工智能核心产业规模将超过 1 万亿元。

邱锡鹏团队文章指出，大语言模型未来的改进和扩展空间包括：①高效大语言模型，已有高效模型架构的工作尚未在大规模参数量下进行验证，高效架构在大规模语言模型预训练下的表现及其改进是未来大语言模型的重要发展方向；②插件增强的语言模型，集成功能插件已经成为大语言模型快速获得新能力的重要手段，例如，通过集成搜索引擎可以允许模型访问互联网实时信息，通过集成计算器可以帮助模型更精确地执行数学推理，通过集成专业数据库可以使模型具备专业知识问答能力；③实时交互学习，使得语言模型能够在与用户交互过程中完成实时学习，特别是能够根据用户输入的自然语言指令更新自身知识，是迈向通用人工智能的重要步骤；④语言模型驱动的具身智能，具身智能与物理世界交互并在环境中完成任务的智能，意味着智能从被动观察学习到探索真实环境、影响真实环境的转变。语言模型拥有相当的世界知识储备和一定的逻辑推理、因果建模和长期规划等高级认知功能，因而被广泛用于具身任务，并参与环境理解、任务理解、任务序列生成与分发等诸多环节。通过多模态深度融合、强化逻辑推理与计划能力等手段,打造具备强大认知智能的具身系统正在成为大语言模型和机器人领域的研究热点。

张志华教授预测,如果要产生真正的通用人工智能,很可能是利用贝叶斯技术来进行信念推理。贝叶斯推理包括经验贝叶斯、概率图模型等。因为信念是更接近智能的因素,所以在大语言模型基础上信念+贝叶斯学习将值得期待。

2024年6月召开的中国科学院院士大会上,鄂维南院士作了一个以"数学与人工智能"为题的大会报告。他提出,人工智能的众多不同方法可以根据其所用数据量的大小,分为零数据、小数据、大数据和全数据方法。①零数据方法:逻辑推理、符号计算、专家系统等原则上都不需要数据,逻辑推理方法的主要思路是构造算法和软件模仿人的推理过程,符号表示和符号计算试图把逻辑推理更加形式化、自动化。②小数据方法:线性回归、逻辑回归、支持向量机等统计学习方法是典型的小数据方法。③大数据方法:深度学习让大数据充分发挥作用,辛顿(Hinton)团队于2012年赢得ImageNet图像识别比赛冠军是深度学习的典型应用。④全数据方法:大数据方法考虑的是单个数据集,全数据方法的思路是把所有数据都用起来,如有监督的微调(SFT)技术。

数据隐私、数据泄露、数据安全和伦理道德毫无疑问是当前研究的热点,这包含研究智能系统的可靠性、可解释、公平、偏见、隐私、责任等问题。同时,当前智能系统处在迈向通用和自主的关键时期,研究如何避免智能系统与人类产生冲突,引导智能系统的发展保证人类的福祉,是至关重要的。更紧迫的是伦理责任、道德和公平性等社会问题。如何评估智能系统在社会各层面(如经济、政治、文化等)产生的影响,进而促进积极因素,遏制消极因素,引导智能系统向善、向上,是极有必要的。

本书第3、4、9、10章由张彦铎、卢涛撰写,第6、12章由张献、贲可荣撰写,毛新军参与第8章的撰写,魏娜参与第5章的撰写,杨美妮参与2.5节的撰写,其余各章由贲可荣撰写。全书由贲可荣统稿。何智勇撰写附录B,张献参与撰写附录A,魏娜参与审校及绘图工作,陈志刚教授对全书进行了审校,在此一并致谢。

贲可荣

2025年1月

第1~3版序扫如下二维码。

第1版序

第2版序

第3版序

目 录

CONTENTS

第 **1** 章

绪 论

人工智能自诞生之日起就引起人们无限美好的想象和憧憬,已经成为学科交叉发展中的一盏明灯,光芒四射,但其理论起伏跌宕,也存在争议和误解。本章首先介绍人工智能的定义、发展概况以及相关学派及其认知观,接着讨论人工智能的研究和应用领域,综述了人工智能发展特征、待解问题以及国家人工智能发展规划。

1.1　人工智能的定义与概况

近 70 年来,人工智能取得很大发展,引起众多学科和不同专业背景学者们的日益重视,成为一门广泛的交叉和前沿科学。计算机技术的发展已能够存储极其大量的信息,进行快速信息处理,软件功能和硬件实现均取得长足进步,使人工智能获得进一步的应用。

人类智能伴随着人类活动时时处处存在。人类的许多活动,如解题、游戏、竞技、规划和编程,甚至驾车和骑车都需要“智能”。如果机器能够执行这种任务,就可以认为机器已具有某种性质的“人工智能”。不同科学或学科背景的学者对人工智能有不同的理解,先后出现了三个主流学派:逻辑学派(符号主义方法)、仿生学派(连接主义方法)和控制论学派(行为主义方法)。

1. 人工智能的定义

人工智能(Artificial Intelligence,AI)是研究理解和模拟人类智能、智能行为及其规律的一门学科。其主要任务是建立智能信息处理理论,进而设计可以展现某些近似人类智能行为的计算系统。

下面是部分学者对人工智能概念的描述,可以看作他们各自对人工智能所下的定义。

(1) 人工智能是那些与人的思维相关的活动,诸如决策、问题求解和学习等的自动化(Bellman,1978 年)。

(2) 人工智能是一种计算机能够思维,使机器具有智力的激动人心的新尝试(Haugeland,1985 年)。

(3) 人工智能是研究如何让计算机做现阶段只有人才能做得好的事情(Rich Knight,1991 年)。

(4) 人工智能是那些使知觉、推理和行为成为可能的计算的研究(Winston,1992 年)。

(5) 广义地讲,人工智能是关于人造物的智能行为,而智能行为包括知觉、推理、学习、交流和在复杂环境中的行为(Nilsson,1998 年)。

(6) Stuart Russell 和 Peter Norvig 则把已有的一些人工智能定义分为 4 类: 像人一样思考的系统、像人一样行动的系统、理性地思考的系统、理性地行动的系统(2003 年)。

智能机器(Intelligent Machine)是能够在各类环境中自主地或交互地执行各种拟人任务的

机器。

人工智能能力是智能机器所执行的通常与人类智能有关的智能行为,如判断、推理、证明、识别、感知、理解、通信、设计、思考、规划、学习和问题求解等思维活动。

2. 图灵测试

关于如何界定机器智能,早在人工智能学科还未正式诞生之前的 1950 年,计算机科学创始人之一的英国数学家阿兰·图灵(Alan Turing)就提出了现称为"图灵测试(Turing Test)"的方法。简单地讲,图灵测试的做法是:让一位测试者分别与一台计算机和一个人进行交谈(当时是用电传打字机),而测试者事先并不知道哪一个被测者是人,哪一个被测者是计算机。如果交谈后测试者分不出哪一个被测者是人,哪一个被测者是计算机,则可以认为这台被测的计算机具有智能。

3. 人工智能的起源

人类对智能问题的关注和探索,至少可以追溯到 2000 多年前。那时,古希腊人和中国先人都把"心"看作"思维的器官"。从严格的科学意义上说,智能科学技术研究的标志性进展,是 20 世纪初自然智能方面的 Golgi 染色法和 Cajal 神经元学说,以及 20 世纪中叶人工智能方面的人工神经网络和符号逻辑系统理论。

20 世纪 30 年代,数理逻辑学家 Frege、Whitehead、Russell 和 Tarski 等研究表明,推理的某些方面可以用比较简单的结构加以形式化。Church、Turing 等给出了计算的本质刻画。

1956 年,Dartmouth 会议标志人工智能学科的诞生,它从一开始就是交叉学科的产物。与会者有数学家、逻辑学家、认知学家、心理学家、神经生理学家和计算机科学家。Dartmouth 会议上,Marvin Minsky 的神经网络模拟器、John McCarthy 的搜索法,以及 Herbert Simon 和 Allen Newell 的定理证明器是会议的三个亮点,分别讨论如何穿过迷宫,如何搜索推理,如何证明数学定理。会上首次使用了"人工智能"这一术语。这些学者(还包括 Lochester、Shannon、More、Samuel)后来绝大多数都成为著名的人工智能专家。

1969 年召开了第一届国际人工智能联合会议(International Joint Conference on AI,IJCAI),此后每两年召开一次;1970 年,*International Journal of AI* 杂志创刊。这些对开展人工智能国际学术活动和交流、促进人工智能的研究与发展起到积极的作用。IJCAI 2013 于 2013 年 8 月 3—9 日首次在中国举办。

控制论思想对人工智能早期研究有重要影响。Wiener、McCulloch 等提出的控制论和自组织系统的概念集中讨论了"局部简单"系统的宏观特性。1948 年,Wiener 发表的论文《动物与机器中的控制与通信》不但开创了近代控制论,而且为人工智能的控制论学派(即行为主义学派)树立了新的里程碑。控制论影响了许多领域,因为控制论的概念跨接了许多领域,把神经系统的工作原理与信息理论、控制理论、逻辑以及计算联系起来。

最终把这些不同思想连接起来的是由 Babbage、Turing、von Neumann 和其他一些人研制的计算机本身。在机器的应用成为可行之后不久,人们就开始试图编写程序,以解决智力测验难题、下棋以及把文本从一种语言翻译成另一种语言。这是第一批人工智能程序。

4. 人工智能的发展

近 70 年,人工智能的应用研究取得了重大进展。首先,专家系统显示出强大的生命力。被誉为"专家系统和知识工程之父"的 Feigenbaum 领导的研究小组于 1968 年研究成功第一个专家系统 DENDRAL,用于质谱仪分析有机化合物的分子结构。1972—1976 年,Feigenbaum 小组又开发成功 MYCIN 医疗专家系统,用于抗生素药物治疗。此后,许多著名的专家系统,如 PROSPECTOR 地质勘探专家系统、CASNET 青光眼诊断治疗专家系统、RI 计算机结构设计专家系统、MACSYMA 符号积分与定理证明专家系统等被相继开发,为工矿数据分析处理、医疗诊断、计算机设计、符号运算和定理证明等提供了强有力的工具。1977 年,Feigenbaum 进一步提出了知识工程的概念。20 世纪 80 年代,专家系统和知识工程在全世界得到迅速发展。在开发专家系统的过程中,许多研究者获得共识,即人工智能系统是一个知识处理系统,而知识表示、知识利用和知识获取则成为人工智能系统的三个基本问题。

互联网为智能科学与技术提供了重要的研究、普及和应用平台。作为知识处理和智能行为交互的基本环境,今天的互联网络最丰富的就是信息,最缺乏的就是智能。如何为在海量信息面前无所适从的用户提供有效的检索手段,如何剔除有害的、无用的垃圾邮件,如何使远方的机器人成为用户放心的智能代理,都对网络信息的智能化提出迫切的需求,也是智能科学与技术发展的巨大动力。基于互联网的集体智能,通过大规模协作、综合集成,将为科学决策提供有效的途径。

近年来,机器学习、计算智能、人工神经网络行为主义的研究深入开展并形成高潮,这些都推动了人工智能研究的深入发展。

图灵奖(计算机科学最高荣誉)获得者中有 12 位人工智能学者,分别是 Marvin Minsky(1969 年获奖),John McCarthy(1971 年获奖),Herbert Simon 和 Allen Newell(1975 年获奖),Edward Albert Feigenbaum 和 Raj Reddy(1994 年获奖),Leslie Valiant(2010 年获奖),Judea Pearl(2011 年获奖),Tim Berners-Lee(2016 年获奖),Geoffrey Hinton、Yann LeCun 和 Yoshua Bengio(2018 年获奖),Andrew Barto 和 Richard Sutton(2024 年获奖)。

Yoshua Bengio、Yann LeCun 和 Geoffrey Hinton 三位科学家发明了深度学习的基本概念,在实验中发现了惊人的结果,也在工程领域做出了重要突破,帮助深度神经网络获得实际应用。

Hinton 最重要的贡献来自他 1986 年发明反向传播的论文 *Learning Internal Representations by Error Propagation*,1983 年发明的玻尔兹曼机(Boltzmann Machines),以及 2012 年对卷积神经网络的改进。Hinton 和他的学生 Alex Krizhevsky 以及 Ilya Sutskever 通过 Rectified Linear Neurons 和 Dropout Regularization 改进了卷积神经网络,并在著名的 ImageNet 评测中取得了很好的成绩,在计算机视觉领域掀起一场革命。

Bengio 的贡献主要在 20 世纪 90 年代发明的 Probabilistic models of sequences。他把神经网络和概率模型(如隐马尔可夫模型)结合在一起,并和 AT&T 公司合作,用新技术识别手写的支票。现代深度学习技术中的语音识别也是这些概念的扩展。此外,Bengio 还于 2000 年发表了划时代的论文 *A Neural Probabilistic Language Model*,使用高维词向量来表征自然语言。他的团队还引入了注意力机制,让机器翻译获得突破,也成为让深度学习处理序列的重要技术。

Yann LeCun 的代表贡献之一是卷积神经网络。20 世纪 80 年代,LeCun 发明了卷积神经网络,现在已经成为机器学习领域的基础技术之一,也让深度学习效率更高。20 世纪 80 年代末期,Yann LeCun 在多伦多大学和贝尔实验室工作期间,首次将卷积神经网络用于手写数字识别。今天,卷积神经网络已经成为业界标准技术,广泛用于计算机视觉、语音识别、语音合成、图片合成、自然语言处理等学术方向,以及自动驾驶、医学图片识别、语音助手、信息过滤等工业应用方向。LeCun 的第二个重要贡献是改进了反向传播算法。他提出了一个早期的反向传播算法 Backprop,也根据变分原理给出了一个简洁的推导。他的工作让反向传播算法更快,如描述了两个简单的方法可以减少学习时间。LeCun 的第三个贡献是拓展了神经网络的应用范围。他把神经网络变成了一个可以完成大量不同任务的计算模型。他早期引进的一些工作现在已经成为人工智能的基础概念。例如,在图片识别领域,他研究了如何让神经网络学习层次特征,这一方法现在已经用于很多日常的识别任务。他们还提出了可以操作结构数据(如图数据)的深度学习架构。

Andrew Barto 和 Richard Sutton 获得 2024 年 ACM A.M.图灵奖,以表彰他们发展了多种强化学习算法,包括在解决奖励预测问题方面特别有效的时间差分学习,策略梯度方法以及使用神经网络作为工具表示习得的方法。他们还提出了学习与规划结合的智能体设计,展示了获取环境知识作为规划基础的价值。Barto 是马萨诸塞大学阿姆赫斯特分校信息与计算机科学系的名誉教授;Sutton 是阿尔伯塔大学的计算机科学教授,也是 Keen Technologies 的研究科学家。

人工智能有三次大跃进。第一次是智能系统代替人完成部分逻辑推理工作,如机器定理证明和专家系统。第二次是智能系统能够和环境交互,从运行的环境中获取信息,代替人完成包括不确定性在内的部分思维工作,通过自身的动作,对环境施加影响,并适应环境的变化,如智能机器人。第三次是智能系统具有人类的认知和思维能力,能够发现新的知识,完成面临的任务,如基于数据挖掘的系统。

中国的人工智能研究起步较晚。纳入国家计划的研究("智能模拟")开始于 1978 年;1984 年召开了智能计算机及其系统的全国学术讨论会;1986 年起把智能计算机系统、智能机器人和智能信息处理(含模式识别)等重大项目列入国家高技术研究计划;1993 年起,又把智能控制和智能自动化等项目列入国家科技攀登计划。进入 21 世纪后,已有更多的人工智能与智能系统研究获得各种基金计划支持。1981 年起,相继成立了中国人工智能学会(CAAI)、全国高校人工智能研究会、中国计算机学会人工智能与模式识别专业委员会、中国自动化学会模式识别与机器智能专业委员会、中国软件行业协会人工智能协会、中国智能机器人专业委员会、中国计算机视觉与智能控制专业委员会以及中国智能自动化专业委员会等学术团体。1989 年,首次召开了中国人工智能联合会议(CJCAI)。1987 年,《模式识别与人工智能》杂志创刊。中国科学家在人工智能领域取得一些在国际上有影响的创造性成果,如吴文俊院士关于几何定理证明的"吴氏方法"。

2017 年 7 月,国务院颁发了《新一代人工智能发展规划》,重点任务包括:构建开放协同的人工智能科技创新体系;培育高端高效的智能经济;建设安全便捷的智能社会;加强人工智能领域军民融合;构建泛在安全高效的智能化基础设施体系;前瞻布局新一代人工智能重大科技项目。

2022 年年底,ChapGPT 横空出世,展现出了令世人惊艳的对话能力。仅用两个月时间,ChatGPT 月活跃用户已达一亿,是史上用户增速最快的消费应用。对于学术界、工业界,抑或其他相关应用来说都是一个非常大的机会和挑战。事实上,ChatGPT 的成功并不是偶然结果,在目前的版本开放出来以前,OpenAI 已经在训练大规模语言模型的道路上深耕多年。从 2017 年 Transformer 框架被提出后,OpenAI 在第二年就提出基于 Transformer 架构的预训练语言模型 GPT,开始了(大规模)预训练语言模型道路的探索。2020 年提出的 GPT-3 则是首个参数量达到千亿级别的模型,称得上是真正的"大规模"语言模型(Large Language Model,LLM)。2021 年,OpenAI 提出的 CodeX 模型在 GPT-3 的训练数据里引入代码数据,使得模型能够从代码数据中学习严谨的逻辑结构和问题拆解能力,为 GPT 引入了思维链(Chain-of-Thought,CoT)的能力。同年,GPT 的另一条发展方向是和搜索引擎相结合,诞生了具备搜索能力的 WebGPT,其能够根据搜索的交互数据来进一步提升语言生成的可靠性和准确性。2022 年,OpenAI 再次提出 InstructGPT,使得 GPT 能够理解更贴合人类自然语言的指示,并根据该指示做出正确的文本生成。同年,ChatGPT 问世,其强大的对话能力和高质量的回答内容刷新了人们对 AI 的认知,被认为是人工智能里程碑式的应用。

2023 年 1 月,9 位院士及 12 位专家在 *Intelligent Computing* 发表文章"智能计算的新进展、挑战与未来"指出,智能计算是支撑万物互连的数字文明时代新的计算理论方法、架构体系和技术能力的总称。智能计算根据具体的实际需求,以最小的代价完成计算任务,匹配足够的计算能力,调用最好的算法,获得最优的结果。智能计算的新定义是为响应人类社会、物理世界和信息空间三元融合快速增长的计算需求而提出的。智能计算以人为本,追求高计算能力、高能效、智能和安全。其目标是提供通用、高效、安全、自主、可靠、透明的计算服务,以支持大规模、复杂的计算任务。

2024 年 2 月 16 日凌晨,OpenAI 发布了文生视频大模型 Sora,它能够仅根据提示词,生成60s 的连贯视频,"碾压"了行业目前大概只有平均"4s"的视频生成长度。该模型的强大之处包括:文本到视频生成能力、复杂场景和角色生成能力、语言理解能力、多镜头生成能力、从静态图像生成视频能力、物理世界模拟能力。Sora 的出现,预示着一个全新的视觉叙事时代的到来,它能够将人们的想象力转换为生动的动态画面,将文字的魔力转换为视觉的盛宴。在这个由数据和算法编织的未来,Sora 正以其独特的方式,重新定义着人类与数字世界的互动。

5. AI 解放人力最终服务于人

最近几年 AI 技术的突破,其应用普遍聚焦在三方面:人机交互的变革,即让 AI 看得懂、听得懂;场景应对与决策的自动化,如自动驾驶和医疗图像的智能诊断等;解决系统优化问题的大数据,如电网调度、物流和仓储等资源与效率的优化。

人机交互的变革可以说是人工智能这几年突破的一个重要领域。在 PC 时代,人们与机器通过键盘和鼠标交流;在移动互联网时代,人们与智能手机通过手指操控屏幕交流;在智能时代,人们与机器之间是通过机器视觉、语音、脑机接口等技术进行交互的。

在场景应对与决策方面,自动驾驶是一个很好的例子。自动驾驶系统通过车上的摄像头进行路况识别,控制方向盘的操作与行车速度,能比一般人更可靠地应对路上的突发事件。又如,在医疗场景,不同经验的医生有时候意见会不一致,如果通过人工智能的训练,诊断可以变得更可靠、更准确,让医疗水平上升到一个更高的层次。

大数据应用在很多工业领域(如电网调度、物流和仓储优化等方面)都是利用大数据在最优化问题中找到最理想的解决方案。我们平时在智能手机上用到的软件产品(如机器视觉应用、语音音频应用、个性化内容推荐、游戏 AI)都应用了不同类型的、先进的人工智能技术。

1.2　人类智能与人工智能

在自然智能(人类智能)研究方面,人们主要沿着"认识脑—保护脑—修复脑—开发脑"方向展开研究;但是,基础的工作集中在"认识脑"方面,包括认识脑的结构和理解脑的功能。最初,人们主要通过医学解剖观察脑的生理组织构造。后来发明了显微镜,可以对脑的解剖结构进行更细致的观察。进一步的发展又发现了染色法、造影术、示踪术、脑电技术,可以更具体地观察和显示脑内神经系统的组织结构;分子生物学的发展使人们对脑的研究可以从器官组织深入分子层级。特别是近几十年迅速发展起来的正电子发射断层扫描技术(PET)和功能核磁共振成像技术(f-MRI),使人们可以在无创伤的条件下了解脑的组织结构和相应组织结构的基本功能,观察在一定思维状态下究竟哪些脑组织参与活动。同时,研究还发现了脑的工作既有分区的特点,又有并行工作的特点,以此保障了脑的工作的高度灵活性与高度生存力。具有特别重大意义的是,人们发现了脑内"古皮层—旧皮层—新皮层"结构和功能的进化规律,这对人们认识脑和模拟脑具有巨大的启发作用。

但是,鉴于脑的高度复杂性和研究手段的相对不完善性,目前人们对脑的认识还处在相对初步的阶段。迄今,对脑与认知科学研究的基本问题——"脑结构的认知机理"仍然无法给出明确的回答。这是自然智能研究面临的一个巨大挑战,也是一个今后研究的巨大创新空间。

在人工智能研究方面,人们一直沿着模拟脑方向做出努力。由于智能问题高度复杂,人们一时难以总揽智能系统的全局;于是便按照传统的科学理念,分别从智能系统的结构、功能、行为三个基本侧面展开对智能的研究。这样,便先后形成了模拟大脑结构的结构主义方法、模拟大脑逻辑思维功能的功能主义方法以及模拟智能系统行为的行为主义方法,相应地建立了人工智能的三种重要学说:人工神经网络学说、符号逻辑人工智能学说和感知-动作系统学说。

人类的认知过程是一个非常复杂的行为,人们从不同的角度对它进行研究,从而形成诸如认知生理学、认知心理学和认知工程学等相关学科。这里仅讨论几个与人工智能有密切关系的问题。

1.2.1 智能信息处理系统的假设

人的心理活动具有不同的层次,它可与计算机的层次相比较。心理活动的最高层是思维策略,中间一层是初级信息处理,最低层为生理过程,即中枢神经系统、神经元和大脑的活动。与此相应的是计算机的程序、语言和硬件。

研究认知过程的主要任务是探求高层次思维决策与初级信息处理的关系,并用计算机程序模拟人的思维策略水平,而用计算机语言模拟人的初级信息处理过程。

计算机也以类似的原理进行工作。在规定时间内,计算机存储的记忆相当于机体的状态;计算机的输入相当于机体施加的某种刺激。在得到输入之后,计算机便进行操作,使得其内部状态随时间发生变化。可以从不同的层次研究这种计算机系统。这种系统以人的思维方式为模型进行智能信息处理。显然,这是一种智能计算机系统。设计适用于特定领域的这种高水平智能信息处理系统,是研究认知过程的一个具体而又重要的目标。例如,一个具有智能信息处理能力的自动控制系统就是一个智能控制系统,它可以是专家控制系统,或者是智能决策系统等。

可以把人看作一个智能信息处理系统。

信息处理系统也称为符号操作系统或物理符号系统。符号就是模式(Pattern)。任一模式,只要它能与其他模式相区别,就是一个符号。例如,不同的汉语拼音字母或英文字母就是不同的符号。对符号进行操作就是对符号进行比较,从中找出相同的和不同的符号。物理符号系统的基本任务和功能就是辨认相同的符号和区别不同的符号。为此,这种系统就必须能够辨别出不同符号之间的实质差别。符号既可以是物理符号,也可以是大脑中的抽象符号,或者是电子计算机中的电子运动模式,还可以是大脑中神经元的某些运动方式。一个完善的符号系统应具有下列6种功能。

(1) 输入(input)符号。

(2) 输出(output)符号。

(3) 存储(store)符号。

(4) 复制(copy)符号。

(5) 建立符号结构:通过找出各符号间的关系,在符号系统中形成符号结构。

(6) 条件性迁移(conditional transfer):根据已有符号,继续完成活动过程。

如果一个物理符号系统具有上述6种功能,能够完成这个全过程,那么它就是一个完整的物理符号系统。人能够输入信号,如用眼睛看、用耳朵听、用手触摸等。计算机也能通过磁盘或键盘等方式输入符号。人具有上述6种功能,现代计算机也具备物理符号系统的这6种功能。

假设任何一个系统,如果它能够表现出智能,那么它就必定能够执行上述6种功能。反之,任何系统如果具有这6种功能,那么它就能够表现出智能;这种智能指的是人类所具有的那种智能。通常把这个假设称为物理符号系统的假设。

物理符号系统的假设伴随三个推论,或称为附带条件。

推论 1.1　既然人具有智能,那么他就一定是一个物理符号系统。人之所以能够表现出智能,就是基于他的信息处理过程。

推论 1.2　既然计算机是一个物理符号系统,它就一定能够表现出智能。这是人工智能的基本条件。

推论 1.3　既然人是一个物理符号系统,计算机也是一个物理符号系统,那么就能够用计算机模拟人的活动。

值得指出的是,推论 1.3 并不一定是从推论 1.1 和推论 1.2 推导出来的必然结果。因为人是一个物理符号系统,具有智能;计算机也是一个物理符号系统,也具有智能,但它们可以用不同的原理和方式进行活动。所以,计算机并不总是模拟人的活动,它可以编制出一些复杂的程序求解方程,进行复杂的计算。不过,计算机的这种运算过程未必就是人类的思维过程。

可以按照人类的思维过程编制计算机程序,这项工作就是人工智能的研究内容。如果做到了,就可以用计算机在形式上描述人的思维活动过程,或者建立一个理论说明人的智力活动过程。

人的认知活动具有不同的层次,对认知行为的研究也应具有不同的层次,以便不同学科之间分工协作,联合攻关,早日解开人类认知本质之谜。可以从下列 4 个层次开展对认知本质的研究。

(1) 认知生理学:研究认知行为的生理过程,主要研究人的神经系统(神经元、中枢神经系统和大脑)的活动,是认知科学研究的底层。它与心理学、神经学、脑科学有着密切的关系,且与基因学、遗传学等有交叉联系。

(2) 认知心理学:研究认知行为的心理活动,主要研究人的思维策略,是认知科学研究的顶层。它与心理学有着密切的关系,且与人类学、语言学交叉。

(3) 认知信息学:研究人的认知行为在人体内的初级信息处理,主要研究人的认知行为如何通过初级信息自然处理,由生理活动变为心理活动及其逆过程,即由心理活动变为生理行为。这是认知活动的中间层,承上启下。它与神经学、信息学、计算机科学有着密切的关系,并与心理学、生理学有交叉关系。

(4) 认知工程学:研究认知行为的信息加工处理,主要研究如何通过以计算机为中心的人工信息处理系统,对人的各种认知行为(如知觉、思维、记忆、语言、学习、理解、推理、识别等)进行信息处理。这是研究认知科学和认知行为的工具,应成为现代认知心理学和现代认知生理学的重要研究手段。它与人工智能、信息学、计算机科学有着密切的关系,并与控制论、系统学等交叉。

只有开展大跨度的多层次、多学科交叉研究,应用现代智能信息处理的最新手段,认知科学才可能较快地取得突破性成果。

1.2.2　人类智能的计算机模拟

Pamela McCorduck 在《机器思维》(*Machines Who Think*,1979 年)中指出:在复杂的机械装置与智能之间存在着长期的联系。从几个世纪前出现的神话般的复杂巨钟和机械自动机开始,人们已对机器操作的复杂性与自身的智能活动进行直接联系。今天,新技术已使所建造的机器的复杂性大为提高。现代电子计算机要比以往的任何机器都复杂。

计算机的早期工作主要集中在数值计算方面。然而,人类最主要的智力活动并不是数值计算,而是在逻辑推理方面。物理符号系统假设的推论 1.1 也告诉人们,人有智能,所以是一个物理符号系统;推论 1.3 指出,可以编写计算机程序模拟人类的思维活动。这就是说,人和计算机这两个物理符号系统所使用的物理符号是相同的,因而计算机可以模拟人类的智能活动过程。计算机的确能够很好地执行许多智能功能,如下棋、证明定理、翻译语言文字和解决难题等。这些任务是通过编写与执行模拟人类智能的计算机程序完成的。当然,这些程序只能接近人的行为,而不可能与人的行为完全相同。此外,这些程序所能模拟的智能问题,其水平还是很有限的。

下面考虑下棋的计算机程序。计算机程序对每个可能的棋步空间进行搜索,它能够同时搜索几千种棋步。进行有效搜索的技术是人工智能的核心思想之一。不过,以前的计算机不能战胜最好的人类棋手,其原因在于:向前看并不是下棋所必须具有的一切,需要彻底搜索的棋步又太多;在寻找和估计替换棋步时并不能确信能够导致博弈的胜利。当象棋大师们盯着一个棋位时,在他们的脑子里会出现很多盘重要的棋局,帮助他们决定最好的棋步。

近年来,自学习、并行处理、启发式搜索、机器学习、智能决策等人工智能技术已用于博弈程序设计,使"计算机棋手"的水平大为提高。1997 年 5 月,IBM 公司研制的"深蓝"(Deep Blue)智能计算机在 6 局比赛中以 2 胜 1 负 3 平的结果战胜国际象棋冠军卡斯帕罗夫(Kasparov),"深蓝"的计算速度为 200 万棋步/秒,采用启发式搜索方法。2003 年 1 月 26 日至 2 月 7 日,国际象棋人机大战在纽约举行。Kasparov 与比"深蓝"更强大的"小深"(Deep Junior)先后进行了 6 局比赛,以 1 胜 1 负 4 平的结果握手言和。

"深蓝"共有 30 个处理器,每个处理器的速度是 120MHz,可以进行平行运算。它还有 480 个专门的下棋芯片。它的下棋程序是用 C 语言写的,每秒可以评估两亿个可能的双方布局——比 1996 年的版本快了一倍。"深蓝"可以预先计算出未来的 6～8 步,最多可以计算出未来的 20 步。

"深蓝"出神入化的棋艺的基础是"评估功能",也就是评估每一种可能走法的利弊。另外,还有一个"残局"数据库,里面有很多六子残局和五子残局。而且,"深蓝"的背后还有一个人类棋手参谋团队,由国际象棋大师乔约尔·本杰明等组成的团队帮助完善了程序。

《科技日报》在"IBM 人机大战:超级电脑让人类智慧处于危险边缘?"一文中报道,2011 年 2 月 17 日,鏖战三回合的人机大战硝烟散尽,IBM 超级电脑沃森(Watson)完胜鸣金。

2011 年 2 月 14—16 日,IBM 沃森参加了美国智力竞赛"危险边缘(Jeopardy)"的电视节目。这个节目在 1964 年创立,竞赛问题涉及地理、政治、历史、体育、娱乐等。参加这个节目首先要通过难度相当大的考试后才能获得参赛资格。比赛中,计算机沃森未连接到互联网,而是借由高速多重运算和对自己算出答案的"信心"判断作答。两名对手肯·詹宁斯和布拉德·鲁特尔,前者是曾连赢 74 场的答题王,创下连赢场数最多的纪录;后者是获得奖金总额最高的选手,总数达 325 万美元之多。在比赛的三天里,计算机沃森保持着优势,直到最末一轮。

IBM 沃森系统是 2006 年开始设计的。机器是由 90 台 IBM 750 服务器组成的群集系统,每台服务器都采用 Power 7 处理器。它是 8 核芯片,每核有 4 个线程,相当于有 2880 个核在运行。内存是 16TB 的 RAM。采用的软件有 SUSE Linux Enterprise Server 11 操作系统、IBM DeepQA 软件、Apache UIMA(非结构化信息管理体系结构)框架等。该系统使用上百种技术分析自然语言、识别资源、寻找并产生假设、寻找证据并评分、对假设进行聚集和分级,因此它是专门设计的、具有学习能力的机器。

这个以 IBM 创始人托马斯·J.沃森的名字命名的系统能存储大量信息,相当于"100 万本书籍和 2 亿页资料",还可以从经验中学习如何提高性能,并且使用自然语言回答问题。世界各地的研究人员历时 4 年共同完成了这个系统,其中也有中国的科学家为此做出了贡献。该系统应用前景广泛,可以高速分析大量数据,用来帮助政府部门解答公众疑问,帮助医生评估药物疗效。

2016 年 3 月,人工智能围棋 AlphaGo 与韩国棋手李世石进行较量,最终人机大战总比分为 1∶4,李世石不敌 AlphaGo。2017 年 5 月,中国棋手柯洁(世界围棋等级分第一)与人工智能围棋 AlphaGo 进行了三番围棋大战,最终柯洁以 0∶3 惨败于 AlphaGo。2017 年 10 月 19 日,Google 旗下人工智能公司 DeepMind 在《自然》(Nature)上发表论文称,最新版本的 AlphaGo Zero 完全抛弃了人类棋谱,实现了从零开始学习。

AlphaGo Zero 与 AlphaGo(在此表示以前的版本)的主要差别如下。

(1) 在训练中不再依靠人类棋谱。AlphaGo 先用人类棋谱进行训练,然后再通过自我互搏的方法自我提高。AlphaGo Zero 直接采用自我互搏的方式进行学习,在蒙特卡洛树搜索的框架下,一点点提高自己的水平。

(2) 不再使用人工设计的特征作为输入。在 AlphaGo 中,输入的是经过人工设计的特征,根据该点及其周围的棋的类型(黑棋、白棋、空白等)组成不同的输入模式,确定每个落子位置。AlphaGo Zero 则直接把棋盘上的黑白棋作为输入。这一点得益于其神经网络结构的变化,神经网络层数越深,提取特征的能力越强。

(3) 将策略网络和价值网络合二为一。在 AlphaGo 中,使用的策略网络和价值网络是分开训练的,但是两个网络的大部分结构是一样的,只是输出不同。AlphaGo Zero 将这两个网络合并为一个,从输入层到中间几层是共用的,只是后面几层到输出层是分开的,并在损失函数中同时考虑了策略和价值两部分。这样训练起来速度会更快。

(4) 网络结构采用残差网络,网络深度更深。AlphaGo Zero 在特征提取层采用了多个残差模块,每个模块包含 2 个卷积层,比之前用 12 个卷积层的 AlphaGo 深度明显增加,从而可以实现更好的特征提取。

(5) 不再使用随机模拟。在 AlphaGo 中,蒙特卡洛树搜索的过程中,要采用随机模拟的方法计算棋局的胜率,而在 AlphaGo Zero 中,不再使用随机模拟的方法,完全依靠神经网络的结果代替随机模拟。这完全得益于价值网络估值的准确性,也有效提高了搜索速度。

(6) 只用了 4 个张量处理器(Tensor Processing Unit,TPU),训练 72 小时就可以战胜与李世石交手的 AlphaGo Lee,训练 40 天后可以战胜与柯洁交手的 AlphaGo Master。

英国《卫报》(The Guardian)报道,2022 年 3 月,在法国巴黎的桥牌比赛中,人工智能 Nook 击败了 8 位桥牌世界冠军。这一胜利对人工智能行业来说是一个新的里程碑,因为 Nook 在使用不完全信息的情况下,必须对其他几个人类玩家的行为做出反应,这种情况更接近“做出人类一般的决策”。尽管此前人工智能已经在国际象棋和围棋等方面击败了人类,但当时的人工智能玩家每次只有一个对手,而且人机双方都拥有所有的信息。

这一次,在一个名为“The NukkAI challenge”的桥牌比赛中,与人类冠军拥有同样扑克牌和同样对手的 Nook,在 80 次比赛中有 67 次的表现要好于人类冠军。

人工智能研究员、NukkAI 联合创始人之一 Véronique Ventos 表示,Nook 是“新一代人工智能”,因为它能在进行决策时做出解释。“在桥牌中,如果你不做出解释,就无法继续玩下去。”伦敦帝国理工学院(Imperial College London)教授 Stephen Muggleton 认为,这一胜利“代表了人工智能领域取得了根本性的重要进展”。

1.2.3　弱人工智能与通用人工智能

关于人工智能,长期存在两种不同的目标或者理念。一种是希望借鉴人类的智能行为,研制出更好的工具,以减轻人类智力劳动,一般称为"弱人工智能",类似于"高级仿生学"。另一种是希望研制出达到甚至超越人类智慧水平的人造物,具有心智和意识、能根据自己的意图开展行动,一般称为"通用人工智能(也称强人工智能)",实则可谓"人造智能"。

人工智能技术现在取得的进展和成功,是源于"弱人工智能",而不是"强人工智能"的研究。人工智能技术所取得的如下成功,均属于"弱人工智能":在图像识别、语音识别方面,机器已经达到甚至超过普通人类的水平;在机器翻译方面,便携的实时翻译器已成为现实;在自动推理方面,机器很早就能进行定理自动证明;在棋类游戏方面,机器已经打败了人类最顶尖的棋手。

通用人工智能技术实现具有通用任务解决能力和持续自主学习能力,具有感知、认知、决策和规划的智能体的系统性构建技术,并使智能体具有类人脑的智能特征及水平的一系列技术的统称。

通用人工智能技术的终极目标是实现类人脑的智能能力及能效效率,在环境适应性、非特定域任务处理能力、学习能力、认知和逻辑思维能力、记忆能力、感知能力、自主驱动能力、情感及意识、运行能效效率等多方面达到人类水平,所实现的技术用于为人类服务。

通用人工智能技术现状:算法机理仍处于探索阶段,部分领域处于萌芽阶段;认知架构上有诸多尝试,但成效有限;深度学习、大模型、增强学习方法助力明显,有望进一步突破;脑科学及逆向工程提供了很多思路借鉴,但无实质性突破;受到学术界广泛关注,研究热度高,落地商用尚有距离。

1.3　人工智能各学派的认知观

目前,人工智能的主要学派有下列三个。

(1) 符号主义,又称为逻辑主义、心理学派或计算机学派,其原理主要为物理符号系统(即符号操作系统)假设和有限合理性原理。

(2) 连接主义,又称为仿生学派或生理学派,其原理主要为神经网络及神经网络间的连接机制与学习算法。

(3) 行为主义,又称为进化主义或控制论学派,其原理为控制论及感知-动作型控制系统。

他们对人工智能的发展历史具有不同的看法。

1. 符号主义学派

认知基元是符号,智能行为通过符号操作实现,以 Robinson 提出的归结原理为基础,以 LISP 和 Prolog 语言为代表;着重问题求解中启发式搜索和推理过程,在逻辑思维的模拟方面取得成功,如自动定理证明和专家系统。人工智能源于数理逻辑。数理逻辑和计算机科学具有完全相同的宗旨:扩展人类大脑的功能,帮助人脑正确、高效地思维。它们分别关注基础理论和实用技术。数理逻辑试图找出构成人类思维或计算的最基础的机制,如推理中的"代换""匹配""分离",计算中的"运算""迭代""递归"。而计算机程序设计则是要把问题的求解归结于程序设计语言的几条基本语句,甚至归结于一些极其简单的机器操作指令。

数理逻辑的形式化方法又和计算机科学不谋而合。计算机系统本身的硬件、软件都是一种形式系统,它们的结构都可以形式地描述;程序设计语言更是不折不扣的形式语言系统。要研究计算机、开发种种程序设计语言,没有形式化知识和形式化能力是难以取得出色成果的。另外,应用计算机求解实际问题,首要任务便是形式化。离开对问题正确的形式化描述,没有理性的机器何以理解、解答这些问题。人们必须用计算机懂得的形式语言告诉它"怎么做"或者"做什么",而计算机理解这些语言的过程又正是按照人赋予它的形式化规程(编译程序),将它们归约为自己的基本操作。

计算机科学技术人员常常会发现,一个问题的逻辑表达式几乎就是某个程序设计语言(如逻辑程序设计语言 Prolog)的一个子程序;而用有些语言书写的程序(如关系数据库查询语言 SQL程序)简直就是逻辑表达式。事实上,正是数理逻辑对"计算"的追根寻源,导致第一个计算的数学模型——图灵机诞生,它被公认为现代数字计算机的祖先;λ-演算系统为第一个人工智能语言LISP 奠定了基础;一阶谓词演算系统为计算机的知识表示及定理证明铺平了道路,以其为根本的逻辑程序设计语言 Prolog 曾被不少计算机科学技术专家誉为新一代计算机的核心语言。

目前,从基本逻辑电路的设计到巨型计算机、智能计算机系统结构的研究,从程序设计过程到程序设计语言的研究发展,从知识工程到新一代计算机的研制,无一不需要数理逻辑的知识、成果,无一可离开数理逻辑家的智慧与贡献。

2. 连接主义学派

人的思维基元是神经元,它把智能理解为相互连接的神经元竞争与协作的结果,以人工神经网络为代表,其中,反向传播(BP)网络模型和 Hopfield 网络模型更为突出;着重结构模拟,研究神经元特征、神经元网络拓扑、学习规则、网络的非线性动力学性质和自适应的协同行为。

连接主义学派认为,人工智能源于仿生学,特别是对人脑模型的研究。它的代表性成果是1943 年由生理学家 McCulloch 和数理逻辑学家 Pitts 创立的脑模型,即 MP 模型,开创了用电子装置模仿人脑结构和功能的新途径。它从神经元开始,进而研究神经网络模型和脑模型,开辟了人工智能的又一发展道路。20 世纪六七十年代,连接主义,尤其是对以感知器为代表的脑模型的研究曾出现过热潮,由于受到当时的理论模型、生物原型和技术条件的限制,脑模型研究在 20世纪 70 年代后期至 20 世纪 80 年代初期落入低潮。直到 Hopfield 在 1982 年和 1984 年发表两篇重要论文,提出用硬件模拟神经网络以后,连接主义才重新抬头。1986 年,Rumelhart 等提出多层网络中的反向传播算法。20 世纪 90 年代,Vladimir Vapnik 提出了 SVM,虽然其本质上是一种特殊的两层神经网络,但因其具有高效的学习算法,且没有局部最优的问题,使得很多神经网络的研究者转向 SVM。多层前馈神经网络的研究逐渐变得冷清。

直到 2006 年深度网络(Deep Network)和深度学习(Deep Learning)概念的提出,神经网络又开始焕发一轮新的生命。深度网络,从字面上理解就是深层次的神经网络。这个名词由多伦多大学的 Geoff Hinton 研究组于 2006 年创造。事实上,Geoff Hinton 研究组提出的这个深度网络从结构上讲与传统的多层感知机没有什么不同,并且在做有监督学习时,算法也是一样的。唯一的不同是,这个网络在做有监督学习前要先做非监督学习,然后将非监督学习学到的权值当作有监督学习的初值进行训练。

3. 行为主义学派

行为主义学派认为人工智能源于控制论。控制论思想早在 20 世纪四五十年代就成为时代思潮的重要部分,影响了早期的人工智能工作者。控制论把神经系统的工作原理与信息理论、控制理论、逻辑以及计算机联系起来。早期的研究工作重点是模拟人在控制过程中的智能行为和作用,如对自寻优、自适应、自校正、自镇定、自组织和自学习等控制论系统的研究,并进行"控制论动物"的研制。到 20 世纪六七十年代,上述这些控制论系统的研究取得一定进展,播下智能控制和智能机器人的种子,并在 20 世纪 80 年代诞生了智能控制和智能机器人系统。行为主义是20 世纪末才以人工智能新学派的面孔出现的,引起许多人的兴趣。这一学派的代表作首推Brooks 的六足行走机器人,它被看作新一代的"控制论动物",是一个基于感知-动作模式的模拟昆虫行为的控制系统。

反馈是控制论的基石,没有反馈就没有智能。通过消除目标与实际行为之间的误差来实施控制策略。PID 控制是控制论对付不确定性的基本手段。控制论促进机器人研究,机器人是"感知-行为"模式,是没有知识的智能;强调系统与环境的交互,从运行环境中获取信息,通过自己的动作对环境施加影响。

以上三个人工智能学派将长期共存与合作,取长补短,并走向融合和集成,共同为人工智能的发展做出贡献。

作为人工智能的重要分支,知识工程经历了从以专家知识为核心的传统知识工程向以数据驱动为核心的大数据知识工程的转变,后者以知识图谱技术的发展与普及为典型代表。随着知识图谱等技术应用的深化,知识工程面临全新的挑战。为了应对这些挑战,知识工程技术正在积蓄动能,努力突破自身局限,向更高层的智能形态发展。这一目标智能形态就是认知智能。认知智能是知识图谱等知识工程技术发展的下一站,是以知识图谱为代表的大数据知识工程突破自身局限、进一步完善的必经智能形态。认知智能是人工智能三大思想流派(符号主义、连接主义以及行为主义)进一步发展的必然归宿。

1.4　人工智能的研究与应用领域

国际人工智能联合会议(IJCAI)程序委员会将人工智能领域划分为:约束满足问题、知识表示与推理、学习、多 Agent、自然语言处理、规划与调度、机器人学、搜索、不确定性问题、网络与数据挖掘等。大会建议的小型研讨会(Workshop)主题包括环境智能、非单调推理、用于合作性知识获取的语义网、音乐人工智能、认知系统的注意问题、面向人类计算的人工智能、多机器人系统、ICT(信息、通信、技术)应用中的人工智能、神经-符号的学习与推理以及多模态的信息检索等。

在过去的 60 多年中,已经建立了一些具有人工智能的计算机系统。例如,能够求解微分方程、下棋、设计分析集成电路、合成人类自然语言、检索情报、诊断疾病以及控制太空飞行器、地面移动机器人和水下机器人等具有不同程度人工智能的计算机系统。

下面是对人工智能研究和应用的讨论,试图把有关各个子领域直接连接起来,辨别某些方面的智能行为,并指出有关人工智能研究和应用的状况。

这里要讨论的各种智能特性之间也是相互关联的,把它们分开介绍只是为了便于指出现有的人工智能程序能够做些什么和还不能做什么。大多数人工智能研究课题都涉及许多智能领域。下面从智能感知、智能推理、智能决策和智能行动 4 方面进行概述。

1.4.1　智能感知

1. 模式识别

模式识别是对表征事物或现象的各种形式的(数值的、文字的和逻辑关系的)信息进行处理和分析,以对事物或现象进行描述、辨认、分类和解释的过程。

人们在观察事物或现象的时候,常常要寻找它与其他事物或现象的异同之处,根据一定的目的把并不完全相同的事物或现象组成为一类。字符识别就是一个典型的例子。人脑的这种思维能力就构成了"模式"的概念。

模式识别研究主要集中在两方面,即研究生物体是如何感知对象的,以及在给定的任务下,如何用计算机实现模式识别的理论和方法。模式识别的方法有感知机、统计决策方法、基于基元关系的句法识别方法和人工神经元网络方法。一个计算机模式识别系统基本上由三部分组成,即数据采集、数据处理和分类决策或模型匹配。

任何一种模式识别方法都首先要通过各种传感器把被研究对象的各种物理变量转换为计算机可以接收的数值或符号集合。为了从这些数值或符号中抽取出对识别有效的信息,必须对它进行处理,其中包括消除噪声,排除不相干的信号以及与对象的性质和采用的识别方法密切相关的特征的计算和必要的变换等。然后通过特征选择和提取或基元选择形成模式的特征空间,以后的模式分类或模型匹配就在特征空间的基础上进行。系统的输出或者是对象所属的类型,或者是模型数据库中与对象最相似的模型的编号。

实验表明,人类接收外界信息的80%以上来自视觉,10%左右来自听觉。所以,早期的模式识别研究工作集中在对文字和二维图像的识别方面,并取得了不少成果。自20世纪60年代中期起,机器视觉方面的研究工作开始转向解释和描述复杂的三维景物这一更困难的课题。Robest于1965年发表的论文奠定了分析由棱柱体组成的景物的方向,迈出了用计算机把三维图像解释成三维景物的一个单眼视图的第一步,即所谓的积木世界。

接着,机器识别由积木世界进入识别更复杂的景物和在复杂环境中寻找目标以及室外景物分析等方面的研究。目前研究的热点是活动目标的识别和分析,它是景物分析走向实用化研究的一个标志。

语音识别技术的研究始于20世纪50年代初期。1952年,美国贝尔实验室的Davis等成功地进行了0~9数字的语音识别实验,其后由于当时技术上的困难,研究进展缓慢,直到1962年才由日本研制成功第一个连续多位数字语音识别装置。1969年,日本的板仓斋藤提出了线性预测方法,对语音识别和合成技术的发展起到了推动作用。20世纪70年代以来,各种语音识别装置相继出现,性能良好的能够识别单词的声音识别系统已进入实用阶段。神经网络用于语音识别也已取得成功。

在模式识别领域,神经网络方法已经成功地应用于手写字符的识别、汽车牌照的识别、指纹识别、语音识别等方面。模式识别已经在天气预报、卫星航空图片解释、工业产品检测、字符识别、语音识别、指纹识别、医学图像分析等许多方面得到了成功的应用。

2. 计算机视觉

计算机视觉旨在对描述景物的一幅或多幅图像的数据经计算机处理,以实现类似人的视觉感知功能。

有些学者把为实现视觉感知所要进行的图像获取、表示、处理和分析等也包含在计算机视觉中,使整个计算机视觉系统成为一个能够看的机器,从而可以对周围的景物提取各种有关信息,包括物体的形状、类别、位置以及物理特性等,以实现对物体的识别理解和定位,并在此基础上做出相应的决策。

景物在成像过程中经透视投影而成光学图像,再经过取样和量化,得到由各像素的灰度值组成的二维阵列,即数字图像,这是计算机视觉研究中最常用的一类图像。此外,还用到由激光或超声测距装置获取的距离图像,它直接表示物体表面一组离散点的深度信息。用多种传感器实现数据融合则是近年来获取视觉信息的重要方法。

计算机视觉的基本方法:①获取灰度图像;②从图像中提取边缘、周长、惯性矩等特征;③从描述已知物体的特征库中选择特征匹配最好的相应结果。

整个感知问题的要点是形成一个精练的表示,以取代难以处理的、极其庞大的、未经加工的输入数据。最终表示的性质和质量取决于感知系统的目标。不同系统有不同的目标,但所有系统都必须把来自输入的多得惊人的感知数据简化为一种易于处理的和有意义的描述。

对不同层次的描述做出假设,然后测试这些假设,这一策略为视觉问题提供了一种方法。已经建立的某些系统能够处理一幅景物的某些适当部分,以此扩展一种描述若干成分的假设。然后这些假设通过特定的场景描述检测器进行测试。这些测试结果又用来发展更好的假设等。

计算机视觉通常可分为低层视觉与高层视觉两类。低层视觉主要执行预处理功能,如边缘检测、动目标检测、纹理分析,通过阴影获得形状、立体造型、曲面色彩等,其目的是使被观察的对象凸显出来。高层视觉则主要是理解所观察的形象。

计算机视觉的前沿研究领域包括实时并行处理、主动式定性视觉、动态和时变视觉、三维景物的建模与识别、实时图像压缩传输和复原、多光谱和彩色图像的处理与解释等。

计算机视觉的应用范围很广,例如,条形码识别系统、指纹自动鉴定系统、文字识别系统、生物医学图像分析和遥感图片自动解释系统、无损探伤系统等。计算机视觉还曾用于在海湾战争中使用过的战斧式巡航导弹的制导。该视觉系统具有近红外和可见光的传感器及数字场景面积匹配器,在距目标 15km 的范围内发挥作用。机器人也是计算机视觉应用的一个重要领域,对于无人驾驶自主车的自动导航,以及在工业装配、太空、深海或危险环境(如核辐射)中代替人工作的自主式机器人,计算机三维视觉是不可缺少的一项关键技术。

3. 自然语言处理

自然语言处理是用计算机对人类的书面和口头形式的自然语言信息进行处理加工的技术,它涉及语言学、数学和计算机科学等多学科知识领域。

自然语言处理的主要任务在于建立各种自然语言处理系统,如文字自动识别系统、语音自动识别系统、语音自动合成系统、电子词典、机器翻译系统、自然语言人机接口系统、自然语言辅助教学系统、自然语言信息检索系统、自动文摘系统、自动索引系统、自动校对系统等。

自然语言在 4 方面与人工语言有很大差异:①自然语言中充满歧义;②自然语言的结构复杂多样;③自然语言的语义表达千变万化,至今还没有一种简单而通用的途径描述它;④自然语言的结构和语义之间有着千丝万缕的、错综复杂的联系。

自然语言处理的研究有两大主流:一个是面向机器翻译的自然语言处理;另一个是面向人机接口的自然语言处理。

20 世纪 90 年代,在自然语言处理中,开始把大规模真实文本的处理作为今后的战略目标,重组词汇处理,引入了语料库方法,包括统计方法、基于实例的方法以及通过语料加工,使语料库转变为语言知识库的方法等。

判断计算机系统是否真正"理解"了自然语言的标准有问答、释义、文摘生成和翻译。自然语言理解的研究大体上经历了三个时期:开始是以关键词匹配技术为主流的早期,随后是以句法-语义分析方法为主流的中期,最后是走向实用化和工程开发的近期。在这个过程中发展和完善了词法分析、句法分析、语义分析和语境分析技术,先后提出了短语结构语法、格语法以及基于合一的语法理论,丰富和发展了计算语言学、语料库语言学和计量语言学。

目前可以将任意输入的源语言的句子作为处理对象的机器翻译系统的实现方式可分为三种:直接方式、转换方式与中间语言方式。这三种方式的共同特点是机器翻译系统必须配备庞大的规则库与词典,可以统一称为基于规则的方法。

1984 年,京都大学的长尾真提出了一种新想法:直接用已经准备好的短语,不用重复翻译。这种方法称为基于实例的方法。这种方法的基础是大规模的双语对译语料库,同时需要开发最佳匹配检索技术和适当的调整机制。随着语料库语言学的发展,基于实例的机器翻译方法显示出它的优势。

2006 年,基于短语的统计机器翻译(SMT)开始实用化。Google 翻译、Yandex、Microsoft 必应等在线翻译工具都用上了基于短语的 SMT,一直用到 2016 年。在这个时期,"统计机器翻译"通常指的就是基于短语的 SMT,直到 2016 年,它都被视为最先进的机器翻译方法。

2014 年，一篇关于在机器翻译中使用神经网络的论文对外发布。作者包括蒙特利尔大学的 Kyunghyun Cho、Yoshua Bengio 等。2016 年 9 月，Google 公司宣布了一个颠覆性的进展，就是神经机器翻译。两年来，神经网络超过了翻译界过去几十年的一切。神经机器翻译的单词错误减少 50%，词汇错误减少 17%，语法错误减少 19%。

机器翻译系统既可采用人助机译，又可采用机助人译。现实的系统还需要译前编辑或译后编辑。电子词典是机器翻译系统的低级形式。机器翻译系统性能及其译文质量的评价问题也是机器翻译领域的一个重要研究课题。

1.4.2　智能推理

1. 概述

对推理的研究往往涉及对逻辑的研究。常用的推理方法有演绎推理、归纳推理、反绎推理、类比推理、常识性推理和因果推理等。逻辑是人脑思维的规律，从而也是推理的理论基础。机器推理或人工智能用到的逻辑主要包括经典逻辑中的谓词逻辑和由它经某种扩充、发展而来的各种逻辑，后者通常称为非经典或非标准逻辑。经典逻辑中的谓词逻辑实际是一种表达能力很强的形式语言。用这种语言不仅可供人用符号演算的方法进行推理，而且也可供计算机用符号推演的方法进行推理。特别是利用一阶谓词逻辑不仅可在机器上进行像人一样的"自然演绎"推理，而且可以实现不同于人的"归结反演"推理。后一种方法是机器推理或自动推理的主要方法。它是一种完全机械化的推理方法。基于一阶谓词逻辑，人们还开发了一种人工智能程序设计语言 Prolog。

非标准逻辑泛指除经典逻辑以外的逻辑，如多值逻辑、多类逻辑、模糊逻辑、模态逻辑、时态逻辑、动态逻辑、非单调逻辑。各种非标准逻辑是在为弥补经典逻辑的不足而发展起来的。例如，为了克服经典逻辑"二值性"限制，人们发展了多值逻辑及模糊逻辑。实际上，这些非标准逻辑都是由对经典逻辑做某种扩充和发展而来的。在非标准逻辑中，又可分为两种情况：一种是对经典逻辑的语义进行扩充而产生的，如多值逻辑、模糊逻辑等，这些逻辑也可看作与经典逻辑平行的逻辑，因为它们使用的语言与经典逻辑基本相同，区别在于经典逻辑中的一些定理在这种非标准逻辑中不再成立，而且增加了一些新的概念和定理；另一种是对经典逻辑的语句进行扩充而得到的，如模态逻辑、时态逻辑等，这些逻辑一般都承认经典逻辑的定理，但在两方面进行了补充，一是扩充了经典逻辑的语言，二是补充了经典逻辑的定理。例如，模态逻辑增加了两个新算子 L(……是必然的)和 M(……是可能的)，从而扩大了经典逻辑的词汇表。

上述逻辑为推理(特别是机器推理)提供了理论基础，同时也开辟了新的推理技术和方法。随着推理的需要，还会出现一些新的逻辑；同时，这些新逻辑也会提供一些新的推理方法。事实上，推理与逻辑是相辅相成的。一方面，推理为逻辑提出课题；另一方面，逻辑为推理奠定基础。

认知智能是指系统能推理、会理解，需要具有对信息的认知、理解、推理、存储和转换的能力，即与思维能力密切相关。

2. 搜索技术

所谓搜索，就是为了达到某一"目标"，而连续进行推理的过程。搜索技术就是对推理进行引导和控制的技术。智能活动的过程可看作或抽象为一个"问题求解"过程。而所谓"问题求解"过程，实质上就是在显式的或隐式的问题空间中进行搜索的过程，即在某一状态图，或者与或图，或者一般地说，在某种逻辑网络上进行搜索的过程。例如，难题求解(如旅行商问题)是明显的搜索过程，而定理证明实际上也是搜索过程，它是在定理集合(或空间)上搜索的过程。

搜索技术也是一种规划技术。因为对于有些问题，其解就是由搜索而得到的"路径"。在人工智能研究的初期,"启发式"搜索算法曾一度是人工智能的核心课题。传统的搜索技术都是基于符号推演方式进行的。近年来,人们又将神经网络技术用于问题求解,开辟了问题求解与搜索技术研究的新途径。例如,用 Hopfield 网解决 31 个城市的旅行商问题,已取得很好的效果。

3. 问题求解

人工智能的成就之一是开发了高水平的下棋程序。在下棋程序中应用的某些技术,如向前看几步,并把困难的问题分成一些比较容易的子问题,发展成为搜索和问题归纳这样的人工智能基本技术。今天的计算机程序能够下锦标赛水平的各种方盘棋、十五子棋、国际象棋和围棋,并取得计算机棋手战胜国际象棋冠军和围棋冠军的成果。另一种问题求解程序能够进行各种数学公式运算,其性能达到很高的水平,并正在为许多科学家和工程师所应用。有些程序甚至还能够用经验改善其性能。有些软件能够进行比较复杂的数学公式符号运算。

未解决的问题包括人类棋手具有的但尚不能明确表达的能力,如国际象棋大师们洞察棋局的能力。另一个未解决的问题涉及问题的原概念,在人工智能中叫作问题表示的选择。人们常常能够找到某种思考问题的方法,从而使求解变得容易而最终解决该问题。到目前为止,人工智能程序已经知道如何考虑要解决的问题,即搜索解空间,寻找较优的解答。

4. 定理证明

早期的逻辑演绎研究工作与问题和难题的求解相当密切。已经开发出的程序能够借助对事实数据库的操作"证明"断定;其中每个事实由分立的数据结构表示,就像数理逻辑中由分立公式表示一样。与人工智能其他技术的不同之处是,这些方法能够完整地、一致地加以表示。也就是说,只要本原事实是正确的,那么程序就能够证明这些从事实得出的定理,而且也仅仅是证明这些定理。

对数学中臆测的定理寻找一个证明或反证,确实称得上是一项智能任务。为此,不仅需要有根据假设进行演绎的能力,而且需要某些直觉技巧。例如,为了求证主要定理而猜测应当首先证明哪一个引理。一个熟练的数学家运用他的判断力能够精确地推测出某个科目范围内哪些已证明的定理在当前的证明中是有用的,并把他的主问题归结为若干子问题,以便独立地处理它们。有几个定理证明程序已在有限的程度上具有某些这样的技巧。1976 年 7 月,美国的 K.Appel 等合作解决了长达 124 年之久的难题——四色定理。他们用三台大型计算机,花了 1200 小时 CPU 时间,并对中间结果进行人为反复修改达 500 多处。吴文俊院士提出并实现的几何定理机器证明的方法——"吴氏方法",是定理证明领域的一项标志性成果。

5. 专家系统和知识库

专家系统是一个基于专门的领域知识求解特定问题的计算机程序系统,主要用来模仿人类专家的思维活动,通过推理与判断求解问题。

一个专家系统主要由以下两部分组成:一是称为知识库的知识集合,它包括要处理问题的领域知识;二是称为推理机的程序模块,它包含一般问题求解过程所用的推理方法与控制策略的知识。

推理是指从已有事实推出新事实(或结论)的过程。人类专家能够高效率求解复杂问题,除了因为他们拥有大量的专门知识外,还体现在他们选择知识和运用知识的能力方面。知识的运用方式称为推理方法,知识的选择过程称为控制策略。

好的专家系统应能为用户解释它是如何求解问题的,或者推理过程中结论获得的理由,或者为什么所期望的结论没有达到。

专家系统中的知识往往具有不确定性或不精确性,它必须能够使用这些模糊的知识进行推理,以得出结论。专家系统可用于解释、预测、诊断、设计、规划、监督、排错、控制和教学等。专家系统的构造过程一般有以下 5 个相互依赖、相互重叠的阶段：识别、概念化、形式化、实现与验证。

专家系统的实现一般是采用专家系统开发工具进行的。在美国,绝大多数专家系统使用外壳这类开发工具实现,也可使用程序设计语言实现。LISP 语言是一种表处理语言,它是许多专家系统程序设计语言的基础。欧洲和日本常用逻辑编程实现专家系统,广泛使用的语言是Prolog,它基于一阶谓词演算。

专家系统的运行与维护都需要一个良好的支持环境,这个支持环境不但要包括易学、易用的人机界面,而且要有能方便地排除知识表示中语法错误、语义错误的知识库编辑工具。

从 20 世纪 70 年代后期以来,美国、欧洲、日本以及中国出现了一大批应用于各领域的专家系统,涉及医学、化学、生物、工程、法律、农业、商业、教育、军事等领域,产生了很好的社会与经济效益。

近年来,在专家系统广泛应用于各领域的基础上,诞生了分布式专家系统和与其他信息系统相结合的新型综合的专家系统或智能信息系统。

知识库类似数据库。知识库技术包括知识的组织、管理、维护、优化等技术。对知识库的操作要靠知识库管理系统的支持。知识库与知识表示密切相关,知识表示是指知识在计算机中的表示方法和表示形式,它涉及知识的逻辑结构和物理结构。知识表示实际也隐含着知识的运用,知识表示和知识库是知识运用的基础,同时也与知识的获取密切相关。

知识表示与知识库的研究内容包括知识的分类、知识的一般表示模式、不确定性知识的表示、知识分布表示、知识库的模型、知识库与数据库的关系、知识库管理系统等。

"知识就是智能",因为所谓智能,就是发现规律、运用规律的能力,而规律就是知识。发现知识和运用知识本身还需要知识。因此,知识是智能的基础和源泉。

6. 大数据知识工程

2015 年 9 月,吴信东与郑南宁院士、陆汝钤院士等提出了大数据知识工程的顶层设计与研究纲要。大数据知识工程的基本目标是研究如何利用海量、低质、无序的碎片化知识进行问题求解与知识服务。不同于依靠领域专家的传统知识工程,大数据知识工程除权威知识源以外,知识主要来源于用户生成内容(User-Generated Contents,UGC)。知识库具备自完善与增殖能力,问题求解过程能够根据用户交互进行学习。大数据知识工程有望突破以专家知识为核心的传统知识工程中的"知识获取"和"知识再工程"两个瓶颈问题。

大数据知识工程的研究将以我国经济社会发展对大数据知识工程的战略需求为牵引,以多源海量碎片化数据到知识的"在线学习-拓扑融合-知识导航"转换为主线,针对知识碎片化引发的知识表示、质量、适配等问题,围绕"探索碎片化知识发现、表示与演化规律""揭示碎片化知识拓扑融合机理""构建个性化知识导航的交互模型"三个科学问题开展基础理论和关键技术研究,建立一套大数据知识工程的理论体系,突破碎片化知识发现、融合、服务的核心技术,研制出碎片化知识融合与导航服务原型系统,开发出具有高附加值的面向碎片化知识的处理工具。

该项目将以领域开放知识源为对象,通过碎片化知识挖掘与融合,建立具有增殖、适配、群体智能特点的 PB 级数据与知识中心,并研制出具有碎片化采集、挖掘、分析、融合、导航等功能的系列化工具软件,为研究成果的应用提供技术支撑。项目示范领域包括普适医疗、远程教育、"互联网+旅游"三个知识密集型应用领域。在普适医疗领域,将选择糖尿病、痛风、高血压等疾病,开展面向辅助诊断的示范应用,建立基于大数据知识工程的认知医疗新模式。该模式不再仅依赖医护专家的知识,也依赖患者病历、医学文献等相关数据中的碎片化知识;另外,该模式强调患者本身对医学过程的反馈,能寻找到针对个体的个性化诊断结果,实现精准医疗。在远程教育领域,该项目将建立基于大数据知识工程的网络化认知模式,该模式能够将多源分布的低质碎片化知识进行融合,形成符合人类认知特点的结构化组织形式,降低学习者认知负荷。另外,该模式能够基于知识关联实现知识导航,有望克服碎片化知识离散、无序性导致的认知迷航问题。在"互联网+旅游"领域,将利用大数据知识工程,对用户生成内容中与旅游有关的海量碎片化知识进行融合与重构,结合游客属性、行为、旅游景区或目的地的偏好度进行分析,将海量碎片化知识形成可行动的智慧,实现传统的旅游服务向具有"智慧推送、精准服务"特点的个性化服务模式转变。

1.4.3　智能决策

1. 概述

智能决策,为通过实时有效的大数据感知和解析来实现知情决策,并采用更加主动和全面的视角,面向未来可能发生的场景主动进行情景推演与态势预测,将这些前瞻性分析应用于决策制定、分析、实施和反馈的全过程。与传统的商务智能或者决策支持系统相比,智能决策的重点在于通过混合智能对决策与其作用效应之间的复杂关系进行深度理解,有助于决策者在复杂、不确定性的系统和环境中动态地优化各种类型决策(如企业运营策略、政府政策)的制定、实施、评估和预演,以更好地达到预期的决策目标。

2017 年,国务院印发的《新一代人工智能发展规划》,在多个重点任务中指出智能决策的应用场景:在智能农业领域,建立典型农业大数据智能决策分析系统;在智能商务领域,推广基于人工智能的新型商务服务与决策系统,鼓励围绕个人需求、企业管理提供定制化商务智能决策服务;在智能政务领域,开发适于政府服务与决策的人工智能平台,研制面向开放环境的决策引擎;在军民融合领域,促进人工智能技术军民双向转化,强化新一代人工智能技术对指挥决策、军事推演、国防装备等的有力支撑。

决策智能意味能思考、会决策,在一种不确定的环境中做出合适的行动,或者做出合适的选择和决定的能力。智能应具备对不确定性环境的探索和发现。这里的环境,即指我们试图用智能科学更好地了解、探索、建模和驾驭的物理世界、人类社会等系统。决策智能主要基于对不确定环境的探索,因此需要获取环境信息和自身的状态,从而来进行自主决策,并使得由环境反馈的收益最大。

2. 智能决策机理、建模与演化

1) 决策内在机理探索

随着数据采集处理能力、存储计算能力的提升及人工智能技术的快速发展,社会、企业等对组织设计、流程管控、需求挖掘、资源调配、风险管控等提出了更高的智能化要求。为应对决策环境与决策问题的快速变化,探究决策智能的内在本质并应用决策智能提升决策的实时性、可靠性和前瞻性,已经成为管理科学在智能化时代的发展趋势。当前决策智能方法存在泛化迁移性差、可解释性不足、持续学习能力弱、可靠性差等问题,导致人机不信任、协同差、融合难。为克服决策基础理论、关键技术智能化水平低的问题,需参照人脑决策深度挖掘决策本质,以单体智能、群体智能、体系智能为主线,以管理科学为主轴,融合脑科学、类脑计算、心理学、进化生物学、体系科学等成果,揭示智能技术赋能认知决策的根本机理,探索智能化时代的新型决策范式,构建行为可解释、持续演化、智能涌现的决策智能框架,实现从"信息域"向"认知域"和"决策域"的跨越。

2) 决策主体智能建模和学习机制

由于未来决策环境的复杂性,涉及多个决策主体(包括机器和人),可分为决策主持人、决策者、决策协调者等,也可分为我方决策主体和对手决策主体。在有限理性的情况下,各决策主体不仅有自己的行为规则方式和自主决策处置能力,而且他们之间存在着复杂的交互关系。且在很多重大决策制定场合,出于伦理和法律以及安全等方面的因素,决策者和利益相关者需要人工智能技术具备更高级的可解释性,对其所做出的预测或者判断给出原因。此外,在特定的决策环境中法律制度、伦理规范以及决策文化等社会因素对决策主体的行为构成实质性的约束,如法律和伦理对训练数据集的获取、使用会直接影响决策主体可能产生的行为,抑或对单个决策主体的影响,进而对整个决策过程产生影响。所有这些都对决策主体智能建模和学习机制提出了新的需求。

3)决策生态系统交互演化机理

基于数字化的新理念、新场景、新应用驱动着万物互连时代的加速到来,也重塑了人机协同的决策机制。在诸如城市、医疗、供应链和能源等超大规模复杂系统中,决策涉及决策主体、客体、社会、自然、文化、政治、经济环境等多个参与方,其交互形式多样、关系复杂,具有很强的动态对抗特性。且随着各大系统物理规模增大、数据来源增多、时限容忍减弱、不确定性增强,决策的难度与复杂度也随之增大。决策生态系统指的是决策主体、被决策主体与外部环境所共同构成的特定空间。通过研究决策生态系统的构成要素及其组织方式、交互规律、演化趋势等,旨在挖掘并掌握决策生态系统交互演化机理,推演从个体局部决策到生态系统决策的全流程,提出控制决策生态系统内部交互演化的方法论。

3. 智能决策知识表示与推演

1)决策知识抽取、发现与演绎方法

随着大数据时代的到来,复杂系统对于从根据海量用户生成的多模态、多语言、非结构化、非形式化的数据中抽取、发现与演绎决策知识提出了新的智能化要求。决策知识反映设计者运用各种专业知识与经验,定义设计问题,产生设计概念并进行设计决策的动态心理行为过程,其按照存在形式通常分为显性决策知识与隐性决策知识。显性决策知识是设计人员将设计过程中产生的决策知识以不同格式的文档保存下来的历史性的知识,如设计说明书、技术报告、专利文档等。隐性决策知识则是在设计过程中设计人员保留在头脑中而没有形成文字的决策知识。在设计决策系统中有效地进行知识抽取、发现和演绎对于提升系统的设计质量和决策执行效率均具有决定性作用。为更好地管理和应用决策知识,需设计智能化决策知识模型,通过对显性决策知识进行抽取,对隐性决策知识进行发现与演绎,来构建决策智能知识库,以实现决策知识的高效重用。

2)决策推演与验证理论及方法

在复杂的现实情境下,决策推演与验证的重要问题包括多方面评估决策影响、针对群体行为进行决策结果预测,以及使用大数据进行理论验证。以针对重大公共卫生事件的决策评估、推演和验证为例,决策智能为传染病流行的精准推演、疫苗研发和综合性免疫策略制定提供框架和工具。以全球大流行的新型冠状病毒感染(COVID-19)为例,各国政府出台了关闭公共场所、社交隔离等非药物干预决策,并积极开发、试验药物、疫苗,以减缓疫情扩散。因此,对于新冠疫情在数据不完备的情况下传播规律和群体认知的研究,并整合人的智慧出台干预决策及对干预决策的定量化评价,能为当前的防控提供理论依据,减缓当前新冠疫情的传播及其造成的损失,并为应对未来其他新发突发传染病的防控打好坚实的理论基础。

4. 智能决策的应用领域

智能决策在产业方面的突出表现形式就是各种提供人机融合决策方案公司的出现和探索。智能决策主要是由大数据、人工智能、云计算等新兴技术驱动的、对决策制定相关的产业产生重大影响的情景推演、态势预测、决策制定和反馈等新兴的业务模式、技术应用和产品服务等。CB Insight 报道的 2020 年全球 100 家最具潜力人工智能初创企业,涉及为包括医疗保健、零售仓储和金融保险在内的 15 个行业和跨行业应用提供智能决策和智能解决方案,总融资额达到 74 亿美元。这 100 家公司中,有 10 家正在尝试并专注于利用智能决策相关的技术提供决策相关的解决方案。阿里巴巴、京东、华为等互联网巨头率先意识到人工智能技术在复杂管理决策系统中的巨大潜力和科学研究价值，针对购物狂欢节、智能网络调度、工业制造决策系统等实际应用场景，分别启动达摩院决策智能实验室、京东零售"智能履约决策大脑"系统、华为云天才少年专项"强化学习与智能决策系统"，试图打造全球领先的决策智能研究体系，以降低行业成本、提升产品和服务质量。

1）商业领域

商业分析：亚马逊使用机器学习算法进行市场分析和销售预测，通过分析消费者行为和市场趋势，智能地调整库存和定价策略。

金融投资：智能决策系统通过分析市场趋势、风险评估和投资组合优化，帮助投资者做出更明智的投资选择。贝莱德（BlackRock）的"阿拉丁"平台是一个先进的风险管理系统，它使用智能决策工具帮助投资者进行市场趋势分析和投资组合优化。智能系统可以分析市场数据并提出投资建议，而金融分析师则可以基于自己的经验和直觉对这些建议进行评估和调整。用户可以通过交互界面定制决策参数和偏好。

供应链管理：智能决策在库存管理、物流规划、需求预测等方面发挥作用，提高供应链的效率和响应能力。沃尔玛利用智能决策系统进行库存管理和需求预测，通过实时分析销售数据和供应链信息，优化库存水平和物流效率。智能决策系统允许用户根据需要调整参数或方案。例如，在供应链管理中，系统可能提供一个界面，允许管理者根据市场变化调整库存水平或物流路线，确保决策系统能够灵活适应不断变化的业务需求。通过提供决策的解释和透明的操作过程，智能决策系统能够建立起用户的信任。

社交媒体趋势分析：推特使用智能决策工具来分析社交媒体趋势，预测和调整广告投放策略，以提高广告效果，这些都是利用智能决策技术，提高决策的效率和质量，同时为企业和组织带来战略优势。

2）工业领域

智能制造：通用电气（GE）在其制造工厂中部署了智能决策系统，用于生产调度和质量控制，通过分析传感器数据实现预测性维护。

自动驾驶：特斯拉的自动驾驶系统FSD，利用先进的感知系统和深度学习算法，实现车辆的实时路径规划、障碍物识别和避障、速度控制以及自动停车等功能。通过持续的数据收集和算法优化，FSD系统不断学习和适应各种复杂的交通环境和驾驶情景，为驾驶者提供更加安全和便捷的自动驾驶体验。乘客可以根据自己的偏好设置行驶模式，如选择更快速或更节能的路线。

能源管理：Google的子公司Nest使用智能决策系统进行能源消耗分析和需求预测，帮助优化电网运行和能源分配。

3）医疗服务领域

医疗诊断：在医疗领域，智能决策支持系统通过分析临床数据、实验室结果和患者病史，辅助医生快速准确地诊断疾病。

治疗建议：IBM的Watson for Oncology通过分析患者的医疗记录和最新的医学研究，为医生提供治疗建议，辅助快速准确地诊断癌症。当系统提供关于疾病诊断和治疗建议的详细解释时，医生更有可能接受并依赖这些建议。

患者管理：人机交互支持人类专家和智能系统之间的协作。医生可以反馈诊断结果的准确性，帮助系统学习并改进其算法，以提高未来诊断的准确性。

4）国防领域

情报分析：在军事领域，智能决策系统分析情报数据，模拟战场情景，辅助指挥人员制定战略和战术决策。帕兰提尔技术公司(Palantir Technologies)提供的情报分析平台,被美国军方用于分析情报数据和模拟战场情景,辅助战略决策。

战场模拟:在 DARPA 的 ALIAS 项目中,智能决策系统能够提供关于其飞行路线和任务执行的清晰解释。例如,解释为什么选择了特定的飞行路径,这有助于增强飞行员对自动化系统的信任,并理解其决策过程。

战略决策:CT-OODA 环理论强调了在复杂环境中决策的透明度。在实际应用中,如要地防空作战,智能决策系统必须能够展示其感知环境、分析威胁、做出决策和执行行动的每一步,确保指挥官能够实时监控和理解整个决策流程。

智能决策的应用不仅提高了决策的效率和质量,而且为企业和组织带来了战略优势,增强了对复杂环境的适应能力和决策透明度。

1.4.4　智能行动

1. 智能检索

对国内外种类繁多和数量巨大的科技文献的检索远非人力和传统检索系统所能胜任。研究智能检索系统已成为科技持续快速发展的重要保证。

智能信息检索系统的设计者们将面临以下几个问题。首先,如何建立一个能够理解以自然语言陈述的询问系统。其次,如何根据存储的事实演绎出答案。最后,如何表示和应用常识问题,因为理解询问和演绎答案需要的知识都有可能超出该学科领域数据库表示的知识范围。

2. 智能调度与指挥

确定最佳调度或组合的问题是人们感兴趣的又一类问题。一个古典的问题就是推销员旅行问题。这个问题要求为推销员寻找一条最短的旅行路线。他从某个城市出发,访问每个城市一次,且只允许一次,然后回到出发的城市。这个问题的一般提法是:对由 n 个结点组成的一个图的各条边,寻找一条最小代价的路径,使得这条路径对 n 个结点的每个点只允许穿过一次。试图求解这类问题的程序产生了一种组合爆炸的可能性。这些问题多数属于 NP-hard 问题。

人工智能学家曾经研究过若干组合问题的求解方法。他们的努力集中在使"时间-问题大小"曲线的变化尽可能缓慢地增长,即使是必须按指数方式增长。有关问题域的知识再次成为比较有效的求解方法的关键。为了处理组合问题而发展起来的许多方法对其他组合上不甚严重的问题也是有用的。

智能组合调度与指挥方法已被应用于汽车运输调度、列车的编组与指挥、空中交通管制以及军事指挥等系统。其中,军事指挥系统已从 C³I(Command,Control,Communication and Intelligence)发展为 C⁴ISR(Command,Control,Communication,Computer,Intelligence,Surveillance and Reconnaissance),即在 C³I 的基础上增加了监视、侦察、信息管理和信息战,强调战场情报的感知能力、信息综合处理能力以及系统之间的交互作用能力。

下面介绍任务规划系统 O-PLAN。O-PLAN 是爱丁堡大学开发的一个规划系统,它是一个基于规则的规划器。该规划器使用规划的层次表示,任务可以展开成更多的细节层次;可以用不同的方法把高层次的规划展开成低层次的规划,规划器搜索可选择规划产生方式,规划中不同部分的解可能包含检测与纠正的相互作用;结点的网络表示规划的不同层次,这种表示形式允许将关于时间与资源约束的知识用于约束对解的搜索。

O-PLAN 已经被开发了许多年,是富于知识的规划器的一个很好的例子。O-PLAN 已经应用于许多现实世界的问题,其中一些如下:空间站构造、卫星规划与控制、结构构造与房屋建造、软件开发、物流、非战斗撤退行动、危机响应、空战规划流程。

3. 智能控制

智能控制是驱动智能机器自主地实现其目标的过程。许多复杂的系统难以建立有效的数学模型和用常规控制理论进行定量计算与分析,而必须采用定量数学解析法与基于知识的定性方法的混合控制方式。随着人工智能和计算机技术的发展,已有可能把自动控制和人工智能以及系统科学的某些分支结合起来,建立一种适用于复杂系统的控制理论和技术。

智能控制是同时具有以知识表示的非数学广义世界模型和数学公式模型表示的混合控制过程,也往往是含有复杂性、不完全性、模糊性或不确定性以及不存在已知算法的非数学过程,并以知识进行推理,以启发引导求解过程。因此,在研究和设计智能控制系统时,不应把注意力放在数学公式的表达、计算和处理方面,而是放在对任务和世界模型的描述、对符号和环境的识别以及对知识库和推理机的设计开发上,即放在智能机模型上。智能控制的核心在高层控制,即组织级控制。其任务在于对实际环境或过程进行组织,即决策和规划,以实现广义问题的求解。已经提出的用以构造智能控制系统的理论和技术有分级递阶控制理论、分级控制器设计的熵方法、智能逐级增高而精度逐级降低原理、专家控制系统、学习控制系统和神经控制系统等。

智能控制有很多研究领域,它们的研究课题既具有独立性,又相互关联。目前研究得较多的是以下6方面:智能机器人规划与控制、智能过程规划、智能过程控制、专家控制系统、语音控制以及智能仪器。

下面以宇宙飞船的自主控制为例,介绍智能控制。1998年10月24日,宇宙飞船深空1号从Canaveral角发射升空。飞行的目的是测试12项先进的高风险技术。飞行的成功使其使命延长,深空1号最终在2001年12月18日退役。深空1号上的软件实验象征着向将来宇宙飞船的自主控制前进了一大步。该软件就是称为远程代理(Remote Agent,RA)的一个人工智能系统,它能够规划和控制宇宙飞船的活动。

为使宇宙飞船执行一项任务,如为自己定位,以获取小行星的照片,通常的方法是由地面上的一组人员规划出一系列控制命令并发送给宇宙飞船。RA能够设计自己的规划,以响应一个高级目标,如"在下个星期对下列小行星拍照并延长90%的时间"。规划指出满足目标的一系列动作。每个动作由任务表示,任务分解成更细的任务,直到最后每个任务都是飞行软件能够执行的指令为止。为此,RA配备有支持通常船上控制软件的知识和地面控制人员使用的知识,有飞行目标的知识、对飞船硬件的认识,以及宇宙飞船运行环境的知识。

4. 人机对话系统

在人机对话系统领域,某些相对垂直的方面已经获得了足够多的数据,如客服和汽车(车内的人车对话)方面;还有一种是特定场景的特定任务,如Amazon Echo,你可以和它讲话,可以说"你给我放首歌吧"或者"你播放一下新闻",Amazon Echo里面有多个麦克风形成的阵列,围成一圈,这个阵列可以探测到人是否在和它说话,当你把脸转过去和别人说话的时候,它就不会有反应,并且大规模地降低噪声。利用了硬件的优势,在家庭这个场景中,这种"唤醒功能"是非常准确的。它的另一个功能是当你的双手无法控制手机的时候,可以用语音控制,案例场景是客厅和厨房,在美国,Amazon Echo特别受家庭主妇的欢迎。虽然它现在只有一问一答的形式,但有了准确的唤醒功能以后,给人的印象就好像它可以进行多轮问答的复杂对话。所以,当有了人工智能应用的特定场景,如果收集了足够多、足够好的数据,是可以训练出强大的对话系统的。

5. 智能机器人

智能机器人是具有人类特有的某种智能行为的机器。

一般认为,按照机器人从低级到高级的发展程度,可以把机器人分为三代。第一代机器人,即工业机器人,主要指只能以"示教-再现"方式工作的机器人。这类机器人的本体是一只类似人的上肢功能的机械手臂,末端是手爪等操作机构。第二代机器人是指基于传感器信息工作的机器人。它依靠简单的感觉装置获取作业环境和对象的简单信息,通过对这些信息的分析、处理做出一定的判断,对动作进行反馈控制。第三代机器人,即智能机器人,这是一类具有高度适应性的有一定自主能力的机器人。它本身能感知工作环境、操作对象及其状态;能接收、理解人给予的指令,并结合自身认识外界的结果独立地决定工作规划,利用操作机构和移动机构实现任务目标;还能适应环境的变化,调整自身行为。

区别于第一代、第二代机器人,智能机器人必须具备4种机能:行动机能——施加于外部环境和对象的,相当于人的手、足的动作机能;感知机能——获取外部环境和对象的状态信息,以便进行自我行为监视的机能;思维机能——求解问题的认知、推理、记忆、判断、决策、学习等机能;人机交互机能——理解指示命令、输出内部状态、与人进行信息交换的机能。简言之,智能机器人的“智能”特征就在于它具有与外部世界——环境、对象和人相协调的工作机能。

围绕上述4种机能,智能机器人的主要研究内容有:操作与移动,传感器及其信息处理、控制,人机交互,体系结构,机器智能和应用研究。

目前,智能机器人的研究处于快速发展与多领域融合的阶段,研究目标主要围绕感知、行动、思考3个问题。应用系统主要有自动装配机器人、移动式机器人和水下机器人。

智能机器人的研究目前正在三方面深入:依靠人工智能基于领域知识的成熟技术,发展面向专门任务的特种机器人;在研制各种新型传感器的同时,发展基于多传感器集成的大量信息获取和实时处理技术;改变排除人的参与,机器人完全自主的观念,发展人机一体化的智能系统。

智能机器人的研究和应用体现出广泛的学科交叉,涉及众多的课题,如机器人体系结构、机构、控制、智能、视觉、触觉、力觉、听觉,机器人装配,恶劣环境下的机器人以及机器人语言等。机器人已在各种工业、农业、商业、旅游业、空中和海洋以及国防等领域得到越来越广泛的应用。

星际探索机器人能够飞往遥远的不宜人类生存的太空,进行人类难以或无法胜任的星球和宇宙探测。1997年,美国研制的探路者空间移动机器人完成了对火星表面的实地探测,取得大量有价值的火星资料,为人类研究与利用火星做出了贡献,被誉为20世纪自动化技术的最高成就之一。能够在宇宙空间作业的空间机器人,已成为空间开发的重要组成部分。

海洋(水下)机器人是海洋考察和开发的重要工具。用新技术装备起来的机器人将广泛用于海洋考察、水下工程(如海底隧道建筑、海底探矿和采矿等)、打捞救助和军事活动等方面。现在,海洋机器人的潜海深度可达12 000m以上。

机器人外科手术系统已成功地用于脑外科、胸外科和膝关节等手术。机器人不仅参与辅助外科手术,而且能够直接为患者开刀,还将全面参与远程医疗服务。

微型机器人是21世纪的尖端技术之一。已经开发出手指大小的微型移动机器人,可进入小型管道进行检查作业。预计在不久之后将要生产出毫米级大小的微型机器人和直径为几百微米甚至更小的纳米级医疗机器人,让它们直接进入人体器官,进行各种疾病的诊断和治疗,而不伤害人的健康。微型机器人在精密机械加工、现代光学仪器、超大规模集成电路、现代生物工程、遗传工程、医学和医疗等工程中大有用武之地。

智能机器人已广泛应用于体育和娱乐领域。其中,足球机器人和机器人足球比赛,集高新技术和娱乐比赛于一体,是科技理论与实际密切结合的极富生命力的成长点,已引起社会的普遍重视和各界的极大兴趣。足球机器人系统涉及计算机视觉(尤其是彩色视觉)、移动通信和网络、多智能体、机电一体化、动态协调和决策、计算机实时仿真、人工智能和智能控制以及控制硬件、软件和智能的集成等技术,能够反映出一个国家信息和自动化技术的综合实力。

人机交互的智能客服会产生很多外界公开的数据以及内部的数据、知识库等。这些数据都可以用来制造机器人,尤其是可以用过去的数据做训练。这个数据量在垂直领域逐渐增加。现在的对话系统也已逐渐成为深度学习和强化学习的焦点。在客服需求量大,而服务内容垂直的应用领域,对话系统会发挥巨大作用。

在 21 世纪,人类必须学会与机器人打交道。越来越多的机器人保姆、机器人司机、机器人秘书、机器人节目主持人以及网络机器人、虚拟机器人、人形机器人、军事机器人等将推广应用,成为机器人学新篇章的重要音符和旋律。

6. 分布式人工智能与 Agent

分布式人工智能(Distributed AI,DAI)是分布式计算与人工智能结合的结果。DAI 系统以鲁棒性作为控制系统质量的标准,并具有互操作性,即不同的异构系统在快速变化的环境中具有交换信息和协同工作的能力。

分布式人工智能的研究目标是要创建一种能够描述自然系统和社会系统的精确概念模型。DAI 中的智能并非独立存在的概念,只能在团体协作中实现,因而其主要研究问题是各 Agent 之间的合作与对话,包括分布式问题求解和多 Agent 系统(MultiAgent System,MAS)两个领域。其中,分布式问题求解把一个具体的求解问题划分为多个相互合作和知识共享的模块或结点。多 Agent 系统则研究各 Agent 之间智能行为的协调,包括规划、知识、技术和动作的协调。这两个研究领域都要研究知识、资源和控制的划分问题,但分布式问题求解往往含有一个全局的概念模型、问题和成功标准,而 MAS 则含有多个局部的概念模型、问题和成功标准。

MAS 更能体现人类的社会智能,具有更大的灵活性和适应性,更适合开放和动态的世界环境,因而备受重视,已成为人工智能,以致计算机科学和控制科学与工程的研究热点。

完全自主 Agents 的 4 个主要应用领域分别是:足球机器人,无人驾驶车辆,拍卖 Agents,自主计算。其中,足球机器人和无人驾驶车辆属于“物理 Agents”,拍卖 Agents 和自主计算属于“软件 Agents”。这些应用充分展示了机器学习与多 Agent 推理的紧密结合,它涉及自适应及层次表达、分层学习、迁移学习、自适应交互协议、Agent 建模等关键技术。

Agent 与大模型融合正加速向认知决策自动化、多模态交互泛化、任务执行闭环化发展,通过具身智能增强环境适应力,结合强化学习与知识推理突破复杂场景限制。

7. 人工生命

人工生命(Artificial Life,ALife)的概念是由美国圣达菲研究所非线性研究组的 Langton 于 1987 年提出的,旨在用计算机和精密机械等人工媒介生成或构造出能够表现自然生命系统行为特征的仿真系统或模型系统。自然生命系统行为具有自组织、自复制、自修复等特征,以及形成这些特征的混沌动力学、进化和环境适应。

人工生命所研究的人造系统能够演示具有自然生命系统特征的行为,在“生命之所能”的广阔范围内深入研究“生命之所知”的实质。只有从“生命之所能”的广泛内容考察生命,才能真正理解生命的本质。人工生命与生命的形式化基础有关。生物学从问题的顶层开始,考察器官、组织、细胞、细胞膜,直到分子,以探索生命的奥秘和机理。人工生命则从问题的底层开始,把器官作为简单机构的宏观群体考察,自底向上进行综合,由简单的被规则支配的对象构成更大的集合,并在交互作用中研究非线性系统的类似生命的全局动力学特性。

人工生命的理论和方法有别于传统人工智能和神经网络的理论和方法。人工生命通过计算机仿真生命现象所体现的自适应机理,对相关非线性对象进行更真实的动态描述和动态特征研究。

人工生命学科的研究内容包括生命现象的仿生系统、人工建模与仿真、进化动力学、人工生命的计算理论、进化与学习综合系统以及人工生命的应用等。比较典型的人工生命研究有计算机病毒、计算机进程、进化机器人、自催化网络、细胞自动机、人工核苷酸和人工脑等。

8. 游戏

对于游戏开发者来说,人工智能最终意味着广泛的技术范围。这些技术可用于生成对手、战场上的部队、队友、非玩家角色或游戏中一切模拟智能的行为。其中一些技术,如有限状态机和启发式 A* 搜索算法,多年以来已经在许多游戏中得到了有效验证。在最基本层,游戏中的有限状态机包括以下三部分:①一个角色在游戏中可能有的几种状态;②决定何时变换状态的一组条件;③实现每种状态角色行为的一组代码。

例如,"邪恶的外星人"可能有三种状态:搜寻、战斗和逃跑。在战斗状态下,外星人可以边朝玩家移动,边发射激光炮。不过,如果"外星复仇女神"的健康指数在战斗状态时下降到 25%以下,则人物就会转换到逃跑状态,并且逃回母舰。有限状态机能有效地将人物整组的行为分解成独立部分,且各部分之间转换的逻辑是简单的。然而,随着角色行为复杂性的增加,其状态数可能会出现爆炸。

在这些例子中,人工智能控制的外星人会朝玩家移动进行战斗,或逃离玩家。在虚拟环境中绕过围墙和其他障碍物时,这两种行为都要求游戏的人工智能技术计算出一条从外星人当前位置到最佳攻击点的路径。路径规划是游戏智能中最常见的具有挑战性的问题之一。

当人工智能控制的一队士兵必须移动到一个攻击点,或者人工智能控制的橄榄球"跑卫"跑向前场,或者当人工智能控制的队友跟随玩家穿越迷宫的房屋和门时,都要用到路径规划技术。

A* 搜索算法为大多数游戏如何计算人工智能角色从 A 点运动到 B 点的路径提供了基础。A* 搜索算法维护着一张部分路径的列表,并根据目前探索出的路径长度和到达目标的估计距离的最短路径组合,不断扩展已有的局部路径。

在一定条件下,A* 搜索是一种理论最优搜索算法。但是,由于游戏开发者能紧密控制游戏场景,因而可以发现,若干 A* 搜索的有趣的变种算法尽管从理论上讲速度不会更快,但是解决具体游戏中的路径规划问题却更有效。

多年来,路径规划始终是游戏产业中人工智能专家关注的主要焦点。当今的游戏只使用可用处理能力的一小部分,就能计算出数百个单元的路径,留出大量资源用于满足其他需求。

9. 人机智能融合

人机智能融合就是充分利用人和机器的长处形成一种新的智能形式。人处理其擅长的包含"应该"(should)等价值取向的主观信息,机器则计算其拿手的涉及"是"(being)等规则概率统计的客观数据,进而变成一个可执行、可操作的程序性问题,也是把客观数据与主观信息统一起来的新机制,即需要意向性价值的时候由人处理,需要形式化(数字化)的事实的时候由机器分担,从而产生了一种人+机大于人、人+机大于机的效果。

人机智能融合中的深度态势感知是一个重要隘口,深度态势感知的含义是"对态势感知的感知,是一种人机智慧,既包括人的智慧,也融合了机器的智能(人工智能)",是能指+所指,既涉及事物的属性(能指、感觉),又关联它们之间的关系(所指、知觉),既能够理解事物的原本之意,也能够明白弦外之音。它是在以 Endsley 为主体的态势感知(包括信息输入、处理、输出环节)基础上,加上人、机(物)、环境(自然、社会)及其相互关系的整体系统趋势分析,具有"软/硬"两种调节反馈机制;既包括自组织、自适应,也包括他组织、互适应;既包括局部的定量计算预测,也包括全局的定性计算评估,是一种具有自主、自动弥聚效应的信息修正、补偿的期望-选择-预测-控制体系。

being 与 should 的狭义结合就是数据与知识、结构与功能、感知与推理、直觉与逻辑、连接与符号、属性与关系的结合,也是未来智能体系的发展趋势;其广义结合是意向性与形式化的结合。临界是一种介于有序和无序之间的状态,是工作效率最大化的一种表现形式。人机智能融合就是要寻找到这种平衡状态,让人的无序与机的有序、人的有序与机的无序相得益彰,达到安全、高效、敏捷的结果。想象力、创造力是感性与理性的界面,也许人机智能的融合可以实现一定程度上主客观、感性与理性的相互适应性融合。

人机协同可以被看作快思考与慢思考的一种融合。快思考通常指的是人类在处理信息时迅速做出直觉性、本能性的反应,而慢思考则是指深思熟虑、经过分析和推理后才做出的决策或思考过程。在人机协同中,机器可以通过快速的计算和数据处理能力提供大量信息和反馈,帮助人类更快速地获取、整理和分析数据。这种快速的信息处理可以弥补人类自身在处理大量数据时的局限性,加快决策和行动的速度。与此同时,人类的慢思考能力在人机协同中也得到了发挥。人类可以利用机器提供的信息进行深入的分析、推理和判断,从而做出更为理性和全面的决策。这种思考过程是机器目前还无法完全取代的,因为它涉及人类的价值观、道德判断和复杂情境的理解。因此,人机协同将快思考和慢思考有机地结合在一起,充分发挥了两者的优势,使得决策和问题解决能力得到了显著提升。

1.5　人工智能发展展望

1.5.1　新一轮人工智能的发展特征

当前人工智能发展的突飞猛进和重大变化,表现出区别于过去的三方面的阶段性特征。

1. 进入大数据驱动智能发展阶段

可以说,2000年之后成熟起来的三大技术成就了人工智能的新一轮发展高潮,包括以深度学习为代表的新一代机器学习模型,GPU、云计算等高性能并行计算技术应用于智能计算,以及大数据的进一步成熟。以上三大技术构建起支撑新一轮人工智能高速发展的重要基础。

DARPA认为,人工智能发展将经历三个波次。第一波次是人工智能发展初期的基于规则的时代,专家们会基于自己掌握的知识设计算法和软件,这些AI系统通常是基于明确而又符合逻辑的规则。在第二波次AI系统中,人们不再直接教授AI系统规则和知识,而是通过开发特定类型的机器学习模型,基于海量数据形成智能获取能力,深度学习是其典型代表。在这种技术路线下,获得高质量的大数据和高性能的计算能力成为算法成功的关键要素。例如,2015年以来,IBM通过收购大量医疗健康领域的公司,获取患者病例、医疗影像和临床记录等医疗数据,以提升Watson的医疗诊断水平。

尽管基于现有的深度学习+大数据的方法,离最终实现强人工智能还有相当的距离,下一步可能需要借鉴人脑高级认知机理,突破深度学习方法,形成能力更强大的知识表示和学习推理模型。但业界普遍认为,最近5~10年,人工智能仍会基于大数据运行,并形成巨大的产业红利。

2. 进入智能技术产业化阶段

在机器学习+大数据的人工智能研究范式下,得益于硬件计算性能的快速增强,智能算法性能大幅提升,围棋算法、语言识别、图像识别都在近年陆续达到或超过人类水平,智能搜索和推荐、语音识别、自动翻译、图像识别等技术进入产业化阶段。各类语音控制类家电产品和脸部识别应用在生活中已随处可见;无人驾驶技术难点不断突破,Google无人驾驶汽车已在公路上行驶了300多万英里(1英里=1609.344米),自动驾驶汽车已经得到美、英政府上路许可;德勤会计师事务所发布财务机器人,开始代替人类阅读合同和文件;IBM的沃森智能认知系统也已经在医疗诊断领域表现出了惊人的潜力。

人工智能的快速崛起正在得到资本界的青睐。*Nature*文章指出,近一两年来,人工智能领域的社会投资正在快速聚集。2015 年比 2013 年增长了 3 倍左右。人工智能技术的发展正在由学术推动的实验室阶段,转向由学术界和产业界共同推动的产业化阶段。

3. 进入认知智能探索阶段

得益于深度学习和大数据、并行计算技术的发展,感知智能领域已经取得了重大突破,目前已处于产业化阶段。同时,认知智能研究已经在多个领域启动并取得重要进展,这将是人工智能的下一个突破点。

2016 年年初,AlphaGo 战胜韩国围棋世界冠军李世石的围棋人机大战,成为人工智能领域的又一重大里程碑性事件,人工智能系统的智能水平再次实现跃升,初步具备了直觉、大局观、棋感等认知能力。目前,人工智能的多个研究领域都在向认知智能挑战,如图像内容理解、语义理解、知识表达与推理、情感分析等,这些认知智能问题的突破将再次引发人工智能技术飞跃式发展。

除 Google 外,Microsoft、Facebook、亚马逊等跨国科技企业,以及国内的 IT 巨头都在投入巨大研发力量,抢夺这一新的技术领地。Facebook 提出在未来 5~10 年,让人工智能完成某些需要"理性思维"的任务;Microsoft 的"小冰"通过理解对话的语境与语义,建立用于情感计算的框架方法;IBM 的认知计算平台 Watson 在智力竞猜电视节目中击败了优秀的人类选手,并进一步应用于医疗诊断、法律助理等领域。

2022 年 10 月,李德毅院士、王怀民院士、朱世强教授、蒋田仔院士、陈怡然教授、于非院士、赵志峰研究员、Ajey Jacob 博士等达成共识,之江实验室与 *Science* 联合发布智能计算领域十大科学问题:①如何定义智能,如何建立智能计算的评价和标准体系?②模拟计算是否存在统一的理论模型?③计算领域的重大创新将从何而来,量子计算的计算能力是否会接近人脑的计算能力?④哪些新器件将被制造出来(晶体管、芯片设计和硬件范式:光子学、自旋电子学、生物分子、碳纳米管)?⑤智能计算如何使智能机器成为可能?⑥如何基于数字孪生脑理解记忆存储与提取?⑦硅基计算和碳基计算最高效的融合途径是什么?⑧如何构建可解释的、高效的 AI 算法?⑨能否实现具备自学习、可演化、自反思特征的强智能计算?⑩如何利用真实世界数据发现和归纳知识?

1.5.2　未来 30 年的人工智能问题

15 位著名计算机科学家在 2003 年 1 月的 ACM 杂志上发表文章各自阐述了未来计算机科学研究的问题。下面综述了未来人工智能领域有待解决的问题。

文献《对计算智能的一些挑战和重大挑战》,由 1994 年图灵奖得主 Feigenbaum 撰写。该文提出了未来计算机科学发展的三个挑战:第一,要开发这样的计算机,它们可以通过 Feigenbaum 测试,即给定主题领域中图灵测试的限制版本;第二,要开发这样的计算机,它们可以读文档,并且自动构建大规模知识库显著地减少知识工程的复杂度;第三,要开发这样的计算机,它们能理解 Web 内容,自动构建相关的知识库。

虽然后两个挑战实质上都是一个大的知识工程,但二者仍然是有差别的,因为第三个挑战牵涉一个开放的环境。开放性通常是指:①知识表述和语义理解无统一标准;②知识源的动态性(也就是出现和消失的随机性);③知识的矛盾性、二义性、噪声、不完备性和非单调性。

文献《下一步干什么? 12 个信息技术研究目标》,由 1999 年图灵奖得主 Gray 撰写。12 个信息技术研究目标如下。

目标 1　可伸缩性。设计可以扩展 10^6 倍的软件和硬件体系结构。也就是说,一个应用程序的存储和处理能力可以成百万倍自动增长;无论是提高工作速度(10^6 倍速)或者在相同的时间内做更多的工作(10^6倍),通过且仅通过增加更多的资源即可。

目标2 图灵测试。构建一个至少能赢30%次的模拟游戏的计算机系统。

目标3 言语到文本。像本地人一样听音。

目标4 文本到言语。像本地人一样说话。

目标5 像人一样看。识别对象和行为。

目标6 个人麦麦克斯(Memex)存储器。记录一个人看到的、听到的所有东西,并根据请求快速检索任意元素。

目标7 世界麦麦克斯存储器。构建一个给出了文本全集的系统,可以回答有关文本的问题,并像人类的该领域专家一样尽快、尽可能准确地概述文本。对音乐、图像、艺术和电影业也能这样做。

目标8 远程存在。在异地模拟一个观察者(远程观察者):能够像真的在实地一样听和说,也可以表示一个与会者。在异地模拟某个与会者(远程存在):就像在那里一样与其他人和环境交互。

目标9 没有问题的系统。构建一个只有一个人在业余时间管理和维护的,每天有上百万人使用的系统。

目标10 安全系统。确保目标9中的系统只能被授权用户访问,服务不能被非授权用户取消,信息不会被窃取(并证明它)。

目标11 永远运行。确保每100年系统停止运转不会超过1s——有小数点后8个9的可用性(并证明它)。

目标12 自动化程序设计程序。设计一种规范语言或用户接口,满足:①使人们易于表达设计;②计算机可编译;③能够描述所有应用(是完整的)。这个系统应该探究应用问题、询问有关异常情况和不完整规范的问题,但是不能应用起来很烦琐。

文献《计算机的理解》,由1992年图灵奖得主Lampson撰写。

计算机应用的三次浪潮分别是1960年开始的模拟,如核武器、工资单、游戏、虚拟现实等,1985年开始的通信(和存储),如电子邮件、航班订票、图书、电影等,以及2010年开始的灵境,如视觉、语音、机器人和聪明的碎片等。

本文重点阐述了两个问题:第1个问题是灵境技术,汽车不撞人(不发生道路交通事故);第2个问题是根据规范自动写程序。

灵境技术的主要挑战是实时视觉、道路模型、车辆模型、侵入道路的外部对象模型。所有这些知识都需要一个驾驶员学习多年。驾驶员要处理传感器的输入、车辆运行中的不确定性因素,以及环境中随时可能发生的变化。满足可信性,即在面临死亡危险时,自动驾驶仪必须能正确工作。

自动化程序设计是一个新问题,人们为之奋斗了40多年,但是进展有限。①在某些领域,描述程序设计可行。Spreadsheets和SQL查询是成功的:其规范与程序接近。实例程序设计在文本编辑器中和电子数据表中是有用的。HTML在某种程度上也是成功的。可是,这些解决方案用了利刃:电子数据表宏、SQL更新和对HTML中的规划的精确控制。这些工具令人讨厌。②事务处理是很成功的:它不借助其他工作将一系列相互独立的简单顺序程序转换成并发、容错、负载平衡的程序。③大的组件导致的差异。很容易将程序构建在一个关系数据库、一个操作系统和一个Web浏览器上,而不从头写起。

文献《未来49年计算机科学中的问题和预测》,介绍了研究人工智能的两个途径:一是生物方法;二是逻辑方法。逻辑AI面临的问题是:有关行为和变化的事实,包括框架问题在内的容错、非单调推理、三维世界(近似知识、表象和真实)之间的关系。

有关人类层次的智能问题:①人类层次 AI 和我们如何到达那里;②使 AI 达到使程序能够读书的水平;③定义可以与任何其他程序交互的程序;④给出程序满足合同的规范部分的形式化证明;⑤让用户充分控制他的计算环境,也就是说,在用户对环境仅有必需的了解的情况下,为他们设计一个为环境重新编程的方法;⑥用程序设计语言的基本元素形成语言的抽象语义;⑦证明与 Shannon 通道能力理论的类似性。

文献《AI 中三个未解决的问题》,由 1994 年图灵奖得主 Reddy 撰写。本文简述的三个问题若获解决,我们离人类层次的 AI 就比较近了。

第 1 个问题:从一本书中读一章并回答该章后面的问题。为了让机器能够阅读、理解并回答问题,需要以下机制:将纸上的信息转换成机器可以处理的形式;在所有潜在的模糊性和自然语言的不准确性条件下阅读并理解文章,解释作者的意图;将这种理解转换成可执行的知识表示;将问题解释并表示成初始条件和预期的目标;应用从本章中提取出来的知识和以前已知的(获得的)知识,包括大量的常识性知识,求解当前的问题。

第 2 个问题:远程修理。系统能够成功地在真实世界环境中执行任务,必须理解时间和空间概念以及近似算法,此处程序的再次执行并不一定总是给出相同的结果。为了在火星上修理一个机器人,需要一个带有所有相关工具和设备的移动平台;在一个半自动化的系统中,人类管理者可以提供指导,但不是最终的远程操作(注意,10~15min 的延迟取决于地球到火星的相对位置,这就暗含着绝大部分的导航和规避障碍物必须由本地控制);可以用来修理的系统意味着有对出现故障的平台的拆卸和装配的准确操作能力;一个能够通过观察人类操作者的动作学习的系统(需要一个有 3D 视觉、空间建模、能够发现人类的动作并设计出等价的操作程序的系统);一个可以与人类对话并能验证和确认对人类操作观察的理解的系统。

第 3 个问题:"按需百科全书"。创建一本百科全书性质的文章的任务需要几种新技术,如将文档集合起来定义一组相关的文章;从所有相关文章中分析信息,形成一个单个的合并文档;概述合并的信息,形成一个方便阅读的规模;生成最后概括性的自然符合直觉的语句。

文献《现代人工智能在中国》中,金芝提出:在未来的 50 年内,我们期望在研究诸如意识、注意力、学习能力、记忆力、语言、思考力和推理能力,甚至情感等脑活动的过程中,中国可以在智能科学研究中做出重要贡献。一些特别有前景的研究方向包括:①脑怎样整合与协作神经细胞簇活动;②神经细胞簇如何接收、表示、传送和重构可视化符号和意识;③如何使用经验方法(例如核磁共振)观察神经细胞簇活动;④怎样开发、评价建模和模拟神经细胞簇活动的数学和计算方法。

鉴于机器智能与人类智能的互补性,吴朝晖等在多年前提出了混合智能(Cyborg Intelligence,CI)的研究思路,将智能研究扩展到生物智能和机器智能的互连互通,融合各自所长,以创造出性能更高的智能形态。混合智能是以生物智能和机器智能的深度融合为目标,通过相互连接通道建立兼具生物(人类)智能体的环境感知、记忆、推理、学习能力和机器智能体的信息整合、搜索、计算能力的新型智能系统,如图 1-1 所示[7]。

混合智能系统是要构建一个双向闭环的,既包含生物体,又包含人工智能电子组件的有机系统。其中,生物体组织可以接收人工智能体的信息,人工智能体可以读取生物体组织的信息,两者无缝交互。同时,生物体组织实时反馈人工智能体的改变,反之亦然。混合智能系统不再仅仅是生物与机械的融合体,而是同时融合生物、机械、电子和信息等多领域因素的有机整体,使系统的行为、感知和认知等能力增强。

混合智能的形态表现在生物智能与机器智能在不同的层次、方式、功能、耦合层次的交互融

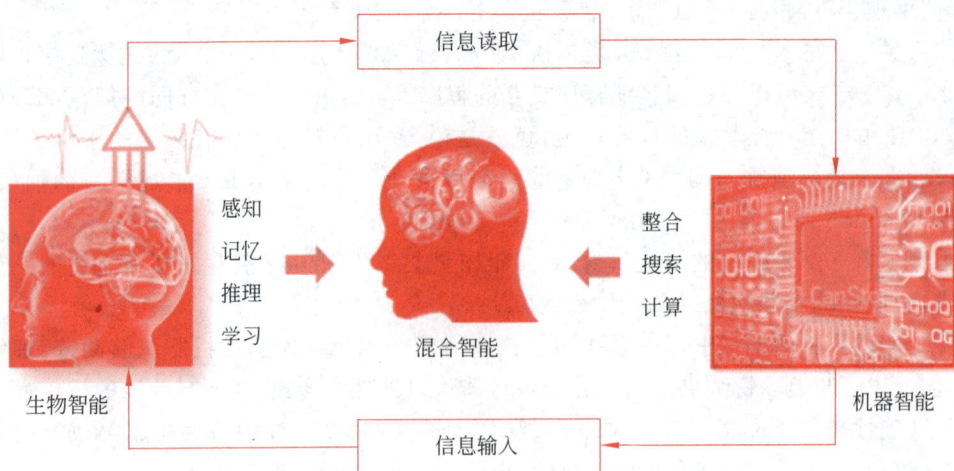

图 1-1　混合智能:新型智能形态

合,见表 1-1。

表 1-1　混合智能的形态

分类方式	混合智能形态		
智能混合方式	增强型混合智能	替代型混合智能	补偿型混合智能
功能增强方式	感知增强混合智能	认知增强混合智能	行为增强混合智能
信息耦合方式	穿戴人机协同混合智能	脑机融合混合智能	脑机一体化的混合智能

文献《人工智能的未来——记忆、知识、语言》中,李航认为目前人工智能系统不具有长期记忆功能。人脑的记忆模型由中央处理器、寄存器、短期记忆和长期记忆组成。视觉、听觉等传感器从外界得到输入,存放到寄存器中,在寄存器停留 $1\sim 5s$。如果人的注意力关注这些内容,就会将它们转移到短期记忆,在短期记忆停留 30s 左右。如果人有意将这些内容记住,就会将它们转移到长期记忆,半永久地留存在长期记忆里。人们需要这些内容的时候,就从长期记忆中进行检索,并将它们转移到短期记忆,进行处理。长期记忆的内容既有信息,也有知识。简单地说,信息表示的是世界的事实,知识表示的是人们对世界的理解,两者之间并不一定有明确的界线。人在长期记忆里存储信息和知识时,新的内容和已有的内容联系到一起,规模不断增大,这就是长期记忆的特点。大脑中,负责向长期记忆读写的是边缘系统中的海马体。长期记忆实际上存在于大脑皮层。在大脑皮层,记忆意味着改变脑细胞之间的连接,构建新的链路,形成新的网络模式。

现在的人工智能系统是没有长期记忆的。无论是 AlphaGo,还是自动驾驶汽车,都是重复使用已经学习好的模型或者已经被人工定义好的模型,不具备不断获取信息和知识,并把新的信息与知识加入系统中的机制。假设人工智能系统也有意识,那么其所感受到的世界就只有瞬间到瞬间的意识。

日裔美国物理学家加莱道雄(Michio Kaku)定义意识为:如果一个系统与外部环境(包括生物、非生物、空间、时间)互动过程中,其内部状态随着环境的变化而变化,那么这个系统就拥有"意识"。按照这个定义,温度计、花儿是有意识的系统,人工智能系统也是有意识的。拥有意识的当前的人工智能系统缺少的是长期记忆。具有长期记忆将使人工智能系统演进到一个更高的阶段,是人工智能今后发展的方向。

2024年6月召开的中国科学院院士大会上,鄂维南院士应邀作了一个以"数学与人工智能"为题的大会报告[10]。鄂维南提出,我们应该寻找更加低能耗、低成本的替代路径(而不是以GPT为代表的技术路径)。"忆立方"(Memory^3)模型就是一种这样的尝试,它用内置数据库的办法处理(显性)知识,避免把知识都存放到模型参数中,这样可以大大降低对模型规模的要求。

1.5.3　新一代人工智能发展规划

世界各大国已经开始在国家战略层面部署人工智能的发展。2016年10月,美国政府发布了《国家人工智能研究和发展战略计划》和《为人工智能的未来做好准备》两份报告,提出美国优先发展的人工智能七大战略。2017年4月,英国工程与物理科学研究理事会(EPSRC)发布了《类人计算战略路线图》,明确了类人计算的研究动机、需求、目标与范围等。2017年7月,中国政府印发《新一代人工智能发展规划》,将AI发展上升到国家战略高度。各国已经展开全球竞争,抢抓发展机遇,占领产业制高点。

中国陆续出台多项政策,鼓励人工智能行业发展与创新,如《关于加快场景创新以人工智能高水平应用促进经济高质量发展的指导意见》《新型数据中心发展三年行动计划(2021—2023年)》等。除了为企业提供扶持资金,政府还积极为企业寻求市场,推动人工智能产业持续发展。2024年1月17日,工业和信息化部对外发布《国家人工智能产业综合标准化体系建设指南》(征求意见稿),提出该指南旨在为深入贯彻落实党中央、国务院关于加快发展人工智能的部署要求,贯彻落实《国家标准化发展纲要》《全球人工智能治理倡议》,进一步加强人工智能标准化工作系统谋划,加快构建满足人工智能产业高质量发展需求的标准体系,更好地发挥标准对推动技术进步、促进企业发展、引领产业升级、保障产业安全的支撑作用。

《新一代人工智能发展规划》提出,立足国家发展全局,准确把握全球人工智能发展态势,找准突破口和主攻方向,全面增强科技创新基础能力,全面拓展重点领域应用的深度、广度,全面提升经济社会发展和国防应用智能化水平。下面简要介绍《新一代人工智能发展规划》中的基础理论体系、关键共性技术体系和创新平台。

1. 建立新一代人工智能基础理论体系

(1) 大数据智能理论。研究数据驱动与知识引导相结合的人工智能新方法、以自然语言理解和图像图形为核心的认知计算理论和方法、综合深度推理与创意人工智能理论与方法、非完全信息下智能决策基础理论与框架、数据驱动的通用人工智能数学模型与理论等。

(2) 跨媒体感知计算理论。研究超越人类视觉能力的感知获取、面向真实世界的主动视觉感知及计算、自然声学场景的听知觉感知及计算、自然交互环境的言语感知及计算、面向异步序列的类人感知及计算、面向媒体智能感知的自主学习、城市全维度智能感知推理引擎。

(3) 混合增强智能理论。研究"人在回路"的混合增强智能、人机智能共生的行为增强与脑机协同、机器直觉推理与因果模型、联想记忆模型与知识演化方法、复杂数据和任务的混合增强智能学习方法、云机器人协同计算方法、真实世界环境下的情境理解及人机群组协同。

(4) 群体智能理论。研究群体智能结构理论与组织方法、群体智能激励机制与涌现机理、群体智能学习理论与方法、群体智能通用计算范式与模型。

(5) 自主协同控制与优化决策理论。研究面向自主无人系统的协同感知与交互、面向自主无人系统的协同控制与优化决策、知识驱动的人机物三元协同与互操作等理论。

(6) 高级机器学习理论。研究统计学习基础理论、不确定性推理与决策、分布式学习与交互、隐私保护学习、小样本学习、深度强化学习、无监督学习、半监督学习、主动学习等学习理论和高效模型。

(7) 类脑智能计算理论。研究类脑感知、类脑学习、类脑记忆机制与计算融合、类脑复杂系统、类脑控制等理论与方法。

(8) 量子智能计算理论。探索脑认知的量子模式与内在机制,研究高效的量子智能模型和算法、高性能与高比特的量子人工智能处理器、可与外界环境交互信息的实时量子人工智能系统等。

2. 建立新一代人工智能关键共性技术体系

新一代人工智能关键共性技术的研发部署以算法为核心,以数据和硬件为基础,以提升感知识别、知识计算、认知推理、运动执行、人机交互能力为重点,形成开放兼容、稳定成熟的技术体系。具体包括如下 8 方面:①知识计算引擎与知识服务技术;②跨媒体分析推理技术;③群体智能关键技术;④混合增强智能新架构和新技术;⑤自主无人系统的智能技术;⑥虚拟现实智能建模技术;⑦智能计算芯片与系统;⑧自然语言处理技术。

3. 统筹布局人工智能创新平台

建设布局人工智能创新平台,强化对人工智能研发应用的基础支撑,包括:①人工智能开源软硬件基础平台;②群体智能服务平台;③混合增强智能支撑平台;④自主无人系统支撑平台;⑤人工智能基础数据与安全检测平台。

习　题

1.1　什么是人工智能? 试从学科和能力两方面加以说明。

1.2　在人工智能的发展过程中,有哪些思想和思潮起到了重要作用?

1.3　为什么能够用机器(计算机)模仿人的智能?

1.4　现在人工智能有哪些学派? 它们的认知观是什么?

1.5　你认为应从哪些层次对认知行为进行研究?

1.6　人工智能的主要研究和应用领域是什么? 其中,哪些是新的研究热点?

1.7　未来人工智能的可能突破有哪些方面?

1.8　给出下列各命题成立的 5 个理由。

(1) 狗比昆虫有智能。

(2) 人比狗有智能。

(3) 一个组织比一个人有智能。

根据以上命题,给出"比……更有智能"的定义。

1.9　举例说明计算机游戏是如何产生娱乐效果的? (提示:从游戏的可玩性、美学、讲故事、风险与回报、新奇、学习、创造性、沉浸、社会化等方面进行阐述。)

1.10　反射行动(如从热炉子上缩回你的手)是理性的吗? 它们是智能的吗?

1.11　内省——梳理自己的内心想法——怎么可能是不精确的? 我会搞错我正想什么吗? 请讨论。

1.12　为什么进化会倾向于导致行为合理的系统? 设计这样的系统想达到的目标是什么?

1.13　(思考题)给出 AI 应用的例子(不是应用领域,而是具体程序)。针对每一个应用,用至多一页篇幅描述。应回答如下问题。

(1) 应用程序实际做了什么事情(如控制宇宙飞船、诊断一台影印机、为计算机用户提供智能帮助)?

(2) 运用了哪些 AI 技术(如基于模型的诊断、信念网络、语义网、启发式搜索、约束满足)?

(3) 运行性能如何? (依据是作者陈述,还是他人陈述? 与人对比如何? 作者是如何知道系统的运行情况的?)

(4) 是实验系统,还是实用系统? (有多少用户? 对这些用户的专业知识有什么要求?)

(5) 为什么系统具有智能? 什么方面使系统具有智能?

(6) [可选]程序设计语言和运行环境是什么？它具有什么样的用户界面？

(7) 参考资料：你在什么地方获得的这些信息？是书籍、论文，还是网页？

1.14 (思考题)参考相关文献,讨论目前的计算机是否可以解决下列任务。

(1) 在国际象棋比赛中战胜国际特级大师。

(2) 在围棋比赛中战胜九段高手。

(3) 发现并证明新的数学定理。

(4) 自动找到程序中的 bug。

(5) 打正规的乒乓球比赛。

(6) 在埃及开罗市中心开车。

(7) 在重庆山区开车。

(8) 在市场购买可用一周的杂货。

(9) 在 Web 上购买可用一周的杂货。

(10) 参加正规的桥牌竞技比赛。

(11) 写一则有内涵的有趣故事。

(12) 在特定的法律领域提供合适的法律建议。

(13) 从英语到瑞典语的口语实时翻译。

(14) 完成复杂的外科手术。

1.15 (思考题)知道问题。主体 J 向 S 和 P 说道：我有两个不同的整数 x 和 y,它们满足 $1 < x < y$ 和 $x + y \leqslant 100$。我将秘密地把和 $s = x + y$ 告诉 S,而把积 $p = xy$ 告诉 P。

请确定(x 和 y)这两个数是什么？J 将和与积分别秘密告知 S 和 P 后,发生如下对话。

(1) P 说："我不知道这两个数。"

(2) S 说："我早已知道你不知道这两个数。"

(3) P 说："我现在知道这两个数了。"

(4) S 说："我现在也知道这两个数了。"

请问 x 和 y 是什么？

提示：答案是 4 和 13。

1.16 (思考题)NIM 问题求解。有三堆棋子,两人轮流取子,每人每次只能从一堆中取,至少取一个,最多可以取完这一堆,谁取到最后一个,谁即取胜。编一程序,进行人机游戏。

1.17 (思考题)人工智能的不同子领域举行了比赛,这些比赛定义了一个标准任务并邀请研究者发挥最高水平。研究其中 4 个比赛,并描述过去 5 年取得的进展。这些比赛将 AI 的技术发展水平提高到了什么程度？由于比赛的注意力不在新思想上,所以这对 AI 领域有何种程度的危害？

提示：可考虑 DARPA 的机器人汽车陆地挑战赛、国际规划比赛、Robocup 机器人足球赛、TREC(文本检索会议)信息检索比赛、机器翻译比赛、语音识别比赛。

1.18 (思考题)人工智能军事应用跟踪。人工智能技术在军事上有着广阔的应用前景,针对一个或者多个领域写一篇论文,跟踪并综述人工智能的军事应用。

提示：人工智能军事应用举例：①自主多用途作战机器人系统；②军用飞机"副驾驶员"系统；③自主用途军用航天器控制系统；④武器装备的自动故障诊断与排除系统；⑤军用人工智能机器翻译系统；⑥舰船作战管理系统；⑦智能电子战系统；⑧自动情报与图像识别系统；⑨人工智能武器。

1.19 (思考题)如何理解库兹韦尔《奇点临近》中的"奇点"？请探讨人工智能的未来。

第**2**章

知识表示和推理

要有效地解决应用领域的问题和实现软件的智能化,就必须拥有应用领域的知识。知识表示技术起源于 20 世纪 70 年代,丰富的研究成果使得知识表示技术和方法多种多样。随着人工智能技术的不断深入研究和应用,关于知识表示的工程化问题取得了很大的进展。

信息获取(感知与表示)、信息传输(通信与存储)、信息处理(计算与认知)、信息再生(综合与决策)、信息执行(控制与显示)是构成信息科学有机体系的分支学科。知识成为由信息到智能的中介。

本章讨论了知识表示和知识表示语言的问题,介绍了人工智能中重要的知识表示语言——命题逻辑和谓词逻辑及其归结推理方法,产生式系统、语义网络、框架、知识图谱等其他知识表示和推理方法,概述了基于知识的应用系统,新增了因果推理机应用。

2.1 概　　述

2.1.1 知识和知识表示

数据一般指单独的事实,是信息的载体,数据项本身没有什么意义,除非在一定的上下文中,否则没有什么用处。信息由符号组成(如文字和数字),并对符号赋予了一定的意义,因此有一定的用途或价值。

经验是人们在解决实际问题的过程中形成的成功操作程序。知识是由经验总结升华出来的,因此知识是经验的结晶。知识也由符号组成,但是还包括符号之间的关系以及处理这些符号的规则或过程。知识在信息的基础上增加了上下文信息,提供了更多的意义,因此也就更加有用和有价值。知识是随着时间的变化而动态变化的,新的知识可以根据规则和已有的知识推导出来。

因此,可以认为知识是经过加工的信息,它包括事实、信念和启发式规则。关于知识的研究称为认识论,它涉及知识的本质、结构和起源。

知识是建立在数据和信息基础之上的,那么,一个系统需要什么样的知识才可能具有智能呢?一个智能程序需要哪些方面的知识才能高水平地运行呢?一般来说,至少包括如下几方面的知识。

(1) 事实:是关于对象和物体的知识。人工智能中的知识表示应能表示各种对象、对象类型及其性质等。事实是静态的、为人们共享的、可公开获得的、公认的知识,在知识库中属底层知识。

(2) 规则:是有关问题中与事物的行动、动作相联系的因果关系的知识,是动态的,常以"如果……那么……"形式出现。特别是启发式规则是属于专家提供的专门经验知识,这种知识无严格解释,但很有用处。

（3）元知识：是有关知识的知识，是知识库中的高层知识。例如，包括怎样使用规则、解释规则、校验规则、解释程序结构等知识。一个专家可以拥有几个不同领域的知识，元知识可以决定哪一个知识库是适用的。元知识也可用于决定某一领域中的哪些规则最合适。

（4）常识性知识：泛指普遍存在而且被普遍认识了的客观事实类知识，即指人们共有的知识。

知识表示就是研究用机器表示上述这些知识的可行性、有效性的一般方法，可以看作将知识符号化并输入计算机的过程和方法。知识表示在智能 Agent 的建造中起到了关键的作用。可以说，正是以适当的方法表示了知识，才导致智能 Agent 展示出了智能行为。在某种意义上，可以将知识表示视为数据结构及其处理机制的综合。

$$知识表示＝数据结构＋处理机制$$

其中，恰当的数据结构用于存储要解决的问题、可能的中间结果、最终解答以及与问题求解有关的世界的描述。这里称存储这些描述的数据结构为符号结构（或者为知识结构），正是这种符号结构导致了知识的显式表示。然而，仅有符号结构是不够的，它无法表现出知识的"力量"。为此还需要给出处理机制去使用这些符号结构。因此，知识表示是数据结构与处理机制的统一体，既考虑知识表示语言，又考虑知识使用。知识表示语言用符号结构描述获取到的领域知识，而知识的使用则是应用这些知识实现智能行为。

目前在知识表示方面主要有两种基本的观点：一种是陈述性的知识表示观点；另一种是过程性的知识表示观点。陈述性的知识表示观点将知识的表示和知识的运用分开处理，在知识表示时不涉及如何运用知识的问题。例如，一个学生统计表存放了学生的基本信息，为了处理它，必须设计另外专门的程序。显然，由于学生统计表独立存储，使其能为多个程序应用，如名单打印、学生查询等。过程性的知识表示观点将知识的表示和知识的运用结合起来，知识包含于程序中，如关于一个倒置矩阵的程序就隐含倒置矩阵的知识，这种知识与应用它的程序紧密地融合在一起，难以分离。在人工智能程序中，采用比较多的是陈述性知识表示和处理方法，即知识的表示和运用是分离的。陈述性知识在设计人工智能系统中处于突出的地位，关于知识表示的各种研究也主要是针对陈述性知识的，原因在于人工智能系统一般易于修改、更新和改变。

当然，采用陈述性知识表示是要付出代价的，计算开销增大，并且效率会降低，因为陈述性知识一般要求应用程序对其做解释性执行，显然效率比用过程性知识要低。换言之，陈述性知识是以牺牲效率换取灵活性的。

陈述性知识表示和过程性知识表示在人工智能研究中都很重要，各有优缺点。这两种知识表示的应用具有如下倾向性。

（1）由于高级的智能行为（如人的思维）似乎强烈地依赖陈述性知识，因此人工智能的研究应注重陈述性的开发。

（2）过程性知识的陈述化表示。基于知识系统的控制规则和推理机制一般都属于陈述性知识，它们从推理机分离出来由推理机解释执行，这样做可以促进推理和控制的透明化，有利于智能系统的维护和进化。

（3）以适当方式将过程性知识和陈述性知识综合，可以提高智能系统的性能。如框架系统为这种综合提供了有效的手段，每个框架陈述性地表示了对象的属性和对象间的关系，并以附加程序等方式表示过程性知识。

2.1.2　知识-策略-智能

策略就是关于如何解决问题的政策方略，包括在什么时间、什么地点、由什么主体采取什么行动、达到什么目标、注意什么事项等一整套完整而具体的行动计划、行动步骤、工作方式和工作方法。

与策略相对应,"智能"应当理解为:在给定的问题-问题环境-主体目的的条件下,智能就是有针对性地获取问题-环境的信息,恰当地对这些信息进行处理,以提炼知识达到认知,在此基础上把已有的知识与主体的目的信息相结合,合理地产生解决问题的策略信息,并利用得到的策略信息在给定的环境下成功地解决问题达到主体的目的。

智能包含4个要素和4种能力。4个要素包括信息、知识、策略和行为;4种能力包括获取有用信息的能力、由信息生成知识(认知)的能力、由知识和目的生成策略(决策)的能力、实施策略取得效果(施效)的能力。这便是"智能"概念的四位一体。

在"智能"的4个要素和4种能力之间,并不是完全平等的关系。实际上,策略是智能的集中体现,因此称为"狭义智能"。这是因为获得信息和提炼知识的目的都是生成策略,而一旦生成了正确的策略,把它转变成行动则是相对明确的过程。因此,策略处在智力能力的核心地位。

图2-1给出了广义智能中"信息-知识-策略"相互依赖、共为一体的关系。这个关系也可以表达为"信息-知识-策略-智能",它表现了由信息开始向智能层层递进的关系。

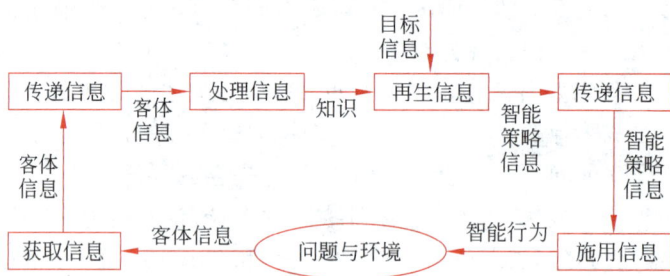

图2-1　智能中的"信息-知识-策略"关系

图2-1给出了智能的整体概念:经过获取和传递环节之后,相应的客体信息(包括要解决的问题和问题所受到的环境约束)到达了处理环节,这里,客体信息被加工提炼成相应的客体知识;然后,客体知识与主体的目标信息相结合,产生解决相应问题的智能策略信息,经过传递环节,智能策略信息被传送到施效环节,后者把智能策略信息转变成相应的智能策略行为,在智能策略行为的干预下,使问题得到解决。

信息、知识、智能之间具有如下关系:信息是基本资源;知识是对信息进行加工所得到的抽象产物;策略是由客体信息和主体目标演绎出来的智慧化身,智能是把信息资源加工成知识,进而把知识激活成解决问题的策略并在策略信息引导下具体解决问题的全部能力。

如图2-1所示的信息、知识、智能关系正好符合人类自身认识世界和优化世界活动过程中由信息生成知识、由知识激活智能的过程。其中,获取信息的功能由感觉器官完成,传递信息的功能由神经系统完成,处理信息和再生信息的功能由思维器官完成,施用信息的功能由效应器官完成。

简言之,信息经加工提炼而成知识,知识被目的激活而成智能。

2.1.3　人工智能对知识表示方法的要求

很多大型而复杂的基于知识的应用系统常常包含多种不同的问题求解活动,不同的活动往往需要采用不同方式表示的知识,是以统一的方式表示所有的知识,还是以不同的方式表示不同的知识,这是建造基于知识的系统时所面临的一个选择。统一的知识表示方法在知识获取和知识库维护上具有简易性,但是处理效率较低。不同的知识表示方法处理效率较高,但是知识难以获取,知识库难以维护。那么,在实际中如何选择和建立合适的知识表示方法呢?这可以从下面几方面考虑。

(1) 表示能力,要求能够正确、有效地将问题求解所需要的各类知识都表示出来。

(2) 可理解性,所表示的知识应易懂、易读。

(3) 便于知识的获取,使得智能系统能够渐进地增加知识,逐步进化。同时,在吸收新知识的同时应便于消除可能引起的新旧知识之间的矛盾,便于维护知识的一致性。

(4) 便于搜索,表示知识的符号结构和推理机制应支持对知识库的高效搜索,使得智能系统能够迅速地感知事物之间的关系和变化;同时很快地从知识库中找到有关的知识。

(5) 便于推理,要能够从已有的知识中推出需要的答案和结论。

2.1.4   知识的分类

人类迄今所拥有的知识已经构成一个极其庞大的学科体系,随着人类科学技术活动的进一步展开,这个体系还会继续扩展,永远是一个开放的体系。

知识是认识论范畴的概念,是相对于认识主体而存在的。因此,与认识论信息的概念相通,知识具有丰富的内涵。同认识论信息的情形类似,一切知识,无论是数学、物理学、化学、天文学、地学、生物学的知识,还是工程科学的知识,它们所表达的"运动状态和状态变化的规律"必然具有一定的外部形态,与此相应的知识称为"形态性知识";同时,知识所表达的运动状态和状态变化的规律也必然具有一定的逻辑内容,与此相应的知识可以称为"内容性知识";最后,知识所表达的运动状态和状态变化的规律必然对认识主体呈现某种效用。与此相对应的知识可以称为"效用性知识"。形态性知识、内容性知识、效用性知识三者的综合,构成了知识的完整概念,如图 2-2 所示。

图 2-2   知识的三位一体

这可以作为一个公理表述:"任何知识都由相应的形态性知识、内容性知识、效用性知识构成,这种情形称为知识的三位一体。"

容易看出,这里的形态性知识与认识论信息(全信息)的语法信息概念相联系,内容性知识与认识论信息(全信息)的语义信息概念相联系,效用性知识与认识论信息(全信息)的语用信息概念相联系。因此,知识的这种分类方法抓住了知识描述的本质,而且体现了知识与认识论信息(全信息)之间存在的内在联系。这在理论上具有重要的意义。反之,如果不能揭示知识与认识论信息(全信息)之间深刻的内在联系,那么,知识理论的建立就会遇到许多困难。

明确了知识的分类,就可以对知识进行分门别类的描述。

2.1.5   知识表示语言问题

对世界的建模方式一般有两种:基于图标的方法和基于特征的方法。基于图标的方法是用图形或类似图形的方式对世界某些方面的模拟;基于特征的方法是用文字或其他叙述的方法对世界某些特征的描述。基于图标的方法比较直接,有的时候可能更有效一些。基于特征的方法容易与别的系统进行信息交流和转换,并且易于修改和分解成不同的部分。对那些难以表达的信息可以用公式表示为对特征值的约束,这些约束可以用来推断那些无法直接感知到的特征值。

智能 Agent 中对自身知识和环境知识的表示一般放在知识库中,其中,知识的每条表示称为一个语句,表示这些语句的语言称为知识表示语言。知识表示语言的目标是用计算机易于处理的形式表示知识,这样可使得 Agent 执行效率更高。

知识表示语言由语法和语义定义。语言的语法描述了组成语句的可能的搭配关系。语义定义了语句所指的世界中的事实。

通过语法和语义,可以给出使用某一语言的 Agent 的必要的推理机制。基于该推理机制,Agent 可以从已知的语句推导出结论,或判断某条信息是不是已蕴含在现有的知识当中。因此,智能 Agent 所需的知识表示语言是一种能够表达所描述对象特征中的约束和特征值的语言,以及可以进行必要推理的推理机制。一个语言的语义确定了一个语句所指称的事实。事实是世界的一部分,而它们的表示必须要编码成某种形式,并物理地存储到 Agent 中。所有的推理机制都是基于事实的表示,而不是这些事实本身,即与具体事实无关,只与事实的表示结构、形式有关。

因此,一个知识表示语言应该包括:①语法规则和语义解释;②用于演绎和推导的规则。

程序设计语言(如 C 或 Lisp)比较善于描述算法和具体的数据结构。知识表示语言应该支持知识不完全的情况,即无法确定事情到底是怎么样的,只知道是或不是的某种可能性。不能表达这种不完全性的语言是表达能力不够的语言。

一个好的知识表示语言应该结合自然语言和程序设计语言的优点:①表达能力很强,简练;②不含糊,与上下文无关;③高效,可以推出新的结论。

已有许多知识表示语言试图满足这些目标。逻辑,特别是一阶逻辑就是一种这样的语言,它是人工智能中大多数知识表示模式的基础。数理逻辑是用数学方法研究形式逻辑的一个分支,它提供了必要的工具用来进行知识表示和推理。逻辑是人们思维活动规律的反映和抽象,是到目前为止能够表达人类思维和推理的最精确和最成功的方法。它能够通过计算机做精确的处理,而它的表达方式和人类自然语言又非常接近。因此,用数理逻辑作为知识表示工具自然很容易为人们所接受。

2.1.6　现代逻辑学的基本研究方法

逻辑学是研究人类思维规律的科学,而现代逻辑学则是用数学(符号化、公理化、形式化)的方法研究这些规律。

1. 思维:感知的概念化和理性化

思维实体处于一个客观世界,称为该实体的环境,通过对环境的感知形成概念。这些概念以自然语言(包括文字、图像、声音等)为载体,在思维实体中记忆、交流,从而又成为这些思维实体的环境的一部分。通过对概念外延的拓广和对概念内涵的修正,完成思维的最基础的功能——概念化。这一过程将物理对象抽象为思维对象(语言化了的概念),包括对象本身的表示、对象性质的表示、对象间关系的表示等。

在概念化的基础之上,思维进入更加高级的层次——理性化思维,即对概念的思维:判断与推理。判断包括:概念对个体的适用性判断(特称判断、全称判断及其否定),个体对多个概念同时满足或选择地满足的判断(合取判断或析取判断),概念对概念的蕴涵的判断(条件判断)等。推理可以说是对概念、判断的思维,即由已知的判断根据一定的准则导出另一些判断的过程。这些准则是思维主体对自身思维属性感知并概念化的产物。它们中包括"三段论"、假言推理等。

因此,思维是感知的概念化和理性化。现代逻辑学的宗旨便是用符号化、公理化、形式化的方法研究这种概念化、理性化过程的规律与本质。

2. 现代逻辑学求助数学——符号化

符号化即用"一种只做整体认读的记号"——符号表示量、数及数量关系。

思维的概念化过程离开语言显然是难以完成的。语言是一种符号体系,语言化是符号化的初级阶段,但若要对思维做深入的讨论和研究,这种初级的符号化是不够充分的,现代逻辑除求助数学对思维过程做符号化的探讨之外,别无他路。我们知道,数字 $0,1,2,3,\cdots$ 是由人类的基数、序数概念符号化而来,但只是在有了"字母表示数""符号表示数的运算、关系"之后才有代数理论,才有人们对数的概念的深刻认识。现代逻辑学对思维的研究,需要更加彻底的符号化过程。我们也用字母、符号表示思维的物理对象、概念对象、判断对象等。

3. 现代逻辑学追随数学——公理化

在欧氏几何中,原始概念是现实世界中空间形态基础成分的概念化,公理和逻辑推理规则是对空间形态最基本属性以及人类思维规律概念化、理性化的结果,因而系统推演所得的定理继承它们的客观性和正确性。欧氏几何公理系统中的所有概念都有鲜明的直观背景,其公理、定理也都有强烈的客观意义。像欧氏几何这样的公理系统,常被称为具体公理系统。

始于亚里士多德(Aristotle)的逻辑学被符号化、公理化,逐步演化为现代逻辑学。例如,众所周知的思维法则"一个条件命题等价于它的逆否命题""全称判断蕴涵特称判断"可以表示为如下的公理模式。

$$(A \rightarrow B) \leftrightarrow (\neg B \rightarrow \neg A)$$
$$\forall x A(x) \rightarrow A(t)$$

其中,$\leftrightarrow$ 表示"等价",$\forall x A(x)$ 表示"一切对象皆满足性质 A",而 $A(t)$ 表示"对象 t 满足性质 A"。

事实上,现代逻辑学的公理化也更为彻底,它将人们的推理规则也符号化和模式化,它们本质上和公理相同,但为了突出它们在形式上和应用上与公理的区别,称为推理规则模式。例如,假言推理规则可以表示为如下的规则模式。

$$\frac{A \rightarrow B, A}{B}$$

4. 现代逻辑学改造数学——形式化

19 世纪末开始了抽象公理系统的研究。在抽象公理系统中,原始概念的直觉意义被忽略,甚至没有任何预先设定的意义。不加证明而接收的断言——公理也无须以任何实际意义为背景,它们无非是一些形式约定——一些符号串,约定系统一开始便要接收为定理的是哪些语句。对原始概念和公理,人们甚至可以不知所云,唯一可识别的是它们的表示形式,这也是它们唯一有意义的东西。

抽象公理系统的提出往往是有客观背景的,常常是因为现实世界的某些对象及其性质需精确地刻画、深入地探究。但是,抽象公理系统一旦建成,它便应当是超脱客观背景的,它可刻画的对象已不限于原来考虑的那些对象,而是与它们有着(公理所规定的)共同结构的相当广泛的一类对象,因而对它们性质的讨论也必定深刻得多。因此,对一个抽象公理系统,一般会有多种解释。例如,布尔代数抽象公理系统可以解释为有关命题真值的命题代数,有关电路设计研究的开关代数也可以解释为讨论集合的集合代数。

所谓形式化,就是彻头彻尾的"符号化+抽象公理化"。因此,现代逻辑学在形式化数学的同时,完成了自身的形式化。综上所述,现代逻辑学形式系统组成如下。

(1)用于将概念符号化的符号语言,通常为一形式语言,包括一符号表 Σ 及语言的文法,可生成表示对象的语言成分项,表示概念、判断的公式。

(2)表示思维规律的逻辑学公理模式和推理规则模式(抽象公理系统),以及依据它们推演可得到的全部定理组成的理论体系。

　　基于现代逻辑学可构成形式化的数学系统或其他理论系统,它们与现代逻辑学系统不同的只是:

　　(1) 表示对象更为广泛的形式语言。

　　(2) 抽象公理系统中还包括对象理论(如数论)的公理——非逻辑学公理。

　　因此可以这样说,形式化是现代逻辑学的基本特性,形式系统是现代逻辑学的重要工具,借助形式化过程和对形式系统的研讨完成对思维规律或其他对象理论的研究。

　　对形式系统的研究包括如下三方面。

　　(1) 对系统内定理推演的研究。这类研究被看作对形式系统的语法(也称为"语构")的研究。

　　(2) 语义研究。公理系统、形式系统并不一定针对某一特定的问题范畴,但可以对它做出种种解释——赋予它一定的个体域,赋予它一定的结构,即用个体域中的个体、个体上的运算、个体间的关系解释系统中的抽象符号。这一过程赋予形式系统一个语义结构。在给定语义结构中可以讨论形式系统中项对应的个体,公式所对应判断具有的真值(真,假)。对语义的规定及对形式系统在给定语义下的讨论,便是所谓对形式系统的语义的研究。

　　(3) 语法与语义关系的研究。由于语义结构通常是抽象出形式系统的那个问题范畴的数学描述,因此,一个好的形式系统中的定理应当都是在所有相关语义中的真命题;反之,所有这些真命题对应的形式表示应当都是形式系统的定理。

2.2　命　题　逻　辑

　　所谓的命题就是具有真假意义的陈述句。例如,"今天下雨""大于2的偶数均可分拆为两个素数的和(哥德巴赫猜想)""1+100＝101""人是会死的"等,这些句子在特殊的情况下都具有"真(True)"和"假(False)"的意义,都是命题。一个命题总是具有一个值,称为真值。真值只有"真"和"假"两种,一般分别用符号 T 和 F 表示。一切没有判断内容的句子、无所谓是非的句子,如感叹句、祈使句、疑问句都不能作为命题。例如,"全体立正!""明天是不是开会?""天气多好啊!""我在说谎"等,都不是命题。

　　命题有两种类型:第一种是不能分解成更简单的陈述语句,称为原子命题;第二种是由连接词、标点符号和原子命题等复合构成的命题,称为复合命题。所有这些命题都应具有确定的真值。

　　所谓命题逻辑,就是研究命题和命题之间关系的符号逻辑系统,通常用大写字母 P、Q、R、S 等表示命题,例如:

$$P:今天下雨$$

P 就是表示"今天下雨"这个命题的名。表示命题的符号称为命题标识符,P 就是命题标识符。如果一个命题标识符表示确定的命题,就称为命题常量。如果命题标识符只表示任意命题的位置标志,就称为命题变元。因为命题变元可以表示任意命题,所以它不能确定真值,故命题变元不是命题。当命题变元 P 用一个特定的命题取代时,P 才能确定真值,这时也称为对 P 进行指派。当命题变元表示原子命题时,该变元称为原子变元。

　　命题逻辑是非常简单的一种逻辑系统。但是,命题逻辑除了有限的表达能力外,它和一阶谓词逻辑一样包含很多的逻辑概念。

2.2.1　语法

　　通常用大写拉丁字母 P、Q、R、S 等表示原子命题,当它们表示确定的命题时称为命题常元,当它们表示不确定的命题时称为命题变元,它的取值范围是集合{真,假}。字母 T 和 F 表示真值分别为"真"和"假"的命题常元。

命题逻辑的符号包括以下几种。

(1) 命题常元:True(T)和 False(F)。

(2) 命题符号:P、Q、R 等。

(3) 连接词:①¬(否定),¬P 称为"非 P";②∧(合取),$P \wedge Q$ 表示"P 和 Q";③∨(析取),$P \vee Q$ 表示"P 或 Q";④→(蕴涵),$P \rightarrow Q$ 表示"P 蕴涵 Q",P 常称为蕴涵的前件,Q 常称为蕴涵的后件;⑤↔(等价),$P \leftrightarrow Q$ 表示"P 当且仅当 Q"。命题逻辑主要使用这 5 个连接词,通过这些连接词,可以由简单的命题构成复杂的复合命题。

(4) 括号:()。

由命题常元、变元和连接词可组成适当的表达式,即命题公式。

定义 2.1 命题公式如下定义。

(1) 命题常元和命题变元是命题公式,也称为原子公式。

(2) 如果 P、Q 是命题公式,那么($\neg P$)、($P \wedge Q$)、($P \vee Q$)、($P \rightarrow Q$)、($P \leftrightarrow Q$)也是命题公式。

(3) 只有有限步引用(1)、(2)条款所组成的符号串是命题公式。

在命题逻辑中,这 5 个连接词的优先级顺序(从高到低)为 ¬、∧、∨、→、↔。因此,句子 $\neg P \vee Q \wedge R \rightarrow S$ 等价于句子(($\neg P$)∨($Q \wedge R$))→S。

2.2.2 语义

为了说明一个句子的意义,必须提供它的解释,说明它对应哪个事实。如命题 P 可以表示"今天晴天",也可以表示"北京是中国的首都"。逻辑常量 True 表示真的事实,False 则表示假的事实。

复合命题的意义是命题组成成分的函数。如复合命题 $P \vee Q$ 的意义就决定于其组成成分 P 和 Q 以及连接词 ∨ 的意义,P 和 Q 的意义是析取 ∨ 的输入,一旦 P、Q、∨ 的意义确定了,该句子的意义也就确定了。

连接词的语义可以定义如下。

- $\neg P$ 为真,当且仅当 P 为假。
- $P \wedge Q$ 为真,当且仅当 P 和 Q 都为真。
- $P \vee Q$ 为真,当且仅当 P 为真,或者 Q 为真。
- $P \rightarrow Q$ 为真,当且仅当 P 为假,或者 Q 为真。
- $P \leftrightarrow Q$ 为真,当且仅当 $P \rightarrow Q$ 为真,并且 $Q \rightarrow P$ 为真。

上述关系可用表 2-1 说明。

表 2-1 真值表

P	Q	$\neg P$	$P \wedge Q$	$P \vee Q$	$P \rightarrow Q$	$P \leftrightarrow Q$
T	T	F	T	T	T	T
T	F	F	F	T	F	F
F	T	T	F	T	T	F
F	F	T	F	F	T	T

例 2.1 求公式 $G=((P \wedge (\neg Q)) \rightarrow R)$ 的真值表,其中,"="可读为"代表"。

解:公式 G 共有 $2^3=8$ 种指派。表 2-2 给出了公式 G 的 8 种指派下的真值,即公式 G 的真值表。它显示了对 G 中出现的各原子赋予的所有可能的真值与 G 的真值的对应关系。

表 2-2 公式 G 的真值表

P	Q	R	$\neg Q$	$P \wedge \neg Q$	$((P \wedge (\neg Q)) \to R)$
T	T	T	F	F	T
T	T	F	F	F	T
T	T	T	F	T	T
T	F	F	T	T	F
F	T	T	F	F	T
F	T	F	F	F	T
F	F	T	T	F	T
F	F	F	T	F	T

定义 2.2 设 G 是公式, $A_1, A_2, \cdots, A_n$ 为 G 中出现的所有原子命题。G 的一种指派是对 $A_1, A_2, \cdots, A_n$ 赋予的一组真值,其中每个 $A_i(i=1,2,\cdots,n)$ 或者为 T,或者为 F。

定义 2.3 公式 G 称为在一种指派 α 下为真(简称 α 弄真 G),当且仅当 G 按该指派算出的真值为 T,否则称为在该指派下为假。

若在公式中有 n 个不同的原子 $A_1, A_2, \cdots, A_n$,那么该公式就有 2^n 个不同的指派。

定义 2.4 公式 A 称为永真式或重言式,如果对任意指派 α,α 均弄真 A,即 $\alpha(A)=T$。公式 A 称为可满足的,如果存在指派 α 使 $\alpha(A)=T$;否则称 A 为不可满足的,或永假式。

很显然,永真式是可满足的;当 A 为永真式(永假式)时,$\neg A$ 为永假式(永真式)。

定义 2.5 称公式 A 逻辑蕴涵公式 B,记为 $A \Rightarrow B$,如果所有弄真 A 的指派也必弄真公式 B;称公式集 Γ 逻辑蕴涵公式 B,记为 $\Gamma \Rightarrow B$,如果弄真 Γ 中所有公式的指派也必弄真公式 B。

定义 2.6 称公式 A 逻辑等价公式 B,记为 $A \Leftrightarrow B$,如果 $A \Rightarrow B$ 且 $B \Rightarrow A$。

定理 2.1 设 A 为含有命题变元 P 的永真式,那么将 A 中 P 的所有出现均代换为命题公式 B,所得公式(称为 A 的代入实例)仍为永真式。

定理 2.2 设命题公式 A 含有子公式 C(C 为 A 中的符号串,且 C 为命题公式),如果 $C \Leftrightarrow D$,那么将 A 中子公式 C 的某些出现(未必全部)用 D 替换后所得公式 B 满足 $A \Leftrightarrow B$。

定理 2.3 逻辑蕴涵关系具有自反性、反对称性及传递性,即逻辑蕴涵关系为一序关系;逻辑等价关系满足自反性、对称性和传递性,即逻辑等价关系为一等价关系。

定义 2.7 命题公式 B 称为命题公式 A 的合取(或析取)范式,如果 $B \Leftrightarrow A$,且 B 呈如下形式: $C_1 \wedge C_2 \wedge \cdots \wedge C_m$(或 $C_1 \vee C_2 \vee \cdots \vee C_m$),其中,$C_i(i=1,2,\cdots,m)$ 形如 $L_1 \vee L_2 \vee \cdots \vee L_n$(或 $L_1 \wedge L_2 \wedge \cdots \wedge L_n$),$L_j(j=1,2,\cdots,n)$ 为原子公式或原子公式的否定,称 L_j 为文字。

定理 2.4 任一命题公式 ϕ 都有其对应的合取(析取)范式。

定义 2.8 命题公式 B 称为公式 A 的主合取(或主析取)范式,如果

(1) B 是 A 的合取(或析取)范式。

(2) B 中每一子句均有 A 中命题变元的全部出现,且仅出现一次。

定理 2.5 n 元命题公式的全体可以划分为 2^{2^n} 个等价类,每一类中的公式彼此逻辑等价,并等价于它们共同的主合取范式(或主析取范式)。

2.2.3 命题演算形式系统

命题演算(Propositional Calculus,PC)是从一给定公式集合产生所有重言推论的形式化方法。

1. 公式

符号表 $\Sigma=\{(,),\neg,\rightarrow,p_1,p_2,p_3,\cdots\}$，其中，$(,)$ 是技术符号——括号，p_1、p_2、p_3、$\cdots$ 为命题变元。

命题逻辑的合式公式的定义如下。

(1) $p_1,p_2,p_3,\cdots$ 为命题逻辑的合式公式。

(2) 如果 A、B 是公式，那么 $(\neg A)$，$(A\rightarrow B)$ 也是命题逻辑的合式公式。

(3) 命题逻辑的合式公式仅由 (1)、(2) 定义。

2. 命题逻辑的形式系统

命题逻辑的形式系统 PC 包括三条公理模式（A1～A3）和一条推理规则 r_{mp}。

A1：$A\rightarrow(B\rightarrow A)$

A2：$(A\rightarrow(B\rightarrow C))\rightarrow((A\rightarrow B)\rightarrow(A\rightarrow C))$

A3：$(\neg A\rightarrow\neg B)\rightarrow(B\rightarrow A)$

$$r_{mp}:\quad \frac{A,A\rightarrow B}{B}$$

该规则称为分离规则。

定义 2.9　称下列公式序列为公式 A 在 PC 中的一个证明：
$$A_1,A_2,\cdots,A_m(=A)$$
其中，$A_i(i=1,2,\cdots,m)$ 或者是 PC 的公理，或者是 $A_j(j<i)$，或者是由 $A_j,A_k(j,k<i)$ 使用分离规则导出，而 A_m 即公式 A。

定义 2.10　称 A 为 PC 中的定理，记为 $\vdash_{PC}A$，如果公式 A 在 PC 中有一个证明。

定义 2.11　设 Γ 为一公式集，称以下公式序列为公式 A 的、以 Γ 为前提的演绎。
$$A_1,A_2,\cdots,A_m=A$$
其中，$A_i(i=1,2,\cdots,m)$ 或者是 PC 的公理，或者是 Γ 的成员，或者是 $A_j(j<i)$，或者是由 A_j，$A_k(j,k<i)$ 使用分离规则导出，而 A_m 即公式 A。

定义 2.12　称 A 为前提 Γ 的演绎结果，记为 $\Gamma\vdash_{PC}A$，如果公式 A 有以 Γ 为前提的演绎。
若 $\Gamma=\{B\}$，则用 $B\vdash_{PC}A$ 表示 $\Gamma\vdash_{PC}A$。
若 $B\vdash_{PC}A$，$A\vdash_{PC}B$，则记为 $A\dashv\vdash B$。

例 2.2　证明 $\vdash_{PC}\neg B\rightarrow(B\rightarrow A)$。

$\neg B\rightarrow(B\rightarrow A)$ 的证明序列如下。

(1) $\neg B\rightarrow(\neg A\rightarrow\neg B)$　公理 A1

(2) $(\neg A\rightarrow\neg B)\rightarrow(B\rightarrow A)$　公理 A3

(3) $((\neg A\rightarrow\neg B)\rightarrow(B\rightarrow A))\rightarrow(\neg B\rightarrow((\neg A\rightarrow\neg B)\rightarrow(B\rightarrow A)))$　公理 A1

(4) $\neg B\rightarrow((\neg A\rightarrow\neg B)\rightarrow(B\rightarrow A))$　$r_{mp}(2)(3)$

(5) $(\neg B\rightarrow((\neg A\rightarrow\neg B)\rightarrow(B\rightarrow A)))\rightarrow((\neg B\rightarrow(\neg A\rightarrow\neg B))\rightarrow(\neg B\rightarrow(B\rightarrow A)))$　公理 A2

(6) $(\neg B\rightarrow(\neg A\rightarrow\neg B))\rightarrow(\neg B\rightarrow(B\rightarrow A))$　$r_{mp}(4)(5)$

(7) $\neg B\rightarrow(B\rightarrow A)$　$r_{mp}(1)(6)$

定理 2.6（演绎定理）　对 PC 中任意公式集 Γ 和公式 A,B，$\Gamma\cup\{A\}\vdash_{PC}B$ 当且仅当 $\Gamma\vdash_{PC}A\rightarrow B$。

定理 2.7　PC 是可靠的，即对任意公式集 Γ 及公式 A，若 $\Gamma\vdash A$，则 $\Gamma\models A$。特别地，若 A 为 PC 的定理（$\vdash A$），则 A 永真（$\models A$）。

定理 2.8(一致性定理)　PC 是一致的,即不存在公式 A,使得 A 与 $\neg A$ 均为 PC 的定理。

定理 2.9(完全性定理)　PC 是完全的,即对任意公式集 Γ 和公式 A,若 $\Gamma \vDash A$,则 $\Gamma \vdash A$。特别地,若 A 永真($\vDash A$),则 A 必为 PC 的定理($\vdash A$)。

2.3　谓词逻辑

命题逻辑的表达能力很有限。一阶谓词逻辑(简称谓词逻辑,也称一阶逻辑)根据对象和对象上的谓词(即对象的属性和对象之间的关系),通过使用连接词和量词表示世界。其主要思想是:世界是由对象组成的,可以由标识符和属性区分它们。在这些对象中,还包含着相互间的关系。

谓词逻辑在数学、哲学和人工智能等领域一直都非常重要。选择谓词逻辑研究知识表示和推理是因为它是在已有的知识表示方法中研究得最深入、理解得最全面的方法。

2.3.1　语法

命题是能够判断其真假的句子。一般而言,能够做出判断的句子是由主语和谓语两部分组成的。主语一般是个体,个体是可以独立存在的,它可以是具体的事物,也可以是抽象的概念,如小张、老师、计算机科学等。用于刻画个体的性质、状态和个体之间关系的语言成分就是谓词。例如,张婧是研究生,李婧是研究生,这两个命题可以用不同的符号 P、Q 表示,但是 P 和 Q 的谓语有共同的属性:是研究生。因此引入一个符号表示"是研究生",再引入一种方法表示个体的名称,这样就能把"某某是研究生"这个命题的本质属性刻画出来。

因此,可以用谓词表示命题。一个谓词可以分为谓词名和个体两部分。谓词的一般形式为

$$P(x_1, x_2, \cdots, x_n)$$

P 是谓词名,$x_1, x_2, \cdots, x_n$ 是个体。对于上面的命题,可以用谓词分别表示为 Graduate(张婧)、Graduate(李婧)。其中,Graduate 是谓词名,张婧和李婧都是个体,"Graduate"刻画了"张婧"和"李婧"是研究生这一特征。

在谓词逻辑中用项表示对象。常量符号、变量符号和函数符号用于构造项,量词和谓词符号用于构造句子。

谓词逻辑的语法元素表示如下。

(1) 常量符号:A、B、张婧、李婧等,通常是对象名称。

(2) 变量符号:通常用小写字母表示,如 x、y、z 等。

(3) 函数符号:通常用小写英文字母或小写英文字母串表示,如 plus、f、g。

(4) 谓词符号:通常用大写英文字母或(首字母)大写英文字母串表示。

(5) 连接词:$\neg$、$\wedge$、$\vee$、$\rightarrow$、$\leftrightarrow$。

(6) 量词:全称量词 $\forall$、存在量词 $\exists$,$\forall x$ 表示"对个体域中的所有 x",$\exists x$ 表示"在个体域中存在个体 x"。$\forall$ 和 $\exists$ 后面跟着的 x 叫作量词的指导变元。

任何函数符号和谓词符号都取指定个数的变元。若函数符号 f 中包含的个体数目为 n,则称 f 为 n 元函数符号。若谓词符号 P 中包含的个体数目为 n,则称 P 为 n 元谓词符号。例如,father(x)是一元函数,Less(x,y)是二元谓词。一般一元谓词表达了个体的性质,而多元谓词表达了个体之间的关系。

在谓词中,个体可以是常量,也可以是变元和函数。例如,"$x<5$"可以表示为 Less(x,5),其中,x 是变元。又如,"小王的父亲是教师"可表示为 Teacher(father(Wang)),其中,father(Wang)是一个函数。

如果谓词 P 中的所有个体都是个体常量、变元或函数,则该谓词为一阶谓词,如果某个个体本身又是一个一阶谓词,则称 P 为二阶谓词,以此类推。

个体变元的取值范围称为个体域。个体域可以是有限的,也可以是无限的。

谓词和函数是两个完全不同的概念。函数是把个体域中的个体映射到另一个个体,如 father(Wang)将称为 Wang 的这个人映射成为 Wang 的父亲的那个人。所以,father(Wang)代表一个人,尽管不知道他的名称。函数无真假可言。谓词是把常量映射成为 T 或 F,如将二元谓词 Greater(5,3) 映射为 T,Greater(3,5) 映射为 F。

定义 2.13　项可递归定义如下。

(1) 单独一个个体是项(包括常量和变量)。

(2) 若 f 是 n 元函数符号,而 $t_1,t_2,\cdots,t_n$ 是项,则 $f(t_1,t_2,\cdots,t_n)$ 是项。

(3) 任何项仅由规则(1)、(2)生成。

可见,项是把个体常量、个体变量和函数统一起来的概念。

由定义可以看出,plus(plus(x,1),x),father(father(John))都是项,前者表示"$(x+1) + x$",后者表示"John 的祖父"。

定义 2.14　若 P 为 n 元谓词符号,$t_1,t_2,\cdots,t_n$ 都是项,则称 $P(t_1,t_2,\cdots,t_n)$ 为原子公式。

在原子公式中,若 $t_1,t_2,\cdots,t_n$ 都不含变量,则 $P(t_1,t_2,\cdots,t_n)$ 是命题。

假如 $G(x,y)$ 表示谓词 x 大于 y,plus(x,y)表示函数 $x+y$,则

$(\forall x)G(\text{plus}(x,1),x))$:表示命题"对任意 $x,x+1$ 都大于 x"。

$(\exists x)G(x,3)$:表示命题"存在 x,x 大于 3"。

$(\forall x)(\exists y)G(y,x)$:表示命题"对任一 x 都存在 y,使得 y 大于 x"。

定义 2.15　一阶谓词逻辑的合式公式(可简称为公式)可递归定义如下。

(1) 原子谓词公式是合式公式(也称为原子公式)。

(2) 若 P,Q 是合式公式,则$(\neg P)$、$(P\wedge Q)$、$(P\vee Q)$、$(P\rightarrow Q)$、$(P\leftrightarrow Q)$也是合式公式。

(3) 若 P 是合式公式,x 是任一个体变元,则$(\forall x)P$、$(\exists x)P$ 也是合式公式。

(4) 只有有限步引用(1)、(2)、(3)条款所组成的符号串是合式公式。

$(\forall x)P$、$(\exists x)P$ 也可简写为 $\forall xP$、$\exists xP$。

在谓词逻辑中引入了量词的辖域、自由变元和约束变元的概念。通常把位于量词后面的单个谓词或者是用括号括起来的合式公式称为量词的辖域,辖域内与量词中指导变元同名的变元称为约束变元,不受约束的变元称为自由变元。例如:

$$(\exists x)(P(x,y)\rightarrow Q(x,y))\vee R(x,y)$$

其中,$(P(x,y)\rightarrow Q(x,y))$是$(\exists x)$的辖域,辖域内的变元 x 是受$(\exists x)$约束的变元,而 $R(x,y)$ 中的 x 是自由变元,公式中的所有 y 都是自由变元。

在谓词公式中,一个约束变元所使用的名称符号是无关紧要的,如$(\exists x)P(x)$和$(\exists y)P(y)$具有相同的意义。为此,可以对谓词公式中的约束变元更改名称符号,即约束变元换名。其规则如下:①约束变元可以换名,其更改的变元名称范围是量词中的指导变元,以及该量词作用域中出现的该变元;②所换的名必须是作用域中没有出现过的变元名。

对于谓词公式中的自由变元,也允许更改,这种更改称为代入,其规则如下:①对于谓词公式中的自由变元,可以做代入,代入时需要在公式中出现该自由变元的每一处进行;②用以代入的变元与原公式中所有变元的名称不能相同。

2.3.2　语义

一阶谓词演算形式系统的语义,是指对一阶语言所赋予的意义,即对个体常元、函词(也称为

函数)、谓词的指称,对变元取值的指派,对量词、连接词意义的规定。更具体地说,一阶谓词演算形式系统的语义是赋予它的一个数学结构,该结构包括:

(1) 非空集合 U,称为个体域,确认系统关注的对象。

(2) 一个称为解释的映射 I,它指称 $\mathscr{L}(FC)$ 中的常元、函词、谓词:

对任一常元 a,$I(a) \in U$,$I(a)$ 常简记为 $\bar{a}$,为个体域中的一个元素。

对每一函词 $f^{(n)}$,$I(f^{(n)})$ 为 U 上的一个 n 元函数,记为 $\bar{f}^{(n)}$,即 $\bar{f}^{(n)}:U^n \to U$。

对每一 n 元谓词 $P^{(n)}$,$I(P^{(n)})$ 为 U 上的一个 n 元关系,记为 $\bar{P}^{(n)}$,即 $\bar{P}^{(n)} \subseteq U^n$。当 $n=1$ 时,$\bar{P}^{(1)}$ 为 U 的一个子集。当使用零元谓词作为命题常元时,$I(P^{(0)}) \in \{T, F\}$,即 I 对命题常元指定真值。

显然,有了确定的结构,一个 $\mathscr{L}(FC)$ 中的合法符号串便有了一定的语义(关于给定个体域的)。我们常用德文字母 $\mathcal{U}$ 表示这样的一个结构。例如,$\mathcal{U} = <U, I>$ 表示以 U 为个体域,以 I 为解释的一个结构。我们将全体结构的集合记为 T(因为这种结构集合常称为 Tarski 语义结构类)。

要讨论 $\mathscr{L}(FC)$ 中公式的真值,还需对公式中可能含有的个体变元确定取值,并对量词、连接词的意义做出规定。

在一阶谓词演算中,指派是指映射 $s:\{v_1, v_2, v_3, \cdots\} \to U$,即对任一 $i = 1, 2, 3, \cdots$,$s(v_i) \in U$,即 s 对变元指派个体作为其取值。s 可扩展为下列从项集合到个体域的映射。对任意项 t

$$\bar{s}(t) = \begin{cases} s(v), & \text{当 } t \text{ 为变元 } v \text{ 时} \\ \bar{a}, & \text{当 } t \text{ 为常元 } a \text{ 时} \\ \bar{f}^{(n)} \bar{s}(t_1) \cdots \bar{s}(t_n), & \text{当 } t \text{ 为 } f^{(n)} t_1 \cdots t_n \text{ 时} \end{cases}$$

注意,指派 s 与结构中解释 I 相对独立,但 $\bar{s}$ 却依赖 I。

我们把"公式 A 在结构 $\mathcal{U}$ 及指派 s 下取值真"记为 $\models_{\mathcal{U}} A[s]$,反之则记为 $\not\models_{\mathcal{U}} A[s]$。而 $\models_{\mathcal{U}} A[s]$ 表示在结构 $\mathcal{U}$ 中,对一切可能的指派 A 均为真;$\models_T A$ 或 $\models A$ 则表示公式 A 在任何结构中恒真,也称 A 有效。

下列递归定义给出了对量词、连接词的意义规定,亦即给出了 $\models_{\mathcal{U}} A[s]$ 的严格定义。

定义 2.16 公式 A 在结构 $\mathcal{U}$、指派 s 下真,即 $\models_{\mathcal{U}} A[s]$ 定义如下(以下省略 $\models_{\mathcal{U}}$ 中的符号 $\mathcal{U}$):

(1) A 为原子公式 $P^{(n)} t_1 \cdots t_n$ 时

$$\models A[s] \text{ iff } <\bar{s}(t_1), \bar{s}(t_2), \cdots, \bar{s}(t_n)> \in \bar{P}^{(n)}$$

(2) A 为公式 $\neg B$ 时

$$\models A[s] \text{ iff } \not\models B[s]$$

(3) A 为公式 $B \to C$ 时

$$\models A[s] \text{ iff } \not\models B[s] \text{ 或} \models C[s]$$

(4) A 为公式 $\forall v B$ 时

$$\models A[s] \text{ iff } 对每一 d \in U 有 \models B[s(v \mid d)]$$

其中,$s(v \mid d)$ 表示一个与 s 稍有不同的指派,它对变元 v 指定元素 d,而对其他变元的指派与 s 相同。即对任何变元 u

$$s(v \mid d)(u) = \begin{cases} s(u), & \text{当 } u \neq v \\ d, & \text{当 } u = v \end{cases}$$

当我们使用连接词 $\vee$、$\wedge$ 和量词 $\exists$,或将它们看作定义的符号时,可补充如下规定。

$$\models B \vee C[s] \text{ iff } \models B[s] \quad \text{或} \quad \models C[s]$$

$$\models B \wedge C[s] \text{ iff } \models B[s] \quad \text{且} \quad \models C[s]$$

$$\models \exists vB[s] \text{ iff 存在 } d \in U \text{ 使得} \models B[s(v \mid d)]$$

容易证明：

$$\models \exists vB[s] \text{ iff } \models \neg \forall v \neg B[s]$$

定义 2.17 对于谓词公式 A，如果至少存在结构 $\mathcal{U}$ 和指派 s，使公式 A 在此结构和指派下的真值为 T，则称公式 A 是可满足的。

例 2.3 考虑以下结构，它被赋予只含有一个函词、一个谓词和一个常元的一阶谓词演算系统。

$U = \{0, 1, 2, 3, \cdots\}$，即自然数集 **N**。

$\overline{P}_1^{(2)}$ 为 **N** 上的 $\leqslant$ 关系。

$\overline{f}_1^{(1)}$ 为 **N** 上的后继函数 $\overline{f}_1^{(1)}(x) = x + 1$。

$\overline{a}_1 = 0$。

这时有 $\models P_1^{(2)} a_1 f_1^{(1)} v_1$，因为不管取何种指派 s，$0 \leqslant \overline{f}_1^{(1)} s(v_1) = s(v_1) + 1$ 始终成立。但 $P_1^{(2)} f_1^{(1)} v_1 a_1$ 则对任何指派 s 均不能成立。此外，有 $\models \forall v_1 P_1^{(2)} a_1 v_1$，因为对任何指派 s 及任何 $d \in U, \models P_1^{(2)} a_1 v_1 [s(v_1 \mid d)]$ 均能成立。

谓词公式的等价性和永真蕴涵可分别用相应的等价式和永真蕴涵式表示，这些等价式和永真蕴涵式都是演绎推理的主要依据，因此也称为推理规则。

定义 2.18 设 P 与 Q 是 D 上的两个谓词公式，若对 D 上的任意指派，P 与 Q 都有相同的真值，则称 P 和 Q 在 D 上是等价的。如果 D 是任意非空个体域，则称 P 与 Q 是等价的，记作 $P \Leftrightarrow Q$。

常用的等价式如下。

(1) 双重否定律。

$$\neg \neg P \Leftrightarrow P$$

(2) 交换律。

$$P \vee Q \Leftrightarrow Q \vee P, P \wedge Q \Leftrightarrow Q \wedge P$$

(3) 结合律。

$$(P \vee Q) \vee R \Leftrightarrow P \vee (Q \vee R), (P \wedge Q) \wedge R \Leftrightarrow P \wedge (Q \wedge R)$$

(4) 分配律。

$$P \vee (Q \wedge R) \Leftrightarrow (P \vee Q) \wedge (P \vee R), P \wedge (Q \vee R) \Leftrightarrow (P \wedge Q) \vee (P \wedge R)$$

(5) 德·摩根律。

$$\neg (P \vee Q) \Leftrightarrow \neg P \wedge \neg Q, \neg (P \wedge Q) \Leftrightarrow \neg P \vee \neg Q$$

(6) 吸收律。

$$P \vee (P \wedge Q) \Leftrightarrow P, P \wedge (P \vee Q) \Leftrightarrow P$$

(7) 补余律。

$$P \vee \neg P \Leftrightarrow T, P \wedge \neg P \Leftrightarrow F$$

(8) 连接词化归律。

$$P \rightarrow Q \Leftrightarrow \neg P \vee Q, P \leftrightarrow Q \Leftrightarrow (P \rightarrow Q) \wedge (Q \rightarrow P), P \leftrightarrow Q \Leftrightarrow (P \wedge Q) \vee (\neg P \wedge \neg Q)$$

(9) 量词转换律。

$$\neg (\exists x) P \Leftrightarrow (\forall x)(\neg P), \neg (\forall x) P \Leftrightarrow (\exists x)(\neg P)$$

(10) 量词分配律。

$$(\forall x)(P \wedge Q) \Leftrightarrow (\forall x) P \wedge (\forall x) Q$$

$$(\exists x)(P \vee Q) \Leftrightarrow (\exists x) P \vee (\exists x) Q$$

定义 2.19 对谓词公式 P 和 Q,如果 $P \rightarrow Q$ 永真,则称 P 永真蕴涵 Q,且称 Q 为 P 的逻辑推论,P 为 Q 的前提,记作 $P \Rightarrow Q$。

常用的永真蕴涵式如下。

(1) 化简式。

$$P \wedge Q \Rightarrow P \quad P \wedge Q \Rightarrow Q$$

(2) 附加式。

$$P \Rightarrow P \vee Q \quad Q \Rightarrow P \vee Q$$

(3) 析取三段论。

$$\neg P, P \vee Q \Rightarrow Q$$

(4) 假言推理。

$$P, P \rightarrow Q \Rightarrow Q$$

(5) 拒取式。

$$\neg Q, P \rightarrow Q \Rightarrow \neg P$$

(6) 假言三段论。

$$P \rightarrow Q, Q \rightarrow R \Rightarrow P \rightarrow R$$

(7) 二难推理。

$$P \vee Q, P \rightarrow R, Q \rightarrow R \Rightarrow R$$

(8) 全称特化。

$$(\forall x)P(x) \Rightarrow P(y)$$

其中,y 是个体域中的任一个体。利用此永真蕴涵式可以消去公式中的全称量词。

(9) 存在特化。

$$(\exists x)P(x) \Rightarrow P(a)$$

其中,a 是个体域中某一个可使 $P(a)$ 为真的个体。

2.3.3 谓词逻辑形式系统

一阶谓词演算(FC)系统的理论部分也称为一阶逻辑,可用 $\mathscr{I}$ 表示。FC 系统的理论部分记为 $\mathscr{I}$(FC),它的组成如下。

$\mathscr{I}$(FC)的公理组由下列公理模式及其所有全称化组成。这里,A、B、C 为 FC 的任意公式,v 为任意变元,t 为任意项。

AX(1.1):$A \rightarrow (B \rightarrow A)$

AX(1.2):$(A \rightarrow (B \rightarrow C)) \rightarrow ((A \rightarrow B) \rightarrow (A \rightarrow C))$

AX(1.3):$(\neg A \rightarrow \neg B) \rightarrow (B \rightarrow A)$

AX2:$\forall v A \rightarrow A_t^v$($t$ 对 A 中变元 v 可代入)

AX3:$\forall v(A \rightarrow B) \rightarrow (\forall v A \rightarrow \forall v B)$

AX4:$A \rightarrow \forall v A$($v$ 在 A 中无自由出现)

$\mathscr{I}$(FC)的推理规则模式仍为

$$r_{mp}: \frac{A, A \rightarrow B}{B}$$

在一阶谓词演算系统中,"证明""为 $\mathscr{I}$ 中的定理""公式 A 的、以 Γ 为前提的演绎","A 为前提 Γ 的演绎结果"等概念与命题逻辑系统类似。

定理 2.10 对 FC 中任一公式 A,变元 v,如果 $\vdash A$,那么 $\vdash \forall v A$(全称推广规则)。

定理 2.11　设 Γ 为 FC 的任一公式集合，A、B 为 FC 的任意公式，那么

$$\Gamma;A \vdash B \text{ 当且仅当 } \Gamma \vdash A \rightarrow B$$

定理 2.12　一阶谓词演算系统是可靠的，即 $\vdash \alpha$ 蕴涵着 $\models \alpha$。

定理 2.13　一阶谓词演算系统是完全的，即 $\models \alpha$ 蕴涵着 $\vdash \alpha$。

定义 2.20　一类问题称为是可判定的，如果存在一个算法或过程，该算法用于求解该类问题时，可在有限步内停止，并给出正确的解答。如果不存在这样的算法或过程，则称这类问题是不可判定的。

定理 2.14　任何至少含有一个二元谓词的一阶谓词演算系统都是不可判定的。

定理 2.15　一阶谓词演算是半可判定的，即对于一阶谓词演算，存在一个可机械地实现的过程，能对一阶谓词演算中的定理做出肯定的判断，但对于非定理的一阶谓词演算公式，却未必能做出否定的判断。

定义 2.21　文字是原子或原子之非。

定义 2.22　公式 G 称为合取范式，当且仅当 G 有形式 $G_1 \wedge G_2 \wedge \cdots \wedge G_n (n \geqslant 1)$，其中每个 G_i 都是文字的析取式。公式 G 称为析取范式，当且仅当 G 有形式 $G_1 \vee G_2 \vee \cdots \vee G_n (n \geqslant 1)$，其中每个 G_i 都是文字的合取式。

定理 2.16　对任意不含量词的公式，都有与之等值的合取范式和析取范式。

可按下述程序使用 2.3.2 节中的等价式将一个公式转换为合取范式或析取范式。

（1）使用等价式中的连接词化归律消去公式中的连接词 $\rightarrow$，$\leftrightarrow$。

（2）反复使用双重否定律和德·摩根律将"$\neg$"移到原子公式之前。

（3）反复使用分配律和其他定律得出一个标准型。

在一阶逻辑中，为了简化定理证明，程序需要引入所谓的"前束标准型"。

定义 2.23　设 F 为一谓词公式，如果其中的所有量词均不以否定形式出现在公式之中，而它们的辖域为整个公式，则称 F 为前束范式。一般地，前束范式可以写成

$$(Q_1 x_1)(Q_2 x_2) \cdots (Q_n x_n) M(x_1, x_2, \cdots, x_n)$$

其中，$Q_i (i = 1, 2, \cdots, n)$ 为前缀，$(Q_1 x_1)(Q_2 x_2) \cdots (Q_n x_n)$ 是一个由全称量词或存在量词组成的量词串，$M(x_1, x_2, \cdots, x_n)$ 为母式，它是一个不含任何量词的谓词公式。

为了把一个公式转换为前束范式，需要对 2.3.2 节的等价式扩充，使之包含一阶逻辑特有的等价式对，如下。

（1）$(Qx)F(x) \vee G \Leftrightarrow (Qx)(F(x) \vee G)$

（2）$(Qx)F(x) \wedge G \Leftrightarrow (Qx)(F(x) \wedge G)$

（3）$(Q_1 x)F(x) \vee (Q_2 x)H(x) \Leftrightarrow (Q_1 x)(Q_2 z)(F(x) \vee H(z))$

（4）$(Q_1 x)F(x) \wedge (Q_2 x)H(x) \Leftrightarrow (Q_1 x)(Q_2 z)(F(x) \wedge H(z))$

在上述等价公式对中，$F(x)$ 和 $H(x)$ 都表示含未量化变量 x 的公式，G 表示不含未量化变量 x 的公式，Q_1、Q_2 或为 $\exists$，或为 $\forall$。对（3）和（4），要求 z 不出现在 $F(x)$ 中，并且符合约束变量的换名原则。

使用前面定义的等价式，总可以把一个公式转换为前束标准型。变换过程如下。

（1）使用等价式中的连接词化归律消去公式中的连接词 $\rightarrow$，$\leftrightarrow$。

（2）反复使用双重否定律和德·摩根律将"$\neg$"移到原子公式之前。

（3）必要时重新命名量化的变量。

（4）使用量词分配律和等价式把所有量词都移到整个公式的最左边，最终得出一个范式。

2.3.4　一阶谓词逻辑的应用

本节给出两个例子说明一阶逻辑在问题求解中的应用。处理问题的一般途径是首先对问题进行符号化,之后证明某个公式是另一组公式的逻辑推论。

例 2.4　"某些患者喜欢所有医生。没有患者喜欢庸医。所以没有医生是庸医。"

例 2.5　使用推论规则证明下列推断:每个去临潼游览的人或者参观秦始皇兵马俑,或者参观华清池,或者洗温泉澡。凡去临潼游览的人,如果爬骊山,就不能参观秦始皇兵马俑,有的游览者既不参观华清池,也不洗温泉澡。因而有的游览者不爬骊山。

2.4　归结推理

1930 年,Herbrand 为定理证明建立了一种重要方法,奠定了机械定理证明的基础。机械定理证明的主要突破是 1965 年由 J.A.Robinson 做出的,他建立了归结原理,使机械定理证明达到了应用阶段。本节引入归结推理规则,并在此基础上讨论归结反演求解过程。

2.4.1　命题演算中的归结推理

1. 子句与子句集

一个子句是一组文字的析取。一个文字或是一个原子(正文字),或是一个原子的否定(负文字),如 P、Q、$\neg R$ 都是文字,$P \lor Q \lor \neg R$ 是子句。

命题演算中的任何合式公式都可以被转换为一个等价的子句的合取式,即对任意公式 G,都有形如 $G_1 \land G_2 \land \cdots G_n (n \geqslant 1)$ 的公式与之等价,其中每个 G_i 都是文字的析取式,即一个子句。可以使用各种等价式将任意一个公式 G 转换为一个合取范式。

一个子句的合取范式(CNF 形式)常常表示为一个子句的集合,如 $S = \{(P \lor \neg R),(\neg Q \lor \neg R \lor P)\}$。$S$ 称为对应公式$(P \lor \neg R) \land (\neg Q \lor \neg R \lor P)$的子句集,其中每个元素都是一个子句。把公式表示为子句集只是为了说明上的方便。

例 2.6　将公式$\neg(P \to Q) \lor (R \to P)$转换为子句集。

解:(1)用等价的形式来消除蕴涵符号:
$$\neg(\neg P \lor Q) \lor (\neg R \lor P)$$

(2)用德·摩根定律和用消除双 $\neg$ 符号的方法来缩小 $\neg$ 符号的辖域:
$$(P \land \neg Q) \lor (\neg R \lor P)$$

(3)用结合律和分配律把它转换为合取范式:
$$(P \lor \neg R \lor P) \land (\neg Q \lor \neg R \lor P)$$

(4)消去重复的 P:
$$(P \lor \neg R) \land (\neg Q \lor \neg R \lor P)$$

(5)转换为子句的集合:
$$\{(P \lor \neg R),(\neg Q \lor \neg R \lor P)\}$$

2. 子句上的归结

命题逻辑的归结规则可以陈述如下。

设有两个子句 $C_1 = P \lor C_1'$、$C_2 = \neg P \lor C_2'$(其中,C_1'、C_2'是子句,P 是文字),从中消去互补对(即 P 和 $\neg P$),所得的新子句 $R(C_1, C_2) = C_1' \lor C_2'$,便称作子句 C_1、C_2 的归结式,原子 P 称为被归结的原子。这个过程称为归结。没有互补对的两子句没有归结式。

因此,归结推理规则指的是对两子句做归结,即求归结式。

例 2.7 计算下述子句的归结式。

(1) C_1: $P \vee R$, C_2: $\neg P \vee Q$

由 C_1 和 C_2 中分别删除 P 和 $\neg P$,得出归结式为 $R \vee Q$。

这两个被归结的子句可以写成 $\neg R \rightarrow P$, $P \rightarrow Q$,可以看出三段论是归结的一个特例。

(2) C_1: $\neg P \vee Q$, C_2: P

C_1 和 C_2 的归结式为 Q。因为 C_1 可以写作 $P \rightarrow Q$,所以可以知道假言推理也是归结的一个特例。

(3) C_1: $\neg P \vee Q \vee R$, C_2: $\neg Q \vee \neg R$

C_1 和 C_2 存在两个归结式,一个是 $\neg P \vee R \vee \neg R$,另一个是 $\neg P \vee Q \vee \neg Q$。

(4) C_1: Q, C_2: $\neg Q$

Q 和 $\neg Q$ 是互补的,归结式是空子句,用□表示。空子句的出现代表出现了矛盾。

3. 归结的合理性

定理 2.17 子句 C_1 和 C_2 的归结式是 C_1 和 C_2 的逻辑推论。

证明：设

$$C_1 = P \vee C_1', \quad C_2 = \neg P \vee C_2'$$

有

$$R(C_1, C_2) = C_1' \vee C_2'$$

其中,C_1' 和 C_2' 都是文字的析取式。

假定 C_1 和 C_2 根据某种解释 I 为真。若 P 按 I 解释为假,则 C_1 必不是单元子句(即单个文字),否则 C_1 按 I 解释为假。因此,C_1' 按 I 必为真,即归结式 $R(C_1, C_2) = C_1' \vee C_2'$ 按 I 为真。

若 P 按 I 为真,则 $\neg P$ 按 I 为假,此时 C_2 必不是单元子句,并且 C_2' 必按 I 为真,所以 $R(C_1, C_2) = C_1' \vee C_2'$ 按 I 为真。由此得出,$R(C_1, C_2)$ 是 C_1 和 C_2 的逻辑推论。证毕。

4. 归结反演

若子句集 S 是不可满足的,则可以使用归结规则由 S 产生空子句□。

例 2.8 考虑子句集合 $S = \{C_1, C_2, C_3\}$

$$C_1: \neg P \vee Q$$
$$C_2: \neg Q$$
$$C_3: P$$

由 C_1 和 C_2 可以得出归结子句:

$$C_4: \neg P$$

由 C_3 和 C_4 可以得出归结子句:

$$C_5: \square$$

至此得出了由 S 对□的演绎 $C_1, C_2, \cdots, C_5 \Rightarrow \square$。现在可以断定 S 是不可满足的,否则若 S 是可满足的,则存在解释 I 满足 C_1、C_2 和 C_3,由定理 2.17 可知,I 也满足 C_4,这是不可能的,因为 I 不可能同时满足 C_3 和 C_4(C_3 和 C_4 的归结式是□)。

归结是一种极有力的推理规则,是一种合理的推理规则。也就是说,KB⊢w 蕴涵 KB⊨w。

为了从一个合式公式集合 KB 中证出某一公式 w,可以采用下述归结反演过程。

(1) 把 KB 中的合式公式转换成子句形式,得到子句集合 S_0。

(2) 把待验证的结论 w 的否定转换为子句形式,并加入子句集合 S_0 中得到新的子句集合 S。

(3) 反复对 S 中的子句应用归结规则,并且把归结式也加入 S 中,直到再没有子句可以进行归结,如果产生空子句,则说明可以从 KB 推出 w,否则说明 KB 无法推出 w。

例 2.9　用归结方法证明 $P \wedge (P \rightarrow Q) \wedge (Q \rightarrow R) \Rightarrow R$。

证明：先将 $P \wedge (P \rightarrow Q) \wedge (Q \rightarrow R)$ 转换成子句形式,得到子句集合 S_0：

$$S_0 = \{P, \neg P \vee Q, \neg Q \vee R\}$$

再把 R 的否定转换为子句形式,并加入 S_0 中得到子句集合 S：

$$S = \{P, \neg P \vee Q, \neg Q \vee R, \neg R\}$$

对 S 做归结：

(1) P

(2) $\neg P \vee Q$

(3) $\neg Q \vee R$

(4) $\neg R$

(5) Q　　　　　(1)、(2)归结

(6) R　　　　　(3)、(5)归结

(7) □　　　　　(4)、(6)归结

证毕。

5. 命题逻辑归结反演的合理性和完备性

合理性是指证明过程的正确性,完备性说明使用该方法可以得到所有可能的推断。

定理 2.18　归结反演是合理的。

证明：给定子句集 S 和目标 w。假设使用归结反演可以由 S 推导出 w,即 $S \vdash w$。现在需要证明的是该推导在逻辑上是合理的,即 $S \models w$。

现假定 $S \models w$ 不成立,即假设有一种满足 S 的赋值,满足 $\neg w$(即 $S \models \neg w$)。对这样一种赋值,S 中任意两个子句的归结式为真,这样,即便穷尽所有可以归结的子句所得到的归结式也不会为假,这与 $S \vdash w$ 矛盾。所以,假定 $S \models \neg w$ 是错误的,这样 $S \models w$ 就是正确的。

定理 2.19　归结反演是完备的,即从 $S \models \alpha$ 可推出 $S \vdash \alpha$,其中,α 为一公式,S 为子句集。

6. 归结反演的搜索策略

对子句集进行归结时,一个关键问题是决定选取哪两个子句做归结,为此需要研究有效的归结控制策略。

1）排序策略

假设原始子句(包括待证明合式公式的否定的子句)称为 0 层归结式。$(i+1)$ 层的归结式是一个 i 层归结式和一个 $j(j \leqslant i)$ 层归结式进行归结所得到的归结式。

宽度优先就是先生成第 1 层所有的归结式,然后是第 2 层所有的归结式,以此类推,直到产生空子句结束,或不能再进行归结为止。深度优先是产生一个第 1 层的归结式,然后用第 1 层的归结式和第 0 层的归结式进行归结,得到第 2 层的归结式,直到产生空子句结束;否则,用第 2 层及其以下各层进行归结,产生第 3 层,以此类推。

排序策略的另一个策略是单元优先策略,即在归结过程中优先考虑仅由一个文字构成的子句,这样的子句称为单元子句。

2）精确策略

精确策略不涉及被归结子句的排序,它们只允许某些归结发生。这里主要介绍三种精确归结策略。

(1) 支持集策略。

每次归结时,参与归结的子句中至少应有一个是由目标公式的否定得到的子句,或者是它们的后裔。

所谓后裔是说,如果①α_2是α_1与另外某子句的归结式,或者②α_2是α_1的后裔与其他子句的归结式,则称α_2是α_1的后裔,α_1是α_2的祖先。

支持集策略是完备的,即假如对一个不可满足的子句集合运用支持集策略进行归结,那么最终会导出空子句。

（2）线性输入策略。

参与归结的两个子句中至少有一个是原始子句集中的子句(包括那些待证明的合式公式的否定)。

线性输入策略是不完备的,如子句集合$\{P \vee Q, P \vee \neg Q, \neg P \vee Q, \neg P \vee \neg Q\}$不可满足,但是无法用线性输入归结推出。

（3）祖先过滤策略。

由于线性输入策略是不完备的,改进该策略得到祖先过滤策略:参与归结的两个子句中至少有一个是初始子句集中的句子,或者一个子句是另一个子句的祖先,该策略是完备的。

2.4.2　谓词演算中的归结推理

和命题演算一样,在谓词演算中也具有归结推理规则和归结反演过程。只是由于谓词演算中量词、个体变元等问题,使得谓词演算中的归结问题比命题演算中的归结问题复杂很多。

1. 子句型

在进行归结之前,需要把合式公式转换为子句式。

前面已经介绍了如何把一个公式转换成前束标准型$(Q_1 x_1)(Q_2 x_2)\cdots(Q_n x_n)M$,由于$M$中不含量词,所以总可以把它变换成合取范式。无论是前束标准型还是合取范式,都是与原来的合式公式等价的。

对于前束范式

$$(Q_1 x_1)(Q_2 x_2)\cdots(Q_n x_n)M(x_1, x_2, \cdots, x_n)$$

其中,$M(x_1, x_2, \cdots, x_n)$表示M中含有变量$x_1, x_2, \cdots, x_n$,并且M是合取标准型。令Q_r是$(Q_1 x_1)(Q_2 x_2)\cdots(Q_n x_n)$中出现的存在量词$(1 \leqslant r \leqslant n)$,使用下述方法可以消去前缀中存在的所有量词。

- 若在Q_r之前不出现全称量词,则选择一个与M中出现的所有常量都不相同的新常量c,用c代替M中出现的所有x_r,并且从前缀中删去$(Q_r x_r)$。
- 若$Q_{s1}, Q_{s2}, \cdots, Q_{sm}$是在$Q_r$之前出现的所有全称量词$(1 \leqslant s_1 \leqslant s_2 \leqslant \cdots \leqslant s_m < r)$,则选择一个与$M$中出现的任一函数符号都不相同的新$m$元函数符号$f$,用$f(x_{s1}, x_{s2}, \cdots, x_{sm})$代替$M$中的所有$x_r$,并且从前缀中删去$(Q_r x_r)$。

按上述方法删去前缀中的所有存在量词之后得到的公式称为合式公式的 Skolem 标准型。替代存在量化变量的常量c(视为 0 元函数)和函数f称为 Skolem 函数。

例 2.10　将公式

$$\exists x \forall y \forall z \exists u \forall v \exists w P(x, y, z, u, v, w)$$

转换为 Skolem 标准型。

式中,$(\exists x)$的前面没有全称量词,在$(\exists u)$的前面有全称量词$(\forall y)$和$(\forall z)$,在$(\exists w)$的前面有全程量词$(\forall y)$、$(\forall z)$和$(\forall v)$。所以,在$P(x, y, z, u, v, w)$中,用常量a代替x,用二元函数$f(y, z)$代替u,用三元函数$g(y, z, v)$代替w,去掉前缀中的所有存在量词之后得出 Skolem 标准型:

$$\forall y \forall z \forall v P(a, y, z, f(y, z), v, g(y, z, v))$$

Skolem 标准型的一个重要性质如下。

定理 2.20 令 S 为公式 G 的 Skolem 标准型,则 G 是不可满足的,当且仅当 S 是不可满足的。

令 S 为公式 G 的 Skolem 标准型。若 G 是不可满足的,则 G 等价于 S。但是,若 G 不是不可满足的,通常 G 并不等价于 S。例如,令 $G=(\exists x)P(x)$,则 $S=P(a)$。设解释 I 为定义域 $D=\{1,2\}$,则 $G=(\exists x)P(x)$,等价于 $P(1)\lor P(2)$。给出如下解释。

对 a 赋值为 1;对谓词 P 赋值:$P(1)$ 为 F,$P(2)$ 为 T。

显然,公式 $G|_I=$T,但 $S|_I=$F,即 G 不等价于 S。

注意,一个公式可以有几种形式的 Skolem 标准型。应该使用变元数量最少的 Skolem 函数。因此,在转换为前束标准型时,应该使存在量词尽量向左移。

例 2.11 将合式公式转换为子句型。

$$\forall x[P(x)\to[\forall y[P(y)\to P(f(x,y))]\land\neg\forall y[Q(x,y)\to P(y)]]]$$

必须指出,一个子句内的文字可以含有变量,但这些变量总是被理解为全称量词量化了的变量。

下面给出一些概念。不含变量的原子称为基原子,不含变量的文字称为基文字,不含变量的子句称为基子句,不含变量的子句集称为基子句集,不含变量的项称为基项。

如果一个表达式 C 中的变量被不含变量的项替代,得到不含变量的基表达式 C',则称 C' 是 C 的基例。

另外,若 $G=G_1\land G_2\land\cdots\land G_n$,假设 G 的子句集为 S_G。用 S_i 表示公式 $G_i(1\leqslant i\leqslant n)$ 的子句集,令 $S=S_1\cup S_2\cup\cdots\cup S_n$,可以证明 G 是不可满足的,当且仅当 S 是不可满足的。这样,对 S_G 的讨论,可以用较为简单的 S 代替,为了方便,也称 S 为 G 的子句集。

2. 置换和合一

对命题逻辑应用归结原理的重要步骤是在一个子句中找出与另一子句中的某个文字互补的文字。当子句中含有变量时,要先讨论置换和合一。如研究子句

$$C_1=P(x)\lor Q(x),\quad C_2=\neg P(f(y))\lor R(y)$$

C_1 中没有文字与 C_2 中的任何文字互补。但是若在 C_1 中用 $f(a)$ 置换 x,在 C_2 中用 a 置换 y,便得出

$$C_1'=P(f(a))\lor Q(f(a)),\quad C_2'=\neg P(f(a))\lor R(a)$$

其中,$P(f(a))$ 和 $\neg P(f(a))$ 是互补的。可以得出 C_1' 和 C_2' 的归结式:

$$C_3'=Q(f(a))\lor R(a)$$

注意,C_1' 和 C_2' 分别是 C_1 和 C_2 的基例。从上述例子可以看到,用适当的项置换 C_1 和 C_2 的变量可以产生新子句。

定义 2.24 置换是形为

$$\{t_1/v_1,t_2/v_2,\cdots,t_n/v_n\}$$

的有限集合,其中,$v_1,v_2,\cdots,v_n$ 是互不相同的变量,t_i 是不同于 v_i 的项(可以为常量、变量、函数)$(1\leqslant i\leqslant n)$。$t_i/v_i$ 表示用 t_i 置换 v_i,不允许 t_i 与 v_i 相同,也不允许 v_i 循环地出现在另一个 t_j 中。

当 $t_1,t_2,\cdots,t_n$ 是基项时,置换称为基置换。不含任何元素的置换称为空置换,用 ε 表示。

例如,$\{a/x,g(b)/y,f(g(c))/z\}$ 就是一个置换。

定义 2.25 令 $\theta=\{t_1/v_1,t_2/v_2,\cdots,t_n/v_n\}$ 为置换,E 为表达式。设 E_θ 是用项 t_i 同时代替 E 中出现的所有变量 $v_i(1\leqslant i\leqslant n)$ 而得出的表达式。通常称 E_θ 为 E 的例。

定理2.20
证明

例2.11解答

例 2.12　令 $\theta = \{a/x, f(b)/y, g(c)/z\}$

$$E = P(x, y, z)$$

则有
$$E_\theta = P(a, f(b), g(c))$$

定义 2.26　令 $\theta = \{t_1/x_1, t_2/x_2, \cdots, t_n/x_n\}, \lambda = \{u_1/y_1, u_2/y_2, \cdots, u_m/y_m\}$ 为两个置换。θ 和 λ 复合也是一个置换，用 $\theta \circ \lambda$ 表示，它由在集合

$$\{t_1\lambda/x_1, t_2\lambda/x_2, \cdots, t_n\lambda/x_n, u_1/y_1, u_2/y_2, \cdots, u_m/y_m\}$$

中删除下面两类元素得出：

$$u_i/y_i, \quad \text{当 } y_i \in \{x_1, x_2, \cdots, x_n\}$$

$$t_i\lambda/v_i, \quad \text{当 } t_i\lambda = v_i$$

例 2.13　令 $\theta = \{f(y)/x, z/y\}, \lambda = \{a/x, b/y, y/z\}$，在构造 $\theta \circ \lambda$ 时，首先建立集合

$$\{f(y)\lambda/x, z\lambda/y, a/x, b/y, y/z\}$$

由于 $z\lambda = y$，所以要删除 $z\lambda/y$。上述集合中的第三、四元素中的变量 x, y 都出现在 $\{x, y\}$ 中，所以还应删除 $a/x, b/y$。最后得出

$$\theta \circ \lambda = \{f(b)/x, y/z\}$$

不难验证出置换具有下述性质。

（1）空置换 ε 是左幺元和右幺元，即对任意置换 θ 恒有

$$\varepsilon \circ \theta = \theta \circ \varepsilon = \theta$$

（2）对任意表达式 E，恒有 $E(\theta \circ \lambda) = (E\theta)\lambda$。

（3）若对任意表达式 E 恒有 $E\theta = E\lambda$，则 $\theta = \lambda$。

（4）对任意置换 θ、λ、μ 恒有

$$(\theta \circ \lambda) \circ \mu = \theta \circ (\lambda \circ \mu)$$

即置换的合成满足结合律。

（5）设 A 和 B 为表达式集合，则

$$(A \cup B)\theta = A\theta \cup B\theta$$

注意，置换的合成不满足交换律。

定义 2.27　若表达式集合 $\{E_1, E_2, \cdots, E_k\}$ 存在一个置换 θ 使得

$$E_1\theta = E_2\theta = \cdots = E_k\theta$$

则称集合 $\{E_1, E_2, \cdots, E_k\}$ 是可合一的，置换 θ 称为合一置换。

例 2.14　集合 $\{P(a, y), P(x, f(b))\}$ 是可合一的，因为 $\theta = \{a/x, f(b)/y\}$ 是它的合一置换。

例 2.15　集合 $\{P(x), P(f(y))\}$ 是可合一的，因为 $\theta = \{f(a)/x, a/y\}$ 是它的合一置换。另外，$\theta' = \{f(y)/x\}$ 也是一个合一置换，所以合一置换是不唯一的。但是，θ' 比 θ 更一般，因为用任意一个常量置换 y 都可以得一个置换，因而可得到无穷个基置换。

定义 2.28　表达式集合 $\{E_1, E_2, \cdots, E_k\}$ 的合一置换 δ 是最一般的合一置换（most general unifier, mgu），当且仅当对该集合的每个合一置换 θ 都存在置换 λ，使得 $\theta = \delta \circ \lambda$。

例如，在例 2.15 中，mgu $\delta = \theta' = \{f(y)/x\}$，但 $\theta = \{f(a)/x, a/y\}$ 不是 mgu。

例 2.16　求表达式集合 $\{P(x), P(y)\}$ 的 mgu。

显然，$\{y/x\}$ 与 $\{x/y\}$ 都是该集合的 mgu。这也说明 mgu 一般情况下也不是唯一的，但是它们除了相差一个换名以外，其他是相同的。

在人工智能中，合一起着非常重要的作用，它是区别专家系统和简单的判定树的特征之一。没有合一，规则的条件元素只能匹配常量，这样就必须为每一个可能的事实写一条专门的规则。

3. 合一算法

本节将对有限非空可合一的表达式集合给出求取最一般合一置换的合一算法。当集合不可合一时,算法也能给出不可合一的结论,并且结束。

考虑集合 $\{P(a),P(x)\}$。为了求出该集合的合一置换,首先找出两个表达式的不一致之处,然后再试图消除。对 $P(a)$ 和 $P(x)$,不一致之处可用集合 $\{a,x\}$ 表示。由于 x 是变量,可以取 $\theta=\{a/x\}$,于是有 $P(a)\theta=P(x)\theta=P(a)$,即 θ 是 $\{P(a),P(x)\}$ 的合一置换。这就是合一算法依据的思想。在讨论合一算法之前,先讨论差异集的概念。

定义 2.29　表达式的非空集合 W 的差异集是按下述方法得出的子表达式的集合。

(1) 在 W 的所有表达式中找出对应符号不全相同的第一个符号(自左算起)。

(2) 在 W 的每个表达式中提取出占有该符号位置的子表达式。这些子表达式的集合便是 W 的差异集 D。

例 2.17　求下面集合的差异集:
$$W=\{P(x,f(y,z)),P(x,a),P(x,g(h(k(x))))\}$$

例 2.18　求出 $W=\{P(a,x,f(g(y))),P(z,f(z),f(u))\}$ 的最一般合一置换。

解:答案是
$$\delta_3=\{a/z,f(a)/x,g(y)/u\}$$

注意,上述合一算法对任意有限非空的表达式集合总是能终止的,否则将会产生出有限非空表达式集合的一个无穷序列 $\delta_0,W_{\delta_1},W_{\delta_2},\cdots$,该序列中的任一集合 $W_{\delta_{k+1}}$ 都比相应的集合 W_{δ_k} 少含一个变量(即 W_{δ_k} 含有 v_k,但 $W_{\delta_{k+1}}$ 不含 v_k)。由于 W 中只含有限个不同的变量,所以上述情况不会发生。

定理 2.21　若 W 为有限非空可合一表达式集合,则合一算法总能终止在第 2 步上,并且最后的 δ_k 便是 W 的最一般合一置换(mgu)。

4. 归结式

定义 2.30　若由子句 C 中的两个或多个文字构成的集合存在最一般合一置换 δ,则称 C_δ 为 C 的因子。若 C_δ 是单位子句,则称它为 C 的单位因子。

例 2.19　令 $C=P(x)\vee P(f(y))\vee\neg Q(x)$

由 C 中前两个文字构成的集合 $\{P(x),P(f(y))\}$ 存在最一般合一置换 $\delta=\{f(y)/x\}$,所以
$$C_\delta=P(f(y))\vee\neg Q(f(y))$$

是 C 的因子。

定义 2.31　令 C_1 和 C_2 为两个无公共变量的子句,L_1 和 L_2 分别为 C_1 和 C_2 中的两个文字。若集合 $\{L_1,\neg L_2\}$ 存在最一般合一置换 δ,则子句
$$(C_{1\delta}-\{L_{1\delta}\})\bigcup(C_{2\delta}-\{L_{2\delta}\})$$

称为 C_1 和 C_2 的二元归结式。文字 L_1 和 L_2 称为被归结的文字。

例 2.20　令
$$C_1=P(x)\vee Q(x)\qquad C_2=\neg P(a)\vee R(x)$$

因为 C_1 和 C_2 中都出现变量 x,所以重新命名 C_2 中的变量,取
$$C_2:\neg P(a)\vee R(y)$$

选择 $L_1=P(x),L_2=\neg P(a)$,则 $\{L_1,\neg L_2\}=\{P(a),P(x)\}$ 存在最一般合一置换 $\delta=\{a/x\}$,于是有

$$(C_{1\delta} - \{L_{1\delta}\}) \bigcup (C_{2\delta} - \{L_{2\delta}\})$$
$$= (\{P(a), Q(a)\} - \{P(a)\}) \bigcup (\{\neg P(a), R(y)\} - \{\neg P(a)\})$$
$$= \{Q(a)\} \bigcup \{R(y)\}$$
$$= \{Q(a), R(y)\}$$

$Q(a) \vee R(y)$ 便是 C_1 和 C_2 的二元归结式。$P(x)$ 和 $\neg P(a)$ 称为被归结的文字。

定义 2.32 子句 C_1 和 C_2 的归结式是下述某个二元归结式。

(1) C_1 和 C_2 的二元归结式。

(2) C_1 的因子和 C_2 的二元归结式。

(3) C_2 的因子和 C_1 的二元归结式。

(4) C_1 的因子和 C_2 的因子的二元归结式。

例 2.21 令 $C_1 = P(x) \vee P(f(y)) \vee R(g(y))$，$C_2 = \neg P(f(g(a))) \vee Q(b)$。$C_1' = P(f(y)) \vee R(g(y))$ 是 C_1 的因子，C_1' 和 C_2 的二元归结式为 $R(g(g(a))) \vee Q(b)$，所以 C_1 和 C_2 的归结式为 $R(g(g(a))) \vee Q(b)$。

此外，若取 C_1 中的文字 $L_1 = P(x)$，C_2 中的文字 $\neg P(f(g(a)))$，则 $\{L_1, \neg L_2\}$ 存在最一般合一置换：

$$\delta = \{f(g(a))/x\}$$

于是 $P(f(y)) \vee R(g(y)) \vee Q(b)$ 也是 C_1 和 C_2 的归结式。

5. 归结反演

和命题逻辑一样，谓词逻辑的归结反演也是仅有一条推理规则的问题求解方法，为证明 $\vdash A \rightarrow B$，其中，A、B 是谓词公式。使用反演过程，先建立合式公式

$$G = A \wedge \neg B$$

进而得到相应的子句集 S，只需证明 S 是不可满足的即可。

例 2.22 "某些患者喜欢所有医生。没有患者喜欢庸医。所以没有医生是庸医。"

例 2.22 解答

6. 答案的提取

归结反演不仅可用于定理证明，也可用来求取问题的答案，其思想与定理证明类似。方法是在目标公式的否定形式中加上该公式否定的否定，得到重言式；或者再定义一个新的谓词 ANS，加到目标公式的否定中。把新形成的子句加到子句集中进行归结。

例 2.23 已知张(Zhang)和李(Li)是同班同学，如果 x 和 y 是同班同学，则 x 上课的教室也是 y 上课的教室。现在张在 Room11，问李在哪里上课？

解：首先定义谓词如下。

$C(x, y)$：x 和 y 是同班同学。

$At(x, u)$：x 在 u 教室上课。

已知前提可表示为

$$C(\text{Zhang}, \text{Li})$$
$$\forall x \forall y \forall u (C(x, y) \wedge At(x, u) \rightarrow At(y, u))$$
$$At(\text{Zhang}, \text{Room11})$$

目标公式的否定为

$$\neg \exists v At(\text{Li}, v)$$

目标采用重言式的方式，得到子句集合：

$$S = \{C(\text{Zhang}, \text{Li}), \neg C(x, y) \vee \neg At(x, u) \vee At(y, u), At(\text{Zhang}, \text{Room11}),$$
$$\neg At(\text{Li}, v) \vee At(\text{Li}, v)\}$$

归结过程如下。

(1) $C(\text{Zhang}, \text{Li})$

(2) $\neg C(x, y) \vee \neg At(x, u) \vee At(y, u)$ ⎬ S

(3) $At(\text{Zhang}, \text{Room11})$

(4) $\neg At(\text{Li}, v) \vee At(\text{Li}, v)$

(5) $At(\text{Li}, v) \vee \neg C(x, \text{Li}) \vee \neg At(x, v)$　　(2)、(4) 归结 $\{\text{Li}/y, v/u\}$

(6) $At(\text{Li}, v) \vee \neg At(\text{Zhang}, v)$　　(1)、(5) 归结 $\{\text{Zhang}/x\}$

(7) $At(\text{Li}, \text{Room11})$　　(3)、(6) 归结 $\{\text{Room11}/v\}$

最后就是得到的答案：李在 Room11。

2.4.3　谓词演算归结反演的合理性和完备性

归结原理是反演完备的，即如果一个子句集合是不可满足的，则归结将会推导出矛盾。归结不能用于产生某子句集合的所有结论，但是它可用于说明某个给定的句子是该子句集合所蕴含的。因此，使用前面介绍的否定目标的方法，可以发现所有的答案。

1. Herbrand 域和 Herbrand 解释

在归结反演中，为了证明 A 为 G 的结论，把 A 的否定命题 $\neg A$ 加入 G 中，证明 $G \wedge \neg A$ 的子句集合 S 不可满足，即对于所有定义域上所有可能的解释，$G \wedge \neg A$ 均取假值。因为合式公式的解释有无穷多种，所以研究所有定义域上的所有解释是不可能的。如果说对于一个具体的谓词公式，能够找到一个比较简单的特殊论域，使得只要在这个论域上该公式是不可满足的，便能保证该公式在任一论域上也是不可满足的，那么这个问题就会简单很多。下面将证明，的确存在这种定义域（Herbrand 域，H 域），如果子句集合 S 是不可满足的，当且仅当对 H 上的所有解释，S 的真值都为假。Herbrand 域可定义如下。

定义 2.33　设 S 为子句集合，S 的 H 域 $H(S)$ 可定义如下。

(1) S 中的一切常量字母均出现在 $H(S)$ 中，若 S 中无任何常量字母，则命名一个常量字母 a，使得 $a \in H(S)$。

(2) 若项 $t_1, t_2, \cdots, t_n \in H(S)$，则 $f^n(t_1, t_2, \cdots, t_n) \in H(S)$，其中，$f$ 为 S 中的任意函数。

(3) $H(S)$ 中的项仅由 (1)、(2) 形成。

为了讨论子句集 S 在 H 域上的真值，引入 H 域上 S 的原子集 A，它是 S 中谓词公式的实例集。

定义 2.34　设 S 是子句集，对应的 H 域上的原子集 A 为所有出现在 S 中的原子谓词公式的实例。

(1) 如果原子谓词公式为命题（不包含变量），则其实例就是其本身。

(2) 若原子公式形如 $P(t_1, t_2, \cdots, t_n)$，t_i 为变量（$i = 1, 2, \cdots, n$），则其实例就是用 S 的 H 域中的元素代替 $t_1, t_2, \cdots, t_n$ 形成的。

定义 2.35　子句集合 S 中的子句 C 的基例是用 S 的 Herbrand 域中的元素代替 C 中的变量得出的子句。

由于原子集中的元素都是原子命题，给每个元素指派一个真值（T 或 F），就可以建立子句集在 H 域上的一个解释，记为 I^*。

令 $A = \{A_1, A_2, \cdots, A_n, \cdots\}$ 为 S 的原子集合。H-解释 I^* 可以很方便地用集合

$$I^* = \{m_1, m_2, \cdots, m_n, \cdots\}$$

表示，其中，m_i 或为 A_i，或为 $\neg A_i$（$i = 1, 2, \cdots$），若 m_i 为 A_i，则 A_i 的真值为 T，否则 A_i 的真值

为 F，即

$$m_i = \begin{cases} A_i, & \text{当 } A_i \text{ 被 } I \text{ 指定为 T} \\ \neg A_i, & \text{当 } A_i \text{ 被 } I \text{ 指定为 F} \end{cases} \quad (i=1,2,\cdots)$$

子句集合 S 的任意解释不一定是定义在 S 的 Herbrand 域上的，所以一个解释可以不是 H 解释。但是，对于子句集 S 的任一可能论域 D 的任一解释 I，总能在 S 的 H 域上构造一个对应的 H 解释 I^*，使子句集具有相同的真值。构造方法如下。

令 P 为 S 中的任一 n 元谓词符号，$h_1,h_2,\cdots,h_n$ 是 S 的 Herbrand 域中的任意元素。将每个 h_i 按 I 映射为 D 中的某元素 $d_i(1\leqslant i\leqslant n)$。如果 $P(d_1,d_2,\cdots,d_n)$ 按 I 的真值为 T（或 F），则 $P(h_1,h_2,\cdots,h_n)$ 按 I^* 的真值为 T（或 F）。

I 和 I^* 具有如下性质。

- 若某定义域 D 上的解释 I 满足子句集合 S，则与 I 相对应的任一 H 解释 I^* 也满足 S。
- 子句集合 S 是不可满足的，当且仅当 S 在 S 的所有 H 解释下都为假。

这些性质将 S 在一般论域 D 上的不可满足问题缩小成了可数集 H 上的不可满足问题。

2. 语义树

由 H 解释的定义可以看出，通常子句集合 S 的 H 解释的个数是可数的，这样可以使用"语义树"枚举出 S 的所有可能的 H 解释，形象地描述子句集在 H 域上的所有解释，以观察每个分支对应的 S 的逻辑真值是真还是假。

当子句集包含的原子公式均为命题时，其原子集是有限集，则很容易画出完整的语义树。

例 2.24　令 $A=\{P,Q,R\}$ 是子句集合 S 的原子集合，画出其语义树。

由于每个基原子只可能有两个真值（T 和 F），所以很容易以二叉树的形式建立语义树，如图 2-3 所示的就是 S 的完整的语义树。

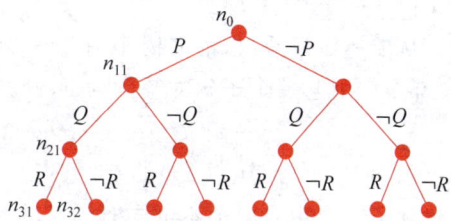

图 2-3　完全语义树

从图 2-3 可以看出，从树根结点 n_0 到叶结点 n 的路径就指示了一个解释，记为 $I(n)$，其表示为路径上标记的集合，每个标记是一个文字。例如，$I(n_{32})=\{P,Q,\neg R\}$。可以对语义树指示的每个解释，判别子句集的真假性，进而判别子句集是永真、可满足，还是不可满足。

对于一般的子句集，H 是可数无穷集，从而相应的语义树也可能成为一棵无穷树。

例 2.25　研究 $S=\{P(x)\vee Q(f(x)),\neg P(a),\neg Q(y)\}$。$S$ 的原子集合为

$$A=\{P(a),Q(a),P(f(a)),Q(f(a)),P(f(f(a))),\cdots\}$$

如图 2-4 所示的是 S 的一个无限语义树。

对无穷语义树，如果子句集是不可满足的，则不必无限地扩展语义树，就可以确定语义树上的所有路径都分别对应一个导致子句集不可满足的解释，这样的语义树称为封闭语义树。对于如图 2-4 所示的无限语义树，其封闭语义树如图 2-5 所示。

首先看根结点 n_0，它表示没有任何解释，显然 S 中的子句无法确定其真假值（除非是永真式或永假式在不需要任何解释的时候可以确定真假值）。

接着看结点 n_{11}，对 n_0n_{11} 分支所标记的 $P(a)$ 指派真值，如果 $P(a)$ 指派为 T，子句 $\neg P(a)$ 为 F，从而使子句集 S 不满足；像这样，从根结点 n_0 到结点 n_{11} 的赋值使得子句集不满足，而根结点 n_0 无法确定子句集是否可满足，结点 n_{11} 称为失败结点，这里用×表示。如果 $P(a)$ 指派为 F（结点 n_{12}），则 S 中没有一个子句的真值是可以确定的，还需要看其他原子的真值指派，所以 n_{12} 不是失败结点。

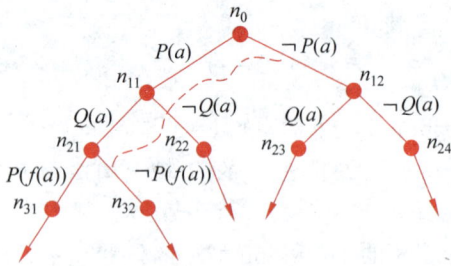

图 2-4 无限语义树

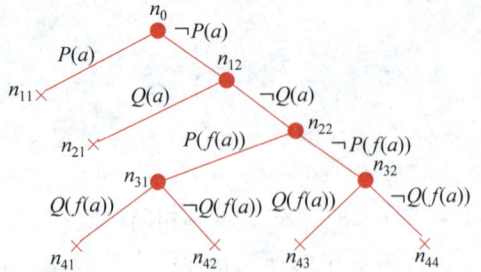

图 2-5 封闭语义树

对 $Q(a)$ 指派为真值,如果 $Q(a)$ 指派为 T,则子句 $\neg Q(y)$ 为 F(注意,变量 y 受全称变量的约束),则 n_{21} 为失败结点;如果 $Q(a)$ 指派为 F,则 S 中同样也没有一个子句的真值是可以确定的,还需要看其他原子的真值指派。

接着给 $P(f(a))$ 指派真值,无论是指派 T,还是指派 F,都无法使 S 中的子句确定其真假,所以 n_{31}、n_{32} 都不是失败结点。给 $Q(f(a))$ 指派真值,看结点 n_{41},$Q(f(a))$ 指派为 T,这时 $\neg Q(y)$ 为 F(只要将 y 置换为 $f(a)$),所以 n_{41} 为失败结点。当 $Q(f(a))$ 指派为 F 时,$P(x)\lor Q(f(x))$ 为 F(只要将 x 置换为 a),所以 n_{42} 也为失败结点。同样,可以确定 n_{43}、n_{44} 都是失败结点。至此可以生成如图 2-5 所示的封闭语义树。因此可以说,封闭语义树就是每个分支都有失败结点的语义树。

从上述可以看出,语义树中每一个导致子句集 S 不可满足的路径(对应 H 域上的一个解释)都至少引起一个子句的基例为 F,例如:

$$I(n_{42})=\{\neg P(a),\neg Q(a),P(f(a)),\neg Q(f(a))\}$$

使得子句 $P(x)\lor Q(f(x))$ 的基例 $P(a)\lor Q(f(a))$ 为假。当建立一棵封闭语义树时,实际上也就建立了一个由有限个不可同时满足的基例构成的集合 S'。

3. Herbrand 定理

在上述研究工作的基础上,Herbrand 提出了 Herbrand 定理,该定理是符号逻辑中的重要定理,它是机器定理证明的基础。由前面的 H 解释的性质知道,若子句集合 S 按它的任一 H 解释都为假,则可以断定 S 是不可满足的。通常 S 的 H 解释的个数是可数个,可以使用语义树组织它们。

定理 2.22(Ⅰ型 Herbrand 定理) 子句集合 S 是不可满足的,当且仅当相应 S 的每个完全语义树都存在有限封闭的语义树。

证明:设 S 是不可满足的。令 T 为 S 的任一完全语义树。

对 T 中由根结点出发的到达任一叶结点的路径 B,令 I_B 为对应 B 分支上 S 的一个解释。因为 S 是不可满足的,I_B 必使得 S 中某子句 C 的一个基例 C' 为假。然而,由于 C' 是有限的,这样路径 B 上必存在一个失败结点 N_B。

因为 T 的每条这样的路径上都有一个失败结点,因此 S 存在封闭的语义树 T'。

反之,若相应 S 的每个完全语义树都存在一个有限封闭语义树,则其中由根结点出发的每条路径都含有失败结点。因为 S 的任一解释都对应 T 的某一分支,这说明每个解释都使得 S 的某个子句的基例为假。所以 S 是不可满足的。证毕。

定理 2.23(Ⅱ型 Herbrand 定理) 子句集合 S 是不可满足的,当且仅当存在不可满足的 S 的有限基例集 S'。

Ⅱ型 Herbrand 定理提出了一种反驳程序,即给定一个欲证明的不可满足的子句集合 S,若存在机械程序能逐次产生 S 中子句的基例的集合 $S'_0, S'_1, \cdots$，并且能逐次检验 $S'_0, S'_1, \cdots$ 的不可满足性，则由 Herbrand 定理可知，能找出一个有限的 n，使 S'_n 是不可满足的。

这种方法效率比较低，即使对只有 10 个两文字基子句的情况也有 2^{10} 个合取式。所以，转换成析取范式并不是好的方法，为此可以采用下面的规则(扫二维码)简化计算过程。

简化计算过程的规则

运用 Herbrand 定理并借助语义树方法，从理论上讲，可以建立计算机程序实现自动定理证明，但实际中是很难行得通的。

定理 2.24(归结原理的完备性)　子句集合 S 是不可满足的，当且仅当存在使用归结推理规则由 S 对空子句□的演绎。

需要注意以下几点。

(1) 归结原理是半可判定的，即如果 S 不是不可满足的，则使用归结原理方法可能得不到任何结果。

(2) 归结原理是建立在 Herbrand 定理之上的。

(3) 如果在子句集 S 中允许出现等号或不等号时，归结法就不完备了。

(4) 归结方法是一种可以机械化实现的方法，它是 Prolog 语言的基础。

2.4.4　案例：一个基于逻辑的财务顾问

利用谓词演算设计一个简单的财务顾问。其功能是帮助用户决策是应该向存款账户中投资，还是向股票市场中投资。一些投资者可能想把他们的钱在这两者之间分摊。推荐给每个投资个体的投资策略依赖他们的收入和他们已有存款的数量，需根据以下标准制定。

(1) 存款数额还不充足的个体始终该把提高存款数额作为他们的首选目标，无论他们的收入如何。

(2) 具有充足存款和充足收入的个体应该考虑风险较高但潜在投资收益更高的股票市场。

(3) 收入较低的已经有充足存款的个体可以考虑把他们的剩余收入在存款和股票间分摊，以便既能提高存款数额，又能尝试通过股票提高收入。

存款和收入的充足性可以由个体要供养的人数决定。设定的标准是为供养的每个人至少在银行存款 5000 元。充足的收入必须是稳定的所得，每年至少补充 15 000 元，再加额外的给每个要供养的人 4000 元。

请为一个要供养 3 个人、有 22 000 元存款、25 000 元稳定收入的投资者推荐投资策略。

思考： 米磊要供养 4 个人，他有 30 000 元的稳定收入，他的存款账户中有 15 000 元。向上述案例中的通用投资顾问例子中加入描述他的情况的适当谓词，然后进行必要的合一和推理，以求出提供给米磊的投资建议。

2.4.4 案例解答

2.5　因果推理

因果推理就是用数学的形式化方法来确定一个变量是否影响另一个变量。

计算机可以通过检查干预措施建立因果模型：一个变量的变化如何影响另一个变量。与当前人工智能中为变量之间的关系只创建一个统计模型不同，计算机创建了多个统计模型。在每一个模型中，保持变量之间的关系不变，但却改变了其中一个或几个变量的值，而这样的改变可能会导致新的结果，所有这些都可以用概率和统计学的数学方法来评估。

这种方法类似人解决问题的方式：人们生成可能的因果关系，并假设最符合观察结果的因果关系最接近事实。例如，当一个玻璃杯被扔到混凝土上时，看到它破碎，可能会导致一个人认为对坚硬表面的冲击导致玻璃杯破碎。把玻璃杯换成其他物品,或者把混凝土换成柔软的地毯,或者尝试从其他高度上跌落,都能让一个人改进关系模型,更好地预测一旦失手掉东西的后果。

2.5.1　概述

日常生活中,会有如下表述:①某项治疗对预防疾病的效果如何;②新的税收优惠政策和营销活动哪个是导致销售额上升的原因;③肥胖症每年造成的保健费用是多少;④雇用记录能否证明雇主有性别歧视行为;⑤我如果辞职了,会不会后悔?

上面这些问题都包含着不对称信息。传统代数中专注于等式,即 $y=ax$ 此类的表达式。而现实中,大多数问题,如上加标记的单词,如预防、导致、造成、歧视、后悔等都含有不对称属性。相对于等号"="表示对称信息,可以用箭头"→"表示非对称信息。

例 2.26　(辛普森悖论)在 700 例肾病患者中,观察他们的服药情况,发现服药男性的治愈率是 93%,女性治愈率是 73%,不服药的男性治愈率为 87%,女性为 69%。分男女组别考察,能够得出"服药有助于恢复"的结论,但从整体样本考察,会发现不服药的治愈率 83% 高于服药的治愈率 78%,如表 2-3 所示。

表 2-3　肾病治愈情况分类统计

	服　药	不　服　药	
男	87 例中 81 例痊愈(93%)	270 例中 234 例痊愈(87%)	△有效
女	263 例中 192 例痊愈(73%)	80 例中 55 例痊愈(69%)	△有效
总	350 例中 273 例痊愈(78%)	350 例中 289 例痊愈(83%)	▽无效

这种分组和整体结论不同的情况,也是机器学习模型的困境。例如,训练数据和测试数据不满足独立同分布的假设,那么机器学习在分布偏移情况下很难鲁棒地学习,在新的场景中很难使用现有的模型。

实际上,目前基于数据驱动的机器学习方法,训练出的模型所得出的结论大多是变量和变量之间的相关关系,而不是因果关系。例如,之前有一项研究发现,在某大国暴力犯罪与腌黄瓜消耗密切相关,但这种相关性并不代表因果性。

因果:由于 T 导致了 Y,所以 T 和 Y 之间有关联。例如,下雨天会导致地面变湿。这种关联是稳定的、可解释的。

混淆:X 同时导致了 T 和 Y。例如,气温的上升会同时导致冰激凌销量增加与汽车爆胎事件增加。因此,冰激凌销量和汽车爆胎数量之间有了关联。X 导致了 T 和 Y 之间存在关联,但这种关联是虚假关联,既不可解释也不稳定。这里气温的上升就是混淆变量。因果与混淆示意图如图 2-6 所示。

从因果的角度,辨析腌黄瓜和暴力犯罪之间的关系需要考虑混淆变量。如图 2-7 所示,混淆变量会同时影响独立变量和因变量,从而造成两者之间的伪相关。传统统计和因果推断进行对比,如表 2-4 所示。

表 2-4　传统统计和因果推断进行对比

	传 统 统 计	因 果 推 断
是否允许因果推理	否,这是一个禁忌	是,科学的目标是确定因果关系
数据能说明一切吗	大数据的人说"是"	否
是否允许有一点主观性	否,还不能量化的东西是不允许讨论的	是(在合理的范围内)

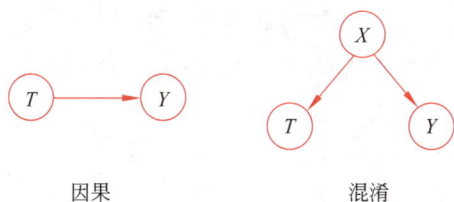

图 2-6　因果与混淆

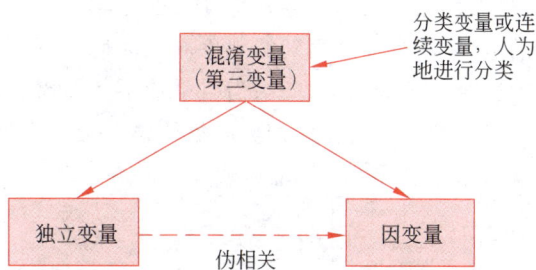

图 2-7　混淆变量与独立变量、因变量的关系

所以数据具有两面性,同一个数据能够讲出两个不同的故事,如果信息发生了一些变化,那么这个结论也有可能是不一样的。

2.5.2　因果推断的三个渐进层级

朱迪亚·珀尔(Judea Pearl)曾在他的书《为什么》中提到:第一层级"关联"和第二层级"干预"主要针对当前的弱人工智能,包括对现有贝叶斯网络在深度学习领域的拓展、前门标准实践、do-calculus 等核心算法;而第三层级"反事实"是基于人的想象力和假设,是人类独有的思考能力,也是令人工智能达到人类智能的关键命门。

过去 10 年,人工智能的成功应用主要由深度学习推动——如在游戏中击败人类高手、图像有效识别、根据提示生成文本和图片等。通过大量数据的应用,这类系统可以学习如何把一个事物与另一个事物相关联,随后这些习得的关联性就可以投入实际应用。但这只是登上了梯子的第一阶,而这把梯子应通向更高目标。朱迪亚·珀尔称这个更高目标为"**深度理解**"。

因果推断的三个渐进层级如表 2-5 所示(仅当已知第 i 层级或者更高层级条件下,第 i 层的问题才被解答)。最基本的层次是"观察",即通过观察在事物之间建立联系的能力。下一个层次称为"行动(干预)"——对某事做出改变,并关注后果。这就是因果发挥作用的地方。

表 2-5　因果推断的三个渐进层级

层　级	行　为	典型问题	举　例
1. 关联 $p(Y|X)$	观察	• 是什么 • 观察到 X 发生变化,Y 是否会改变	如果患者出现了咳嗽的症状,同时出现流鼻涕的概率有多大
2. 干预 $p(Y|do(X))$	干预操作	• 如果……,怎么样 • 假设 X 的值发生改变,Y 的值是多少	如果强制让患者吃药(do 操作),一周后患者的症状是否会缓解
3. 反事实 $p(Y_x|X',Y')$	想象与回溯	• 为什么 • 如果曾经关于 X 做了其他选择,Y 是否会有所不同	如果一周前不让患者吃药,患者现在的症状还会缓解吗

表 2-5 展示了因果关系的学习者必须掌握至少三种不同层级的认知能力:观察能力、行动能力和想象能力。

第一层级"关联"表示观察能力,指发现环境中规律的能力。例如,一只猫头鹰观察到一只老鼠在活动,便开始推测老鼠下一刻可能出现的位置,这只猫头鹰所做的就是通过观察寻找规律。

第二层级"干预"表示行动能力,指预测对环境刻意改变后的结果,并根据预测结果选择行为方案。例如,如果我做 x 这件事情,那么 y 会发生什么变化,一个具体的例子是如果我把香烟戒掉,那么得癌症的状况会发生什么变化。第三层级"反事实"表示想象与回溯能力,指想象并不存在的世界,并推测观察到的现象原因为何。例如,为什么是 x 导致了 y,如果当时 x 没有发生,那么状况会是怎么样的,如果当时采取了其他措施,会发生什么? 具体的例子是:我吃了阿司匹林能治好我的头痛吗? 假如奥斯沃德没有刺杀肯尼迪,肯尼迪会活着吗? 假如在过去的两年里我没有吸烟会怎样?

2.5.3　推断引擎的结构

推断引擎有三个输入:我们想知道什么,我们已经知道什么,有哪些数据是可以用的。有两个输出:特定干预的影响,假设过去发生的事件未发生所造成的影响。

推断引擎想要弄明白的是:一个是过去发生的事情,如果没有发生,它会产生什么样的结果;如果让一些事情不发生,这又会产生什么样的影响。例如,发生了地震我的房子垮掉了,不发生地震我的房子就不会垮掉了么?

要想回答第一层级的问题,就必须得到第二层级或者是更高层级的信息。也就是说,仅仅是一个观测的数据,并不能回答"干预"的问题。

另外,因果推理的一个重要秘诀是准确区分"做"和"看"。例如,仅凭借洒水器是开着的,无法做出什么季节以及是否下雨等预测。这里的问题是:实际上 $X_1 \sim X_3$ 这一层的关系被切断了,所以无法推测出"季节",如图 2-8(b)所示,切断 $X_1 \sim X_3$ 的是一个残缺的模型。这时候,可以问一个反事实的问题,如果洒水器是开的,那么能否想象到地板的湿度情况,从而推断出季节是什么、是否下雨等。

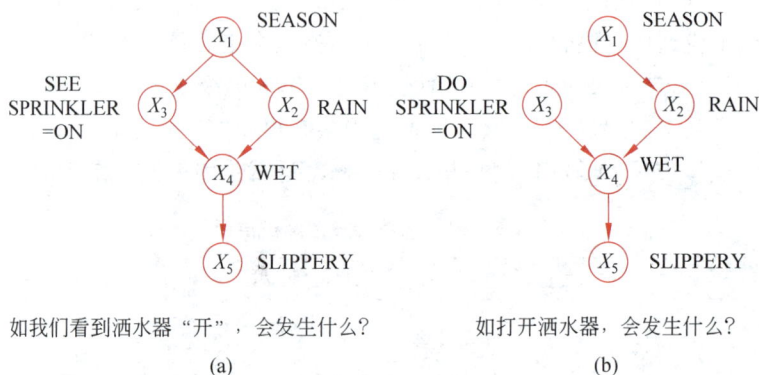

如我们看到洒水器"开",会发生什么? 　　　　如打开洒水器,会发生什么?
(a)　　　　　　　　　　　　　　　(b)

图 2-8　看到洒水器"开"与打开洒水器

2.5.4　因果增强的应用前景

因果增强的人工智能技术在不同应用中适配不同类型的问题。总的来说,人工智能应用根据问题类型可以分为预测、决策、归因三大类。在预测任务中,因果人工智能适配于强调分布外泛化的场景,如风控、行为预测、疾病预测。其中,寻找隐变量的不变表征是非常重要的技术路线之一。通过识别数据中与任务相关的不变特征或隐变量,可以从根源上解决分布外泛化问题,并提高模型的适应性和泛化能力。在决策任务中,因果人工智能适配于那些存在但看不到的混杂因素的决策问题,如营销策略的制定。其中,关键技术路线之一是寻找优质的工具变量,通过使用工具变量进行因果推断,可以更准确地估计混杂因素对结果变量的影响,并得出正确的决策结论。在归因任务中,关键在于个体归因的定量分析,如回答下述归因问题:"张三得病了,他的得病原因是什么? 多大程度上导致了张三得病?"其中,寻找个体的因果效应,发现因果图中的因果路径是关键技术路线之一。

以推荐系统为例,因果人工智能在推荐纠偏、推荐解释、推荐可信等方面有广泛的应用前景。此外,因果人工智能能支持用户控制、主动干预和引导式推荐,在促进长期目标实现和价值观建设的同时,提高了推荐效果和用户满意度。对于用户控制,在建立符合因果、可解释的模型基础上,支持用户对推荐结果进行干预和控制。传统的推荐系统往往是一种被动的服务,而因果人工智能增强推荐系统赋予了用户更多的主动权和控制权,使用户可以更加自主地选择和优化推荐结果,更好地满足其需求和偏好。在主动干预层面,可以通过主动干预和学习发现更多的因果关系和优化策略。通过引入因果图和因果推论方法,可以更好地理解和控制变量之间的关系,并通过主动学习和干预调整模型的参数和决策策略,从而提高推荐效果和精度。在引导式推荐方面,需要将因果推论方法与心理学等社会科学领域的相关知识相结合,建立更加科学和符合人类价值观的推荐模型。

2.6　产生式系统

1943 年,由 Post 提出产生式系统,使用类似文法的规则,对符号串作替换运算。用产生式系统结构求解问题的过程和人类求解问题时的思维过程很相像,因而可以用它模拟人类求解问题时的思维过程。目前大多数的专家系统都采用产生式系统的结构建造。

产生式系统是 AI(人工智能)系统最常见的一种结构,因此分析产生式系统的组成部分及其建立问题是一个很基本的问题。当给定的问题要用产生式系统求解时,要求能掌握建立产生式系统形式化描述的方法,所提出的描述体系应具有一般性,能推广应用于这一类问题更复杂的情况。一般化的产生式系统可用来描述许多重要人工智能系统的工作原理。

产生式系统的综合数据库是指对问题状态的一种描述,这种描述必须便于在计算机中实现,因此它实际上就是 AI 系统中使用的数据结构。

高效能的 AI 系统需要问题领域的知识,通常可把这些知识细分为三种基本类别:①陈述性知识是关于表示综合数据库的知识,如待求解问题的特定事实等;②过程性知识是关于表示规则部分的知识,如该领域中处理陈述性知识所使用的规律性知识;③控制知识是关于表示控制策略方面的知识,包括协调整个问题求解过程中所使用的各种处理方法、搜索策略、控制结构有关的知识。用产生式系统求解问题时的主要任务就是如何把问题的知识组织成陈述、过程和控制这三个组成部分,以便在产生式系统中更充分地得到应用。

2.6.1　产生式系统的表示

产生式系统的基本要素是:一个综合数据库、一组产生式规则和一个控制系统。

综合数据库是产生式系统所使用的主要数据结构,它用来表述问题状态或有关事实,即它含有所求解问题的信息,其中有些部分可以是不变的,有些部分则可能只与当前问题的解有关。

人们可以根据问题的性质,用适当的方法构造综合数据库的信息。

产生式规则的一般形式为

```
if…then…
```

其中,左半部确定了该规则可应用的先决条件,右半部描述了应用这条规则所采取的行动或得出的结论。一条产生式规则满足了应用的先决条件之后,就可对综合数据库进行操作,使其发生变化。

如综合数据库代表当前状态,则应用规则后就使状态发生转换,生成新状态。

控制系统或策略是规则的解释程序。它规定了如何选择一条可应用的规则对数据库进行操作,即决定了问题求解过程的推理路线。当数据库满足结束条件时,系统就应停止运行,还要使系统在求解过程中记住应用过的规则序列,以便最终能给出解的路径。

上述产生式系统的定义具有一般性,它可用来模拟任一可计算过程。在研究人类进行问题求解过程时,完全可用一个产生式系统模拟求解过程,即可作为描述搜索的一种有效方法。

用产生式系统求解这一类问题时,其基本过程可描述如下。

```
过程 PRODUCTION
1. DATA                    ←初始数据库
2.  until DATA 满足结束条件以前,do:
3.    begin
4.        在规则集中,选某一条可应用于 DATA 的规则 R
5.        DATA            ←R 应用到 DATA 得到的结果
6.    end
```

这个过程是不确定的,因为在第4步没有明确规定如何挑选一条合用的规则,但用它求解问题,循环过程实际上就是一个搜索过程。

下面通过九宫图游戏和 M-C 问题说明如何用产生式系统描述或表示求解的问题,以及用产生式系统求解问题的基本思想。

2.6.2 案例:九宫图游戏

在 3×3 组成的九宫格棋盘上摆有 8 个将牌,每一个将牌都刻有 $1\sim8$ 中的某一个数码。棋盘中留有一个空格,允许其周围的某一个将牌向空格移动。这样,通过移动将牌可以不断改变将牌的布局。

这种游戏求解的问题是,给定一种初始的将牌布局(称为初始状态)和一个目标布局(称为目标状态),问如何移动将牌,实现从初始状态到目标状态的转变?

问题的解答其实就是给出一个合法的走步序列。

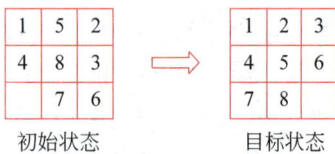

图 2-9　一个九宫图游戏实例

要用产生式系统求解这个问题,首先必须建立起问题的产生式系统描述,即规定出综合数据库、规则集合及其控制策略。

设给定的具体问题如图 2-9 所示。

(1) 综合数据库:这里要选择一种数据结构表示将牌的布局。通常可用来表示综合数据库的数据结构有符号串、向量、集合、数组、树、表格、文件等。对九宫图问题,选用二维数组表示将牌的布局很直观,因此该问题的综合数据库可用如下形式表示。

$$(S_{ij})$$

其中,$1 \leqslant i, j \leqslant 3$,$S_{ij} \in \{0, 1, \cdots, 8\}$,且 S_{ij} 互不相等,0 表示空格。

这样,每一个具体的矩阵就可表示一个棋局状态。所有可能的状态集合就构成该问题的状态空间。

(2) 规则集合:移动一块将牌就使状态发生转变。改变状态有 4 种走法:空格左移、空格上移、空格右移、空格下移。这 4 种走法可用 4 条产生式规则模拟,应用每条规则都应满足一定的条件。于是规则集可表示如下。

设用 S_{ij} 表示矩阵第 i 行第 j 列的数码,用 i_0、j_0 表示空格所在的行、列数值,即 $S_{i_0 j_0} = 0$,则

if $j_0 - 1 \geqslant 1$ then $S_{i_0 j_0} := S_{i_0 (j_0 - 1)}$,$S_{i_0 (j_0 - 1)} := 0$;

$$(S_{i_0 j_0} \text{ 向左})$$

if $i_0 - 1 \geq 1$ then $S_{i_0 j_0} := S_{(i_0-1)j_0}$, $S_{(i_0-1)j_0} := 0$;

$$\text{（}S_{i_0 j_0}\text{向上）}$$

if $j_0 + 1 \leq 3$ then $S_{i_0 j_0} := S_{i_0(j_0+1)}$, $S_{i_0(j_0+1)} := 0$;

$$\text{（}S_{i_0 j_0}\text{向右）}$$

if $i_0 + 1 \leq 3$ then $S_{i_0 j_0} := S_{(i_0+1)j_0}$, $S_{(i_0+1)j_0} := 0$;

$$\text{（}S_{i_0 j_0}\text{向下）}$$

（3）搜索策略：从规则集中选取规则并作用于状态的一种广义选取函数。确定某一种策略后，以算法的形式给出。在建立产生式系统描述时，还要给出初始状态和目标条件，具体说明所求解的问题。产生式系统中控制策略的作用是从初始状态出发，寻求一个满足一定条件的目标状态。对该问题，初始状态和目标状态可分别表示为

1	5	2
4	8	3
	7	6

1	2	3
4	5	6
7	8	

建立了产生式系统描述之后，通过控制策略可求得实现目标的一个走步序列（即规则序列），这就是所谓的问题的解，如走步序列（右、上、上、右、下、下）就是一个解。这个解序列是根据控制系统记住搜索目标过程中用过的所有规则而构造出来的。

一般情况下，问题可能有多个解的序列，但有时会要求得到有某些附加约束条件的解，例如，要求步数最少、距离最短等。这个约束条件通常用代价（cost）概括，此问题可叙述为寻找具有最小代价的解。

现在再来看一下人们是如何求解九宫图游戏的。

首先是仔细观察和分析初始的棋局状态，通过思考决定走法之后，就移动某一块将牌，从而改变布局，与此同时还能判定出这个棋局是否达到了目标。如果尚未达到目标状态，则以这个新布局作为当前状态，重复上述过程一直进行下去，直至到达目标状态为止。可以看出，用产生式系统描述和求解这个问题，也是在这个问题空间中去搜索一条从初始状态到达目标状态的路径。这完全可以模拟人们的求解过程，也就是可以把产生式系统作为求解问题思考过程的一种模拟。

关于该问题的讨论，可参见文献[49]。

2.6.3　案例：传教士和野人问题

有 N 个传教士和 N 个野人来到河边准备渡河，河岸上有一条船，每次至多可供 k 人乘渡。问传教士为了安全起见，应如何规划摆渡方案，使得任何时刻河两岸以及船上的野人数目总数不超过传教士的数目，即求解传教士和野人从左岸全部摆渡到右岸的过程中，任何时刻满足 M（传教士数）$\geq C$（野人数）和 $M + C \leq k$ 的摆渡方案。

设 $N = 3, k = 2$，则给定的问题可用图 2-10 表示。图中 L 和 R 表示左岸和右岸，$B = 1$ 或 0 分别表示有船或无船。约束条件是两岸上 $M \geq C$，船上 $M + C \leq 2$。

2.6.3 案例解答

	L	R
M	3	0
C	3	0
B	1	0

$\Rightarrow$

	L	R
M	0	3
C	0	3
B	0	1

（a）初始状态　　　　（b）目标状态

图 2-10　M-C 问题实例

对问题表示得好坏，往往对求解过程的效率有很大影响。一种较好的表示法会简化状态空间和规则集表示。例如，在九宫图问题中，如用将牌移动描述规则，则 8 块将牌就有 32 条的规则

集,显然用空格走步描述就简单得多。

又如,M-C 问题中,用 3×2 的矩阵给出左右岸的情况表示一种状态当然可以,但显然仅用描述左岸的三元组描述就足以表示出整个情况,因此必须十分重视选择较好的问题表示法。以后的讨论还可以看到高效率的问题求解过程与控制策略有关,合适的控制策略可缩小状态空间的搜索范围,提高求解的效率。

2.6.4　产生式系统的控制策略

在 2.6.1 节的 PRODUCTION 过程中,如何选择一条可应用的规则,作用于当前的综合数据库,生成新的状态以及记住选用的规则序列是构成控制策略的主要内容。

对大多数的人工智能应用问题,所拥有的控制策略知识或信息并不足以使每次通过算法第 4 步时,一下子就能选出最合适的一条规则,因而人工智能产生式系统的运行就表现出一种搜索过程,在每一个循环中选一条规则试用,直至找到某一个序列能产生一个满足结束条件的数据库为止。

由此可见,高效率的控制策略需要有关被求解问题的足够知识,这样才能在搜索过程中减少盲目性,比较快地找到解路径。

控制策略可划分为不可撤回方式和试探性方式两大类,其中,不可撤回方式又可分为回溯方式和图搜索方式。

1. 不可撤回方式

利用问题给出的局部知识决定如何选取规则,根据当前可靠的局部知识选一条可应用规则并作用于当前综合数据库。接着再根据新状态继续选取规则,搜索过程一直进行下去,不必考虑撤回用过的规则。这是由于在搜索过程中如能有效利用局部知识,即使使用了一条不理想的规则,也不妨碍下一步选到另一条更合适的规则。这样,不撤销用过的规则并不影响求到解,只是解序列中可能多了一些不必要的规则。

人们在登山过程中,目标是爬到峰顶,问题就是确定如何一步一步地朝着目标前进达到顶峰。其实这就是一个在"爬山"过程中寻求函数的极大值问题。

利用高度随位置变化的函数 $H(P)$ 引导爬山,就可实现不可撤回的控制方式。

用不可撤回的方式(爬山法)求解登山问题,只有在登单峰的山时才总是有效的(即对单极值的问题可找到解)。对于比较复杂的情况,如碰到多峰、山脊或平顶的情况时,爬山搜索法并不总是有效。多峰时如果初始点处在非主峰的区域,则只能找到局部优的点上,即得到一个虚假的实现了目标的错觉。对有山脊的情况,如果搜索方向与山脊的走向不一致,就会停留在山脊处,并以为找到极值点。当出现大片平原区把各山包孤立起来时,就会在平顶区漫无边际地搜索,总是试验不出度量函数有变化的情况,这会导致随机盲目地搜索。

运用爬山过程的思想使产生式系统具有不可撤回的控制方式,首先要建立一个描述综合数据库变化的函数,如果这个函数具有单极值,且这个极值对应的状态就是目标,则不可撤回的控制策略就是选择使函数值发生最大增长变化的那条规则作用于综合数据库,如此循环下去,直到没有规则使函数值继续增长,这时函数值取最大值,满足结束条件。

以九宫图为例,用"不在位"将牌个数并取其负值作为状态描述的函数 $-W(n)$("不在位"将牌个数是指当前状态与目标状态对应位置逐一比较后有差异的将牌总个数,用 $W(n)$ 表示,其中,n 表示任一状态)。用这样定义的函数就能计算出任一状态的函数值。沿着状态变化路径,可能出现有函数值不增加的情况,这时就要任选一条函数值不减小的规则来应用,如果不存在这样的规则,则过程停止。

一般来说,爬山函数会有多个局部的极大值情况,这样一来就会破坏爬山法找到真正的目标。例如,初始状态和目标状态分别如下。

1	2	5
	7	4
8	6	3

1	2	3
	7	4
8	6	5

任意一条可应用于初始状态的规则都会使 $-W(n)$ 下降,这相当于初始状态的描述函数值处于局部极大值上,搜索过程停滞不前,找不到代表目标的全局极大值。

从以上讨论可以看出,对人工智能感兴趣的一些问题,使用不可撤回的策略虽然不可能对任何状态总能选得最优的规则,但是如果应用了一条不合适的规则之后,不去撤销它并不排除下一步应用一条合适的规则,只是解序列有些多余的规则而已,求得的解不是最优解,但控制较简单。

此外还应当看到,有时很难对给定问题构造出任何情况下都能通用的简单爬山函数(即不具多极值或"平顶"等情况的函数),因而不可撤回的方式具有一定的局限性。

1) 回溯方式

在问题求解过程中,有时会发现应用一条不合适的规则会阻挠或拖延达到目标的过程。在这种情况下,需要有这样的控制策略,先试一试某一条规则,如果以后发现这条规则不合适,则允许退回去,另选一条规则来试。

对九宫图游戏,回溯应发生在以下三种情况:①新生成的状态在通向初始状态的路径上已出现过;②从初始状态开始,应用的规则数目达到所规定的数目之后还未找到目标状态(这一组规则的数目实际上就是搜索深度范围所规定的);③对当前状态,再没有可应用的规则。

回溯过程是一种可试探的方法,从形式上看无论是否存在对选择规则有用的知识,都可以采用这种策略。

即如果没有有用的知识引导规则选取,那么规则可按任意方式(固定排序或随机)选取,如果有好的选择规则的知识可用,那么用这种知识引导规则选取,就会减少盲目性,降低回溯次数,甚至不回溯就能找到解,总之,一般来说有利于提高效率。此外,引入回溯机制可以避免陷入局部极大值的情况,继续寻找其他达到目标的路径。

2) 图搜索方式

如果把问题求解过程用图或树的结构描述,即图中的每一个结点代表问题的状态,结点间的弧代表应用的规则,那么问题的求解空间就可由隐含图描述。

图搜索方式就是用某种策略选择应用规则,并把状态变化过程用图结构记录下来,一直到得出解为止,也就是从隐含图中搜索出含有解路径的子图。

2. 试探性方式

这是一种穷举的方式,对每一个状态可应用的所有规则都要去试,并把结果记录下来。这样,求得一条解路径要搜索到较大的求解空间。当然,如果利用一些与问题有关的知识引导规则的选择,有可能搜索较窄的空间就能找到解。

对一个要求解的具体问题,有可能用不同的方式都能求得解,至于选用哪种方式更适宜,往往还需要根据其他一些实际要求考虑决定。

2.7 语义网络

语义网络是 J.R.Quillian 于 1968 年在博士论文中作为人类联想记忆的一个显式心理学模型最先提出的。他主张在处理自然语言词义理解问题时,应当把语义放在第一位,一个词的含义只有根据它所处的上下文环境才能准确地把握。基于 J.R.Quillian 的工作,Simon 于 1970 年正式提出了语义网络这个概念。自 20 世纪 70 年代中期以来,语义网络已在专家系统、自然语言理解等领域得到广泛应用。

2.7.1　基本命题的语义网络表示

语义网络形式上是一个有向图,由一个结点和若干条弧线构成,结点和弧都可以有标号。结点表示一个问题领域中的物体、概念、事件、动作或状态,弧表示结点间的语义联系。

在语义网络知识表示中,结点一般划分为实例结点和类结点(概念结点)两种类型。例如,"汽车"这样的结点是类结点,而"我的汽车"则是实例结点。有向弧用于刻画结点之间的语义联系,是语义网络组织知识的关键。由于语义联系非常丰富,不同应用系统所需的语义联系和种类及其解释不尽相同。比较典型的语义联系有以下两种。

1. 以个体为中心组织知识的语义联系

以个体为中心组织知识,其结点一般都是名词性个体或概念,通过实例、泛化、聚集、属性等联系作为有向弧描述有关结点概念之间的语义联系。

1）实例联系

实例联系是用于表示类结点与实例结点之间的联系,通常用 ISA 标识,如图 2-11 所示。

图 2-11　实例联系举例

一个实例结点可以通过 ISA 连接多个类结点,多个实例结点也可以通过 ISA 与一个类结点连接。

通过类结点表示实例之间的相关性,并使同类实例结点的共同特征通过与此相连的类结点描述,从而实现了知识的共享。

2）泛化联系

泛化联系是用于表示类结点(如熊猫)与抽象层次更高的类结点(如哺乳动物)之间的联系,通常用 AKO(A Kind Of)标识。通过 AKO 可以将不同抽象层次的类结点组织成一个 AKO 层次网络,如图 2-12 所示。

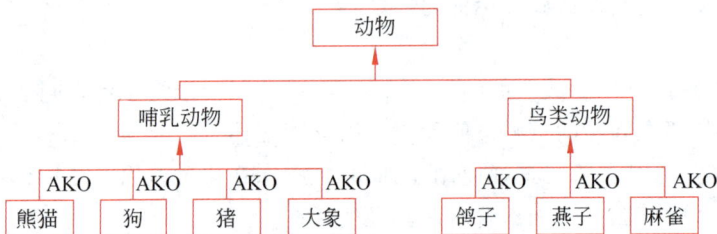

图 2-12　泛化联系举例

泛化联系允许低层类结点继承高层类结点的属性,因而一些共同的属性不必在每个低层类结点中重复。

3）聚集联系

聚集联系是用于表示个别与其组成成分之间的联系,通常用 Part-of 表示,如图 2-13 所示。

4）属性联系

属性联系是用于表示个体、属性及其取值之间的联系。通常用有向弧表示属性,用弧所指向的结点表示属性的值,如图 2-14 所示。

图 2-15 是描述桌子的语义网络,其中包含上述实例、泛化、聚集和属性 4 种联系。由图 2-15 可见,以个体为中心组织知识,其结点一般都是各词性个体或概念,其间的语义联系通过 ISA、

AKO、Part-of 以及属性标识的有向弧实现。

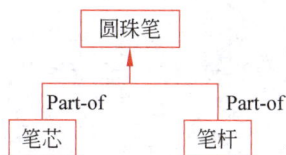

图 2-13 聚集联系举例

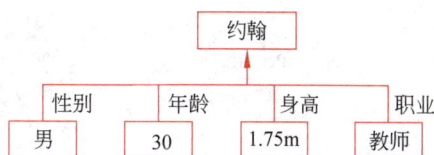

图 2-14 属性联系举例

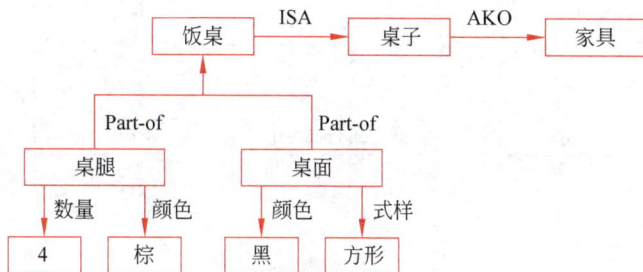

图 2-15 描述桌子的语义网络

2. 以谓词或关系为中心组织知识的语义联系

设有 n 元谓词或关系 $R(arg1,arg2,\cdots,argn)$，分别取值为 $a_1,a_2,\cdots,a_n$，其对应的语义网络可表示为如图 2-16 所示的形式。

为了表示"有一张木头做的方桌"这一知识，可用以个体为中心组织知识的语义网络表示，如图 2-17(a)所示。图中，Comp 表示材料属性，Form 表示形状属性。也可用以谓词为中心组织知识的语义网络表示，如图 2-17(b)所示。图中，Comp(桌子,木头)表示"桌子的材料是木头"这一谓词；Form(桌子,方形)表示"桌子的形状是方形的"这一谓词。

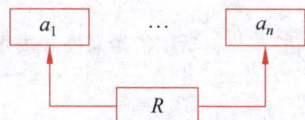

(a) 语义网络一

(b) 语义网络二

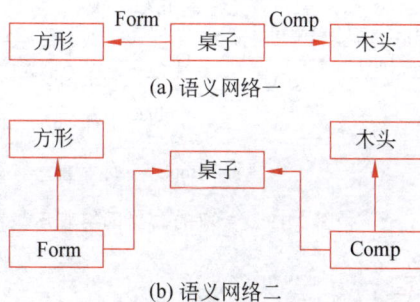

图 2-16 关系语义网络表示

图 2-17 "有一张木头做的方桌"的语义网络

与个体结点一样，关系结点同样可以划分为类关系结点和实例关系结点两种。实例关系结点与类关系结点之间用 ISA 标识，如图 2-18 所示。图中把动作 give 看作一个三元关系，其属性分别为给予者(giver)、接收者(recipient)和被给的物体(object)。giver 为实例关系结点，give 为类关系结点。

2.7.2 连接词在语义网络中的表示

1. 合取

由于语义网络从本质上讲，只能表示二元关系，因此当要用它表示多元关系时，就把多元关系转换为二元关系的合取。例如，图 2-19 给出了 John gives Mary a book.的语义网络表示。图中，结点为"与"结点，与 G 结点相连的 giver、recipient 及 object 三个连接构成合取关系。

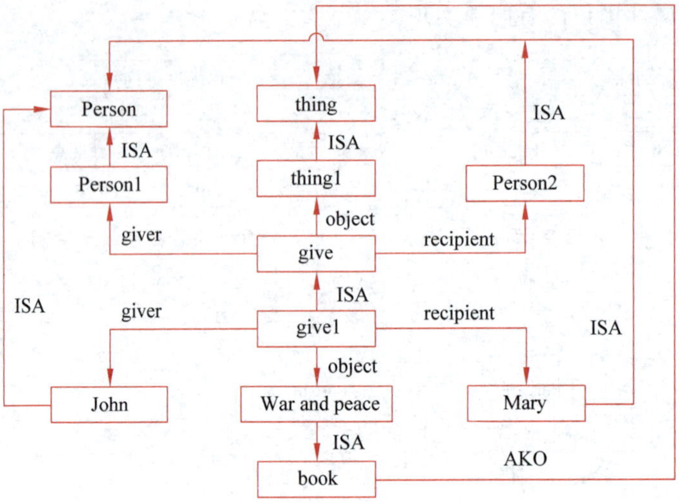

图 2-18　关系语义网络举例

2. 析取

在语义网络中,如果不加标志,就表示连接之间的关系是合取关系,而对析取、否定和蕴涵关系,都加有标志。在连接上加注 DIS 析取界限表示析取关系。例如,要表示

$$ISA(A,B) \lor Part\text{-}of(B,C)$$

其语义网络如图 2-20 所示。如果不加注析取界限,则此网络就可能解释为

$$ISA(A,B) \land Part\text{-}of(B,C)$$

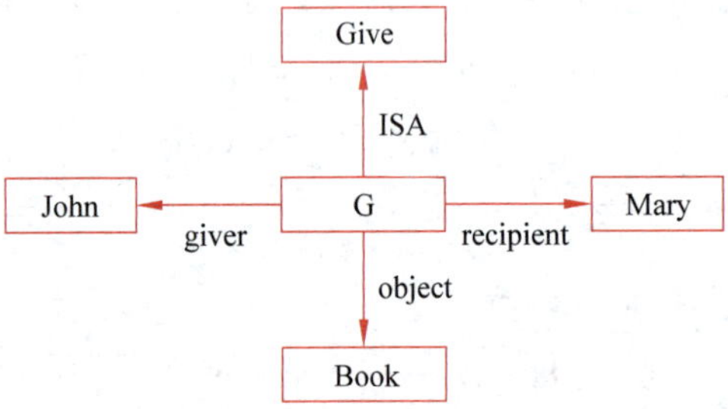

图 2-19　合取的语义网络表示

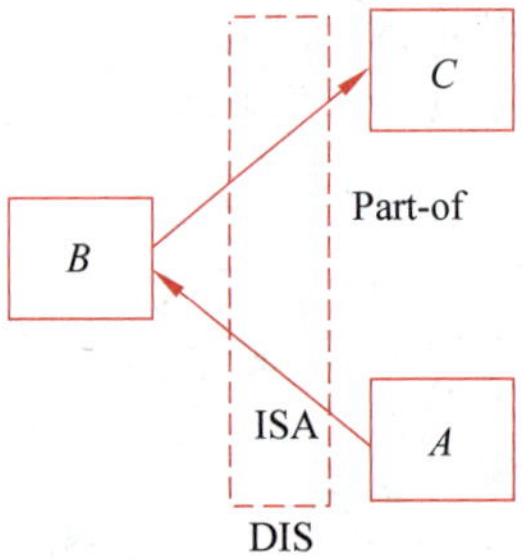

图 2-20　析取的语义网络表示

3. 否定

在语义网络中,否定的表示有两种。对单个关系的否定可在弧的标记前加上否定符号 ¬,如 ¬(ISA(A,B))可表示为图 2-21(a)。表示两个关系的合取的否定时,可采用 NEG 界限标注,如图 2-21(b)所示。

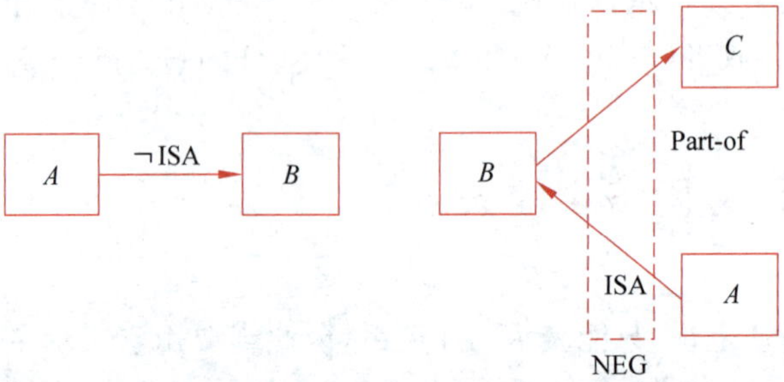

(a) 单个关系　　　　(b) 多个关系

图 2-21　否定的语义网络表示

4. 蕴涵

在语义网络中,用标注 ANT(antectedent)和 CONSE(consequence)界限分别表示蕴涵前件和蕴涵后件。例如:

`Every one who lives at 717 JieFang Road is a programmer.`

可用语义网络表示为图 2-22。图中,在前件部分用 Y 结点表示地址,X 结点是一个变量,表示与 Y 事件有关的人;在后件部分建立了一个表示职业的结点。一个特定的职业是 X 和 Y 的函数,没有必要以新的变量标识。图中的虚线框分别标注出与前、后件有关的弧,并用虚线把两个界限连接起来,以表示蕴涵关系。

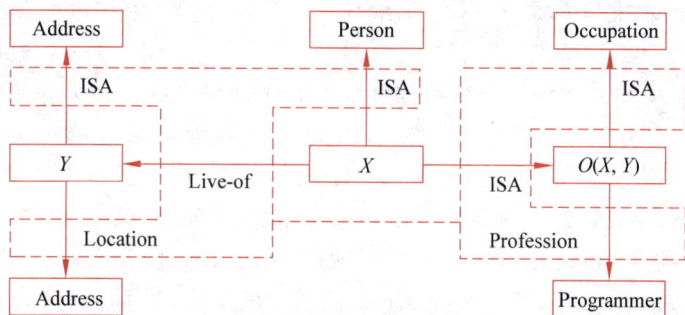

图 2-22 蕴涵的语义网络表示

2.7.3 语义网络的推理

目前,大多数语义网络采用的推理机制主要有两种,即匹配和继承。

1. 匹配

在语义网络中,事物是通过语义网络这种结构描述的,事物的匹配则为结构上的匹配,包括结点和弧的匹配。用匹配的方法进行推理时,首先构造问题的目标网络块,然后在事实网络中寻找匹配。推理从一条弧连接的两个结点的匹配开始,再匹配与这两个结点相连接的所有其他结点,直到问题得到解答。这种方法的例子如图 2-23 所示,其中,图 2-23(a)为事实网络,图 2-23(b)为目标网络。

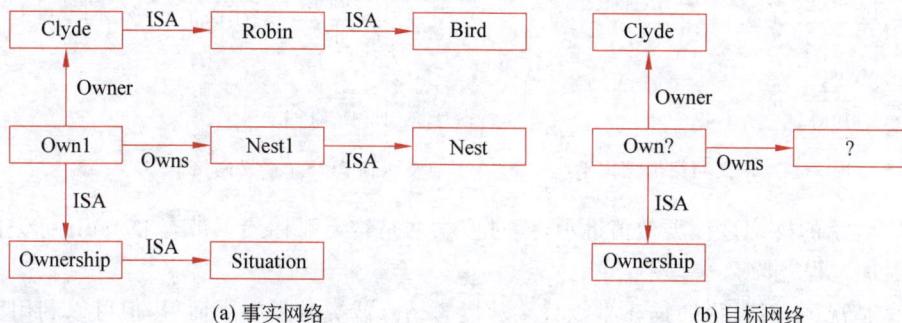

(a) 事实网络   (b) 目标网络

图 2-23 网络的匹配过程

图 2-23(b)表示这样一个问题:

`What does Clyde own?`

用图 2-23(b)这个目标网络去匹配事实网络图 2-23(a),寻找一个有一条 Owner 弧指向 Clyde 的 Own 结点。当找到这样的结点时,Owner 弧指向的结点即为上述问题的答案(Nest1),

否则答案将是：

> Clyde doesn't own anything.

当事实网络较大或较复杂时,在匹配算法中可加入一些含有启发式知识的选择器函数,以提供事实网络中哪些结点和弧可以优先考虑匹配和怎样匹配的建议。这种选择器函数能加速匹配的搜索过程。

2. 继承

在语义网络中,所谓继承是把对事物的描述从概念结点或类结点传送到实例结点。这种推理过程类似人的思维过程。一旦知道了某种事物的身份,便可联想起很多关于这件事物的一般描述。语义网络的继承推理方式有三种:值继承、"默认"继承和"附加过程"继承。

1)值继承

以图 2-24 为例,说明怎样使用值继承推理求出 Brick1 的形状。作为问题的给定结点 Brick1 和弧 Shape(形状),从 Brick1 结点出发,检查是否有以其为出发点的 Shape 弧。如果有,则 Shape 指向结点的值即为解;否则依次检查与 Brick1 相连的 ISA 弧指向的结点,如果有从这些结点出发的 Shape 弧,则找到解。图中有与 Brick 结点相连的 Shape 弧,它指向结点 Rectangular,即得到 Brick1 的形状为 Rectangular(矩形)的解。如果从所有通过 ISA 弧与 Brick1 相连的这些结点上都没有出发的 Shape 弧,则开始查找 AKO 链指向的结点,看是否有 Shape 弧从那里出发。如此搜索下去,如果直到最后都找不到 Shape 弧,则宣布搜索失败。

2)"默认"继承

某些情况下,在对事物所做的假设不是十分有把握时,最好对假设加上"可能"这样的词。例如,头痛可能是感冒,但不能肯定。把这种具有相当程度的真实性但又不能十分肯定的值称为"默认"值。表示该结点的值为"默认"值的方法,是在指向该结点的弧的标注下加上 Default 标记。如图 2-25 所示网络的含义是,从整体来说,Block 的颜色可能是 Blue,而 Brick 的颜色可能是 Red。

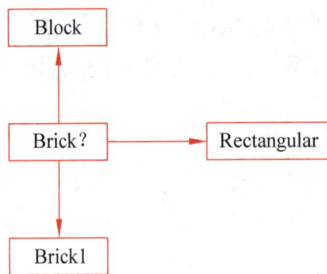

图 2-24　语义网络的值继承　　　　图 2-25　语义网络的"默认"继承

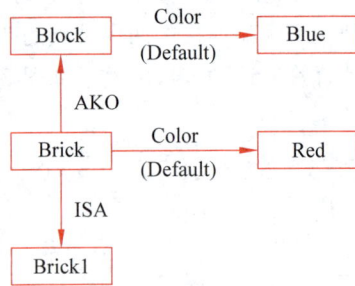

"默认"继承的推理过程类似值继承,不过搜索的是给定弧标注下带有 Default 标记的弧。

3)"附加过程"继承

在某些情况下,对事物的描述不能直接从概念结点或类结点继承而得,但可以利用已知的信息计算。例如,可以根据体积和密度计算积木的重量。进行上述计算的程序称为 if-needed 程序,存放在带有 IF-NEEDED 附加标记的弧指向的结点中。如图 2-26(a)所示,一个计算重量的程序存放在连接 Block 结点的 Weight 弧(下加 IF-NEEDED 标记)指向的结点中。

"附加过程"继承推理的过程类似值继承过程。如图 2-26(b)所示,为了得到 Brick1 的重量,搜索下加 IF-NEEDED 标记的 Weight 弧,执行 if-needed 程序,然后在 Brick1 结点上添加 Weight 弧,并把 if-needed 程序的执行结果(即重量),填入 Weight 弧指向的结点。

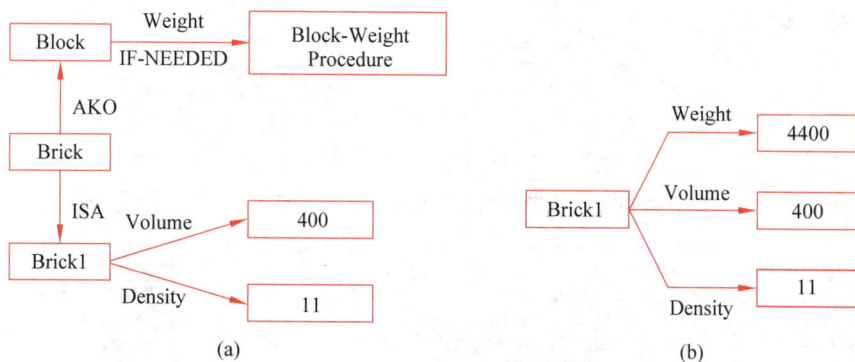

图 2-26　语义网络的"附加过程"继承

2.7.4　语义网络表示的特点

由结点和弧组成的语义网络表达直观、自然,易于理解,其继承推理方式符合人类的思维习惯。语义网络把事物的结构、属性及事物间的联系显式地表达出来,与一个事物相关的事实、特征、关系可以通过相应结点的弧推导出来。基于语义网络表达的系统便于以联想方式实现系统的解释。

但语义网络表示法试图用结点代表世界上的各种事物,用弧代表事物间的任何联系,其形式过于简单。如果结点间的联系只局限于几种典型的关系,则难以表达较复杂的关系;而增加联系又会大大增加网络的复杂度,相应的知识存储和检索过程就会变得十分复杂。事实上,语义网络的管理和维护也是很复杂的。

2.8　框　　架

在人类日常的思维和求解问题活动中,当分析和解释新的情况时,常常使用从过去的经验中积累起来的知识。这些知识规模巨大而且以很好的组织形式存储在人类的记忆中。由于过去的经验是由无数个具体事例、事件组成的,人们无法把所有事例、事件的细节都一一存储在大脑中,而只能以一个通用的数据结构形式存储。这样的数据结构称为框架。对一个特定的事物,只要把它的特征数据填入框架,该框架就表示了该事物。同时,可以根据以往的经验获得的概念对这些数据进行分析和解释,还可以寻找与该事物有关的统计信息。

2.8.1　框架的构成

一个框架(frame)由框架名和一组用于描述框架各方面具体属性的槽(slot)组成。每个槽设有一个槽名,它的值描述框架所表示的事物的各组成部分的属性。在较复杂的框架中,槽下面还可进一步区分为多个侧面(facet),每个侧面又有一个或多个侧面值,每个侧面值又可以是一个值或是一个概念的陈述。

框架的结构可以抽象地表示如下。

```
<框架名>
<槽名 1>        <侧面值 1₁><值 1₁₁>…
                <侧面值 1₂><值 1₂₁>…
        ⋮               ⋮
                <侧面值 1ₘ><值 1ₘ₁>…
        ⋮               ⋮
```

<槽名 n>	<侧面值 n_1><值 n_{11}>…
	<侧面值 n_2><值 n_{21}>…
⋮	⋮
	<侧面值 n_m><值 n_{m1}>…

如图 2-27 所示是一个描述椅子概念的简单框架。该框架含有 4 个槽：物体的范畴（建立物体间的属性继承关系）、椅子腿的数目、靠背式样和槽值。

```
CHAIR Frame
  Specialization-of:FURNITURE
  Number-of-Legs:an integer(DEFAULT 4)
  Style-of-Back:Straight, Cushioned
  Number-of-Arms:0,1 or 2
```

(a)

```
JOHN'S-CHAIR Frame
  Specialization-of:CHAIR
  Number-of-Legs:4
  Style-of-Back:Cushioned
  Number-of-Arms:0
```

(b)

图 2-27　椅子概念的简单框架

下面的示例（扫码阅读）是关于饭店的一个框架结构。

2.8.1 饭店框架结构

由上述两个例子可见，在框架知识表示中，除了表示框架各种属性的槽或侧面，还经常使用默认（DEFAULT）侧面和附加过程（IF-NEEDED）侧面。

一个槽的默认侧面为槽的属性值提供了一个隐含值。如椅子的腿通常为 4 条，如果一个实际问题的上下文没有提供相反的证据，则认为隐含值是正确的。

一个槽的附加过程侧面包含一个附加过程，在上下文和默认侧面都没有给出需要的属性值时，附加过程给出槽值的计算过程或填槽时要做的动作，通常对应一组子程序。在关于饭店的框架中，其 Types、Location、Name、Food-Style 和 Alternatives 各槽都有附加过程侧面。正是这种附加过程，把过程性知识有机地结合到框架的表示中。

综上所述，在框架系统中，每个侧面有 4 种填写方式：①靠已知的情况或物体属性提供；②通过默认隐含；③通过调用框架的继承关系实现属性值继承；④对附加过程侧面通过执行附加过程实现。

在框架系统的框架之间，除有继承关系外，还可能具有嵌套关系。如程序中的 Location 槽是关于地址的描述，这样的"地址"概念本身有可能是另一个框架结构，从而形成了框架的嵌套。

2.8.2　框架系统的推理

对一个给定的问题，框架推理主要完成两种推理活动：一是匹配，即根据已知事实寻找合适的候选框架；二是填槽，即填写候选框架中的未知槽值，从而寻找出未被给出或尚未发现的事实。

1. 匹配

当利用由框架构成的知识库进行推理，形成概念和做出决策时，其过程往往是根据已知的信息，通过与知识库中预先存储的框架进行匹配，即逐槽比较，从中找出一个或几个与该信息提供的情况最适合的候选框架，然后再对所有候选框架进行评估，以决定最合适的预选框架。这些评估准则通常很简单，如以某个或某些重要属性是否存在，某属性值是否属于允许的误差范围等为条件判定匹配是否成立。较复杂的评估准则可以是一组产生式规则或过程，用来推导匹配是否成功。在实际构造框架系统时，可以根据特定应用领域的要求定义合适的判定原则。

如果当前候选框架匹配失败，就需要选择其他的候选框架。从失败的候选框架中有可能得到下一个应选框架的一些线索，这种线索使得控制转换到另一个更有可能的候选框架中，从而不必放弃以前的全部工作而一切从头开始。为此，有以下几种方法可以尝试。

（1）找出当前候选框架中已经匹配成功的框架片段，把这个框架片段同其他在同一层次上的可能候选框架进行片段匹配。如果匹配成功,则当前候选框架中的许多属性值可以填入新的候选框架。

(2) 在框架中建立另一个专门的槽,这类槽中存放一些本框架匹配不成功时应转向哪个方向进行试探的建议,这些建议能使系统的控制转移到另外的框架上去。例如,在图 2-27(a)中,可以建立一个 MOVE 槽,存入"如果没有靠背并且太宽,则建议用 BENCH(长凳)框架;如果太高并且没有靠背,则建议用 STOOL(凳子)框架"。

(3) 沿着框架系统排列的层次向上回溯。如从狗框架→哺乳动物框架→动物框架,直到找到一个足够通用,且与已知信息不矛盾的框架。

2. 填槽

推理过程中填槽的方式有 4 种:查询、默认、继承和附加过程计算。其中,查询方式是指使用系统先前推理中得出的,仍需留在当前数据库中的中间结果或者由系统之外的用户输入当前数据库的数据。默认和继承方式是相对简单的填槽方式,因为它们不需要系统做过多的推理,这种特性是框架表示有效性的一个重要方面。它使得框架推理可以使用根据以往经验得到的属性值,而无须重新计算。附加过程计算的推理方式使得框架系统的问题求解通过特定领域的知识而提高了求解效率。

2.8.3　框架表示的特点

框架是一种经过组织的结构化知识表示方法。每个框架形成一个独立的知识单元,其上的操作相对独立,从而使框架表示有较好的模块性,便于扩充。框架表示对知识的描述模拟了人脑对事物的多方面、多层次的存储结构,直观自然,易于理解,且充分反映事物间内在的联系。框架表示中的附加过程侧面使框架不但能描述静态知识,而且能反映过程性知识,把两者有机地融合在一起,形成一个整体系统。

框架表示的不足在于框架结构本身还没有形成完整的理论体系,框架、槽和侧面等各知识表示单元缺乏清晰的语义,其表达知识的能力尚待增强,支持其应用的工具尚待开发。此外,在多重继承时有可能产生多义性,如何解决继承过程中概念属性的歧义,目前尚没有统一的方法。

因而,框架系统适合于表示典型的概念、事件和行为。在一些大型的系统中,框架表示的使用总是与其他模式(如产生式系统)有机地结合在一起。

2.9　知　识　图　谱

知识图谱(Knowledge Graph,KG)旨在描述客观世界的概念、实体、事件及其之间的关系。其中,概念是指人们在认识世界过程中形成对客观事物的概念化表示,如人、动物、组织机构等;实体是客观世界中的具体事物,如篮球运动员姚明、互联网公司腾讯等;事件是客观世界的活动,如地震、买卖行为等。关系描述概念、实体、事件之间客观存在的关联关系,如毕业院校描述了一个人与他学习所在学校之间的关系,运动员和篮球运动员之间的关系是概念和子概念之间的关系等。Google 于 2012 年 5 月推出 Google 知识图谱,并在其搜索引擎中增强搜索结果,标志着大规模知识在互联网语义搜索中的成功应用。

2.9.1　知识图谱的定义与发展

1. 知识图谱的定义

知识图谱是一种以图形式表现客观世界的实体(例如人、概念、事物等)及实体关系的知识库,其中,结点(实体)和边(实体间关系)组成多边关系图,本质上是一种具有有向图结构的语义网络(Semantic Network,SN),是关系的最有效的表示方式之一。知识图谱旨在对多结构类型的复杂数据进行概念、实体和关系抽取,构建实体关系的可计算模型。根据覆盖范围和应用领域,知识图谱可分为通用知识图谱和行业知识图谱:前者侧重于构建行业常识性知识,应用于搜索引擎或推荐系统,注重广度,强调融合更多的实体;后者面向特定领域,依靠特定数据构建不同的行业知识图谱,为企业提供内部的知识化服务,实体的属性与数据模式丰富。目前,知识图谱已在多领域得到广泛应用,包括语义搜索、智能问答、智能推荐等方面,是认知智能信息系统的重要发展技术。

知识图谱的主要表现形式为三元组形式,即 $G=\{E,R,F\}$,其中,E 表示知识库中的实体集合,是具有可区别性且独立存在的某种事物;R 表示关系集合,即知识图谱中的边集合,代表知识图谱中结点之间的各种联系;F 表示事实集合,每一个事实 f 可定义为一个三元组 (h,r,t),其中,h 表示头实体,t 表示尾实体,r 表示二者之间的关系。

在知识图谱中,每个实体或概念都有一个唯一的标识符,其属性用来刻画实体的内在特性,而关系用来连接两个实体,刻画它们之间的关联(见图 2-28)。

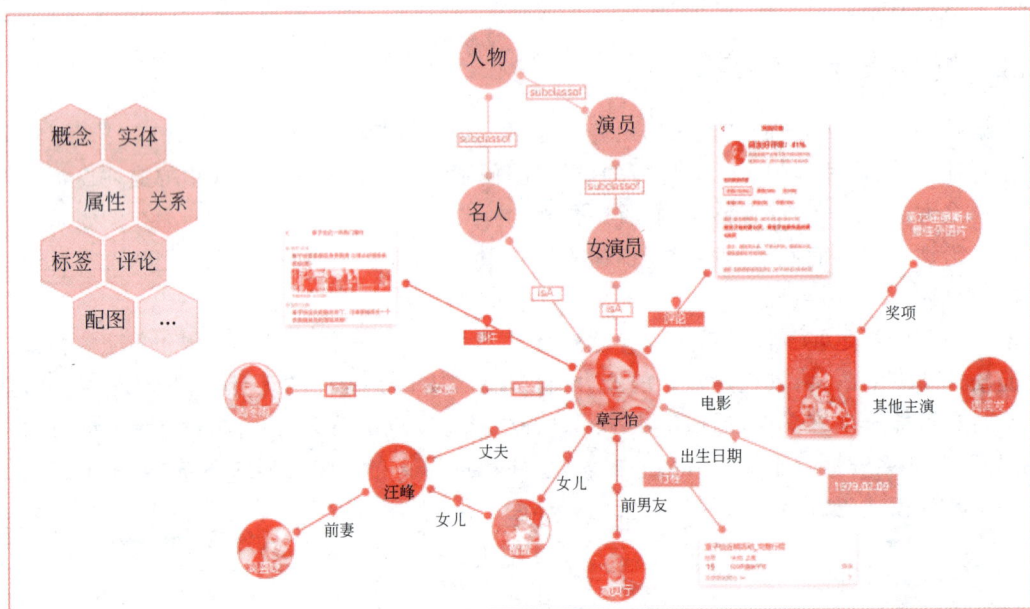

图 2-28　知识图谱示意图

不同于基于关键词搜索的传统搜索引擎,知识图谱可用来更好地查询复杂的关联信息,从语义层面理解用户意图,改进搜索质量。例如,在百度的搜索框里输入"章子怡"时,搜索结果页面的右侧还会出现章子怡相关的信息,如出生年月、家庭情况等。另外,对于稍微复杂的搜索语句,如"章子怡的丈夫是谁?"百度能准确返回她的丈夫是谁。这就说明搜索引擎通过知识图谱真正理解了用户的意图。

假设用知识图谱描述一个事实——"李荣是李卉的父亲"。这里的实体是李荣和李卉,关系是"父亲"(is_father_of)。当然,李荣和李卉也可能会跟其他人存在某种类型的关系(暂时不考虑)。当我们把电话号码也作为结点加入知识图谱以后(电话号码也是实体),人和电话之间也可以定义一种关系叫 has_phone。也就是说,某个电话号码属于某个人。图 2-29 就展示了这两种不同的关系。

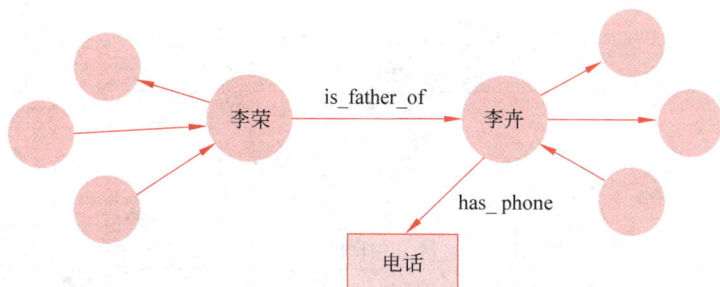

图 2-29　知识图谱示例

　　另外,可以把时间作为属性添加到 has_phone 关系里表示开通电话号码的时间。这种属性不仅可以加到关系里,还可以加到实体中,当我们把所有这些信息作为关系或者实体的属性添加后,所得到的图谱称为属性图。属性图和传统的 RDF 格式都可以作为知识图谱的表示和存储方式。

　　知识图谱是基于图的数据结构,它的存储方式主要有两种形式:RDF 存储格式和图数据库。

2. 知识图谱发展

　　知识图谱可追溯至 20 世纪 60 年代提出的语义网络,期间经历一系列演化,形成如今的现代知识图谱。知识图谱技术发展时间轴如图 2-30 所示。

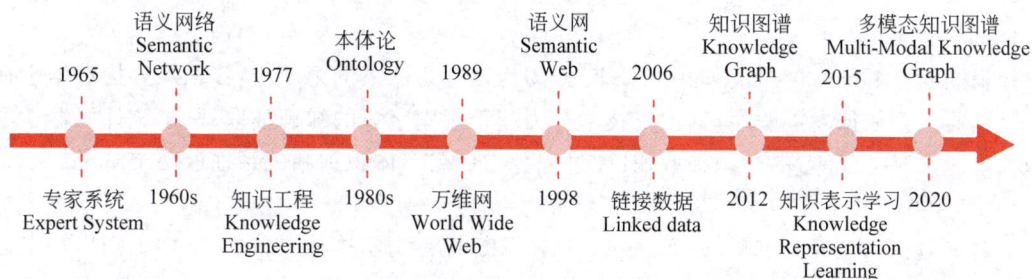

图 2-30　知识图谱发展时间轴

2.9.2　知识图谱体系架构

　　知识图谱按逻辑划分,可分为数据层和模式层:数据层以事实三元组为单位,存储具体的数据信息;模式层面向概念和关系,存储知识数据,包括实体、关系、属性等知识定义。

　　知识图谱首先对原始数据(非结构化、半结构化和结构化)进行获取与处理,提取信息要素。然后,通过知识抽取、知识融合、知识加工等技术方法,从原始数据库和第三方数据库中提取知识事实,构建知识图谱。最后进行知识推理和应用,知识推理是知识图谱能力输出的主要方式,知识应用将知识图谱与其他特定业务或领域相结合,利用知识图谱的技术特性提高业务效率。知识图谱的体系架构如图 2-31 所示。

2.9.3　知识图谱方法与技术

　　知识图谱运用多种方法与技术对原始数据进行挖掘处理,主要可分为知识抽取、知识融合和知识推理。

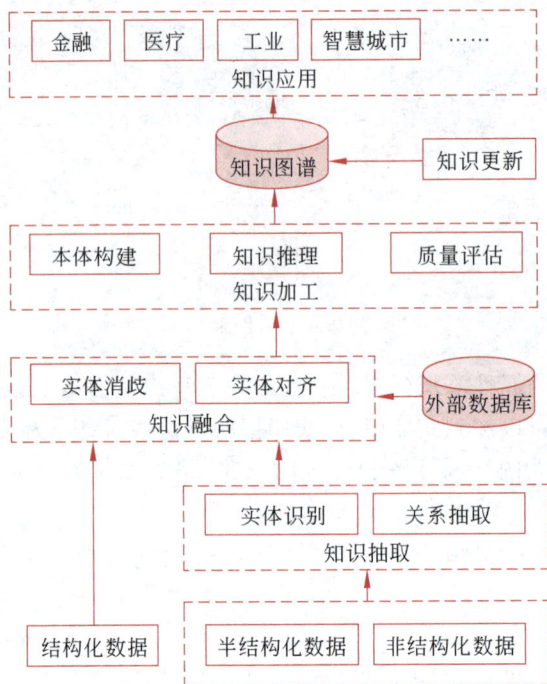

图 2-31　知识图谱的体系架构

1. 知识抽取

知识抽取(Knowledge Extraction,KE)作为构建知识图谱的第 1 步,旨在从异构数据中抽取重要信息要素。依据发展顺序,其主要技术分为基于规则字典的知识抽取、基于统计机器学习的知识抽取、基于深度学习的知识抽取,具体过程分为命名实体识别和关系抽取两个阶段。

1) 命名实体识别

命名实体识别(Name Entity Recognition,NER)也称为实体抽取,在文本中识别出特定含义或强指代性的实体,主要方法可分为:基于规则和字典的 NER 方法,领域专家根据领域特点构造出规则模板,凭借模式匹配和字符串匹配的规则设计词典模板;基于统计机器学习的 NER 方法,将识别问题作为序列标注问题,在标签序列中预测强相互依赖关系;基于深度学习的 NER 方法,避免大量的人工特征构建,通过梯度传播训练优化网络结构模型。

此外,部分研究者也正将注意力模型、迁移学习、半监督学习等方法引入 NER,以提高实体识别效率,减少人工标注成本。

2) 关系抽取

关系抽取(Relation Extraction,RE),在命名实体识别之后,识别文本语料中离散化实体间的语义关系,建立实体间的语义链接,主要方法可分为:基于规则和字典的 RE 方法,基于文本词语、词性或语义的模式集合,以人工构造形式构成语法和语义规则,在后续对特定领域字典进行扩充;基于统计机器学习的 RE 方法,以数据是否标注作为分类标准,分为有监督、半监督、无监督这三种关系抽取方法,提升召回率,增强跨领域通用性;基于深度学习的 RE 方法,通过神经网络训练数据构建模型。

2. 知识融合

知识融合(Knowledge Fusion,KF),旨在消歧、加工、整合知识抽取阶段获得的扁平化形式知识,确定知识图谱中等价的实例、类别和属性。去除冲突和重叠的知识数据,更新知识图谱,主要方法包括实体消歧和实体对齐。

1）实体消歧

实体消歧，解决一词多义问题，确保知识图谱中的同名实体指称项具有明确定义和区分。实体消歧可分为聚类消歧和链接消歧：前者将所有实体指称项按其指向的目标实体进行聚类，即每一个实体指称项对应到一个单独的类别；后者将实体指称项与目标实体列表中的对应实体进行链接实现消歧。

2）实体对齐

实体对齐，解决同义异名问题，判断多个实体是否指向真实世界中同一客观对象，利用实体的属性信息判定不同实体是否可进行对齐。基于机器学习的实体对齐方法主要采用监督和无监督学习方式，依据知识的属性相似度匹配方式进行实体对齐，例如，决策树（Decision Tree，DT）、支持向量机（Support Vector Machine，SVM）等。依赖实体的属性信息，通过属性相似度进行跨平台实体对齐关系的推断。基于知识表示学习的方法通过将知识图谱中的实体和关系都映射低维空间向量，使用数学方法对各实体间的相似度进行计算，如 Trans 模型方法等。

3. 知识推理

知识推理（Knowledge Reasoning，KR），根据知识库中现有的实体关系数据推测和构建实体之间的新关系，进而丰富和扩大知识库网络。主要方法可分为：基于逻辑规则的推理方法，利用知识的符号性和简单规则及特征推理得到新知识；基于嵌入表示的推理方法，将图结构中的隐含关联信息映射向量化表示，发现内在关联关系；基于神经网络的推理方法，利用各种神经网络建模非线性复杂关系，挖掘隐含语义和结构特征。

2.10　知识图谱应用

结构化的知识图谱具有高效的数据处理和知识推理能力，伴随信息化与数字化建设的发展和自然语言处理技术的进步，基于知识图谱的信息系统从通用知识图谱衍生出语言、常识、领域等多种知识图谱应用形式。国内外互联网公司如 Microsoft、Google、Facebook、Amazon 以及腾讯、阿里巴巴、美团、百度等积极布局知识图谱系统，构建了包括 Satori、Probase、Google Knowledge Graph、腾讯云知识图谱、阿里云、美团大脑和百度智能云等综合知识图谱信息系统。典型应用：TKG，由腾讯开发的集成了图数据库、图计算引擎及图可视化分析的一体化平台；AliMe MKG，由阿里巴巴开发构建的以内容为中心的多模态商品知识图谱，为消费者提供商品认知画像以辅助消费决策。目前，基于知识图谱的信息系统在互联网领域得到广泛应用，其中的应用技术包括自然语言理解、知识问答、智能推荐等。

2.10.1　应用技术概述

应用技术概述包括自然语言理解、智能问答、实体推荐、对话系统、汉语语言知识图谱、智能客服等内容（扫码阅读）。

2.10.1 具体描述

2.10.2　百度知识图谱

百度知识图谱于 2014 年正式上线。百度知识图谱依托海量互联网数据，综合运用语义理解、知识挖掘、知识整合与补全等技术，提炼出高精度知识，并组织成图谱，进而基于知识图谱进行理解、推理和计算。目前，百度知识图谱已经拥有数亿实体、数千亿事实，并已广泛应用于百度众多产品线。同时，通过构建包括业务逻辑和行业知识库在内的行业知识图谱，助力行业升级。

百度建立并实现了面向通用域的知识图谱构建——知识图谱计算——知识图谱应用的全流程机制及方案,如图2-32所示。百度知识图谱整体技术方案有5方面:面向海量数据的知识图谱构建技术、大规模知识图谱补全技术、智能知识图谱认知技术、超大规模高性能分布式图索引及存储计算技术和知识图谱应用技术。

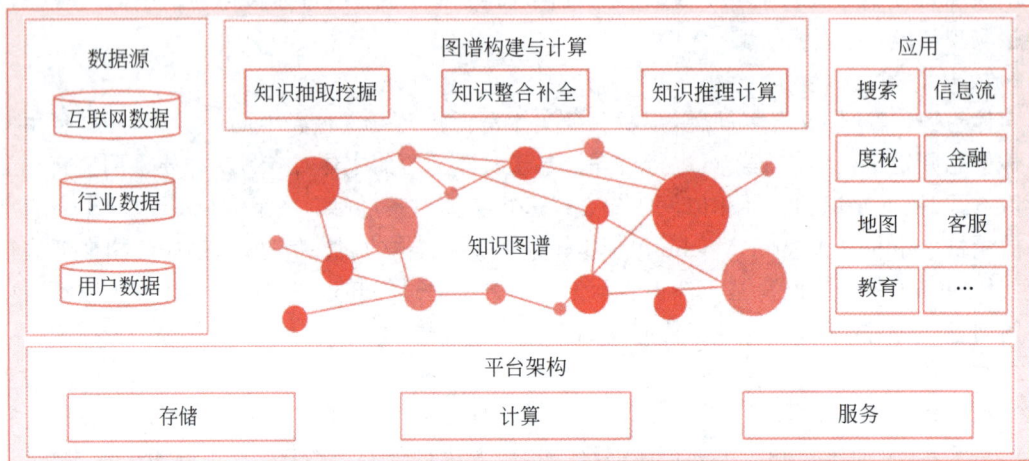

图 2-32　百度知识图谱技术视图

面向海量数据的知识图谱构建技术研究的是知识挖掘、知识图谱化相关方法与技术,包括知识图谱数据表示与表达,针对海量开放资源的知识自动化抽取、清洗、归一、融合方法,实现大规模知识图谱构建。大规模知识图谱补全技术是基于已有知识图谱开展的知识挖掘,对缺失的图谱关系进行补全,包括通用实体关系、概念上下位体系等,并建立实体与外延数据的关联。智能知识图谱认知技术主要研究基于给定知识图谱的深度语义解析技术,实现对复杂开放文本语义的深度理解,包括实体标注、概念标注、谓词标注、子图关联、知识推理、知识计算等。超大规模高性能分布式图索引及存储计算技术研究面向海量知识数据的图存储、图索引、图计算和应用框架技术,以实现知识图谱的规模化生产和应用。知识图谱应用技术实现知识图谱在搜索、问答、对话、自动内容生产等产品中的规模化应用。

具体阐述

2.10.3　在互联网金融中的应用

知识图谱将互联网的信息表达成更接近人类认知世界的形式,提供了一种更好地组织、管理和理解互联网海量信息的能力。知识图谱给互联网语义搜索带来了活力,同时也在智能问答、大数据分析与决策中显示出强大威力,已经成为互联网基于知识的智能服务的基础设施。知识图谱与大数据和深度学习一起,成为推动人工智能发展的核心驱动力之一。

互联网金融应用

知识图谱技术是指在建立知识图谱中使用的技术,是融合认知计算、知识表示与推理、信息检索与抽取、自然语言处理与语义Web、数据挖掘与机器学习等的交叉研究。知识图谱研究,一方面探索从互联网语言资源中获取知识的理论和方法;另一方面促进知识驱动的语言理解研究。随着大数据时代的到来,研究从大数据中挖掘隐含的知识理论与方法,将大数据转换为知识,增强对互联网资源的内容理解,将促进当代信息处理技术从信息服务向知识服务转变。

下面(扫码阅读)以知识图谱在互联网金融行业中的应用为例进行说明。

2.11　本体、语义 Web 与常识

1. 本体

在人工智能中,一般将本体定义为概念化的精细描述,也可以把本体视为知识术语的集合,包括词汇表、语义关系和一些简单的推理与逻辑规则。本体是可共享概念化的、规范的、显式的精确描述。概念化是现象的抽象模型,标志了现象的相关概念。

2. 语义 Web

传统的知识表达有如下缺点:孤立、脆弱、解决的是小问题,研究者提出语义 Web (Semantic Web)解决以上问题(见图 2-33)。语义 Web 的语言标准是 XML、XML Schema、RDF 和 RDF Schema,本体基础是 DAML 和 OIL。XML 实际上是一种元语言,只是提供了数据格式的约定,它的主要标注实体是元素,包括属性和值。XML(eXtensible Markup Language)并不负责解释数据,只是形成了有序标签树。XML Schema 定义了词汇(元素和属性)和用法。RDF (Resource Description Framework)描述的是一个三元组(对象,属性,值),可用有向标签图表示,它提供了描述领域无关元数据的机制,比 XML 提供了更多语义上的信息。

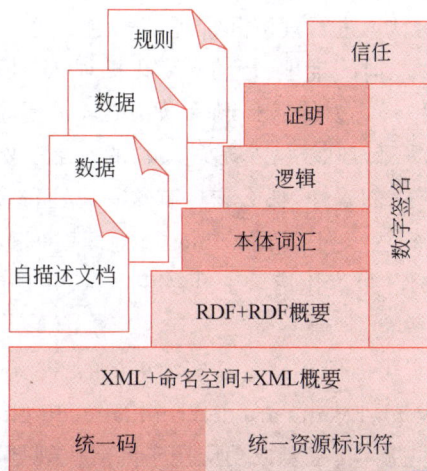

图 2-33　语义 Web 的分层体系图

语义 Web 的构造过程如下:①XML 定义了树结构的串行语法,使应用程序可以直接访问语义数据;②RDF 定义了句法约定及简单数据模型,用于表达机读数据语义;③RDFS 引入更丰富的表达形式和基本的本体建模原语(类、子类、自属性、域、区间);④以 RDF 为起点,构造完善的基于 Web 的本体语言 OIL。

3. CNKI

中国科学院计算所的曹存根主持了"中国国家知识基础设施(CNKI)"计划。CNKI 计划涉及大规模知识获取、分析和利用的问题,其目标是构建一个庞大的、可共享的知识群体,它不仅要集成各个学科的公共知识,还要融入各学科专家的个人知识,并为科研、教学、科普和知识服务提供有效的基础。CNKI 计划包含如下研究工作。

(1) 建立不同学科的本体,包括地理本体、化工本体、生物本体、中西医本体、与人相关的知识的本体等,主要是抽取各学科的概念、概念之间的关联、概念和关联的约束和满足的公理等,构建概念层次和概念表示框架。

(2) 研究知识分析的方法,即为了保证本体知识库中不存在语义问题,需要根据特定领域的

公理体系,对概念的属性和关系进行一致性和完整性分析。

(3)搭建知识服务平台。目前,该平台由三部分组成:①一个内部平台,提供核心、有用服务和软件库;②一组外部应用,由合作组织在各种各样的应用领域开发;③一个与外部世界(如语义Web)接口的模块。

CNKI的本体知识库超过300万条知识记录,知识记录超过10亿条。期望CNKI能在任何时候、任何地点,给任何需要它的人提供知识,并且支持团体知识、沟通和协作的需要。

4. 常识推理

"Tom和他的三岁宝贝儿子谁身高更高?""针扎入胡萝卜,它会留下小孔,请问它指的是什么"……这些问题看似很傻,但机器要完成许多智能型任务(如文本理解、计算机视觉、路径规划、科学推理等),却需要理解这些常识和相应的推理。

常识推理在文本理解、计算机视觉、机器人操作和规划等许多AI任务中有着举足轻重的地位。例如,在自然语言处理(NLP)领域,歧义的处理通常需要常识推理:The electrician is working和The telephone is working中的两个working,看似都是"工作",但第一个working的内涵为"劳动",第二个working的内涵则为"正常运作"。若机器要理解到这一层次,就需要对人类常识有一定的积累。再如,在计算机视觉(CV)领域,机器需要能对"桌布底下有桌子""柜子可以通过'把手'打开"这些隐含的常识进行理解和推理。

典型的常识推理有类别推理、时间推理、行动和变化推理、定性推理。

类别推理:类别推理的两种形式为传递和继承,如Bikaqiu是狗的一个实例(instance),狗是哺乳动物的一个子集(subset),那么Bikaqiu是哺乳动物的一个实例,这就是传递。再如,狗是哺乳动物的子集,哺乳动物有"多毛"的属性,那么狗也有这一属性,这就是继承性。

时间推理:时间推理主要研究关于时间(times)、持续时间(durations)和时间间隔(time intervals)的表示和推理。例如,已知莫扎特早于贝多芬出生,并且他死时比贝多芬死时年轻,那么可以推出莫扎特早于贝多芬去世。

行动和变化推理:行动和变化推理在满足某些约束(如Events are atomic、Every change in the world is the result of an event、Events are deterministic、Single actor和Perfect knowledge)的研究领域已经取得了很大的进展,其主要成功应用于高层次规划和机器人规划。

定性推理:定性推理主要分析和推理具有内在关联的数量之间的变化。例如,如果密闭容器内温度升高,那么压力就会增大。定性推理已经在物理学、工程学、生物学等许多领域得到成功的应用。

常识推理经常涉及合情推理。合情推理是指人们根据已有的信息进行看似合乎逻辑的推理,但这样的推理结果未必是正确的。尽管合情推理已经被广泛研究了数年,但仍是常识推理中极具挑战性的问题之一。

许多领域不可避免地会出现长尾现象。长尾现象指的是高频样本或对象仅占整体的一小部分,更多的是一些低频样本或对象。

在知识的形式化表示时,机器往往很难分辨出合适的抽象层次。比如"针头扎入胡萝卜"的例子,机器在推理时并不知道"针头扎进胡萝卜,则胡萝卜上会有一个孔"这一特定事实,但它可能知道更一般的规则:"尖锐物体扎在其他物体上,该物体会有孔洞"。但问题是如何更广泛地、更通用地制定这样的规则呢?"钉子钉入木头""订书钉钉入纸中""钉子掉入水中?"……是否应该为每一个这样的小领域分别制定规则呢?这些领域又是如何划分的?……每一个问题都值得人们深入思考。

小　结

逻辑知识表示的主要特点是建立在某种形式逻辑的基础上,并利用了逻辑方法研究推理的规律,即条件和结论之间的蕴涵关系。逻辑表示方法的主要优点如下。

(1) 严格性:一阶谓词逻辑具有完备的逻辑推理算法,可以保证其推理过程和结果的正确性,可以比较精确地表达知识。

(2) 通用性:命题逻辑和谓词逻辑是通用的形式逻辑系统,具有通用的知识表示方法和推理规则,有很广泛的应用领域。

(3) 自然性:命题逻辑和谓词逻辑是采用一种接近自然语言的形式语言表达知识并进行推理的,易于被人接受。

(4) 明确性:逻辑表示法对如何由简单陈述句构造复杂的陈述句有明确的规定,各个语法单元(如连接词、量词等)和合式公式定义严格。对于用逻辑方法表示的知识,可以按照一种标准的方法进行指派,因此这种知识表示方法明确、易于理解。

(5) 模块性:在逻辑表示法中,各条知识都是相互独立的,它们之间不直接发生关系,便于知识的模块化表示,具有易于计算机实现的推理算法。

但是,逻辑表示方法也有下述不足的地方。

(1) 效率低:形式推理能够使计算机在不知道句子指派的情况下得到有效的结论,它把推理演算和知识的含义截然分开,抛弃了表达内容中所包含的语义信息,往往使推理的过程太冗长,效率低。在推理过程中可能会出现“组合爆炸”。

(2) 灵活性差:不便于表达启发式知识和不精确的知识。

为了能够表达更多的信息,在谓词逻辑中已经引入了全称量词和存在量词,但仍然有一些类型的语句无法表达,如“大多数同学得了 A”。在这个语句中,量词“大多数”无法用存在量词和全称量词表达。为了表达“大多数”,一种逻辑必须提供一些用于计算这些概念的谓词,如第 5 章中将要介绍的模糊逻辑。另外,谓词逻辑难以表达一些有时真但并非总真的事情,这个问题也可以通过模糊逻辑解决。

经典逻辑推理是通过运用经典逻辑规则,从已知事实中演绎出逻辑上所蕴涵结论的过程。按演绎方法的不同,可以分为两大类:归结演绎推理和非归结演绎推理。本章主要介绍了归结演绎推理。通过引入新的推理规则——归结推理规则,介绍了基于该规则的归结演绎推理过程。本章新增因果推理,假设最符合观察结果的因果关系最接近事实。

本章还介绍了知识表示的其他方法——产生式系统、框架、语义网络和知识图谱表示,前三种知识表示都是以一阶逻辑表示为基础的,它们都可以转变为等价的一阶逻辑表示。所以,逻辑是知识表示的基本手段,构成了人工智能研究的基础。本章最后介绍了本体、语义 Web 与常识推理。关于不确定知识表示和推理,将在第 5 章中阐述。

习　题

2.1　验证下列公式为永真式,其中,A、B、C 为语法变元,表示任意公式。

T1. $A \lor \neg A$

T2. $A \to (B \to A)$

T3. $A \to (A \lor B), B \to (A \lor B)$

T4. $(A \land B) \to A, (A \land B) \to B$

T5. $(A \land (A \to B)) \to B$

T6. $(A \to B) \land (B \to C) \to (A \to C)$

T7. $(A \to (B \to C)) \to ((A \to B) \to (A \to C))$

T8. $\neg(\neg A) \leftrightarrow A$

T9. $A \lor A \leftrightarrow A, A \land A \leftrightarrow A$

T10. $A \lor B \leftrightarrow B \lor A$

　　 $A \land B \leftrightarrow B \land A$

T11. $A \land (B \lor C) \leftrightarrow (A \land B) \lor (A \land C)$

　　 $(B \lor C) \land A \leftrightarrow (B \land A) \lor (C \land A)$

T12. $A \lor (B \land C) \leftrightarrow (A \lor B) \land (A \lor C)$

　　 $(B \land C) \lor A \leftrightarrow (B \lor A) \land (C \lor A)$

T13. $\neg(A \lor B) \leftrightarrow \neg A \land \neg B$

T14. $A \lor (A \land B) \leftrightarrow A, A \land (A \lor B) \leftrightarrow A$

T15. $(A \to B) \leftrightarrow (\neg A \lor B)$

T16. $(A \to (B \to C)) \leftrightarrow ((A \land B) \to C)$

T17. $(A \to B) \leftrightarrow (\neg B \to \neg A)$

T18. $(A \leftrightarrow B) \to (A \to B) \land (B \to A)$

T19. $(A \leftrightarrow B) \to (A \land B) \lor (\neg A \land \neg B)$

T20. $A \lor T \leftrightarrow T, A \land T \leftrightarrow A, A \lor F \leftrightarrow A, A \land F \leftrightarrow F$

2.2 证明:对任一命题公式 ϕ 可导出它的合取(析取)范式。

2.3 证明: $A \to A$ 是 PC 的定理。

2.4 证明 A 是 $\{\neg \neg A\}$ 的演绎结果,即证明 $\neg \neg A \vdash_{PC} A$。

2.5 谓词逻辑和命题逻辑有什么异同?

2.6 什么是谓词的项?什么是谓词的阶?

2.7 我们已经知道真值表可以验证复杂句子的正确性,请说明怎样根据真值表确定一个句子是有效的、可满足的和不可满足的。

2.8 怎样用真值表的方法验证假言推理是正确的? 即 $P, P \to Q \Rightarrow Q$。

2.9 我们已经定义了 4 个不同的二元逻辑连接词,还有其他的二元连接词吗? 有多少个?

2.10 考虑一个世界中只有 4 个命题: A、B、C 和 D。对于下面的 3 个句子,各有多少个模型(解释)使之为真?

　　(1) $A \lor B$　　　　(2) $A \land B$　　　　(3) $A \land B \land C$

2.11 用谓词逻辑公式表示如下自然数公理。

　　(1) 每个数都存在一个且仅存在一个直接后继数。

　　(2) 每个数都不以 0 为直接后继数。

　　(3) 每个不同于 0 的数都存在一个且仅存在一个直接前驱数。

2.12 用一阶谓词逻辑表示下面的句子(自己定义合适的谓词)。

　　(1) 人人为我,我为人人。

　　(2) 鱼我所欲也,熊掌亦我所欲也。

　　(3) 不存在一个最大的素数。

　　(4) 任意一个实数都有比它大的整数。

　　(5) 并不是所有的学生都选修了历史和生物。

　　(6) 历史考试中只有一个学生不及格。

　　(7) 只有一个学生历史和生物考试都不及格。

　　(8) 历史考试的最高分比生物考试的最高分要高。

　　(9) 我们都生活在一个黄色的房子里。

（10）星期六，所有的学生或者去参加舞会了，或者去工作了，但是没有两者都去的。

（11）只有两个学生去参加了舞会。

（12）每个力都存在一个大小相等、方向相反的反作用力。

2.13　写出一个谓词演算子句，在该子句为真的世界中，仅包含一个对象。

2.14　Hanoi 塔问题表示：已知三个柱子 1、2、3，三个盘子 A、B、C（A 比 B 大，B 比 C 大）。初始状态时，A、B、C 依次放在柱子 1 上。目标状态是 A、B、C 依次放在柱子 3 上。条件是每次可移动一个盘子，盘子上方为空才可以移动，而且任何时候都不允许大盘子在小盘子的上面。请使用一阶谓词逻辑对这一问题进行描述。

2.15　请求出公式 $P \leftrightarrow (P \wedge Q)$ 的析取范式和合取范式。

2.16　将下列公式转换为前束范式。

（1）$\forall x P(x) \wedge \exists y Q(y)$

（2）$\forall x \forall y (\exists z (P(x,z) \wedge R(y,z)) \rightarrow \exists u Q(x,y,u))$

2.17　设个体域为 $D=\{1,2\}$，给出下述公式在 D 上的一种或多种指派，并指出每一种指派下各公式的真值。

（1）$\exists x (P(f(x)) \wedge Q(x,f(a)))$

（2）$\exists x (P(x) \wedge Q(x,a))$

（3）$\forall x \exists y (P(x) \wedge Q(x,y))$

2.18　命题逻辑和谓词逻辑的归结过程有什么不同？证明命题逻辑的归结推理规则，并论述归结推理规则是否完备。

2.19　什么是完备的归结策略？哪些规则策略是完备的？

2.20　考虑下面不可满足的子句集合

$$P \vee Q, P \vee \neg Q, \neg P \vee Q, \neg P \vee \neg Q$$

（1）对下面每一种策略求其归结反驳。

① 支持集策略（其中支持集是上述子句列表的最后一个子句）。

② 祖先过滤策略。

③ 一种既违反支持集，也违反祖先过滤的策略。

（2）说明不存在上述不可满足的子句集合的线性输入归结反驳。

2.21　假设 G 是一阶谓词公式，举例说明：G 和 G 的 Skolem 标准型并不等价，并解释为什么在不可满足的意义下是等价的。

2.22　为什么要将合式公式转换为子句集？在合式公式转换为子句集的过程中，为什么需要通过换名使所有的量词的约束变量不同名？

2.23　谓词公式和它的子句集等价吗？在什么情况下它们才等价？

2.24　把下面的表达式转换成子句形式。

（1）$(\exists x P(x) \vee \exists x Q(x)) \rightarrow \exists x [P(x) \vee Q(x)]$

（2）$\forall x P(x) \rightarrow \exists x [\forall z Q(x,z) \vee \forall z R(x,y,z)]$

（3）$\forall x [P(x) \rightarrow \forall y [\forall z Q(x,y) \rightarrow \neg \forall z R(x,y,z)]]$

2.25　判断下列表达式对是否可以合一，如果可以合一，请给出 mgu。

（1）$P(x,b,b), P(a,y,z)$

（2）$P(x,f(x)), P(y,y)$

（3）$2+3=x, x=3+3$

2.26　在谓词逻辑的归结推理过程中，为什么要做变量置换和合一处理？在合一过程中，为什么要求出差异集？在怎样的情况下，可以从差异集知道两个子句不可合一？

2.27　对下述公式集合执行合一算法，判断是否可合一，如果可以合一，请给出最一般合一。

（1）$S=\{P(a,x,f(g(y))),P(z,h(z,u),f(u))\}$

（2）$S=\{P(f(a),g(s)),P(y,y)\}$

（3）$S=\{P(a,x,h(g(z))),P(z,h(y),h(y))\}$

2.28　什么样的子句可以做归结？为什么归结式是母式（用于归结的子句）的逻辑推论？为什么说归结出空子

句就可以判定子句集不可满足？

2.29 子句 $P \lor Q \lor R, \neg P \lor \neg Q \lor S$ 是否可以归结？如果不能归结，为什么？如果可以归结，为什么 $S \lor R$ 不是其归结式？

2.30 求证 G 是 F_1 和 F_2 的逻辑推论。

F_1：$\forall x(P(x) \rightarrow \forall y(Q(y) \rightarrow \neg L(x,y)))$

F_2：$\exists x(P(x) \land \forall y(R(y) \rightarrow L(x,y)))$

G：$\forall x(R(x) \rightarrow \neg Q(x))$

2.31 已知：

规则 1：任何人的兄弟不是女性。

规则 2：任何人的姐妹必是女性。

事实：Mary 是 Bill 的姐妹。

求证：用归结推理方法证明 Mary 不是 Tom 的兄弟。

2.32 考虑下面的句子：

- 每个程序都存在 bug。
- 含有 bug 的程序无法工作。
- P 是一个程序。

（1）用一阶谓词逻辑表示上述句子。

（2）使用归结原理证明 P 不能工作。

2.33 用归结法证明 $A_1 \land A_2 \land A_3 \rightarrow B$。

其中，$A_1 = \forall x((P(x) \land \neg Q(x)) \rightarrow \exists y(W(x,y) \lor V(y)))$

$\qquad A_2 = \exists x[P(x) \land U(x) \land \forall y(W(x,y) \rightarrow U(y))]$

$\qquad A_3 = \neg \exists x(Q(x) \land U(x))$

$\qquad B = \exists x(V(x) \land U(x))$

2.34 函数 $cons(x,y)$ 表示把元素 x 插在列表 y 的头部形成的列表。我们用 Nil 表示空列表，列表（2）由 cons（2，Nil）表示；列表（1，2）由 cons（1，cons（2，Nil））表示；等等。

公式 $Last(L,e)$ 指 e 是列表 L 的最后一个元素。有下面的公理：

- $\forall u[Last(cons(u,Nil),u)]$
- $\forall x \forall y \forall z[Last(y,z) \rightarrow Last(cons(x,y),z)]$

（1）根据这些公理用归结反驳证明：

$\exists v[Last(cons(2,cons(1,Nil)),v)]$

（2）用答案提取方法找到 v，它是列表（2，1）的最后一个元素。

2.35 用谓词逻辑的子句集表示下述刑侦知识，并用反演归结的支持集策略证明结论。

（1）用子句集表示下述知识。

① John 是贼。

② Paul 喜欢酒（wine）。

③ Paul（也）喜欢奶酪（cheese）。

④ 如果 Paul 喜欢某物，则 John 也喜欢。

⑤ 如果某人是贼，而且喜欢某物，则他就可能会偷窃该物。

（2）求：John 可能会偷窃什么？

2.36 理解 H 域、谓词公式 H 域上的原子集以及 H 域上的解释。如何构造 H 域？如何构造 H 域上解释的语义树？为什么封闭语义树意味着相应的子句集不可满足？

2.37 什么是子句集在 D 域上的解释？什么是子句集在 H 域上的解释？它们之间有什么关系？

2.38 给定下面一段话：

Tony、Mike 和 John 都是 Alpine Club 的会员。每个会员或者是一个滑雪爱好者，或者是一个登山爱好者，或者都是。没有一个登山爱好者喜欢下雨，所有的滑雪爱好者都喜欢雪。Tony 喜欢的所有东西 Mike 都不喜欢,Tony 不喜欢的所有东西 Mike 都喜欢。Tony 喜欢雨和雪。

用谓词演算表达上述信息。把问题"谁是该俱乐部的会员,他是一个登山爱好者,但不是滑雪爱好者"表达为一个谓词表达式,用归结反驳提取答案。

2.39　任何通过了历史考试并中了彩票的人都是快乐的。任何肯学习或幸运的人都可以通过所有考试,小张不学习,但很幸运,任何人只要是幸运的,就能中彩。

求证:小张是快乐的。

2.40　已知有些人喜欢所有的花,没有任何人喜欢任意的杂草,证明花不是杂草。

2.41　已知:海关职员检查每一个入境的不重要人物,某些贩毒者入境,并且仅受到贩毒者的检查,没有一个贩毒者是重要人物。

证明:海关职员中有贩毒者。

2.42　$N=3$、$k\leqslant 3$ 时,对传教士-野人问题的产生式系统各组成部分进行描述(给出综合数据库、规则集合的形式化描述,给出初始状态和目标条件的描述),并画出状态空间图。

2.43　对量水问题给出产生式系统描述,并画出状态空间图。

有两个无刻度标志的水壶,分别可装 5L 和 2L 的水。设另有一水缸,可用来向水壶灌水或倒出水,两个水壶之间,水也可以相互倾灌。已知 5L 壶为满壶,2L 壶为空壶,问如何通过倒水或灌水操作,使能在 2L 的壶中量出 1L 的水?

2.44　对汉诺塔问题给出产生式系统描述,并讨论 N 为任意数时状态空间的规模。

相传古代一庙宇中有 3 根立柱,柱子上可套放直径不等的 N 个圆盘,开始时所有圆盘都放在第一根柱子上,且小盘处在大盘之上,即从下向上直径是递减的。和尚们的任务是把所有圆盘一次一个地搬到另一个柱子上去(不许暂搁地上等),且只许小盘在大盘之上。问和尚们如何搬最后能将所有的盘子都搬到第三根柱子上(可以使用任一根柱子作过渡)。

$N=2$ 时,求解该问题的产生式系统描述,给出其状态空间图。讨论 N 为任意值时,状态空间的规模。

2.45　对猴子摘香蕉问题,给出产生式系统描述。

一个房间里,天花板上挂有一串香蕉,有一只猴子可在房间里任意活动(到处走动,推移箱子,攀登箱子等)。设房间里还有一只可被猴子移动的箱子,且猴子登上箱子时才能摘到香蕉,问猴子在某一状态下(设猴子位置为 a,箱子位置为 b,香蕉位置为 c)如何行动可摘取到香蕉。

2.46　对三枚钱币问题给出产生式系统描述及状态空间图。

设有三枚钱币,其排列处在"正、正、反"状态,现允许每次可翻动其中任意一个钱币,问只许操作三次的情况下,如何翻动钱币使其变成"正、正、正"或"反、反、反"状态。

2.47　说明怎样才能用一个产生式系统把十进制数转换为二进制数,并通过转换 141.125 这个数为二进制数,阐明其运行过程。

2.48　设可交换产生式系统的一条规则 R 可应用于综合数据库 D 生成出 D',试证明若 R 存在逆,则可应用于 D' 的规则集等同于可应用于 D 的规则集。

2.49　用语义网络表示下列知识。

(1) 我是一个人。

(2) 我拥有我的计算机。

(3) 我的计算机的拥有者是我。

(4) 我的计算机是英特尔奔腾 5。

(5) 英特尔奔腾 5 是微机。

(6) 微机是计算机。

(7) 英特尔奔腾 5 包括硬盘、显示器、微处理器、内存。

(8) 硬盘、显示器、微处理器、内存是英特尔奔腾 5 的组成部分。

2.50　用语义网络表示下列命题。

(1) 树和草都是植物。

(2) 树和草都有根、有叶。

(3) 水草是草,且长在水中。

(4) 果树是树,且会结果。

(5) 苹果树是果树中的一种,它结苹果。

2.51 用语义网络分别表示下列命题。

(1) 如果车库起火,那么用二氧化碳或沙扑灭。

(2) 所有的学生都用计算机算题。

2.52 用框架表示下述报道的风灾事件。

【虚拟新华社 9 月 16 日电】中国气象局命名的"2020 梅花"台风于昨日下午 4 时在浙江舟山地区登陆。据专家经验,认为风力大于或等于 8 级。但风力中心的准确值,有待数据处理,目前尚未发布。此次台风造成的损失,若需要详细的损失数字,可电询自然灾害统计中心。另据中国气象局介绍说,事前曾得到国际气象组织的预报:昨日上午于太平洋赤道地区生成高压气旋,将向北移动,于浙江登陆。依据国际惯例将其命名为"Carla"飓风,我国也予以承认。至于"Carla"是否就是登陆的"2020 梅花",尚需另外加以核查。(提示:分析、概括用下画线标出的要点,经过概念化形成槽(slot)、侧面(facet)值。特别要注意,"值"(value)、"默认值"(default)、"如果需要值"(if-needed)、"如果附加值"(if-added)的区别与应用,建议采用如下格式,不用的侧面值可删去。)

Frame 台风:

slot1:	slot2:	slot3:
value:	value:	value:
default:	default:	default:
if-needed:	if-needed:	if-needed:
if-added:	if-added:	if-added:

2.53 用框架系统描述旅馆房间的概念,包括房间结构和基本设施两方面。房间结构包括墙壁、门的数量、地面的材料和颜色;基本设施包括椅子、电话、与床有关的内容,对于床,还需特别说明关于垫子的有关内容。

2.54 语义网络、框架系统和知识图谱的知识表示的要点是什么? 它们有何联系和区别?

2.55 阐述知识获取、知识组织和知识应用的过程。

2.56 (思考题)证明八数码问题的所有状态可划分为两个不相交的子集,处在同一个子集中的状态之间可以相互到达,处在不同子集中的两个状态之间必不可达。设计一个算法判断一个给定的状态属于哪个子集,并解释为什么这对于生成随机状态是有用的。

2.57 (思考题)写出描述谓词 GrandChild、GreatGrandparent、Ancestor、Brother、Sister、Daughter、Son、FirstCousin、BrotherInLaw、SisterInLaw、Aunt 和 Uncle 的公理。找出隔了 n 代的第 m 代姑表亲的合适定义,并用一阶逻辑写出该定义。现在写出如图 2-34 所示的家族树的基本事实。采用适当的逻辑推理系统,把你已经写出的所有语句告诉系统,并问系统:谁是 Elizabeth 的孙辈,谁是 Diana 的姐夫/妹夫,谁是 Zara 的曾祖父母和谁是 Eugenie 的祖先?

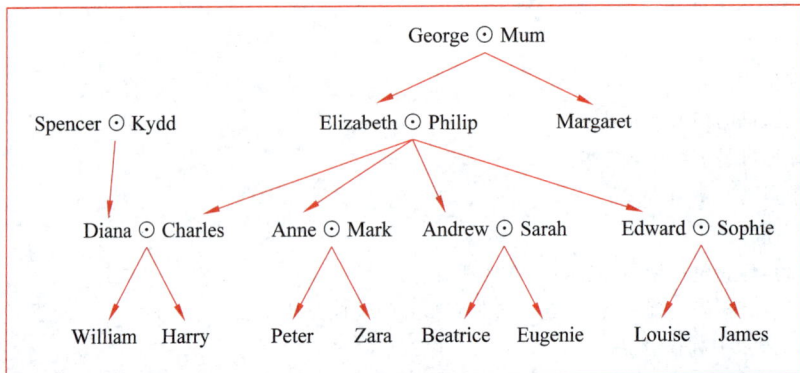

图 2-34 典型家族树

(符号⊙连接配偶,箭头指向孩子)

2.58 (思考题)查找资料,撰写关于知识图谱的建立技术的小论文。

在机器中存储了上亿条实体知识,这对于机器来说不是难事,困难在于存储实体的关系上。一个实体对应多个属性,如一张桌子对应了品牌、颜色、木材等属性,这些属性就有上百亿级别,这些关系错综复杂地整合起来,要存储的数据就会呈指数级增加,这注定是一张超级的海量级图谱。

下面以"奢侈品牌路易威登 1854 年成立于法国巴黎"为例,说明如何建立图谱。下面先说明机器如何存储知识。

(1) 奢侈品与路易威登(识别出路易威登是个品牌并且是奢侈品,存储该知识)。

(2) 路易威登于 1854 年成立(识别出路易威登的成立时间,存储该知识)。

(3) 路易威登成立于法国巴黎(识别出路易威登成立于法国,存储该知识)。

(4) 法国巴黎(识别出法国与巴黎有关系,存储该知识)。

……

以上只是一种粗略的理想化的情景。实际上,这种知识图谱是动态的,有不断增加、删减的过程,每个语句中的知识都是按照时间线出现的大数据关键词内容根据统计后才建立起来的知识图谱,与人脑一样,这些关系知识图谱可能出现之后又消失,最后那些确凿无疑的关系被留了下来,但是这些依然是动态的,如果哪天法国的首都不再是巴黎,整个关系知识图谱数据库就会将所有数据全部更新。

2.59 (思考题)写出一系列逻辑谓词,这些谓词将完成简单的汽车故障诊断(例如,如果发动机熄火,车灯不亮,那么电池就有问题)。不必过于烦琐,只需要包括以下几种情况:电池问题、油用完了、火花塞坏了、发动机启动器坏了。

2.60 (思考题)编程求解水壶问题。给定 4L 和 3L 的水壶各一个,水壶上没有刻度,可以向水壶中加水。如何在 4L 的壶中准确地得到 2L 水?

2.61 (思考题)编程求解合一算法。文字 L1 和 L2 如果经过执行某个置换 s,满足 L1s=L2s,则称 L1 与 L2 可合一,s 称为其合一元。本程序可判断任意两个文字能否合一,若能合一,则给出其合一元。合一算法程序运行界面示例如图 2-35 所示。

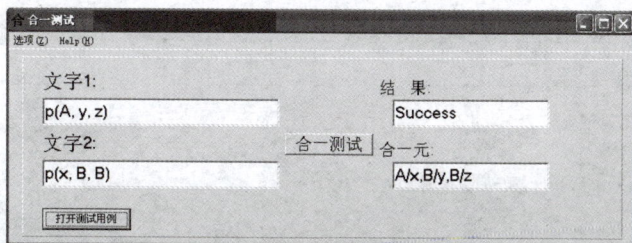

图 2-35 合一算法程序运行界面示例

2.62 (思考题)对以下问题给出完整的形式化。选择的形式化方法要足够精确,以便于实现。

(1) 只用 4 种颜色对平面地图着色,要求每两个相邻的地区不能具有相同的颜色。

(2) 屋子里有只 3 英尺(1 英尺=0.3048 米)高的猴子,离地 8 英尺的屋顶上挂有一串香蕉。猴子想吃香蕉。屋子里有两个可叠放、可移动、可攀爬的 3 英尺高的箱子。

2.63 (思考题)编程求解九宫图。在 3×3 组成的九宫格棋盘上摆有 8 个将牌,每一个将牌都刻有 1~8 中的某一个数码。棋盘中留有一个空格,允许其周围的某一个将牌向空格移动,这样,通过移动将牌,就可以不断改变将牌的布局。

给定一种初始的将牌布局(称初始状态)和一个目标布局(称目标状态),如何移动将牌,实现从初始状态到目标状态的转变。问题的解答也就是给出一个合法的走步序列。九宫图程序运行界面示例如图 2-36 所示。

2.64 (思考题)归类测试算法。归类:对子句 L 和 M,若存在一个代换 s,使得 Ls 为 M 的一个子集,则 L 将 M 归类。

归类测试的目的是判断两个子句间是否有归类关系,如果有,在推理过程中应该将被归类的子句删除,以提高推理效率。

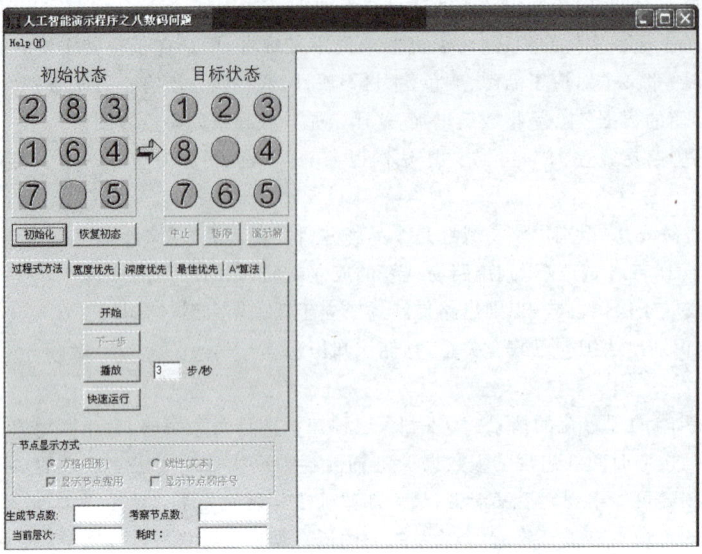

图 2-36　九宫图程序运行界面示例

要求：①待测试的子句必须是规范化的；②谓词项中首字母大写的为常量，小写的为变量，函数名首字母应该为小写；③最好不要在两个子句中出现同一个变元，虽然出现相同的变元不会影响最终的结果，但得到的代换却有可能不正确；④单击"∨"符号可在子句中加入析取符；⑤得到的实现归类的代换并非为最一般合一元，这是因为根据归类的定义，只需存在一个代换 s，使得 Ls 成为 M 的一个子集即可。

2.65　(思考题)编程求解传教士-野人问题。有 N 个传教士和 N 个野人要过河，现在有一条船只能承载 K 个人(包括野人)，$K<N$。在任何时刻，如果有野人和传教士在一起，必须要求传教士的人数大于或等于野人的人数。传教士-野人问题程序运行界面示例如图 2-37 所示。

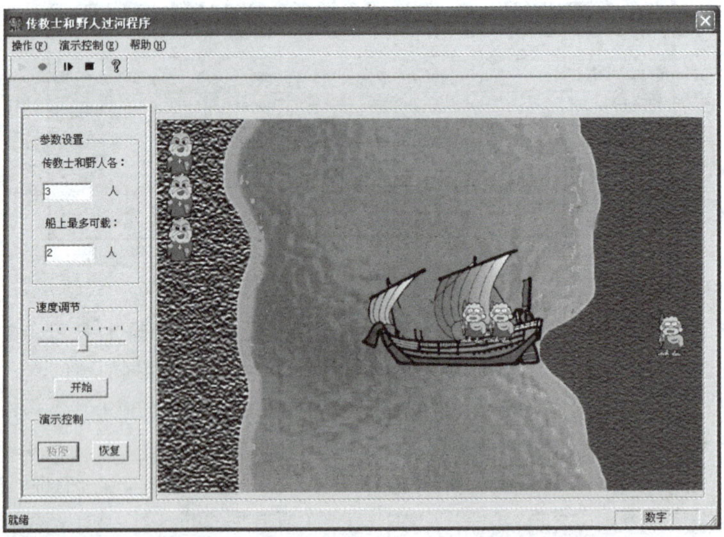

图 2-37　传教士-野人问题程序运行界面示例

2.66　(思考题)魔方是由一些小方块连接在一起的一个大立方体。大立方体有 6 个面，每个面由 9 个小方格组成。小立方块分为 3 种类型："角块"露出方格三个面，"边块"露出方格的两个面，"中心块"露出方格的一个面。一个魔方共有 8 个角块，12 个边块，6 个中心块。

要求：①开发一程序，通过键盘和鼠标打乱魔方(见图 2-38、图 2-39)及恢复魔方(图 2-40)；②按一定步骤自动还原魔方。(提示：参见文献[50]和[51]。)

图 2-38 通过鼠标打乱魔方　图 2-39 打乱后的魔方　图 2-40 恢复魔方

2.67 （思考题）奥木是中国一种传统的立体拼装玩具,民间也称为"六合连""太极架"（见图 2-41 和图 2-42）,相传是我国工匠大师鲁班为教徒弟所制,其组合方法是由 6 根形状各异的类长方体木条拼装成一个立体交叉的正十字形,而该形状表面却看不出是由多根木条组合而成,中国古建筑中采用的六合结构甚至可以不用钉子等工具进行固定,所采用的便是奥木结构。奥木设计巧妙,拼装有着较强的技巧性。

　　通过先搜索目标状态,后进行拆解的途径进行求解,求解所有的奥木组合方式,并进行计算机程序图形演示（见图 2-43）。（提示：参见文献[52]和[53]）。

图 2-41 奥木　图 2-42 演示中的奥木　图 2-43 奥木的构件及组装场景

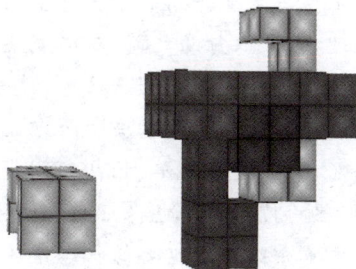

2.68 （思考题）关于房价的辛普森悖论。如图 2-44 所示,10 年前,某城市市中心的房价是 8000 元/平方米,共销售了 1000 万平方米;高新区的房价是 4000 元/平方米,共销售了 100 万平方米;整体来看,该市的房价为 7636 元/平方米;现在,市中心的房价为 10 000 元/平方米,销售了 200 万平方米;高新区的房价是 6000 元/平方米,销售了 2000 万平方米,整体来看,该市的房价为 6363 元/平方米。因此,分区来看房价分别都上涨了,但从整体上看,会有疑惑：为什么现在的房价反而跌了？请分析。

	10年前	现在	
市中心	8000元/平方米, 共1000万平方米	10 000元/平方米, 共200万平方米	↑涨
高新区	4000元/平方米, 共100万平方米	6000元/平方米, 共2000万平方米	↑涨
××市（×）	7636元/平方米, 共1100万平方米	6363元/平方米, 共2200万平方米	↓跌

图 2-44

第**3**章

搜索技术

搜索技术是一种通用的问题求解技术,一直是人工智能的核心研究领域。它通常是先将待解问题转换为某种可搜索的"问题空间",然后在该空间中寻找解。问题空间通常由于规模巨大不适于采用显式的枚举表示,而采用隐式的形式化问题模型。不同类型的问题可表示为状态空间、方案空间等不同类型的空间,因而需要不同的方法予以形式化。不同类型的问题间因结点和弧的含义不同也需要相适应的搜索算法。

本章将主要介绍基于状态空间的搜索技术。此类技术的共同特点是:使机器人(Agent、智能代理)在采取行动之前,以达成某目标状态为目的,在状态空间上搜索得出从初始状态可达到目标状态的"动作序列"。注意,搜索技术是机器人在思考阶段的一种技术。当然,这种思考在实际问题上的适用性也取决于两方面:问题模型的适用性、搜索算法的适用性。对于较复杂的实际问题,采用过于简单、抽象的问题模型或许会导致搜索得出的方案不可用。对于新的问题模型,以往的搜索算法也很可能无法得出最优方案。

本章介绍三种重要的状态空间上的通用型搜索技术。第一种状态空间常用于建模单方面行动问题,第二种状态空间(AND-OR 图)常用于建模复杂问题的分解,第三种状态空间常用于建模双方博弈问题。

3.1　概　　述

搜索技术是人工智能的基本求解技术之一,在人工智能各领域中被广泛应用。早期的人工智能程序与搜索技术联系就相当紧密,几乎所有的早期人工智能程序都以搜索为基础。例如,A. Newell 和 H. A. Simon 等编写的 LT(Logic Theorist)程序,J. Slagle 编写的符号积分程序 SAINT,A. Newell 和 H. A. Simon 编写的 GPS(General Problem Solver)程序,H. Gelernter 编写的 Geometry Theorem-Proving Machine 程序,R. FiKes 和 N. Nilsson 编写的 STRIPS (Stanford Research Institute Problem Solver)程序以及 A. Samuel 编写的 Chechers 程序等,都使用了搜索技术。

现在,搜索技术已渗透在人工智能各领域中,例如,专家系统、自然语言理解、自动程序设计、模式识别、机器人学、信息检索和博弈等领域都广泛使用搜索技术。搜索技术具有如此丰富应用领域的原因在于:广义地讲,人工智能的大多数问题都可以转换为搜索问题。

人工智能需处理的问题大部分是结构不良或非结构化问题,对这样的问题一般不存在显而易见的求解算法。对于给定的问题,智能系统的行为首先应是找到能够达到所希望目标的动作序列,并使其付出的代价最小、性能最好。基于给定的问题,问题求解的第一步是问题的建模。搜索就是为智能系统找到动作序列的过程。搜索算法的输入是问题的实例,输出是表示为动作序列的方案。一旦有了方案,系统就可以执行该方案给出的动作了。通常,解决一类问题主要包括三个阶段:问题建模、搜索和执行,而且多数实际问题都需要这三个阶段的多次迭代,才能予以解决。本章主要讨论搜索阶段,其他两个阶段会在其他章节予以讨论。能进行搜索的前提是问题具有良好的结构,为此,下面介绍形式化问题模型。

适于进行搜索的问题由以下 4 部分组成。

(1) 初始状态:描述了 Agent 在问题中的初始状态。

(2) 动作集合:每个动作把一个状态转换为另一状态。

(3) 目标检测函数:用于判断一个状态是否为目标。

(4) 路径费用函数:指明路径费用的函数。此函数用于支持搜索算法,寻找费用最优的路径。

初始状态和动作集合(隐式)定义了问题空间。首先解释"定义"的含义,然后解释"隐式"的用意。问题空间是有向图,由结点和弧组成。根据(1)和(2),能判断给定的一个结点是否属于该问题空间,同样,能判断一条弧是否属于该空间。因此说,(1)和(2)定义了该问题空间。所谓"隐式",是相对"显式"而言。显式地定义一个问题空间的方式是将其中所有的结点和所有的弧罗列出来并存储在内存中。然而,对于人工智能中的非平凡问题,其结点数目和弧的数目都是巨大的,若罗列出来,则计算机的存储空间或许不能完全存储(试想,若问题空间包含 10^{20} 个结点,需要多大的内存空间)。当内存不能支持问题的完全存储时,搜索程序则无法开始。因此,"隐式"的问题模型是搜索技术成为可行的关键。下面分别以旅行售货商问题(Traveling Salesperson Problem,TSP)和九宫图问题(也称八数码问题)为例,说明建立形式化模型的基本方法。

TSP 为:已知一些城市和这些城市之间的距离,为售货商找到一条从初始城市出发经历其他城市仅一次且最终回到初始城市的最短路径。当然,其中的"城市"可以为任意距离的地点,或者是同城内的地点。TSP 与我们当前熟悉的快递配送业务极其相关,也适用于其他类型的路径搜索业务。图 3-1 是一个 TSP 实例,其中含 4 个城市(A、B、C、D),城市之间的距离在边上标出。TSP 虽然在生活中常见,但在计算上却是困难的。理论上,TSP 的计算复杂度是 NP 完全的,因而成为人工智能领域的典型问题。针对 TSP,怎样用"初始状态""动作集合""目标检测函数"和"路径费用函数"这 4 个要素建模它呢?以图 3-1 为例,首先需要建模旅行商的状态。我们所关心的状态是"旅行商处于哪个城市"。可用谓词(at A)表示旅行商在 A,用(at B)表示旅行商在 B,类似地可表示旅行商在某个城市的状态。因此,假设旅行商初始城市为 A,则其初始状态为(at A)。在某个状态下,旅行商可以做旅行的动作,旅行的始点是当前城市、终点是下一个相邻城市。可用 move(A,B)表示旅行商从城市 A 旅行到城市 B 的动作。一般地,只要两个城市 x 和 y 存在边,且旅行商当前在城市 x,则旅行商都可以做 move(x,y)的动作,该动作的结果是将旅行商在城市 x 的状态变换为在城市 y 的状态,如对于动作 move(A,B),它对应的状态映射见表 3-1。其中,move(A,B)在某状态上不适用时,假定它对该状态不发生改变。注意,在表 3-1 中,动作 move(A,B)只在一个状态上执行,但在其他类型的问题中,一个动作可在多个状态上执行。

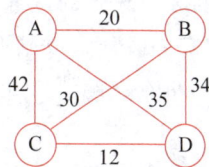

图 3-1 TSP 实例

表 3-1 动作 move(A,B)定义的状态映射

当前状态	下一状态	当前状态	下一状态
(at A)	(at B)	(at C)	(at C)
(at B)	(at B)	(at D)	(at D)

在明确旅行商的状态和动作后,对于图 3-1 的问题,能较轻松地找出一个费用最优的动作序列使他从初始位置 A 经历{B,C,D}仅一次并返回 A 吗? 可使用如图 3-2 所示的图尝试所有的动作序列,该图是以宽度优先的方式对初始状态尝试的前三个动作。当一个动作序列使旅行商返回位置 A 时,应检查它是否是一个有效解。例如,动作序列 π_1:〈move(A,B),move(B,D),move(D,C),move(C,A)〉为有效解,而动作序列 π_2:〈move(A,B),move(B,D),move(D,C),move(C,B),move(B,A)〉不是有效解,因为它访问了城市 B 两次,而不是一次。还可能遇到另一个有效解 π_3:〈move(A,B),move(B,C),move(C,D),move(D,A)〉。现在考虑费用因素,解 π_1 的费用为 20＋34＋12＋42＝108;解 π_3 的费用为 20＋30＋12＋35＝97,所以 π_3 优于 π_1。至于 π_3 是否为最优解,需在尝试所有的有效解之后断定。

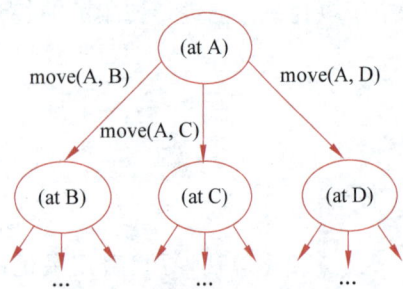

图 3-2 在状态上应用动作而构成的状态空间

基于以上分析,将 TSP 的形式化模型概括如下。

- 初始状态:若旅行商的初始位置为 a,则将(at a)作为初始状态。
- 动作集合:若两个位置 x 和 y 之间有一条边,则动作 move(x,y)在该集合中。
- 目标检测函数:对于一个状态 S,若从初始状态到 S 的动作序列 π 经过了其余所有位置仅 1 次,且在 S 中旅行商回到了初始位置,则 S 是目标状态,且 π 是一个有效解。
- 路径费用函数:动作序列 π 的费用等同于它经过的路径的距离。

下面介绍对九宫图问题的一种形式化。九宫图问题是:要求 Agent 改变一个 3 行 3 列棋盘上的 8 个数码的位置,使这些数码的排列符合预期的格局。在图 3-3 中,改变其中数码的方式是将"空白格"(未被数码占据的方格)向左移、向上移、向右移。进一步讲,若"空白格"位于当前的数码 6 的位置,则它还可以向下移。

(a) 一个棋盘格局和可执行的动作方向   (b) 期望的目标格局

图 3-3 九宫图问题

九宫图问题的形式化模型如下。

- 初始状态:棋盘的初始格局,包含每个格子中存放的数码、空白格的位置。
- 动作集合:{空白格左移,空白格上移,空白格右移,空白格下移}。其中的动作不是在每个状态上都可执行。例如,当空白格位于最左侧的列时,"空白格左移"动作不可执行。
- 目标检测函数:若一个状态 s 中的棋盘格局与图 3-3(b)相同,则它是目标状态,并且从初始状态到 s 的动作序列是该问题的一个解。
- 路径费用函数:此问题中每个动作的代价假设为 1,因此,路径费用与该路径上的动作数目在数值上相同。

对于九宫图问题的求解,也可以尝试画出如图 3-2 所示的有向图——状态空间,然后进行搜索。此状态空间中的状态数目是巨大的,普通计算机的内存不能完全存储。为了说明,假设需要 40 步动作解决一个九宫图问题,相应地,目标状态结点所在的深度为 40。那么,在最坏情况下,我们需要尝试多少个状态才能达到这个目标呢? 这需要我们分析该状态空间的平均分支因子。

因为,若它为 b,则最坏情况下需要尝试 $1+b+b^2+b^3+\cdots+b^{40}$ 个状态。九宫图问题的分支因子分布如图 3-4 所示。对于第一行,若空白格位于最左侧的方格,则可执行两个动作(向右移、向下移);若它位于中间的方格,则可执行三个动作(向左移、向右移、向下移);若它位于最右侧的方格,则可执行两个动作(向左移、向下移)。类似地,可得出空白格在其他位置时的可执行动作数。注意,在每个状态中,空白格只处于其中一个位置。因此,在平均情况下,一个状态上可执行的动作数为 $b=(2\times4+3\times4+4)/9\approx2.667$。现在可知,最坏情况下需要尝试的状态数目至少是 2.667^{40}。因为存储一个状态至少需要 9 个二进制位,所以这些状态需要的存储空间为 $2.667^{40}\times9$ 位 $>2^{40}$ B $=2^{10}$ GB $=2$ TB。这个数量显然超出了当前流行的个人计算机的内存存储量。

2个	3个	2个
3个	4个	3个
2个	3个	2个

图 3-4 九宫图问题的分支因子分布

为了在部分程度上缓解对存储量的要求,人工智能中的搜索可以分成两个不断交替的阶段:问题空间的生成和在该空间上对目标状态的搜索,即状态空间一般是逐渐扩展的,"目标"状态是在每次扩展的时候进行判断的。不过,多数搜索算法也存储访问过的状态,这使得所需的存储空间快速增加。解决的一个途径是引导搜索算法专注于探索有希望发现目标的方向,用于完成引导的信息称为启发信息,此技术将在 3.3 节开始介绍。

3.2 盲目搜索算法

一般地,搜索方法可以根据是否使用启发式信息分为盲目搜索方法和启发式搜索方法。也可以根据搜索空间的表示方式分为状态空间搜索方法和与或图搜索方法。状态空间搜索是用状态空间法求解问题所进行的搜索。与或图搜索是指用问题规约方法求解问题时所进行的搜索。状态空间法和问题规约法是人工智能中最基本的两种问题表示方法。

3.2.1 概述

盲目搜索方法一般是指从当前的状态到目标状态需要走多少步或者每条路径的花费并不知道,所能做的只是可以区分出哪个是目标状态。因此,它一般是按预定的搜索策略进行搜索。由于这种搜索总是按预定的、机械的顺序进行,没有考虑到问题本身含有的信息,所以这种搜索具有很大的盲目性,效率不高,不适用于复杂问题的求解。启发式搜索方法是在搜索过程中通过分析与问题有关的信息调整搜索顺序,用于指导搜索朝着最有希望发现目标状态的方向前进,加速问题的求解并找到最优解。显然,盲目搜索不如启发式搜索效率高,但是由于启发式搜索需要和问题本身特性有关的信息,而对于很多问题这些信息很少,或者根本就没有,或者很难抽取,所以盲目搜索仍然是很重要的一类搜索方法。

3.2.2 盲目搜索方法

最简单的盲目搜索方法是"生成再测试"方法,该方法如下。

```
Procedure Generate & Test
    Begin
        Repeat
            生成一个新的状态,称为当前状态;
        Until 当前状态=目标;
    End
```

上述算法在每次 Repeat Until 循环中都生成一个新的状态,并且只有当新的状态等于目标状态的时候才退出。在该算法中,最重要的部分是新状态的生成。如果生成的新状态不可扩展,则该算法应该停止,简单起见,在上述算法中省略了这一部分。

宽度优先搜索和深度优先搜索算法可以看作生成再测试方法的两个具体版本。它们的区别是生成新状态的顺序不同。假设问题空间是一棵树,则深度优先搜索总是优先生成并测试深度增加的结点,而宽度优先搜索则总是优先考察同一深度的结点。

下面介绍的"迭代加深搜索"方法结合了宽度优先搜索保证最优性的优势与深度优先搜索在存储上的优势。

对于深度 d 比较大的情况,深度优先搜索可能沿着一个不含目标结点的分支探寻很长时间,在找不到解的同时浪费资源。一种较好的方法是对搜索的深度进行控制,这就是"有界深度优先搜索"方法的主要思想。有界深度优先搜索过程总体上按深度优先搜索方法进行,但对搜索深度给出一个深度限制 d_m,当深度达到 d_m 的时候,如果还没有找到解答,就停止对该分支的搜索,换到另外一个分支进行搜索。

对于有界深度搜索策略,有以下几点需要说明。

(1) 在有界深度搜索算法中,深度限制 d_m 是一个很重要的参数。当问题有解,且解的路径长度小于或等于 d_m 时,则该算法一定能够找到解。但是,和深度优先搜索一样,这并不能保证最先找到的是最优解,此情况下的有界深度搜索是完备的,但不是最优的。但是,当 d_m 取得太小,解的路径长度大于 d_m 时,则搜索过程中就找不到解,此情况下的搜索过程甚至是不完备的。

(2) 深度限制 d_m 不能太大。当 d_m 太大时,搜索过程会产生过多的无用结点,既浪费了计算机资源,又降低了搜索效率。

(3) 有界深度搜索的主要问题是深度限制值 d_m 的选取。该值也被称为状态空间的直径,如果该值设置得比较合适,则会得到比较有效的有界深度搜索。但是对很多问题,预先无法知道该值到底为多少,只有在该问题求解完成后才能确定出深度限制 d_m,而那时确定的 d_m 对搜索算法没有意义。为了解决上述问题,可采用如下改进方法:先任意设定一个较小的数作为 d_m,然后按有界深度算法搜索,若在此深度限制内找到了解,则算法结束;如在此限制内没有找到问题的解,则增大深度限制 d_m,继续搜索。此方法被命名为"迭代加深搜索"。

迭代加深搜索是一种回避选择最优深度限制问题的策略,它是试图尝试所有可能的深度限制:首先深度为0,然后深度为1,最后为2,等等,一直进行下去。如果初始深度为0,则该算法只生成根结点,并检测它。如果根结点不是目标,则深度加1,通过典型的深度优先算法,生成深度为1的树。同样,当深度限制为 m 时,它将生成深度为 m 的树。

迭代加深搜索过程描述如下。

```
Procedure Iterative-deeping
Begin
    For d = 1 to ∞ Do
    Begin
        从初始结点执行深度限制为 d 的有界深度优先搜索;
        如果找到解,则搜索结束并返回"成功";
        如果本次迭代中访问的所有结点的深度都小于 d,则搜索结束并返回"失败";
    End
End
```

通过分析可以发现,迭代加深搜索看起来很浪费资源,因为它在深度限制为 $d+1$ 的迭代过程中将重复搜索深度限制为 d 的迭代访问过的结点。然而,对于很多问题,这种多次的扩展负担实际上很小,直觉上可以想象,如果一棵树的分支系数很大,几乎所有的结点都在最底层上,则对于上面各层结点,扩展多次对整个系统的影响不是很大。

宽度优先搜索、深度优先搜索和迭代加深搜索都是"生成再测试"算法的具体版本。迭代加深搜索结合了宽度优先搜索和深度优先搜索的优点。表 3-2 总结了宽度优先搜索、深度优先搜索、有界深度搜索和迭代加深搜索的主要特点。

表 3-2　几个盲目搜索算法的特点对比

标准	宽度优先	深度优先	有界深度	迭代加深
时间	$O(b^d)$	$O(b^m)$	$O(b^l)$	$O(b^d)$
空间	$O(b^d)$	$O(bm)$	$O(bl)$	$O(bd)$
最优	是	否	否	是
完备	是	否	如果 $l>d$，是	是

注：b 为分支系数，d 为解的深度，m 是搜索树的最大深度，l 是深度限制。

3.2.3　盲目搜索的局限性

1. 状态空间过大带来的复杂度爆炸

盲目搜索方法，如宽度优先搜索和深度优先搜索，通常会探索问题的状态空间以寻找解。然而，许多问题的状态空间可能非常庞大，甚至呈指数级增长，这种现象被称为"复杂度爆炸"。在这种情况下，即使是最强大的计算机也无法在合理的时间内搜索完全部状态。例如，在迷宫探索问题中，随着迷宫规模的扩大，可能的路径数量急剧增加，导致搜索过程变得极其耗时。

2. 无法利用问题特定信息

盲目搜索方法不使用任何关于问题结构或特性的启发式信息。这意味着它们无法识别并利用问题中可能存在的简化或特定模式，从而无法优化搜索过程。例如，在某些类型的谜题中，可能存在对称性或其他逻辑关系，如果利用这些关系，可以显著减少需要探索的状态数量。但盲目搜索由于其设计，忽视了这些潜在的优化机会，导致搜索效率降低。

盲目搜索方法的这些局限性强调了在实际应用中需要更加精细和适应性强的搜索策略。随着问题规模的增长和复杂性的提高，必须能够适应性地调整搜索策略，以利用问题特定的信息和结构。因此，研究者和实践者常常转向启发式搜索算法、约束满足问题求解器，或利用机器学习方法来增强搜索效率，这些都是为了克服盲目搜索的基本局限，并在更广泛的应用场景中取得成功。

3.3　启发式搜索算法

前面讨论的搜索方法都是按事先规定的、根据结点的深度制定的路线进行搜索，搜索过程机械化、具有较大的盲目性，生成的无用结点较多，搜索空间较大，效率因而不高。除了结点的深度信息之外，如果能够利用结点暗含的与问题相关的一些特征信息预测目标结点的存在方向，并沿着该方向搜索，则有希望缩小搜索范围，提高搜索效率。利用结点的特征信息引导搜索过程的一类方法称为启发式搜索。

任何一种启发式搜索算法在生成一个结点的全部子结点之前，都将使用算法设计者提供的评估函数判断这个"生成"过程是否值得进行。评估函数通常为每个结点计算一个整数值，称为该结点的评估函数值。通常，评估函数值小的结点被认为是值得进行"生成"过程。按照惯例，将"生成结点 n 的全部子结点"称为"扩展结点 n"。启发式搜索可以用于两种不同方向的搜索：前向搜索和反向搜索。前向搜索一般用于状态空间的搜索，从初始状态出发向目标状态方向进行；

反向搜索一般用于问题规约中,从给定的目标状态向初始状态进行。为这两种搜索方法设计评估函数时应采用不同的思路,将在 3.3.1 节和 3.4.3 节分别解释这个特点。

3.3.1　启发性信息和评估函数

在搜索过程中,关键是在下一步选择哪个结点进行扩展,选择的方法不同,就形成了不同的搜索策略。如果在选择结点时能充分利用它与问题有关的特征信息估计出它对尽快找到目标结点的重要性,就能在搜索时选择重要性较高的结点,以便快速找到解或者最优解,我们称这样的过程为启发式搜索。"启发式"实际上是一种"大拇指准则(Thumb Rules)":在大多数情况下是成功的,但不能保证一定成功的准则。

用来评估结点重要性的函数称为评估函数。评估函数 $f(n)$ 对从初始结点 S_0 出发,经过结点 n 到达目标结点 S_g 的路径代价进行估计。其一般形式为

$$f(n) = g(n) + h(n)$$

其中,$g(n)$ 表示从初始结点 S_0 到结点 n 的已获知的最小代价;$h(n)$ 表示从 n 到目标结点 S_g 的最优路径代价的估计值,它体现了问题的启发式信息。所以,$h(n)$ 被称为启发式函数。$g(n)$ 和 $h(n)$ 的定义都要根据当前处理的问题的特性而定,$h(n)$ 的定义更需要算法设计者的创造力。下面介绍在九宫图问题上 $g(n)$ 和 $h(n)$ 的定义方法。

在九宫图问题中,有一个 3×3 的棋盘,其中 8 个格子上放着带数字的卡片,1 个格子空白,每张卡片可以被移动到与它相邻的空白格,我们的目标是将棋盘上卡片的初始格局通过一系列移动卡片的动作变换到目标格局。图 3-5 是九宫图问题的一个实例,其中,S_0 表示初始格局,S_g 表示目标格局。评估函数可以表示为

$$f(n) = g(n) + h(n)$$

其中,$g(n) = d(n)$ 定义为结点在 n 搜索树中的深度;$h(n) = w(n)$ 定义为"结点 n 中不在目标状态中相应位置的数码个数",$h(n)$ 包含问题的启发式信息。可以看出,一般说某结点 n 的 $h(n)$ 越大,即"不在目标位"的数码个数越多,说明目标结点离 n 越远,进而可以认为"扩展"n 就相对不重要。在图 3-5 中,对于初始结点 S_0,由于 $g(S_0) = 0$,$h(S_0) = 5$,因此 $f(S_0) = 5$。

$$S_0 = \begin{array}{|c|c|c|} \hline 2 & 8 & 3 \\ \hline 1 & 6 & 4 \\ \hline 7 & & 5 \\ \hline \end{array} \qquad S_g = \begin{array}{|c|c|c|} \hline 1 & 2 & 3 \\ \hline 8 & & 4 \\ \hline 7 & 6 & 5 \\ \hline \end{array}$$

图 3-5　九宫图问题的一个实例

$f(n)$ 由 $g(n)$ 和 $h(n)$ 两部分组成,启发式搜索算法可以使用 $f(n)$ 的不同组合,进而表现出不同的特性。例如,有的算法使用 $f(n) = g(n)$,有的算法使用 $f(n) = h(n)$,有的算法使用 $f(n) = g(n) + h(n)$。下面将介绍最好优先搜索算法使用不同形式的 f 所表现出的特点。

3.3.2　最好优先搜索

宽度优先搜索和深度优先搜索不适用于状态空间存在"环"的情况,下面介绍一种称为"最好优先搜索算法"的算法框架,该方法能处理图。为了处理"环",最好优先搜索算法用 OPEN 表和 CLOSED 表记录状态空间中那些被访问过的所有状态。这两个表中的结点及它们关联的边构成了状态空间的一个子图,被称为搜索图。OPEN 表存储一些结点,其中每个结点 n 的启发式函数值已经计算出来,但是 n 还没有被"扩展"。CLOSED 表存储一些结点,其中每个结点已经被扩展。该类算法每次迭代从 OPEN 表中取出一个较优的结点 n 进行扩展,将 n 的每个子结点根据情况放入 OPEN 表。算法循环,直到发现目标结点或者 OPEN 表为空。算法中的每个结点都带有一个父指针,该指针用于合成解路径。

最好优先搜索算法的具体描述如下。

```
Procedure Graph-Search
Begin
    建立只含初始结点 S₀ 的搜索图 G,计算 f(S₀);将 S₀ 放入 OPEN 表;将 CLOSED 表初始化为空
    While OPEN 表不空 Do
    Begin
        从 OPEN 表中取出 f(n) 值最小的结点 n,将 n 从 OPEN 表中删除并放入 CLOSED 表
        If n 是目标结点 Then 根据 n 的父指针指出从 S₀ 到 n 的路径,算法停止
        Else
        Begin
            扩展结点 n
            If 结点 n 有子结点
            Then
            Begin
                (1) 生成 n 的子结点集合{mᵢ} 把 mᵢ 作为 n 的子结点加入 G 中,并计算 f(mᵢ)
                (2) If mᵢ 未曾在 OPEN 和 CLOSED 表中出现,Then 将它们配上刚计算过的 f 值,将 mᵢ
                    的父指针指向 n,并把它们放入 OPEN 表
                (3) If mᵢ 已经在 OPEN 表中,Then 该结点一定有多个父结点,在这种情况下,比较 mᵢ
                    相对于 n 的 f 值和 mᵢ 相对于其原父指针指向的结点的 f 值,若前者不小于后者,
                    则不做任何更改,否则将 mᵢ 的 f 值更改为 mᵢ 相对于 n 的 f 值,mᵢ 的父指针更改
                    为 n
                (4) If mᵢ 已经在 CLOSE 表中,Then 该结点同样也有多个父结点。在这种情况下,比
                    较 mᵢ 相对于 n 的 f 值和 mᵢ 相对于其原父指针指向的结点的 f 值。如果前者不小
                    于后者,则不做任何更改,否则将 mᵢ 从 CLOSED 表移到 OPEN 表,置 mᵢ 的父指针指
                    向 n
                (5) 按 f 值从小到大的次序对 OPEN 表中的结点重新排序
            End
        End
    End
End
```

上述搜索算法生成一个明确的图 G(称为搜索图)和一个 G 的子集 T(称为搜索树),图 G 中的每一个结点也在树 T 上。搜索树是由结点的父指针确定的。G 中的每一个结点(除了初始结点 S_0)都有一个指向 G 中一个父辈结点的指针。该父辈结点就是那个结点在 T 中的唯一父辈结点。算法中的(3)、(4)步保证对每一个扩展的新结点,其父指针的指向是已经产生的路径中代价最小的。

最好优先搜索算法是一个通用的算法框架。如果将该框架中的 $f(n)$ 实例化为 $f(n)=h(n)$,则得到一个具体的算法,称为贪婪最好优先搜索(Greedy Best-First Search,GBFS)算法。可以看出,GBFS 算法在判断是否优先扩展一个结点 n 时仅以 n 的启发值 $h(n)$ 为依据。$h(n)$ 值越小,表明从 n 到目标结点的代价越小,因而 GBFS 算法沿着 n 所在的分支搜索就越可能发现目标结点。因此,GBFS 算法一般可以较快地计算出问题的解。

但是,GBFS 算法得出的解是否是最优的? 考虑如下情况,OPEN 表中有两个结点 n 和 n',其中,$g(n)=5$,$h(n)=0$,$g(n')=3$,$h(n')=1$,而且 n 和 n' 的 h 值分别是它们与目标结点的真实距离,在此情况下,GBFS 将扩展 n,而不是 n'。显然,经过 n 发现的解的代价高于经过 n' 发现的解的代价,所以 GBFS 返回的不是最优解。仔细分析最好优先算法的流程可以发现,当 $f(n)=h(n)$ 时,其中的步骤(3)和(4)将不会改变 n 的信息。3.3.3 节内容将说明,步骤(3)和(4)是为了保证算法的最优性而设置的。与 GBFS 算法相对,假如最好优先搜索算法中的 $f(n)$ 被实例化为 $f(n)=g(n)$,则得到"宽度优先搜索"算法。读者可以在图的最短路径问题上将 $g(n)$ 定义为源结点到 n 的路径长度,分析此命题的正确性。

可以看出,$h(n)$ 影响算法发现解的速度,$g(n)$ 影响得到解的最优性。下面介绍的 A 算法和

A^* 算法是使用 $f(n)=g(n)+h(n)$ 的最好优先搜索算法,它们综合考虑了时间效率和解的质量。其中,A 算法使用的 $h(n)$ 具有更严格的性质。

3.3.3　A 算法和 A^* 算法

如果最好优先搜索算法中的 $f(n)$ 被实例化为 $f(n)=g(n)+h(n)$,则称为 A 算法。进一步细化,如果启发函数 h 满足对于任一结点 n,$h(n)$ 的值都不大于 n 到目标结点的最优代价,则称此类 A 算法为 A^* 算法。A^* 算法在一些条件下能够保证找到最优解,即 A^* 算法具有最优性。下面首先以九宫图(见图 3-6)为例介绍 A 算法的运行过程,之后介绍对 A^* 算法最优性的分析。

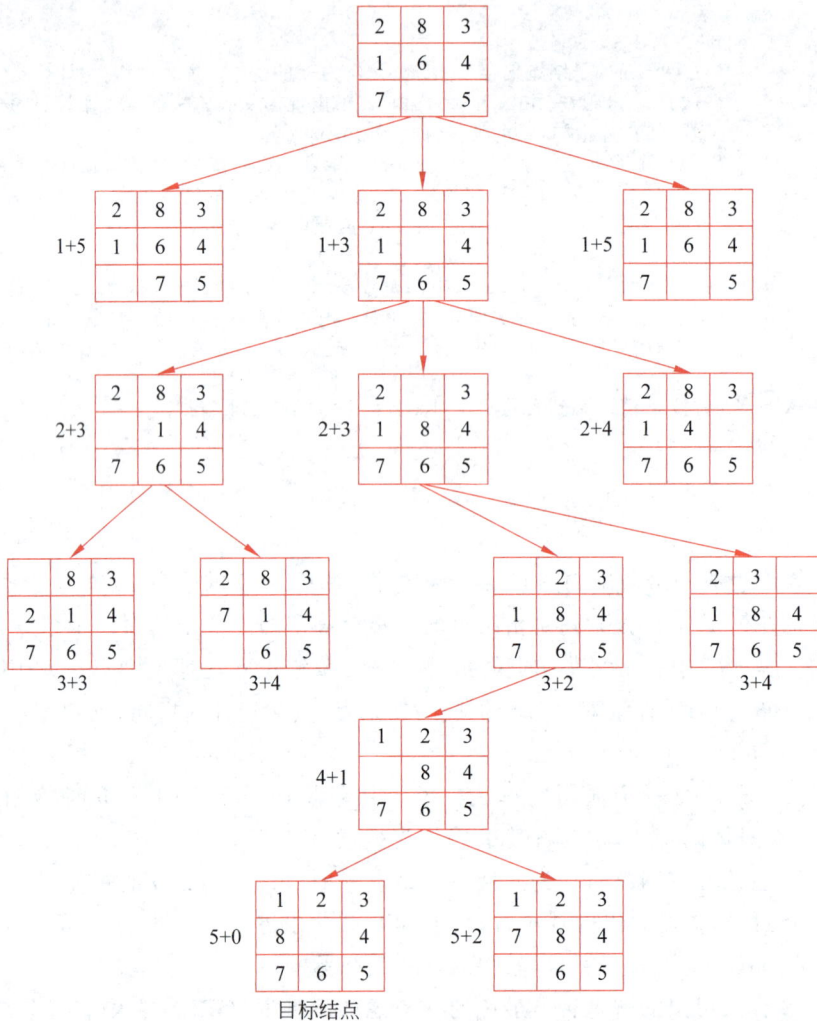

图 3-6　九宫图问题的全局择优搜索树

A 算法采用 3.3.1 节定义的评估函数判断每个结点的重要性。在该算法运行的初始时刻,OPEN 表中只有初始结点,因此我们扩展它,得到图 3-6 中的第二层结点,将这些结点全部放入 OPEN 表。在第二次迭代过程中,A 算法选择 OPEN 表中具有最小 f 值为 $1+3=4$ 的结点扩展,得到第三层的三个结点,并将它们放入 OPEN 表。在第三次迭代中,A 算法选择 OPEN 表中 f 值为 $2+3=5$ 的结点进行扩展。在第四次迭代中,A 算法选择 OPEN 表中 f 值为 $2+3=5$ 的另一个结点进行扩展。在第五次迭代中,A 算法选择 OPEN 表中 f 值为 $3+2=5$ 的结点进行扩展。在第六次迭代中,A 算法选择 OPEN 表中 f 值为 4+1=5 的结点进行扩展。在第七次迭代中,A 算法选择 OPEN 表中 f 值为 5+0=5 的结点进行扩展。通过此例可以发现,A 算法相对于宽度优先搜索和深度优先搜索都具有优势。

但是,由于对启发函数 h 没有任何限制,A 算法不能保证找到最优解。经研究发现,A 算法在如下三个条件均成立时,能够保证得到最优解。

(1) 启发函数 h 对任一结点 n 都满足 $h(n)$ 不大于 n 到目标的最优代价。

(2) 搜索空间中的每个结点都具有有限个后继。

(3) 搜索空间中的每个有向边的代价均为正值。

为了表明此类 A 算法的重要性,将此类 A 算法称为 A* 算法;称上述三个条件为 A* 算法的运行条件。

对 h 的限制可以更正式地表述如下。令 h^* 是能计算出任意结点 n 到目标的最优代价的函数,称之为"完美启发函数"。如果 $n(h(n) \leqslant h^*(n))$,则称 h 为可采纳的启发函数,或者称 h 是可采纳的,简称为可纳的。此外,也引入函数 g^*,它能计算从开始结点到任意结点的最优代价。定义评估函数 f^*: $f^*(n)=g^*(n)+h^*(n)$。这样,$f^*(n)$ 就是从起始结点出发经过结点 n 到达目标结点的最佳路径的总代价。

把估价函数 $f(n)$ 和 $f^*(n)$ 相比较,$g(n)$ 是对 $g^*(n)$ 的估价,$h(n)$ 是对 $h^*(n)$ 的估价。在这两个估价中,尽管 $g(n)$ 容易计算,但它不一定就是从起始结点 S_0 到结点 n 的真正的最短路径的代价,很可能从初始结点 S_0 到结点 n 的真正最短路径还没有找到,所以一般都有 $g(n) \geqslant g^*(n)$。但应注意,A 算法的步骤(3) 和(4)保证了如果发现 n 的更好的 $g(n)$ 值,则以此值作为 n 的最新的 $g(n)$,并相应地修改 n 的父指针,步骤(4)还在 n 已被扩展的情况下将 n 移回 OPEN 表,使得 n 会被再次扩展。

在如图 3-6 所示的九宫图问题中,尽管并不知道 $h^*(n)$ 具体为多少,但在定义 $h(n)=w(n)$ 时,保证了 h 的可采纳性。这是因为 $w(n)$ 统计的是"不在目标状态中相应位置的数码个数",这相当于假定把不在目标位置的一个数码移到它的目标位置仅需要一步,而实际情况下把一个数码移到目标位置应该需要一步以上。所以,$w(n)$ 必然不大于 $h^*(n)$。应当指出,同一问题启发函数 $h(n)$ 可以有多种设计方法。在九宫图问题中,还可以定义启发函数 $h(n)=p(n)$,其中,$p(n)$ 为结点 n 的每一数码与其目标位置之间的欧几里得距离总和。显然有 $p(n) \leqslant h^*(n)$,相应的搜索过程也是 A 算法。然而,$p(n)$ 比 $w(n)$ 有更强的启发性信息,因为由 $h(n)=p(n)$ 构造的启发式搜索树,比由 $h(n)=w(n)$ 构造的启发式搜索树结点数要少。这一结论在后面关于 A 算法特性的讨论中说明。

现在给出一些关于算法性质的定义,为了叙述方便,将一个算法记作 M。

完备性:如果存在解,则 M 一定能找到该解并停止,则称 M 是完备的。

可纳性:如果存在解,则 M 一定能找到最优的解,则称 M 是可纳的。

优越性:一个算法 M_1 称为优越于另一个算法 M_2,指的是如果一个结点由 M_1 扩展,则它也会被 M_2 扩展,即 M_1 扩展的结点集是 M_2 扩展的结点集的子集。

最优性:在一组算法中,一个算法 M 称为最优的,如果 M 比其他算法都优越。

下面的定理 3.1 说明了 A* 算法的完备性和可纳性。为了证明该定理,首先介绍引理 3.1。

引理 3.1　在 A* 算法停止之前的每次结点扩展前,在 OPEN 表上总是存在具有如下性质的结点 n^*。

(1) n^* 位于一条解路径上。

(2) A* 算法已得出从初始结点 S_0 到 n^* 的最优路径。

(3) $f(n^*) \leqslant f^*(S_0)$。

引理 3.1
证明

证明：扫二维码。

定理 3.1 若 A* 算法的运行条件成立,并且搜索空间中存在从初始结点 S_0 到目标结点的代价有穷的路径,则 A* 算法保证停止并得出 S_0 到目标结点的最优代价路径。

从以上分析可见,启发函数 h 的性质影响 A* 算法的可纳性。实际上,h 还影响 A* 算法的结点扩展数目和实现细节。对于两个可纳的启发函数 h_1 和 h_2,如果任一结点 n 都满足 $h_1(n) \leqslant h_2(n)$,则称 h_2 的信息量大于 h_1。当 A* 算法使用信息量大的启发函数时,其扩展的结点数目要少,表现出"优越性"。另外,如果启发函数具有"单调性",则 A* 算法不必在重复访问一个结点时修改该结点的父指针。

在 A* 算法中计算时间不是主要的限制。由于 A* 算法把所有生成的结点保存在内存中,所以 A* 算法在耗尽计算时间之前一般早已经把存储空间耗尽了。因此,目前开发了一些新的算法,它们的目的是克服空间问题,但一般不满足最优性或完备性,如迭代加深 A* 算法(IDA*)、简化内存受限 A* 算法(SMA*)等。下面简单介绍 IDA* 算法。

3.3.4 迭代加深 A* 算法

前面已经讨论了迭代加深搜索算法,它以深度优先的方式在有限制的深度内搜索目标结点。该算法在每个深度上都检查目标结点是否出现,如果出现,则停止;否则深度加 1 继续搜索。而 A* 算法是选择具有最小估价函数值的结点扩展。下面给出的迭代加深 A* 搜索算法(IDA*)是上述两种算法的结合。这里启发式函数用作深度的限制,而不是选择扩展结点的排序。IDA* 算法如下。

```
Procedure IDA*
Begin
    初始化当前的深度限制 c=1;
    把初始结点压入栈;并假定 c'=∞;
    While 栈不空 Do
    Begin
        弹出栈顶元素 n
        If  n=goal, Then 结束,返回 n 以及从初始结点到 n 的路径
        Else
        Begin
            For n 的每个子结点 n' Do
            Begin
                If f(n') ≤ c,Then 把 n' 压入栈
                Else c'=min(c', f(n'))
            End
        End
    End
    If 栈为空并且 c'=∞,Then 停止并退出;
    If 栈为空并且 c'≠∞,Then c=c',并返回 2
End
```

上述算法涉及两个深度限制。如果栈中所含结点的所有子结点的 f 值都小于限制值 c,则把这些子结点压入栈中,以满足迭代加深算法的深度优先准则。然而,如果不是这样,即结点 n 的一个或多个子结点 n' 的 f 值大于限制值 c,则结点 n 的 c' 值设置为 $=\min(c', f(n'))$。该算法停止的条件为:①找到目标结点(成功结束);②栈为空并且限制值 $c'=\infty$。

IDA* 算法和 A* 算法相比,主要优点是对于内存的需求。A* 算法需要指数级数量的存储空间,因为没有限制搜索深度。而 IDA* 算法只有当结点 n 的所有子结点 n' 的 $f(n')$ 小于限制

值 c 时才扩展它,这样就可以节省大量的内存。另一个问题是,当启发式函数是最优的时候, IDA* 算法和 A* 算法扩展相同的结点,并且可以找到最优路径。

3.4 AND-OR 图启发式搜索

启发式搜索可以应用的第二个问题是 AND-OR 图的反向推理问题。AND-OR 图的反向推理过程可以表示一个问题归约过程。问题规约的基本思想是:在问题求解过程中,将一个大的问题变换成若干子问题,再将这些子问题分解成更小的子问题,这样继续分解,直到所有的子问题都能被直接求解为止。问题规约方法之所以可行,是因为我们根据全部子问题的解就能构造出原问题的解。一般地,待求解的问题称为初始问题,能直接求解的问题称为本原问题。

3.4.1 问题归纳的定义

首先以一个自动推理的例子介绍基于问题归约思想求解问题的过程。

例 3.1 给定如下一组命题公式,给出证明命题 r 成立的证明序列。

$$\{p, t, p \land t \rightarrow q, p \rightarrow m, s \rightarrow q, q \rightarrow r\}$$

在此例中,反向思考的过程就是问题归约的思想(证明过程扫二维码)。例如,将"证明 r 成立"的问题通过蕴涵式 $q \rightarrow r$ 转换为"证明 q 成立"的问题;将"证明 q 成立"的问题通过 $p \land t \rightarrow q$ 转换为"证明 p 成立"与"证明 t 成立"两个问题;"证明 p 成立"的问题由于 p 在命题集合中存在而能被立即解决;同理,"证明 t 成立"的问题也能被立即解决。当然,我们在思考过程中也曾尝试过将"证明 q 成立"的问题通过 $s \rightarrow q$ 转换为"证明 s 成立"的问题,在发现"证明 s 成立"的问题无法解决后而终止这个方向的尝试。

正向思考和反向思考在效率上存在差别,但取决于具体的问题,没有绝对的优劣之分。例如,对于给定 $\{p, p \rightarrow q, p \rightarrow r, p \rightarrow s\}$,要证明 s 成立,则应用反向思考的效率高;对于给定 $\{p, t \rightarrow s, r \rightarrow s, p \rightarrow s\}$,要证明 s 成立,则应用正向思考的效率高。

下面介绍基于问题归约思想求解问题的基本概念和方法。从问题归约的角度,一个问题表示为三元组 (S_0, O, P),其中:

S_0 是初始问题,即要求解的问题。

P 是本原问题集,其中的每一个问题是不用证明的,自然成立的,如公理、已知事实等,或已证明过的问题。

O 是操作算子集,它是一组变换规则,通过一个操作算子把一个问题转换成若干子问题。

这样,基于问题归约的求解方法就是由初始问题出发,运用操作算子生成一些子问题,对子问题再运用操作算子生成子问题的子问题,如此进行到产生的问题均为本原问题为止,则初始问题得解。

3.4.2 问题的 AND-OR 图表示

我们用一种图表示问题归约为子问题的所有可能过程。例如,例 3.1 的问题被表示为图 3-7,其中,方块结点表示问题,结点之间的有向边表示源结点对应的问题可分解为目标结点对应的问题。例如,有向弧 $<r, q>$ 表示 r 对应的问题可以分解为 q 对应的问题。在图 3-7 中,特殊的是结点 q,另一个特殊的是从 q 指向 p 和 t 的有向边。q 指向 p 和 t 的两条有向边被一个圆弧连接,用于表示 q 被分解(归约)为 p 与 t:只有当 p 和 t 对应的

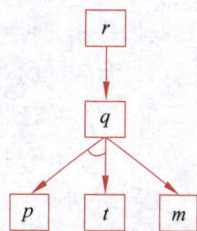

图 3-7 问题归约的图形化表示

问题都被解决时,q 才能被解决。把圆弧连接的有向边看作一个整体,把有向边 $<q,m>$ 看作另一个整体,这两个整体表示可以将 q 按照前一个整体进行分解,或者,将 q 按照后一个整体进行分解。

将图 3-7 抽象为一种称为超图的结构,用二元组 (N,H) 表示:其中,N 为结点的有穷集合;H 为"超边"的集合;一个超边表示为 $<s,D>$,其中,$s \in N$,称 s 为该超边的源结点,$D \in N$,称 D 为该超边的目的结点集。超边也称为"k 连接符",其中,$k=|D|$。

例如,图 3-7 的超图表示为 (N_1,H_1),$N_1=\{r,q,p,t,m\}$,$H_1=\{<r,\{q\}>,<q,\{p,t\}>,<q,\{m\}>\}$,其中,超边 $<r,\{q\}>$ 称作"1 连接符",超边 $<q,\{p,t\}>$ 称作"2 连接符"。可以看出,普通的图可以用超图的数学形式表示,因此,普通图是超图的特例。

从问题归约的角度看,一个问题可以用超图表示其中所有的问题、问题的分解方法。此外,为了表示本原问题集合、初始问题,需要再增加两个元组。我们称此类图为**与或图(AND-OR图)**,它的四元组表示为 (N,n_0,H,T),其中:

N 是结点集合,其中每个结点都对应一个唯一的问题。

$n_0 \in N$,对应初始问题。

H 是超边的集合,其中每个超边 $<s,D>$ 都表示结点 s 对应的问题的一个可行的分解方法。若 $|D|=1$,则该超边称为"或弧",同时称 D 中的结点为 s 的"或子结点"(OR-node),也称它为 s 的"或后继"(OR-descendents);若 $|D|>1$,则该超边称为"与弧",同时称 D 中的结点为 s 的"与子结点"(AND-node),也称它们为 s 的"与后继"(AND-descendents)。

T 是 N 的子集,其中每个结点对应的问题都为本原问题,T 中的结点也称为叶结点。

与或图 (N,n_0,H,T) 的每个以 n_0 为根结点的子图都可以表示一种对原始问题逐步分解的

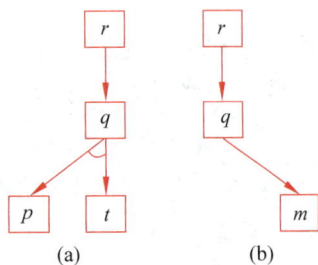

图 3-8 与或图的子图

过程。例如,图 3-8(a)和图 3-8(b)分别是图 3-7 的两个不同的子图,其中,图 3-8(a)表示的分解过程能够解决原始问题,我们称这样的图为与或图(见图 3-7)的解图,而图 3-8(b)表示的分解过程不能解决原始问题。如果能设计一种算法,它能从一个与或图中找出性质如图 3-8(a)的解图,则该算法就为我们找到了解决原始问题的一个分解过程。下面首先提供一些概念,用于区分这两种子图,然后讨论用于搜索解图的算法。

下面首先给出"可解结点"和"不可解结点"的概念,然后定义解图。假定 AND-OR 图的子图中的每个结点至多有一个"k 连接符",其中的一个"可解结点"递归地定义如下。

(1) 叶结点是可解结点。

(2) 一个结点是可解的,当且仅当以它为源结点的某一条"k 连接符"可解。

(3) 一个 k 连接符可解,当且仅当该连接符的每个目的结点都可解。

我们将不是叶结点的结点简称为"非叶结点",并递归定义不可解结点如下。

(1) 无后继的非叶结点是不可解的。

(2) 一个结点是不可解的,当且仅当以它为源结点的所有"k 连接符"都不可解。

(3) 一个 k 连接符是不可解的,当且仅当该连接符存在一个不可解的目的结点。

能导致初始结点可解的那些可解结点及相关的超边组成的子图称为该 AND-OR 图的解图。

对应一个归约问题的 AND-OR 图可能有多个解图,那么,其中哪个解图更优?为了评价解图的优劣,我们根据归约问题为每个本原问题赋予相应的权重,为每个操作算子赋予相应的权重,由这些权重表示相应的费用。操作算子的权重一般用于表达根据子结点的解构造出父结点

的解的费用。父结点的费用定义为相应的操作算子的费用与子结点费用之和。一个解图的费用定义为该图中初始结点的费用。基于以上概念,计算一个归约问题的最优解的问题对应计算该问题的 AND-OR 图的一个费用最小的解图的问题。通常称具有最小费用的解图为最优解图。由于 AND-OR 图的规模巨大,所以仍然采用一边扩展 AND-OR 图,一边进行搜索的方法。为了将搜索过程引向能发现最优解图的超边,一般使用可纳的启发函数估算每个结点的真实费用,搜索方向总是偏向于启发函数值较低的结点。

假设任一结点 n 到目标集 S_g 的费用估计为 $h(n)$。结点 n 的费用按下面的方法计算。

(1) 如果 $n \in S_g$,则 $h(n)=0$,否则 $h(n)$ 为以 n 为源结点的 k 连接符的费用的最小值。

(2) 一个 k 连接符 $<n,\{n_1,n_2,\cdots,n_m\}>$ 的费用为 $h(n)=m+h(n_1)+h(n_2)+\cdots+h(n_m)$。

3.4.3　AO* 算法

为了在 AND-OR 图中找到最优解图,需要一个类似 A* 的算法,Nilsson 因而提出了称为 AO* 的算法,它和 A* 算法是不同的,其主要区别如下。

区别 1: AO* 算法能考虑"与弧"的费用,而 A* 算法不能。

为弄清为什么 A* 算法不足以搜索 AND-OR 图,可以考察如图 3-9(a)所示的 AND-OR 图。扩展顶点 A 产生两个子结点集合,一个为结点 B,另一个由结点 C、D 组成。在每个结点旁边的数表示该结点 f 值。为简单起见,假定对应 k 连接符的操作算子的费用为 k。若采用 A* 算法考察结点并从中挑选一个带最低 f 值的结点扩展,则要挑选 C。但根据现有信息,最好搜索穿过 B 的那条路径,因扩展 C 也得扩展 D,其总耗费为 9,即($D+C+2$);而穿过 B 的耗费为 6。问题在于下一步要扩展结点的选择不仅依赖该结点的 f 值,而且取决于该结点是否属于从初始结点出发的当前最短路径的一部分。对此,如图 3-9(b)所示的 AND-OR 图更加清楚。按 A* 算法,最有希望的结点是 G,其 f 值为 3。G 结点是 C 的后继,C 也是 B、C、D 中最有希望的结点,其总耗费为 9。但 C 不是当前最优路径的一部分,因用 C 需用 D,而 D 的耗费为 27。因此不应扩展 G,而应考虑 E 和 F。

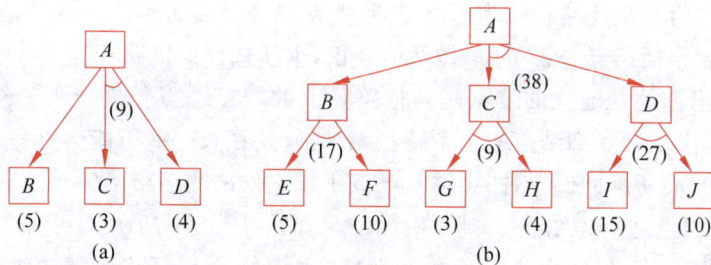

图 3-9　AND-OR 图

由此可见,为了保证搜索到一个最优解图,在搜索 AND-OR 图时,每步需做以下三件事。

(1) 遍历图,从初始结点开始,顺沿当前最优路径,记录在此路径上未扩展的结点集。

(2) 从这些未扩展结点中选择一个进行扩展。将其后继结点加入图中,计算每一后继结点的 f 值(只需计算 h,不计算 g)。

(3) 改变最新扩展结点的 f 估值,以反映由其后继结点提供的新信息。将这种改变往上回传至整个图。在往后回传时,每到一个结点就判断其后继路径中哪一条最有希望,并将它标记为目前最优路径的一部分,这样可能引起目前最短路径的变动。这种图的往上回传以修正费用估计的工作在 A* 算法中是不必要的,因为 A* 只需考察未扩展结点,但现在必须考察已扩展结点,以便挑选目前的最优路径。

下面通过如图 3-10 所示的搜索过程说明 AO* 算法的基本思想。

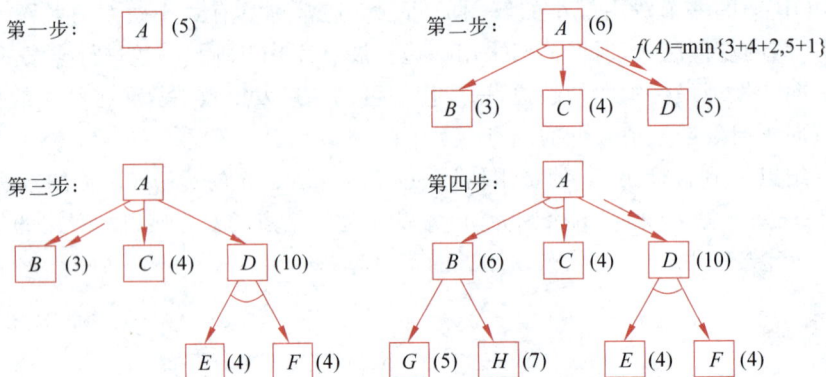

图 3-10　一个 AND-OR 图的搜索过程

第一步：A 是唯一结点，因此它在目前最优路径的末端。

第二步：扩展 A 后得结点 B、C 和 D，因为 B 和 C 的费用为 9，得出 A 的费用为 6，所以把到 D 的路径标记为出自 A 的最有希望的路径（被标记的路径在图中用箭头指出）。

第三步：沿着最有希望的路径扩展 D，得到 E 和 F 的弧，得出 D 的费用估计为 10，故将 D 的 f 值修改为 10。往上退一层发现，A 到结点集 $\{B,C\}$ 的耗费为 9，所以，从 A 到 $\{B,C\}$ 是当前最有希望的路径，因此，撤销对 $<A,\{D\}>$ 的标记，而是对 $<A,\{B,C\}>$ 进行标记。

第四步：扩展结点 B，得结点 G、H，且它们的费用分别为 5、7。往上传其 f 值后，B 的 f 值改为 6（因为 G 的弧最佳）。往上一层继续回传，A 到与结点集 $\{B,C\}$ 的费用更新为 12，即 $(6+4+2)$。因此，D 的路径再次成为更好的路径，所以取消 $<A,\{B,C\}>$ 的标记，再次标记 $<A,\{D\}>$。

最后求得 A 的费用为 $f(A)=\min\{12,4+4+2+1\}=11$。

从以上分析可以看出，AND-OR 图的搜索算法由两个过程组成。

（1）自顶向下，沿着最优路径产生后继结点，判断结点是否可解。

（2）自底向上，传播结点是否可解，做估值修正，重新选择最优路径。

区别 2：如果有些路径通往的结点是其他路径上的"与"结点扩展出来的结点，那么不能像"或"结点那样只考虑从结点到结点的个别路径，有时候路径长一些可能会更好。

考虑如图 3-11(a) 所示的例子，图中结点已按生成它们的顺序给了序号。现假定下一步要扩展结点 10，其后继结点之一为结点 5，扩展后的结果如图 3-11(b) 所示。到结点 5 的新路径比通过 3 到 5 的先前路径长。但因为若要经由结点 3 而通向结点 5，还必须解决结点 4，而结点 4 是不可解结点，所以经由结点 10 而通向结点 5 的路径更好。

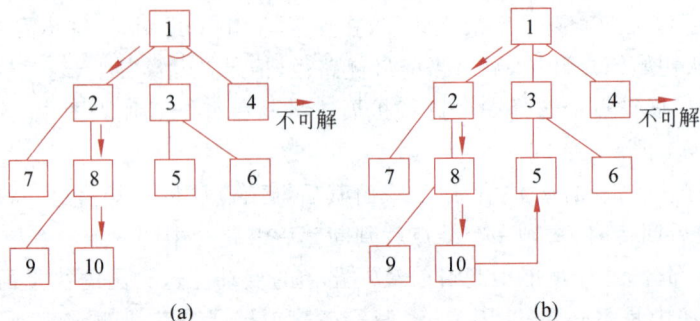

(a)　　　　　　　　　　　　　(b)

图 3-11　长路径和短路径

AO* 算法仅能求解不含回路的与或图。做这种限制是因为可解的归约问题不应存在回路。回路代表了一条循环推理链。例如,在证明数学定理时会出现如图 3-12 所示的问题,即能证 Y 就能证 X;同时,能证 X 就能证 Y。而基于这样的回路无法构造出 X 或者 Y 的证明。因此,AO* 算法检测并忽略回路,具体的做法为:当生成结点 A 的一个后继结点 B 并发现 B 已在图中时,就检查 B 是不是 A 的祖先;仅当 B 不是 A 的祖先时,才把最近发现的到 B 的路径加到图中。

图 3-12 循环推理

首先介绍 AO* 算法的主要思想。在 A* 算法中用了两张表:OPEN 表和 CLOSED 表。AO* 算法只用一个结构 G,它表达了至今已明显生成的部分搜索图。图中,每一结点向下指向其直接后继结点,向上指向其直接前趋结点。同图中每一结点有关的还有 h 值,它估计了从该结点至一组可解结点那条路径的费用。AO* 算法还使用一个称为 FUTILITY 的值。若任一解的估计费用大于 FUTILITY 的解,则放弃搜索该路径。FUTILITY 相当于一个阈值,它的选择应使得大于费用 FUTILITY 的任一解即使存在,也因为代价大而无法使用。

AO* 算法(扫二维码)主要由两个循环组成。外循环包括(a)和(b),自顶向下进行图的扩展。它根据标记得到最佳的局部解图,挑选一个非叶结点进行扩展,对它的后继结点计算 h 值并进行标记更新。内循环是自底向上的操作(c)和(d),主要进行修改费用值、标记连接符、标记 SOLVED 操作。它修改被扩展结点的费用值,对以该结点为源结点的连接符进行标记,并修改该结点祖先结点的费用值。(d)中的(i)考察的结点 c 在 G 中的子孙都不在 C 中,以保证修改过程是自底向上的。

下面根据图 3-13 说明 AO* 算法。开始的情况下,在算法的步骤(c)处可知:$C=\{A\}$,在步骤(d)的(i)步可知:$c=A$。由于有 A 到 $\{B,C\}$ 的 k 连接符,根据该连接符知 c 的费用为 $2+h(B)+h(C)=9$;另外有 A 到 $\{D\}$ 的 k 连接符,根据该连接符知 c 的费用为 $1+h(D)=6$,所以 A 的较好费用为 6,我们将 $<A,\{D\}>$ 做上标记。这样,在下一次循环的步骤(a)处,可得 $n=D$,扩展 D 后得 Suc$=\{E,F\}$,执行之后的步骤得到 D 的新费用为 10,向上回传,由于连接符 $<A,\{D\}>$ 的新费用大于连接符 $<A,\{B,C\}>$ 的费用,所以 A 的费用更新为连接符 $<A,\{B,C\}>$ 的费用(即 9),此外,撤销对 $<A,\{D\}>$ 的标记,同时对 $<A,\{B,C\}>$ 进行标记。

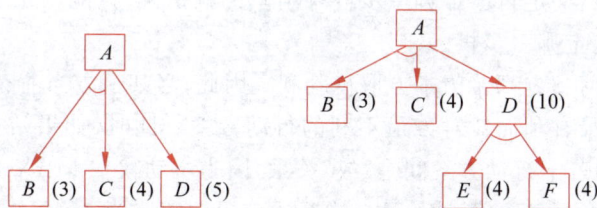

图 3-13 AO* 算法耗散值估计的向上传递

3.5 博弈搜索

博弈一向被认为是富有挑战性的智力活动,如下棋、打牌、作战、游戏等。这里讲的博弈是二人博弈、二人零和、全信息、非偶然博弈,博弈双方的利益是完全对立的。

(1) 对垒的双方 MAX 和 MIN 轮流采取行动,博弈的结果只能有三种情况:MAX 胜、MIN 败;MAX 败,MIN 胜;和局。如果记"胜利"为 +1 分,"失败"为 -1 分,"平局"为 0 分,则双方在博弈结束时的总分总是为"零",称此类博弈为"零和"。

(2) "全信息"是指:在对弈过程中,任何一方都了解当前的格局和过去的历史。

（3）"非偶然"是指：任何一方都根据当前的实际情况采取行动,选择对自己最有利而对对方最不利的对策,不存在"碰运气"(如掷骰子)的偶然因素。

具有以上特点的博弈游戏有一字棋、象棋、围棋等。

先来看一个例子,假设有 7 枚钱币,任一选手只能将已分好的一堆钱币分成两堆个数不等的钱币,两位选手轮流进行,直到每一堆都只有一个或两个钱币不能再分为止,哪个选手遇到不能再分的情况则为输。

用数字序列加上一个说明表示一个状态,其中数字表示不同堆中钱币的个数,说明表示下一步由谁分,如(7,MIN)表示只有一个由 7 枚钱币组成的堆,由 MIN 分,MIN 有三种可供选择的分法,即(6,1,MAX),(5,2,MAX),(4,3,MAX),其中,MAX 表示另一选手,无论哪一种方法,MAX 在它的基础上再做符合要求的划分,整个过程如图 3-14 所示。图中已将双方可能的方案完全表示出来了,而且从中可以看出,无论 MIN 开始时怎么走,MAX 总可以获胜,取胜的策略用粗箭头表示。

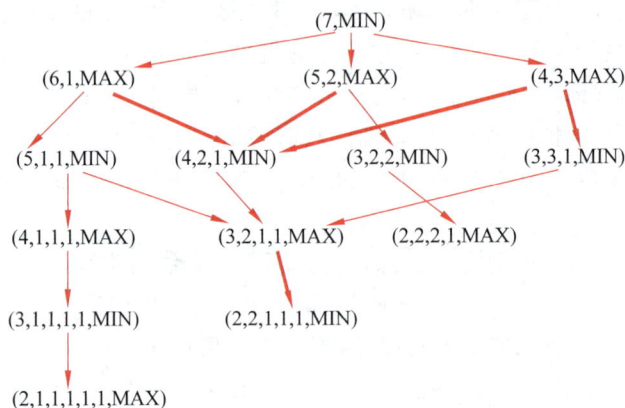

图 3-14　分钱币的博弈

实际的情况没有这么简单,对任何一种棋,都不可能枚举出所有情况,因此,只能模拟人"向前看几步",然后做决策,决定自己走哪一步最有利。也就是说,只能分析出几层的走法,然后按照一定的估算方法决定走哪一步棋。

在博弈过程中,任何一方都希望本方取得胜利。因此,当某一方当前有多个行动方案可选择时,他总是挑选对自己最有利而对对方最不利的行动方案。此时,如果站在 MAX 方的立场上,则可供 MAX 方选择的若干行动方案间是"或"关系,因为主动权在 MAX 方手里,他或选择这个行动方案,或选择另一个行动方案,完全由 MAX 方自己决定。当 MAX 方选取任一方案走了一步后,MIN 方也有若干可供选择的行动方案,此时这些行动方案对 MAX 方来说它们之间是"与"关系,因为这时主动权在 MIN 方手里,这些可供选择的行动方案中的任何一个都可能被 MIN 方选中,MAX 方必须应付所有可能发生的情况。

这样,如果站在某一方(如 MAX 方,即 MAX 要取胜),把上述博弈过程用图表示出来,则得到的是一棵"与或树"。描述博弈过程的与或树称为博弈树,它具有如下特点。

（1）博弈的初始格局是初始结点。

（2）在博弈树中,"或"结点和"与"结点是逐层交替出现的。自己一方扩展的结点之间是"或"关系,对方扩展的结点之间是"与"关系。双方轮流扩展结点。

（3）所有自己一方获胜的终局都是本原问题,相应的结点是可解结点;所有使对方获胜的终局都被认为是不可解结点。

在人工智能中可以采用搜索方法求解博弈问题。下面讨论博弈中两种最基本的搜索方法。

3.5.1　极大极小过程

在二人博弈问题中,为了从众多可供选择的行动方案中选出一个对自己最有利的行动方案,需要对当前的情况以及将要发生的情况进行分析,通过某搜索算法从中选出最优的走步。在博弈问题中,每一个格局可供选择的行动方案都有很多,因此会生成十分庞大的博弈树,如果试图通过直到终局的与或树搜索而得到最好的一步棋是不可能的,如曾有人估计,西洋跳棋完整的博弈树约有 10^{40} 个结点。

最常使用的分析方法是极小极大分析法。其基本思想或算法如下。

(1) 设博弈的双方中一方为 MAX,另一方为 MIN。然后设计算法为其中的一方(如 MAX)寻找一个最优行动方案。

(2) 为了找到当前的最优行动方案,需要对各个可能的方案所产生的后果进行比较,具体地说,就是要考虑每一方案实施后对方可能采取的所有行动,并计算可能的得分。

(3) 为计算得分,需要根据问题的特性信息定义一个估价函数,用来估算当前博弈树端结点的得分,此时估算出的得分称为静态估值。

(4) 当末端结点的估值计算出来后,再推算出父结点的得分,推算的方法是:对"或"结点,选其子结点中一个最大的得分作为父结点的得分,这是为了使自己在可供选择的方案中选一个对自己最有利的方案;对"与"结点,选其子结点中一个最小的得分作为父结点的得分,这是为了立足于最坏的情况。这样计算出的父结点的得分称为倒推值。

(5) 如果一个行动方案能获得较大的倒推值,则它就是当前最好的行动方案。

在博弈问题中,每一个格局可供选择的行动方案都有很多,因此会生成十分庞大的博弈树。试图利用完整的博弈树进行极小极大分析是困难的。可行的办法是只生成一定深度的博弈树,然后进行极小极大分析,找出当前最好的行动方案。在此之后,再在已选定的分支上扩展一定深度,再选最好的行动方案。如此进行下去,直到取得胜败的结果为止,至于每次生成博弈树的深度,当然是越大越好,但由于受到计算机存储空间的限制,只好根据实际情况而定。

如图 3-15 所示是向前看两步,共 4 层博弈树,用 □ 表示 MAX,用 ○ 表示 MIN,端结点上的数字表示它对应的估价函数的值。在 MIN 处用圆弧连接,用 0 表示其子结点取估值最小的格局。

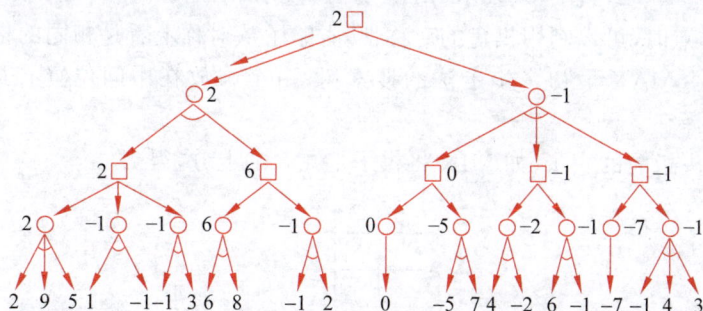

图 3-15　4 层博弈树

在图 3-15 中,结点处的数字在端结点是估价函数的值,通常称它为静态值,在 MIN 处取最小值,在 MAX 处取最大值,最后 MAX 选择箭头方向的走步。

下面利用一字棋具体说明一下极大极小过程,不失一般性,设只进行两层,即每方只走一步(实际上,多看一步将增加大量的计算和存储),如图 3-16 所示。

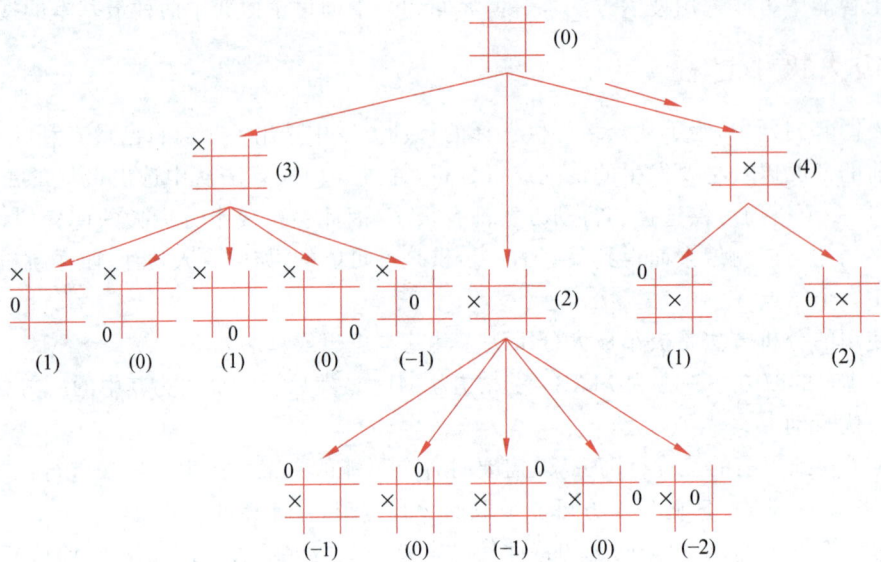

图 3-16　一字棋博弈的极大极小过程

估价函数 $e(p)$ 规定如下。

(1) 若格局 p 对任何一方都不是获胜的,则

$e(p)$＝(所有空格都放上 MAX 的棋子之后三子成一线的总数)－

(所有空格都放上 MIN 的棋子后三子成一线的总数)

(2) 若 p 是 MAX 获胜,则 $e(p)$＝$+\infty$。

(3) 若 p 是 MIN 获胜,则 $e(p)$＝$-\infty$。

因此,若 p 为

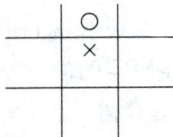

就有 $e(p)$＝$6-4=2$,其中,×表示 MAX 方,○表示 MIN 方。

在生成后继结点时,可以利用棋盘的对称性,省略了从对称上看是相同的格局。

图 3-16 给出了 MAX 最初一步走法的搜索树,由于×放在中间位置有最大的倒推值,故 MAX 第一步就选择它。

MAX 走了箭头指向的一步,如 MIN 将棋子走在×的上方,得到

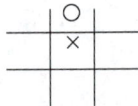

下面 MAX 就从这个格局出发选择一步,做法与图 3-11 类似,直到某方取胜为止。

3.5.2　α-β 过程

上面讨论的极大极小过程先生成一棵博弈搜索树,而且会生成规定深度内的所有结点,然后再进行估值的倒推计算,这样使得生成博弈树和估计值的倒推计算两个过程完全分离,因此搜索效率较低。如果能边生成博弈树,边进行估值的计算,则可不必生成规定深度内的所有结点,以

减少搜索的次数,这就是下面要讨论的 α-β 过程。

α-β 过程就是把生成后继和倒推值估计结合起来,及时剪掉一些无用分支(即避免生成无用分支),以此提高算法的效率。下面仍然用一字棋进行说明。现将图 3-16 左边所示的一部分重画在图 3-17 中。

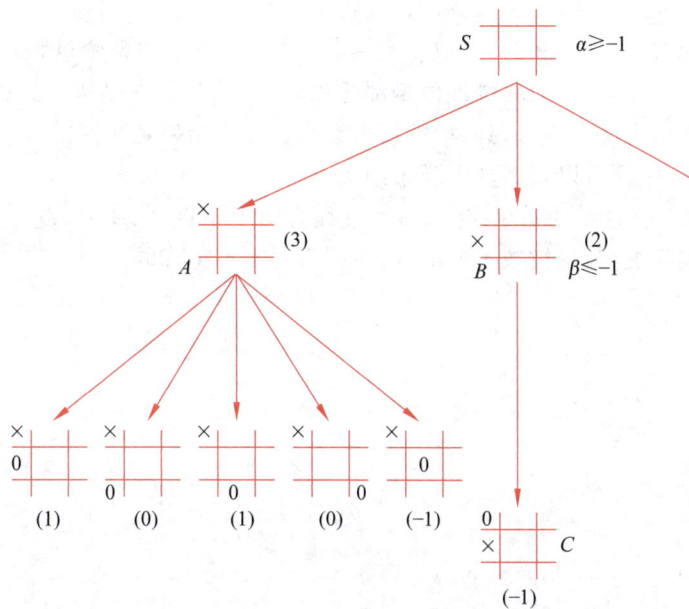

图 3-17　一字棋博弈的 α-β 过程

前面的过程实际上类似宽度优先搜索,将每层格局均生成,现在用深度优先搜索处理,如在结点 A 处,若已生成 5 个子结点,并且 A 处的倒推值等于 -1,我们将此下界叫作 MAX 结点的 α 值,即 $\alpha \geqslant -1$。现在轮到结点 B,产生它的第一后继结点 C,C 的静态值为 -1,可知 B 处的倒推值 $\leqslant -1$,此为 MIN 结点 β 值的上界,即 B 处 $\beta \leqslant -1$,这样 B 结点最终的倒推值可能小于 -1,但绝不可能大于 -1,因此,B 结点的其他后继结点的静态值不必计算,自然不必再生成,反正 B 绝不会比 A 好,所以通过倒推值的比较,就可以减少搜索的工作量,在图 3-17 中作为 MIN 结点 B 的 β 值小于或等于 B 的前驱 MAX 结点 S 的 α 值,从而 B 的其他后继结点可以不必再生成。

图 3-17 展示了 β 值小于或等于父结点的 α 值时的情况。实际上,当某个 MIN 结点的 β 值不大于它的先辈的 MAX 结点(不一定是父结点)的 α 值时,MIN 结点就可以停止向下搜索。

同样,当某个结点的 α 值大于或等于它的先辈 MIN 结点的 β 值时,该 MAX 结点就可以停止向下搜索。

通过上面的讨论可以看出,α-β 过程首先使搜索树的某一部分达到最大深度,这时计算出某些 MAX 结点的 α 值,或者是某些 MIN 结点的 β 值。随着搜索的继续,不断修改祖先结点的 α 或 β 值。对任一结点,当其某一后继结点的最终值给定时,就可以确定该结点的 α 或 β 值。当该结点的其他后继结点的最终值给定时,就可以对该结点的 α 或 β 值进行修正。

注意 α、β 值修改有如下规律:①MAX 结点的 α 值永不下降;②MIN 结点的 β 值永不增加。

因此,可以利用上述规律进行剪枝,一般可以停止对某个结点搜索,即剪枝的规则表述如下。

(1) 若任何 MIN 结点的 β 值小于或等于任何它的先辈 MAX 结点的 α 值,则可停止该 MIN 结点之下的搜索,这个 MIN 结点的最终倒推值即为它已得到的 β 值。该值与真正的极大极小值的搜索结果的倒推值可能不相同,但是对开始结点而言,倒推值是相同的,使用它选择的走步也是相同的。

(2) 若任何 MAX 结点的 α 值大于或等于它的 MIN 先辈结点的 β 值,则可以停止该 MAX 结点之下的搜索,这个 MAX 结点处的倒推值即为它已得到的 α 值。

当满足规则(1)而减少了搜索时,我们说进行了 α 剪枝;当满足规则(2)而减少了搜索时,我们说进行了 β 剪枝。保存 α 和 β 值,并且一旦可能,就进行剪枝的整个过程通常称为 α-β 过程,当初始结点的全体后继结点的最终倒推值全部给出时,上述过程便结束。在搜索深度相同的条件下,采用这个过程获得的走步总与简单的极大极小过程的结果是相同的,区别只在于 α-β 过程通常只用少得多的搜索便可以找到一个理想的走步。

图 3-18 展示了 α-β 过程的一个应用。α-β 过程为图中结点 A、B、C、D 进行了剪枝(剪枝处用双横线标出)。实际上,凡是被减去的部分,在搜索时是不生成的。

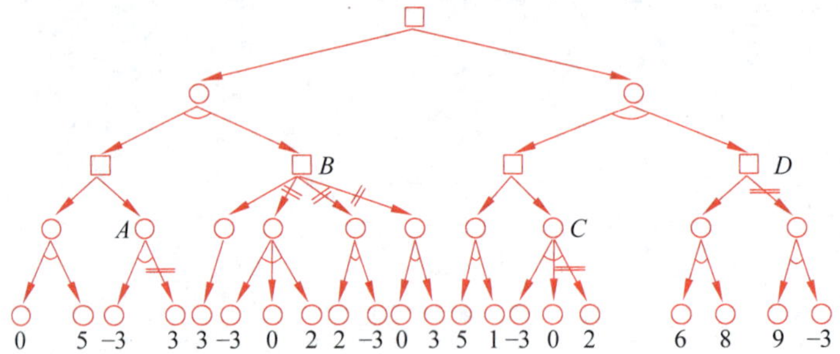

图 3-18　α-β 修剪

α-β 过程的搜索效率与最先生成的结点的 α、β 值和最终倒推值之间的近似程度有关。初始结点最终倒推值将等于某个叶结点的静态估值。如果在深度优先的搜索过程中,第一次就碰到了这个结点,则剪枝数量大,搜索效率最高。

假设一棵树的深度为 d,且每个非叶结点的分支系数为 b。对于最佳情况,即 MIN 结点先扩展出最小估值的后继结点,MAX 结点先扩展出最大估值的后继结点。这种情况可使得修剪的枝数最大。设叶结点的最少个数为 N_d,则:

$$N_d=\begin{cases}2b^{d/2}-1, & d \text{ 为偶数} \\ b^{(d+1)/2}+b^{(d-1)/2}-1, & d \text{ 为奇数}\end{cases}$$

这说明,在最佳情况下,α-β 搜索生成深度为 d 的叶结点数目大约相当于极大极小过程所生成的深度为 $d/2$ 的博弈树的结点数。也就是说,为了得到最佳的走步,α-β 过程只需要检测 $O(b^{d/2})$ 结点,而不是极大极小过程的 $O(b^d)$。这样有效的分支系数是 $\sqrt{b}$,而不是 b。假设国际象棋可以有 35 种走步的选择,则现在可以有 6 种。从另一个角度看,在相同的代价下,α-β 过程向前看的走步数是极大极小过程向前看的走步数的两倍。

3.5.3　效用值估计方法

在博弈树上,能进行极大极小过程或者 α-β 过程的前提是我们的搜索探寻到了树的叶结点,从而拥有信息评估内部的非叶结点的效用,即每个结点的效用对博弈算法是至关重要的。对于规模较小的博弈树,搜索算法或许能在时间和存储空间的允许内到达叶结点。然而,对于规模较大的博弈树,或者受限于反应时间,或者受限于存储空间,搜索算法无法探寻到叶结点。那么,如何在这些限制下计算(评估)非叶结点的效用值则成为关键技术问题。

当然,采用一组规则对非叶结点的效用值做出评估也可实现一定程度的智能,然而,其智能程度通常弱于经验丰富的棋手。较有效的方法是通过不断观察棋手的博弈过程改进评估。如胡裕靖等采用增强学习模型建模扑克游戏中对手的博弈策略，能根据对手博弈案例增多而动态对本方的评估进行调整。因为增强学习的模型随着对世界观察的增多而趋近于最优的决策，该方法也具有根据对手案例增多而渐进全面地了解对手的能力。最近较成功的一种状态估值技术是 AlphaGo 系列系统针对国际象棋的方法，结合增强学习和深度神经网络模型对对手和棋局进行建模与评估，实现了更有效的评估。

然而，博弈问题的种类繁多，针对一种博弈问题的技术不一定具有通用性，因而对博弈状态的评估方法仍是广阔的研究领域。

3.6　案例分析

3.6.1　八皇后问题

在皇后问题中，要把 N 个皇后放入一个 $N \times N$ 的方格棋盘中，并保证任意两个皇后都不在同一行、同一列或同一对角线上。

解： 为求解该问题，将棋盘上的行和列定数为 $1 \sim N$ 的整数。为给对角线定数，把对角线分为两类，使得根据其行数（row）和列数（column）计算出的一个类型和一个数能唯一地确定一条对角线。

$$\text{Diagonal} = N + \text{column} - \text{row}（类型 1）$$
$$\text{Diagonal} = \text{row} + \text{column} - 1（类型 2）$$

如果把顶部作为第一行，左部作为第一列看待棋盘，那么类型为 1 的对角线形状像"\"，类型为 2 的对角线形状像"/"。例如，在一个 4×4 的棋盘上，类型为 1 和类型为 2 的对角线定数如图 3-19 所示。程序扫二维码。

八皇后问题程序

	1	2	3	4
1	4	5	6	7
2	3	4	5	6
3	2	3	4	5
4	1	2	3	4

	1	2	3	4
1	1	2	3	4
2	2	3	4	5
3	3	4	5	6
4	4	5	6	7

图 3-19　对角线定数

3.6.2　洞穴探宝

传说有一位探险家听人说在一个洞穴中藏着大量金银财宝，以前曾有许多人试图找出这些财宝，可劳而无功。该洞穴是一个地下长廊的迷宫（见图 3-20），连接着各种不同的洞穴，其中有些洞穴住有鬼怪和山盗。幸好财宝都在同一洞穴中。现问：哪条路既能使那位探险家不受到伤害，又能找到财宝？采用图搜索技术，编程完成这个任务。

解： 可用 TurboPROLOG 表达图 3-20 所示这张地图，以帮助找出一条安全通路，每条通路描述一个事实，规则由谓词 go 和 route 给出。给定目标如下。

洞穴探宝程序

```
Goal: go(entry,exit)
```

下面的程序（扫二维码）将回答一张洞穴表，穿过它们能找到财宝并安全返回。

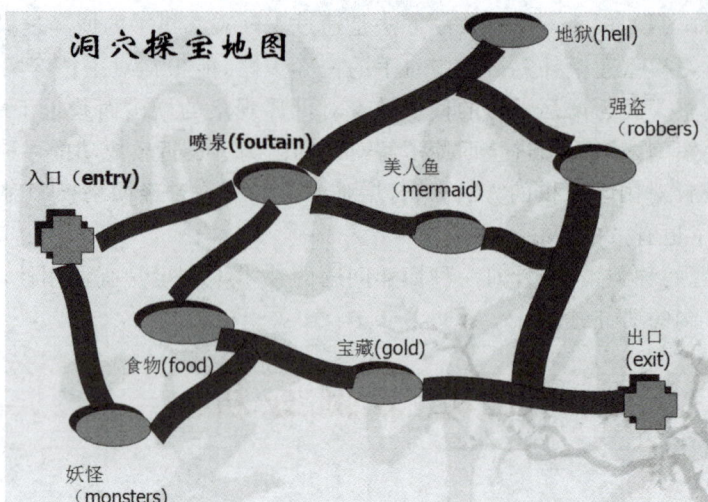

图 3-20　洞穴探宝地图

在证实上述程序确能找出目标 go(entry,exit) 的解后，可新加一些通道（如 gallery (mermaid,gold_treasure)）以及（或者）其他应该避开的危险物。此外，上述程序只能给出一个解，若想获得全部解，则需通过在 route 的第一条规则中加 fail 的方法使 PROLOG 在找到一个解后立即回溯。

```
route(Room,Room,VisitedRooms) if
  member(gold_treasure,VisitedRooms) and write(VisitedRooms) and nl and fail.
```

可用表打印谓词 write_a_list 显示名字表，且不显示方括号和逗号。此外，因为搜集在 VisitedRooms 表中的已穿过洞穴是以逆序形式排列的，即出口在前，入口在后，所以 write_a_list 要做转换，即先打印表尾，后打印表头。

3.6.3　五子棋

五子棋一方执黑子，一方执白子，轮流行棋，哪方无论是横线、竖线，还是斜线方向，先连成五者为胜。这里规定：采用国际上标准的 15×15 路线的正方形棋盘（见图 3-21）；两人（机）分别执黑白两色棋子，轮流在棋盘上选择一个无子的交叉点走子，无子的交叉点又称为空点；由黑方先行走棋。给出五子棋算法设计及主要实现技术。

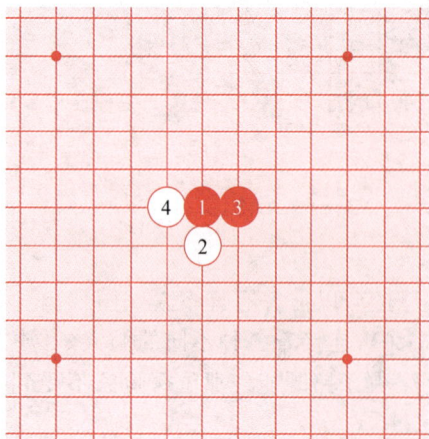

图 3-21　五子棋棋盘及格局一

解：

1. 静态估计与贪心算法

五子棋估价函数用于评估落点的优劣。估价函数没有一套固定的设计方法，它的设计与算法设计者的主观经验有很大关系。不同的人会设计出不同的估价函数，下面给出一种实现方案。

对于棋盘中的每个位置，考虑将下一步棋子放到该位置后，它与周围的棋子连成什么样的棋形。这样只考虑相连的 5 个位置就可以了，这里称为五元组。估价函数要做的就是为每种五元组定一个分数。可规定：

（1）五元组中有任意个对方棋子,得分为 0。

（2）五元组中有 1 个己方棋子,得分为 5。

（3）五元组中有 2 个连续己方棋子,得分为 50。

（4）五元组中有 3 个连续己方棋子,得分 300。

（5）五元组中有 4 个连续己方棋子,得分 1000。

（6）五元组中有 5 个连续己方棋子,得分 10 000。

对于棋盘中的一个位置 (x,y),考虑横、竖、斜和反斜 4 个方向,(x,y) 最多属于 20 个五元组,令 $h(x,y)$ 为这个位置的估价分数,则 $h(x,y)$ 为 (x,y) 所属五元组的分数之和。这样,求出棋盘中所有位置的 $h(x,y)$,选出一个分值最大的位置作为落子点即可。

在前 3 子落子后,计算白子落在哪个位置最好。如图 3-22 所示,第 4 子位置的估价分数计算如下。

$$5(横方向)+5\times5(竖方向)+5+50\times4(斜方向)+5\times5(反斜方向)=260$$

如图 3-22 所示,第 4 子的位置的估价分数计算如下。

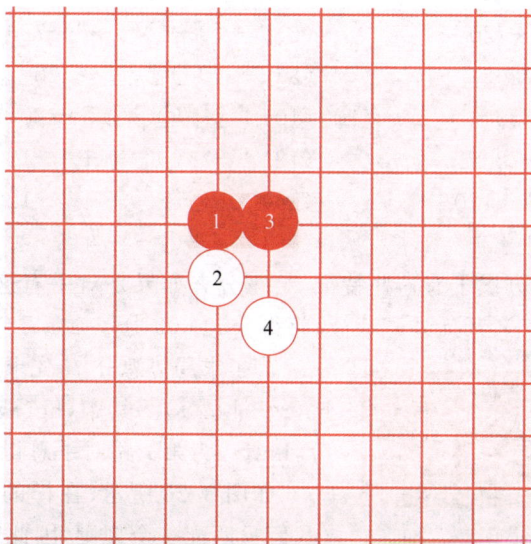

图 3-22　五子棋格局二

$$5\times5(横方向)+5\times2(竖方向)+5+50\times4(斜方向)+5\times5(反斜方向)=265$$

根据以上估价过程,第 4 子(白子)选择落在如图 3-22 所示的位置较好。

这种行棋方法称为贪心算法。由于是将人类思考总结的规律直接转成程序,使得贪心算法拥有不错的棋力。但是,只考虑了一步的情况是不够的。人类在博弈的时候往往会向后连想几步再做决定。还有,这里评判优劣的标准比较主观,有些人认为有冲四(冲四:形成某方 4 子相连的情形)就先冲四,有人则认为冲四要留在后面。

这里用了如下方法排序。

（1）由于五子棋以五子相连为胜,因此一个已有子周围的点是较有威胁的点,而且最后下的一子的周围点威胁性更大。可将它们排在搜索队列前面,优先搜索。本程序中在存储棋子的栈中从栈顶到栈底,依次取其中有棋子位置的周围 24 个点作为搜索结点。如图 3-23 所示,黑子周围的 24 个空点就是优先搜索的点。

（2）对一些特殊棋形周围的点,如图 3-24 中的①和②空点,它们很可能就是当前局势的极小极大值,优先搜索它们,可以减少极小极大算法的搜索量。

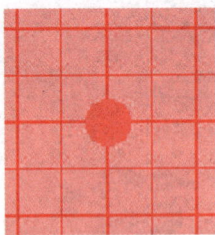

图 3-23 已有棋子周围优先搜索的 24 个点

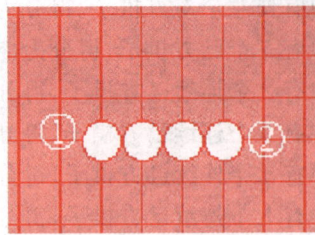

图 3-24 特殊棋形周围的点

2. 进攻与防守的选择

计算机程序的进攻与防守策略：看计算机最大的值与玩家最大的值哪个大，如果计算机最大的值大，那就进攻，否则就防守。

主要的规则评分如下。

(1)"○○○○○"→50 000

(2)"+○○○○+"→4320

(3)"+○○○++"→720

(4)"++○○○+"→720

(5)"+○○+○+"→720

(6)"+○+○○+"→720

(7)"○○○○+"→720

(8)"+○○○○"→720

(9)"○○+○○"→720

(10)"○+○○○"→720

(11)"○○○+○"→720

(12)"++○○++"→120

(13)"++○+○+"→120

(14)"+○+○++"→120

(15)"+++○++"→20

(16)"++○+++"→20

上面的评分是计算机方棋子有这些特征，给正分。如果是对手有这些特征，则得分取反，得负分。例如，对手如果有"○○○○○"特征，将得 −50 000 分。

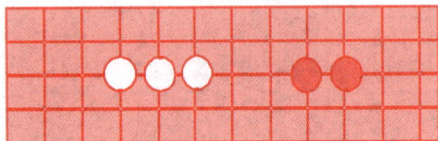

图 3-25 局势特征示例

为了求局势总分 f，先求第 i 路得分 $h(i)$：$h(i)=\mathrm{hc}(i)+\mathrm{hm}(i)$。其中，$\mathrm{hc}(i)$ 为第 i 路计算机方总得分，$\mathrm{hm}(i)$ 为第 i 路对手总得分。

如图 3-25 所示，在横的路上，白方出现特征(3)（我们只匹配一个规则，因此特征(4)不再统计），黑方出现特征(12)，因此有

$$\mathrm{hc}(i)=720;\mathrm{hm}(i)=-120$$
$$h(i)=\mathrm{hc}(i)+\mathrm{hm}(i)=720-120=600$$

棋盘上总共有 72 路（采用 15×15 的棋盘，棋盘的每一条线称为一路，包括行、列和斜线，4 个方向，其中行列有 30 路，两条对角线共 58 路，整个棋盘的路数为 88 路。考虑到五子棋必须要五子相连才可以获胜，这样对于斜线，可以减少 4×4=16 路，即有效的棋盘路数为 72 路），所以局势 n 的总得分为

$$f(n)=\sum_{i=1}^{72}h(i)$$

3. 改进的搜索技术

初版程序中主要采用极小极大搜索加静态估值技术，实践中达到了比初学者强的水平，一些比较熟练的业余人员时常也会输于此程序。

由于初版程序中采用固定的估值法，为设计这个估值函数，要求设计人员对下棋的方法有较多的了解，能充分判断棋局局面中的某一特征在形势判断中起的重要程度（即相应的分值），并给

整个局面比较准确的评分。但是,面对成千上万的局面,即使是大师,也不可能一一做出精确的形势判断,特别是在对局的开始阶段,棋局的优劣更难以判断。而且,如果对大量的棋局状态进行存储,就要求有大的存储空间及快速的搜索算法。因此,静态的估值函数不可能有很高的准确性。估值的不准确使其"智力"较低,而且固定的赋值方式使其估值准确度不能通过学习改善,"智力"也就不能提高。通过对搜索算法的优化与修正,特别是针对五子棋本身对弈的特点和规律,采用置换表搜索与威胁空间搜索相结合的搜索技术(参考 Alus,L V,Huntjens M P H. GO-MOKU SOLVED BY NEW SEARCH TECHNIQUES. Computational Intelligence 12.1 (1996):7-23),可显著提高五子棋程序对弈的水平和能力。

4. 五子棋实现

为了体现模块化思想,定义了五子棋游戏类 CGame,封装了用于处理五子棋游戏中各类操作的函数。在对话框类中定义 CGame 类的一个对象调用类中的成员函数。五子棋类的私有成员定义了一些重要的行棋信息,公有成员定义了各种操作和实现某一特定功能的函数(扫二维码)。

五子棋游戏类 CGame 和对弈界面

小 结

搜索技术是人工智能中求解问题的核心方法,其本质是通过系统性地探索可能的状态空间来寻找可行解或最优解。从这个角度来讲,问题的状态空间的规模直接决定了搜索的计算效率,因此从计算复杂度分析,各类搜索算法展现出不同的特性。盲目搜索算法,采用宽度优先搜索或深度优先搜索策略,虽然在理想条件下能够保证解的完备性和最优性,但其搜索算法时间和空间复杂度较高,难以应对大规模问题。

启发式搜索算法,如 A* 算法和 AO* 算法,通过特定问题的启发信息,可以更高效的指导搜索过程,适用于大型复杂问题。以机器人导航为例,系统需要在毫秒级完成环境感知、状态更新和路径重规划等问题,相比静态搜索算法,采用动态加权 A* 算法可使重规划时间缩短 $40\%\sim60\%$,改善了系统响应速度。

习 题

3.1 农夫和狼、羊、菜问题。一个农夫带着一只狼、一只羊和一筐菜,欲从河的左岸坐船到右岸,由于船太小,农夫每次只能带一样东西过河,并且没有农夫看管时,狼会吃羊,羊会吃菜。设计一个方案,使农夫可以无损失地渡过河。

3.2 九宫图问题。设启发函数为未归位数码的个数,初始状态和目标状态如图 3-3 所示,试用局部择优和全局择优方法分别画出启发式搜索图。

3.3 考虑起始状态为 1、每个状态 k 都有两个后继 $2k$ 和 $2k+1$ 的状态空间。

(1) 画出 1~15 的状态空间。

(2) 假设目标状态为 11。请列出访问结点的顺序:宽度优先搜索、深度界限为 3 的深度受限搜索、迭代加深搜索。

(3) 双向搜索求解此问题有优势吗?两种方向的分支因子分别是多少?

(4) 对提问(3)的解答是否提示我们可对这个搜索问题重新进行形式化,以使从状态 1 到任意目标状态的问题求解不需要搜索?

(5) 从 k 到 $2k$ 的操作记为 Left,从 k 到 $2k+1$ 的操作记为 Right。试给出不需搜索就能完成求解的算法。

3.4 如图 3-26 所示是铁路积木组合,其下标明的数字为积木块数,弯曲块和开叉块可以双向调转,弯曲角度均为 45°。任务是要将这些积木块连在一起组成铁路,要求不能有重叠的轨道,不能有松动,否则火车会开出。

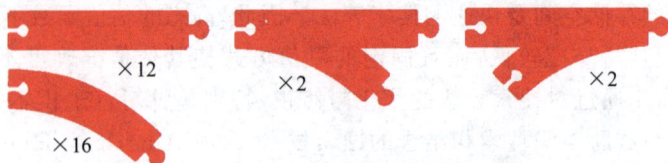

图 3-26　木制铁路积木集合的轨道块

(1) 假设积木块是精确无松动的。对此问题给出详细精确的形式化。

(2) 选择一种盲目搜索方法完成这个任务并解释你选择的理由。

(3) 解释为什么拿走任何一个分叉块会导致问题无解。

(4) 对你形式化的状态空间给出上界(提示:考虑构造过程中的最大分支因子和最大深度,忽略重叠和松动。从每类只有一块开始)。

3.5　考虑图 3-27 给出的无边界的 2D 方格图游戏。开始状态为 $(0,0)$,目标状态为 (x,y)。边缘(白色结点)总是隔开了状态空间的已被探索区域(黑色结点)和未被探索区域(灰色结点)。在图 3-27(a)中,生成了根结点。在图 3-27(b)中扩展了一个叶结点。在图 3-27(c)中,根结点的后继以顺时针顺序被探索。

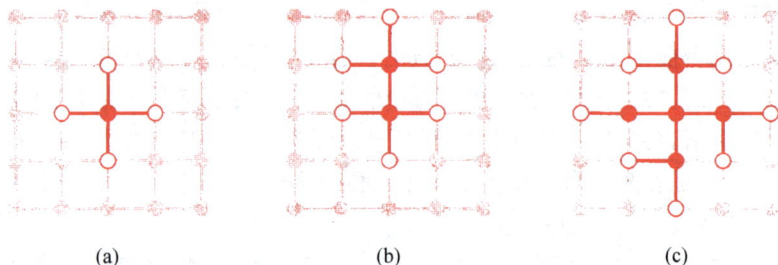

(a)　　　　　(b)　　　　　(c)

图 3-27　用矩形网格问题看 GRAPH-SEARCH 算法的分离特点

(1) 状态空间的分支因子是多少?

(2) 深度 $k(k>0)$ 有多少个状态?

(3) 宽度优先树搜索扩展的最大结点数是多少?

(4) 宽度优先图搜索扩展的最大结点数是多少?

(5) $h=|u-x|+|v-y|$ 对状态 (u,v) 是可采纳的启发式吗?请解释。

(6) 使用 h 的 A* 图搜索扩展的结点数。

(7) 如果删除一些连线,h 还会是可采纳的吗?

(8) 如果在一些非邻近状态间增加一些连线,h 还会是可采纳的吗?

3.6　n 辆车放置在 $n\times n$ 网格的方格 $(1,1)$ 至方格 $(n,1)$ 中。这些车要以相反序移至另一端;从 $(i,1)$ 开始的第 i 辆车,目标位置是 $(n-i+1,1)$。每一轮,每辆车可以选择上、下、左、右各移动一格或静止不动;如果某辆车选择静止不动,与它邻近的车(最多只能有一辆)可以跳过它。两辆车不能在同一格中。

(1) 计算状态空间的大小,记为 n 的函数。

(2) 计算分支因子的大小,记为 n 的函数。

(3) 假设小车 i 的坐标为 (x_i,y_i),并且网格中没有其他车辆,它的目标为 $(n-i+1,n)$,请给出可采纳的启发式。

(4) 对于整个问题而言,下列哪个启发式函数是可采纳的?请解释。

① $\sum_{i=1}^{n} h_i$

② $\max(h_1,h_2,\cdots,h_n)$

③ $\min(h_1,h_2,\cdots,h_n)$

3.7　考虑图 3-28 中描述的两人游戏。游戏规则：选手 A 先走。两个选手轮流走棋，每个人只能把自己的棋子移动到任一方向上的相邻空位中。如果对方的棋子占据着相邻的位置，你可以跳过对方的棋子到下一个空位(例如，A 在位置 3，B 在位置 2，那么 A 可以移回位置 1)。当一方的棋子移动到对方的端点时，游戏结束。如果 A 先到位置 4，A 的值为 +1；如果 B 先到位置 1，A 的值为 −1。

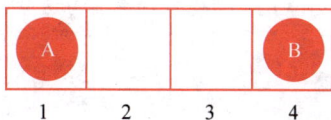

图 3-28　4-方格游戏的初始格局

(1) 根据如下约定画出完整博弈树。

① 每个状态用 (s_A, s_B) 表示，其中，s_A 和 s_B 表示棋子的位置。

② 每个终止状态用方框画出，用圆圈写出它的博弈值。

③ 把循环状态(在到根结点的路径上已经出现过的状态)画上双层方框。由于不清楚它们的值，所以在圆圈里标记一个"?"。

(2) 给出每个结点倒推的极小极大值(也标记在圆圈里)。解释怎样处理"?"值和为什么这么处理。

(3) 解释标准的极小极大算法为什么在这棵博弈树中会失败，简要说明你将如何修正它，在(2)的图上画出你的答案。你修正后的算法对于所有包含循环的游戏都能给出最优决策吗？

思考：这个 4-方格游戏可以推广到 n 个方格，其中 $n>2$。证明：如果 n 是偶数，则 A 一定能赢；如果 n 是奇数，则 A 一定会输。

3.8　(思考题)编写程序，输入为两个网页的 URL，找出从一个网页到另一个网页的链接路径。用哪种搜索策略最适合？双向搜索适用吗？能用搜索引擎实现一个前驱函数吗？

3.9　(思考题)中国象棋(见图 3-29)。查阅资料，并与中国象棋计算机程序对弈，阐述程序实现的主要技术。

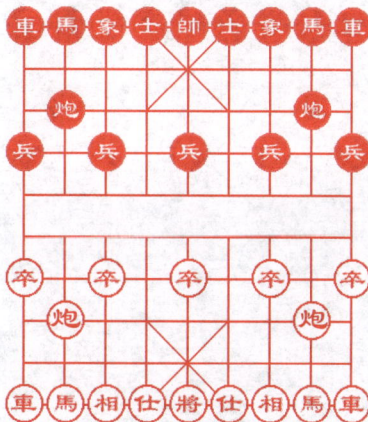

图 3-29　中国象棋

象棋的棋盘由 9 条横线和 10 条直线相交而成。棋子在线的相交点上行走。棋子的颜色分红和黑，红子先走。中间的一行是"楚河汉界"，双方各有"九宫格"。象棋行棋分为开局、中局、残棋。双方各有 16 只棋子。黑方有帅、车×2、马×2、炮×2、士×2、象×2、兵×5；红方有将、车×2、马×2、炮×2、仕×2、相×2、卒×5。

对局时，由执红棋的一方先走，双方轮流各走一着，直至分出胜、负、和，对局即终了了。轮到走棋的一方，将某个棋子从一个交叉点走到另一个交叉点，或者吃掉对方的棋子而占领其交叉点，都算走一着。双方各走一着，称为一个回合。如果有一方的主帅被对方吃了，就算那一方输。

3.10　(思考题)国际象棋。扩展阅读，阐述国际象棋中的关键技术。

3.11　(思考题)围棋。扩展阅读，阐述围棋中的关键技术。

提示：关键技术要点包括：①蒙特卡洛算法；②基于知识的规则,为给定模式提供特殊的行棋建议；③使用特殊的组合博弈技术分析残局。

3.12 (思考题)桥牌。扩展阅读,阐述桥牌中的关键技术。

提示：关键技术要点包括：①为了处理不完整信息,使用蒙特卡洛采样方法对未知的对手持牌情况进行模拟和分析；②使用分层次的规划系统；③使用机器学习方法对棋局进行一般化,形成通用规则,并存储。

第 **4** 章

高级搜索

法都是设计用来系统化地探索搜索空间的。它们在内存中保留一条
已经探索过的,哪些是尚未探索过的。当找到目标时,到达目标的路
一个解。然而,在许多问题中,问题的解与到达目标的路径顺序是无
,重要的是最终皇后的布局,而不是加入皇后的次序。这一类问题
成电路设计、工厂场地布局、作业车间调度、自动程序设计、电信网络
理等。

题的解并不相关,将考虑各种根本不关心路径的算法。局部搜索算
而不是多条路径)出发,通常只移动到与之相邻的状态。典型情况下,
然局部搜索算法不是系统化的,但是它们有两个关键的优点:①它
需要的存储量是一个常数;②它们通常能在不适合系统化算法的很
间中找到合理的解。

搜索算法对于解决纯粹的最优化问题是很有用的,其目标是根据一个
多最优化问题不适合于"标准的"搜索模型。例如,自然界提供了一
——达尔文的进化论可以被视为优化的尝试,但是这个问题没有"目
了更好地理解局部搜索,类比地考虑一个地形图。地形图既有"位置"
(由启发式耗散函数或目标函数的值定义)。如果高度对应耗散,那么
一个全局最小值;如果高度对应目标函数,那么目标是找到最高峰——
可以通过插入一个负号使两者相互转换)。局部搜索算法就像对地形
么完备的局部搜索算法总能找到解;最优的局部搜索算法总能找到全

4.1 爬山法搜索

爬山法搜索是一种最基本的局部搜索。它像在地形图上进行登高一样,一直向值增加的方向持续移动,将会在到达一个"峰顶"时终止,并且在相邻状态中没有比它更高的值。爬山法是深度优先搜索的改进算法。在这种方法中,使用某种贪心算法决定在搜索空间中向哪个方向搜索。由于爬山法总是选择往局部最优的方向搜索,所以可能会有"无解"的风险,而且找到的解不一定是最优解。但是,它比深度优先搜索的效率高很多。

1. 基本原理

爬山法不维护搜索树,因此当前结点的数据结构只需要记录当前状态和它的目标函数值。它不会预测与当前状态不直接相邻的那些状态的值。这就像健忘的人在大雾中试图登珠穆朗玛

峰一样。爬山法的具体算法如下。

```
Function HILL-CLIMBING(problem) returns a state that is a local maximum
    Inputs: a problem
    Local variables: current, a node
        neighbor, a node
    Current← MAKE-NODE(INITIAL-STAT[problem])
    Loop do
    neighbor ← a highest-valued successor of current
    if VALUE[neighbor]≤VALUE[current] then return STATE[current]
    current←neighbor
    End Loop
```

2. 步骤

下面利用八皇后问题举例说明爬山法算法步骤。局部搜索算法通常使用完全状态形式化，即每个状态都表示为在棋盘上放 8 个皇后，每列一个。后继函数返回的是移动一个皇后到和它同一列的另一个方格中的所有可能的状态(因此，每个状态有 $8×7＝56$ 个后继)。启发式耗费函数 h 是可以彼此攻击的皇后对的数量，不管中间是否有障碍。该函数的全局最小值是 0，仅在找到完美解时才能得到这个值。图 4-1(a)显示了一个 $h＝17$ 的状态。图中还显示了它的所有后继的值，最好的后继是 $h＝12$。爬山法算法通常在最佳后继的集合中随机选择一个进行扩展，如果这样的后继多于一个。

18	12	14	13	13	12	14	14
14	16	13	15	12	14	12	16
14	12	18	13	15	12	14	14
15	14	14	Q	13	16	13	16
Q	14	17	15	Q	14	16	16
17	Q	16	18	15	Q	15	Q
18	14	Q	15	15	14	Q	16
14	14	13	17	12	14	12	18

(a)　　　　　　　　(b)

图 4-1　八皇后问题的爬山法搜索示意图

3. 优缺点分析

爬山法有时称为贪婪局部搜索，因为它只是选择邻居状态中最好的一个，而事先不考虑之后的下一步。尽管贪婪算法是盲目的，但贪婪算法往往是有效的。爬山法能很快地朝着解的方向进展，因为它通常很容易改变一个坏的状态。例如，从图 4-1(a)中的状态，只需要 5 步就能到达图 4-1(b)中的状态，它的 $h＝1$，这基本上很接近于解了。可是，爬山法经常会遇到下面的问题。

(1) 局部极大值：局部极大值是一个比它的每个邻居状态都高的峰顶，但是比全局最大值要低。爬山法算法到达局部极大值附近就会被拉向峰顶，然后卡在局部极大值处无处可走。更具体地，图 4-1(b)中的状态事实上是一个局部极大值(即耗散 h 的局部极小值)；不管移动哪个皇后，得到的情况都会比原来差。

(2) 山脊：山脊造成的是一系列的局部极大值，贪婪算法处理这种情况是很难的。

(3) 平顶区：平顶区是在状态空间地形图上评估函数值平坦的一块区域。它可能是一块平的局部极大值，不存在上山的出路，或者是一个山肩，从山肩还有可能取得进展。爬山法搜索可能无法找到离开高原的道路。

　　在各种情况下,爬山法算法都会达到无法取得进展的状态。从一个随机生成的八皇后问题的状态开始,最陡上升的爬山法 86% 的情况下会被卡住,只有 14% 的问题实例能求解。这个算法速度很快,成功找到最优解的平均步数是 4 步,被卡住的平均步数是 3 步——对于包含 8^8 个状态的状态空间,这已经是不错的结果了。

　　在前面描述的算法中,如果到达一个平顶区,最佳后继的状态值和当前状态值相等时将会停止。如果平顶区其实是山肩,继续前进——即侧向移动通常是一种好方法。需要注意的是,如果在没有上山移动的情况下总是允许侧向移动,那么当到达一个平坦的局部极大值而不是山肩的时候,算法会陷入无限循环。一种常规的解决办法是设置允许连续侧向移动的次数限制。例如,在八皇后问题中允许最多连续侧向移动 100 次。这使问题实例的解决率从 14% 提高到 94%。成功的代价是:算法对于每个成功搜索实例的平均步数为大约 21 步,每个失败搜索实例的平均步数为大约 64 步。

　　针对爬山法的不足,有许多变化的形式。例如,随机爬山法,它在上山移动中随机地选择下一步;选择的概率随上山移动的陡峭程度而变化。这种算法通常比最陡上升算法的收敛速度慢很多,但是在某些状态空间地形图上能找到更好的解。再如,首选爬山法,它在实现随机爬山法的基础上,采用的方式是随机地生成后继结点,直到生成一个优于当前结点的后继。这个算法在有很多后继结点的情况下有很好的效果。

　　到现在为止,我们描述的爬山法算法还是不完备的——它们经常会在目标存在的情况下因为被局部极大值卡住而找不到该目标。还有一种值得提出的方法——随机重新开始的爬山法,它通过随机生成的初始状态进行一系列的爬山法搜索,找到目标时停止搜索。这个算法是完备的概率接近于 1,原因是它最终会生成一个目标状态作为初始状态。如果每次爬山法搜索成功的概率为 p,那么需要重新开始搜索的期望次数为 $1/p$。对于不允许侧向移动的八皇后问题实例,$p \approx 0.14$,因此大概需要 7 次迭代(6 次失败,1 次成功)就能找到目标。所需步数的期望值为一次成功迭代的搜索步数加上失败的搜索步数与 $(1-p)/p$ 的乘积,大约是 22 步。如果允许侧向移动,则平均需要迭代约 $1/0.94 \approx 1.06$ 次,平均步数为 $(1 \times 21) + (0.06/0.94) \times 64 \approx 25$ 步。那么,对于八皇后问题,随机重新开始的爬山法实际上是非常有效的,甚至对于 300 万个皇后,这种方法用不了一分钟就可以找到解。

　　爬山法算法的成功与否在很大程度上取决于状态空间地形图的形状:如果在图中几乎没有局部极大值和高原,随机重新开始的爬山法将会很快地找到好的解。另外,许多实际问题的地形图存在着大量的局部极值。NP 难题通常有指数级数量的局部极大值。尽管如此,经过少数随机重新开始的搜索之后还是能找到一个合理的、较好的局部极大值的。

4.2　模拟退火搜索

　　模拟退火算法(Simulated Annealing,SA)的思想最早是由 Metropolis 等(1953)提出的。1983 年,Kirk Patrick 等将其用于组合优化。模拟退火算法是基于 Mente Carlo 迭代求解策略的一种随机寻优算法,其出发点是基于物理中固体物质的退火过程与一般组合优化问题之间的相似性。物质在加热的时候,粒子间的布朗运动增强,到达一定强度后,固体物质转化为液态,这个时候再进行退火,粒子热运动减弱,并逐渐趋于有序,最后达到稳定。

　　模拟退火的解不像局部搜索那样最后的结果依赖初始点。它引入了一个接受概率 p。如果新的点目标函数更好,则 $p=1$,表示选取新点;否则,接受概率 p 是当前点,新点的目标函数以及另一个控制参数“温度” T 的函数。也就是说,模拟退火没有像局部搜索那样每次都贪婪地寻找比现在好的点,目标函数差一些的点也有可能接受进来。随着算法的执行,系统温度 T 逐渐降低,最后终止于不再有可接受变化的低温。模拟退火算法是一种通用的搜索、优化算法,目前已在工程中得到广泛应用,如 VLSI(超大规模集成电路)、生产调度、控制工程、机器学习、神经网络、图像处理等领域。

4.2.1　算法灵感来源

模拟退火算法的灵感来源于物理中的退火过程。这一过程涉及将物质加热至高温,使其粒子间的布朗运动增强,随后逐渐冷却,使粒子热运动减弱并趋于有序,最终形成低能的稳定结构。这个物理过程在优化算法中被用来模拟寻找全局最优解的过程。

模拟退火算法最早是针对组合优化提出的,其目的在于:①为具有 NP 复杂性的问题提供有效的近似求解算法;②克服优化过程陷入局部极小;③克服初值依赖性。模拟退火算法的基本思想出于物理退火过程,因此首先简单介绍物理退火过程。简单而言,物理退火过程由以下三部分组成。

(1)加温过程。其目的是增强粒子的热运动,使其偏离平衡位置。当温度足够高时,固体将熔化为液体,从而消除系统原先可能存在的非均匀态,使随后进行的冷却过程以某一平衡态为起点。熔化过程与系统的熵增过程相联系,系统能量也随温度的升高而增大。

(2)等温过程。物理学的知识告诉我们,对于与周围环境交换热量而温度不变的封闭系统,系统状态的自发变化总是朝自由能减少的方向进行。当自由能达到最小时,系统达到平衡态。

(3)冷却过程。其目的是使粒子的热运动减弱并渐趋有序,系统能量逐渐下降,从而得到低能的晶体结构。

固体在恒定温度下达到热平衡的过程可以用 Monte Carlo 方法模拟,虽然该方法简单,但必须大量采样,才能得到比较精确的结果,因而计算量很大。鉴于物理系统倾向于能量较低的状态,而热运动又妨碍它准确落到最低态的原因,采样时着重取有重要贡献的状态则可较快达到较好的结果。因此,Metropolis 等在 1953 年提出了重要性采样法,即以概率接受新状态。具体而言,在温度 t,由当前状态 i 产生新状态,两者的能量分别为 E_i 和 E_j,若 $E_j < E_i$,则接受新状态 j 为当前状态;否则,若概率 $p_r = \exp[-(E_j - E_i)/k_t]$ 大于 $[0,1]$ 区间内的随机数,则仍旧接受新状态 j 为当前状态,若不成立,则保留状态 i 为当前状态,其中,k 为 Boltzmann 常量。当这种过程多次重复,即经过大量迁移后,系统将趋于能量较低的平衡态,各状态的概率分布将趋于某种正则分布,如 Gibbs 正则分布。同时,也可以看到这种重要性采样过程在高温下可接受与当前状态能量差较大的新状态,而在低温下基本只接受与当前能量差较小的新状态,这与不同温度下热运动的影响完全一致,而且当温度趋于零时,就不能接受比当前状态能量高的新状态。这种接受准则通常称为 Metropolis 准则,它的计算量相对 Monte Carlo 方法要显著减少。

许多局部搜索,类似组合优化,即寻找最优解 s^*,使得 $\forall s_i \in \Omega, C(s^*) = \min C(s_i)$,其中,$\Omega = \{s_1, s_2, \cdots, s_n\}$ 为所有状态构成的解空间,$C(s_i)$ 为状态 s_i 对应的目标函数值。基于 Metropolis 接受准则的优化过程,可避免搜索过程陷入局部极小,并最终趋于问题的全局最优解,如图 4-2 所示。传统的爬山搜索方法显然做不到这一点,从而也对初值具有依赖性。因此,基于 Metropolis 接受准则的最优化过程与物理退火过程存在

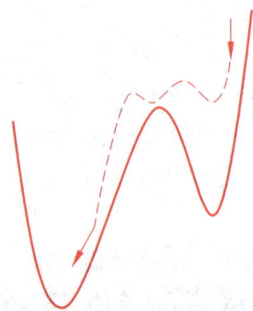

图 4-2　Metropolis 接受准则示意

一定的相似性,可以用表 4-1 归纳。

表 4-1 最优化过程与物理退火过程对比

局 部 搜 索	物 理 退 火	局 部 搜 索	物 理 退 火
解	粒子状态	Metropolis 采样过程	等温过程
最优解	能量最低态	控制参数的下降	冷却
设定初温	熔化过程	目标函数	能量

4.2.2 模拟退火算法

1983 年,Kirkpatrick 等意识到组合优化与物理退火的相似性,并受到 Metropolis 准则的启发,提出了模拟退火(SA)算法。SA 算法是基于 Monte Carlo 迭代求解策略的一种随机寻优算法,其出发点是基于物理退火过程与组合优化之间的相似性。SA 由某一较高初温开始,利用具有概率突跳特性的 Metropolis 采样策略在解空间中进行随机搜索,伴随温度的不断下降重复采样过程,最终得到问题的全局最优解。接受较差解进化的策略是 SA 一个核心组成部分,它允许算法在一定条件下接受比当前解差的新解,从而有助于跳出局部最优解,增加找到全局最优解的可能性。

标准模拟退火算法的一般步骤可描述如下。

(1) 给定初温 $t=t_0$,随机产生初始状态 $s=s_0$,令 $k=0$。
(2) Repeat:
  (2.1) Repeat:
    (2.1.1) 产生新状态 s_2=Generate(s);
    (2.1.2) if min{1,exp[-($C(s_j)-C(s))/t_k$]}≥random[0.1] $s=s_j$;
    (2.1.3) Until 采样稳定准则满足;
  (2.2) 退温 t_{k+1}=update(t_k),并令 $k=k+1$;
(3) Until 算法终止准则满足。
(4) 输出算法搜索结果。

上述模拟退火算法可用流程框图(见图 4-3)直观描述。

从算法结构可知,状态产生函数、状态接受函数、温度更新函数、内循环终止准则(抽样稳定准则)和外循环终止准则(退火结束准则)以及初始温度是直接影响算法优化结果的主要环节。模拟退火算法的实验性能具有质量高、初值鲁棒性强、通用易实现的优点。但是,为寻到最优解,算法通常要求较高的初温、较慢的降温速率、较低的终止温度以及各温度下足够多次的采样,因而模拟退火算法往往优化过程较长,这也是 SA 算法最大的缺点。

在确保一定要求的优化质量基础上,提高模拟退火算法的搜索效率(时间性能)是对 SA 算法进行改进的主要内容。可行的方案包括:①设计合适的状态产生函数,使其根据搜索进程的需要表现出状态的全空间分散性或局部区域性;②设计高效的退火历程;③避免状态的迂回搜索;④采用并行搜索结构;⑤为避免陷入局部极小,改进对温度的控制方式;⑥选择合适的初始状态;⑦设计合适的算法终止准则。

此外,对模拟退火算法的改进,也可通过增加某些环节而实现。主要的改进方式包括:①增加升温或重升温过程;②增加记忆功能;③增加补充搜索过程;④对每一当前状态,采用多次搜索策略,以概率接受区域内的最优状态,而非标准 SA 的单次比较方式;⑤结合其他搜索机制的算法,如遗传算法、混沌搜索等;⑥上述各方法的综合应用。

基于并行计算和分布式计算技术的发展,并行算法的设计已成为算法研究的重要内容。目

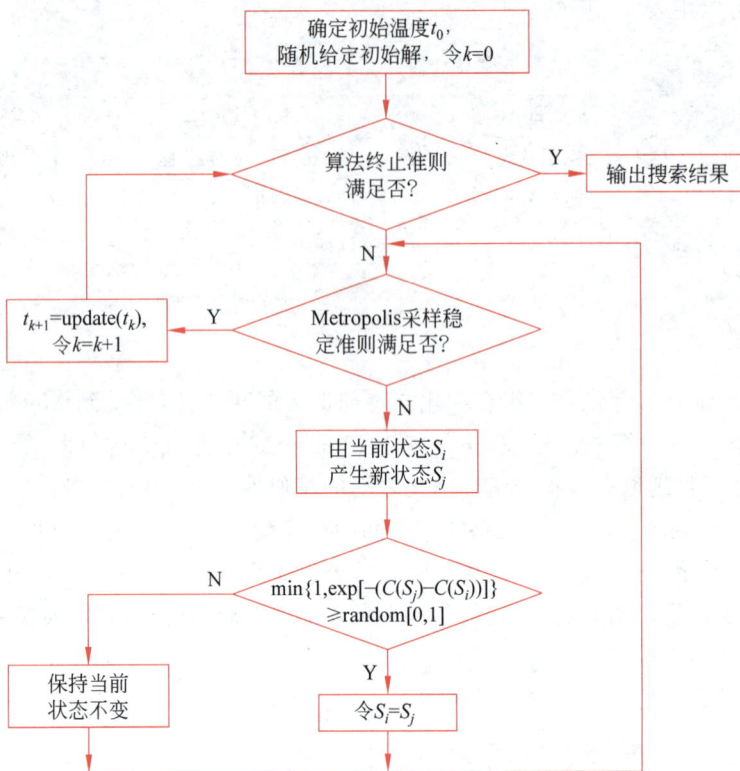

图 4-3　模拟退火算法流程

前,并行算法的设计主要采用如下两种策略:一种是修改现有串行算法的结构;另一种是针对并行计算机的结构特点,直接设计并行程序。通常,并行算法的设计需要考虑到存储区分配、同步处理、数据集成与通信等环节。

就模拟退火算法而言,由于算法初始和结束阶段与整个算法进程具有一定的独立性,采样过程与退火过程也具有一定的独立性,因此,模拟退火算法比较容易实现其并行化方式。可行的方案包括操作并行性、进程并行性、空间并行性。

4.2.3　关键参数和操作设计

从算法流程上看,模拟退火算法包括三函数两准则,即状态产生函数、状态接受函数、温度更新函数、内循环终止准则和外循环终止准则,这些环节的设计将决定 SA 算法的优化性能。此外,初温的选择对 SA 算法性能也有很大影响。

理论上,SA 算法的参数只有满足算法的收敛条件,才能保证实现的算法依概率 1 收敛到全局最优解。然而,SA 算法的某些收敛条件无法严格实现,即使某些收敛条件可以实现,但也常常会因为实际应用的效果不理想而不被采用。因此,至今 SA 算法的参数选择依然是一个难题,通常只能依据一定的启发式准则或大量的实验加以选取。

1. 状态产生函数

设计状态产生函数(邻域函数)的出发点应该是尽可能保证产生的候选解遍布全部解空间。通常,状态产生函数由两部分组成,即产生候选解的方式和候选解产生的概率分布。前者决定由当前解产生候选解的方式,后者决定在当前解产生的候选解中选择不同状态的概率。候选解的产生方式由问题的性质决定,通常在当前状态的邻域结构内以一定概率方式产生,而邻域函数和概率方式可以多样化设计,其中,概率分布可以是均匀分布、正态分布、指数分布、柯西分布等。

2. 状态接受函数

状态接受函数一般以概率的方式给出,不同接受函数的差别主要在于接受概率的形式不同。设计状态接受概率应该遵循以下原则:①在固定温度下,接受使目标函数值下降的候选解的概率要大于使目标函数值上升的候选解的概率;②随温度的下降,接受使目标函数值上升的解的概率要逐渐减小;③当温度趋于零时,只能接受目标函数值下降的解。

状态接受函数的引入是 SA 算法实现全局搜索的最关键的因素,但实验表明,状态接受函数的具体形式对算法性能的影响不显著。因此,SA 算法中通常采用 $\min[1, \exp(-\Delta C/t)]$ 作为状态接受函数。

3. 初温

初始温度 t、温度更新函数、内循环终止准则和外循环终止准则通常被称为退火历程。

实验表明,初温越大,获得高质量解的概率越大,但花费的计算时间将增加。因此,初温的确定应折中考虑优化质量和优化效率,常用的方法包括:①均匀采样一组状态,以各状态目标值的方差为初温。②随机产生一组状态,确定两两状态间的最大目标值差 $|\Delta_{\max}|$,然后依据差值利用一定的函数确定初温。例如,$t_0 = -\Delta_{\max}/\ln \Pr$,其中,$\Pr$ 为初始接受概率。若取 $\Pr$ 接近 1,且初始随机产生的状态能够在一定程度上表征整个状态空间时,算法将以几乎等同的概率接受任意状态,完全不受极小解的限制。③利用经验公式给出。

4. 温度更新函数

温度更新函数,即温度的下降方式,用于在外循环中修改温度值。

在非时齐 SA 算法收敛性理论中,更新函数可采用函数 $t_k = \alpha/\log(k + k_0)$。由于温度与退温时间的对数函数成反比,所以温度下降的速度很慢。当 α 取值较大时,温度下降到比较小的值需要很长的计算时间。快速 SA 算法采用更新函数 $t_k = \beta/(1 + k)$,与前式相比,温度下降速度加快了。但需要强调的是,单纯温度下降速度加快并不能保证算法以较快的速度收敛到全局最优,温度下降的速率必须与状态产生函数相匹配。

在时齐 SA 算法收敛性理论中,要求温度最终趋于零,但对温度的下降速度没有任何限制,这并不意味着可以使温度下降得很快,因为在收敛条件中要求各温度下产生的候选解数目无穷大,显然这在实际应用时是无法实现的。通常,各温度下产生的候选解越多,温度下降的速度越快。

目前,常用的温度更新函数为指数退温,即 $t_{k+1} = \lambda t_k$。其中,$0 < \lambda < 1$ 且大小可以不断变化。

5. 内循环终止准则

内循环终止准则或称 Metropolis 采样稳定准则,用于决定在各温度下产生候选解的数目。在非时齐 SA 算法理论中,由于在每个温度下只产生一个或少量候选解,所以不存在选择内循环终止准则的问题。而在时齐 SA 算法理论中,收敛性条件要求在每个温度下产生候选解数目趋于无穷大,以使相应的马氏链达到平稳概率分布,显然在实际应用算法时这是无法实现的。常用的采样稳定准则包括:①检验目标函数的均值是否稳定;②连续若干步的目标值变化较小;③按一定的步数采样。

6. 外循环终止准则

外循环终止准则,即算法终止准则,用于决定算法何时结束。设置温度终值 t_e 是一种简单的方法。SA 算法的收敛性理论中要求 t_e 趋于零,这显然是不实际的。通常的做法包括:①设置终止温度的阈值;②设置外循环迭代次数;③算法搜索到的最优值连续若干步保持不变;④检验系统熵是否稳定。

由于算法的一些环节无法在实际设计算法时实现,因此 SA 算法往往得不到全局最优解,或算法结果存在波动性。许多学者试图给出选择"最佳"SA 算法参数的理论依据,但所得结论与实际应用还有一定距离,特别是对连续变量函数的优化问题。目前,SA 算法参数的选择仍依赖一些启发式准则和待求问题的性质。SA 算法的通用性很强,算法易于实现,但要真正取得质量和可靠性高、初值鲁棒性好的效果,克服计算时间较长、效率较低的缺点,并适用于规模较大的问题,尚需进行大量的研究工作。

4.3　遗传算法

达尔文的自然选择理论,即"适者生存,不适者淘汰"。在这种情况下,进化算法提供了一种不同的解决策略,它们不仅关注单一的解决路径,而是通过模拟自然选择的过程来探索多种可能的解决方案。这些算法,如遗传算法,通过一系列的遗传操作——选择、交叉和变异——在一定数量的种群中进行,以此来不断优化和适应环境,寻找到问题的最优解。这种方法特别适用于那些问题的解空间大而复杂,或者问题本身难以用传统算法直接解决的情况。

遗传算法(Genetic Algorithms,GA)模拟生物进化的基因的编码、选择、交叉(重组)和变异等过程。在遗传算法中,每个解决方案都被编码为一个"染色体",这些染色体通过适应度函数来评估其对环境的适应性。适应度较高的染色体有更大的机会被选中进行下一代的繁殖,这一选择过程模仿了自然选择中的"适者生存"原则。

遗传算法的实施过程中,每个个体都代表了问题的一个潜在解决方案,它们在迭代过程中不断地经历评估、选择、遗传操作和替换。这样的过程不仅增加了搜索解空间的广度和深度,还使得算法能够在全局范围内进行探索,从而增加找到全局最优解的可能性。此外,这种算法的并行性和适应性使其成为解决复杂优化问题的有力工具,尤其是在工程设计、机器学习和组合优化等领域中表现出色。

遗传算法是随机剪枝搜索的一个变化形式,20 世纪 60 年代末期到 20 世纪 70 年代初期,由美国 Michigan 大学的 John Holland 等研究形成了一个较完整的理论和方法,从试图解释自然系统中生物的复杂适应过程入手,模拟生物进化的机制构造人工系统的模型。

遗传算法以一种群体中的所有个体为对象,并利用随机化技术指导对一个被编码的参数空间进行高效搜索。其中,选择、交叉和变异构成了遗传算法的遗传操作;参数编码、初始群体的设定、适应度函数的设计、遗传操作设计、控制参数设定 5 个要素组成了遗传算法的核心内容。作为一种新的全局优化搜索算法,遗传算法以其简单通用、健壮性强、适于并行处理以及高效、实用等显著特点,在各个领域得到广泛应用,取得了良好效果,并逐渐成为重要的智能算法之一。

遗传算法是从代表问题可能潜在解集的一个种群开始的,而一个种群由经过基因编码的一定数目的个体组成。每个个体实际上是染色体带有特征的实体。染色体作为遗传物质的主要载体,即多个基因的集合,其内部表现(即基因型)是某种基因组合,它决定了个体性状的外部表现,如黑头发的特征是由染色体中控制这一特征的某种基因组合决定的。因此,在一开始需要实现从表现型到基因型的映射,即编码工作。由于仿照基因编码的工作很复杂,我们往往进行简化,如二进制编码。初代种群产生之后,按照适者生存和优胜劣汰的规律,逐代演化产生出越来越好的近似解。在每一代,根据问题域中个体的适应度大小挑选个体,并借助自然遗传学的遗传算子进行组合交叉和变异,产生出代表新的解集的种群。这个过程将导致种群像自然进化一样的后代种群比前代更加适应环境,末代种群中的最优个体经过解码,可以作为问题近似最优解。

4.3.1 　 模拟自然选择

遗传算法采纳了自然进化模型,如选择、交叉、变异、迁移、局域与邻域等。图 4-4 表示了基本遗传算法的过程。计算开始时,一定数目 N 个个体(父个体 1、父个体 2、父个体 3、父个体 4、…)即种群随机地初始化,并计算每个个体的适应度函数,第一代即初始代就产生了。如果不满足优化准则,开始产生新一代的计算。为了产生下一代,按照适应度选择个体,父代进行基因重组(交叉)而产生子代。所有的子代按一定概率变异。然后子代的适应度又被重新计算,子代被插入种群中将父代取而代之,构成新的一代(子个体 1、子个体 2、子个体 3、子个体 4、…)。这一过程循环执行,直到满足优化准则为止。

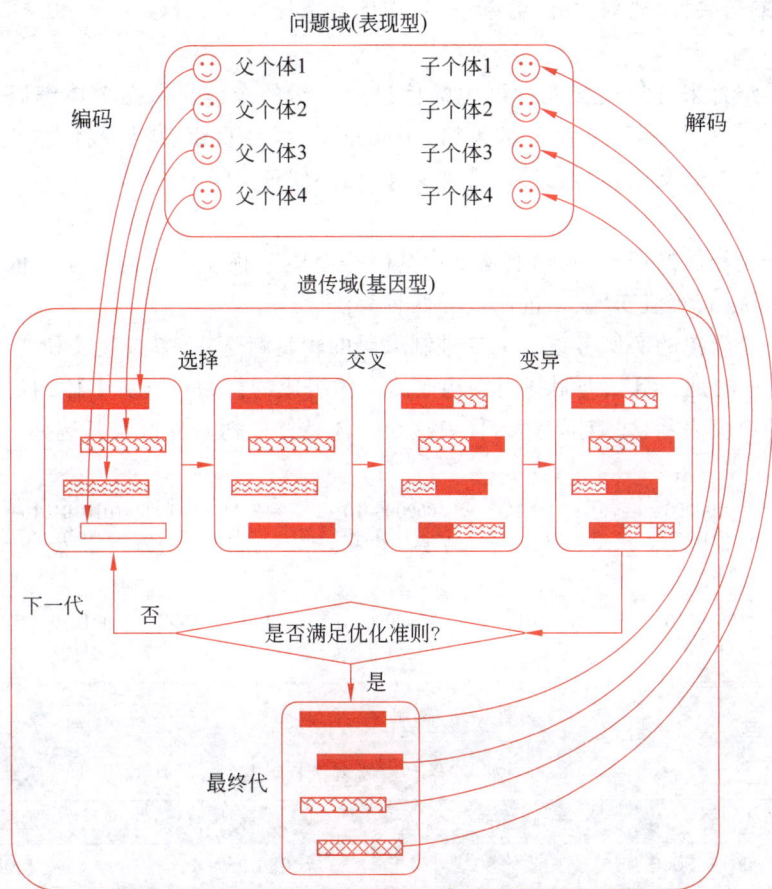

图 4-4 　 基本遗传算法的过程

尽管这样单一种群的遗传算法很强大,可以很好地解决相当广泛的问题,但采用多种群(即有子种群)的算法往往会获得更好的结果。每个子种群像单种群遗传算法一样独立地演算若干代后,在子种群之间进行个体交换。这种多种群遗传算法更贴近于自然种族的进化,称为并行遗传算法(Paralleling Genetic Algorithm,PGA)。

随着问题种类的不同以及问题规模的扩大,要寻求一种能以有限的代价解决搜索和优化的通用方法,遗传算法正是为我们提供的一个有效的途径,它不同于传统的搜索和优化方法。主要区别如下:①自组织、自适应和自学习性(智能性);②遗传算法的本质并行性;③遗传算法不需要求导或其他辅助知识,只需要影响搜索方向的目标函数和相应的适应度函数;④遗传算法强调概率转换规则,而不是确定的转换规则;⑤遗传算法可以更加直接地被应用;⑥遗传算法对给定问题,可以产生许多潜在解,最终的选择由使用者确定。

4.3.2　遗传算法基本操作

遗传算法包括三个基本操作:选择、交叉或基因重组和变异。这些基本操作又有许多不同的方法,下面逐一进行介绍。

1. 选择

选择是用来确定重组或交叉个体,以及被选个体将产生多少个子代个体。首先计算适应度:①按比例的适应度计算;②基于排序的适应度计算。

适应度计算之后是实际的选择,按照适应度进行父代个体的选择。可以挑选以下算法:轮盘赌选择,随机遍历采样,局部选择,截断选择,锦标赛选择。

2. 交叉或基因重组

基因重组是结合来自父代交配种群中的信息产生新的个体。依据个体编码表示方法的不同,有如下算法:①实值重组,包括离散重组、中间重组、线性重组、扩展线性重组;②二进制交叉,包括单点交叉、多点交叉、均匀交叉、洗牌交叉、缩小代理交叉。

3. 变异

交叉之后子代经历的变异,实际上是子代基因按小概率扰动产生的变化。依据个体编码表示方法的不同,可以有实值变异、二进制变异两种算法。

这里结合一个简单的实例考察一下二进制编码的轮盘赌选择、单点交叉和变异操作。

如图 4-5 所示的是一组二进制基因码构成的个体组成的初始种群。个体的适应度评价值经计算由括号内的数值表示,适应度越大,代表这个个体越好。初始种群及其选择计算见表 4-2。

0001100000	0101111001	0000000101	1001110100	1010101010
(8)	(5)	(2)	(10)	(7)
1110010110	1001011011	1100000001	1001110100	0001010011
(12)	(5)	(19)	(10)	(14)

图 4-5　初始种群的分布

表 4-2　初始种群及其选择计算

个　体	染　色　体	适　应　度	选 择 概 率	累 积 概 率
1	0001100000	8	0.086 957	0.086 957
2	0101111001	5	0.054 348	0.141 304
3	0000000101	2	0.021 739	0.163 043
4	1001110100	10	0.108 696	0.271 739
5	1010101010	7	0.076 087	0.347 826
6	1110010110	12	0.130 435	0.478 261
7	1001011011	5	0.054 348	0.532 609
8	1100000001	19	0.206 522	0.739 130
9	1001110100	10	0.108 696	0.847 826
10	0001010011	14	0.152 174	1.000 000

轮盘赌选择方法类似博彩游戏中的轮盘赌。如图 4-6 所示,个体适应度按比例转换为选中概率,将轮盘分成 10 个扇区,因为要进行 10 次选择,所以产生 10 个[0,1]范围内的随机数,相当于转动 10 次轮盘,获得 10 次转盘停止时的指针位置,指针停止在某一扇区,该扇区代表的个体即被选中。

图 4-6　轮盘赌选择

假设产生随机数序列为 0.070 221,0.545 929,0.784 567,0.446 93,0.507 893,0.291 198,0.716 34,0.272 901,0.371 435,0.854 641。将该随机序列与计算获得的累积概率比较,则序号依次为 1,8,9,6,7,5,8,4,6,10 的个体被选中。

显然,适应度高的个体被选中的概率大,而且可能被选中;而适应度低的个体则很有可能被淘汰。在第一次生存竞争考验中,序号为 2 的个体(0101111001)和序号为 3 的个体(0000000101)被淘汰,取而代之的是适应度较高的个体 8 和个体 6,这个过程被称为再生。再生之后重要的遗传操作是交叉,在生物学上称为杂交,可以视为生物进化之所在。以单点交叉为例,任意挑选经过选择操作后种群中两个个体作为交叉对象,即两个父个体经过染色体交换重组产生两个子个体,如图 4-7 所示。随机产生一个交叉点位置,父个体 1 和父个体 2 在交叉点位置之右的部分基因码互换,形成子个体 1 和子个体 2。类似地,完成其他个体的交叉操作。

如果只考虑交叉操作实现进化机制,多数情况下是不行的,这与生物界近亲繁殖影响进化历程类似。因为种群的个体数是有限的,经过若干代交叉操作,因为源于一个较好祖先的子个体逐渐充斥整个种群的现象,问题会过早收敛。当然,最后获得的个体不能代表问题的最优解。为避免过早收敛,有必要在进化过程中加入具有新遗传基因的个体。解决办法之一是效法自然界生物变异。生物性状的变异实际上是控制该性状的基因码发生了突变,这对于保持生物多样性是非常重要的。模仿生物变异的遗传操作,对于二进制的基因码组成的个体种群,实现基因码的小概率翻转,即达到变异的目的。如图 4-8 所示,对于个体 1001110100 产生变异,以小概率决定第 4 个遗传因子翻转,即将 1 换为 0。

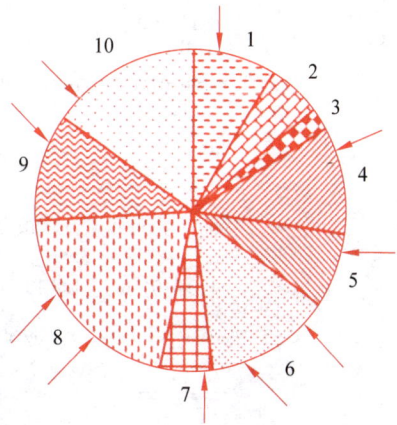

| 父个体1 | 110000 | 0001 | | 110000 | 0011 | 子个体1 |
| 父个体2 | 000101 | 0011 | → | 000101 | 0001 | 子个体2 |

图 4-7　单点交叉

1001110100　⟹　1000110100

图 4-8　变异

一般而言,一个世代的简单进化过程就包括基于适应度的选择和再生、交叉和变异操作。将上面的所有种群的遗传操作综合起来,初始种群的第一代进化过程如图 4-9 所示。初始种群经过选择操作适应度较高的 8 号和 6 号个体分别复制出两个,适应度较低的 2 号和 3 号个体遭到淘汰,接下来按一定概率选择了 4 对父个体分别完成交叉操作,在随机确定的"|"位置实行单点交叉生成 4 对子个体。最后按小概率选中某个个体的基因码位置,产生变异。这样,经过上述过程便形成了第一代群体。以后一代一代的进化过程如此循环下去,每一代结束都产生新的种群。演化的代数主要取决于代表问题解的收敛状态,末代种群中的最佳个体作为问题的最优近似解。

遗传算法进化模式示意图如图 4-10 所示,搜索空间中个体演变为最优个体,其在高适应度上的增殖概率是按世代递增的,图中表现个体的色彩浓淡表示个体增殖的概率分布。

遗传算法的一般流程如图 4-11 所示。

初始种群

0001100000	0101111001	0000000101	1001110100	1010101010
(8)	(5)	(2)	(10)	(7)
1110010110	1001011011	1100000001	1001110100	0001010011
(12)	(5)	(19)	(10)	(14)

选择、再生

| 0001\|100000 | 111\|0010110 | 110000\|0001 | 1001110100 | 1010101\|010 |
| 1110\|010110 | 100\|1011011 | 100111\|0100 | 1100000001 | 0001010\|011 |

交叉

| 0001010110 | 1111011011 | 1100000100 | 1001110100 | 1010101011 |
| 1110100000 | 1000010110 | 1001110001 | 1100000001 | 0001010010 |

变异

| 0001010110 | 1111011011 | 1100000100 | 1001110100 | 1010101011 |
| 1110100000 | 1000010110 | 1000110001 | 1100000001 | 0001010010 |

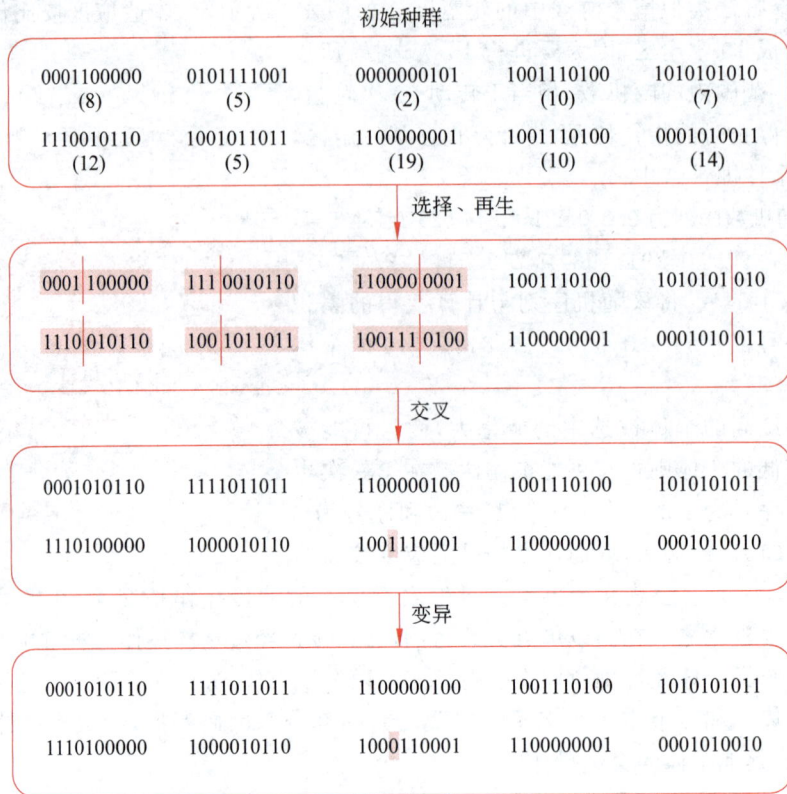

图 4-9　初始种群的第一代进化过程

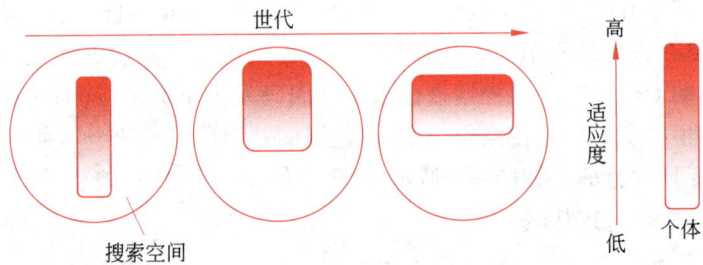

图 4-10　遗传算法进化模式示意图

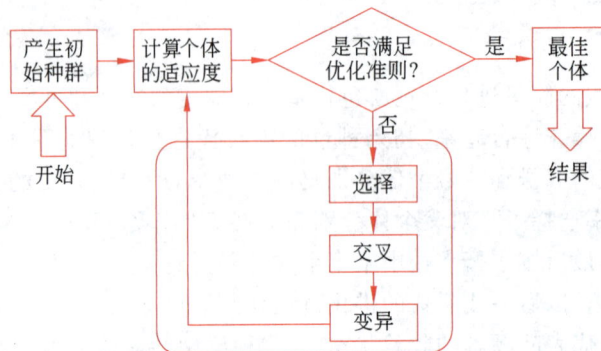

图 4-11　遗传算法的一般流程

第 1 步：随机产生初始种群，个体数目一定，每个个体表示为染色体的基因编码。

第 2 步：计算个体的适应度，并判断是否符合优化准则，若符合，则输出最佳个体及其代表的最优解，并结束计算；否则转向第 3 步。

第 3 步：依据适应度选择再生个体，适应度高的个体被选中的概率高，适应度低的个体可能被淘汰。

第 4 步：按照一定的交叉概率和交叉方法，生成新的个体。

第 5 步：按照一定的变异概率和变异方法，生成新的个体。

第 6 步：由交叉和变异产生新一代的种群，返回到第 2 步。

遗传算法中的优化准则，一般依据问题的不同有不同的确定方式。例如，可以采用以下准则之一作为判断条件：①种群中个体的最大适应度超过预先设定值；②种群中个体的平均适应度超过预先设定值；③世代数超过预先设定值。

遗传算法需要把握的重点如下。

（1）编码和初始群体的生成。遗传算法在进行搜索之前先将解空间的解数据表示成遗传空间的基因型串结构数据，这些串结构数据的不同组合便构成了不同的点。然后随机产生 N 个初始串结构数据，每个串结构数据称为一个个体，N 个个体构成了一个群体。遗传算法以这 N 个串结构数据作为初始点开始迭代。编码方式依赖问题怎样描述比较好解决。初始群体也应该选取适当，如果选取得过小，则杂交优势不明显，算法性能很差；如果选取得太大，则计算量太大。

（2）检查是否满足算法终止准则，控制算法是否结束。可以采用判断与最优解的适配度或者定一个迭代次数达到。

（3）适应性值评估检测和选择。适应性函数表明个体或解的优劣性，在程序的开始也应该评价适应性，以便与以后的适应性做比较。不同的问题，适应性函数的定义方式也不同。根据适应性的好坏进行选择。选择的目的是从当前群体中选出优良的个体，使它们有机会作为父代为下一代繁殖子孙。遗传算法通过选择过程体现这一思想，进行选择的原则是适应性强的个体为下一代贡献一个或多个后代的概率大。选择实现了达尔文的适者生存原则。

（4）交叉（也称杂交）。按照交叉概率进行杂交。交叉操作是遗传算法中最主要的遗传操作。通过交叉操作可以得到新一代个体，新个体组合了其父辈个体的特性。交叉体现了信息交换的思想。可以选定一个点对染色体串进行互换、插入、逆序等交叉，也可以随机选取几个点交叉。交叉概率如果太大，种群更新快，但是高适应性的个体很容易被淹没，概率小了，搜索会停滞。

（5）变异。按照变异概率进行变异。变异首先在群体中随机选择一个个体，对于选中的个体，以一定的概率随机地改变串结构数据中某个串的值。同生物界一样，GA 中变异发生的概率很低。变异为新个体的产生提供了机会。

变异可以防止有效基因的缺损造成的进化停滞。比较低的变异概率已经可以让基因不断变更，太大了会陷入随机搜索。设想一下，生物界每一代都和上一代差距很大，会是怎样的可怕情形？

遗传算法提供了一种求解复杂系统优化问题的通用框架，它不依赖问题的具体领域，对问题的种类有很强的鲁棒性，所以广泛应用于很多学科。遗传算法的主要应用领域包括：函数优化、组合优化、生产调度问题、自动控制、机器人智能控制、图像处理和模式识别、人工生命、遗传程序设计、机器学习。

4.4　案　例　分　析

旅行商问题描述如下：有一个旅行商，需要到 k 个城市去售货，每个城市只去一次，且知道任意两个城市之间的距离。计算一条从旅行商的驻地出发，经过每个城市，最后返回驻地的最短旅行路径。

下面分别采用爬山算法、模拟退火算法和遗传算法求解旅行商问题。

4.4.1　爬山算法求解旅行商问题

设计一个解决旅行商问题的爬山算法。

解：假定有 k 个城市，候选解的形式为这 k 个城市构成的向量（其中不含重复的元素），记为 $s = <C_{s_1}, C_{s_2}, C_{s_3}, \cdots, C_{s_k}>$。距离矩阵 Dist 记录城市之间的距离。

定义搜索结点为 Node，包含两个属性：属性 sol 记录该结点对应的候选解，属性 value 记录该候选解对应的距离代价，假定每个候选解的第 1 个城市都为旅行商的驻地城市。

定义一个评估函数 evaluate()，其输入为一个 Node 型参数 n，计算 n 的 value 值。

定义一个邻居结点生成函数 neighbor-builder()，其输入为一个 Node 型参数 n，返回 n 的所有邻居结点。

说明：旅行商问题的爬山算法扫二维码。neighbor-builder()函数负责生成一个结点的所有邻居结点，这个函数应该满足一个关键的性质：任一个结点 n，通过连续应用这个函数，可以访问到问题空间中的所有结点。在此处的参考解答中，我们设计的 neighbor-builder()函数是交换两个城市的位置，从而得到一个新的问题空间结点。

思考：读者可以分析这样的设计是否满足上述提及的性质，同时请读者自己尝试设计新型的 neighbor-builder()函数。

4.4.2　模拟退火算法求解旅行商问题

设计一个解决旅行商问题的模拟退火算法。

思考：（程序扫二维码）请设计 update()函数的其他版本，特别是设计温度值 T 随时间变量 t 变化的版本。

4.4.3　遗传算法求解旅行商问题

设计一个解决旅行商问题的遗传算法。

说明：（程序扫二维码）SIZE 函数返回一个集合的基数；LENGTH 函数返回字符串的长度；APPEND 函数将两个字符串按照顺序合并；SUBSTRING(x, start, end)函数返回字符串工从位置 start 到位置 end 的字符串。

小　　结

高级搜索算法是人工智能解决复杂优化问题的核心工具，聚焦于在状态空间中高效寻找最优解或可行解，尤其适用于路径顺序无关的场景。本章围绕局部搜索与全局优化展开，系统阐述爬山法、模拟退火算法和遗传算法的核心逻辑、技术特性。

爬山法搜索作为一种基本的局部搜索算法,通过向值增加的方向持续移动以寻找局部最优解。尽管它简单高效,但可能会陷入局部最大值,因此更适用于解空间较为简单或对全局最优解要求不高的场景。模拟退火搜索通过模拟物理退火过程,以概率方式接受非最优解,从而跳出局部最优,寻找全局最优解。它适用于需要全局考虑和避免陷入局部极值的优化问题。遗传算法模仿生物进化过程,通过群体中的个体编码、适应度评估和遗传操作(选择、交叉和变异),在解空间中进行全局搜索,适用于复杂的优化问题,且能处理大规模和非凸问题。

除了本章介绍的搜索算法,还有一些值得关注的搜索算法,如进化策略(Evolution Strategies,ES)基于自然选择的优化算法,用于连续参数空间的优化问题,特别适用于高维和非凸问题。差分进化(Differential Evolution,DE)简单有效的启发式算法,通过模拟种群中个体的进化过程来解决优化问题,特别适用于非线性和多模态问题。粒子群优化(Particle Swarm Optimization,PSO)模拟鸟群或鱼群的社会行为的优化算法,通过个体之间的信息共享来寻找全局最优解。人工免疫系统(Artificial Immune Systems,AIS)模仿生物免疫系统的工作原理,用于模式识别、优化和分类问题。

近年来一些新兴的搜索算法和技术也引起了广泛关注,它们在特定领域或问题上展现出了显著的优势。如 2006 年提出的蒙特卡洛树搜索(Monte Carlo Tree Search,MCTS)作为一种通用的决策过程算法,仍在不断发展和应用。2013 年提出的深度强化学习(Deep Reinforcement Learning,DRL)结合了深度学习与强化学习,通过智能体与环境的交互来学习最优策略,已在游戏、机器人控制等领域取得突破。Lov Grover 于 1996 年提出的量子搜索算法(又称为 Grover 算法),在量子计算机上高效地在无序数据库中搜索特定项目,相较于经典算法,其具有显著的效率优势。这些新兴的搜索算法围绕着提升计算效率从两方面展开工作。一方面,通过改进搜索策略和数据结构,减少计算资源的消耗,提高算法的运行效率。另一方面,利用现代计算架构的优势,设计并行化的搜索算法,以处理更大规模的问题,通过记录和复用已经计算过的信息,避免重复工作,从而提升搜索的效率。

作为人工智能领域的核心工具,高级搜索算法的学习与研究不仅需要掌握经典算法的原理与实现,更需关注其与新兴技术的融合趋势。从局部优化到全局优化,从确定性搜索到概率化搜索,算法的演进始终围绕"效率、精度、适应性"三方面的均衡展开。对于研究者而言,理解这些算法的设计逻辑与局限性,结合具体应用场景进行改进与创新,将是推动人工智能技术落地的重要路径。

未来的搜索算法和技术将不断拓展人工智能领域应用的边界,为解决更复杂和多样化的问题提供了新的工具和方法。随着研究的深入,未来可能还会出现更多创新的搜索算法。

习　题

4.1　对 4.4 节三个案例的算法和结果进行比较分析。

4.2　(1) 图 4-1(a)中第 7 列皇后下移到 $h=12$ 的位置,重新计算 h。

　　(2) 对图 4-1(a)移动 2 步(按 h 最小值移动),并给出后续值。

4.3　给定 4 个城市以及每对城市之间的距离,旅行商需要从某个城市出发,经过所有其他城市恰好一次,并最终返回出发城市,求最短的路径总长度。要求使用模拟退火算法找到最短的旅行路径。

　　城市之间的距离矩阵如表 4-3 所示(单位:km)。

表 4-3　城市之间的距离矩阵

	City A	City B	City C	City D
City A	0	10	15	20
City B	10	0	5	12
City C	15	5	0	8
City D	20	12	8	0

(1) 编写模拟退火算法的伪代码或程序代码。

(2) 应用算法解决上述实例问题,并输出最短路径和总长度。

(3) 分析算法的性能,包括收敛速度和解的质量。

4.4　(背包问题)给定一组物品,每个物品都有一个重量和一个价值,确定应该将哪些物品放入背包中,以使得背包中物品的总价值最大,同时不超过背包的重量限制。

假设有 5 个物品和容量为 10 的背包。每个物品的重量和价值如表 4-4 所示。

表 4-4　物品的重量和价值

物 品 编 号	重量(W)	价值(V)
1	2	20
2	3	30
3	4	40
4	5	50
5	6	60

使用遗传算法求解上述 0/1 背包问题,找到不超过背包容量限制的最优物品组合,使得总价值最大。

(1) 定义遗传算法的参数,如种群大小、交叉率、变异率、迭代次数等。

(2) 编写遗传算法的伪代码或程序代码。

(3) 应用算法解决上述实例问题,并输出最优物品组合、总价值和总重量。

(4) 分析算法的性能,包括收敛速度、解的质量以及参数选择对算法性能的影响。

算法步骤如下。

初始化:随机生成一定数量的解作为初始种群,每个解是一个长度等于物品数量的 0/1 字符串,1 表示选择该物品,0 表示不选择。

适应度计算:对于每个解(个体),计算其适应度,适应度函数可以是价值与重量的比例,或者直接是总价值,但需要考虑不超过背包容量。

选择:根据适应度从当前种群中选择个体,用于生成下一代。可以使用轮盘赌选择、锦标赛选择等方法。

交叉:随机选择一对个体进行交叉操作,生成新的后代。常用的交叉方法包括单点交叉、双点交叉或均匀交叉。

变异:以一定的概率对后代个体的某些基因进行变异,即 0 变为 1 或 1 变为 0,以保持种群的多样性。

新一代种群:根据选择、交叉和变异的结果形成新一代种群。

终止条件:如果达到最大迭代次数或解的质量达到预设阈值,则算法终止。

4.5　(思考题)如何在搜索过程中避免重蹈覆辙,本章介绍的搜索算法的主要特点是不记录已访问的结点,相对于第 3 章中那些记录已访问结点的算法,本章算法降低了对存储空间的要求。然而,不记录已访问结点所引发的副作用不容忽视,其中的一个副作用就是搜索过程可能会在访问一个结点之后的不久又再次访问该结点,这种现象被称为"循环搜索"。禁忌搜索策略是一种用于减少"循环搜索"的策略,该策略可用于求解大规模的优化问题,如车间调度、图论中的最大团搜索问题。请阐述禁忌搜索策略的主要技术与应用。

4.6　(思考题)如何改进爬山算法?爬山算法在求解开始时所生成的结点如果处于问题空间中的一个局部最优区域,则该算法仅能找到一个次优解,而不能找到全局最优解。例如,在图 4-12 中,爬山算法的初始结点如

果是 a 指向的结点,则它仅能得到次优解。同理,它分别以 b、c 为初始结点也仅能得到次优解。但是,如果爬山算法从 d 指向的结点开始,它就能找到全局最优解。怎样改进爬山算法,以使它能找到全局最优解呢？模拟退火算法是对爬山算法的一种改进,但是模拟退火算法存在耗时较长的可能。设想,如果从 a 指向的结点开始搜索,模拟退火算法或许需要经过很长的时间才能进入 d 指向的区域。针对模拟退火算法耗时较长的问题,研究者提出了一种称为"随机重启搜索"的策略,主要思想是在爬山算法得到一个解后,重新启动它,新的搜索过程从一个随机初始的结点开始。随机重启的次数依据待求解的问题和试验经验而定。请阐述"随机重启搜索"策略的理论与实验依据。

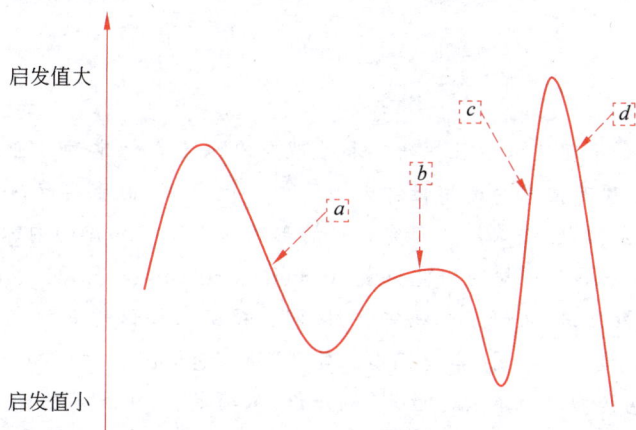

图 4-12　爬山算法

第 **5** 章

不确定知识表示和推理

现有的知识表示和推理技术往往把研究和处理对象限定在特定的专业知识领域,对不具有规范表示的知识领域,现有技术的适用性就大为降低。近年来,由于实际应用的推动,知识处理研究发生了许多重大变化,已经从注重研究知识的形式转向研究知识的内容,从注重研究良构知识(well-structured knowledge)转向研究病构知识(ill-structured knowledge),从注重研究封闭性知识转向研究开放性知识,从研究内涵完整、协调和精确的知识转向研究内涵不完整、不协调和不精确的知识,这些趋势可以用"非规范知识处理"的概念概括。所谓知识的非规范性,是指知识内涵的难处理性,包括知识的不确定性(模糊知识、不确定、随机和不精确知识),或知识的不完整性(内容不完整的知识和结构不完整的知识),或知识的不协调性(含矛盾的知识、带噪声的知识和含冗余的知识),或知识非恒常性(时变知识和启发式知识)。

本章讨论处理数据的不精确和知识的不确定所需要的一些工具和方法,主要包括基于Bayes 理论的概率推理、在经验基础上抽象得到的确定性因子方法、基于信任测度函数的证据理论、基于模糊集合论的模糊推理等技术。

5.1 概 述

诸如"鸟是会飞的"及"常在河边走,哪能不湿鞋"这样的常识和常识推理,如何形式化?

这里说的常识、常识推理与通常的逻辑推理不同。首先,常识具有不确定性。一个常识可能有众多的例外。一个常识可能是一种尚无理论依据或者缺乏充分验证的经验。其次,常识往往对环境有极强的依存性。由于常识的这种不确定性,决定了常识推理的所谓非单调性,即依据常识进行通常的逻辑推理,但保留对常识的不确定性及环境的变迁造成的推理失误的修正权。非单调推理技术试图解决不确定性推理问题。

既然人的信念常常是不确定的,就存在关于信念强度的问题,即确定性程度到底为多少。最常见的方法是把指示确定性程度的数据附加到推理规则,并由此研究不确定强度的表示和计算问题。

陆汝钤院士曾主持一项国家自然科学基金重大项目"非规范知识处理的基本理论和核心技术"。所谓知识的非规范性,是指知识内涵的难处理性,它包括知识的不确定性、知识的不完整性、知识的不协调性和知识的非恒常性。该项目的主要研究目标和研究内容是,从理论、技术和示范应用三个层面对非规范知识处理进行深入研究。在理论上,要研究非规范知识的数学理论、逻辑理论和认知理论;在技术上,要研究非规范知识的表示和建模、非规范知识的获取和融合,以及非规范知识的通信和传播;在示范应用上,要研究几个特定领域的非规范知识,开发海量非规范知识库、示范性语义网上知识获取和知识编辑器,以及通用网上的知识获取和知识编辑器。

5.1.1　什么是不确定性推理

不确定性是智能问题的本质特征,无论是人类智能还是人工智能,都离不开不确定性的处理。可以说,智能主要反映在求解不确定性问题的能力上。

推理是人类的思维过程,它是从已知事实出发,通过运用相关的知识逐步推出某个结论的过程。其中,已知事实和知识是构成推理的两个基本要素。已知事实又称为证据,用以指出推理的出发点及推理时应使用的知识;而知识是推理得以向前推进,并逐步达到最终目标的依据。第 2 章介绍的演绎推理是一种精确的推理,因为它处理的是精确事实和知识,并运用确定的推理方法得出精确的结论。

在客观世界中,由于事物发展的随机性和复杂性,人类认识的不完全、不可靠、不精确和不一致性,自然语言中存在的模糊性和歧义性,使得现实世界中的事物以及事物之间的关系极其复杂,带来了大量的不确定性。如果采用确定性的经典逻辑处理不确定性,就需要把知识或思维行为中原本具有的不确定性划归为确定性处理,这无疑会失去事物的某些重要属性,造成信息流失,妨碍人们做出最好的决定,甚至可能做出错误的决定。大多数要求智能行为的任务都具有某种程度的不确定性。不确定性可以理解为在缺少足够信息的情况下做出判断。

确定性推理是建立在经典逻辑基础上的,经典逻辑的基础之一就是集合论,集合论中的隶属概念是一个非常精确和确定的概念,一个元素是否属于某个集合是非常明确的。这在很多实际情况中是很难做到的,如高、矮、胖、瘦就很难精确地区分。因此,经典逻辑不适合用来处理不确定性。针对不同的不确定性起因,人们提出了不同的理论和方法,以建立适合描述不确定和不精确的新的逻辑模型。因此可以说,不确定性推理是建立在非经典逻辑基础上的一种推理,它是对不确定性知识的运用与处理。严格地说,不确定性推理就是从不确定性初始证据出发,通过运用不确定性的知识,最终推出具有一定程度的不确定性,但却是合理或者近乎合理的结论的思维过程。

5.1.2　不确定性推理要解决的基本问题

证据和规则的不确定性,导致所产生的结论的不确定性。不确定性推理反映了知识不确定性的动态积累和传播过程,推理的每一步都需要综合证据和规则的不确定性因素,通过某种不确定性测度,寻找尽可能符合客观实际的计算模式,通过不确定性测度的传递计算,最终得到结果的不确定性测度。

因此,在基于规则的专家系统中,不确定性表现在证据、规则和推理三方面,需要对专家系统中的事实与规则给出不确定性描述,并在此基础上建立不确定性的传递计算方法。因此,要实现对不确定性知识的处理,必须解决不确定性知识的表示问题、不确定性信息的计算问题,以及不确定性表示和计算的语义解释问题。

1. 表示问题

表示问题指的是采用什么方法描述不确定性。通常有数值表示和非数值的语义表示两种方法。数值表示便于计算、比较;非数值表示是一种定性的描述。

专家系统中的“不确定性”一般分为两类:一是规则的不确定性,二是证据的不确定性。

(1) 规则的不确定性$(E \rightarrow H, f(H, E))$,表示相应知识的不确定性程度,称为知识或规则强度。

(2) 证据的不确定性$(E, C(E))$,表示证据 E 为真的程度。它有两种来源:初始证据(由用户给出);前面推出的结论作为当前证据(通过计算得到)。

一般来说,证据不确定性的表示方法应与知识不确定性的表示方法保持一致,证据的不确定性通常也是一个数值表示,它代表相应证据的不确定性程度,称为动态强度。

2. 计算问题

计算问题主要指不确定性的传播与更新,即获得新信息的过程。它是在领域专家给出的规则强度和用户给出的原始证据的不确定性的基础上,定义一组函数,求出结论的不确定性度量。它主要包括如下三方面。

1) 不确定性的传递算法

在每一步推理中,如何把证据及规则的不确定性传递给结论?在多步推理中,如何把初始证据的不确定性传递给结论?

也就是说,已知规则的前提 E 的不确定性 $C(E)$ 和规则强度 $f(H,E)$,求假设 H 的不确定性 $C(H)$,即定义函数 f_1,使得

$$C(H)=f_1(C(E),f(H,E))$$

2) 结论不确定性合成

推理中有时会出现这样一种情况:用不同的知识进行推理,得到相同结论,但不确定性的程度却不相同。

即已知由两个独立的证据 E_1 和 E_2 求得的假设 H 的不确定性度量 $C_1(H)$ 和 $C_2(H)$,求证据 E_1 和 E_2 的组合导致的假设 H 的不确定性 $C(H)$,即定义函数 f_2,使得

$$C(H)=f_2(C_1(E),C_2(H))$$

3) 组合证据的不确定性算法

即已知证据 E_1 和 E_2 的不确定性度量 $C(E_1)$ 和 $C(E_2)$,求证据 E_1 和 E_2 的析取和合取的不确定性,即定义函数 f_3 和 f_4,使得

$$C(E_1 \wedge E_2)=f_3(C(E_1),C(E_2))$$
$$C(E_1 \vee E_2)=f_4(C(E_1),C(E_2))$$

目前关于组合证据的不确定性的计算已经提出了多种方法,用得最多的是如下三种。

(1) 最大最小法。

$$C(E_1 \wedge E_2)=\min(C(E_1),C(E_2))$$
$$C(E_1 \vee E_2)=\max(C(E_1),C(E_2))$$

(2) 概率方法。

$$C(E_1 \wedge E_2)=C(E_1) \times C(E_2)$$
$$C(E_1 \vee E_2)=C(E_1)+C(E_2)-C(E_1) \times C(E_2)$$

(3) 有界方法。

$$C(E_1 \wedge E_2)=\max\{0,C(E_1)+C(E_2)-1\}$$
$$C(E_1 \vee E_2)=\min\{1,C(E_1)+C(E_2)\}$$

3. 语义问题

语义问题指上述表示和计算的含义是什么,如 $C(H,E)$ 可理解为当前提 E 为真时,对结论 H 为真的一种影响程度,$C(E)$ 可理解为 E 为真的程度。

目前,在人工智能领域,处理不确定性问题的主要数学工具有概率论和模糊数学。概率论和模糊数学研究和处理的是两种不同的不确定性。概率论研究和处理随机现象,事件本身有明确的含义,只是由于条件不充分,使得在条件和事件之间不能出现决定性的因果关系(随机性)。模糊数学研究和处理模糊现象,概念本身就没有明确的外延,一个对象是否符合这个概念是难以确定的(属于模糊的)。无论采用什么数学工具和模型,都需要对规则和证据的不确定性给出度量。

规则的不确定性度量 $f(H,E)$ 需要定义在下述三个典型情况下的取值：

(1) 若 E 为真，则 H 为真，这时 $f(H,E)$ 的值。

(2) 若 E 为真，则 H 为假，这时 $f(H,E)$ 的值。

(3) E 对 H 没有影响，这时 $f(H,E)$ 的值。

对于证据的不确定性度量 $C(E)$，需要定义在下述三个典型情况下的取值：

(1) E 为真，$C(E)$ 的值。

(2) E 为假，$C(E)$ 的值。

(3) 对 E 一无所知，$C(E)$ 的值。

对于一个专家系统，一旦给定了上述不确定性的表示、计算及其相关的解释，就可以从最初的观察证据出发，得出相应结论的不确定性程度。专家系统的不确定性推理模型指的就是证据和规则的不确定性的测度方法以及不确定性的组合计算模式。

5.1.3　不确定性推理方法分类

关于不确定性推理方法的研究，主要沿两条不同的路线发展。

(1) 在推理级扩展不确定性推理的方法：其特点是把不确定证据和不确定的知识分别与某种量度标准对应起来，并且给出更新结论不确定性算法，从而建立不确定性推理模式。通常把这一类方法统称为模型方法。

(2) 在控制策略级处理不确定性的方法：其特点是通过识别领域中引起不确定性的某些特征及相应的控制策略限制或减少不确定性对系统产生的影响，这类方法没有处理不确定性的统一模型，其效果极大地依赖控制策略，把这类方法统称为控制方法。

模型方法又分为数值方法及非数值方法两类。数值方法是对不确定性的一种定量表示和处理方法。非数值方法是指除数值方法外的其他各种处理不确定性的方法，如古典逻辑方法和非单调推理方法等。

在数值方法中，概率方法是重要的方法之一。概率论有着完善的理论和方法，而且具有现成的公式实现不确定性的合成和传递，因此可以用作度量不确定性的重要手段。

纯概率方法虽然有严格的理论依据，但通常要求给出事件的先验概率和条件概率，而这些数据又不易获得，因此使其应用受到限制。为了解决这个问题，人们在概率论的基础上发展起一些新的方法和理论，主要有主观概率论（又称主观 Bayes 方法）、可信度方法、证据理论等。

(1) 主观 Bayes 方法：它是 PROSPECTOR 专家系统中使用的不确定性推理模型，是对 Bayes 公式修正后形成的一种不确定性推理方法，为概率论在不确定性推理中的应用提供了一条途径。

(2) 可信度方法：它是 MYCIN 专家系统中使用的不确定性推理模型，它以确定性理论为基础，方法简单、易用。

(3) 证据理论：它通过定义信任函数、似然函数，把知道和不知道区别开。这些函数满足比概率函数的公理弱的公理，因此，概率函数是信任函数的一个子集。

基于概率的方法虽然可以表示和处理现实世界中存在的某些不确定性，在人工智能的不确定性推理方面占有重要地位，但它们没有把事物自身具有的模糊性反映出来，也不能对其客观存在的模糊性进行有效推理。Zadeh 等提出的模糊集理论及其在此基础上发展的可能性理论弥补了这一缺憾。概率论处理的是由随机性引起的不确定性，可能性理论处理的是由模糊性引起的不确定性。可能性理论对由模糊性引起的不确定性的表示及处理开辟了一种新的解决途径，并得到广泛的应用。

5.2　非单调逻辑

为了形式地表述常识,并在常识间进行有效的形式推理,20世纪70年代末,人们提出了非单调逻辑。

传统逻辑系统都是单调的,因为由已知事实推出的逻辑结论绝不会在已知事实增加时反而丧失。更形式地,可定义逻辑系统的单调性如下。

定义 5.1　设 FS 为一逻辑系统,称 FS 是单调的,如果对于 FS 的任意公式集合 $\Gamma_1, \Gamma_2, \Gamma_1 \subseteq \Gamma_2$ 蕴涵 $\text{Th}(\Gamma_1) \subseteq \text{Th}(\Gamma_2)$。这里 $\text{Th}(\Gamma)$ 表示公式集合 $\{A \mid \Gamma \vdash_{FS} A\}$,即 Γ 的演绎结果的集合。

已讨论的所有逻辑系统都是单调的。可是,常识推理却并不具有这种单调性。例如,当你告诉我"a 是一只鸟"时,我立即会根据常识"鸟是会飞的"进行推理,做出结论"a 是会飞的"。可当你又告诉我"a 是一只鸵鸟"时,我自然会立即撤回上述结论,相反会根据常识"鸵鸟不会飞"而做出结论"a 是不会飞的"。如果我足够机敏,还应对常识"鸟是会飞的"做出修正,例如,改为"鸟是会飞的,除非它是鸵鸟"。在上述推理过程中,第一个结论在已知事实增加时会自行撤销(而不是仍然接受它),并修改推理的依据(而不是让互相矛盾的依据共存,因而被迫接受一切断言)。

常识推理的这种特性称为非单调性,具有非单调性的推理称为非单调推理,而使用非单调推理的逻辑系统称为非单调逻辑。和定义5.1相对,可形式地定义非单调性。

定义 5.2　逻辑系统 FS 称为非单调的,如果存在公式集合 Γ_1 和 Γ_2,$\Gamma_1 \subseteq \Gamma_2$。但 $\text{Th}(\Gamma_1) \nsubseteq \text{Th}(\Gamma_2)$。

要使机器具有智能,就应当使它具有进行常识推理的能力,具有依据"不完全的信息"和"不可靠的经验"进行推理及预测的能力,因此使机器具有这种非单调的逻辑推理机制是非常必要的。

5.2.1　非单调逻辑的产生

非单调逻辑这个名词的第一次出现,大致是在20世纪70年代中期,但在人工智能对推理机制的模拟的研究中,非单调推理的运用则更早些。

最早的 Prolog 版本中就已经有了"封闭系统假设",即当系统推不出 A 时,便认为 ¬A 成立。当系统的知识库扩充时,可能推出 A,那时 ¬A 便不再为系统所接受。

PLANNER 系统则更进一步,其中设有运算 THNOT。THNOT(A) 表示"试图证明 A,若不成功,则 THNOT(A) 为真"。不仅如此,为了便于在运行中更新系统,PLANNER 还设有前提表和删除表,可随时删除那些系统已经导出而又在系统更改后不再成立的事实。

采用"封闭系统假设"或算符 THNOT 的方式都有一个明显的缺点,即必须保证"A 是否可证"是可判定的,而这并不总是可以办到的。一阶逻辑是不可判定的。此外,系统还可能遇到"循环论证"的情况。例如,系统已知

$$A(f(x)) \to B(x)$$
$$B(f(x)) \to C(x)$$
$$C(f(x)) \to A(x)$$

要证 $A(a)$。这时系统既无法确定"$A(a)$ 可证",也无法确定"$A(a)$ 不可证",因为要证 $A(a)$,须证 $C(f(a)), B(f(f(a))), A(f(f(f(a)))), \cdots$。

在用逻辑演算刻画状态转换、动作规划时,非单调性显得尤为重要,因为状态、动作都不是一

成不变的。

在规划生成系统 STRIPS 中,用状态变换的规则模拟机器人的动作。这些规则均由以下三部分组成。

(1) 前提:规则执行的前提。

(2) 删除表:规则执行后状态描述中应当删除的事实表。

(3) 添加表:规则执行后状态描述中应当添加的事实表。

例 5.1　表示机器人拾起一块积木的动作可用规则 Pickup(x),它由以下三部分组成。

前提:ontable(x)　　　　(x 在桌子上)

　　　clear(x)　　　　　(x 上无他物)

　　　handempty　　　　(机械手闲置)

删除表:ontable(x),clear(x),handempty

添加表:holding(x)(机械手持有 x)

如果图 5-1(a)的状态描述是

$$\{\text{ontable}(A),\text{ontable}(B),\text{handempty},\text{clear}(A),\text{clear}(B)\}$$

那么,经过动作 Pickup(A)后,其状态描述应为

$$\{\text{ontable}(B),\text{clear}(B),\text{holding}(A)\}$$

如图 5-1(b)所示。

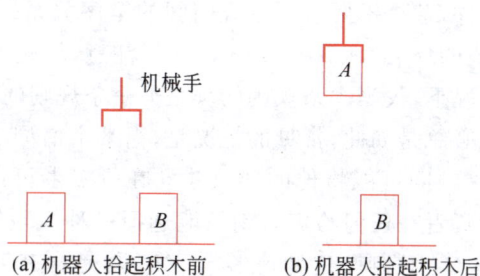

图 5-1　机器人拾起一块积木的动作前后

在实际应用中出现的这些处理非单调性的方法是很有启发意义的,它们为非单调逻辑的出现奠定了基础。到了 20 世纪 70 年代后期和 80 年代初,人们开始研究非单调推理,并提出多种非单调逻辑系统,较令人注目的是 Reiter 的默认推理逻辑,以及 McDermott 和 Doyle 的非单调逻辑系统。

5.2.2　非单调规则

在非单调规则系统中,即使所有前提已知,规则也可能不会被应用,因为还必须考虑是否同时存在与之相矛盾的推理。一般来说,下面考虑的规则都称为可废止的,因为其他规则可以废止它们。为了允许规则间的冲突,否定的原子公式可以出现在规则的头或体中。例如,可以有下面的规则:

$$p(X)\to q(X)$$
$$r(X)\to \neg q(X)$$

下面使用不同的箭头区别可废止规则和标准的单调规则:

$$p(X)=>q(X)$$
$$r(X)=>>q(X)$$

在这个例子中,如果同时还给出事实 $p(a)$、$r(a)$,则根据非单调规则,既推不出 $q(a)$,也推不出 $\neg q(a)$。这是一个两条规则彼此阻塞的典型例子。这种冲突可以通过使用规则间优先序解决。假设我们知道由于某些原因,第一条规则比第二条规则可靠,那么可以确定地推出 $q(a)$。

在实践中,优先序的出现是很自然的,可以基于各种不同的原则,例如:

(1) 一条规则的来源可能比另一条规则的来源更可靠或更权威。例如,在法律领域,联邦法就优先于州立法。同样,在商业经营中,高层管理部门比中层管理部门更权威。

(2) 一条规则可能比另一条规则更优先,因为它在时间上更近。

(3) 一条规则可能比另一条规则更优先,因为它更特殊。典型的例子是一条普遍的规则带有一些对例外情况的特殊规定;在出现这些例外情况时,特殊规则比一般规则本身更应当被遵守。

对于给定的一组规则,特殊性通常可以根据这些规则计算出来,但第一条和第二条原则无法由逻辑推理定义。所以,我们对具体的优先原则加以抽象,假定存在规则集上的一种外在优先关系,用它统一地刻画各种具体的优先原则。为了从语法上表达这种关系,拓展规则语法以包含一个唯一的标号,例如:

$$r_1: p(X) => q(X)$$
$$r_2: r(X) => \neg q(X)$$

于是可以用 $r_1 > r_2$ 表示 r_1 比 r_2 更优先。

这里不对 $>$ 施加很多条件,甚至不要求它是规则间的全序关系。我们仅要求优先关系是无环的,也就是不能有如下形式的环 $r_1 > r_2 > \cdots > r_n > r_1$。注意,优先关系是为了解决竞争规则间的冲突而引进的。在简单情况下,仅当一条规则的头是另一条规则的头的否定时,这两条规则才出现竞争。但实际应用中未必总是如此,常见的情况是,当某个谓词 p 被推出时,不再允许另一些谓词成立。例如,一个投资顾问可能将他的建议建立在投资者可以接受的三种风险级别上:低、中等和高。显然,每个投资者在任何给定时刻只能选择一种风险级别。技术上,可以通过给每个文字 L 维护一个冲突集 $C(L)$ 刻画这种情形。$C(L)$ 总是含有 L 的否定,也可以包含更多文字。

定义 5.3 可废止规则有如下形式:

$$r: L_1, L_2, \cdots, L_n => L$$

其中,r 是标号,$\langle L_1, L_2, \cdots, L_n \rangle$ 是体(或前提),L 是规则的头。L、$L_1, L_2, \cdots, L_n$ 是正或负文字(一个文字是一个原子公式 $p(t_1, t_2, \cdots, t_m)$ 或它的否定 $\neg p(t_1, t_2, \cdots, t_m)$)。在规则中没有函数词出现。有时用 head($r$) 表示规则的头,body($r$) 表示体。有时用标号 r 指代整个规则,虽然这有些不严格。

可废止逻辑程序是一个三元组 $(F, R, >)$,包括事实集 F,可废止规则的有限集 R,以及 R 上的无环二元关系 $>$(严格地说,是 $r > r'$ 的集合,其中,r、r' 是 R 中规则的标号)。

5.2.3 案例:有经纪人的交易

本例说明在电子商务领域怎样使用规则。有经纪人的交易通过独立的第三方——经纪人实现。经纪人匹配买家的需求和卖家的能力,当双方都满意时,提议进行交易。

作为一个具体应用,下面讨论公寓租赁这种常见但通常乏味耗时的活动。适当的网络服务可以相当大地减少工作量。下面给出一个潜在租赁者的需求,具体解答扫二维码。

颜炯正在找一个至少 $45m^2$ 且至少有两个卧室的公寓。如果是在三楼或三楼以上,楼必须有电梯。而且可以养宠物。

5.2.3案例解答

颜炯愿意为市中心的 45m² 大小的公寓付 900 元,为在市郊的类似公寓付 750 元。并且,他愿意为公寓超出 45m² 的部分每平方米支付 15 元,为花园每平方米支付 6 元。

他的付款总额不会超过 1200 元。在给定的可选项中,他将选择最便宜的,第二优先的是有花园的,最后才是有额外空间的。

5.3　主观 Bayes 方法

概率论被广泛用于处理随机性以及人类知识的不可靠性,如随机事件 A 的概率 $P(A)$ 可表示 A 发生的可能性大小,因而可用概率方法表示和处理事件 A 的确定性程度。主观 Bayes 方法是由 R.O.Duda 等于 1976 年在概率论的基础上,通过对 Bayes 公式的修正而形成的一种不确定性推理模型,并成功地应用在他们自己开发的地矿勘探专家系统 PROSPECTOR 中。

5.3.1　全概率公式和 Bayes 公式

在概率论中,一个事件或命题的概率是在大量统计数据的基础上计算出来的,并且要处理条件概率中复杂的证据之间的内在关系。在使用概率进行不确定性推理中,需要收集大量的样本事件进行统计,以便获得事件发生的概率用来表示命题的确定性程度。然而,在许多情况下,同类事件发生的频率不高,甚至很低,无法做概率统计,这时一般是根据观测到的数据,凭领域专家的经验给出一些主观上的判断,称为主观概率。因此,概率一般可以解释为对证据和规则的主观信任度。概率推理中起关键作用的就是所谓的 Bayes 公式,它也是主观 Bayes 方法的基础。

1. Bayes 公式

定义 5.4(全概率公式)　设有事件 $A_1, A_2, \cdots, A_n$ 满足:

(1) 任意两个事件互不相容;

(2) $P(A_i) > 0 (i = 1, 2, \cdots, n)$;

(3) 样本空间 D 是所有 $A_i (i = 1, 2, \cdots, n)$ 构成的集合。

则对任何事件 B 来说,有下式成立:

$$P(B) = P(A_1) \cdot P(B \mid A_1) + P(A_2) \cdot P(B \mid A_2) + \cdots + P(A_n) \cdot P(B \mid A_n)$$

全概率公式提供了计算 $P(B)$ 的方法。

定义 5.5(Bayes 公式)　设有事件 $A_1, A_2, \cdots, A_n$ 满足:

(1) 任意两个事件互不相容;

(2) $P(A) > 0 (i = 1, 2, \cdots, n)$;

(3) 样本空间 D 是所有 $A_i (i = 1, 2, \cdots, n)$ 构成的集合。

则对任何事件 B 来说,有下式成立:

$$P(B) \cdot P(A_i \mid B) = P(A_i) \cdot P(B \mid A_i) \quad (i = 1, 2, \cdots, n)$$

$$P(A_i \mid B) = \frac{P(A_i) \times P(B \mid A_i)}{P(B)} \quad (i = 1, 2, \cdots, n)$$

由全概率公式得到

$$P(A_i \mid B) = \frac{P(A_i) \times P(B \mid A_i)}{\sum_{j=1}^{n} P(A_j) \times P(B \mid A_j)} \quad (i = 1, 2, \cdots, n)$$

其中,$P(A_i)$ 是事件 A_i 的先验概率;$P(B \mid A_i)$ 是在事件 A_i 发生条件下事件 B 的条件概率;

$P(A_i|B)$ 是在事件 B 发生条件下事件 A_i 的条件概率,称为后验概率。

2. 利用 Bayes 公式进行推理

在专家系统中,假设有如下规则:

$$If \quad E \quad Then \quad H$$

其中,E 为前提条件,H 为结论。那么条件概率 $P(H|E)$ 就表示在 E 发生时,H 的概率,可以用它作为证据 E 出现时结论 H 的确定性程度。

同样,对于复合条件 $E = E_1 \wedge E_2 \wedge \cdots \wedge E_n$,也可以用条件概率 $P(H|E_1, E_2, \cdots, E_n)$ 作为证据 $E_1, E_2, \cdots, E_n$ 出现时,结论 H 的确定性程度。

对于产生式规则 If E Then H_i,用条件概率 $P(H_i|E)$ 作为证据 E 出现时,结论 H_i 的确定性程度。根据 Bayes 公式,可以得到

$$P(H_i \mid E) = \frac{P(H_i) \times P(E \mid H_i)}{\sum_{j=1}^{n} P(H_j) \times P(E \mid H_j)} \quad (i = 1, 2, \cdots, n)$$

这就是说,当已知结论 H_i 的先验概率 $P(H_i)$,并且已知结论 $H_i (i=1,2,\cdots,n)$ 成立时,前提条件 E 对应的证据出现的条件概率 $P(E|H_i)$ 就可以用上式求出相应证据出现时结论 H_i 的条件概率 $P(H_i|E)$。

当有多个证据 $E_1, E_2, \cdots, E_m$ 和多个结论 $H_1, H_2, \cdots, H_n$,并且每个证据都以一定程度支持每个结论时,根据独立事件的概率公式和全概率公式,Bayes 公式可变为

$$P(H_i \mid E_1 E_2 \cdots E_m) = \frac{P(E_1 \mid H_i) \times P(E_2 \mid H_i) \times \cdots \times P(E_m \mid H_i) \times P(H_i)}{\sum_{j=1}^{n} P(E_1 \mid H_j) \times P(E_2 \mid H_j) \times \cdots \times P(E_m \mid H_j) \times P(H_j)}$$

$$(i = 1, 2, \cdots, n)$$

此时,只要已知 H_i 的先验概率 $P(H_i)$ 以及 H_i 成立时证据 $E_1, E_2, \cdots, E_m$ 出现的条件概率 $P(E_1|H_i), P(E_2|H_i), \cdots, P(E_m|H_i)$,就可利用上式计算出在 $E_1, E_2, \cdots, E_m$ 出现情况下 H_i 的条件概率 $P(H_i|E_1, E_2, \cdots, E_m)$。

在实际应用中,有时这种方法是很有用的。例如,如果把 $H_i (i=1,2,\cdots,n)$ 当作一组可能发生的疾病,把 $E_j (j=1,2,\cdots,m)$ 当作相应的症状,$P(H_i)$ 是从大量实践中经统计得到的疾病 H_i 发生的先验概率,$P(E_j|H_i)$ 是疾病 H_i 发生时观察到症状 E_j 的条件概率,则当观察到患者有症状 $E_1, E_2, \cdots, E_m$ 时,应用上述 Bayes 公式就可计算出 $P(H_i|E_1, E_2, \cdots, E_m)$,从而得知患者患疾病 H_i 的可能性。

Bayes 推理的优点是它有较强的理论背景和良好的数学特性,当证据和结论都彼此独立时,计算的复杂度比较低,但是它也有其局限性。

(1) 因为需要 $\sum_{j=1}^{n} P(H_j) = 1$,如果又增加一个新的假设,则对所有的 $1 \leqslant j \leqslant n+1$,$P(H_j)$ 都需要重新定义。

(2) Bayes 公式的应用条件是很严格的,它要求各事件互相独立,如证据间存在依赖关系,就不能直接使用此方法。

(3) 在概率论中,一个事件或命题的概率是在大量统计数据的基础上计算出来的,因此尽管有时 $P(E_j|H_i)$ 比 $P(H_i|E_j)$ 相对容易得到,但总的来说,要想得到这些数据,仍然是一项相当困难的工作。

5.3.2　主观 Bayes 方法

主观 Bayes 方法是在对 Bayes 公式修正的基础上形成的一种不确定性推理模型。

1. 知识不确定性的表示

1）信任机率

我们知道,概率论考虑的是可重复性的事件,但是对于许多不可重复事件的概率,如医疗上的诊断和矿产的探测,每个患者或矿产的位置是不同的,这时必须扩大事件的范围,以便能够处理类似的命题。例如,一个可能的事件是:

"一个患者浑身长满了红斑点"

命题是:

"患者出麻疹"

设 A 是一个命题,条件概率为 $P(A|B)$。

如果事件或命题不可重复或没有数学依据,通常概率 $P(A|B)$ 是没有必要的。这时可以把 $P(A|B)$ 解释为在 B 成立时 A 为真的可信度。

如果 $P(A|B)=1$,则可以相信 A 为真;如果 $P(A|B)=0$,则可以相信 A 为假。而对于其他值 $0<P(A|B)<1$,则表示不能完全确定 A 是真还是假。在统计学上,一般认为假设就是依据某些证据还不能确定其真假的命题,这样可以使用条件概率表示似然性,如 $P(A|B)$ 表示在证据 B 的基础上,假设 A 的似然性。

概率适用于重复事件,而似然性适用于表示非重复事件中信任的程度。一般在专家系统中,$P(H|E)$ 表示在有证据 E 的情况下,专家对某种假设 H 为真的信任度。但是,如果事件是可重复的,则 $P(H|E)$ 就表示概率。表达这种似然性的方法可以采用赌博中的机率(ODDS)方法。

定义 5.6 机率定义如下。

在某事件 C 的前提下,A 相对于 B 的机率可以表示为:

$$\text{odds} = P(A|C)/P(B|C)$$

如果 $B=\neg A$,则有

$$\text{odds} = \frac{P(A|C)}{P(\neg A|C)} = \frac{P(A|C)}{1-P(A|C)}$$

用 P 表示 $P(A|C)$,则有

$$\text{odds} = \frac{P}{1-P} \quad 并且 \quad P = \frac{\text{odds}}{1+\text{odds}}$$

即已知机率可以计算似然性,反之亦然。如果把 P 解释为证据 X 出现的可能性,而 $1-P$ 表示证据 X 不出现的可能性,可见,X 的机率等于 X 出现的可能性与 X 不出现的可能性之比。用 $P(X)$ 表示 X 出现的可能性,$O(X)$ 表示 X 的机率。显然,随着 $P(X)$ 的增大,$O(X)$ 也在增大,并且 $P(X)=0$ 时有 $O(X)=0$,$P(X)=1$ 时有 $O(X)=\infty$。这样,就可以把取值为 $[0,1]$ 的 $P(X)$ 放大到取值为 $[0,+\infty)$ 的 $O(X)$。

概率通常和演绎问题一起使用,即处理在相同的假设下,一系列不同事件 E_i 均可能发生的问题。概率本质上是正向链或演绎的,而似然性则是反向链或归纳的。虽然对概率和似然性使用同样的符号,但应用却不同,通常我们说:一种假设下的似然性,或一个事件的概率。

2）充分性和必然性

由 Bayes 公式可知:

$$P(H|E) = \frac{P(E|H) \times P(H)}{P(E)}$$

$$P(\neg H|E) = \frac{P(E|\neg H) \times P(\neg H)}{P(E)}$$

将两式相除,得

$$\frac{P(H \mid E)}{P(\neg H \mid E)} = \frac{P(E \mid H)}{P(E \mid \neg H)} \times \frac{P(H)}{P(\neg H)} \qquad (5\text{-}1)$$

根据机率定义

$$O(X) = \frac{P(X)}{1 - P(X)} \quad \text{或} \quad O(X) = \frac{P(X)}{P(\neg X)} \qquad (5\text{-}2)$$

将式(5-2)代入式(5-1),有

$$O(H \mid E) = \frac{P(E \mid H)}{P(E \mid \neg H)} \times O(H) \qquad (5\text{-}3)$$

其中,$O(H)$ 和 $O(H|E)$ 分别表示 H 的先验机率和后验机率。

定义似然率 LS 如下

$$LS = P(E \mid H)/P(E \mid \neg H) \qquad (5\text{-}4)$$

将式(5-4)代入式(5-3),可得

$$O(H \mid E) = LS \times O(H) \qquad (5\text{-}5)$$

即

$$LS = O(H \mid E)/O(H) \qquad (5\text{-}6)$$

式(5-5)称为 Bayes 定理的机率似然性形式。因子 LS 称为充分似然性,因为如果 $LS = \infty$,则证据 E 对于推出 H 为真是逻辑充分的。LS 为规则的充分性量度,它反映 E 的出现对 H 的支持程度。当 $LS=1$ 时,E 对 H 没影响;当 $LS>1$ 时,E 支持 H,且 LS 越大,E 对 H 的支持越充分,若 LS 为 ∞,则 E 为真时 H 就为真;当 $LS<1$ 时,E 排斥 H,若 LS 为 0,则 E 为真时 H 就为假。

同理,可得到关于 LN 的公式

$$LN = P(\neg E \mid H)/P(\neg E \mid \neg H) \qquad (5\text{-}7)$$

$$O(H \mid \neg E) = LN \times O(H) \qquad (5\text{-}8)$$

式(5-8)称为 Bayes 定理的必然似然性形式。如果 $LN=0$,则有 $O(H|\neg E)=0$。这说明当 $\neg E$ 为真时,H 必假。也就是说,如果 E 不存在,则 H 为假,即 E 对 H 来说是必然的。LN 为规则的必要性量度,它反映 $\neg E$ 对 H 的支持程度,即 E 的出现对 H 的必要性。当 $LN=1$ 时,$\neg E$ 对 H 没影响;当 $LN>1$ 时,$\neg E$ 支持 H,且 LN 越大,$\neg E$ 对 H 的支持越充分,若 LN 为 ∞,则 $\neg E$ 为真时 H 就为真;当 $LN<1$ 时,$\neg E$ 排斥 H,若 LN 为 0,则 $\neg E$ 为真时 H 就为假。

式(5-5)和式(5-8)就是修改的 Bayes 公式。从这两个公式可以看出:当 E 为真时,可以利用 LS 将 H 的先验机率 $O(H)$ 更新为其后验机率 $O(H|E)$;当 E 为假时,可以利用 LN 将 H 的先验机率 $O(H)$ 更新为其后验机率 $O(H|\neg E)$。

3)规则表示方式

在主观 Bayes 方法中,规则是用产生式表示的,其形式为

$$\text{IF} \quad E \quad \text{THEN} \quad (LS, LN) \quad H$$

其中,(LS, LN) 用来表示该规则的强度。

在实际系统中,LS 和 LN 的值均是由领域专家根据经验给出的,而不是计算出来的;当证据 E 愈是支持 H 为真时,则 LS 的值应该愈大;当证据 E 对 H 愈必要时,则相应的 LN 的值应该愈小。因此,公式 LS 和 LN 除了在推理过程中使用以外,还可以作为领域专家为 LS 和 LN 赋值的依据。

2. 证据不确定性的表示

证据通常可以分为全证据和部分证据。全证据就是所有的证据,即所有可能的证据和假设,它们组成证据 E。部分证据 S 就是我们所知道的 E 的一部分,这一部分证据也可以称为观察。一般地,全证据的可信度依赖部分证据,表示为 $P(E|S)$。如果知道所有的证据,则 $E = S$,且有 $P(E|S) = P(E)$。其中,$P(E)$ 就是证据 E 的先验似然性,$P(E|S)$ 是已知全证据 E 中部分知识 S 后对 E 的信任,为 E 的后验似然性。

在主观 Bayes 方法中,证据 E 的不确定性可以用证据的似然率或机率表示。似然率与机率之间的关系为

$$O(E) = \frac{P(E)}{1 - P(E)} = \begin{cases} 0, & \text{当 } E \text{ 为假时} \\ \infty, & \text{当 } E \text{ 为真时} \\ (0, +\infty), & \text{当 } E \text{ 非真也非假时} \end{cases}$$

原始证据的不确定性通常由用户给定,作为中间结果的证据,可以由下面的不确定性传递算法确定。

3. 组合证据不确定性的计算

当组合证据是多个单一证据的合取时,即

$$E = E_1 \ \text{AND} \ E_2 \ \text{AND} \cdots \text{AND} \ E_n$$

如果已知在当前观察 S 下,每个单一证据 E_i 都有概率 $P(E_1|S), P(E_2|S), \cdots, P(E_n|S)$,则

$$P(E|S) = \min\{P(E_1|S), P(E_2|S), \cdots, P(E_n|S)\}$$

当组合证据是多个单一证据的析取时,即

$$E = E_1 \ \text{OR} \ E_2 \ \text{OR} \cdots \text{OR} \ E_n$$

如果已知在当前观察 S 下,每个单一证据 E_i 都有概率 $P(E_1|S), P(E_2|S), \cdots, P(E_n|S)$,则

$$P(E|S) = \max\{P(E_1|S), P(E_2|S), \cdots, P(E_n|S)\}$$

对于"非"运算,用下式计算

$$P(\neg E|S) = 1 - P(E|S)$$

4. 不确定性的传递算法

主观 Bayes 方法推理的任务就是根据 E 的概率 $P(E)$ 及 LS、LN 的值,把 H 的先验概率(或似然性)$P(H)$ 或先验机率 $O(H)$ 更新为后验概率(或似然性)或后验机率。由于一条规则对应的证据可能肯定为真,也可能肯定为假,还可能既非真又非假,因此,在把 H 的先验概率或先验机率更新为后验概率或后验机率时,需要根据证据的不同情况计算其后验概率或后验机率。下面分别讨论这些不同情况。

1）证据肯定为真

当证据 E 肯定为真,即全证据一定出现时,$P(E) = P(E|S) = 1$。将 H 的先验机率更新为后验机率的公式为

$$O(H \mid E) = LS \times O(H)$$

如果是把 H 的先验概率更新为其后验概率,则根据机率和概率的对应关系有

$$P(H \mid E) = \frac{LS \times P(H)}{(LS - 1) \times P(H) + 1}$$

这是把先验概率 $P(H)$ 更新为后验概率 $P(H|E)$ 的计算公式。

2）证据肯定为假

当证据 E 肯定为假,即证据不出现时,$P(E)=P(E|S)=0$,$P(\neg E)=1$。将 H 的先验机率更新为后验机率的公式为

$$O(H|\neg E) = LN \times O(H)$$

如果是把 H 的先验概率更新为其后验概率,则有

$$P(H|\neg E) = LN \times P(H)/((LN-1) \times P(H)+1)$$

这是把先验概率 $P(H)$ 更新为后验概率 $P(H|\neg E)$ 的计算公式。

3）证据既非真又非假

当证据既非真又非假时,不能再用上面的方法计算 H 的后验概率。这时因为 H 依赖证据 E,而 E 基于部分证据 S,则 $P(H|S)$ 是 H 依赖于 S 的似然性。根据条件概率:

$$P(H|S) = P(H,S)/P(S)$$

可以推出

$$P(H|S) = P(H|E) \times P(E|S) + P(H|\neg E) \times P(\neg E|S)$$

可以利用上面的公式计算在证据不确定的情况下,不确定性的传递问题。

下面分为 4 种情况讨论这个公式。

(1) $P(E|S)=1$

当 $P(E|S)=1$ 时,$P(\neg E|S)=0$,则有

$$P(H|S) = P(H|E) = \frac{LS \times P(H)}{(LS-1) \times P(H)+1}$$

这实际上就是证据肯定存在的情况。

(2) $P(E|S)=0$

当 $P(E|S)=0$ 时,$P(\neg E|S)=1$,则有

$$P(H|S) = P(H|\neg E) = \frac{LN \times P(H)}{(LN-1) \times P(H)+1}$$

这实际上是证据肯定不存在的情况。

(3) $P(E|S)=P(E)$

当 $P(E|S)=P(E)$ 时,表示 E 与 S 无关。由全概率公式可得:

$$\begin{aligned} P(H|S) &= P(H|E) \times P(E|S) + P(H|\neg E) \times P(\neg E|S) \\ &= P(H|E) \times P(E) + P(H|\neg E) \times P(\neg E) = P(H) \end{aligned}$$

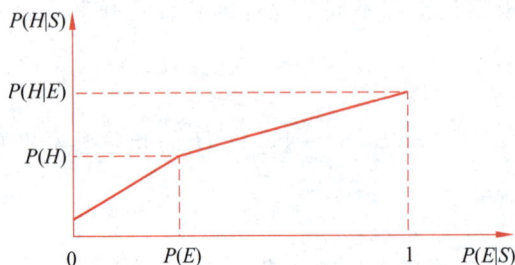

图 5-2　分段线性插值函数

通过上述分析,已经得到 $P(E|S)$ 上的 3 个特殊值 0、$P(E)$ 及 1,并分别取得了对应值 $P(H|\neg E)$、$P(H)$ 及 $P(H|E)$。这样就构成了 3 个特殊点。

(4) $P(E|S)$ 为其他值

当 $P(E|S)$ 为其他值时,$P(E|S)$ 的值可通过上述 3 个特殊点的分段线性插值函数求得。该分段线性插值函数 $P(H|S)$ 如图 5-2 所示,

函数的解析表达式为

$$P(H \mid S) = \begin{cases} P(H \mid \neg E) + \dfrac{P(H) - P(H \mid \neg E)}{P(E)} \times P(E \mid S), & \text{若 } 0 \leqslant P(E \mid S) < P(E) \\[3mm] P(H) + \dfrac{P(H \mid E) - P(H)}{1 - P(E)} \times [P(E \mid S) - P(E)], & \text{若 } P(E) \leqslant P(E \mid S) \leqslant 1 \end{cases}$$

5. 结论不确定性的合成

假设有 n 条知识都支持同一结论 H,并且这些知识的前提条件分别是 n 个相互独立的证据 $E_1, E_2, \cdots, E_n$,而每个证据对应的观察又分别是 $S_1, S_2, \cdots, S_n$。在这些观察下,求 H 的后验概率的方法是:首先对每条知识分别求出 H 的后验机率是 $O(H \mid S_i)$,然后利用这些后验机率并按下述公式求出所有观察下 H 的后验机率。

$$O(H \mid S_1 S_2 \cdots S_n) = \frac{O(H \mid S_1)}{O(H)} \times \frac{O(H \mid S_2)}{O(H)} \times \cdots \times \frac{O(H \mid S_n)}{O(H)} \times O(H)$$

例 5.2 设有规则

$$r_1 : \text{If} \quad E_1 \quad \text{Then} \quad (20, 1) \quad H$$
$$r_2 : \text{If} \quad E_2 \quad \text{Then} \quad (300, 1) \quad H$$

已知证据 E_1 和 E_2 必然发生,并且 $P(H) = 0.03$,求 H 的后验概率。

解:因为 $P(H) = 0.03$,则

$$O(H) = 0.03 / (1 - 0.03) = 0.030\,927$$

根据 r_1 有:

$$O(H \mid E_1) = LS_1 \times O(H) = 20 \times 0.030\,927 = 0.6185$$

根据 r_2 有:

$$O(H \mid E_2) = LS_2 \times O(H) = 300 \times 0.030\,927 = 9.2781$$

那么

$$O(H \mid E_1 E_2) = \frac{O(H \mid E_1)}{O(H)} \times \frac{O(H \mid E_2)}{O(H)} \times O(H)$$

$$= 0.6185 \times 9.2781 / 0.030\,927 = 185.55$$

$$P(H \mid E_1 E_2) = 185.55 / (1 + 185.55) = 0.994\,64$$

主观 Bayes 方法具有下述优点:①该方法基于概率理论,具有坚实的理论基础,是目前不确定性推理中最成熟的方法之一;②计算量适中。

但是,该方法也有不足之处:①要求有大量的概率数据构造知识库,并且难于对这些数据进行解释;②在原始证据具有相互独立性,并能提供精确且一致的主观概率数据的情况下,该方法可以令人满意地处理不确定性推理。但在实际中,这些概率值很难保证一致性。

5.4 确定性理论

确定性理论是由美国斯坦福大学 E.H.Shortliffe 等在考察了非概率的和非形式化的推理过程后于 1975 年提出的一种不确定性推理模型,并于 1976 年首次在血液病诊断专家系统 MYCIN 中得到了成功应用。在确定性理论中,不确定性是用可信度表示的,因此人们也称其为可信度方法。它是不确定性推理中非常简单且又十分有效的一种推理方法。尽管该方法未建立在严格的理论推导基础上,但对于许多应用领域,仍可以得到比较合理和令人满意的结果。目前,有许多成功的专家系统都是基于这一方法建立起来的。

5.4.1　建造医学专家系统时的问题

1. Bayes 方法的问题

医疗诊断问题和地质问题一样都具有不确定性,主要的不同是由于自然界中总共才有 92 种天然元素,所以关于矿物的地质假设数目就是有限的。但是,由于微生物的数量巨大,因此可能的疾病假设也更多。

虽然 Bayes 定理在医学上很有用,但是它的准确性和事先知道有多少种可能性有关。例如,给定一些症状,使用 Bayes 定理确定某种疾病的概率:

$$P(D_i \mid E) = \frac{P(E \mid D_i)P(D_i)}{P(E)} = \frac{P(E \mid D_i)P(D_i)}{\sum_j P(E \mid D_j)P(D_j)}$$

其中,D_i 是第 i 种疾病;E 是证据;$P(D_i)$ 是在已知任何证据之前患者得这种病的先验概率;$P(E \mid D_i)$ 是在已知患有 D_i 疾病的情况下,患者出现症状 E 的条件概率;$\sum_j$ 是对所有疾病求和。

一般来说,要给出所有这些概率一致的、完整的值往往是不可能的。实际上,这些概率或统计是在数据或信息不断积累的基础上得到的,并且随着证据一点一点地积累,又会增加新的概率需要计算或统计,以确定证据积累时患者患某种疾病的可能性。

2. 信任与不信任问题

信任与不信任问题是设计医学诊断专家系统时面临的又一个问题。可信度是对信任的一种度量,是指人们根据以往经验对某个事物或现象为真的程度的一个判断,或者说是人们对某个事物或现象为真的相信程度。根据概率论,我们知道:

$$P(H) + P(\neg H) = 1$$

于是有 $P(H) = 1 - P(\neg H)$

对于基于证据 E 的后验假设,有

$$P(H \mid E) = 1 - P(\neg H \mid E)$$

把上式用于医学专家系统中,如对于 MYCIN 中的规则:

If ① 生物体的染色呈革兰氏阳性,并且

　　② 生物体的形态为球形,并且

　　③ 生物体生长构造是链状

Then　有证据表明(0.7)这种生物是链球菌

也就是说,如果三个前提条件都满足,就有 70% 的可能确定它是一种链球菌:

$$P(H \mid E_1 E_2 E_3) = 0.7$$

医学专家认为上式是可以接受的,但是医生认为下式是不正确的:

$$P(\neg H \mid E_1 E_2 E_3) = 1 - 0.7 = 0.3$$

这说明 0.7 和 0.3 反映的不是信任的概率,而只是一种似然性。

出现这个问题的根本原因在于,尽管 $P(H)$ 表明 E 和 H 存在一种因果关系,但 $\neg H$ 和 E 之间可能没有因果关系。但是,$P(H \mid E) = 1 - P(\neg H \mid E)$ 却暗示如果 E 和 H 之间有因果关系,则 E 和 $\neg H$ 之间也有因果关系。

正是由于概率论上的这些问题使得 MYCIN 专家系统的开发者需要建立新的模型处理不确定性问题。这种模型和基于重复事件出现频率有关的普通概率不同,它基于利用某些证据去证实假设的方法,称为基于认知概率或确认度的确定性理论。

5.4.2　C-F 模型

C-F 模型是 Shortliffe 等在开发细菌感染疾病诊断专家系统 MYCIN 中提出的一种不确定性推理模型,它是基于确定性理论,结合概率论和模糊集合论等方法提出的一种推理方法。该方法采用确定性因子(Certainty Factor,CF)作为不确定性的测度,通过对 $CF(H,E)$ 的计算,探讨证据 E 对假设 H 的定量支持程度,因此,该方法也称为 C-F 模型。

下面首先讨论在 C-F 模型中,关于信任与不信任的处理方法。

1. 可信度的定义

在 C-F 模型中,确定性因子最初定义为信任与不信任的差,即 $CF(H,E)$ 定义为

$$CF(H,E)=MB(H,E)-MD(H,E)$$

其中,CF 是由证据 E 得到假设 H 的确定性因子;MB 称为信任增长度,表示因为与前提条件 E 匹配的证据的出现,使结论 H 为真的信任的增长程度。$MB(H,E)$ 定义为

$$MB(H,E)=\begin{cases}1, & P(H)=1 \\ \dfrac{\max\{P(H\mid E),P(H)\}-P(H)}{1-P(H)}, & P(H)\neq 1\end{cases}$$

MD 称为不信任增长度,表示因为与前提条件 E 匹配的证据的出现,对结论 H 的不信任的增长程度。$MD(H,E)$ 定义为

$$MD(H,E)=\begin{cases}1, & P(H)=0 \\ \dfrac{\min\{P(H\mid E),P(H)\}-P(H)}{-P(H)}, & P(H)\neq 0\end{cases}$$

在以上两个式子中,$P(H)$ 表示 H 的先验概率;$P(H|E)$ 表示在前提条件 E 所对应的证据出现的情况下,结论 H 的条件概率。由 MB 与 MD 的定义可以得出如下结论。

当 $MB(H,E)>0$ 时,有 $P(H,E)>P(H)$,这说明由于 E 对应的证据的出现增加了 H 的信任程度,但不信任程度没有变化。

当 $MD(H,E)>0$ 时,有 $P(H,E)<P(H)$,这说明由于 E 对应的证据的出现增加了 H 的不信任程度,而不改变对其信任的程度。

根据前面对 $CF(H,E)$、$MB(H,E)$、$MD(H,E)$ 的定义,可得到 $CF(H,E)$ 的计算公式

$$CF(H,E)=\begin{cases}MB(H,E)-0=\dfrac{P(H\mid E)-P(H)}{1-P(H)}, & \text{若 } P(H\mid E)>P(H) \\ 0, & \text{若 } P(H\mid E)=P(H) \\ 0-MD(H,E)=-\dfrac{P(H)-P(H\mid E)}{P(H)}, & \text{若 } P(H\mid E)<P(H)\end{cases}$$

从上面的公式可以得出以下结论。

若 $CF(H,E)>0$,则 $P(H|E)>P(H)$。说明由于前提条件 E 所对应证据的出现增加了 H 为真的概率,即增加了 H 的可信度,$CF(H,E)$ 的值越大,增加 H 为真的可信度就越大。

若 $CF(H,E)<0$,则 $P(H|E)<P(H)$。这说明由于前提条件 E 所对应证据的出现减少了 H 为真的概率,即增加了 H 为假的可信度,$CF(H,E)$ 的值越小,增加 H 为假的可信度就越大。

根据以上对 CF、MB、MD 的定义,可得到它们的如下性质。

（1）互斥性

对同一证据,它不可能既增加对 H 的信任程度,又同时增加对 H 的不信任程度,这说明

MB 与 MD 是互斥的,即有如下互斥性:

当 $MB(H,E)>0$ 时,$MD(H,E)=0$。

当 $MD(H,E)>0$ 时,$MB(H,E)=0$。

(2) 值域

$$0 \leqslant MB(H,E) \leqslant 1$$
$$0 \leqslant MD(H,E) \leqslant 1$$
$$-1 \leqslant CF(H,E) \leqslant 1$$

(3) 典型值

① 当 $CF(H,E)=1$ 时,有 $P(H|E)=1$,说明由于 E 所对应证据的出现使 H 为真。此时,$MB(H,E)=1$,$MD(H,E)=0$。

② 当 $CF(H,E)=-1$ 时,有 $P(H|E)=0$,说明由于 E 所对应证据的出现使 H 为假。此时,$MB(H,E)=0$,$MD(H,E)=1$。

③ 当 $CF(H,E)=0$ 时,则 $P(H|E)=P(H)$,表示 H 与 E 独立,即 E 所对应证据的出现对 H 没有影响。

(4) 对 H 的信任增长度等于对非 H 的信任增长度

根据 MB、MD 的定义及概率的性质

$$MD(\neg H,E) = \frac{P(\neg H|E)-P(\neg H)}{\neg P(\neg H)} = \frac{(1-P(H|E))-(1-P(H))}{-(1-P(H))}$$

$$= \frac{-P(H|E)+P(H)}{-(1-P(H))} = MB(H,E)$$

再根据 CF 的定义及 MB、MD 的互斥性,有

$$CF(H,E)+CF(\neg H,E) = (MB(H,E)-MD(H,E)) + (MB(\neg H,E)-MD(\neg H,E))$$
$$= (MB(H,E)-0)+(0-MD(\neg H,E))$$
$$= MB(H,E)-MD(\neg H,E) = 0$$

该公式说明了以下三个问题。

① 对 H 的信任增长度等于对非 H 的不信任增长度。

② 对 H 的可信度与对非 H 的可信度之和等于 0。

③ 可信度不是概率。对概率有

$$P(H)+P(\neg H)=1 \text{ 且 } 0 \leqslant P(H),P(\neg H) \leqslant 1$$

而可信度不满足此条件。

(5) 对同一前提 E,若支持多个不同的结论 $H_i(i=1,2,\cdots,n)$,则

$$\sum_{i=1}^{n} CF(H_i,E) \leqslant 1$$

因此,如果发现专家给出的知识有如下情况:

$$CF(H_1,E)=0.7, \quad CF(H_2,E)=0.4$$

则因 $0.7+0.4=1.1>1$ 为非法,应进行调整或规范化。

最后需要指出,在实际应用中,$P(H)$ 和 $P(H|E)$ 的值是很难获得的,因此 $CF(H,E)$ 的值应由领域专家直接给出。其原则是:若相应证据的出现会增加 H 为真的可信度,则 $CF(H,E)>0$,证据的出现对 H 为真的支持程度越高,则 $CF(H,E)$ 的值越大;反之,证据的出现减少 H 为真的可信度,则 $CF(H,E)<0$,证据的出现对 H 为假的支持程度越高,就使 $CF(H,E)$ 的值越小;若相应证据的出现与 H 无关,则使 $CF(H,E)=0$。

2. 确定性因子的计算

1）规则不确定性的表示

在 C-F 模型中，规则是用产生式规则表示的，其一般形式为

$$\text{If } E \text{ Then } H \quad (CF(H,E))$$

其中，E 是规则的前提条件；H 是规则的结论；$CF(H,E)$ 是规则的可信度，也称为规则强度或知识强度，它描述的是知识的静态强度。这里，前提和结论都可以由复合命题组成。

2）证据不确定性的表示

在 C-F 模型中，证据 E 的不确定性也是用可信度因子 $CF(E)$ 表示的，其取值范围同样是 $[-1,1]$，其典型值为

当证据 E 肯定为真时：$CF(E)=1$；

当证据 E 肯定为假时：$CF(E)=-1$；

当证据 E 一无所知时：$CF(E)=0$。

证据可信的来源有以下两种情况：如果是初始证据，其可信度是由提供证据的用户给出的；如果是先前推出的中间结论又作为当前推理的证据，则其可信度是原来在推出该结论时由不确定性的更新算法计算得到的。

$CF(E)$ 描述的是证据的动态强度。尽管它和知识的静态强度在表示方法上类似，但二者的含义却完全不同。知识的静态强度 $CF(H,E)$ 表示的是规则的强度，即当 E 对应的证据为真时对 H 的影响程度，而动态强度 $CF(E)$ 表示的是证据 E 当前的不确定性程度。

3）组合证据不确定性的计算

对证据的组合形式可分为"合取"与"析取"两种基本情况。当组合证据是多个单一证据的合取时，即

$$E = E_1 \text{ AND } E_2 \text{ AND } \cdots \text{ AND } E_n$$

时，若已知 $CF(E_1),CF(E_2),\cdots,CF(E_n)$，则

$$CF(E) = \min\{CF(E_1),CF(E_2),\cdots,CF(E_n)\}$$

当组合证据是多个单一证据的析取时，即

$$E = E_1 \text{ OR } E_2 \text{ OR } \cdots \text{ OR } E_n$$

时，若已知 $CF(E_1),CF(E_2),\cdots,CF(E_n)$，则

$$CF(E) = \max\{CF(E_1),CF(E_2),\cdots,CF(E_n)\}$$

另外，规定 $CF(\neg E) = -CF(E)$。

4）不确定性的推理算法

C-F 模型中的不确定性推理实际上是从不确定性的初始证据出发，不断运用相关的不确定性知识（规则），逐步推出最终结论和该结论的可信度的过程。每一次运用不确定性知识，都需要由证据的不确定性和规则的不确定性计算结论的不确定性。

① 证据肯定存在（$CF(E)=1$）时，有

$$CF(H) = CF(H,E)$$

这说明，规则强度 $CF(H,E)$ 实际上就是在前提条件对应的证据为真时结论 H 的可信度。

② 证据不是肯定存在（$CF(E) \neq 1$）时，其计算公式如下。

$$CF(H) = CF(H,E) \times \max\{0, CF(E)\}$$

由上式可以看出，若 $CF(E)<0$，即相应证据以某种程度为假，则 $CF(H)=0$。这说明在该模型中没有考虑证据为假时对结论 H 所产生的影响。

③ 证据是多个条件组合的情况。

即如果有两条规则推出一个相同结论,并且这两条规则的前提相互独立,结论的可信度又不相同,则可用不确定性的合成算法求出该结论的综合可信度。

设有如下规则:

$$\text{If} \quad E_1 \quad \text{Then} \quad H \quad (CF(H,E_1))$$
$$\text{If} \quad E_2 \quad \text{Then} \quad H \quad (CF(H,E_2))$$

则结论 H 的综合可信度可分以下两步计算。

第一步:分别对每条规则求出其 $CF(H)$,即

$$CF_1(H) = CF(H,E_1) \times \max(0, CF(E_1))$$
$$CF_2(H) = CF(H,E_2) \times \max(0, CF(E_2))$$

第二步:用如下公式求 E_1 与 E_2 对 H 的综合可信度。

$$CF(H) = \begin{cases} CF_1(H) + CF_2(H) - CF_1(H) \times CF_2(H), & \text{若 } CF_1(H) \geqslant 0 \text{ 且 } CF_2(H) \geqslant 0 \\ CF_1(H) + CF_2(H) + CF_1(H) \times CF_2(H), & \text{若 } CF_1(H) < 0 \text{ 且 } CF_2(H) < 0 \\ CF_1(H) + CF_2(H), & \text{若 } CF_1(H) \text{ 与 } CF_2(H) \text{ 异号} \end{cases}$$

在后来基于 MYCIN 基础上形成的 EMYCIN 中,对上式做了如下修改。

如果 $CF_1(H)$ 和 $CF_2(H)$ 异号,则

$$CF(H) = \frac{CF_1(H) + CF_2(H)}{1 - \min\{|CF_1(H)|, |CF_2(H)|\}}$$

其他情况不变。

如果可由多条知识推出同一个结论,并且这些规则的前提相互独立,结论的可信度又不相同,则可以将上述合成过程推广应用到多条规则支持同一条结论,且规则前提可以包含多个证据的情况。这时合成过程是先把第一条与第二条合成,然后再用该合成后的结论与第三条合成,依次进行下去,直到全部合成完为止。

例 5.3 设有如下一组规则:

r_1: If E_1 Then $H(0.9)$

r_2: If E_2 Then $H(0.6)$

r_3: If E_3 Then $H(-0.5)$

r_4: If E_4 AND $(E_5$ OR $E_6)$ Then $E_1(0.8)$

已知:$CF(E_2)=0.8, CF(E_3)=0.6, CF(E_4)=0.5, CF(E_5)=0.6, CF(E_6)=0.8$,求 $CF(H)$。
解答过程扫二维码。

例 5.3 解答

5.4.3 案例:帆船分类专家系统

开发一个帆船分类智能专家系统。收集关于桅杆结构和不同类型帆船的设计图的信息,每种类型的帆船可以由其设计图唯一标识。如图 5-3 所示给出了 8 种类型的帆船信息。

图 5-4 显示了用于将帆船分类的一系列规则(Leonardo 码)。系统在与用户对话阶段获取帆船的桅杆数量、桅杆位置和主帆结构等信息,然后将帆船确定为图 5-3 中的一类。

毫无疑问,在天空湛蓝和海面平静的情况下,系统可以帮助我们识别帆船。但是实际情况却往往不是如此,在大风或者大雾的海面,看清楚主帆和桅杆位置会变得困难,甚至不可能。尽管在解决真实世界的分类问题时会经常包含这样不确定和不完整的数据,还是可以使用专家系统的方法,前提是需要处理不确定性。可以应用确信因子理论解决我们的问题。确信因子理论可以管理增量获取的论据和不同信任度的信息。

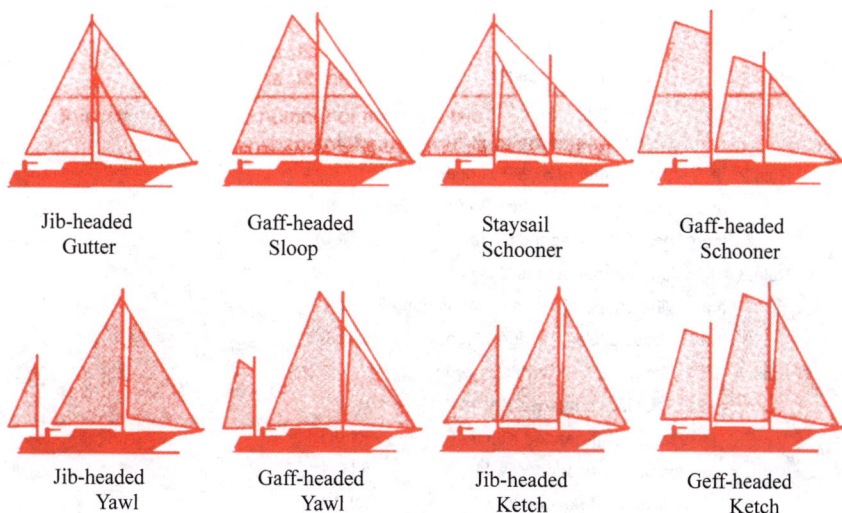

图 5-3 8 种类型的帆船信息

```
         帆船分类专家系统：标记 1
Rule1   if    'the number of masts' is one
        and   'the shape of the mainsail' is triangular
        then   boat is 'Jib-headed Gutter'
Rule2   if    'the number of masts' is one
        and   'the shape of the mainsail' is quadrilateral
        then   boat is 'Gaff-headed Sloop'
Rule3   if    'the number of masts' is two
        and   'the main mast position' is 'forward of the short mast'
        and   'the short mast position' is 'forward of the helm'
        and   'the shape of the mainsail' is triangular
        then   boat is 'Jib-headed Ketch'
Rule4   if    'the number of masts' is two
        and   'the main mast position' is 'forward of the short mast'
        and   'the short mast position' is 'forward of the helm'
        and   'the shape of the mainsail' is quadrilateral
        then   boat is 'Gaff-headed Ketch'
Rule5   if    'the number of masts' is two
        and   'the main mast position' is 'forward of the short mast'
        and   'the short mast position' is 'aft the helm'
        and   'the shape of the mainsail' is triangular
        then   boat is 'Jib-headed Yawl'
Rule6   if    'the number of masts' is two
        and   'the main mast position' is 'forward of the short mast'
        and   'the short mast position' is 'aft the helm'
        and   'the shape of the mainsail' is quadrilateral
        then   boat is 'Gaff-headed Yawl'
Rule7   if    'the number of masts' is two
        and   'the main mast position' is 'aft the short mast'
        and   'the shape of the mainsail' is quadrilateral
        then   boat is 'Gaff-headed Schooner'
Rule8   if    'the number of masts' is two
        and   'the main mast position' is 'aft the short mast'
        and   'the shape of the mainsail' is 'triangular with two foresails'
        then   boat is 'Staysail Schooner'
        /*************************************************************
        /* SEEK 指令创建目标，区分船只
```

图 5-4 帆船分类专家系统的规则

图 5-5 显示了解决帆船分类问题带有确信因子的完整规则集。专家系统需要将帆船分类，即为多值对象帆船建立确信因子。要应用确定性理论，专家系统会提示用户不仅要输入对象的值，而且要输入对象值的确定性值。例如，使用取值范围为 0~1 的 Leonardo 码，可能遇到如下对话(用户的回答用箭头表示，注意确信因子在不同规则中的传递)。

帆船分类专家系统：标记 2
控制 cf

Rule:1   if   'the number of masts' is one
          then   boat is 'Jib-headed Cutter '   {cf 0.4};
                  boat is 'Gaff-headed Sloop'   {cf 0.4}

Rule:2   if   'the number of masts' is one
          and   'the shape of the mainsail' is triangular
          then   boat is 'Jib-headed Cutter'   {cf 1.0}

Rule:3   if   'the number of masts' is one
          and   'the shape of the mainsail' is quadrilateral
          then   boat is 'Gaff-headed Sloop'   {cf 1.0}

Rule:4   if   'the number of masts' is two
          then   boat is 'Jib-headed Ketch'   {cf 0.1 };
                  boat is 'Gaff-headed Ketch'   {cf 0.1 };
                  boat is 'Jib-headed Yawl'   {cf 0.1} ;
                  boat is 'Gaff-headed Yawl'   {cf 0.1} ;
                  boat is 'Gaff-headed Schooner'   {cf 0.1} ;
                  boat is ' Staysail Schooner'   {cf 0.1}

Rule:5   if   'the number of masts' is two
          and   'the main mast position' is 'forward of the short mast'
          then   boat is 'Jib-headed Ketch'   {cf 0.2};
                  boat is 'Gaff-headed Ketch'   {cf 0.2};
                  boat is 'Jib-headed Yawl'   {cf 0.2 };
                  boat is 'Gaff-headed Yawl'   {cf 0.2}

Rule:6   if   'the number of masts' is two'
          and   'the main mast position' is 'aft the short mast'
          then   boat is 'Gaff-headed Schooner'   {cf 0.4 };
                  boat is 'Staysail Schooner'   {cf 0.4}

Rule:7   if   'the number of masts' is two
          and   'the short mast position' is 'forward of the helm'
          then   boat is 'Jib-headed Ketch'   {cf 0.4};
                  boat is 'Gaff-headed Ketch'   {cf 0.4}

Rule:8   if   'the number of masts' is two
          and   'the short mast position' is 'aft the helm'
          then   boat is 'Jib-headed Yawl'   {cf 0.2 };
                  boat is 'Gaff-headed Yawl'   {cf 0.2};
                  boat is 'Gaff-headed Schooner'   {cf 0.2};
                  boat is 'Staysail Schooner'   {cf 0.2}

Rule:9   if   'the number of masts' is two
          and   'the shape of the mainsail' is triangular
          then   boat is 'Jib-headed Ketch'   {cf 0.4};
                  boat is 'Jib-headed Yawl'   {cf 0.4}

Rule:10   if   'the number of masts' is two
           and   'the shape of the mainsail' is quadrilateral
           then   boat is 'Gaff-headed Ketch'   {cf 0.3 };
                   boat is 'Gaff-headed Yawl'   {cf 0.3};
                   boat is 'Gaff-headed Schooner'   {cf 0.3}

Rule: 11   if   'the number of masts' is two
            and   'the shape of the mainsail' is 'triangular with two foresails'
            then   boat is 'Staysail Schooner'   {cf 1.0}
            /*区分船只

图 5-5   帆船分类专家系统中的不确定性推理

5.5　证据理论

证据理论也称为 D-S(Dempster-Shafer)理论。证据理论最早是基于 A.P.Dempster 所做的工作,他试图用一个概率范围,而不是单个的概率值去模拟不确定性,G.Shafer 进一步拓展了 Dempster 的工作,这一拓展称为证据推理,用于处理不确定性、不精确以及间或不准确的信息。证据理论将概率论中的单点赋值扩展为集合赋值,弱化了相应的公理系统,满足了比概率更弱的要求,因此可被看作一种广义概率论。

在证据理论中引入了信任函数度量不确定性,并引用似然函数处理由于“不知道”引起的不确定性,并且不必事先给出知识的先验概率,与主观 Bayes 方法相比,具有较大的灵活性。因此,证据理论得到了广泛的应用。同时,确定性因子可以看作证据理论的一个特例,证据理论给了确定性因子一个理论性的基础。

5.5.1　假设的不确定性

在 D-S 理论中,可以分别用信任函数、似然函数及类概率函数描述知识的精确信任度、不可驳斥信任度及估计信任度,即可从各个不同角度刻画命题的不确定性。

D-S 理论采用集合表示命题,为此,首先应该建立命题与集合之间的一一对应关系,把命题的不确定性问题转换为集合的不确定性问题。

设 Ω 为变量 x 的所有可能取值的有限集合(也称为样本空间),且 Ω 中的每个元素都相互独立,则由 Ω 的所有子集构成的幂集记为 2^{Ω}。当 Ω 中的元素个数为 N 时,则其幂集 2^{Ω} 的元素个数为 2^N,且其中的每一个元素 A 都对应一个关于 x 的命题,称该命题为“x 的值在 A 中”。例如,用 x 代表所看到的颜色,$\Omega = \{红,黄,蓝\}$,则 $A = \{红\}$ 表示“x 是红色”;若 $A = \{红,蓝\}$,则表示“x 或者是红色,或者是蓝色”。

1. 概率分配函数

定义 5.7　设函数 $m : 2^{\Omega} \to [0,1]$,且满足

$$m(\phi) = 0$$
$$\sum_{A \subseteq \Omega} m(A) = 1$$

则称 m 是 2^{Ω} 上的概率分配函数,$m(A)$ 称为 A 的基本概率数。它表示依据当前的环境对假设集 A 的信任程度。

对于上面给出的有限集 $\Omega = \{红,黄,蓝\}$,若定义 2^{Ω} 上的一个基本函数 m:

$$m(\phi, \{红\}, \{黄\}, \{蓝\}, \{红,黄\}, \{红,蓝\}, \{黄,蓝\}, \{红,黄,蓝\})$$
$$= \{0, 0.3, 0, 0.1, 0.2, 0.2, 0.1, 0.1\}$$

其中,$\{0, 0.3, 0, 0.1, 0.2, 0.2, 0.1, 0.1\}$ 分别是幂集 2^{Ω} 中各个子集的基本概率数。显然,m 满足概率分配函数的定义。

对概率分配函数须说明以下两点。

(1) 概率分配函数的作用是把 Ω 的任意一个子集都映射为 $[0,1]$ 上的一个数 $m(A)$。当 $A \subset \Omega$ 且 A 由单个元素组成时,$m(A)$ 表示对 A 的精确信任度;当 $A \subset \Omega$、$A \neq \Omega$,且 A 由多个元素组成时,$m(A)$ 也表示对 A 的精确信任度,但却不知道这部分信任度该分给 A 中哪些元素;当 $A = \Omega$ 时,则 $m(A)$ 是对 Ω 的各个子集进行信任分配后剩下的部分,它表示不知道该如何对它进行分配。

例如,当 $A=\{红\}$ 时,由于 $m(A)=0.3$,它表示对命题" x 是红色"的精确信任度为 0.3。

当 $A=\{红,黄\}$ 时,由于 $m(A)=0.2$,它表示对命题" x 或者是红色,或者是黄色"的精确信任度为 0.2,却不知道该把这 0.2 分给 $\{红\}$ 还是分给 $\{黄\}$。

当 $A=\Omega=\{红,黄,蓝\}$ 时,由于 $m(A)=0.2$,表示不知道该对这 0.2 如何分配,但它不属于 $\{红\}$,就一定属于 $\{黄\}$ 或 $\{蓝\}$,只是基于现有的知识,还不知道该如何分配而已。

(2) m 是 2^{Ω} 上而非 Ω 上的概率分布,所以基本概率分配函数不是概率,它们不必相等,而且 $m(A)\neq 1-m(\neg A)$。事实上, $m(\{红\})+m(\{黄\})+m(\{蓝\})=0.3+0+0.1=0.4\neq 1$。

2. 信任函数

定义 5.8 信任函数

$$Bel: 2^{\Omega} \rightarrow [0,1]$$

对任意的 $A\subseteq\Omega$ 有

$$Bel(A)=\sum_{B\subseteq A}m(B)$$

$Bel(A)$ 表示当前环境下,对假设集 A 的信任程度,其值为 A 的所有子集的基本概率之和,表示对 A 的总的信任度。

例如, $Bel(\{红,黄\})=m(\{红\})+m(\{黄\})+m(\{红,黄\})=0.3+0+0.2=0.5$。

当 A 为单一元素组成的集合时, $Bel(A)=m(A)$。 $Bel(A)$ 函数又称为下限函数。

3. 似然函数

定义 5.9 似然函数

$$Pl: 2^{\Omega} \rightarrow [0,1]$$

对任意的 $A\subseteq\Omega$ 有

$$Pl(A)=1-Bel(\neg A)$$

其中, $\neg A=\Omega-A$。

似然函数又称为不可驳斥函数或上限函数。由于 $Bel(A)$ 表示对 A 为真的信任度, $Bel(\neg A)$ 表示对 $\neg A$ 的信任度,即 A 为假的信任度,因此, $Pl(A)$ 表示对 A 为非假的信任度。下面仍以 $\Omega=\{红,黄,蓝\}$ 为例说明这个问题。

$$\begin{aligned}
Pl(\{红\}) &= 1-Bel(\neg\{红\})=1-Bel(\{黄,蓝\}) \\
&= 1-(m(\{黄\})+m(\{蓝\})+m(\{黄,蓝\})) \\
&= 1-(0+0.1+0.1)=0.8
\end{aligned}$$

这里,0.8 是"红"为非假的信任度。由于"红"为真的精确信任度为 0.3,而剩下的 $0.8-0.3=0.5$ 则是知道非假但却不能肯定为真的那部分。

另外,由于

$$\sum_{\{红\}\cap B\neq\phi}m(B)=m(\{红\})+m(\{红,黄\})+m(\{红,蓝\})+m(\{红,黄,蓝\})$$

$$=0.3+0.2+0.2+0.1=0.8$$

可见,

$$Pl(\{红\})=\sum_{\{红\}\cap B\neq\phi}m(B)$$

该式可推广为

$$Pl(A)=\sum_{A\cap B\neq\phi}m(B)$$

因此,命题" x 在 A 中"的似然性,由与命题" x 在 B 中"有关的 m 值确定,其中,命题" x 在 B 中"并不会使得命题" x 不在 A 中"成立。所以,一个事件的似然性是建立在对其相反事件不信任的基础上的。

信任函数和似然函数有如下性质。

(1) $Bel(\phi)=0,Bel(\Omega)=1,Pl(\phi)=0,Pl(\Omega)=1$。

(2) 如果 $A\subseteq B$，$Bel(A)\leqslant Bel(B)$，$Pl(A)\leqslant Pl(B)$。

(3) $\forall A\subseteq\Omega$，$Pl(A)\geqslant Bel(A)$。

(4) $\forall A\subseteq\Omega$，$Bel(A)+Bel(\neg A)\leqslant 1$，$Pl(A)+Pl(\neg A)\geqslant 1$。

由于 $Bel(A)$ 和 $Pl(A)$ 分别表示 A 为真的信任度和 A 为非假的信任度，因此，可分别称 $Bel(A)$ 和 $Pl(A)$ 为对 A 信任程度的下限和上限，记为 $A(Bel(A),Pl(A))$。

$Pl(A)-Bel(A)$ 表示既不信任 A，也不信任 $\neg A$ 的程度，即对于 A 是真是假不知道的程度。

例如，在前面的例子中曾求过 $Bel(\{红\})=0.3$，$Pl(\{红\})=0.8$，因此有 $\{红\}(0.3,0.8)$。它表示对 $\{红\}$ 的精确信任度为 0.3，不可驳斥部分为 0.8，肯定不是 $\{红\}$ 的为 0.2。

举一个更现实的例子。假定我对朋友赵波的可信赖程度有一个主观的概率。他是可信赖的可能性为 0.9，不可信赖的可能性为 0.1。假设赵波告诉我，我的计算机被别人侵入了。如果赵波是可信赖的，则这是真的，但如果他是不可信赖的，这句话则不一定为假。所以，赵波一个人的陈述证实我的计算机被侵入的可信度为 0.9，没有被侵入的可信度为 0.0。0.0 的可信度与 0.0 的概率不同，它并不意味着我确信计算机没有被侵入，而只是表明赵波的陈述没有给我理由相信计算机没被侵入。在这种情况下，似真性 Pl 为

$$Pl(\text{computer\_broken\_into})=1-Bel(\text{not}(\text{computer\_broken\_into}))=1-0.0$$

我对赵波的可信度为 $[0.9,1.0]$。需要指出的是，仍然没有证据表明我的计算机没被侵入。

4. 假设集 A 的类概率函数 $f(A)$

$$f(A)=Bel(A)+\frac{|A|}{|\Omega|}(Pl(A)-Bel(A))$$

其中，$|A|$、$|\Omega|$ 分别表示 A 和 Ω 中包含元素的个数。类概率函数 $f(A)$ 也可用来度量证据 A 的不确定性。

5.5.2　证据的不确定性与证据组合

证据 E 的不确定性可以用类概率函数 $f(E)$ 表示，原始证据的 $f(E)$ 应由用户给定，作为中间结果的证据可以由下面的不确定性传递算法确定。

在实际问题中，对于相同的证据，由于来源不同，可能会得到不同的概率分配函数。例如，考虑 $\Omega=\{红,黄\}$，假设从不同知识源得到的概率分配函数分别为

$$m_1(\phi,\{红\},\{黄\},\{红,黄\})=(0,0.4,0.5,0.1)$$
$$m_2(\phi,\{红\},\{黄\},\{红,黄\})=(0,0.6,0.2,0.2)$$

在这种情况下，需要对它们进行组合。

定义 5.10　设 m_1 和 m_2 是两个不同的概率分配函数，则其正交和 $m=m_1\oplus m_2$ 满足

$$m(\phi)=0$$
$$m(A)=K^{-1}\times\sum_{x\cap y=A}m_1(x)\times m_2(y)$$

其中，

$$K=1-\sum_{x\cap y=\phi}m_1(x)\times m_2(y)=\sum_{x\cap y\neq\phi}m_1(x)\times m_2(y)$$

如果 $K\neq 0$，则正交和 m 也是一个概率分配函数；如果 $K=0$，则不存在正交和 m，称 m_1 与 m_2 矛盾。

例 5.4 设 $\Omega = \{a, b\}$，且从不同知识源得到的概率分配函数分别为

$$m_1(\phi, \{a\}, \{b\}, \{a, b\}) = (0, 0.3, 0.5, 0.2)$$

$$m_2(\phi, \{a\}, \{b\}, \{a, b\}) = (0, 0.6, 0.3, 0.1)$$

求正交和 $m = m_1 \oplus m_2$。

解：先求 K

$$K = 1 - \sum_{x \cap y = \phi} m_1(x) \times m_2(y)$$

$$= 1 - (m_1(\{a\}) \times m_2(\{b\})) + m_1(\{b\}) \times m_2(\{a\})$$

$$= 1 - (0.3 \times 0.3 + 0.5 \times 0.6) = 0.61$$

再求 $m(\phi, \{a\}, \{b\}, \{a, b\})$，由于

$$m(\{a\}) = \frac{1}{0.61} \times \sum_{x \cap y = \{a\}} m_1(x) \times m_2(y)$$

$$= \frac{1}{0.61} \times (m_1(\{a\}) \times m_2(\{a\}) + m_1(\{a\}) \times m_2(\{a, b\})) +$$

$$m_1(\{a, b\}) \times m_2(\{a\})$$

$$= \frac{1}{0.61}(0.3 \times 0.6 + 0.3 \times 0.1 + 0.2 \times 0.6) = 0.54$$

同理可得：

$$m(\{b\}) = 0.43, m(\{a, b\}) = 0.03$$

故有

$$m(\phi, \{a\}, \{b\}, \{a, b\}) = (0, 0.54, 0.43, 0.03)$$

对于多个概率分配函数，如果它们是可以组合的，则也可以通过正交和运算将它们组合成一个概率分配函数，其组合方法可定义如下。

定义 5.11 设 $m_1, m_2, \cdots, m_n$ 是 n 个概率分配函数，则其正交和 $m = m_1 \oplus m_2 \oplus \cdots \oplus m_n$ 为

$$m(\phi) = 0$$

$$m(A) = K^{-1} \times \sum_{\cap A_i = A} \prod_{1 \leqslant i \leqslant n} m_i(A_i)$$

其中，$K = \sum_{\cap A_i \neq \phi} \prod_{1 \leqslant i \leqslant n} m_i(A_i)$。

5.5.3 规则的不确定性

具有不确定性的推理规则可表示为

$$\text{If } E \text{ Then } H \quad CF$$

其中，H 为假设，E 为支持 H 成立的假设集，它们是命题的逻辑组合。CF 为可信度因子。

H 可表示为 $H = \{a_1, a_2, \cdots, a_m\}, a_i \in \Omega \ (i = 1, 2, \cdots, m)$，$H$ 为假设集合 Ω 的子集。

$CF = \{c_1, c_2, \cdots, c_m\}, c_i$ 用来描述前提 E 成立时 a_i 的可信度。CF 应满足如下条件：

(1) $c_i \geqslant 0, 1 \leqslant i \leqslant m$。

(2) $\sum_{i=1}^{m} c_i \leqslant 1$。

5.5.4 不确定性的传递与组合

1. 不确定性的传递

对于不确定性规则：

$$If \quad E \quad Then \quad H \quad CF$$

定义：

$$m(\{a_i\}) = f(E) \cdot c_i \quad (i = 1, 2, \cdots, m)$$

或表示为

$$m(\{a_1\}, \{a_2\}, \cdots, \{a_m\}) = (f(E) \cdot c_1, f(E) \cdot c_2, \cdots, f(E) \cdot c_m)$$

规定：

$$m(\Omega) = 1 - \sum_{i=1}^{m} m(\{a_i\})$$

而对于 Ω 的所有其他子集 H，均有 $m(H) = 0$。

当 H 为 Ω 的真子集时，有

$$Bel(H) = \sum_{B \subseteq H} m(B) = \sum_{i=1}^{m} m(\{a_i\})$$

进一步可以计算 $Pl(H)$ 和 $f(H)$。

2. 不确定性的组合

当规则的前提（证据）E 是多个命题的合取或析取时，定义：

$$f(E_1 \wedge E_2 \wedge \cdots \wedge E_n) = \min(f(E_1), f(E_2), \cdots, f(E_n))$$
$$f(E_1 \vee E_2 \vee \cdots \vee E_n) = \max(f(E_1), f(E_2), \cdots, f(E_n))$$

当有多条规则支持同一结论时，如果 $A = \{a_1, a_2, \cdots, a_n\}$，则：

$$If \quad E_1 \quad Then \quad H \quad CF_1 \quad (CF_1 = \{c_{11}, c_{12}, \cdots, c_{1n}\})$$
$$If \quad E_2 \quad Then \quad H \quad CF_2 \quad (CF_2 = \{c_{21}, c_{22}, \cdots, c_{2n}\})$$
$$\vdots$$
$$If \quad E_m \quad Then \quad H \quad CF_m \quad (CF_m = \{c_{m1}, c_{m2}, \cdots, c_{mn}\})$$

如果这些规则相互独立地支持结论 H 的成立，可以先计算

$$m_i(\{a_1\}, \{a_2\}, \cdots, \{a_n\}) = (f(E_i) \cdot c_{i1}, f(E_i) \cdot c_{i2}, \cdots, f(E_i) \cdot c_{im}) \quad (i = 1, 2, \cdots, m)$$

然后根据前面介绍的求正交和的方法，对这些 m_i 求正交和，以组合所有规则对结论 H 的支持。一旦累加的正交和 $m(H)$ 计算出来，就可以计算 $Bel(H)$、$Pl(H)$、$f(H)$。

5.5.5　证据理论案例

有如下推理规则：

r_1: If $\quad E_1 \vee (E_2 \wedge E_3)$ Then $A_1 = \{a_{11}, a_{12}, a_{13}\}$ $CF_1 = \{0.2, 0.3, 0.4\}$
r_2: If $\quad E_4 \wedge (E_5 \vee E_6)$ Then $A_2 = \{a_{21}\}$ $CF_2 = \{0.7\}$
r_3: If $\quad A_1$ $\quad$ Then $\quad A = \{a_1, a_2\}$ $CF_3 = \{0.4, 0.5\}$
r_4: If $\quad A_2$ $\quad$ Then $\quad A = \{a_1, a_2\}$ $CF_4 = \{0.4, 0.4\}$

这些规则形成如图 5-6 所示的推理网络。原始数据的概率在系统中已经给出：

$$f(E_1) = 0.5, f(E_2) = 0.7,$$
$$f(E_3) = 0.9, f(E_4) = 0.9,$$
$$f(E_5) = 0.8, f(E_6) = 0.7$$

假设 $|\Omega| = 10$，现在需要求出 A 的确定性。

解：第一步，求 A_1 的确定性。

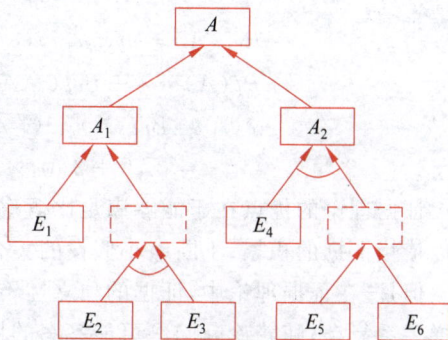
图 5-6　推理网络

$$f(E_1 \lor (E_2 \land E_3)) = \max\{0.5, \min\{0.7, 0.9\}\} = 0.7$$

$$m_1(\{a_{11}\}, \{a_{12}\}, \{a_{13}\}) = (0.7 \times 0.2, 0.7 \times 0.3, 0.7 \times 0.4) = (0.14, 0.21, 0.28)$$

$$Bel(A_1) = m_1(\{a_{11}\}) + m_1(\{a_{12}\}) + m_1(\{a_{13}\}) = 0.14 + 0.21 + 0.28 = 0.63$$

$$Pl(A_1) = 1 - Bel(\lnot A_1) = 1 - 0 = 1$$

$$f(A_1) = Bel(A_1) + (|A_1|/|\Omega|) \times (Pl(A_1) - Bel(A_1))$$

$$= 0.63 + 3/10 \times (1 - 0.63) = 0.74$$

第二步,求 A_2 的确定性。

$$f(E_4 \land (E_5 \lor E_6)) = \min\{0.9, \max\{0.8, 0.7\}\} = 0.8$$

$$m_2(\{a_2\}) = 0.8 \times 0.7 = 0.56$$

$$Bel(A_2) = m_2(\{a_{21}\}) = 0.56$$

$$Pl(A_2) = 1 - Bel(\lnot A_2) = 1 - 0 = 1$$

$$f(A_2) = Bel(A_2) + (|A_2|/|\Omega|) \times (Pl(A_2) - Bel(A_2))$$

$$= 0.56 + 1/10 \times (1 - 0.56) = 0.60$$

第三步,求 A 的确定性。

根据 r_3 和 r_4,有

$$m_3(\{a_1\}, \{a_2\}) = (0.74 \times 0.4, 0.74 \times 0.5) = (0.30, 0.37)$$

$$m_4(\{a_1\}, \{a_2\}) = (0.6 \times 0.4, 0.6 \times 0.4) = (0.24, 0.24)$$

$$m_3(\Omega) = 1 - (m_3(\{a_1\}) + m_3(\{a_2\})) = 1 - (0.30 + 0.37) = 0.33$$

$$m_4(\Omega) = 1 - (m_4(\{a_1\}) + m_4(\{a_2\})) = 1 - (0.24 + 0.24) = 0.52$$

由正交和公式得到:

$$K = \sum_{x \cap y \neq \phi} m_3(x) \times m_4(y)$$

$$= m_3(\Omega) \cdot m_4(\Omega) + m_3(\Omega) \cdot m_4(\{a_1\}) + m_3(\Omega) \cdot m_4(\{a_2\}) + m_3(\{a_1\}) \cdot m_4(\Omega) +$$

$$m_3(\{a_1\}) \cdot m_4(\{a_1\}) + m_3(\{a_2\}) \cdot m_4(\Omega) + m_3(\{a_2\}) \cdot m_4(\{a_2\})$$

$$= 0.33 \times 0.52 + 0.33 \times 0.24 + 0.33 \times 0.24 + 0.3 \times 0.52 + 0.3 \times 0.24 +$$

$$0.37 \times 0.52 + 0.37 \times 0.24 = 0.84$$

则有:

$$m(\{a_1\}) = K^{-1} \cdot (m_3(\Omega) \cdot m_4(\{a_1\}) + m_3(\{a_1\}) \cdot m_4(\Omega) + m_3(\{a_1\}) \cdot m_4(\{a_1\}))$$

$$= 1/0.84 \times (0.33 \times 0.24 + 0.30 \times 0.52 + 0.30 \times 0.24) = 0.37$$

$$m(\{a_2\}) = K^{-1} \cdot (m_3(\Omega) \cdot m_4(\{a_2\}) + m_3(\{a_2\}) \cdot m_4(\Omega) + m_3(\{a_2\}) \cdot m_4(\{a_2\}))$$

$$= 1/0.84 \times (0.33 \times 0.24 + 0.37 \times 0.52 + 0.37 \times 0.24) = 0.41$$

于是:

$$Bel(A) = m(\{a_1\}) + m(\{a_2\}) = 0.37 + 0.41 = 0.78$$

$$Pl(A) = 1 - Bel(\lnot A) = 1 - 0 = 1$$

$$f(A) = Bel(A) + (|A|/|\Omega|) \times (Pl(A) - Bel(A))$$

$$= 0.78 + 2/10 \times (1 - 0.78) = 0.82$$

证据理论的优点在于能够满足比概率论更弱的公理系统,可以区分不知道和不确定的情况,可以依赖证据的积累,不断缩小假设的集合。

但是,在证据理论中,证据的独立性不易得到保证;基本概率分配函数要求给的值太多,计算传递关系复杂,随着诊断问题可能答案的增加,证据理论的计算呈指数增长,传递关系复杂,比较难以实现。

5.6　模糊逻辑和模糊推理

不确定性的产生有多种原因,如随机性、模糊性等。处理随机性的理论基础是概率论,处理模糊性的基础是模糊集合论。模糊集合论是 1965 年由 Zadeh 提出的,随后,他又将模糊集合论应用于近似推理方面,形成了可能性理论。近似推理的基础是模糊逻辑,它建立在模糊理论的基础上,是一种处理不精确描述的软计算,它的应用背景是自然语言理解。模糊逻辑和可能性理论已经广泛应用于专家系统和智能控制中。

5.6.1　模糊集合及其运算

在经典集合论中,一个元素 x 是否属于某一个集合 A 是明确的,要么 x 属于 A,要么 x 不属于 A。它的逻辑基础是二值逻辑,即通过一个特征函数 $C(x)$ 描述元素与集合的隶属关系:

$$C(x)=\begin{cases}1, & x\in A\\ 0, & x\notin A\end{cases}$$

在现实世界中,事物通常不是非此即彼的。例如,年龄可以分为"老年""中年""青年",但并找不到一个年龄数值作为青年和中年的分界线。

为表示类似这样的一些模糊概念,Zadeh 于 1965 年提出模糊集合理论,其基本思想就是把传统集合论中由特征函数决定的绝对隶属关系模糊化,把集合 {0,1} 扩散到区间 [0,1],使元素 x 对子集 A 的隶属程度不再局限于取 0 或 1,而是可以取集合 [0,1] 上的任何值,以表示元素 x 隶属于子集 A 的模糊程度。

定义 5.12　设 x 为论域 U 中的元素,A 为 U 上的逻辑子集。定义

$$\mu_A: U \to [0,1]$$
$$A=\{\mu_A(x)/x, x\in U\}$$

则称 $\mu_A(x)$ 为 A 的隶属函数,$\mu_A(x)\in[0,1]$,$\mu_A(x_i)$ 称为 x_i 对 A 的隶属度。

当 U 为有穷集合 $\{x_1,x_2,\cdots,x_n\}$ 时,有

$$U=\sum_{i=1}^{n}\mu_A(x_i)/x_i$$

当 U 为可数无穷集合 $\{x_1,x_2,\cdots\}$ 时,有

$$U=\sum_{i=1}^{\infty}\mu_A(x_i)/x_i$$

当 U 为不可数集合时,有

$$U=\int_U\mu_A(x_i)/x_i$$

一个由单个成员构成的模糊集合称为单点集。单点集所处的点称为支撑点,或单点集的支撑值。一个单点集的隶属函数,在支撑点以外的变量空间中的任何地方均取值为 0,在支撑点,隶属度为 1。

显然,经典集合是模糊集合的特例,模糊集合是经典集合的扩展。一个模糊集 A 是以隶属函数 $\mu_A(x)$ 来描述的,当 $\mu_A(x)=1$ 时,x 确定性隶属于 A;而当 $\mu_A(x)=0$ 时,x 确定性不隶属于 A;$\mu_A(x)$ 取其他值时,隶属程度模糊。隶属程度的概念构成模糊集理论的基石。

下面以人的年龄作为论域考察模糊集。假定对于"年龄",可以有 3 个值。

$$年龄＝\{青,中,老\}$$

可以为"年龄"的 3 个定性值分别建立隶属函数 μ_Y、μ_M 和 μ_O。如图 5-7 所示,它们各以梯形或三角形表示。从图中可见,这三个隶属函数是相互重叠的,即年龄在 $30\sim65$ 岁的人不能确定性地划归某一个子集。上述用梯形或三角形表示的 μ_Y、μ_M 和 μ_O 的隶属函数虽然简单,但是因其数学表达和运算简便,所占内存空间小,并且在许多场合下与采用其他复杂形状或复杂数学公式表示的隶属函数相比,在实现模糊推理和控制方面并无大的差别,所以已被广泛采用。当然,也可以根据应用领域的特点和要求,设计各种更为精确的隶属函数。

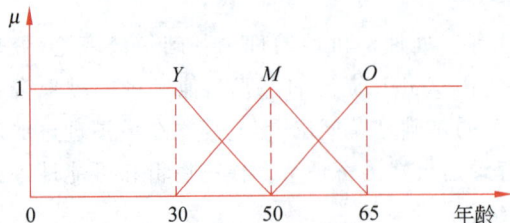

图 5-7　隶属函数示例

与普通集合一样,对模糊集可以进行各种逻辑运算,主要的运算有并、交、补等。设 A 和 B 均为论域 U 上的模糊集,则对于元素 x,A 与 B 的并、交、补运算定义如下。

$$\mu_{A\cup B}(x) = \max[\mu_A(x), \mu_B(x)]$$
$$\mu_{A\cap B}(x) = \min[\mu_A(x), \mu_B(x)]$$
$$\mu_{\bar{A}}(x) = 1 - \mu_A(x)$$

可见,模糊集合的逻辑运算实质上就是隶属函数的组合运算过程。

5.6.2　模糊关系

定义 5.13　设 $U_1, U_2, \cdots, U_n$ 是 n 个论域,A_i 是 $U_i(i=l,2,\cdots,n)$ 上的模糊集,则称

$$A_1 \times A_2 \times \cdots \times A_n = \int (\mu_{A_1}(x) \wedge \mu_{A_2}(x) \wedge \cdots \wedge \mu_{A_n}(x)/(x_1, x_2, \cdots, x_n))$$

为 $A_1, A_2, \cdots, A_n$ 的笛卡儿乘积,它是 $U_1 \times U_2 \times \cdots \times U_n$ 上的一个模糊集。

定义 5.14　$U_1 \times U_2 \times \cdots \times U_n$ 上 n 元模糊关系 R 是以 $U_1 \times U_2 \times \cdots \times U_n$ 为论域的模糊集合,R 可以记为

$$R = \int_{U_1 \times U_2 \times \cdots \times U_n} \mu_R(x_1, x_2, \cdots, x_n)/(x_1, x_2, \cdots, x_n)$$

在上述定义中,$\mu_{A_i}(x_i)(i=l,2,\cdots,n)$ 是模糊集 A 的隶属函数;$\mu_R(x_1,x_2,\cdots,x_n)$ 是模糊关系 R 的隶属函数,它把 $U_1 \times U_2 \times \cdots \times U_n$ 上的每一个元素 $(x_1,x_2,\cdots,x_n)$ 映射为 $[0,1]$ 上的一个实数,该实数反映出 $x_1,x_2,\cdots,x_n$ 具有关系 R 的程度,特别是对于二元关系,有

$$R = \int_{U \times V} \mu_R(x,y)/(x,y)$$

$\mu_R(x,y)$ 反映了 x 和 y 具有关系 R 的程度。

模糊关系是经典集合论中关系的推广。一个有限论域上的二元模糊关系可以表示成隶属度矩阵的形式。假设

$$U = \{x_1, x_2, \cdots, x_m\}$$
$$V = \{y_1, y_2, \cdots, y_n\}$$

则 $U \times V$ 上的二元模糊关系为

$$\boldsymbol{R} = \begin{bmatrix} \mu_R(x_1,y_1) & \mu_R(x_1,y_2) & \cdots & \mu_R(x_1,y_n) \\ \mu_R(x_2,y_1) & \mu_R(x_2,y_2) & \cdots & \mu_R(x_2,y_n) \\ \vdots & \vdots & & \vdots \\ \mu_R(x_m,y_1) & \mu_R(x_m,y_2) & \cdots & \mu_R(x_m,y_n) \end{bmatrix}$$

对于模糊关系,同样可以像经典集合论那样定义它的包含、相等、交、并、补等关系和操作,这

些概念与一般模糊集的概念相同。下面定义模糊关系的合成操作。

定义 5.15　设 R_1 和 R_2 分别为 $U \times V$ 与 $V \times W$ 上的两个模糊关系,则 R_1 和 R_2 的合成是指从 U 到 W 的一个模糊关系,记为

$$R_1 \circ R_2 = \int_{U \times W, y \in V} \max \min(\mu_{R_1}(x,y), \mu_{R_2}(y,z))/(x,z)$$

例如,设 $\boldsymbol{R}_1 = \begin{bmatrix} 0.1 & 0.2 \\ 0.3 & 0.1 \end{bmatrix}$, $\boldsymbol{R}_2 = \begin{bmatrix} 0.3 & 0.2 \\ 0.1 & 0.7 \end{bmatrix}$,则有

$$\bar{\boldsymbol{R}}_1 = \begin{bmatrix} 0.9 & 0.8 \\ 0.7 & 0.9 \end{bmatrix}, \quad \bar{\boldsymbol{R}}_2 = \begin{bmatrix} 0.7 & 0.8 \\ 0.9 & 0.3 \end{bmatrix}, \quad \boldsymbol{R}_1 \bigcup \boldsymbol{R}_2 = \begin{bmatrix} 0.3 & 0.2 \\ 0.3 & 0.7 \end{bmatrix},$$

$$\boldsymbol{R}_1 \bigcap \boldsymbol{R}_2 = \begin{bmatrix} 0.1 & 0.2 \\ 0.1 & 0.1 \end{bmatrix}, \quad \boldsymbol{R}_1 \circ \boldsymbol{R}_2 = \begin{bmatrix} 0.1 & 0.2 \\ 0.3 & 0.2 \end{bmatrix}$$

5.6.3　语言变量

模糊集合的一种应用是计算语言学,目的是对自然语言的语句进行计算,就像对逻辑语句进行运算一样。为了对自然语言语句进行描述和研究,和谓词逻辑一样,人们引进了语言变量的概念。语言变量可以看作用某种自然语言和人工语言的词语或句子表示变量的值和描述变量间的内在联系的一种系统化的方法,它为近似推理中变量值的表示和模糊命题的真值、概率值和可能值的表示提供了一个基本的方法。

模糊集合和语言变量可用于量化自然语言的含义,因而可用来处理具有指定值的语言变量。语言变量取值范围是一个项目集,该集合中的元素一般可以分为基本语言项和含修饰词的语言项。例如,语言变量"年龄",其中,"年轻""年老"等是基本语言项,"非常""不很""不"等是修饰词。

语言变量常常可用于启发式规则中,例如,如果电视太暗,则可以调亮一些;如果太热,那么可以把空调打开。

这些语言变量可能是隐含在规则中的。另外,某些语言变量可以是二阶模糊集合。例如,对于图像质量,其取值可以包括:

颜色、色度、亮度、噪声、浓度

这里每一个值都可以是一个语言变量,且其值又是一个模糊集合。因此,可以为语言变量安排一个层次,它对应模糊集合的阶,最终直到一阶模糊集合。

5.6.4　模糊逻辑和模糊推理

模糊逻辑是模糊专家系统的基础,可用来处理不确定性,以及模拟常识推理。为了克服二值逻辑的不足,人们提出了许多不同的多值逻辑系统,如基于 true、false、unknown 的三值逻辑系统。

模糊逻辑可以看作多值逻辑的扩展。但是,模糊逻辑的目的和应用不同,模糊逻辑是面向事物特性和能力的不精确描述,它是一种近似推理,而不是精确推理。本质上,近似或模糊推理是在一组可能不精确的前提下推出一个可能不精确的结论。

模糊逻辑的基本思想是将常规数值变量模糊化,使变量成为以定性术语(也称语言值)为值域的语言变量。模糊逻辑的核心概念是语言变量,当用语言变量描述对象时,这些定性术语就构成模糊命题。如果省略被描述的对象,则模糊命题可表示为"(语言变量)(定性值)"形式。例如,"张三年轻"就是一个模糊命题,其模糊程度用定性术语"年轻"的隶属函数表示。

可以对模糊命题作合取、析取、取反等逻辑操作。每个模糊命题均由相应的一个模糊集做细化描述,所以模糊逻辑运算与模糊集运算是一致的。模糊逻辑运算符可以定义如下。

$$x(\neg A) \qquad = x(\text{NOT } A) \qquad = 1 - \mu_A(x)$$
$$x(A) \vee x(B) \quad = x(A \text{ OR } B) \quad = \max(\mu_A(x), \mu_B(x))$$
$$x(A) \wedge x(B) \quad = x(A \text{ AND } B) \quad = \min(\mu_A(x), \mu_B(x))$$
$$x(A) \rightarrow x(B) \quad = x(A \rightarrow B) \qquad = x((\neg A) \vee B) = \max(1 - \mu_A(x), \mu_B(x))$$

例如,设模糊集合 TRUE 可以定义为

$$\text{TRUE} = 0.1/0.1 + 0.3/0.5 + 1/0.8$$

根据上面关于模糊运算符的定义,有

$$\text{FALSE} = 1 - \text{TRUE}$$
$$= (1 - 0.1)/0.1 + (1 - 0.3)/0.5 + (1 - 1)/0.8$$
$$= 0.9/0.1 + 0.7/0.5$$

人脑善于根据不精确和不完整的信息进行决策。人们在处理日常生活中许多实际问题时采用简单、直观、自然的描述方法,这些描述可能看起来是含糊的。例如,下面是一个空气调节器的控制策略。

```
If the temperature is hot,turn the AC fan on high.
If the temperature is warm,turn the AC fan on medium.
If the temperature is comfortable,turn the AC fan off.
```

然而,这种方法不容易在计算机的严格逻辑的范畴中实现。利用模糊逻辑,就能够用计算机可以理解的术语解释语义的不精确。模糊逻辑为模糊规则提供了一个系统的解释。

模糊推理有多种模式,其中最重要的且广泛应用的是基于模糊规则的推理。模糊规则的前提是模糊命题的逻辑组合(经由合取、析取和取反操作)作为推理的条件;结论是表示推理结果的模糊命题。所有模糊命题成立的精确程度(或模糊程度)均以相应语言变量定性值的隶属函数表示。

一个模糊推理规则是一条表示变量间依赖关系的语句,具有如下格式。

```
If <condition> Then <consequence>
```

这些语言控制规则由模糊关系解释,并且每个规则说明了不确定输入值和不确定输出值之间的关系。

一个规则可以进一步分解。<condition>可由若干前件组成。当考虑两个输入变量、一个输出变量的控制器时,规则的形式可如下表示。

```
If X is positive large and Y is positive small,then C is positive medium.
```

术语"positive large""positive medium"和"positive small"被表示为模糊集合,并且是输入变量 X 和 Y、输出变量 C 的确定值的不精确描述。

类似地,<consequence>实际上也可由若干后件组成。

一个基于模糊规则的系统被认为是一种变换机制,这种机制在它的输出点生成信号,以相应于它的输入结点获得的信号。这样一个系统称为模糊推理单元,或简称推理单元。更精确地,一个推理单元由一组输入变量、一组输出变量和一个执行一组推理规则的机制组成。

假设我们正在试图建立一个基于前述空调控制策略的空调风扇控制器,将需要一个温度传感器和一个设置期望温度的机制。除此之外,还需要一个设备计算实际的温度与期望的温度的差值(代数的)。这个差称为 temperature_error,它可作为控制器的输入。控制器的输出变量是风扇的速度,由 fan_speed 表示。

　　下面通过一个模糊系统开发环境介绍模糊推理过程。这是一个模糊智能开发环境,该系统实现了多级模糊推理及模糊控制与经典 PID 混合控制机制,是一个支持复杂控制系统设计、仿真、实时控制调试的一体化环境。

　　模糊推理过程是由给定的输入值根据模糊规则产生清晰的(非模糊的)输出值的内部过程。在设计模糊控制器时,必须找出主要的控制参数,并给出一个术语的集合,该集合可以满足对每个语言变量的描述。

　　在此模糊智能开发环境中,定义了不同类型的模糊隶属函数。如图 5-8 所示,它们分别是三角形、梯形、高斯形和 Sin 形。

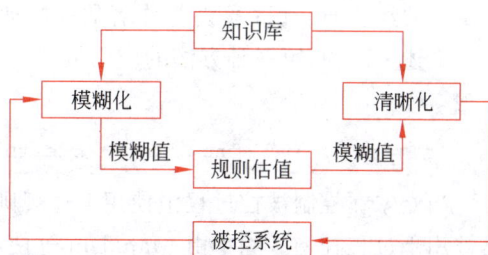

　　图 5-9 给出了一个模糊控制器的内部结构。模糊控制器能够对外部系统进行监控,其输入包括外部系统状态信息,对这些信息进行预处理,转换成模糊隶属函数的形式;而模糊输入再经过规则估值,得到模糊输出,即规则强度,最后规则强度和隶属函数通过精确化过程给出精确的输出。因此,模糊控制器的推理过程主要包括如下 4 个步骤。

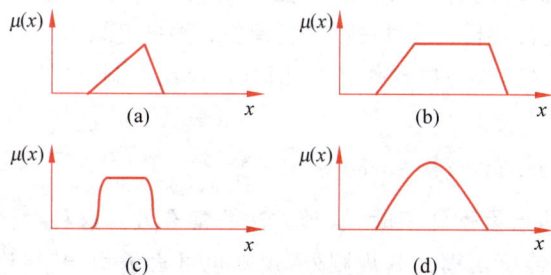

图 5-8　FuzAid 中的隶属函数类型　　　　图 5-9　模糊控制器的内部结构

　　(1) 模糊化:接收输入变量的当前值,并最终把它们变换到合适的范围中(如[-1,1])。另外,它可以把所测得的值变换为语言项或模糊集。准确值 x_0 通常变换为模糊集合 $\mu(x_0)$。如果测量到的值本身就是不精确的,就需要其他的模糊集合。

　　(2) 知识库:包含有关变量域的信息、各种归一化方法、与语言变量相关的模糊集合。语言控制规则形式的规则库也存储在知识库中。

　　(3) 规则估值:根据得到的输入值和知识库确定有关控制变量的信息。

　　(4) 清晰化:通过使用合适的变换,从决策逻辑控制变量的信息中得到精确的控制值。

1. 模糊化

　　模糊化借助输入模糊集合的隶属函数转变输入值为隶属度,即模糊化是根据模糊集合转变输入值为隶属度值的过程。它把从输入传感器处读到的数据进行编码,根据模糊规则前提条件中的语言变量把输入值进行转变。每个隶属度值均与特定的模糊集合相关,这个隶属度值由该模糊集合导出。因此,该隶属度值称为那个模糊集合的隶属度。

　　例如,假设输入值是 -13℉,如图 5-10 所示。为了确定每个模糊集合的隶属度,需要找到模糊集合与该输入值的交。

　　每个模糊集合的隶属度和值如表 5-1 所示。

```
Input temperature_error=-13
```

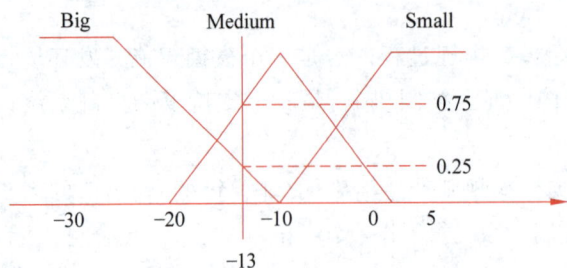

图 5-10　temperature_error 的模糊集合在－13°F 的隶属度

表 5-1　模糊集合的隶属度和值

隶属度	值
Big	0.25
Medium	0.75
Small	0.00

2. 控制知识库的建立

在设计控制知识库时有两个主要任务。

(1) 选择一组语言变量,它们描述了被控制过程的主要控制参数的值。在这一阶段,主要的输入参数和主要的输出参数都需要使用适当的术语集合通过语言进行定义,输入变量或输出变量的术语集合的粒度层次的选择在控制的平滑性方面具有重要的作用。

(2) 控制知识库使用上面主要参数的语言描述进行开发。开发控制知识库的方法包括:①专家的经验与知识;②对操作者的控制动作进行建模;③对过程进行建模;④自组织。

上述方法中,第一种方法的应用最广。在描述人类专家操作者的知识时,模糊控制的规则形式为

> If Error is small and Change-in-error is small,then Force is small.

当专家在控制被控过程中使用上述规则表达启发性知识时,这种方法非常有效。这种方法已被用于过程控制。除了由 Mamdani 等使用的传统模糊控制规则外,规则也可表示为"其结论是输入参数的函数"。例如:

$$\text{If } X \text{ is } A_1 \text{ and } Y \text{ is } B_1, \text{then } Z = f_1(X, Y)$$

这里,输出 Z 是 X 和 Y 所取值的函数。

第二种方法直接描述了操作者的控制动作。这种方法对操作者的控制动作进行建模而不直接由操作者操作。Takagi、Sugeno 等已将这种方法应用于描述驾驶员在停车场停车时的控制动作。

第三种方法涉及被控过程的模糊模型,根据描述被控系统可能状态的蕴涵式生成被控对象的近似模型。在这种方法中,开发一个模型并且构造一个控制该模糊模型的控制器,使得这种方法与控制理论中使用的传统方法有些相似。因此,需要结构标识过程和参数标识过程。例如,规则的形式如下。

$$\text{If } x_1 \text{ is } A_1^i, x_2 \text{ is } A_2^i, \cdots, \text{Then } y = p_0^i + p_1^i x_1 + \cdots + p_m^i x_m$$

对所有的 $i = 1, 2, \cdots, n$,其中,n 是这些蕴涵式的个数,并且结果是 m 个输入变量的线性函数。

最后,第四种方法开发可以随时间进行调整的规则,以改进控制器的性能。

3. 规则估值算法

由于模糊控制规则的部分匹配特性和规则的前提条件相重叠的事实,通常在一个时刻可能有多于一条的模糊规则被激活,用来决定执行哪个控制规则的方法称为冲突消解过程。

规则估值过程确定了每个规则被满足的程度。在某些状况下,某些规则的条件比其他规则的条件更容易被满足,从而使得某些规则比其他规则更适用。

为确定一个条件被满足的程度,每个规则的输入集合都要模糊化,每个规则将有一个与之相伴的等级值。这个等级值决定了每个规则的相对"砝码"。

这个等级值随后被用于加权规则的结论。这是通过根据输入模糊集合的等级截取每个输出模糊集合进行的。

在此模糊智能开发环境中,系统通常采用如下三种规则估值算法:MinMax、Product 和 BoundedSum。

4. 清晰化算法

通过规则估值得到规则强度后,仍然需要进一步处理,其处理结果就是输出的清晰化。这一过程生成非模糊化的控制动作。为了从截取后的输出模糊集中确定出一个清晰的值,必须首先合并这些输出模糊集。这是通过把所有的输出模糊集连接起来,并且在所有的点上取极大值进行的。

这样就得到了表示全体模糊规则的输出的一个综合的模糊集。有多种策略用来完成对模糊控制动作的清晰化处理。在模糊开发环境中通常实现三种清晰化算法:重心法、插值法和真值流法。

(1)重心法。重心法是常用的一种清晰化方法,它包括以下步骤:①取每个输出的隶属函数的 x 轴上的中点;②在每个输出的隶属函数 y 轴上标记规则强度,作为新的上限;③计算出新的隶属函数的区域面积;④清晰化的输出是 x 轴上的中点和新的输出隶属函数的区域面积的加权平均。

(2)插值法。插值法是比较全面地考虑模糊量各部分信息作用的一种方法。该方法就是把隶属函数与横坐标所围成的区域分成两部分,在两部分相等的情况下,两部分分界点对应的横坐标值即为清晰化后的精确值。

(3)真值流法。真值流法是由汪培庄提出的一种描述模糊推理的方法。真值流法认为,推理是真值在命题之间流动的过程。一个推理句等于一条看不见的渠道,把首尾两个命题 P、Q 连接起来,渠道本身不产生真值,它的功能仅仅是传递真值。输入的事实若与前件吻合,等于在渠首输入了真值1。渠道立即将它传至渠尾,故得出结论:Q 真。确定性的推理理论的最大局限在于:事实与前件必须完全匹配,模糊推理的最大好处就是突破了这一局限。

真值流法在推理过程中需要的计算较少。这种方法使用单点集,而不是模糊集描述输出。该方法比传统的 Mamdani 在计算上更有效,其清晰化步骤被化简了。

5.6.5　案例:抵押申请评估决策支持系统

抵押申请评估是决策支持模糊系统能够成功应用的典型问题(Von Altrock,1997)。要开发解决这个问题的决策支持模糊系统,首先使用模糊术语表达抵押申请评估中的基本概念,然后用合适的模糊工具在原型系统中实现这个概念,最后用选定的测试用例测试和优化系统。

抵押申请的评估通常基于评估市场价和房产的位置、申请人的资产和收入,以及还款计划,而这些都取决于申请人的收入和银行的利率。实例解答请扫二维码。

5.6.5 案例解答

小　　结

本章首先讨论了不确定性推理的基本概念,以及不确定性研究的主要问题和主要研究方法。这里讨论的"不确定性"是针对已知事实和推理中所用到的知识而言的,应用这种不确定的事实和知识的推理称为不确定性推理。

目前关于不确定性处理方法的研究,主要沿两条路线发展:一是在推理一级扩展确定性推理,建立各种不确定性推理的模型。它又分为数值方法和非数值方法。本章主要讨论的是数值方法,如概率方法、主观 Bayes 方法、可信度方法、证据理论、模糊方法等。另一条路线是在控制一级上处理不确定性,称为控制方法。对于处理不确定的最优方法,现在还没有一个统一的意见。

在本章讨论的方法中,概率方法是一个以概率论中有关理论为基础建立的纯概率方法,由于在使用过程中需要事先确定给出先验概率和条件概率,并且计算量较大,因此应用受到了限制。主观 Bayes 方法、确定性因子方法、证据理论、模糊理论等方法都是处理专家系统中不确定性的方法。

主观 Bayes 方法通过使用专家的主观概率,避免了所需的大量统计计算工作。在主观 Bayes 方法中,讨论了信任与概率的关系,以及似然性问题,介绍了主观 Bayes 方法知识表示和推理方法。

确定性因子方法比较简单、直观,易于掌握和使用,并且已成功应用于如 MYCIN 这样的推理链较短、概率计算精度要求不高的专家系统中。但是,当推理长度较长时,由可信度的不精确估计而产生的累积误差会很大,所以它不适合长推理链的情况。

证据理论是用集合表示命题的一种处理不确定性的理论,它引入信任函数而非概率度量不确定性,并引入似然函数处理不知道所引起的不确定性问题,它只需要满足比概率论更弱的公理系统。证据理论基础严密,专门针对专家系统,是一种很有吸引力的不确定性推理模型。但如何把它广泛应用于专家系统,目前还没有一个统一的意见。

与不确定性推理处理随机事件发生的可能性对照,模糊逻辑面向事物特征和能力的不精确描述。模糊理论是在模糊集合理论基础上发展起来的,已经系统化的关于不确定性的最一般理论,由于扩张原理等方法,使得模糊推理得以广泛应用,目前已经应用到许多领域。本章介绍了模糊理论和模糊推理的主要方法,并以一个智能模糊推理系统中模糊推理的方法作为示例。

Google 公司建立了全球最大的知识库 Knowledge Vault,该知识库通过算法自动搜集网上信息,通过机器学习把数据变成可用知识。2014 年,Knowledge Vault 已经收集了 16 亿件事实,其中,2.71 亿件是"可信的事实"。这里的可信是说,Google 公司把新事实与已掌握知识对照后,认为其准确的可能性是 90%。未来,Knowledge Vault 可以驱动一个现实增强系统,让人们从头戴显示屏上了解现实世界中的地标、建筑、商业网点等信息。

李德毅院士在统一主观认知和客观现象中的随机性和模糊性方面提出了不确定性人工智能的研究问题。不确定性人工智能认为,随机性和模糊性常常是联系在一起的,在人类思维和智能行为中难以区分并独立存在,研究不确定性需要研究随机性和模糊性之间的关联性。李德毅院士提出了一种称为云模型的表示统一刻画人类语言中大量存在的随机性、模糊性以及两者之间的关联性,把云模型作为用语言值描述的某个定性概念与其数值表示之间的不确定性转换模型。

尽管这些技术大多数是从实践中总结出来的工程性方法,对不确定性的处理往往不够严格,使用上也有很多局限性,但是它们却能解决一些问题,其结果能够给出令人满意的解释,符合人类认识世界的直觉。用阿尔伯特·爱因斯坦的话说"适用于现实世界的数学定律都不具有确定性,具有确定性的数学定律则不适用于现实世界。"

习　题

5.1 传统逻辑的局限性是什么? 什么是非单调推理? 非单调推理主要应用于哪些场合?

5.2 什么是不确定性推理? 不确定性推理的基本问题是什么?

5.3 什么是随机性? 试举出几个随机现象的实例。

5.4 在主观 Bayes 方法中,如何引入规则的强度的似然率计算条件概率? 这种方法的优点是什么? 主观 Bayes 方法有什么问题? 试说明 LS 和 LN 的意义。

5.5 设有如下规则:

$r_1: E_1 \rightarrow H$ $\qquad$ $LS = 10$, $\qquad$ $LN = 1$

$r_2: E_2 \rightarrow H$ $\qquad$ $LS = 20$, $\qquad$ $LN = 1$

$r_3: E_3 \rightarrow H_1$ $\qquad$ $LS = 1$, $\qquad$ $LN = 0.002$

已知 H、H_1 的先验概率 $P(H) = 0.03$,$P(H_1) = 0.3$。

(1) 若证据 E_1、E_2 依次出现,按主观 Bayes 推理,求 H 在此条件下的概率 $P(H|E_1, E_2)$。

(2) 对 r_3 求 $P(H_1|E_3)$,$P(H_1|\neg E_3)$ 的值各是多少?

5.6 设有如下规则:

$r_1: E_1 \rightarrow H$ $\qquad$ $LS = 20$, $\qquad$ $LN = 1$

$r_2: E_2 \rightarrow H$ $\qquad$ $LS = 300$ $\qquad$ $LN = 1$

已知 H 的先验概率 $P(H) = 0.03$,若证据 E_1、E_2 依次出现,按主观 Bayes 推理,求 H 在此条件下的概率 $P(H|E_1、E_2)$。

5.7 为什么要在 MYCIN 中提出确定性因子方法? MYCIN 的确定性方法有什么问题?

5.8 什么是可信度? 说明规则强度 $CF(H, E)$ 的含义。

5.9 假设有如下一组推理规则:

$r_1: E_1 \rightarrow E_2$ $\qquad$ (0.6)

$r_2: E_2 \wedge E_3 \rightarrow E_4$ $\qquad$ (0.8)

$r_3: E_4 \rightarrow H$ $\qquad$ (0.7)

$r_4: E_5 \rightarrow H$ $\qquad$ (0.9)

且已知 $CF(E_1) = 0.5$,$CF(E_3) = 0.6$,$CF(E_5) = 0.4$,求 $CF(H)$ 的值。

5.10 设有下述规则:

$r_1: A_1 \rightarrow B_1$ $\qquad$ $CF(B_1, A_1) = 0.8$

$r_2: A_2 \rightarrow B_1$ $\qquad$ $CF(B_1, A_2) = 0.5$

$r_3: B_1 \wedge A_3 \rightarrow B_2$ $\qquad$ $CF(B_2, B_1 \wedge A_3) = 0.8$

初始证据 A_1、A_2、A_3 的 CF 值均设为 1,而初始未知证据 B_1、B_2 的 CF 值为 0,即对 B_1、B_2 是一无所知的。

求:$CF(B_1)$、$CF(B_2)$ 的更新值。

5.11 设有下述规则:

$r_1: A_1 \rightarrow B_1$ $\qquad$ $CF(B_1, A_1) = 0.8$

$r_2: A_2 \rightarrow B_1$ $\qquad$ $CF(B_1, A_2) = 0.6$

$r_3: B_1 \vee A_3 \rightarrow B_2$ $\qquad$ $CF(B_2, B_1 \vee A_3) = 0.8$

初始证据 A_1、A_2、A_3 的 CF 值均设为 0.5,而 B_1、B_2 的初始 CF 值分别为 0.1 和 0.2。

求:$CF(B_1)$、$CF(B_2)$ 的更新值。

5.12 如何用证据理论描述假设、规则和证据的不确定性,并实现不确定性的传递和组合?

5.13 已知 $f_1(E_1) = 0.8$,$f_1(E_2) = 0.6$,$|U| = 20$,$E_1 \wedge E_2 \rightarrow H = \{h_1, h_2\} (c_1, c_2) = (0.3, 0.5)$,计算 $f_1(H)$。

5.14 考生考试成绩的论域为 (A, B, C, D, E),小王成绩为 A,为 B,为 A 或 B 的基本概率分别分配为 0.2、0.1、0.3。$Bel(\{C, D, E\}) = 0.2$。请给出 $Bel(\{A, B\})$、$Pl(\{A, B\})$ 和 $f(\{A, B\})$。

5.15 什么是模糊性? 它与随机性有什么区别? 试举出几个日常生活中的模糊概念。

5.16 模糊逻辑的基本思想是什么? 说明模糊控制器的结构以及各主要模块的功能。

5.17 设有论域 $U = \{x_1, x_2, x_3, x_4, x_5\}$,$A$、$B$ 是 U 上的两个模糊集,且有 $A = 0.85/x_1 + 0.7/x_2 + 0.9/x_3 + 0.9/x_4 + 0.7/x_5$

$B = 0.5/x_1 + 0.65/x_2 + 0.8/x_3 + 0.98/x_4 + 0.77/x_5$

求:$A \cap B$、$A \cup B$ 和 $\neg A$ 的值。

5.18 （思考题）考虑图 5-11 中的汽车诊断网络,其中每个变量都是布尔型的,并且其取值为 true 时表示汽车相应的部件工作正常或者状态正常。

(1) 扩展网络,使其含有变量 IcyWeather 和 StarterMotor。

(2) 为所有变量给出合理的 CPT(条件概率表)。

(3) 这 8 个布尔变量结点的联合概率分布中包含多少个独立的值? 假设它们之间没有已知的条件独立关系。

(4) 你的网络的表中包含多少个独立的概率值?

(5) Starts 的条件分布可以描述为噪声与(noisy-AND)分布。定义这个家族的一般形式,并分析其与噪声或(noisy-OR)的联系。

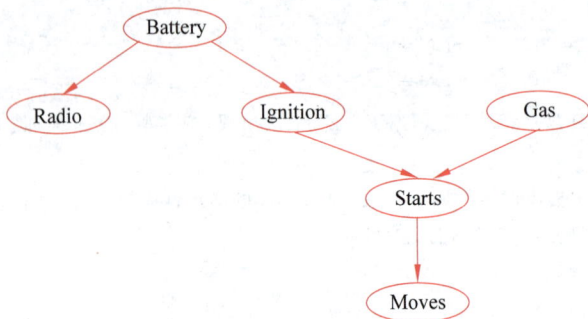

图 5-11   一个描述汽车电气系统与引擎的某些特征的贝叶斯网络

5.19 （思考题）在你本地的核电站里有一个报警器,当温度测量仪的温度超过给定警戒阈值时就会报警。这个温度测量仪测量的是核反应堆核心的温度。考虑布尔变量 A(报警器响)、FA(报警器出故障)、FG(测温仪出故障)、多值变量 G(测温仪读数)与 T(核反应堆核心的实际温度)。

(1) 画出这个问题域的贝叶斯网络,假设当核心温度太高时测量仪更容易出故障。

(2) 你得到的贝叶斯网络是多形树结构吗? 为什么?

(3) 假设温度测量值 G 和真实值 T 只有两种情况:正常或偏高;当测温仪正常工作时它给出正确读数的概率为 x,出现故障时给出正确读数的概率为 y。给出与 G 相关的条件概率表。

(4) 假设报警器能够正常工作——除非它坏了,这种情况它不会发出报警声。给出与 A 相关联的条件概率表。

(5) 假设报警器和测温仪都正常工作,并且报警器发出了警报声。根据网络中的各种条件概率,计算核反应堆核心温度过高的概率的表达式。

5.20 （思考题）考虑图 5-12 中的贝叶斯网络,其中,布尔变量 B = BrokeElectionLaw,I = Indicted,M = PoliticallyMotivatedProsecutor,G = FoundGuilty,J = Jailed。

(1) 网络结构能否断言下列哪些语句?

$P(B,I,M)=P(B)P(I)P(M)$

$P(J|G)=P(J|G,I)$

$P(M|G,B,I)=P(M|G,B,I,J)$

(2) 计算 $P(B,I,\neg M,G,J)$ 的值。

(3) 计算某个人如果触犯了法律、被起诉,而且面临一个有政治动机的检举人,他会进监狱的概率。

(4) 特定上下文独立性允许一个变量在给定其他变量某些值时独立于它的某些父结点。除了图结构给定的通常的条件独立性以外,图 5-12 的贝叶斯网络中还存在什么样的特定上下文独立性?

(5) 假设想在网络中加入变量 P = Presidential Pardon,请画出新网络,并简要解释你所加入的边。

5.21 （思考题）小型动物分类专家系统。采用问答方式辨别出用户想的动物。使用动态数据库修改技术,即在运行时插入新信息,删除旧信息。采用分级归结的方式,即动物从最基本的特征开始确定,一级一级地往上归结,每一级作为一个小的归结结果。

B	M	P(I)
t	t	.9
t	f	.5
f	t	.5
f	f	.1

P(B)
.9

P(M)
.1

B	I	M	P(G)
t	t	t	.9
t	t	f	.8
t	f	t	.0
t	f	f	.0
f	t	t	.2
f	t	f	.1
f	f	t	.0
f	f	f	.0

G	P(J)
t	.9
f	.0

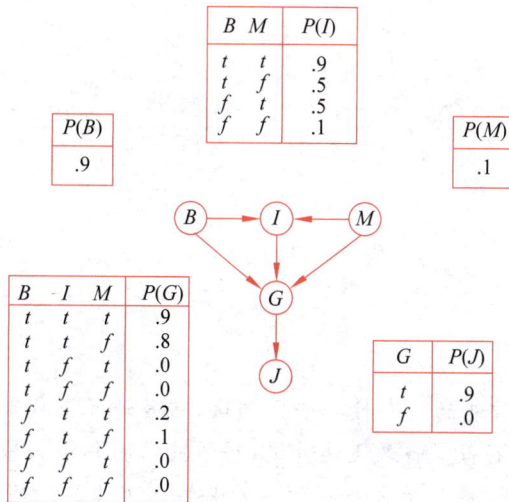

图 5-12　一个具有布尔变量 B, I, M, G, J 的简单贝叶斯网络

例如,利用 PROLOG 建造了一个小型动物分类专家系统,采用问答方式辨别出用户想的 7 种动物之一。下面是一段同专家系统的对话。

```
Goal: run.
has it hair?                    /* 你想的动物有毛发吗？ */
yes                             /* 有 */
does it eat meat?               /* 该动物是食肉动物吗？ */
yes                             /* 是 */
has it a towny-color?           /* 该动物是淡黄褐色的吗？ */
yes                             /* 是 */
has it black spots?             /* 该动物有黑色斑点吗？ */
yes                             /* 有 */
your animal may be a(n) cheetah!
/* 你想的动物可能是豹 */
```

第**6**章

机器学习

机器学习一直是人工智能的一个核心研究领域,随着计算机技术向智能化、个性化方向发展,尤其是随着数据收集和存储设备的飞速升级,科学技术的各个领域都积累了大量的数据,利用计算机来对数据进行分析,成为绝大多数领域的共性需求。2010 年和 2011 年的图灵奖分别授予机器学习领域的两位杰出学者 Leslie Valiant 和 Judea Pearl,标志着机器学习经过多年的蓬勃发展,已成为计算机科学中最重要和最活跃的研究分支之一。出生于英国的理论计算机科学家、哈佛大学教授 Leslie Valiant 因为"对众多计算理论(包括 PAC 学习、枚举复杂性、代数计算和并行与分布式计算)所做的变革性的贡献"而获得 2010 年图灵奖。Valiant 最大的贡献是 1984 年发表的论文 *A Theory of the Learnable*,使诞生于 20 世纪 50 年代的机器学习领域第一次有了坚实的数学基础。2011 年的图灵奖颁发给了加利福尼亚大学洛杉矶分校(UCLA)的 Judea Pearl 教授,奖励他在概率和因果性推理演算法方面的突出贡献。2018 年的图灵奖颁发给了深度学习的三位推动者:蒙特利尔大学教授、魁北克人工智能研究所的科学主任 Yoshua Bengio,Google 副总裁、多伦多大学名誉教授 Geoffrey Hinton,纽约大学教授、Facebook 副总裁兼首席 AI 科学家 Yann LeCun。三位获奖者开创了深度神经网络(Deep Neural Network),该技术为深度学习算法的发展和应用奠定了基础。2024 年的图灵奖颁发给了 Richard Sutton 和他的老师 Andrew Barto,以表彰他们在强化学习的概念和算法基础方面做出的突出贡献。

本章介绍机器学习的定义和简史,机器学习的基本要素和基本结构,阐述各种机器学习的方法与技术,包括基于统计的机器学习、神经网络与深度学习和基于环境交互的强化学习等。

6.1 机器学习概述

学习是一个过程,它允许智能体(Agent)通过指令的接收或经验的积累对自身性能进行改进,被视为智能行为的基础。智能等级不是由技能来定义的,而是由这些物种的学习能力及学习任务的复杂性来定义的。学习可能只是一个简单的联想过程,给定了特定的输入,就会产生特定的输出。狗可以通过学习将命令"坐"同行为"坐"的身体反应联系起来。联想学习对许多任务(如目标识别)来说都是最基本的。此外,学习通过与环境的直接交互来获取技能;"设法去做(try to do)"方法就像学骑车。人类生来具有骑车的身体特征,但却没有能够将感官输入同所需动作联系起来的相关知识,通过这些动作,人们才能骑好车。Agent 通过学习获得了知识,这就是知识的自动获取。对大多数学习来说,都会存在某种层次上的先验知识。先验知识可能是隐含的,因为它影响着对学习算法的选择以及对输入的预处理。而有时人们又需要显式使用学习中的这些知识,如使用因果联系的先验知识建造贝叶斯网络,然后再应用学习算法从样本数据库中为每个变量生成相应的先验分布。

学习的成功是多种多样的：学习识别客户的购买模式以便能检测出信用卡欺诈行为,对客户进行扼要描述以便对市场推广活动进行定位,对网上内容进行分类并按用户兴趣自动导入数据,为贷款申请人的信用打分,对燃气涡轮的故障进行诊断等。学习也已在诸多领域内得到印证,如汽车导航系统、星体类别的发现,以及学下围棋以达到世界冠军的水平。

6.1.1　机器学习的定义和发展史

学习是人类具有的一种重要智能行为。赫尔伯特·西蒙(Herbert A. Simon)曾对"学习"给出以下定义："如果一个系统能够通过执行某个过程改进它的性能,这就是学习。"因此,学习是系统在不断重复的工作中对本身能力的增强或者改进,使得系统在下一次执行同样任务或类似任务时,比现在做得更好或效率更高。1952 年,阿瑟·塞缪尔(Arthur Samuel)在 IBM 公司工作期间设计了一个西洋跳棋程序,这个程序具有学习能力,它可以在不断地对弈中改善自己的棋艺。1959 年,这个程序战胜了设计者本人。又过了 3 年,这个程序战胜了美国一个保持 8 年之久的常胜不败的冠军。这个程序最早向人们展示了机器学习的能力。

阿瑟·塞缪尔发明了"机器学习(machine learning)"这个词,将其定义为"在不直接针对问题进行明确编程的情况下,赋予计算机学习能力的研究领域",他的文章"Some studies in machine learning using the game of checkers"于 1959 年在 *IBM Journal* 正式发表。1997 年,汤姆·米切尔(Tom M. Mitchell)给出了一个关于"机器学习"更为形式化的定义:假设用 P 来评估计算机程序在某任务类 T 上的性能,若一个程序通过利用经验 E 在 T 中任务上获得了性能改善,就说关于 T 和 P,该程序对 E 进行了学习。2016 年,周志华教授在《机器学习》一书中表示,在计算机系统中,"经验"通常以"数据"形式存在,因此,机器学习所研究的主要内容,是关于在计算机上从数据中产生"模型"的算法,即"学习算法";如果说计算机科学是研究关于"算法"的学问,那么类似地,可以说机器学习是研究关于"学习算法"的学问。

综上来看,可以认为机器学习是一门研究机器获取新知识和新技能,并识别现有知识的人工智能分支;是一门关于计算机基于数据构建概率统计模型并运用模型对数据进行预测与分析的学科。

图 6-1 展示了机器学习领域按时间维度发展的重要阶段和代表性成果。可以看到,现在机器学习特别是以深度学习为代表的先进技术,已经成为计算机科学和人工智能的主流学科。

机器学
习的发
展简史

6.1.2　机器学习的基本要素

机器学习是从有限的观测数据中学习(或"猜测")出具有一般性的规律,并可以将总结出来的规律推广应用到未观测样本上。这一过程中,机器学习方法一般包括几个基本要素:模型、学习策略或学习准则、优化算法和评价指标。

1. 模型

机器学习首要考虑的问题是学习什么样的模型。在监督学习过程中,模型就是所要学习的条件概率分布或决策函数。模型的假设空间包含所有可能的条件概率分布或决策函数。例如,假设决策函数是输入变量的线性函数,那么模型的假设空间就是所有这些线性函数构成的函数集合。假设空间中的模型一般有无穷多个,而我们需要观测模型 f 在数据集 $\mathcal{D}$ 上的特性,从中选择一个理想的假设(Hypothesis)$f^* \in \mathcal{F}$。

假设空间用 $\mathcal{F}$ 表示,可以定义为决策函数的集合:

$$\mathcal{F} = \{f \mid Y = f(X)\}$$

其中,X 和 Y 是定义在输入空间 $\mathcal{X}$ 和输出空间 $\mathcal{Y}$ 上的变量。这时 $\mathcal{F}$ 通常是由一个参数向量决定

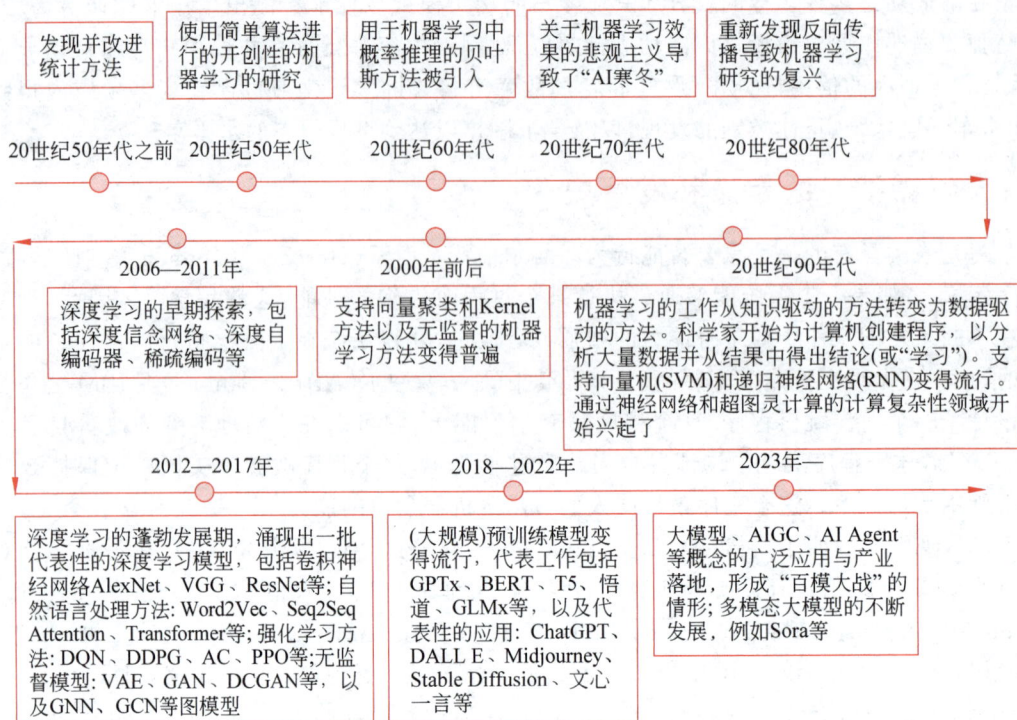

图 6-1　机器学习发展的时间轴

的函数族:

$$\mathcal{F}=\{f\mid Y=f_{\theta}(X),\theta\in\mathbf{R}^{n}\}$$

参数向量 θ 取值于 n 维欧氏空间 $\mathbf{R}^{n}$,称为参数空间。

假设空间也可以定义为条件概率的集合:

$$\mathcal{F}=\{P\mid P(Y\mid X)\}$$

其中,X 和 Y 是定义在输入空间 $\mathcal{X}$ 和输出空间 $\mathcal{Y}$ 上的随机变量。这时 $\mathcal{F}$ 通常是由一个参数向量决定的条件概率分布族:

$$\mathcal{F}=\{P\mid P_{\theta}(Y\mid X),\theta\in\mathbf{R}^{n}\}$$

参数向量 θ 取值于 n 维欧氏空间 $\mathbf{R}^{n}$,也称为参数空间。

一般决策函数表示的模型为非概率模型,由条件概率表示的模型为概率模型。常见的模型分类还有线性模型和非线性模型等。

2. 学习策略

有了模型的假设空间,机器学习接着需要考虑的是按照什么样的准则学习或选择最优的模型。机器学习的目标在于从假设空间中选取最优模型 f^{*}。

首先引入损失函数与风险函数的概念。损失函数度量模型一次预测的好坏,风险函数度量平均意义下模型预测的好坏。

1) 损失函数和风险函数

监督学习问题是在假设空间 $\mathcal{F}$ 中选取模型 f 作为决策函数,对于给定的输入 X,由 $f(X)$ 给出相应的输出,这个输出的预测值 $f(X)$ 与真实值 Y 可能一致也可能不一致,用一个损失函数或代价函数来度量预测错误的程度。损失函数是 $f(X)$ 和 Y 的非负实值函数,记作 $L(Y,f(X))$。

机器学习常用的损失函数有以下几种。

- 0-1 损失函数：

$$L(Y, f(X)) = \begin{cases} 1, & Y \neq f(x) \\ 0, & Y = f(x) \end{cases}$$

- 平方损失函数：

$$L(Y, f(X)) = \frac{1}{2}(Y - f(X))^2 \qquad (6\text{-}1)$$

- 绝对损失函数：

$$L(Y, f(X)) = |Y - f(x)|$$

- 对数损失函数或对数似然损失函数：

$$L(Y, P(Y|X)) = -\log P(Y|X)$$

- Hinge 损失函数。对于二分类问题，假设 Y 的取值为 $\{-1, +1\}$，$f(X) \in \mathbf{R}$，则 Hinge 损失函数为

$$L(Y, f(X)) = \max(0, 1 - Yf(X))$$

损失函数还有很多种。通常损失函数值越小，模型就越好。由于模型的输入、输出 (X, Y) 是随机变量，遵循联合分布 $P(X, Y)$，所以损失函数的期望是：

$$R_{\exp}(f) = E_P[L(Y, f(X))]$$
$$= \int_{x \times y} L(y, f(x)) P(x, y) \, dx \, dy$$

这是理论上模型 $f(X)$ 关于联合分布 $P(X, Y)$ 的平均意义下的损失，称为风险函数或期望损失或期望风险。

学习的目标就是选择期望风险最小的模型。由于联合分布 $P(X, Y)$ 是未知的，$R_{\exp}(f)$ 不能直接计算。实际上，如果知道联合分布 $P(X, Y)$，可以从联合分布直接求出条件概率分布 $P(Y|X)$，也就不需要学习了。正因为不知道联合概率分布，所以才需要进行学习。这样一来，一方面根据期望风险最小学习模型要用到联合分布，另一方面联合分布又是未知的，所以监督学习就成为一个病态问题。

为了解决这一问题，一个很自然的思路是用基于频数统计的风险去近似或估计期望风险。

2）经验风险最小化与结构风险最小化

给定一个训练数据集

$$T = \{(x_1, y_1), (x_2, y_2), \cdots, (x_N, y_N)\}$$

模型 $f(X)$ 关于训练数据集的平均损失称为经验风险或经验损失，记作 R_{emp}：

$$R_{\mathrm{emp}}(f) = \frac{1}{N} \sum_{i=1}^{N} L(y_i, f(x_i)) \qquad (6\text{-}2)$$

期望风险 $R_{\exp}(f)$ 是模型关于联合分布的期望损失，经验风险 $R_{\mathrm{emp}}(f)$ 是模型关于训练样本集的平均损失。根据大数定律，当样本容量 N 趋于无穷时，经验风险 $R_{\mathrm{emp}}(f)$ 趋于期望风险 $R_{\exp}(f)$。但是，由于现实中训练样本数目有限，甚至很小，所以用经验风险估计期望风险常常并不理想，要对经验风险进行一定的矫正。这就关系到监督学习的两个基本策略：经验风险最小化和结构风险最小化。

在假设空间、损失函数以及训练数据集确定的情况下，经验风险函数就可以确定。经验风险最小化（Empirical Risk Minimization，ERM）的策略认为，经验风险最小的模型是最优的模型。根据这一策略，按照经验风险最小化求最优模型就是求解最优化问题：

$$\min_{f \in \mathcal{F}} \frac{1}{N} \sum_{i=1}^{N} L(y_i, f(x_i))$$

其中,$\mathcal{F}$是假设空间。

当样本容量足够大时,经验风险最小化能保证有很好的学习效果,在现实中被广泛采用。例如,极大似然估计就是经验风险最小化的一个例子。当模型是条件概率分布、损失函数是对数损失函数时,经验风险最小化就等价于极大似然估计。但是,当样本容量很小时,经验风险最小化学习的效果就未必很好,会产生"过拟合"现象。

结构风险最小化(Structural Risk Minimization,SRM)是为了防止过拟合而提出来的策略。结构风险一般在经验风险上加上表示模型复杂度的正则化项或惩罚项来限制模型能力,使其不要过度地最小化经验风险。因此结构风险最小化体现了正则化思想。在假设空间、损失函数以及训练数据集确定的情况下,结构风险的定义是:

$$R_{\text{srm}}(f) = \frac{1}{N} \sum_{i=1}^{N} L(y_i, f(x_i)) + \lambda J(f) \tag{6-3}$$

其中,$J(f)$为模型的复杂度,是定义在假设空间$\mathcal{F}$上的泛函。模型f越复杂,复杂度$J(f)$就越大;反之,模型f越简单,复杂度$J(f)$就越小。也就是说,复杂度表示了对复杂模型的惩罚。$\lambda \geqslant 0$是正则化项系数,用以权衡经验风险和模型复杂度。

由$R_{\text{srm}}(f)$函数的定义可以看出,希望结构风险小,需要经验风险与模型复杂度同时小。结构风险小的模型往往对训练数据以及未知的测试数据都有较好的预测。例如,贝叶斯估计中的最大后验概率估计就是结构风险最小化的一个例子。当模型是条件概率分布、损失函数是对数损失函数、模型复杂度由模型的先验概率表示时,结构风险最小化就等价于最大后验概率估计。

结构风险最小化的策略认为结构风险最小的模型是最优的模型,所以求最优模型就是求解最优化问题:

$$\min_{f \in \mathcal{F}} \frac{1}{N} \sum_{i=1}^{N} L(y_i, f(x_i)) + \lambda J(f)$$

经过上述讨论,监督学习问题就变成了经验风险或结构风险函数的最优化问题。这时经验风险或结构风险函数是最优化的目标函数。

3. 优化算法

算法是指学习模型的具体计算方法。机器学习基于训练数据集,根据学习策略,从假设空间中选择最优模型,最后需要考虑用什么样的计算方法求解最优模型。这时,机器学习问题归结为最优化问题,机器学习的算法成为求解最优化问题的算法。如果最优化问题有显式的解析解,这个最优化问题就比较简单。但通常解析解不存在,这就需要用数值计算的方法求解。如何保证找到全局最优解,并使求解的过程非常高效,就成为一个重要问题。机器学习可以利用已有的最优化算法,有时也需要开发独自的最优化算法。

除一些针对特定模型的解析法外,机器学习中常见的优化算法包括梯度下降法(及相关衍生算法,如随机梯度下降法、小批量梯度下降法等)、反向传播算法、动态规划算法、启发式搜索法(如遗传算法等)、极大似然法、信息增益法、时序差分法、马尔可夫链蒙特卡洛法、交替迭代法(如EM算法等)等。需要强调的是,这些方法适用于不同类型的机器学习问题,如监督学习问题、无监督学习问题或强化学习问题等,或适用于特定类型的机器学习模型,如神经网络模型、决策树模型、概率图模型、聚类模型、贝叶斯模型等。因此,需要针对不同问题和模型,选择或构造合适的算法寻找最优模型f^*。下面重点介绍梯度下降法。

(1) 梯度下降法(Gradient Descent Method):为了充分利用凸优化中一些高效、成熟的优化方法,如共轭梯度、拟牛顿法等,很多机器学习方法都倾向于选择合适的模型和损失函数,以构造一个凸函数作为优化目标。但也有很多模型(如神经网络)的优化目标是非凸的,只能退而求其次找到局部最优解。在监督学习中,最简单、常用的优化算法就是梯度下降法,即首先初始化参数 $\boldsymbol{\theta}_0$,然后按下面的迭代公式来计算训练集 $\mathcal{D}$ 上风险函数 $R_{\mathcal{D}}(\boldsymbol{\theta})$ 的最小值。

$$\boldsymbol{\theta}_{t+1} = \boldsymbol{\theta}_t - \alpha \frac{\partial R_D(\boldsymbol{\theta})}{\partial \boldsymbol{\theta}}$$

$$= \boldsymbol{\theta}_t - \alpha \frac{1}{N} \sum_{n=1}^{N} \frac{\partial L(y^{(n)}, f(\boldsymbol{x}^{(n)}; \boldsymbol{\theta}))}{\partial \boldsymbol{\theta}} \tag{6-4}$$

其中,$\boldsymbol{\theta}_t$ 为第 t 次迭代时的参数值,α 为搜索步长,$\boldsymbol{x}^{(n)}$ 为第 n 个样本输入,N 为数据集规模。在机器学习中,α 一般称为学习率(Learning Rate)。

(2)随机梯度下降法(Stochastic Gradient Descent,SGD):梯度下降法相当于从真实数据分布中采集 N 个样本,并由它们计算出来的经验风险的梯度来近似期望风险的梯度。为了减少每次迭代的计算复杂度,也可以在每次迭代时只采集一个样本(即令 $N=1$),计算这个样本损失函数的梯度并更新参数,即随机梯度下降法。2009 年,Nemirovski 等指出,当经过足够次数的迭代时,随机梯度下降法也可以收敛到局部最优解。

(3)超参数优化:在机器学习中,优化又可以分为参数优化和超参数优化。模型 $f(\boldsymbol{x}; \boldsymbol{\theta})$ 中的 $\boldsymbol{\theta}$ 称为模型的参数,可以通过上述优化算法进行学习。除了可学习的参数 $\boldsymbol{\theta}$ 之外,还有一类参数是用来定义模型结构或优化策略的,这类参数叫作超参数(Hyper-Parameter)。常见的超参数包括聚类算法中的类别个数、梯度下降法中的步长、正则化项的系数、神经网络的层数、支持向量机中的核函数等。超参数的选取一般都是组合优化问题,很难通过优化算法来自动学习。因此,超参数优化是机器学习的一个经验性很强的技术,通常是按照人的经验设定,或者通过搜索的方法对一组超参数组合进行不断试错调整。

4. 评价指标

为了衡量一个机器学习模型的好坏,需要给定一个测试集,用模型对测试集中的每个样本进行预测,并根据预测结果计算评价分数。

对于分类问题,常见的评价标准有准确率、精确率、召回率和 F 值等。给定测试集 $\mathcal{T}=\{(\boldsymbol{x}^{(1)}, y^{(1)}), (\boldsymbol{x}^{(2)}, y^{(2)}), \cdots, (\boldsymbol{x}^{(N)}, y^{(n)})\}$,假设标签 $y^{(n)} \in \{1, 2, \cdots, C\}$,用学习好的模型 $f(\boldsymbol{x}; \boldsymbol{\theta}^*)$ 对测试集中的每一个样本进行预测,结果为 $\{\hat{y}^{(1)}, \hat{y}^{(2)}, \cdots, \hat{y}^{(N)}\}$。

1) 准确率和错误率

(1)准确率(Accuracy)。最常用的评价指标为准确率:

$$\mathcal{A} = \frac{1}{N} \sum_{n=1}^{N} I(y^{(n)} = \hat{y}^{(n)})$$

其中,$I(\cdot)$ 为指示函数,其定义为当 x 为真时,$I(x)=1$;否则 $I(x)=0$。

(2)错误率(Error Rate)。和准确率相对应的就是错误率:

$$\mathcal{E} = 1 - \mathcal{A} = \frac{1}{N} \sum_{n=1}^{N} I(y^{(n)} \neq \hat{y}^{(n)})$$

不难看出,准确率(或错误率)表示正确(或错误)分类的样本数占样本总数的比例,本质上是在度量模型总体分类的能力。这一评价过程是通过忽视类与类之间的差别实现的。然而在实际中,并非所有的类别都一样"重要"。例如,机场对乘客及行李的安检问题,我们则更加期望被漏检的"不合规"乘客和行李数越少越好,以降低航空旅途中的各类事故风险。因此,"二次检查"的情况经常发生。这也就引出了针对具体类别的评价指标。

2) 精确率和召回率

精确率和召回率是广泛用于信息检索和统计学分类领域的两个度量值,在机器学习的评价中也被大量使用。

对于类别 c 来说,模型在测试集上的结果可以分为以下 4 种情况:真正例(True Positive, TP),即一个样本的真实类别为 c 并且模型正确地预测为类别 c,这类样本数量记为 TP_c;假负例(False Negative,FN),即一个样本的真实类别为 c,模型错误地预测为其他类,这类样本数量记为 FN_c;假正例(False Positive,FP),即一个样本的真实类别为其他类,模型错误地预测为类别 c,这类样本数量记为 FP_c;负例(True Negative,TN),即一个样本的真实类别为其他类,模型也预测为其他类,这类样本数量记为 TN_c。这 4 种情况的关系可以用如表 6-1 所示的混淆矩阵(Confusion Matrix)来表示。

表 6-1　针对类别 c 的混淆矩阵

		预测类别	
		$\hat{y}=c$	$\hat{y}\neq c$
真实类别	$y=c$	TP_c	FN_c
	$y\neq c$	FP_c	TN_c

精确率(Precision),也叫精度或查准率,类别 c 的查准率是所有预测为类别 c 的样本中预测正确的比例:

$$\mathcal{P}_c = \frac{\text{TP}_c}{\text{TP}_c + \text{FP}_c}$$

召回率(Recall),也叫查全率,类别 c 的查全率是所有真实标签为类别 c 的样本中预测正确的比例:

$$\mathcal{R}_c = \frac{\text{TP}_c}{\text{TP}_c + \text{FN}_c}$$

3) 综合性评价

上述指标均是评价模型分类的某个侧面,除此之外还有一些常用的综合性指标。

F 度量(F Measure)是一个综合指标,通过平衡精确率和召回率实现:

$$\mathcal{F}_c = \frac{(1+\beta^2) \times \mathcal{P}_c \times \mathcal{R}_c}{\beta^2 \times \mathcal{P}_c + \mathcal{R}_c}$$

其中,β 用于平衡精确率和召回率的重要性,一般取值为 1。$\beta=1$ 时的 F 度量称为 $F1$ 度量,是精确率和召回率的调和平均数。

在实际应用中,也可以通过调整分类模型的阈值来进行更全面的评价,更详细的模型评价指标如 AUC(Area Under Curve)、ROC(Receiver Operating Characteristic)曲线、PR(Precision-Recall)曲线等。

6.1.3　机器学习的分类

机器学习是一个范围广、内容多、应用广的领域,并不存在(至少现在不存在)一个统一的理论体系涵盖所有内容。下面从几个维度对机器学习方法进行分类。

1. 按学习类型划分

1983 年,E. A. Feigenbaum 等在著名的《人工智能手册》中,按照学习中使用推理的多少,把机器学习技术划分为 4 大类——机械学习、示教学习、类比学习和归纳学习。学习中所用的推理越多,系统的能力越强。

(1) 机械学习。机械学习就是记忆,是最简单的学习策略。这种学习策略不需要任何推理过程,即把外界输入的信息全部记录下来,在需要时原封不动地取出来使用。这实际上没有进行真正的学习,仅是在进行信息存储与检索。虽然机械学习在方法上看来很简单,但由于计算机的存储容量相当大,检索速度又相当快,而且记忆精确、无丝毫误差,所以也能产生人们难以预料的效果。例如,一些简单的博弈类游戏可以通过机械记忆掌握必赢策略。

(2) 示教学习。比机械学习更复杂一点的学习是示教学习策略。对于使用示教学习策略的系统来说,外界输入知识的表达方式与内部表达方式不完全一致,系统在接受外部知识时需要一点推理、翻译和转换工作。MYCIN、DENDRAL 等专家系统在获取知识时都采用这种学习策略。

（3）类比学习。类比学习系统只能得到完成类似任务的有关知识,因此,学习系统必须能够发现当前任务与已知任务的相似点,由此制定出完成当前任务的方案,因此,它比上述两种学习策略需要更多的推理。

（4）归纳学习。归纳学习是应用归纳推理进行学习的一种方法。根据归纳学习有无导师指导,可把它分为样例学习和观察与发现学习。前者属于监督学习,后者属于无监督学习。其中,样例学习即是从训练样例中归纳出学习结果。采用样例学习策略的计算机系统,事先完全没有完成任务的任何规律性的信息,所得到的只是一些具体的工作例子及工作经验。系统需要对这些例子及经验进行分析、总结和推广,得到完成任务的一般性规律,并在进一步的工作中验证或修改这些规律,因此需要的推理是几种策略中最多的。20 世纪 80 年代以来,被研究最多、应用最广的是"从样例中学习"（也就是广义的归纳学习）,它涵盖了监督学习、无监督学习等,本书大部分内容均属此范畴。

2. 按样本信息及反馈方式划分

按照训练样本提供的信息以及反馈方式的不同,将机器学习算法分为以下几类。

（1）监督学习（Supervised Learning）。如果机器学习的目标是建模样本的特征 x 和标签 y 之间的关系：$y=f(x;\theta)$ 或 $p(y|x;\theta)$,并且训练集中每个样本都有标签,那么这类机器学习称为监督学习。根据标签类型的不同,监督学习又可以分为回归问题、分类问题和结构化学习问题等。

（2）无监督学习（Unsupervised Learning）。无监督学习是指从不包含目标标签的训练样本中自动学习到一些有价值的信息,如统计规律或潜在结构。典型的无监督学习问题有聚类、密度估计、特征学习、降维等。

（3）强化学习（Reinforcement Learning）。强化学习是一类通过交互来学习的机器学习算法。在强化学习中,智能体根据环境的状态做出一个动作,并得到即时或延时的奖励。智能体在和环境的交互中不断学习并调整策略,以取得最大化的期望总回报。强化学习的本质是学习最优的序贯决策。

表 6-2 给出了三种机器学习类型的对比。

表 6-2　三种机器学习类型的对比

	监督学习	无监督学习	强化学习
训练样本	训练集 $\{(x^{(n)},y^{(n)})\}_{n=1}^N$	训练集 $\{x^n\}_{n=1}^N$	智能体和环境交互的轨迹 τ 和累积奖励 G_τ
优化目标	$y=f(x)$ 或 $p(y|x)$	$p(x)$ 或带隐变量 z 的 $p(x|z)$	期望总回报 $E_\tau[G_\tau]$
学习准则	期望风险最小化 最大似然估计	最大似然估计 最小重构错误	策略评估 策略改进

监督学习需要每个样本都有标签,而无监督学习则不需要标签。一般而言,监督学习通常需要大量的有标签数据集,这些数据集一般都需要由人工进行标注,成本很高。因此,也出现了很多弱监督学习（Weakly Supervised Learning）、半监督学习（Semi-Supervised Learning）和主动学习（Activate Learning）的方法,希望从大规模的无标注数据中充分挖掘有用的信息,降低对标注样本数量的要求。强化学习和监督学习的不同在于,强化学习不需要显式地以"输入/输出对"的方式给出训练样本,是一种在线的学习机制。从某种角度来看,强化学习也可以理解为是一类

"监督信号滞后"的监督学习。

3. 按模型种类划分

机器学习方法可以根据其模型的种类进行分类。

(1) 概率模型与非概率模型。机器学习的模型可以分为概率模型和非概率模型或者确定性模型。在监督学习中,概率模型取条件概率分布形式 $P(y|x)$,非概率模型取函数形式 $y=f(x)$,其中,x 是输入,y 是输出。在无监督学习中,概率模型取条件概率分布形式 $P(z|x)$ 或 $P(x|z)$,非概率模型取函数形式 $z=g(x)$,其中,x 是输入,z 是输出。例如,朴素贝叶斯、隐马尔可夫模型、条件随机场、概率潜在语义分析、高斯混合模型等模型是概率模型。感知机、支持向量机、k 近邻、AdaBoost、k-均值、潜在语义分析,以及神经网络等模型是非概率模型。

(2) 线性模型与非线性模型。机器学习模型,特别是非概率模型,可以分为线性模型和非线性模型。如果函数 $y=f(x)$ 或 $z=g(x)$ 是线性函数,则称模型是线性模型,否则称模型是非线性模型。例如,感知机、线性支持向量机、k 近邻、k-均值、潜在语义分析等模型是线性模型,核函数支持向量机、AdaBoost、神经网络等模型是非线性模型。深度学习实际上是复杂神经网络的学习,也就是复杂的非线性模型的学习。

(3) 参数化模型与非参数化模型。参数化模型假设模型参数的维度固定,模型可以由有限维参数完全刻画;非参数化模型假设模型参数的维度不固定或者说无穷大,随着训练数据量的增加而不断增大。例如,感知机、朴素贝叶斯、k-均值、高斯混合模型、潜在语义分析、潜在狄利克雷分配、神经网络等模型是参数化模型,决策树、支持向量机、AdaBoost、k 近邻等模型是非参数化模型。参数化模型适合问题简单的情况,现实中的问题往往比较复杂,非参数化模型有时会更加有效。

(4) 判别模型和生成模型。监督学习的任务就是学习一个模型,应用这一模型,对给定的输入预测相应的输出。这个模型的一般形式为决策函数 $Y=f(X)$,或者条件概率分布 $P(Y|X)$。监督学习方法又可以分为生成方法和判别方法。所学到的模型分别称为生成模型和判别模型。

生成方法原理上由数据学习联合概率分布 $P(X,Y)$,然后求出条件概率分布 $P(Y|X)$ 作为预测的模型,即生成模型

$$P(Y|X)=\frac{P(X,Y)}{P(X)}$$

这样的方法之所以称为生成方法,是因为模型表示了给定输入 X 产生输出 Y 的生成关系。典型的生成模型有朴素贝叶斯法和隐马尔可夫模型等。

判别方法由数据直接学习决策函数 $f(X)$ 或者条件概率分布 $P(Y|X)$ 作为预测的模型,即判别模型。判别方法关心的是对给定的输入 X,应该预测什么样的输出 Y。典型的判别模型包括 k 近邻、感知机、Logistic 回归、最大熵模型、支持向量机和条件随机场等。

在监督学习中,生成方法和判别方法各有优缺点,适合于不同条件下的学习问题。生成方法的特点:生成方法可以还原出联合概率分布 $P(X,Y)$,而判别方法不能,生成方法的学习收敛速度更快,即当样本容量增加的时候,学到的模型可以更快地收敛于真实模型;当存在隐变量时,仍可以用生成方法学习,此时判别方法就不能用。判别方法的特点:判别方法直接学习的是条件概率分布 $P(Y|X)$ 或决策函数 $f(X)$,直接面对预测,往往学习的精确率更高;由于直接学习 $P(Y|X)$ 或 $f(X)$,可以对数据进行各种程度上的抽象、定义特征并使用特征,因此可以简化学习问题。

6.1.4　机器学习系统的基本结构

机器学习系统是指运用机器学习技术的计算系统。这种系统能够自动地学习和改进,以执

行特定任务而无须进行明确的重新编程。机器学习系统通常包括输入数据的处理、模型的训练和预测以及输出结果的解释等环节。它们可以用于各种应用,如图像识别、语音识别、推荐系统等。下面从几个不同角度分析机器学习系统的基本结构,以加深对"机器学习"内涵和外延的理解。

1. 驱动因素角度

1)知识驱动的机器学习系统

以机器学习的定义为出发点,可为"推理期"的机器学习系统建立起简单的学习模型,总结设计学习系统应当注意的某些总的原则。图 6-2 展示了知识驱动的机器学习系统的基本结构。环境向系统中的学习部分提供某些信息,学习部分利用这些信息修改知识库,以增进执行部分完成任务的效能,执行部分根据知识库完成任务,同时把获得的信息反馈给学习部分。在具

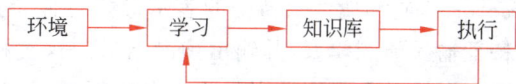

图 6-2　知识驱动的机器学习系统的基本结构

体的应用中,环境、知识库和执行这三部分决定了具体的工作内容,学习部分所需要解决的问题完全由上述三部分确定。下面分别叙述这三部分对机器学习系统设计的影响。

(1)环境:影响机器学习系统设计的最重要的因素是环境向系统提供的信息。知识库里存放的是指导执行部分动作的一般原则,但环境向系统提供的信息却是各种各样的。如果信息的质量比较高,与一般原则的差别比较小,则学习部分就比较容易处理。如果向系统提供的是杂乱无章的信息,则机器学习系统需要在获得足够数据之后,删除不必要的细节,进行总结推广,形成指导动作的一般原则,放入知识库。这样,学习部分的任务就比较繁重,设计起来也较为困难。

(2)知识库:知识库是影响机器学习系统设计的第二个因素。知识的表示有多种形式,如特征向量、一阶逻辑语句、产生式规则、语义网络和框架等。这些表示方式各有其特点,在选择表示方式时要兼顾 4 方面,即表达能力强、易于推理、容易修改知识库、知识表示易于扩展。需要强调的是,机器学习系统不能在全然没有任何知识的情况下凭空获取知识,每一个学习系统都要求具有某些知识以理解环境提供的信息,分析比较,做出假设,检验并修改这些假设。因此,学习系统是对现有知识的扩展和改进。

(3)执行:因为机器学习系统获得的信息往往是不完全的,从系统所进行的推理并不完全是可靠的,它总结出来的规则可能正确,也可能不正确,这要通过执行效果加以检验。正确的规则能使系统的效能提高,应予以保留;不正确的规则应予以修改或从知识库中删除。

2)数据驱动的机器学习系统

与以"推理"和"知识"为重点的早期机器学习方法不同,以神经网络和支持向量机为代表的统计学习方法则是一种数据驱动的学习方法。这一类的学习方法以"学习"为重点,研究从大量数据中获得有效信息的学习机制。在此基础上构建的系统包含训练和预测两部分,其基本结构如图 6-3 所示。

图 6-3　数据驱动的机器学习系统的基本结构

在这个结构中不存在显式的"知识库",而只有一个学习模型,这个模型可以是神经网络,可以是支持向量机,也可以是决策树等。这些模型从历史数据中根据不同的学习算法进行学习,通

过建立目标函数,即经验风险或结构风险,寻找使得风险最小化的模型参数,使得模型输出的计算结果与训练数据尽量吻合,并具备良好的泛化能力,以期获得对新数据的预测能力。

2. 特征学习角度

深度学习的兴起和蓬勃发展,不仅在许多实际应用问题中取代了传统机器学习系统的处理范式,还在数据特征学习的理解上深刻地改变了人们对的固有认知。下面从特征学习的角度对比传统机器学习系统和深度学习系统的基本结构和数据处理流程。

1) 传统机器学习系统

传统的机器学习主要关注如何学习一个预测模型。一般需要首先将数据表示为一组特征(Features,或称属性),特征的表示形式可以是连续的数值、离散的符号或其他形式。然后将这些特征输入预测模型,并输出预测结果。这类机器学习可以看作浅层学习(Shallow Learning)。浅层学习的一个重要特点是不涉及特征学习,其特征主要靠人工经验或特征转换方法来抽取。

当我们用机器学习来解决实际任务时,会面对多种多样的数据形式,如声音、图像、文本等。不同数据的特征构造方式差异很大。对于图像这类数据,可以很自然地将其表示为一个连续的向量。而对于文本数据,因为其一般由离散符号组成,并且每个符号在计算机内部都表示为无意义的编码,所以通常很难找到合适的表示方式。因此,在实际任务中使用机器学习模型一般会包含数据预处理、特征提取、特征转换、预测等几个步骤,如图6-4所示。

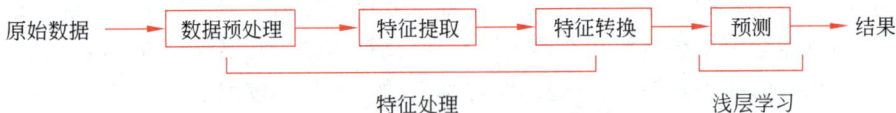

原始数据 → 数据预处理 → 特征提取 → 特征转换 → 预测 → 结果

特征处理   浅层学习

图 6-4 传统机器学习系统的基本结构

在上述流程中,每步特征处理以及预测一般都是分开进行的。传统的机器学习模型主要关注最后一步,即构建预测函数。但是在实际操作过程中,不同预测模型的性能相差不多,而前三步中的特征处理对最终系统的准确性有着十分关键的作用。特征处理一般都需要人工干预完成,利用人类的经验来选取好的特征,并最终提高机器学习系统的性能。因此,很多的机器学习问题变成了特征工程(Feature Engineering)问题。开发一个机器学习系统的主要工作量都消耗在了预处理、特征提取以及特征转换上。

2) 深度学习系统

为了提高机器学习系统的准确率,就需要将输入信息转换为有效的特征,或者更一般性地称为表示。如果有一种算法可以自动地学习出有效的特征,并提高最终机器学习模型的性能,那么这种学习就可以叫作表示学习(Representation Learning)。

进一步,为了学习一种好的表示,需要构建具有一定"深度"的模型,并通过学习算法来让模型自动学习出好的特征表示(从底层特征,到中层特征,再到高层特征),从而最终提升预测模型的准确率。

所谓"深度"是指原始数据进行非线性特征转换的次数。如果把一个表示学习系统看作一个有向图结构,深度也可以看作从输入结点到输出结点所经过的最长路径的长度。这样就需要一种学习方法可以从数据中学习一个"深度模型",这就是深度学习(Deep Learning)。深度学习是机器学习的一个子问题,其主要目的是从数据中自动学习到有效的特征表示。图6-5给出了深度学习的数据处理流程。通过多层的特征转换,把原始数据变成更高层次、更抽象的表示。这些学习到的表示可以替代人工设计的特征,从而避免"特征工程"。

深度学习是将原始的数据特征通过多步的特征转换得到一种特征表示,并进一步输入预测

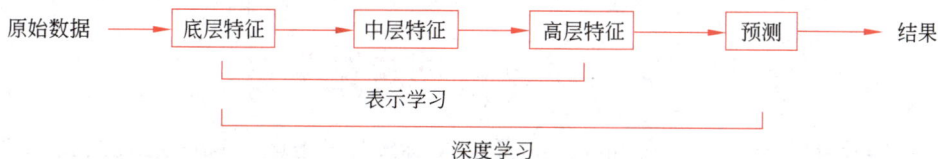

图 6-5 深度学习系统的基本结构

函数得到最终结果。目前,深度学习采用的模型主要是神经网络模型。随着深度学习的快速发展,模型深度也从早期的 $5\sim10$ 层增加到目前的数百层。随着模型深度的不断增加,其特征表示的能力也越来越强,从而使后续的预测更加容易。

3. 编程范式角度

机器学习泰斗、卡内基-梅隆大学的汤姆·米切尔教授认为机器学习是一门研究算法的学科,这些算法能够通过非显式编程的形式,利用经验数据来提升某个任务的性能指标。一组学习任务可以由三元组(任务,指标,数据)来明确定义。

这里说的非显式编程具有哪些特性呢?一般人工智能技术的实现,都是需要人先充分了解任务和解决方法,并根据具体的解决思路,编写程序来完成该任务。例如,地图的导航任务,系统需要先将城市的路网建模成一个图结构,然后针对具体起点到终点的任务,寻找最短路径,如使用 A^* 搜索算法。因此,显式编程需要开发者首先自己可以完成该智能任务,才能通过实现对应的逻辑来使机器完成它,相当于要事先知道"最优"模型 f^*,然后直接实现它。这其实大大抬高了人工智能技术的门槛,它需要有人能解决任务并通过程序来实现解决方法。而有的智能任务是很难通过这样的方式来解决的,如人脸识别、语音识别这样的感知模式识别任务,其实我们自己都不清楚人是如何精准识别平时碰到的每个人的脸的,也就更加无法编写程序来直接实现这个逻辑;抑或是如深海无人艇航行、无人机飞行等人类自己无法完成的任务,自然也无法通过直接编程来实现。

具体地,在前文描述的优化范式中,我们在模型空间 $\mathcal{F}$ 下中寻找最优模型 f^* 的过程可以是一个持续迭代的形式,即

$$f_0 \rightarrow f_1 \rightarrow f_2 \rightarrow \cdots \rightarrow f^*$$

而这个寻找最优模型 f^* 的过程就是机器学习。机器学习的算法对应着从 f_i 迭代到 f_{i+1} 的程序。

华盛顿大学的佩德罗·多明戈斯(Pedro Domingos)教授将机器学习比喻成"终极算法"。因为有了机器学习技术,只需要拥有任务的数据,就可以得到解决任务的算法。这样,程序员就可以"往后站一步",从直接编写各类任务具体的算法程序,转为编写机器学习算法程序,然后在不同任务中,基于任务自身的数据,学习出一个解决该任务的算法(即机器学习模型)。图 6-6 展示了传统的显式编程与机器学习的非显式编程的基本结构对比。

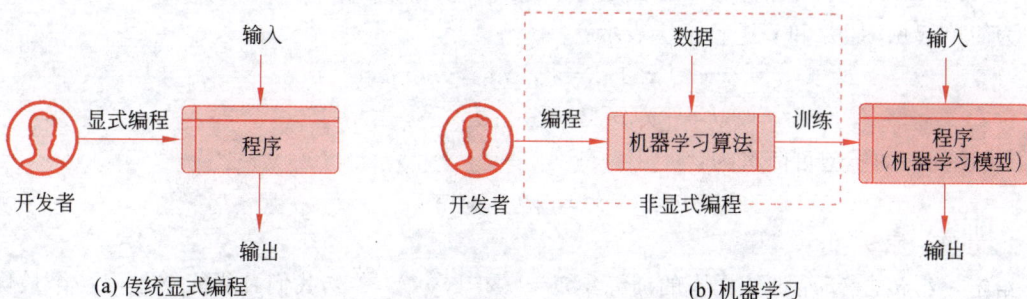

(a) 传统显式编程   (b) 机器学习

图 6-6 传统的显式编程与机器学习的非显式编程的基本结构对比

6.2 基于统计的机器学习

统计机器学习(Statistical Machine Learning)或称统计学习(Statistical Learning),更加强调基于数据本身构建(概率)统计模型,并运用模型对数据进行预测与分析。当下流行的机器学习方法,如线性回归、决策树、朴素贝叶斯、隐马尔可夫模型、支持向量机、k-均值聚类、神经网络模型等都属于这个范畴。按照应用任务的不同,可以将机器学习划分为回归学习、分类学习、聚类学习和降维学习等不同类型。

6.2.1 回归学习

回归函数学习(Regression Function Learning)或回归学习(Regression Learning)指的是学习一个变量(因变量)与其他变量(自变量)间的某种相关性。这样的典型应用包括对正常记录的某些缺失信号进行插值,造成这种问题的原因可能是传感器故障。例如,某喷气式发动机有两个轴:一个轴连接低速压缩机,另一个轴连接高速压缩机。这两个轴在机械上是相互独立的,但它们旋转的速度却是相关的。传感器故障可导致其中一个轴的某信号缺失,这样就有可能通过其他发动机控制参数对该缺失信号进行插值。回归函数学习的另一类应用是对股票指数、房价指数或天气指数等时序曲线的未来值进行预测。

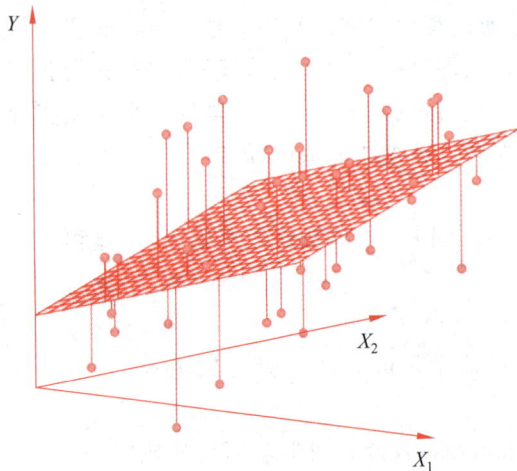

图 6-7 线性回归示例(二元回归)

回归问题按照输入变量的个数,分为一元回归和多元回归;按照输入变量和输出变量之间关系的类型即模型的类型,分为线性回归和非线性回归。这里重点介绍线性回归。

1. 线性回归问题

线性回归是一种通过属性的线性组合来进行结果预测的线性模型,其目的是找到一条直线或一个平面或更高维的超平面,使预测值与真实值之间的误差最小化,如图 6-7 所示。

线性回归本质上是对自变量和因变量之间的关系进行线性建模和分析。从机器学习的角度来看,自变量就是样本的特征向量 $x \in \mathbb{R}^D$(每一维对应一个自变量),因变量是标签 y,这里 $y \in \mathbb{R}$ 是连续值(实数或连续整数)。假设空间是一组参数化的线性函数:

$$f(\boldsymbol{x};\boldsymbol{w},b)=\boldsymbol{w}^{\mathrm{T}}\boldsymbol{x}+b=w_1x_1+w_2x_2+\cdots+w_Dx_D+b \tag{6-5}$$

其中,权重向量 $\boldsymbol{w} \in \mathbb{R}^D$ 和偏置 $b \in \mathbb{R}$ 都是可学习的参数,函数 $f(\boldsymbol{x};\boldsymbol{w},b) \in \mathbb{R}$ 也称为线性模型。

为简单起见,对 $\boldsymbol{w}$ 和 $\boldsymbol{x}$ 进行增广表示:

$$\boldsymbol{x} \leftarrow [\boldsymbol{x},1]^{\mathrm{T}}=[x_1,x_2,\cdots,x_D,1]^{\mathrm{T}}$$

$$\boldsymbol{w} \leftarrow [\boldsymbol{w},b]^{\mathrm{T}}=[w_1,w_2,\cdots,w_D,b]^{\mathrm{T}}$$

这样,线性回归的模型可简写为:

$$f(\boldsymbol{x};\boldsymbol{w})=\boldsymbol{w}^{\mathrm{T}}\boldsymbol{x} \tag{6-6}$$

2. 最小二乘法

给定一组包含 N 个训练样本的训练集 $\mathcal{D}=\{(\boldsymbol{x}^{(n)},y^{(n)})\}_{n=1}^{N}$,我们希望能够学习一个最优的线性回归的模型参数 $\boldsymbol{w}^*$。

由于线性回归的标签 y 和模型输出都为连续的实数值,因此平方损失函数非常适合衡量真实标签和预测标签之间的差异。

根据经验风险最小化准则,训练集 $\mathcal{D}$ 上的经验风险定义为:

$$\mathcal{R}(\boldsymbol{w}) = \sum_{n=1}^{N} L(y^{(n)}, f(\boldsymbol{x}^{(n)}; \boldsymbol{w})) = \frac{1}{2}\sum_{n=1}^{N}(y^{(n)} - \boldsymbol{w}^{\mathrm{T}}\boldsymbol{x}^{(n)})^2 = \frac{1}{2}\|\boldsymbol{y} - \boldsymbol{X}^{\mathrm{T}}\boldsymbol{w}\|^2$$

其中,$\boldsymbol{y} = [y^{(1)}, y^{(2)}, \cdots, y^{(N)}]^{\mathrm{T}} \in \mathbb{R}^N$ 是由所有样本的真实标签组成的列向量,而 $\boldsymbol{X} \in \mathbb{R}^{(D+1)\times N}$ 是由所有样本的输入特征 $\boldsymbol{x}^{(1)}, \boldsymbol{x}^{(2)}, \cdots, \boldsymbol{x}^{(N)}$ 组成的矩阵:

$$\boldsymbol{X} = \begin{bmatrix} x_1^{(1)} & x_1^{(2)} & \cdots & x_1^{(N)} \\ \vdots & \vdots & \ddots & \vdots \\ x_D^{(1)} & x_D^{(2)} & \cdots & x_D^{(N)} \\ 1 & 1 & \cdots & 1 \end{bmatrix}$$

风险函数 $R(\boldsymbol{w})$ 是关于 $\boldsymbol{w}$ 的凸函数,其对 $\boldsymbol{w}$ 的偏导数为

$$\frac{\partial\mathcal{R}(\boldsymbol{w})}{\partial\boldsymbol{w}} = \frac{1}{2}\frac{\partial\|\boldsymbol{y} - \boldsymbol{X}^{\mathrm{T}}\boldsymbol{w}\|^2}{\partial\boldsymbol{w}} = -\boldsymbol{X}(\boldsymbol{y} - \boldsymbol{X}^{\mathrm{T}}\boldsymbol{w})$$

其中,这里的推导用到了矩阵求导法则 $\frac{\partial\boldsymbol{X}^{\mathrm{T}}\boldsymbol{X}}{\partial\boldsymbol{X}} = 2\boldsymbol{X}$、$\frac{\partial\boldsymbol{A}\boldsymbol{X}}{\partial\boldsymbol{X}} = \boldsymbol{A}^{\mathrm{T}}$、$\frac{\partial\boldsymbol{X}^{\mathrm{T}}\boldsymbol{A}\boldsymbol{X}}{\partial\boldsymbol{X}} = (\boldsymbol{A} + \boldsymbol{A}^{\mathrm{T}})\boldsymbol{X}$,若 $\boldsymbol{A}$ 为对称矩阵,有 $\frac{\partial\boldsymbol{X}^{\mathrm{T}}\boldsymbol{A}\boldsymbol{X}}{\partial\boldsymbol{X}} = 2\boldsymbol{A}\boldsymbol{X}$。

令 $\frac{\partial}{\partial\boldsymbol{w}}\mathcal{R}(\boldsymbol{w}) = 0$,得到最优的参数 $\boldsymbol{w}^*$ 为

$$\boldsymbol{w}^* = (\boldsymbol{X}\boldsymbol{X}^{\mathrm{T}})^{-1}\boldsymbol{X}\boldsymbol{y} = \left(\sum_{n=1}^{N}\boldsymbol{x}^{(n)}(\boldsymbol{x}^{(n)})^{\mathrm{T}}\right)^{-1}\left(\sum_{n=1}^{N}\boldsymbol{x}^{(n)}y^{(n)}\right)$$

这种求解线性回归参数的方法就是著名的最小二乘法(Least Square Method,LSM)。

6.2.2　分类学习

很多应用都可归类于分类学习(Classification Learning)的范畴,光学字符识别就是这样一种应用。该应用要求机器能够扫描字符图像并输出对应的类别。若语言为英语,则机器需要学习的只是对数字 0~9 以及字符 A~Z 的分类。这个学习过程是有监督的,因为每个训练例子的类别都是已知的。当然,无监督学习也广泛地用在分类任务中,即便目标分类对任一训练例子来说都是未知的,采用无监督技术有时也非常有用,因为这样可以审视这些训练例子是如何按照不同属性进行分组的。

机器学习方法中,适用于分类问题的方法最为丰富,包括 k 近邻法、朴素贝叶斯法、决策树、随机森林、Logistic 回归、Softmax 回归、支持向量机、提升方法、贝叶斯网络和神经网络等。本节重点介绍几种代表性的方法。

1. 决策树

1) 基本概念

决策树学习是离散函数的一种树状表示,表达能力强,可以表示任意的离散函数,是一种重要的机器学习方法。决策树能够实现分治策略的数据结构,可以通过把实例从根结点排列到某个叶结点来对实例进行分类。决策树代表了实例属性值约束的合取的析取式,从树根到树叶的每一条路径都对应一组属性约束的合取,树本身对应着这些合取的析取。决策树是一种非常常见并且表现优异的机器学习算法,它易于理解、可解释性强,其可用于分类算法,也可用于回归

模型。

但由于决策树分支离散的特性,通常用来完成分类任务。在直角坐标系中,其分类的边界是与坐标轴平行的直线。图 6-8 展示了一棵简单的二分类决策树和其对应的分类边界,其输入是平面上的点,图 6-8(a)给出了决策树的结构,图 6-8(b)中的纵向和横向虚线是决策树对应的分类边界。可以看出,决策树通过对数据空间多次进行平行于坐标轴的线性分割,最终可以组合出非线性分类的效果。

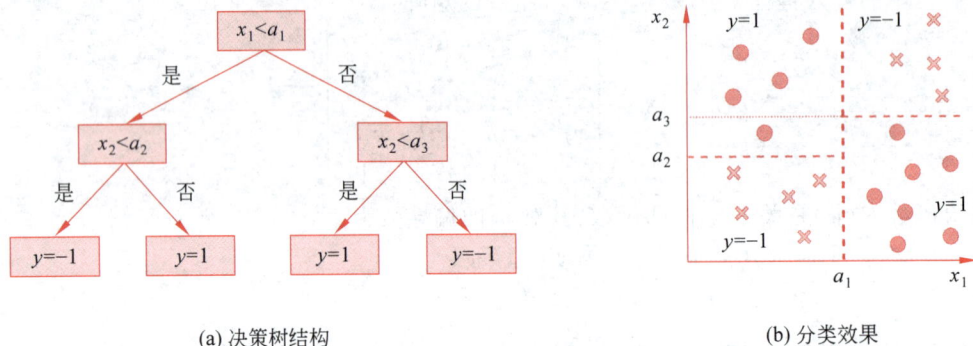

(a) 决策树结构　　　　　　　　　　　(b) 分类效果

图 6-8　用决策树分类的示例

决策树模型呈树状结构,在分类问题中,表示基于特征对实例进行分类的过程。1966 年,Hunt 提出了第一个决策树算法 CLS,后来针对如何选择合适的特征来构造决策树这一问题,出现了一系列决策树算法,如 Quinlan 于 1979 年提出的 ID3 算法和 1993 年提出的 C4.5 算法,以及 Breiman 在 1984 年提出的 CART 算法。决策树学习的关键在于如何选择最优划分属性。一般而言,随着划分过程不断进行,决策树的分支结点所包含的样本尽可能属于同一类别,即结点的“纯度”越来越高。经典的属性划分方法有信息增益、增益率、基尼指数三种,分别对应 ID3 算法、C4.5 算法和 CART 算法。

2)ID3 算法概述

ID3 算法最早是由罗斯昆(J. Ross Quinlan)于 1979 年提出的一种决策树构建算法,该算法的核心是“信息熵”,期望信息越小,信息熵越大,从而样本纯度越低。ID3 算法以信息论为基础,以信息增益为衡量标准,从而实现对数据的归纳分类。

ID3 算法的核心思想就是以信息增益来度量特征选择,选择信息增益最大的特征进行分裂。算法采用自顶向下的贪婪搜索遍历可能的决策树空间。其大致步骤如下。

(1)初始化特征集合和数据集合。

(2)计算数据集合信息熵和所有特征的条件熵,选择信息增益最大的特征作为当前决策结点。

(3)更新数据集合和特征集合:删除第(2)步使用的特征,并按照特征值来划分不同分支的数据集合。

(4)重复第(2)、(3)两步,若子集值包含单一特征,则为分支叶结点。

3)ID3 算法的计算方法

ID3 使用的分类标准是信息增益 $g(D,A)$,它表示得知特征 A 的信息而使样本集合 D 不确定性减少的程度。信息增益越大表示使用特征 A 来划分所获得的“纯度提升越大”。对信息增益进行计算,会使用到信息熵和条件熵等概念。

(1)信息熵(Information Entropy)是信息论中用于度量信息量的一个概念。一个系统越有序,信息熵就越低;反之,一个系统越混乱,随机变量的不确定性就越大,信息熵就越高。所以,信息熵也可以说是系统有序化程度的一个度量。信息熵 $H(D)$ 的公式如下。

$$H(D) = -\sum_{k=1}^{K} \frac{|C_k|}{|D|} \log_2 \frac{|C_k|}{|D|} \tag{6-7}$$

其中,$D = \{(\boldsymbol{x}^{(n)}, y^{(n)})\}_{n=1}^{N}$ 表示数据集,k 表示样本类别,C_k 是 D 中属于第 k 类的样本子集,$|\cdot|$ 表示数据集规模。

下面结合一个示例进行解释。银行的数据分析师希望通过历史的贷款记录、用户的 4 种特征(年龄、工作情况、房产状况、历史信贷情况)及最终是否给予贷款来建立分类模型,以辅助决策者进行决策。银行收集整理的数据如表 6-3 所示。

表 6-3 银行贷款示例数据集

	年龄	是否拥有工作	是否拥有房产	信贷情况	是否给予贷款
1	青年	否	否	一般	否
2	青年	否	否	好	否
3	青年	是	否	好	是
4	青年	是	是	一般	是
5	青年	否	否	一般	否
6	中年	否	否	一般	否
7	中年	否	否	好	否
8	中年	是	是	好	是
9	中年	否	是	非常好	是
10	中年	否	是	非常好	是
11	老年	否	是	非常好	是
12	老年	否	是	好	是
13	老年	是	否	好	是
14	老年	是	否	非常好	是
15	老年	否	否	一般	否

以表 6-3 中的数据为例,分类问题的特征:A_1 为"年龄"、A_2 为"是否拥有工作"、A_3 为"是否拥有房产"、A_4 为"信贷情况"。标签 y 为"是否给予贷款",这里只有"是"和"否"两类。因此 $K=2$ 代表类别数。本训练数据总共有 15 个样本,因此 $|D|=15$,其中,类别 1 有 9 个样本(类别为"是"),类别 2 有 6 个样本(类别为"否")。根据信息熵的公式(6-7),得到数据集的信息熵为

$$H(D) = -\sum_{k=1}^{K} \frac{|C_k|}{|D|} \log_2 \frac{|C_k|}{|D|} = -\frac{9}{15}\log_2\frac{9}{15} - \frac{6}{15}\log_2\frac{6}{15} = 0.971$$

(2) 条件熵(Conditional Entropy)是在已知一个随机变量(通常称为条件变量)的情况下,另一个随机变量的不确定性。针对某个特征 A,数据集 D 的条件熵 $H(D|A)$ 为

$$H(D \mid A) = \sum_{i=1}^{n} \frac{|D_i|}{|D|} H(D_i) \tag{6-8}$$

其中,A 是特征;i 表示特征 A 的第 i 项取值 a_i。将表 6-3 中的训练数据按年龄特征划分,可以得到表 6-4 的结果。

表 6-4 按年龄划分的统计信息

年　　龄	数　　量	是	否	信　息　熵
青年	5	2	3	0.971
中年	5	3	2	0.971
老年	5	4	1	0.7219

根据表 6-4 计算得到各子集的信息熵,以及条件熵:

$$H(D_1)_{a_1=青年} = -\frac{2}{5}\log_2\frac{2}{5} - \frac{3}{5}\log_2\frac{3}{5} = 0.971$$

$$H(D_2)_{a_2=中年} = -\frac{3}{5}\log_2\frac{3}{5} - \frac{2}{5}\log_2\frac{2}{5} = 0.971$$

$$H(D_3)_{a_3=老年} = -\frac{4}{5}\log_2\frac{4}{5} - \frac{1}{5}\log_2\frac{1}{5} = 0.7219$$

$$H(D \mid A=年龄) = \sum_{i=1}^{n}\frac{|D_i|}{|D|}H(D_i) = \frac{5}{15}\times0.971 + \frac{5}{15}\times0.971 + \frac{5}{15}\times0.7219 = 0.8897$$

(3) 信息增益(Information Gain)表示对于数据集 D 在得知特征 A 的信息条件下,信息不确定性减少的程度。信息增益=信息熵-条件熵,即:

$$g(D,A) = H(D) - H(D \mid A)$$

则对于特征"年龄"有

$$g(D,A=年龄) = H(D) - H(D \mid A=年龄) = 0.971 - 0.8897 = 0.0813$$

同理,可以求出其他特征的信息增益,ID3 算法即是选择信息增益最大的特征进行树的向下分裂。

2. 随机森林

20 世纪美国的学者 Breiman 最早开始提及 Bagging 集成学习,随机森林是基于 Bagging 思想的一种集成学习算法。Bagging(装袋法)的全称是 Bootstrap Aggregating,其是通过不同模型的训练数据集的独立性来提高不同模型之间的独立性。我们在原始训练集上进行有放回的随机采样,得到 M 个比较小的训练集并训练 M 个模型,然后通过投票的方法进行模型集成。随机森林(Random Forest)是在 Bagging 的基础上再引入了随机特征,进一步提高每个基模型之间的独立性。在随机森林中,每个基模型都是一棵决策树。

随机森林的工作流程如图 6-9 所示,其可以概括为以下 4 部分。

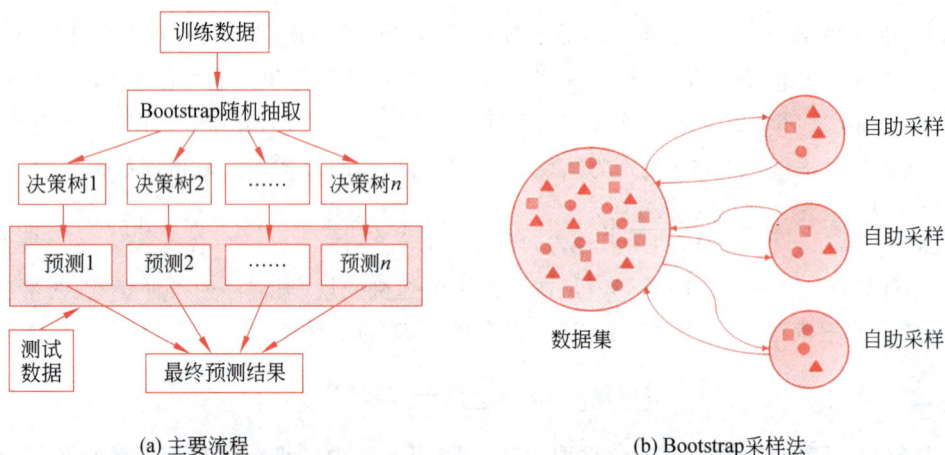

(a) 主要流程 (b) Bootstrap采样法

图 6-9 随机森林算法的处理流程

（1）随机选择样本（放回采样，Bootstrap 方法）。

（2）随机选择特征。

（3）构建决策树。

（4）随机森林投票（平均）。

其中，随机选择样本和 Bagging 相同，采用的是 Bootstrap 自助采样法。随机选择特征指每棵树的每个结点在分裂过程中都是随机选择特征的（区别于每棵树随机选择一批特征）。这种随机性导致随机森林的偏差会稍微增加（相比于单棵非随机树），但是由于随机森林的"平均"特性，会使它的方差减小，而且方差的减小补偿了偏差的增大。因此，总体而言，随机森林是更好的模型。

随机森林由于引入了两种采样方法来保证随机性，所以每棵树都是最大可能地生长，即便不剪枝也不会出现过拟合。

3. 支持向量机

支持向量机（Support Vector Machine，SVM）是一个经典的二分类算法，其找到的分割超平面具有更好的鲁棒性，因此广泛使用在很多任务上，并表现出了很强优势。

1）数学模型

给定一个二分类器数据集 $\mathcal{D}=\{(\boldsymbol{x}^{(n)},y^{(n)})\}_{n=1}^{N}$，其中，$y^{(n)}\in\{+1,-1\}$，如果两类样本是线性可分的，即存在一个超平面

$$\boldsymbol{w}^{\mathrm{T}}\boldsymbol{x}+b=0$$

将两类样本分开，那么对于每个样本都有 $y^{(n)}(\boldsymbol{w}^{\mathrm{T}}\boldsymbol{x}^{(n)}+b)>0$。

数据集 $\mathcal{D}$ 中每个样本 $\boldsymbol{x}^{(n)}$ 到分割超平面的距离为

$$\gamma^{(n)}=\frac{|\boldsymbol{w}^{\mathrm{T}}\boldsymbol{x}^{(n)}+b|}{\|\boldsymbol{w}\|}=\frac{y^{(n)}(\boldsymbol{w}^{\mathrm{T}}\boldsymbol{x}^{(n)}+b)}{\|\boldsymbol{w}\|} \tag{6-9}$$

定义间隔（Margin）γ 为整个数据集 $\mathcal{D}$ 中所有样本到分割超平面的最短距离：

$$\gamma=\min_{n}\gamma^{(n)}$$

如果间隔 γ 越大，其分割超平面对两个数据集的划分越稳定，不容易受噪声等因素影响。支持向量机的目标是寻找一个超平面 $(\boldsymbol{w}^{*},b^{*})$ 使得 γ 最大，即：

$$\begin{aligned}\max_{\boldsymbol{w},b}\quad & \gamma\\ \text{s.t.}\quad & \frac{y^{(n)}(\boldsymbol{w}^{\mathrm{T}}\boldsymbol{x}^{(n)}+b)}{\|\boldsymbol{w}\|}\geqslant\gamma,\quad \forall n\in\{1,2,\cdots,N\}\end{aligned} \tag{6-10}$$

由于同时缩放 $\boldsymbol{w}\rightarrow k\boldsymbol{w}$ 和 $b\rightarrow kb$ 不会改变样本 $\boldsymbol{x}^{(n)}$ 到分割超平面的距离，可以限制 $\|\boldsymbol{w}\|\cdot\gamma=1$，则式（6-10）等价于：

$$\begin{aligned}\max_{\boldsymbol{w},b}\quad & \frac{1}{\|\boldsymbol{w}\|^{2}}\\ \text{s.t.}\quad & y^{(n)}(\boldsymbol{w}^{\mathrm{T}}\boldsymbol{x}^{(n)}+b)\geqslant1,\quad \forall n\in\{1,2,\cdots,N\}\end{aligned} \tag{6-11}$$

其中，数据集中所有满足 $y^{(n)}(\boldsymbol{w}^{\mathrm{T}}\boldsymbol{x}^{(n)}+b)=1$ 的样本点，都称为支持向量（Support Vector）。

对于一个线性可分的数据集，其分割超平面有很多个，但是间隔最大的超平面是唯一的。图 6-10 给出了支持向量机的最大间隔分割超平面的示例，

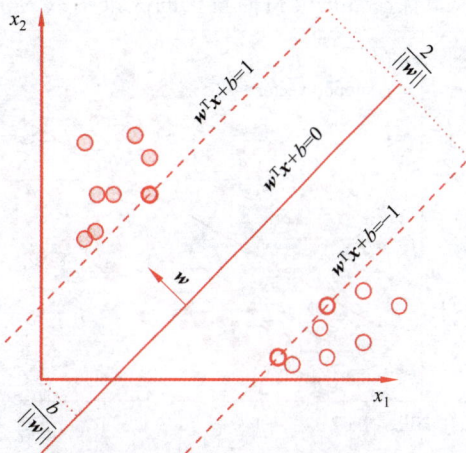

图 6-10　支持向量机原理示例

其中,轮廓线加粗的样本点为支持向量。

2)参数学习

为了找到最大间隔分割超平面,将式(6-11)的目标函数写为凸优化问题:

$$\max_{w,b} \quad \frac{1}{2}\|w\|^2 \tag{6-12}$$

$$\text{s.t.} \quad 1-y^{(n)}(w^{\mathrm{T}}x^{(n)}+b) \leqslant 0, \forall n \in \{1,2,\cdots,N\}$$

使用拉格朗日乘数法,式(6-12)的拉格朗日函数为

$$\Lambda(w,b,\lambda) = \frac{1}{2}\|w\|^2 + \sum_{n=1}^{N}\lambda_n(1-y^{(n)}(w^{\mathrm{T}}x^{(n)}+b)) \tag{6-13}$$

其中,$\lambda_1 \geqslant 0, \lambda_2 \geqslant 0, \cdots, \lambda_N \geqslant 0$ 为拉格朗日乘数。计算 $\Lambda(w,b,\lambda)$ 关于 w 和 b 的导数,并令其等于 0,得到:

$$w = \sum_{n=1}^{N}\lambda_n y^{(n)} x^{(n)} \tag{6-14}$$

$$0 = \sum_{n=1}^{N}\lambda_n y^{(n)} \tag{6-15}$$

将式(6-14)代入式(6-13),并利用式(6-15),得到拉格朗日对偶函数:

$$\Gamma(\lambda) = -\frac{1}{2}\sum_{n=1}^{N}\sum_{m=1}^{N}\lambda_m\lambda_n y^{(m)} y^{(n)} (x^{(m)})^{\mathrm{T}}x^{(n)} + \sum_{n=1}^{N}\lambda_n \tag{6-16}$$

支持向量机的主优化问题为凸优化问题,满足强对偶性,即主优化问题可以通过最大化对偶函数 $\max_{\lambda \geqslant 0}\Gamma(\lambda)$ 来求解。对偶函数 $\Gamma(\lambda)$ 是一个凹函数,因此最大化对偶函数是一个凸优化问题,可以通过多种凸优化方法来进行求解,得到拉格朗日乘数的最优值 λ^*。但由于其约束条件的数量为训练样本数量,一般的优化方法代价比较高,因此在实践中通常采用比较高效的优化方法,如序列最小优化(Sequential Minimal Optimization,SMO)算法等。

根据 KKT 条件中的互补松弛条件,最优解满足 $\lambda_n^*(1-y^{(n)}(w^{*\mathrm{T}}x^{(n)}+b^*))=0$。如果样本 $x^{(n)}$ 不在约束边界上,$\lambda_n^*=0$,其约束失效;如果样本 $x^{(n)}$ 在约束边界上,$\lambda_n^* \geqslant 0$。这些在约束边界上的样本点称为支持向量,即离决策平面距离最近的点。

在计算出 λ^* 后,根据式(6-14)计算出最优权重 w^*,最优偏置 b^* 可以通过任选一个支持向量 $(\tilde{x},\tilde{y})$ 计算得到:

$$b^* = \tilde{y} - w^{*\mathrm{T}}\tilde{x}$$

最优参数的支持向量机的决策函数为

$$\begin{aligned} f(x) &= \mathrm{sgn}(w^{*\mathrm{T}}x + b^*) \\ &= \mathrm{sgn}\left(\sum_{n=1}^{N}\lambda_n^* y^{(n)} (x^{(n)})^{\mathrm{T}}x + b^*\right) \end{aligned}$$

支持向量机的决策函数只依赖 $\lambda_n^* > 0$ 的样本点,即支持向量。

支持向量机的目标函数可以通过 SMO 等优化方法得到全局最优解,因此比其他分类器的学习效率更高。此外,支持向量机的决策函数只依赖支持向量,与训练样本总数无关,分类速度比较快。图 6-11 展示了一个基于 SMO 算法求解的支持向量机分类实

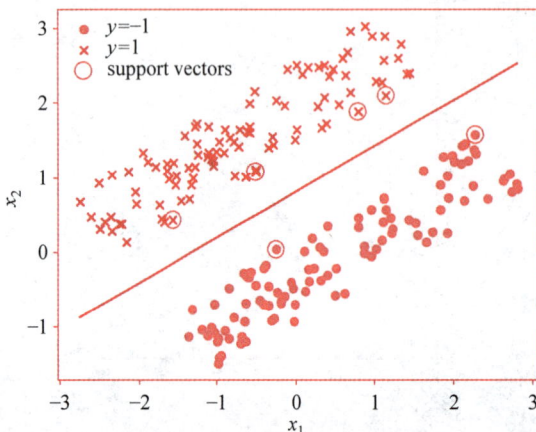

图 6-11　支持向量机分类实例

例。容易看出，数据集较为简单，明显线性可分，因此支持向量机分类准确率能达到 100%，决策平面实现了最大间隔分割。其中，支持向量个数为 6 个，求得的最优权重 w^* 和最优偏置 b^* 分别为 $[-1.02, 1.66]$ 和 -1.33。

6.2.3 聚类学习

聚类学习(Clustering Learning)是指将样本集合中相似的实例分配到相同的类，不相似的实例分配到不同的类。聚类学习隶属于无监督学习，是一类常见的机器学习方法。聚类时，样本通常是欧氏空间中的向量，类别不是事先给定，而是从数据中自动发现，但类别的个数通常是事先给定的。聚类中一个比较通用的准则是类内样本的相似性要高于类间样本的相似性。样本之间的相似度或距离由应用决定。如果一个样本只能属于一个类，则称为硬聚类(Hard Clustering)；如果一个样本可以属于多个类则称为软聚类(Soft Clustering)。

聚类的方法有很多，按类型可分为：基于原型的聚类，如 k-均值聚类、高斯混合聚类等；基于密度的聚类，如 DBSCAN 聚类等；基于层次化的聚类，如 AGNES 等；基于谱聚类的方法，如 Normalized Cuts 等。这里重点介绍 k-均值聚类。

1. k-均值聚类概述

聚类是指根据"物以类聚"的原理，将本身没有类别的样本聚集成不同的组，这样的一组数据对象的集合叫作簇，并且对每一个这样的簇进行描述的过程。

k-均值(k-means)聚类算法，是一种经典的聚类算法，在机器学习中得到了广泛应用。该算法旨在将一组无标签数据集划分为不相交的 k 个集合(簇)，其中，簇的中心是簇中数据点的算术平均值。这一算法不宜处理离散型属性，但是对于连续型属性具有较好的聚类效果。

k-均值聚类算法的基本思路为：首先从数据集中随机选取 k 个初始聚类中心，计算每个数据对象到初始聚类中心的欧氏距离，将数据对象划分至欧氏距离最小的簇中。而后计算每个簇中数据对象的平均值，将该值作为新的聚类中心。重复这个过程直到满足终止条件(见图 6-12)。其中终止条件可以是：数据对象的分配基本结束、聚类的中心基本稳定、平方误差和局部最小。

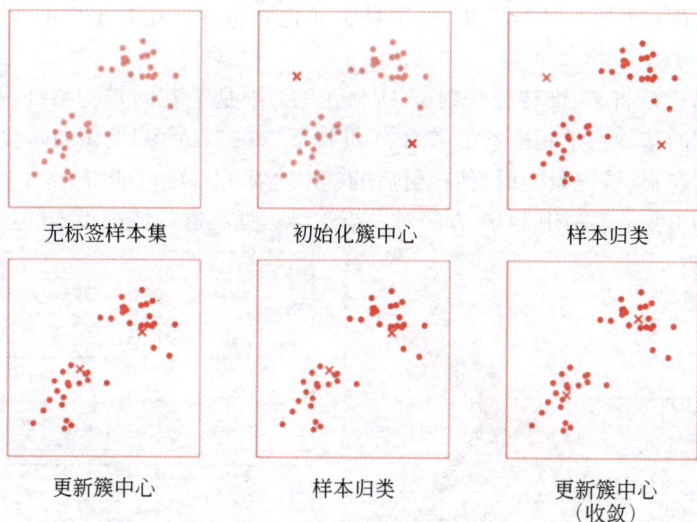

图 6-12 k-均值聚类示例

2. k-均值聚类计算流程

k-均值聚类的计算流程可以总结为如下几个步骤：

(1) 在大小为 n 的数据集中随机选取 k 个样本作为初始聚类中心 u_i，$i=1,2,3,\cdots,k$。

(2) 根据式(6-17)求解计算每个数据对象 x 与初始聚类中心的欧氏距离 d。

$$d(x,u_i)=\sqrt{\sum_{j=1}^{m}(x_j-u_{ij})^2} \qquad (6\text{-}17)$$

其中，$i=1,2,3,\cdots,k$，j 为数据对象维度。

(3) 根据欧氏距离,将数据对象划分至欧氏距离最小的簇 C 中。

(4) 计算每一个簇 C_i 中数据对象的平均值,将平均值定为新的中心,根据式(6-18)计算所有簇的平方误差和(Sum of Squared Error,SSE)。

$$SSE=\sum_{i=1}^{k}\sum_{x\in C_i}|d(x,u_i)|^2 \qquad (6\text{-}18)$$

(5) 重复第(2)~(4)步,直到收敛(中心点不再改变或平方误差和局部最小),聚类过程结束。

6.2.4　降维学习

降维学习(Dimensionality Reduction Learning)是将训练数据中的样本实例从高维空间转换到低维空间。假设样本原本存在于高维空间,或者近似地存在于高维空间,通过降维则可以更好地表示样本数据的结构,即更好地表示样本之间的关系。高维空间通常是高维的欧氏空间,而低维空间是低维的欧氏空间或者流形(Manifold)。低维空间不是事先给定,而是从数据中自动发现,其维数通常是事先给定的。从高维到低维的降维中,要保证样本中的信息损失最小。降维有线性的降维和非线性的降维。

降维方法分为线性降维和非线性降维,非线性降维又分为基于核函数和基于特征值的方法等。其中,代表性的线性降维方法有主成分分析(PCA)、独立成分分析(ICA)和线性判别分析(LDA)等;代表性的非线性降维方法有等度量映射(Isomap)、t-分布邻域嵌入(t-SNE)、自编码器(Autoencoder)和局部线性嵌入(LLE)等。这里重点介绍主成分分析方法。

1. 主成分分析概述

主成分分析(Principal Component Analysis,PCA)是一种最常用的数据降维方法,通过将一个大的特征集转换成一个较小的特征集,这个特征集仍然包含原始数据中的大部分信息,从而降低了原始数据的维数。

PCA 的主要思想是将 D 维特征映射到 D' 维上,D' 维是全新的正交特征,也被称为主成分,是在原有 D 维特征的基础上重新构造出来的 D' 维特征。在 PCA 中,要做的是找到一组方向向量,当把所有的数据都投射到该向量上时,使投射后的样本坐标方差尽可能得大,用以最大限度保留原始样本信息。图 6-13 展示了利用 PCA 方法对一组二维数据集进行特征投影的过程示意。

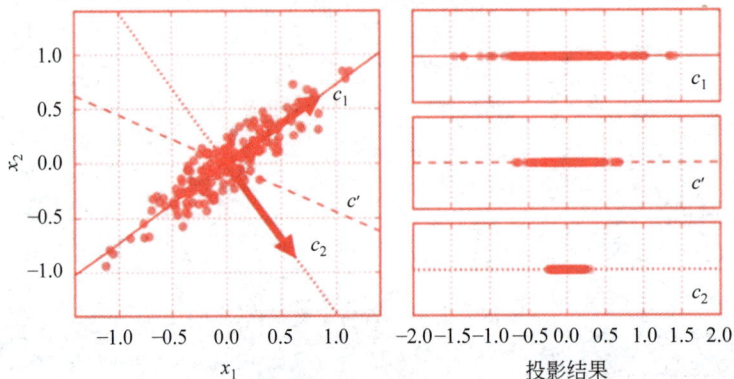

图 6-13　选择要投影到的子空间

2. 主成分的计算方法

假设有一组 D 维的样本 $\boldsymbol{x}^{(n)} \in \mathbb{R}^D, 1 \leqslant n \leqslant N$，我们希望将其投影到一维空间中，投影向量为 $\boldsymbol{w} \in \mathbb{R}^D$。不失一般性，限制 $\boldsymbol{w}$ 的模为 1，即 $\boldsymbol{w}^{\mathrm{T}} \boldsymbol{w} = 1$。每个样本点 $\boldsymbol{x}^{(n)}$ 投影之后的表示为：

$$z^{(n)} = \boldsymbol{w}^{\mathrm{T}} \boldsymbol{x}^{(n)}$$

用矩阵 $\boldsymbol{X} = [\boldsymbol{x}^{(1)}, \boldsymbol{x}^{(2)}, \cdots, \boldsymbol{x}^{(N)}]$ 表示输入样本，$\bar{\boldsymbol{x}} = \dfrac{1}{N} \sum\limits_{n=1}^{N} \boldsymbol{x}^{(n)}$ 为原始样本的中心点，所有样本投影后的方差为：

$$\sigma(\boldsymbol{X}; \boldsymbol{w}) = \frac{1}{N} \sum_{n=1}^{N} (\boldsymbol{w}^{\mathrm{T}} \boldsymbol{x}^{(n)} - \boldsymbol{w}^{\mathrm{T}} \bar{\boldsymbol{x}})^2 = \frac{1}{N} (\boldsymbol{w}^{\mathrm{T}} \boldsymbol{X} - \boldsymbol{w}^{\mathrm{T}} \bar{\boldsymbol{X}})(\boldsymbol{w}^{\mathrm{T}} \boldsymbol{X} - \boldsymbol{w}^{\mathrm{T}} \bar{\boldsymbol{X}})^{\mathrm{T}} = \boldsymbol{w}^{\mathrm{T}} \boldsymbol{\Sigma} \boldsymbol{w}$$

其中，$\bar{\boldsymbol{X}} = \bar{\boldsymbol{x}} \boldsymbol{1}_D^{\mathrm{T}}$ 是向量 $\bar{\boldsymbol{x}}$ 和 D 维全 1 向量 $\boldsymbol{1}_D$ 的外积，即由 D 列 $\bar{\boldsymbol{x}}$ 组成的矩阵，$\boldsymbol{\Sigma} = \dfrac{1}{N}(\boldsymbol{X} - \bar{\boldsymbol{X}})(\boldsymbol{X} - \bar{\boldsymbol{X}})^{\mathrm{T}}$ 是原始样本的协方差矩阵。

最大化投影方差 $\sigma(\boldsymbol{X}; \boldsymbol{w})$ 并满足 $\boldsymbol{w}^{\mathrm{T}} \boldsymbol{w} = 1$，利用拉格朗日方法转换为无约束优化问题：

$$\max_{\boldsymbol{w}} \boldsymbol{w}^{\mathrm{T}} \boldsymbol{\Sigma} \boldsymbol{w} + \lambda(1 - \boldsymbol{w}^{\mathrm{T}} \boldsymbol{w})$$

其中，λ 为拉格朗日乘数。对上式求导并令导数等于 0，可得：

$$\boldsymbol{\Sigma} \boldsymbol{w} = \lambda \boldsymbol{w}$$

从上式可知，$\boldsymbol{w}$ 是协方差矩阵 $\boldsymbol{\Sigma}$ 的特征向量，λ 为特征值。同时

$$\sigma(\boldsymbol{X}; \boldsymbol{w}) = \boldsymbol{w}^{\mathrm{T}} \boldsymbol{\Sigma} \boldsymbol{w} = \boldsymbol{w}^{\mathrm{T}} \lambda \boldsymbol{w} = \lambda$$

λ 也是投影后样本的方差。因此，PCA 可以转换成一个矩阵特征值分解问题，投影向量 $\boldsymbol{w}$ 为矩阵 $\boldsymbol{\Sigma}$ 的最大特征值对应的特征向量。

如果要通过投影矩阵 $\boldsymbol{W} \in \mathbb{R}^{D \times D'}$ 将样本投到 D' 维空间，投影矩阵满足 $\boldsymbol{W}^{\mathrm{T}} \boldsymbol{W} = \boldsymbol{I}$ 为单位阵，只需要将 $\boldsymbol{\Sigma}$ 的特征值从大到小排列，保留前 D' 个特征向量，其对应的特征向量即是最优的投影矩阵。

$$\boldsymbol{\Sigma} \boldsymbol{W} = \boldsymbol{W} \mathrm{diag}(\boldsymbol{\lambda})$$

其中，$\boldsymbol{\lambda} = [\lambda_1, \lambda_2, \cdots, \lambda_{D'}]$ 为 S 的前 D' 个最大的特征值，$\mathrm{diag}(\cdot)$ 表示对角矩阵。

PCA 是一种无监督学习方法，可以作为监督学习的数据预处理方法，用来去除噪声并减少特征之间的相关性，但是它并不能保证投影后数据的类别可分性更好。提高两类可分性的方法一般为监督学习方法，如线性判别分析（Linear Discriminant Analysis，LDA）。

总结 PCA 算法的主要运行流程如下。

（1）计算原始样本矩阵的协方差矩阵。

（2）计算协方差矩阵的特征值和特征向量。

（3）选择特征值最大（即方差最大）的 D' 个特征所对应的特征向量组成的矩阵。通过这三个步骤的操作，就可以将数据矩阵转换到新的空间当中，实现数据特征的降维。

6.2.5　案例：决策树的鸢尾花分类应用

本案例利用 ID3 算法对鸢尾花数据集进行分类应用。

1. 实验数据集

鸢尾花（Iris）数据集是一个经典数据集，在机器学习领域经常被用作示例。该数据集是 Ronald Fisher 在 1936 年收集整理的，是一类多元变量分析数据集，如图 6-14 所示。

数据集包含 150 个数据，分为 3 类，每类 50 个数据，每个数据包含 4 个特征值。可通过花萼长度（Sepal length）、花萼宽度（Sepal width）、花瓣长度（Petal length）和花瓣宽度（Petal width）共 4 个特征预测鸢尾花卉属于三个种类（Iris Setosa -山鸢尾，Iris Versicolour -杂色鸢尾，Iris

(a) 三类鸢尾花图例（自左向右：山鸢尾、杂色鸢尾和维吉尼亚鸢尾）

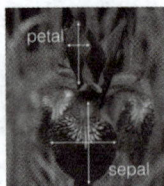

(b) 数据集示例

图 6-14 鸢尾花数据集

Virginica -维吉尼亚鸢尾）中的哪一类。

**决策树
ID3 算法
代码**

2. 决策树算法实现

机器学习工具库 scikit-learn 提供了封装好的决策树工具包，基于 Python 3.8 配置环境实现 ID3 算法的鸢尾花数据集分类（实现代码扫二维码）。

3. 分类结果

通过代码运行，完成鸢尾花分类，分类准确率为 100％。得到完整的决策树结构如图 6-15 所示。由分类结果可知，ID3 算法共通过 5 层深度的分支决策完成了所有样本的正确分类，所得叶结点代表的划分子集同属一类，熵值为 0。

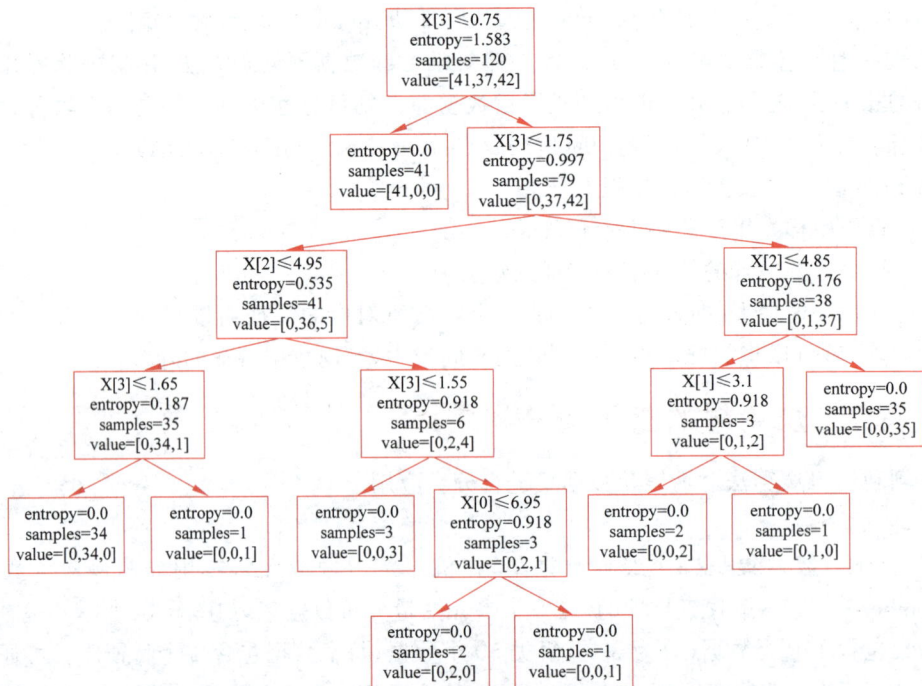

图 6-15 决策树分类结果

为进一步观察分类效果,通过绘制决策边界来进行直观分析。为了在二维空间下可视,随机选择两个特征(如花瓣长度和花瓣宽度),然后绘制不同层次树的决策平面(用不同线型表示),结果如图 6-16 所示。

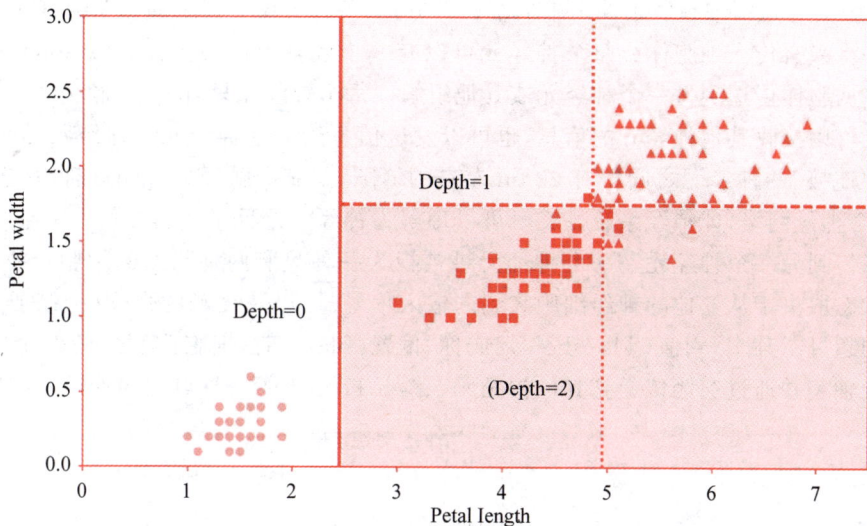

图 6-16　决策边界可视化

6.3　神经网络与深度学习

人工神经网络是一种对人脑神经认知机制的模拟,是人工智能连接主义的基础。近年来,随着深度学习和大模型的兴起,神经网络再次成为人工智能的前沿研究热点,大量新的计算方法被提出,被广泛应用于机器视觉、语音、语言、舆情分析、生物医药等诸多领域,显著提升了当今人工智能的发展水平。

6.3.1　神经网络概述

随着神经科学、认知科学的发展,人们逐渐认识到人类的智能行为都和大脑活动有关。人类大脑是一个可以产生意识、思想和情感的器官。受到人脑神经系统的启发,早期的神经科学家构造了一种模仿人脑神经系统的数学模型,称为人工神经网络(Artificial Neural Network),简称神经网络(Neural Network)。在机器学习领域,神经网络是指由很多人工神经元构成的网络结构模型,这些人工神经元之间的连接强度是可学习的参数。

1. 神经网络的生物基础

人类大脑是人体最复杂的器官,由神经元、神经胶质细胞、神经干细胞和血管组成。其中,神经元(Neuron),也叫神经细胞(Nerve Cell),是携带和传输信息的细胞,是人脑神经系统中最基本的单元。人脑神经系统是一个非常复杂的组织,包含近 860 亿个神经元,每个神经元有上千个突触和其他神经元相连接。这些神经元和它们之间的连接形成巨大的复杂网络,其中神经连接的总长度可达数千千米。人类制造的复杂网络,如全球的计算机网络,和大脑神经网络相比要"简单"得多。

早在 1904 年,生物学家就已经发现了神经元的结构。典型的神经元结构大致可分为细胞体和细胞突起。

(1) 细胞体(Soma)中的神经细胞膜上有各种受体和离子通道,细胞膜的受体可与相应的化学物质神经递质结合,引起离子通透性及膜内外电位差发生改变,产生相应的生理活动:兴奋或抑制。

(2) 细胞突起是由细胞体延伸出来的细长部分,又可分为树突和轴突。树突(Dendrite)可以接收刺激并将兴奋传入细胞体。每个神经元可以有一个或多个树突。轴突(Axon)可以把自身的兴奋状态从胞体传送到另一个神经元或其他组织。每个神经元只有一个轴突。

神经元可以接收其他神经元的信息,也可以发送信息给其他神经元。神经元之间没有物理连接,两个"连接"的神经元之间留有 20nm 左右的缝隙,并靠突触(Synapse)进行互连来传递信息,形成一个神经网络,即神经系统。突触可以理解为神经元之间的连接"接口",将一个神经元的兴奋状态传到另一个神经元。一个神经元可被视为一种只有两种状态的细胞:兴奋和抑制。神经元的状态取决于从其他的神经细胞收到的输入信号量,以及突触的强度(抑制或加强)。当信号量总和超过了某个"阈值(Threshold)"或称"偏置(Bias)"时,细胞体就会兴奋,产生电脉冲。电脉冲沿着轴突并通过突触传递到其他神经元。图 6-17 给出了一种典型的神经元结构。

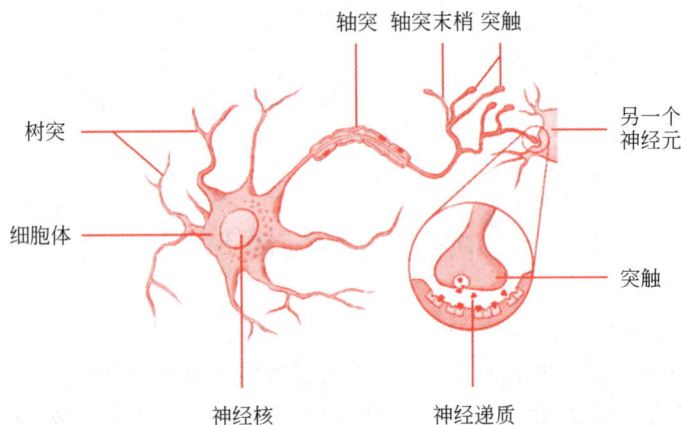

图 6-17　生物神经元结构

一个人的智力不完全由遗传决定,大部分来自生活经验。也就是说,人脑神经网络是一个具有学习能力的系统。那么人脑神经网络是如何学习的呢?在人脑神经网络中,每个神经元本身并不重要,重要的是神经元如何组成网络。不同神经元之间的突触有强有弱,其强度是可以通过学习(训练)来不断改变的,具有一定的可塑性。不同的连接形成了不同的记忆印痕。1949 年,加拿大心理学家 Donald Hebb 在《行为的组织》一书中提出突触可塑性的基本原理,"当神经元 A 的一个轴突和神经元 B 很近,足以对它产生影响,并且持续地、重复地参与了对神经元 B 的兴奋,那么在这两个神经元或其中之一会发生某种生长过程或新陈代谢变化,以致神经元 A 作为能使神经元 B 兴奋的细胞之一,它的效能加强了。"这个机制称为赫布规则。如果两个神经元总是相关联地受到刺激,它们之间的突触强度增加。这样的学习方法被称为赫布型学习。Hebb 认为人脑有两种记忆:长期记忆和短期记忆。短期记忆持续时间不超过一分钟。如果一个经验重复足够的次数,此经验就可存储在长期记忆中。短期记忆转换为长期记忆的过程就称为凝固作用。人脑中的海马区为大脑结构凝固作用的核心区域。

2. 人工神经网络

人工神经网络是为模拟人脑神经网络而设计的一种计算模型,它从结构、实现机理和功能上模拟人脑神经网络。人工神经网络与生物神经元类似,由多个结点(人工神经元)互相连接而成,可以用来对数据之间的复杂关系进行建模。不同结点之间的连接被赋予了不同的权重,每个权重代表了一个结点对另一个结点的影响大小。每个结点代表一种特定函数,来自其他结点的信息经过其相应的权重综合计算,输入一个激活函数中并得到一个新的活性值(兴奋或抑制)。从系统观点看,人工神经网络是由大量神经元通过极其丰富和完善的连接而构成的自适应非线性动态系统。

虽然可以比较容易地构造一个人工神经网络,但是如何让人工神经网络具有学习能力并不是一件容易的事情。早期的神经网络模型并不具备学习能力。首个可学习的人工神经网络是赫布网络,采用一种基于赫布规则的无监督学习方法。感知器是最早的具有机器学习思想的神经网络,但其学习方法无法扩展到多层的神经网络上。直到 1980 年前后,反向传播算法才有效地解决了多层神经网络的学习问题,并成为最为流行的神经网络学习算法。

人工神经网络诞生之初并不是用来解决机器学习问题。由于人工神经网络可以用作一个通用的函数逼近器(一个两层的神经网络可以逼近任意的函数),因此可以将人工神经网络看作一个可学习的函数,并将其应用到机器学习中。理论上,只要有足够的训练数据和神经元数量,人工神经网络就可以学到很多复杂的函数。我们可以把一个人工神经网络塑造复杂函数的能力称为网络容量(Network Capacity),这与可以被存储在网络中的信息的复杂度以及数量相关。

3. 神经网络发展简史

扫描二维码获取。

6.3.2　前馈神经网络

神经网络是由神经元连接组成的网络,采用不同类型的神经网以及神经元的不同连接方法可以构建出不同的网络结构,如前馈神经网络(Feedforward Neural Network,FNN)、反馈神经网络和图神经网络等。本节主要介绍前馈神经网络。

前馈神经网络中各个神经元按接收信息的先后分为不同的组。每一组可以看作一个神经层,每一层中的神经元接收前一层神经元的输出,并输出到下一层神经元。整个网络中的信息朝一个方向传播,没有反向的信息传播,可以用一个有向无环路图表示。前馈神经网络包括全连接前馈神经网络和卷积神经网络等。前馈神经网络可以看作一个函数,通过简单非线性函数的多次复合,实现输入空间到输出空间的复杂映射。这种网络结构比较简单,易于实现。

1. 神经元模型

人工神经元(Artificial Neuron),简称神经元(Neuron),是构成神经网络的基本单元,其主要是模拟生物神经元的结构和特性,接收一组输入信号并产生输出。1943 年,心理学家 McCulloch 和数学家 Pitts 根据生物神经元的结构,提出了一种非常简单的神经元模型——MP 神经元。现代神经网络中的神经元和 MP 神经元的结构并无太多变化。不同的是,MP 神经元中的激活函数 f 为 0 或 1 的阶跃函数,而现代神经元中的激活函数通常要求是连续可导的函数。

1) 形式化定义

假设一个神经元接收 D 个输入 $x_1,x_2,\cdots,x_D$,令向量 $\boldsymbol{x}=[x_1;x_2;\cdots;x_D]$ 来表示这组输入,并用净输入(Net Input)$z\in\mathbb{R}$ 表示一个神经元所获得的输入信号 $\boldsymbol{x}$ 的加权和,

$$z=\sum_{d=1}^{D}w_d x_d+b=\boldsymbol{w}^{\mathrm{T}}\boldsymbol{x}+b$$

其中,$\boldsymbol{w}=[w_1;w_2;\cdots;w_D]\in\mathbb{R}^D$ 是 D 维的权重向量;$b\in\mathbb{R}$ 是偏置,其源自生物神经元的阈值概念。

净输入 z 在经过一个函数 $f(\cdot)$ 后,得到神经元的活性值(Activation)a,

$$a = f(z)$$

其中, $f(\cdot)$ 称为激活函数(Activation Function),其通常是非线性的。

图 6-18 给出了一个典型的神经元结构示例。

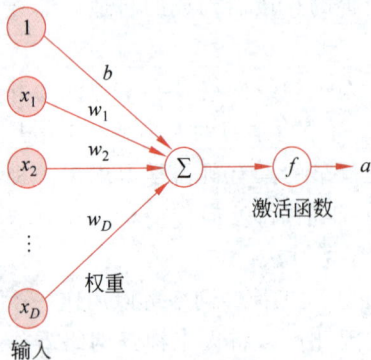

图 6-18 典型的神经元结构

2)激活函数

激活函数,即是指在神经网络的神经元上运行的函数,负责将神经元的输入映射到输出端。激活函数对于人工神经网络模型去学习、理解非常复杂和非线性的函数来说具有十分重要的作用。它们的主要贡献是将非线性特性引入网络中。

如果不用激活函数,每一层输出都是上层输入的线性函数,无论神经网络有多少层,输出都是输入的线性组合,这种情况就是最原始的感知机。相反,如果使用的话,激活函数给神经元引入了非线性因素,使得神经网络可以任意逼近任何非线性函数,这样神经网络就可以应用到众多的非线性模型中。

下面介绍几种在神经网络中常用的激活函数。

(1)阶跃型激活函数。

阶跃型激活函数是一类不连续函数,它们存在不可导或导数为无穷大的瞬时跃变,属于奇异函数。常用的此类函数有阶跃函数和符号函数,如图 6-19 所示。

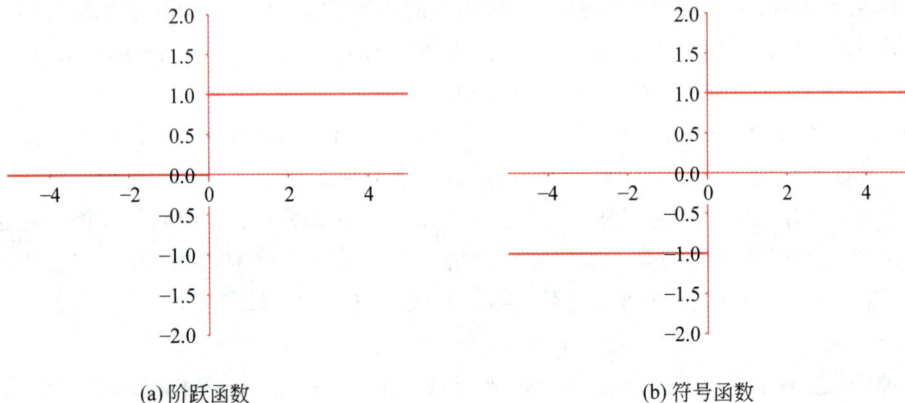

(a)阶跃函数   (b)符号函数

图 6-19 阶跃型激活函数

阶跃函数 $u(x)$ 的输出只有 0/1 两种数值,当 $x < 0$ 时输出 0,通常代表类别 0;当 $x \geqslant 0$ 时输出 1,通常代表类别 1。其形式化定义为:

$$u(x) = \begin{cases} 1, & x \geqslant 0 \\ 0, & x < 0 \end{cases}$$

符号函数 $\mathrm{sgn}(x)$ 与阶跃函数相似,其也是返回一个整数,意在指出变量 x 的正负号。符号函数的定义为:

$$\mathrm{sgn}(x) = \begin{cases} 1, & x \geqslant 0 \\ -1, & x < 0 \end{cases}$$

(2)S 型激活函数。

S 型激活函数又称作 Sigmoid 型激活函数,是指一类 S 型曲线函数,为两端饱和函数。常用的 S 型函数有 Logistic 函数和 Tanh 函数,如图 6-20 所示。

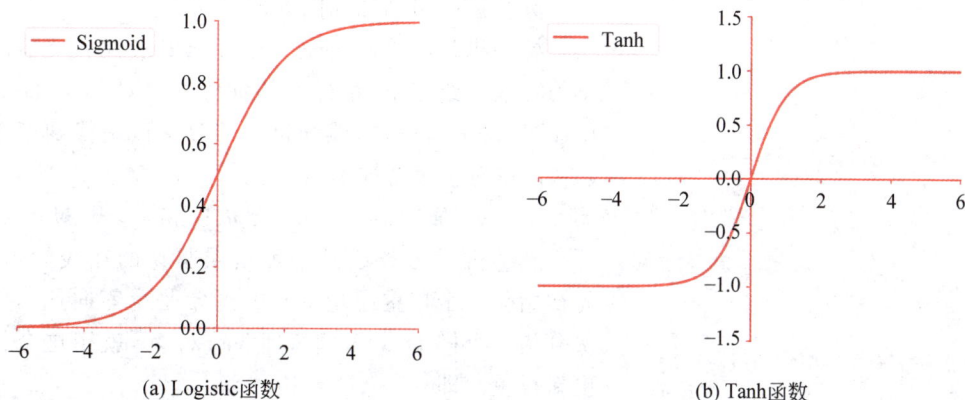

(a) Logistic函数　　　　　　　　　　(b) Tanh函数

图 6-20　S 型激活函数

Logistic 函数的定义为：

$$\sigma(x) = \frac{1}{1 + \exp(-x)}$$

Tanh 函数的定义为：

$$\tanh(x) = \frac{\exp(x) - \exp(-x)}{\exp(x) + \exp(-x)}$$

实际上，Logistic 函数可以看成是一个"挤压"函数，把一个实数域的输入"挤压"到 $(0,1)$。而 Tanh 函数可以看作放大并平移的 Logistic 函数，其值域是 $(-1,1)$。

（3）ReLU 激活函数。

ReLU（Rectified Linear Unit，修正线性单元）由 Nair 等于 2010 年提出，也叫作 Rectifier 函数，是目前深度神经网络中经常使用的激活函数，其函数曲线如图 6-21 所示。ReLU 函数的定义为

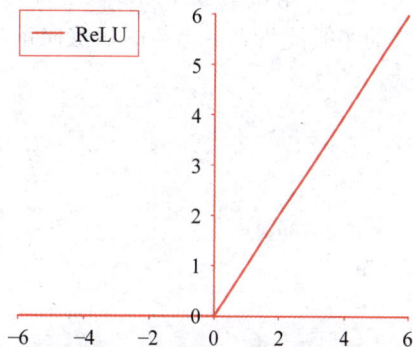

图 6-21　ReLU 激活函数

$$\mathrm{ReLu}(x) = \max(0, x) = \begin{cases} x, & x \geqslant 0 \\ 0, & x < 0 \end{cases}$$

可以看到，ReLU 对小于 0 的值全部抑制为 0；对于正数则直接输出，这种单边抑制特性来源于生物学。在 ReLU 激活函数提出之前，Sigmoid 函数通常是神经网络的激活函数的首选。但是 Sigmoid 函数在输入值较大或较小时容易出现梯度值接近于 0 的现象，称为梯度弥散现象。出现梯度弥散现象时，网络参数长时间得不到更新，导致训练不收敛或停滞不动的现象发生，较深层次的网络模型中则更容易出现此类梯度弥散现象。为克服这一难题，ReLU 函数被提出。ReLU 函数的设计源自神经科学，函数值和导数值的计算均十分简单，同时有着优良的梯度特性，在大量的深度学习应用中被验证非常有效。

2. 感知机模型

感知机（Perceptron）模型由 Frank Roseblatt 于 1958 年提出，是一种广泛使用的线性分类器。感知机可谓是最简单的人工神经网络，只有一个神经元。

感知机是对生物神经元的简单数学模拟，有与生物神经元相对应的部件，如权重（突触）、偏置（阈值）及激活函数（细胞体），输出为 +1 或 -1。感知机是一种简单的两类线性分类模型，其分类准则采用符号激活函数 sgn(·) 完成，即

$$\hat{y} = \mathrm{sgn}(\boldsymbol{w}^{\mathrm{T}} \boldsymbol{x})$$

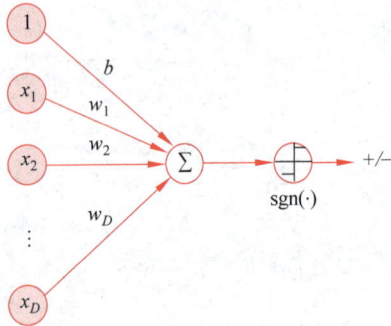

图 6-22　感知机的神经网络结构

其神经网络结构如图 6-22 所示。

感知机学习算法也是一个经典的线性分类器的参数学习算法。给定 N 个样本的训练集 $\{(\boldsymbol{x}^{(n)}, y^{(n)})\}_{n=1}^{N}$，其中 $y^{(n)} \in \{+1, -1\}$，感知机学习算法试图找到一组参数 $\boldsymbol{w}^*$，使得对于每个样本 $(\boldsymbol{x}^{(n)}, y^{(n)})$ 有

$$y^{(n)} \boldsymbol{w}^{*\mathrm{T}} \boldsymbol{x}^{(n)} > 0 \quad \forall n \in \{1, 2, \cdots, N\}$$

感知机学习算法是一种错误驱动的在线学习算法。先初始化一个权重向量 $\boldsymbol{w} \leftarrow 0$（通常是全零向量），然后每次分错一个样本 $(\boldsymbol{x}, y)$ 时，即 $y\boldsymbol{w}^{\mathrm{T}}\boldsymbol{x} < 0$，就用这个样本来更新权重。即

$$\boldsymbol{w} \leftarrow \boldsymbol{w} + y\boldsymbol{x}$$

感知机参数学习算法的流程可表述为

（1）初始化参数 $\boldsymbol{w} \leftarrow 0$。

（2）从训练集中随机采样一个样本 $(\boldsymbol{x}^{(i)}, y^{(i)})$。

（3）如果 $y^{(i)}\boldsymbol{w}^{\mathrm{T}}\boldsymbol{x}^{(i)} \leqslant 0$，即样本 i 被误分类，则

$$\boldsymbol{w} \leftarrow \boldsymbol{w} + y^{(i)}\boldsymbol{x}^{(i)}$$

（4）转置步骤（2），直至训练集中没有误分类点或达到最大迭代次数。

图 6-23 给出了感知机参数学习的更新过程，其中，实心点为正例，空心点为负例。垂直于分界线的实线箭头表示当前的权重向量，虚线箭头表示权重的更新方向。

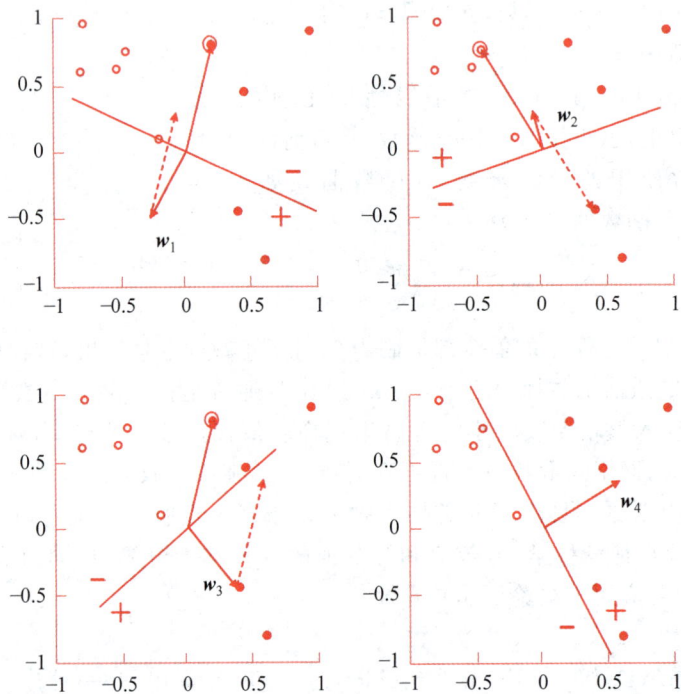

图 6-23　感知机参数学习的更新过程

虽然感知机提出之时被寄予了良好的发展潜力，但是 Minsky 和 Papert 于 1969 年在 *Perceptrons* 一书中证明了以感知机为代表的线性模型不能解决异或（XOR）等线性不可分问题，这直接导致了当时新兴的神经网络的研究进入了低谷期。尽管感知机模型不能解决线性不

可分问题,但书中也提到通过嵌套多层神经网络可以解决。

3. 多层前馈网络

更一般地,常见的神经网络是形如图 6-24 所示的层级结构,每层神经元与下一层神经元全互连,神经元之间不存在同层连接,也不存在跨层连接,这样的神经网络结构通常称为多层前馈神经网络(Multi-layer FNN),或全连接神经网络(Fully Connected Neural Network),或多层感知器(Multi-Layer Perceptron,MLP)。

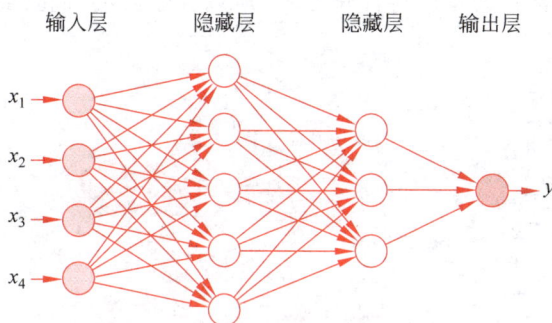

输入层　　隐藏层　　隐藏层　　输出层

图 6-24　多层前馈神经网络

令 $a^{(0)}=x$,前馈神经网络通过不断迭代下面的公式进行信息传播。

$$z^{(l)}=W^{(l)}a^{(l-1)}+b^{(l)} \tag{6-19}$$

$$a^{(l)}=f_l(z^{(l)})=f_l(W^{(l)}a^{(l-1)}+b^{(l)}) \tag{6-20}$$

其中,$l\in[1,L]$ 表示神经网络层,$f_l(\cdot)$ 表示第 l 层神经元的激活函数,$W^{(l)}\in\mathbb{R}^{M_l\times M_{l-1}}$ 和 $b^{(l)}\in\mathbb{R}^{M_l}$ 分别表示第 $l-1$ 层到第 l 层的权重矩阵和偏置向量。首先根据第 $l-1$ 层神经元的活性值 $a^{(l-1)}$ 计算出第 l 层神经元的净输入 $z^{(l)}$,然后经过一个激活函数得到第 l 层神经元的活性值。因此,也可以把每个神经层看作一个仿射变换(Affine Transformation)和一个非线性变换。这样,前馈神经网络可以通过逐层的信息传递,得到网络最后的输出 $a^{(L)}$。

此外,整个网络可以看作一个复合函数 $\phi(x;W,b)$,其中,将向量 x 作为第 1 层的输入 $a^{(0)}$,将第 L 层的输出 $a^{(L)}=\phi(x;W,b)$ 作为整个函数的输出;这里 W、b 表示网络中所有层的连接权重和偏置。

大量的实践应用和理论研究表明,前馈神经网络具有强大的函数逼近能力。由 Hornik 等于 1989 年给出的通用近似定理(Universal Approximation Theorem)指出,存在一个二层前馈神经网络,具有一个线性输出层和一个隐藏层,其中,隐藏层含有充分数量的神经元,激活函数为"挤压"函数,则这个网络可以以任意精度来近似从一个定义在实数空间中的有界闭集函数。所谓"挤压"性质的函数是指像 Sigmoid 函数的有界函数,但神经网络的通用近似性质也被证明对于其他类型的激活函数,如 ReLU,也都是适用的。

通用近似定理只是说明了神经网络的计算能力可以去近似一个给定的连续函数,但并没有给出如何找到这样一个网络,以及是否是最优的。目前,针对多层前馈神经网络参数的学习和优化,最常用的一类方法是基于梯度下降法思想的误差反向传播算法。

4. 参数学习

回顾 6.1.2 节可知,机器学习的目标在于从假设空间中选取最优模型 f^*,与此同时,损失函数与风险函数被引入用于评价模型的优劣。

基于此,在给定经验数据集 $\{(x^{(n)},y^{(n)})\}_{n=1}^N$ 的情况下,对于前馈网络建模的机器学习问题,可以转换成下述优化问题。

$$\min_{\boldsymbol{\theta}} R_{\text{emp}}(f_{\boldsymbol{\theta}}) = \min_{\boldsymbol{\theta}} \frac{1}{N} \sum_{n=1}^{N} L(\boldsymbol{y}^{(n)}, f(\boldsymbol{x}^{(n)}; \boldsymbol{\theta})) \tag{6-21}$$

其中,$f(\cdot)$表示神经网络模型,$\boldsymbol{\theta}$表示待优化的神经网络参数,$L(\cdot)$表示损失函数,$R_{\text{emp}}(\cdot)$表示经验风险函数(见式(6-2))。

前馈神经网络优化的损失函数L一般是非凸函数,因此优化问题是非凸优化。图6-25示意了神经网络的非凸优化问题,其中,参数向量是$\boldsymbol{\theta} = [\theta_1, \theta_2]$,损失函数是$L(\theta_1, \theta_2)$。实际应用中,一个多层神经网络通常有大量的待优化参数,所以其学习的优化问题有大量的局部最优点(最小值)。

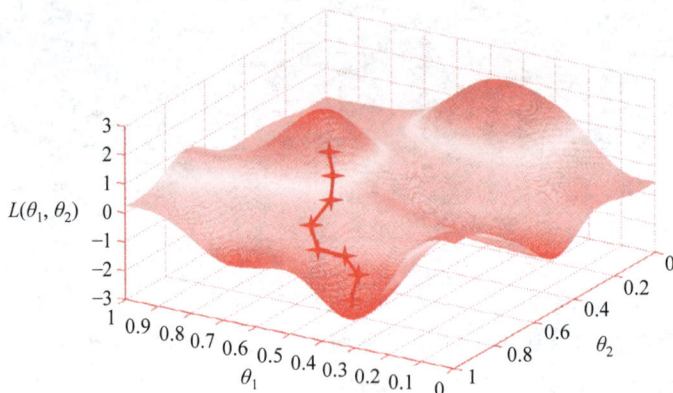

图 6-25　非凸优化问题(含梯度下降路径示例)

对于复杂的非凸优化问题,一种简单有效的方法是通过迭代演进的思路进行求解,包括前文提及的梯度下降法和随机梯度下降法。在前馈神经网络中,待优化的参数$\boldsymbol{\theta}$包括各网络层的权重矩阵和偏置向量,即$\{\boldsymbol{W}^{(l)}, \boldsymbol{b}^{(l)}\}_{l=1}^{L}$(见式(6-20))。依据梯度下降法式(6-4)和式(6-21),可以通过以下公式更新参数,不断迭代,直至收敛。

$$\boldsymbol{W}^{(l)} \leftarrow \boldsymbol{W}^{(l)} - \alpha \frac{\partial R_{\text{emp}}(\boldsymbol{W}, \boldsymbol{b})}{\partial \boldsymbol{W}^{(l)}} = \boldsymbol{W}^{(l)} - \alpha \frac{1}{N} \sum_{n=1}^{N} \frac{\partial L(\boldsymbol{y}^{(n)}, \hat{\boldsymbol{y}}^{(n)})}{\partial \boldsymbol{W}^{(l)}} \tag{6-22}$$

$$\boldsymbol{b}^{(l)} \leftarrow \boldsymbol{b}^{(l)} - \alpha \frac{\partial R_{\text{emp}}(\boldsymbol{W}, \boldsymbol{b})}{\partial \boldsymbol{b}^{(l)}} = \boldsymbol{b}^{(l)} - \alpha \frac{1}{N} \sum_{n=1}^{N} \frac{\partial L(\boldsymbol{y}^{(n)}, \hat{\boldsymbol{y}}^{(n)})}{\partial \boldsymbol{b}^{(l)}} \tag{6-23}$$

可以看出,梯度下降法需要计算损失函数对参数的偏导数,如果通过链式法则逐一对每个参数进行求偏导比较低效。在神经网络的训练中,经常使用反向传播算法来高效地计算梯度。

5. 反向传播算法

反向传播(Back Propagation,BP)算法也称为误差反向传播(Error Back Propagation)算法(由 Rumelhart 和 Hinton 等于 1986 年推广),提供了一个高效的梯度计算以及参数更新方法。只需要依照网络结构进行一次正向传播(信息前馈)和一次反向传播(误差反传),就可以完成梯度下降的一次迭代。在梯度下降的每一步,参数已在前一步更新,正向传播旨在基于当前的参数重新计算神经网络所有变量(如神经元的输出),反向传播旨在基于当前的变量重新计算损失函数对所有参数的梯度,这样就可以根据梯度下降公式更新神经网络的所有参数。

假设采用随机梯度下降进行神经网络参数学习,给定一个样本$(\boldsymbol{x}, \boldsymbol{y})$,将其输入神经网络模型中,得到网络输出为$\hat{\boldsymbol{y}}$。假设损失函数为$L(\boldsymbol{y}, \hat{\boldsymbol{y}})$,要进行参数学习就需要计算损失函数关于每个参数的导数。

不失一般性,对第l层中的参数$\boldsymbol{W}^{(l)}$和$\boldsymbol{b}^{(l)}$计算偏导数。对于参数$\boldsymbol{W}^{(l)}$中的每一个元素

$w_{ij}^{(l)}$，根据式（6-22）有：

$$w_{ij}^{(l)} \leftarrow w_{ij}^{(l)} - \alpha \frac{\partial L(\boldsymbol{y}, \hat{\boldsymbol{y}})}{\partial w_{ij}^{(l)}} \tag{6-24}$$

其中，$w_{ij}^{(l)}$ 表示第 l 层第 i 个神经元与第 $l-1$ 层第 j 个神经元的连接权重。根据式（6-19）和链式法则，有：

$$\frac{\partial L(\boldsymbol{y}, \hat{\boldsymbol{y}})}{\partial w_{ij}^{(l)}} = \frac{\partial L(\boldsymbol{y}, \hat{\boldsymbol{y}})}{\partial z_i^{(l)}} \frac{\partial z_i^{(l)}}{\partial w_{ij}^{(l)}} = \frac{\partial L(\boldsymbol{y}, \hat{\boldsymbol{y}})}{\partial z_i^{(l)}} \frac{\partial}{\partial w_{ij}^{(l)}} \left(\sum_{j=1}^{M_{l-1}} w_{ij}^{(l)} a_j^{(l-1)} + b_i^{(l)} \right)$$

$$= \frac{\partial L(\boldsymbol{y}, \hat{\boldsymbol{y}})}{\partial z_i^{(l)}} a_j^{(l-1)} \tag{6-25}$$

对于参数 $\boldsymbol{b}^{(l)}$ 中的每一个元素 $b_i^{(l)}$，同理可得：

$$\frac{\partial L(\boldsymbol{y}, \hat{\boldsymbol{y}})}{\partial b_i^{(l)}} = \frac{\partial L(\boldsymbol{y}, \hat{\boldsymbol{y}})}{\partial z_i^{(l)}} \tag{6-26}$$

式（6-25）和式（6-26）均含有偏导数 $\frac{\partial L(\boldsymbol{y}, \hat{\boldsymbol{y}})}{\partial z_i^{(l)}}$，其表示第 l 层（第 i 个）神经元对最终损失的影响，也反映了最终损失对第 l 层神经元的敏感程度，因此一般称为第 l 层神经元的误差项，记作 $\delta_i^{(l)}$。误差项 $\boldsymbol{\delta}^{(l)}$ 也间接反映了不同神经元对网络能力的贡献程度。

根据式（6-20）和链式法则，第 l 层的误差项为：

$$\delta_i^{(l)} \triangleq \frac{\partial L(\boldsymbol{y}, \hat{\boldsymbol{y}})}{\partial z_i^{(l)}} = \frac{\partial L(\boldsymbol{y}, \hat{\boldsymbol{y}})}{\partial a_i^{(l)}} \frac{\partial a_i^{(l)}}{\partial z_i^{(l)}} = \frac{\partial L(\boldsymbol{y}, \hat{\boldsymbol{y}})}{\partial a_i^{(l)}} \frac{\partial f_l(z_i^{(l)})}{\partial z_i^{(l)}} = \frac{\partial L(\boldsymbol{y}, \hat{\boldsymbol{y}})}{\partial a_i^{(l)}} f_l'(z_i^{(l)}) \tag{6-27}$$

其中，$f_l'(\cdot)$ 表示第 l 层神经元的激活函数的导数。

进一步根据链式法则和式（6-19），有：

$$\frac{\partial L(\boldsymbol{y}, \hat{\boldsymbol{y}})}{\partial a_i^{(l)}} = \frac{\partial L(\boldsymbol{y}, \hat{\boldsymbol{y}})}{\partial \boldsymbol{z}^{(l+1)}} \frac{\partial \boldsymbol{z}^{(l+1)}}{\partial a_i^{(l)}} = \sum_{k=1}^{M_{l+1}} \frac{\partial L(\boldsymbol{y}, \hat{\boldsymbol{y}})}{\partial z_k^{(l+1)}} \frac{\partial z_k^{(l+1)}}{\partial a_i^{(l)}} = \sum_{k=1}^{M_{l+1}} \delta_k^{(l+1)} w_{ki}^{(l+1)} \tag{6-28}$$

将式（6-28）代入式（6-27）得，第 l 层的误差项为：

$$\delta_i^{(l)} = f_l'(z_i^{(l)}) \sum_{k=1}^{M_{l+1}} \delta_k^{(l+1)} w_{ki}^{(l+1)} \tag{6-29}$$

至此可知，第 l 层的误差项 $\boldsymbol{\delta}^{(l)}$ 可以通过第 $l+1$ 层的误差项 $\boldsymbol{\delta}^{(l+1)}$ 计算得到，这就是误差的反向传播。反向传播算法的含义是：第 l 层的一个神经元的误差项（或敏感性）是所有与该神经元相连的第 $l+1$ 层的神经元的误差项的权重和。然后，再乘上该神经元激活函数的梯度。

换言之，式（6-29）的重要意义在于给出了一个计算上的递推公式，依据此公式便可以从后向前依次计算误差项 $\boldsymbol{\delta}^{(l)}$ 并更新各层参数 $\boldsymbol{W}^{(l)}$ 和 $\boldsymbol{b}^{(l)}$。对于递推算法来说，还须明确初始条件，这里便是需要给出输出层误差项 $\delta_i^{(L)}$ 的计算方法。假设损失函数 L 采用平方损失（见式（6-1）），回顾式（6-27），则有：

$$\delta_i^{(L)} = \frac{\partial L(\boldsymbol{y}, \hat{\boldsymbol{y}})}{\partial a_i^{(L)}} f_L'(z_i^{(L)}) = \frac{\partial \frac{1}{2}(y_i - \hat{y}_i)^2}{\partial \hat{y}_i} f_L'(z_i^{(L)}) = (\hat{y}_i - y_i) f_L'(z_i^{(L)}) \tag{6-30}$$

最后，将上述推导结果代回式（6-24）~式（6-26），则可以得到基于 BP 算法的前馈神经网络参数更新公式：

$$\begin{cases} w_{ij}^{(l)} \leftarrow w_{ij}^{(l)} - \alpha \delta_i^{(l)} a_j^{(l-1)} \\ b_i^{(l)} \leftarrow b_i^{(l)} - \alpha \delta_i^{(l)} \end{cases} \tag{6-31}$$

其中，

$$\delta_i^{(l)} = \begin{cases} f_l'(z_i^{(l)}) \sum_{k=1}^{M_{l+1}} \delta_k^{(l+1)} w_{ki}^{(l+1)}, & l \in [1, L-1] \\ (\hat{y}_i - y_i) f_L'(z_i^{(L)}), & l = L \end{cases} \tag{6-32}$$

6.3.3　卷积神经网络

卷积神经网络（Convolutional Neural Network，CNN）是一种具有局部连接、权重共享等特性的深层前馈神经网络。卷积神经网络最早主要是用来处理图像信息的。在用全连接前馈网络来处理图像时，会存在以下两个问题：

（1）参数太多。如果输入图像大小为 $100 \times 100 \times 3$（即图像高度为 100px，宽度为 100px 以及 RGB 三个颜色通道），在全连接前馈网络中，第一个隐藏层的每个神经元到输入层都有 $100 \times 100 \times 3 = 30\,000$ 个互相独立的连接，每个连接都对应一个权重参数。随着隐藏层神经元数量的增多，参数的规模也会急剧增加。这会导致整个神经网络的训练效率非常低，也很容易出现过拟合。

（2）局部不变性特征。自然图像中的物体都具有局部不变性特征，如尺度缩放、平移、旋转等操作不影响其语义信息。而全连接前馈网络很难提取这些局部不变性特征，一般需要进行数据增强来提高性能。

卷积神经网络是受生物学上感受野机制的启发而提出的。感受野（Receptive Field）机制主要是指听觉、视觉等神经系统中一些神经元的特性，即神经元只接收其所支配的刺激区域内的信号。在视觉神经系统中，视觉皮层中的神经细胞的输出依赖视网膜上的光感受器。视网膜上的光感受器受刺激兴奋时，将神经冲动信号传到视觉皮层，但不是所有视觉皮层中的神经元都会接收这些信号。一个神经元的感受野是指视网膜上的特定区域，只有这个区域内的刺激才能够激活该神经元。

1. 网络架构

目前的卷积神经网络一般是由卷积层、汇聚层和全连接层交叉堆叠而成的前馈神经网络。卷积神经网络有三个结构上的特性：局部连接、权重共享以及汇聚。这些特性使得卷积神经网络具有一定程度上的平移、缩放和旋转不变性。和前馈神经网络相比，卷积神经网络的参数更少。

目前典型的卷积神经网络整体结构如图 6-26 所示。一个卷积块为连续 M 个卷积层和 b 个汇聚层（M 通常设置为 2~5，b 为 0 或 1）。一个卷积神经网络中可以堆叠 N 个连续的卷积块，然后在后面接着 K 个全连接层（N 的取值区间比较大，如 1~100 或者更大；K 一般为 0~2）。当前，卷积神经网络更趋向于使用更小的卷积核（如 1×1 和 3×3）以及更深的结构（如层数大于 50）。此外，由于卷积的操作性越来越灵活（如不同的步长），汇聚层的作用也变得越来越小，因此目前比较流行的卷积网络中，汇聚层的比例正在逐渐降低，趋向于全卷积网络。

图 6-26　典型的卷积神经网络架构

2. 卷积运算

1）数学卷积

卷积（Convolution），也叫褶积，是分析数学中一种重要的运算。在信号处理或图像处理中，经常使用一维或二维卷积。

以一维卷积为例，一维卷积可以用于计算信号的延迟累积。在信号处理领域，一维连续信号的卷积运算被定义为两个函数的积分：函数 $f(\tau)$ 和函数 $g(\tau)$，其中，$g(\tau)$ 经过了翻转 $g(-\tau)$ 和平移后变成 $g(n-\tau)$。卷积的"卷"是指翻转平移操作，"积"是指积分运算。形式化地，一维连续卷积公式为：

$$(f \otimes g)(n) = \int_{-\infty}^{\infty} f(\tau)g(n-\tau)\mathrm{d}\tau$$

一维离散卷积则是将积分运算换成累加运算，其定义为：

$$(f \otimes g)(n) = \sum_{\tau=-\infty}^{\infty} f(\tau)g(n-\tau)$$

2）图像二维卷积

卷积也经常用在图像处理中。因为图像为一个二维结构，所以需要将一维卷积进行扩展。给定一个图像矩阵 $X \in \mathbb{R}^{M \times N}$ 和一个滤波器（Filter）或卷积核（Convolution Kernel）$W \in \mathbb{R}^{U \times V}$，一般 $U \ll M$，$V \ll N$，其卷积为：

$$y_{ij} = \sum_{u=1}^{U}\sum_{v=1}^{V} w_{uv}x_{i-u+1,j-v+1} \tag{6-33}$$

这里卷积的输出为 $Y = [y_{ij}]_{K \times L}$，其中，$K=M-U+1$，$L=N-V+1$。

在机器学习和图像处理领域，卷积的主要功能是在一个图像（或某种特征）上滑动一个卷积核（即滤波器），通过卷积操作得到一组新的特征。在计算卷积的过程中，需要进行卷积核翻转，这里翻转指从两个维度（从上到下、从左到右）颠倒次序，即旋转 180°。

在具体实现上，一般会以互相关操作来代替卷积，从而会减少一些不必要的操作或开销。互相关（Cross-Correlation）是一个衡量两个序列相关性的函数，通常是用滑动窗口的点积计算来实现。给定一个图像矩阵 $X \in \mathbb{R}^{M \times N}$ 和卷积核 $W \in \mathbb{R}^{U \times V}$，它们的互相关为：

$$y_{ij} = \sum_{u=1}^{U}\sum_{v=1}^{V} w_{uv}x_{i+u-1,j+v-1} \tag{6-34}$$

和式（6-33）对比可知，互相关和卷积的区别仅在于卷积核是否进行翻转。因此，互相关也可以称为不翻转卷积。图 6-27 给出了二维卷积示例（互相关运算）。

在图像处理中常用的均值滤波（Mean Filtering）就是一种二维卷积，将当前位置的像素值设为滤波器窗口中所有像素的平均值，即 $w_{uv}=1/UV$。在图像处理中，卷积经常作为特征提取的有效方法。一幅图像在经过卷积操作后得到的结果称为特征图或特征映射（Feature Map）。图 6-28 给出在图像处理中几种常用的卷积核及其对应的特征映射结果。

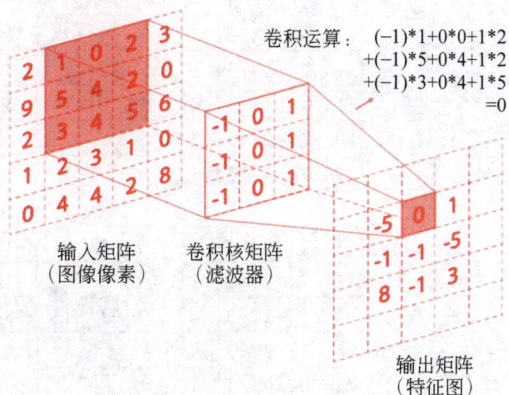

图 6-27　二维卷积示例（互相关运算）

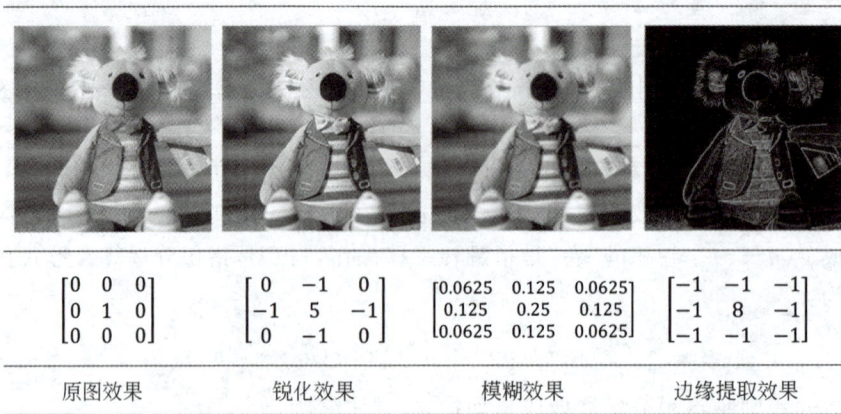

$$\begin{bmatrix} 0 & 0 & 0 \\ 0 & 1 & 0 \\ 0 & 0 & 0 \end{bmatrix} \qquad \begin{bmatrix} 0 & -1 & 0 \\ -1 & 5 & -1 \\ 0 & -1 & 0 \end{bmatrix} \qquad \begin{bmatrix} 0.0625 & 0.125 & 0.0625 \\ 0.125 & 0.25 & 0.125 \\ 0.0625 & 0.125 & 0.0625 \end{bmatrix} \qquad \begin{bmatrix} -1 & -1 & -1 \\ -1 & 8 & -1 \\ -1 & -1 & -1 \end{bmatrix}$$

原图效果	锐化效果	模糊效果	边缘提取效果

图 6-28　常见卷积核及其效果示例

3）三维卷积或多通道卷积

前文所述的二维卷积适用于只有一个通道的图像，如灰度图片，即输入 $X \in \mathbb{R}^{M \times N}$ 是二维矩阵。而在图像处理中，多通道输入的卷积层更为常见，如彩色的图片包含 R/G/B 三个通道，每个通道上面的像素值表示 R/G/B 色彩的强度。此时输入 $\mathcal{X} \in \mathbb{R}^{M \times N \times D}$ 为三维张量（Tensor），其中每个切片（Slice）矩阵 $X_d \in \mathbb{R}^{M \times N}$ 为一个输入特征图，$1 \leqslant d \leqslant D$；输出特征图组 $\mathcal{Y} \in \mathbb{R}^{M' \times N' \times P}$ 为三维张量，其中每个切片矩阵 $Y_p \in \mathbb{R}^{M' \times N'}$ 为一个输出特征图，$1 \leqslant p \leqslant P$。

下面以三通道输入、单个卷积核为例，将单通道输入的卷积运算方法推广到多通道的情况。如图 6-29 所示，每行的最左边 5×5 的矩阵表示输入 $\mathcal{X}$ 的 1～3 通道，第 2 列的 3×3 矩阵分别表示卷积核的 1～3 通道，第 3 列的矩阵表示当前通道上运算结果的中间矩阵，最右边一个矩阵表示卷积层运算的最终输出。

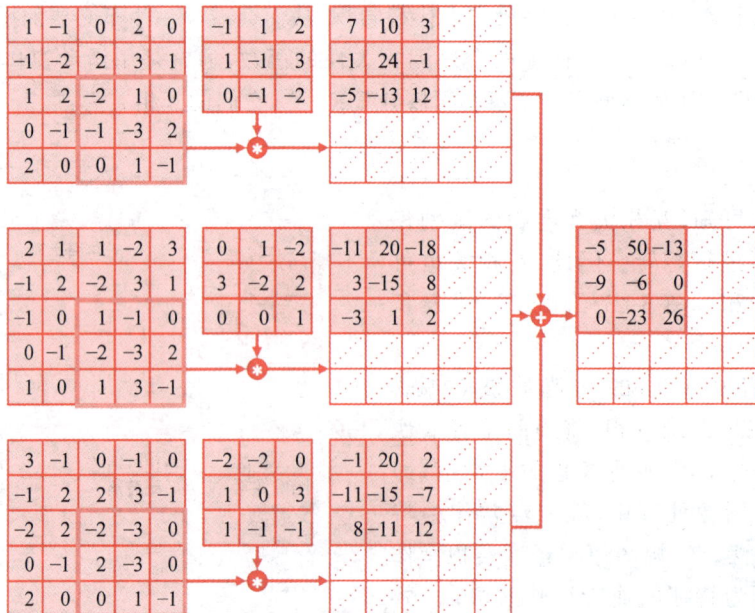

图 6-29　"多通道输入-单卷积核"示例

在多通道输入的情况下，卷积核的通道数需要和输入 $\mathcal{X}$ 的通道数量相匹配，卷积核的第 i 个通道和 $\mathcal{X}$ 的第 i 个通道运算，得到第 i 个中间矩阵，此时可以视为单通道输入与单卷积核的情况，所有通道的中间矩阵对应元素再次相加,作为最终输出。需要强调的是,输入通道的通道数量决定了卷积核的通道数。一个卷积核只能得到一个输出矩阵,无论输入$\mathcal{X}$的通道数量是多少。

进一步推广至"多通道输入-多卷积核"情况。当出现多卷积核时,第i个卷积核与输入$\mathcal{X}$运算得到第i个输出矩阵(也称为输出张量$\mathcal{Y}$的通道i),最后全部的输出矩阵在通道维度上进行堆叠拼接,产生输出张量$\mathcal{Y}$,$\mathcal{Y}$包含P个通道数。整个的计算示意图如图6-30所示。

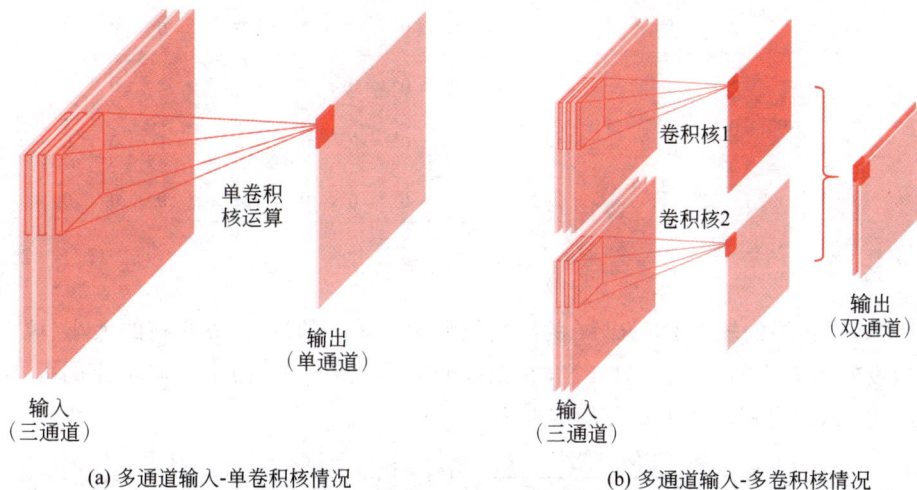

（a）多通道输入-单卷积核情况　　　　　（b）多通道输入-多卷积核情况

图 6-30　多通道卷积示意图

4）步长与填充

在卷积的标准定义基础上,还可以引入卷积核的滑动步长和零填充来增加卷积的多样性,可以更灵活地调整感受野的大小,优化特征抽取。

步长(Stride)是指卷积核在滑动时的长度间隔。对于二维输入来说,分为沿x(向右)方向和y(向下)方向的移动长度。为了简化讨论,这里只考虑x/y方向移动步长相同的情况,这也是神经网络中最常见的设定。图6-31给出了步长$S=2$的卷积示例(步长也可以小于1,即微步卷积)。

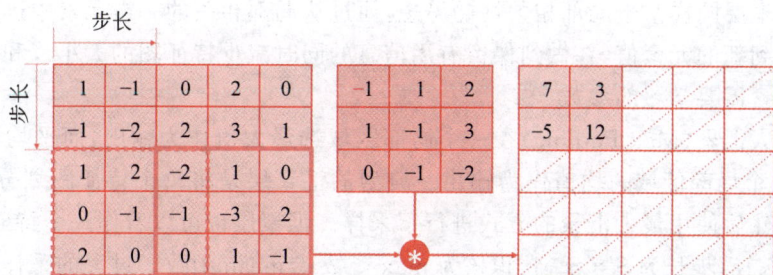

图 6-31　步长为 2 的卷积示例

填充(Padding)是在输入向量两端进行补零或其他数值。这是由于在一般情况下,经过卷积运算后的输出$\boldsymbol{Y}$的高宽一般会小于输入$\boldsymbol{X}$的高宽,即使是步长$\mathcal{S}=1$时。在网络模型设计时,有时希望输出的维度能够与输入的维度相同,从而方便网络参数的设计、残差连接等。为此,一般通过在原输入$\boldsymbol{X}$的高和宽维度上面进行填充若干无效元素操作(填充的数值一般默认为0),得到增大的输入$\boldsymbol{X}'$。通过精心设计填充单元的数量,在$\boldsymbol{X}'$上面进行卷积运算得到输出$\boldsymbol{Y}$的高宽可以和原输入$\boldsymbol{X}$相等,甚至更大。图6-32给出了输入两端各补零后的卷积示例,其中,上、下方向各填充一行,左、右方向各填充两列。

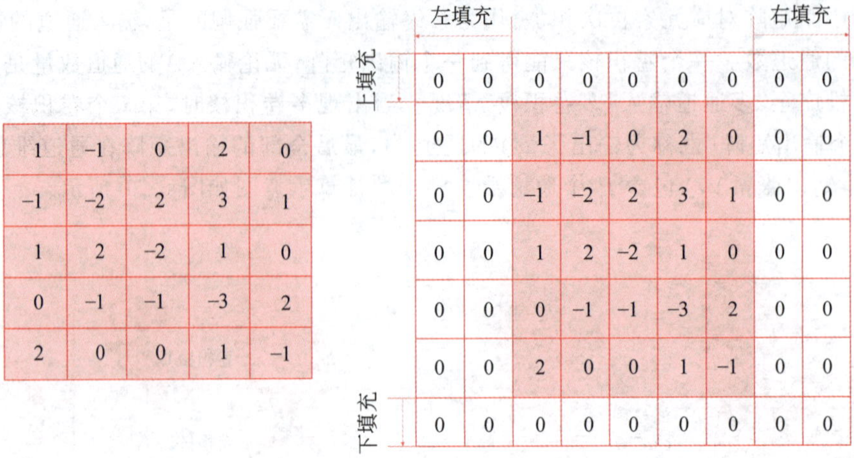

图 6-32　卷积填充示例

综上可知,卷积层的输出 $Y \in \mathbb{R}^{K \times L}$ 的维度依赖输入矩阵的维度、卷积核的大小、填充的大小和步长。假设输入矩阵的维度是 $M \times N$,卷积核的大小是 $U \times V$,两个方向填充的大小是 P 和 Q,步长大小是 S,则卷积的输出矩阵的维度 $K \times L$ 满足:

$$K \times L = \left\lfloor \frac{M + 2P - U}{S} + 1 \right\rfloor \times \left\lfloor \frac{N + 2Q - V}{S} + 1 \right\rfloor$$

其中,$\lfloor \cdot \rfloor$ 表示向下取整。

3.汇聚运算

卷积层虽然可以显著减少网络中连接的数量,但输出特征图中的神经元个数并没有显著减少。如果后面接一个分类器,分类器的输入维数依然很高,很容易出现过拟合。为了解决这个问题,可以在卷积层之后加上一个汇聚层(Pooling Layer),从而降低特征维数,避免过拟合。

汇聚(Pooling),或被直译为池化,也常叫作下采样(Down Sampling),其作用是进行特征选择,降低特征数量,从而减少参数数量。相反,使输入特征数量增大的运算称为上采样(Up Sampling)。汇聚层同样基于局部相关性的思想,通过从局部相关的一组元素中进行下采样或信息聚合,从而得到新的元素值,在做到保留有用信息的同时减少特征图的大小。和卷积层不同的是,汇聚层不包含需要学习的参数。

特别地,最大汇聚(Max Pooling)在一个局部区域选最大值作为输出,而平均汇聚(Average Pooling)计算一个局部区域的均值作为输出。典型的汇聚层是将每个特征图划分为 2×2 大小的不重叠区域,然后使用最大汇聚的方式进行下采样。汇聚层也可以看作一个特殊的卷积层,卷积核大小为 $K \times K$,步长为 $S \times S$,卷积核为 max 函数或 mean 函数。过大的采样区域会急剧减少神经元的数量,也会造成过多的信息损失。图 6-33 展示了以 4×4 特征图为输入,汇聚运算窗口大小 $K = 2$、步长 $S = 2$ 的最大汇聚和平均汇聚示例。

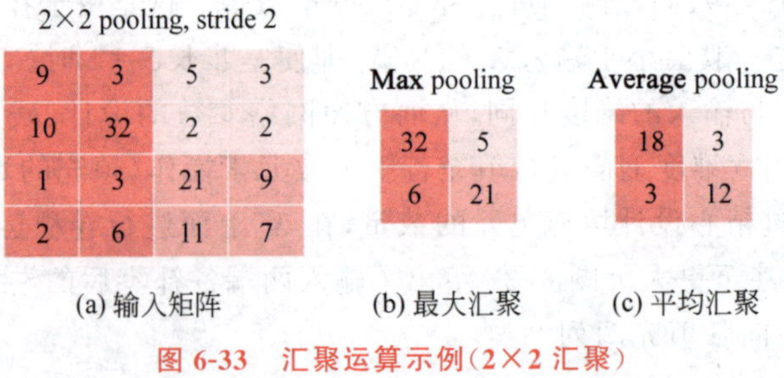

图 6-33　汇聚运算示例(2×2 汇聚)

汇聚层主要有以下三点作用：①增加特征平移不变性,汇聚可以提高网络对微小位移的容忍能力；②特征降维,汇聚层对空间局部区域进行下采样,使下一层需要的参数量和计算量减少,并降低过拟合风险；③增加非线性特性,汇聚可以看作一个用 p-范数作为非线性映射的卷积操作,特别地,当 p 趋于 $+\infty$ 时就是常见的最大汇聚。这是目前最大汇聚更常用的原因之一。不过汇聚层并非卷积神经网络必需的组件。近年来,有人使用步长为 2 的卷积层代替汇聚层。而在生成式模型中,有研究发现,不使用汇聚层会使网络更容易训练。

4. 图像分类应用的经典网络

卷积神经网络主要使用在图像和视频分析的各种任务(如图像分类、人脸识别、物体识别、图像分割等)上,其准确率一般也远远超出了其他的神经网络模型。近年来,卷积神经网络也广泛地应用到自然语言处理、推荐系统等领域。下面介绍几种经典的图像分类应用深层卷积网络。

1）LeNet-5 模型

LeNet-5 虽然提出的时间比较早(LeCun 等,1998),但它是一个非常成功的神经网络模型。基于 LeNet-5 的手写数字识别系统在 20 世纪 90 年代被美国很多银行使用,用来识别支票上面的手写数字。LeNet-5 的网络结构如图 6-34 所示(详细描述扫二维码)。

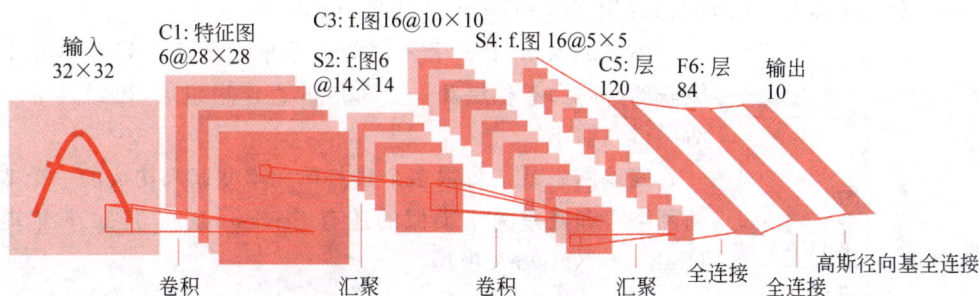

LeNet-5 的
网络结构

图 6-34　LeNet-5 的网络结构

2）AlexNet 模型

由 Krizhevsky 和 Hinton 等于 2012 年提出的 AlexNet 是第一个现代深度卷积网络模型,其首次使用了很多现代深度卷积网络的技术方法,如使用 GPU 进行并行训练,采用了 ReLU 作为非线性激活函数,使用 Dropout 防止过拟合,使用数据增强来提高模型准确率等。AlexNet 赢得了 2012 年 ImageNet 图像分类竞赛的冠军。

AlexNet 网络结构如图 6-35 所示(详细描述扫二维码),包括 5 个卷积层、3 个汇聚层和 3 个全连接层(其中最后一层是使用 Softmax 函数的输出层)。因为网络规模超出了当时的单个 GPU 的内存限制,AlexNet 将网络拆为两半,分别放在两个 GPU 上,GPU 间只在某些层(如第 3 层)进行通信。

AlexNet
网络结构

3）ResNet 模型

残差网络(Residual Network,ResNet)通过给非线性的卷积层增加直连边(Shortcut Connection)(也称为残差连接)的方式来提高信息的传播效率。

假设在一个深度网络中,我们期望一个非线性单元(可以为一层或多层的卷积层)$f(\boldsymbol{x};\theta)$ 去逼近一个目标函数为 $h(\boldsymbol{x})$。如果将目标函数拆分成两部分：恒等函数(Identity Function)$\boldsymbol{x}$ 和残差函数(Residue Function)$h(\boldsymbol{x})-\boldsymbol{x}$,有：

$$h(\boldsymbol{x}) = \underbrace{\boldsymbol{x}}_{\text{恒等函数}} + \underbrace{(h(\boldsymbol{x})-\boldsymbol{x})}_{\text{残差函数}}$$

根据通用近似定理,一个由神经网络构成的非线性单元有足够的能力来近似逼近原始目标函数

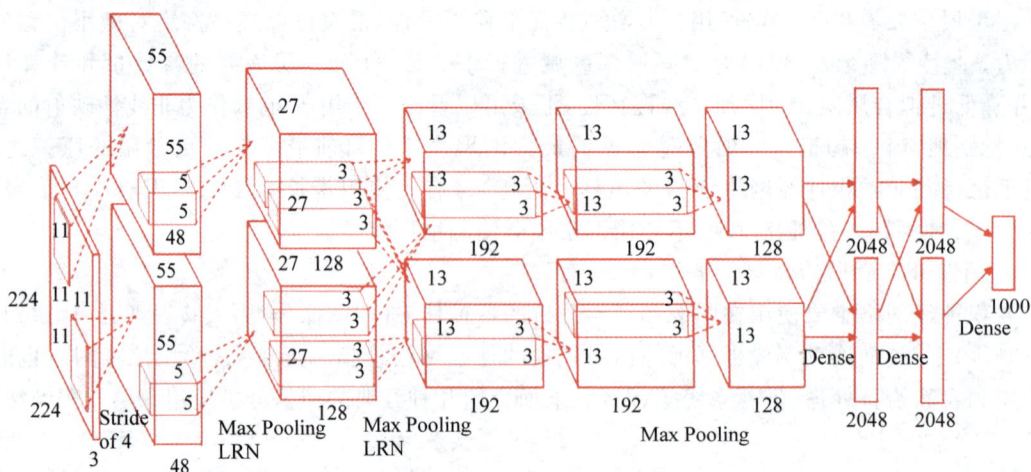

图 6-35　AlexNet 网络结构

或残差函数,但实际中后者更容易学习。因此,原来的优化问题可以转换为:让非线性单元 $f(\boldsymbol{x};\theta)$ 去近似残差函数 $h(\boldsymbol{x})-\boldsymbol{x}$,并用 $f(\boldsymbol{x};\theta)+\boldsymbol{x}$ 去逼近 $h(\boldsymbol{x})$ 。

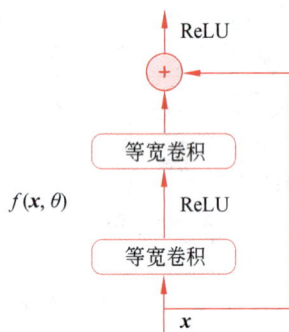

图 6-36　一个简单的残差单元结构

图 6-36 给出了一个典型的残差单元示例。残差单元由多个级联的(等宽)卷积层和一个跨层的直连边组成,再经过 ReLU 激活后得到输出。

残差网络就是将很多个残差单元串联起来构成的一个非常深的网络。和残差网络类似的还有 Srivastava 等于 2015 年提出的 Highway Network 模型。

6.3.4　循环神经网络

在前馈神经网络中,信息的传递是单向的,这种限制虽然使得网络变得更容易学习,但在一定程度上也减弱了神经网络模型的能力。在生物神经网络中,神经元之间的连接关系要复杂得多。

前馈神经网络可以看作一个复杂的函数,每次输入都是独立的,即网络的输出只依赖当前输入。但是在很多现实任务中,网络的输入不仅和当前时刻的输入相关,也和其过去一段时间的输出相关。比如一个有限状态自动机,其下一个时刻的状态(输出)不仅和当前输入相关,也和当前状态(上一个时刻的输出)相关。此外,前馈网络难以处理时序数据,如视频、语音、文本等。时序数据的长度一般是不固定的,而前馈神经网络要求输入和输出的维数都是固定的,不能任意改变。因此,当处理这一类和时序相关的问题时,就需要一种能力更强的模型。

循环神经网络(Recurrent Neural Network,RNN)是一类具有短期记忆能力的神经网络。在 RNN 中,神经元不但可以接收其他神经元的信息,也可以接收自身的信息,形成具有环路的网络结构。和前馈神经网络相比,RNN 更加符合生物神经网络的结构。RNN 已经被广泛应用在语音识别、语言模型以及自然语言生成等任务上。RNN 的参数学习可以通过随时间反向传播算法来学习。随时间反向传播算法即按照时间的逆序将错误信息一步步地往前传递。当输入序列比较长时,会存在梯度爆炸和消失问题,也称为长期依赖问题。为了解决这个问题,人们对 RNN 进行了很多的改进,其中最有效的改进方式是引入门控机制(Gating Mechanism)。

1. 基本原理

为了处理这些时序数据并利用其历史信息,需要让网络具有短期记忆能力。而前馈网络是一种静态网络,不具备这种记忆能力。循环神经网络通过使用带自反馈的神经元,能够处理任意长度的时序数据。

给定一个输入序列 $\boldsymbol{x}_{1:T} = (\boldsymbol{x}_1, \boldsymbol{x}_2, \cdots, \boldsymbol{x}_t, \cdots, \boldsymbol{x}_T)$,循环神经网络通过式(6-35)更新带反馈边的隐藏层的活性值 $\boldsymbol{h}_t$:

$$\boldsymbol{h}_t = f(\boldsymbol{h}_{t-1}, \boldsymbol{x}_t) \tag{6-35}$$

其中, $\boldsymbol{h}_0 = 0$, $f(\cdot)$ 为一个非线性函数,可以是一个前馈网络。

图 6-37 给出了循环神经网络的示例,其中,"延迟器"为一个虚拟单元,记录神经元的最近一次(或几次)活性值。

隐藏层的活性值 $\boldsymbol{h}_t$ 在很多文献上也称为状态(State)或隐状态(Hidden State)。由于循环神经网络具有短期记忆能力,相当于存储装置,因此其计算能力十分强大。理论上,循环神经网络可以近似任意的非线性动力系统。前馈神经网络可以模拟任何连续函数,而循环神经网络可以模拟任何程序。

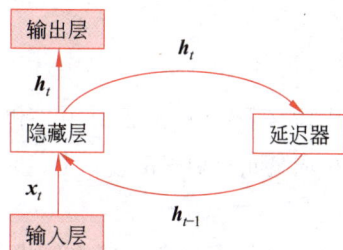

图 6-37　循环神经网络的基本原理

2. 简单循环网络

简单循环网络(Simple Recurrent Network, SRN)由 Elman 于 1990 年提出,是一个非常简单的循环神经网络,只有一个隐藏层的神经网络。在一个两层的前馈神经网络中,连接存在相邻的层与层之间,隐藏层的结点之间是无连接的。而简单循环网络增加了从隐藏层到隐藏层的反馈连接。

令向量 $\boldsymbol{x}_t \in \mathbb{R}^M$ 表示在时刻 t 时网络的输入, $\boldsymbol{h}_t \in \mathbb{R}^D$ 表示隐藏层状态(即隐藏层神经元活性值),则 $\boldsymbol{h}_t$ 不仅和当前时刻的输入 $\boldsymbol{x}_t$ 相关,也和上一个时刻的隐藏层状态 $\boldsymbol{h}_{t-1}$ 相关。简单循环网络在时刻 t 的更新公式为

$$\boldsymbol{z}_t = \boldsymbol{U}\boldsymbol{h}_{t-1} + \boldsymbol{W}\boldsymbol{x}_t + \boldsymbol{b} \tag{6-36}$$

$$\boldsymbol{h}_t = f(\boldsymbol{z}_t) \tag{6-37}$$

其中, $\boldsymbol{z}_t$ 为隐藏层的净输入, $\boldsymbol{U} \in \mathbb{R}^{D \times D}$ 为状态-状态权重矩阵, $\boldsymbol{W} \in \mathbb{R}^{D \times M}$ 为状态-输入权重矩阵, $\boldsymbol{b} \in \mathbb{R}^D$ 为偏置向量, $f(\cdot)$ 是非线性激活函数,通常为 Logistic 函数或 Tanh 函数。式(6-36)和式(6-37)也经常直接写为

$$\boldsymbol{h}_t = (\boldsymbol{U}\boldsymbol{h}_{t-1} + \boldsymbol{W}\boldsymbol{x}_t + \boldsymbol{b})$$

如果把每个时刻的状态都看作前馈神经网络的一层,循环神经网络可以看作在时间维度上权值共享的神经网络。图 6-38 给出了按时间展开的循环神经网络。

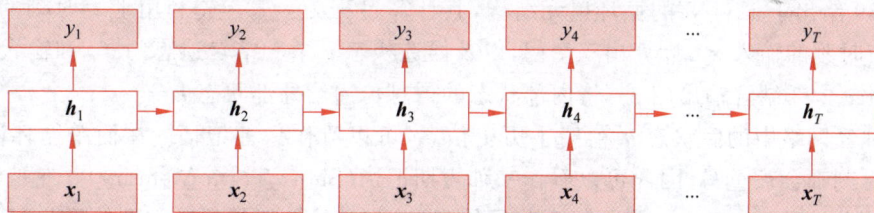

图 6-38　按时间展开的循环神经网络

3. 基于门控的循环网络

虽然简单循环网络理论上可以建立长时间间隔的状态之间的依赖关系,但是由于梯度爆炸或消失问题,实际上只能学习到短期的依赖关系。也即简单神经网络很难建模长距离的依赖关系,这称为长程依赖问题(Long-Term Dependencies Problem)。为了改善这一问题,一种非常好的解决方案是引入门控机制来控制信息的累积速度,包括有选择地加入新的信息,并有选择地遗

忘之前累积的信息。这一类网络被称为基于门控的循环神经网络(Gated RNN)。

长短期记忆网络(Long Short-Term Memory Network,LSTM)由 Hochreiter 等于 1997 年提出,是门控循环神经网络中非常著名的一个模型,其可以有效地解决简单循环神经网络的梯度爆炸或消失问题。LSTM 主要改进在以下两方面。

(1) 新的内部状态。LSTM 引入一个新的内部状态 $c_t \in \mathbb{R}^D$ 专门进行线性的循环信息传递,同时(非线性地)输出信息给隐藏层的外部状态 $h_t \in \mathbb{R}^D$。内部状态 c_t 通过下面的公式计算。

$$c_t = f_t \odot c_{t-1} + i_t \odot \tilde{c}_t \tag{6-38}$$

$$h_t = o_t \odot \tanh(c_t) \tag{6-39}$$

其中,$f_t \in [0,1]^D$,$i_t \in [0,1]^D$ 和 $o_t \in [0,1]^D$ 为三个门,来控制信息传递的路径;$\odot$ 为哈达玛积,即对位向量元素乘积;c_{t-1} 为上一时刻的记忆单元;$\tilde{c}_t \in \mathbb{R}^D$ 是通过非线性函数得到的候选状态。

$$\tilde{c}_t = \tanh(W_c x_t + U_c h_{t-1} + b_c)$$

在每个时刻 t,LSTM 的内部状态 c_t 记录了到当前时刻为止的历史信息。

(2) 门控机制。在数字电路中,门为一个二值变量{0,1},0 代表关闭状态,不允许任何信息通过;1 代表开放状态,允许所有信息通过。LSTM 引入门控机制来控制信息传递的路径。

式(6-38)和式(6-39)中三个"门"分别为输入门 i_t、遗忘门 f_t 和输出门 o_t。这三个门的作用如下。

- 遗忘门 f_t 控制上一个时刻的内部状态 c_{t-1} 需要遗忘多少信息。
- 输入门 i_t 控制当前时刻的候选状态 $\tilde{c}_t$ 有多少信息需要保存。
- 输出门 o_t 控制当前时刻的内部状态 c_t 有多少信息需要输出给外部状态 h_t。

当 $f_t=0,i_t=1$ 时,记忆单元将历史信息清空,并将候选状态向量 $\tilde{c}_t$ 写入。但此时记忆单元 c_t 依然和上一时刻的历史信息相关。当 $f_t=1,i_t=0$ 时,记忆单元将复制上一时刻的内容,不写入新的信息。

LSTM 中的"门"是一种"软"门,取值在(0,1),表示以一定的比例允许信息通过。三个门的计算方式为

$$i_t = (W_i x_t + U_i h_{t-1} + b_i)$$
$$f_t = (W_f x_t + U_f h_{t-1} + b_f)$$
$$o_t = (W_o x_t + U_o h_{t-1} + b_o)$$

其中,$\sigma(\cdot)$ 为 Logistic 函数,其输出区间为(0,1),x_t 为当前时刻的输入,h_{t-1} 为上一时刻的外部状态。

图 6-39 给出了 LSTM 的循环单元结构,其计算过程为:①首先利用上一时刻的外部状态 h_{t-1} 和当前时刻的输入 x_t,计算出三个门,以及候选状态 $\tilde{c}_t$;②结合遗忘门 f_t 和输入门 i_t 来更新记忆单元 c_t;③结合输出门 o_t,将内部状态的信息传递给外部状态 h_t。

循环神经网络中的隐状态 h 存储了历史信息,可以看作一种记忆。在简单循环网络中,隐状态每个时刻都会被重写,因此可以看作一种短期记忆(Short-Term Memory)。在神经网络中,长期记忆(Long-Term Memory)可以看作网络参数,隐含从训练数据中学到的经验,其更新周期要远远慢于短期记忆。而在 LSTM 中,记忆单元 c 可以在某个时刻捕捉到某个关键信息,并有能力将此关键信息保存一定的时间间隔。记忆单元 c 中保存信息的生命周期要长于短期记忆 h,但又远远短于长期记忆,因此称为长的短期记忆(Long Short-Term Memory)。

4. 深层循环神经网络

如果将深度定义为网络中信息传递路径长度的话,循环神经网络可以看作既"深"又"浅"的网络。一方面,如果把循环网络按时间展开,长时间间隔的状态之间的路径很长,循环网络可以

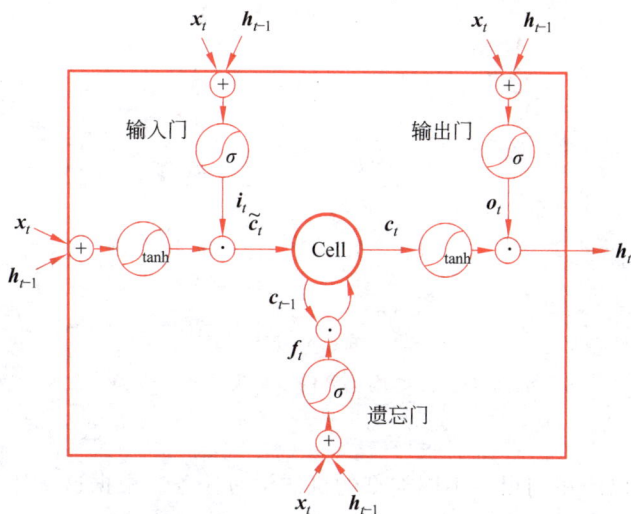

图 6-39　LSTM 的循环单元结构

看作一个非常深的网络。另一方面,如果同一时刻网络输入到输出之间的路径为 $x_t \rightarrow y_t$,这个网络是非常浅的。因此,可以增加循环神经网络的深度从而增强循环神经网络的能力。增加循环神经网络的深度主要是增加同一时刻网络输入到输出之间的路径 $x_t \rightarrow y_t$,如增加隐状态到输出 $h_t \rightarrow y_t$,以及输入到隐状态 $x_t \rightarrow h_t$ 之间的路径的深度。

1）堆叠循环神经网络

一种常见的增加循环神经网络深度的做法是将多个循环网络堆叠起来,称为堆叠循环神经网络(Stacked Recurrent Neural Network,SRNN)。一个堆叠的简单循环网络(Stacked SRN)也称为循环多层感知器。图 6-40 给出了按时间展开的堆叠循环神经网络。第 l 层网络的输入是第 $l-1$ 层网络的输出。

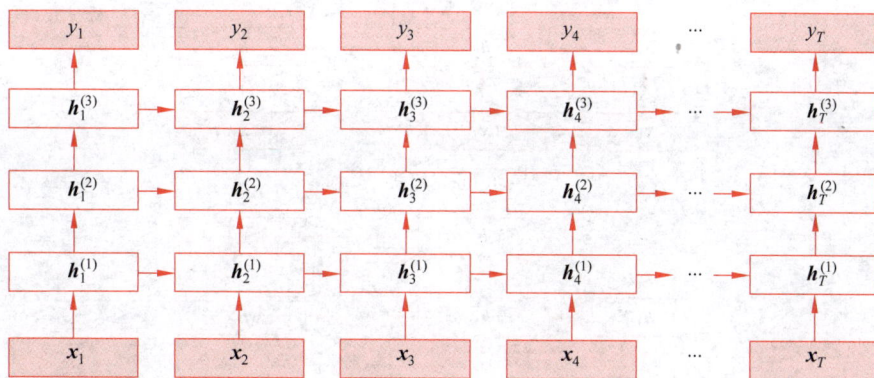

图 6-40　按时间展开的堆叠循环神经网络

2）双向循环神经网络

在有些任务中,一个时刻的输出不但和过去时刻的信息有关,也和后续时刻的信息有关。比如给定一个句子,其中一个词的词性由它的上下文决定,即包含左右两边的信息。因此,在这些任务中,可以增加一个按照时间的逆序来传递信息的网络层,来增强网络的能力。双向循环神经网络(Bidirectional Recurrent Neural Network,Bi-RNN)由两层循环神经网络组成,它们的输入相同,只是信息传递的方向不同。图 6-41 给出了按时间展开的双向循环神经网络。

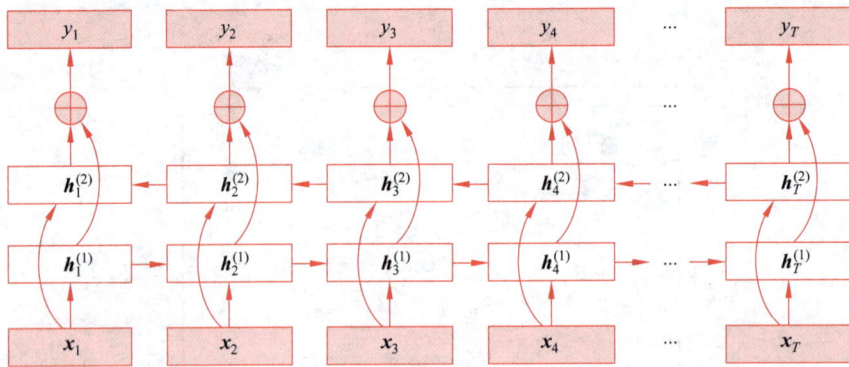

图 6-41　按时间展开的双向循环神经网络

5. 应用模式分类

循环神经网络可以应用到很多不同类型的机器学习任务。根据这些任务的特点可以分为以下几种模式：序列到类别模式、同步的序列到序列模式、异步的序列到序列模式。

1）序列到类别模式

序列到类别模式主要用于序列数据的分类问题：输入为序列，输出为类别。比如在文本分类中，输入数据为单词的序列，输出为该文本的类别。

假设一个样本 $\boldsymbol{x}_{1:T}=(\boldsymbol{x}_1,\boldsymbol{x}_2,\cdots,\boldsymbol{x}_T)$ 为一个长度为 T 的序列，输出为一个类别 $y\in\{1,2,\cdots,C\}$。可以将样本 $\boldsymbol{x}$ 按不同时刻输入循环神经网络中，并得到不同时刻的隐藏状态 $\boldsymbol{h}_1,\boldsymbol{h}_2,\cdots,\boldsymbol{h}_T$。这里可以将 $\boldsymbol{h}_T$ 看作整个序列的最终表示（或特征），并输入给分类器 $g(\cdot)$ 进行分类（见图 6-42(a)），即

$$\hat{y}=g(\boldsymbol{h}_T)$$

其中，$g(\cdot)$ 可以是简单的线性分类器（如 Logistic 回归）或复杂的分类器（如多层前馈神经网络）。

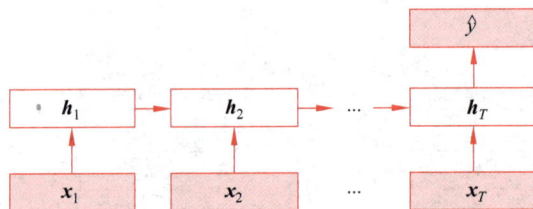

(a) 正常模式

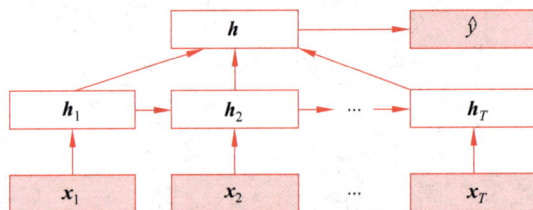

(b) 按时间进行平均采样模式

图 6-42　序列到类别模式

除了将最后时刻的状态作为整个序列的表示之外，还可以对整个序列的所有状态进行平均，并用这个平均状态来作为整个序列的表示（见图 6-42(b)），即

$$\hat{y}=g\left(\frac{1}{T}\sum_{t=1}^{T}\boldsymbol{h}_t\right)$$

2）同步的序列到序列模式

同步的序列到序列模式主要用于序列标注（Sequence Labeling）任务，即每一时刻都有输入和输出，输入序列和输出序列的长度相同。例如，在词性标注（Part-of-Speech Tagging）中，每一个单词都需要标注其对应的词性标签。

在同步的序列到序列模式（见图 6-43）中，输入为一个长度为 T 的序列 $x_{1:T} = (x_1, x_2, \cdots, x_T)$，输出为序列 $y_{1:T} = (y_1, y_2, \cdots, y_T)$。样本 x 按不同时刻输入循环神经网络中，并得到不同时刻的隐状态 $h_1, h_2, \cdots, h_T$。每个时刻的隐状态 h_t 代表了当前时刻和历史的信息，并输入给分类器 $g(\cdot)$ 得到当前时刻的标签 $\hat{y}_t$，即

$$\hat{y}_t = g(h_t) \qquad \forall t \in [1, T]$$

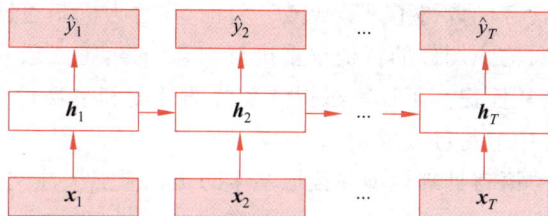

图 6-43　同步的序列到序列模式

3）异步的序列到序列模式

异步的序列到序列模式也称为编码器-解码器（Encoder-Decoder）模型，即输入序列和输出序列不需要有严格的对应关系，也不需要保持相同的长度。例如，在机器翻译中，输入为源语言的单词序列，输出为目标语言的单词序列。

在异步的序列到序列模式中，输入为长度为 T 的序列 $x_{1:T} = (x_1, x_2, \cdots, x_T)$，输出为长度为 M 的序列 $y_{1:M} = (y_1, y_2, \cdots, y_M)$。异步的序列到序列模式一般通过先编码后解码的方式来实现。先将样本 x 按不同时刻输入一个循环神经网络（编码器）中，并得到其编码 h_T。然后再使用另一个循环神经网络（解码器），得到输出序列 $\hat{y}_{1:M}$。为了建立输出序列之间的依赖关系，在解码器中通常使用非线性的自回归模型。令 $f_1(\cdot)$ 和 $f_2(\cdot)$ 分别为用作编码器和解码器的循环神经网络，则编码器-解码器模型可以写为

$$h_t = f_1(h_{t-1}, x_t), \qquad \forall t \in [1, T]$$
$$h_{T+t} = f_2(h_{T+t-1}, \hat{y}_{t-1}), \quad \forall t \in [1, M]$$
$$\hat{y}_t = g(h_{T+t}), \qquad \forall t \in [1, M]$$

其中，$g(\cdot)$ 为分类器，$\hat{y}_t$ 为预测输出 $\hat{y}_t$ 的向量表示。在解码器通常采用自回归模型，每个时刻的输入为上一时刻的预测结果 $\hat{y}_{t-1}$。

图 6-44 给出了异步的序列到序列模式示例，其中，〈EOS〉表示输入序列的结束，虚线表示将上一个时刻的输出作为下一个时刻的输入。

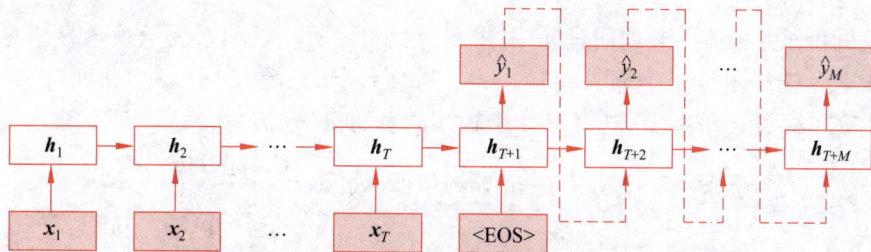

图 6-44　异步的序列到序列模式

6.3.5　注意力机制网络

注意力机制(Attention Mechanism)的思想源自人类视觉,即人眼通过快速扫描聚焦于需重点关注的目标区域,之后对该区域投入更多注意力,以获取所需的细节信息,同时抑制其他信息,是人类利用有限资源从大量信息中快速筛选出有价值信息的一种能力。深度学习中的注意力机制模拟了该过程,即当神经网络发现输入数据的关键信息后,通过学习,在后继的预测阶段对其予以重点关注。注意力机制的首次应用是 Mnih 等于 2014 年在图像分类研究中设计的瞥见(glimpse)算法,不同于全图扫描,该算法每次仅瞥见图像中的部分区域,并按时间顺序将多次瞥见的内容用循环神经网络加以整合,以建立图像的动态表示;该算法降低了时间复杂度,且减少了噪声干扰,在图像分类任务中取得了显著成效。目前,注意力机制通过模仿人类视觉系统的选择性感知机制,可以有效对输入图像的特征权重进行动态调整,将注意力集中在图像中最重要的区域,并抑制不相关部分,从而提高了计算机视觉系统的性能和准确性,在图像分类、目标检测、语义分割等图像处理任务中取得巨大成功。

和图像处理类似,自然语言处理模型在读取文本时可以重点关注文本中和任务相关的部分,忽略其他内容。根据该思想,2015 年,Bahdanau 等将注意力机制应用于神经机器翻译模型(NMT),即在生成译文的每个词项时,让模型找出原文中和当前词项最相关的部分,并据此进行预测。和先前基于固定原文表示进行预测的 NMT 模型相比,该方法不仅缓解了循环神经网络的长距离依赖问题,还实现了翻译过程中的词对齐,有效提高了译文的质量。随着注意力机制在机器翻译任务中的成功应用,该思想很快被推广到不同的自然语言处理任务中。目前,注意力机制已经成为自然语言处理研究中不可或缺的重要组件。

1. 基础注意力机制

在计算能力有限的情况下,注意力机制作为一种资源分配方案,将有限的计算资源用来处理更重要的信息,是解决信息超载问题的主要手段。以阅读理解任务为例,给定一篇很长的文章,然后就此文章的内容进行提问。提出的问题只和段落中的一两个句子相关,其余部分都是无关的。为了减小神经网络的计算负担,只需要把相关的片段挑选出来让后续的神经网络来处理,而不需要把所有文章内容都输入神经网络。

用 $X = [x_1, x_2, \cdots, x_N] \in \mathbb{R}^{D \times N}$ 表示 N 组输入信息,其中,D 维向量 $x_n \in \mathbb{R}^D, n \in [1, N]$ 表示一组输入信息。为了节省计算资源,不需要将所有信息都输入神经网络,只需要从 X 中选择一些和任务相关的信息。注意力机制的计算可以分为两步:一是在所有输入信息上计算注意力分布,二是根据注意力分布来计算输入信息的加权平均。

1）注意力分布

为了从 N 个输入向量 $[x_1, x_2, \cdots, x_N]$ 中选择出和某个特定任务相关的信息,需要引入一个和任务相关的表示,称为查询向量(Query Vector),并通过一个打分函数来计算每个输入向量和查询向量之间的相关性。

给定一个和任务相关的查询向量 q,用注意力变量 $z \in [1, N]$ 来表示被选择信息的索引位置,即 $z = n$ 表示选择了第 n 个输入向量。为了方便计算,通常采用一种"软性"的信息选择机制。首先计算在给定 q 和 X 下,选择第 n 个输入向量的概率 α_n:

$$\alpha_n = p(z = n \mid X, q) = \text{softmax}(s(x_n, q)) = \frac{\exp(s(x_n, q))}{\sum_{j=1}^{N} \exp(s(x_j, q))} \tag{6-40}$$

其中,α_n 称为注意力分布(Attention Distribution),$s(x, q)$ 为注意力打分函数,可以使用以下几

种方式来计算:

$$加性模型\quad s(\boldsymbol{x},\boldsymbol{q})=\boldsymbol{v}^{\mathrm{T}}\tanh(\boldsymbol{W}\boldsymbol{x}+\boldsymbol{U}\boldsymbol{q})$$

$$点积模型\quad s(\boldsymbol{x},\boldsymbol{q})=\boldsymbol{x}^{\mathrm{T}}\boldsymbol{q}$$

$$缩放点积模型\quad s(\boldsymbol{x},\boldsymbol{q})=\frac{\boldsymbol{x}^{\mathrm{T}}\boldsymbol{q}}{\sqrt{D}}$$

$$双线性模型\quad s(\boldsymbol{x},\boldsymbol{q})=\boldsymbol{x}^{\mathrm{T}}\boldsymbol{W}\boldsymbol{q}$$

其中,$\boldsymbol{W},\boldsymbol{U},\boldsymbol{v}$ 为可学习的参数,D 为输入向量的维度。

理论上,加性模型和点积模型的复杂度差不多,但是点积模型在实现上可以更好地利用矩阵乘积,从而计算效率更高。

2) 加权平均

注意力分布 α_n 可以解释为在给定任务相关的查询 $\boldsymbol{q}$ 时,第 n 个输入向量受关注的程度。因此,采用一种"软性"的信息选择机制对输入信息进行汇总,即以加权平均的方式汇聚:

$$\mathrm{att}(\boldsymbol{X},\boldsymbol{q})=\sum_{n=1}^{N}\alpha_n\boldsymbol{x}_n=E_{z\sim p(z\mid\boldsymbol{X},\boldsymbol{q})}\big[\boldsymbol{x}_z\big] \tag{6-41}$$

软性注意力机制是最为基础和常见的一类注意力机制模型。图 6-45 给出基础注意力机制的示例和整体结构。注意力机制可以单独使用,但更多地用作神经网络中的一个组件。

2. 键值对注意力机制

更一般地,可以用键值对格式来表示输入信息,其中,"键"用来计算注意力分布 α_n,"值"用来计算聚合信息。

用 $(\boldsymbol{K},\boldsymbol{V})=\big[(\boldsymbol{k}_1,\boldsymbol{v}_1),(\boldsymbol{k}_2,\boldsymbol{v}_2),\cdots,(\boldsymbol{k}_N,\boldsymbol{v}_N)\big]$ 表示 N 组输入信息,给定任务相关的查询向量 $\boldsymbol{q}$ 时,注意力函数为:

$$\mathrm{att}((\boldsymbol{K},\boldsymbol{V}),\boldsymbol{q})=\sum_{n=1}^{N}\alpha_n\boldsymbol{v}_n=\sum_{n=1}^{N}\frac{\exp(s(\boldsymbol{k}_n,\boldsymbol{q}))}{\sum_j\exp(s(\boldsymbol{k}_j,\boldsymbol{q}))}\boldsymbol{v}_n \tag{6-42}$$

其中,$s(\boldsymbol{k}_n,\boldsymbol{q})$ 为打分函数。

图 6-46 给出键值对注意力机制的示例。当 $\boldsymbol{K}=\boldsymbol{V}$ 时,键值对模式就等价于基础的注意力机制。

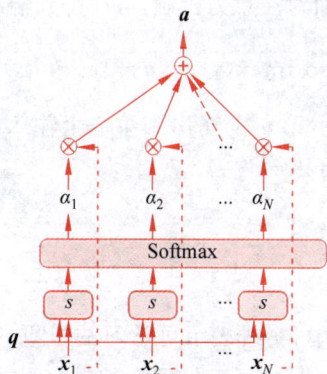

图 6-45　基础注意力机制模型结构　　图 6-46　键值对注意力机制模型结构

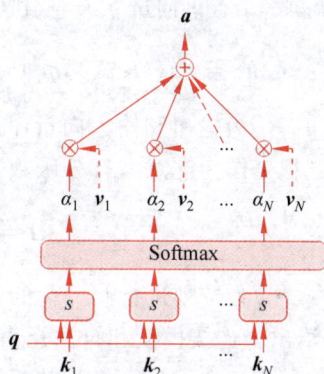

3. 自注意力机制

如果要建立输入序列之间的长距离依赖关系,可以使用以下两种方法:一种方法是增加网络的层数,通过一个深层网络来获取远距离的信息交互;另一种方法是使用全连接网络。全连接网络是一种非常直接的建模远距离依赖的模型,但是无法处理变长的输入序列。不同的输入长度,其连接权重的大小也是不同的。这时就可以利用注意力机制来"动态"地生成不同连接的权重,这就是自注意力模型(Self-Attention Model)。该方法同样是由 Vaswani 等于 2017 年同 Transformer 模型一同提出的。

为了提高模型能力,自注意力模型经常采用查询-键-值(Query-Key-Value,QKV)模式,其计算过程如图 6-47 所示,其中,字母 N、D_k、D_x、D_v 表示矩阵的维度。

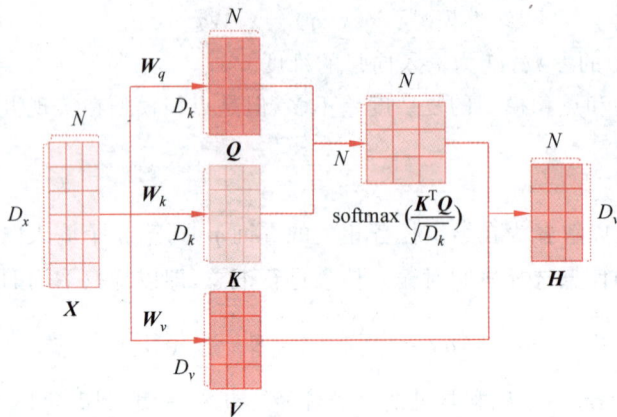

图 6-47　自注意力模型的计算过程

假设输入序列为 $\boldsymbol{X}=[\boldsymbol{x}_1,\boldsymbol{x}_2,\cdots,\boldsymbol{x}_N]\in\mathbb{R}^{D_x\times N}$,输出序列为 $\boldsymbol{H}=[\boldsymbol{h}_1,\boldsymbol{h}_2,\cdots,\boldsymbol{h}_N]\in\mathbb{R}^{D_v\times N}$,自注意力模型的具体计算过程如下。

(1) 对于每个输入 $\boldsymbol{x}_i$,首先将其线性映射到三个不同的空间,得到查询向量 $\boldsymbol{q}_i\in\mathbb{R}^{D_k}$、键向量 $\boldsymbol{k}_i\in\mathbb{R}^{D_k}$ 和值向量 $\boldsymbol{v}_i\in\mathbb{R}^{D_v}$。对于整个输入序列 $\boldsymbol{X}$,线性映射过程可以简写为

$$\boldsymbol{Q}=\boldsymbol{W}_q\boldsymbol{X}\in\mathbb{R}^{D_k\times N}$$
$$\boldsymbol{K}=\boldsymbol{W}_k\boldsymbol{X}\in\mathbb{R}^{D_k\times N}$$
$$\boldsymbol{Q}=\boldsymbol{W}_v\boldsymbol{X}\in\mathbb{R}^{D_v\times N}$$

其中,$\boldsymbol{W}_q\in\mathbb{R}^{D_k\times D_x}$,$\boldsymbol{W}_k\in\mathbb{R}^{D_k\times D_x}$,$\boldsymbol{W}_v\in\mathbb{R}^{D_v\times D_x}$ 分别为线性映射的参数矩阵,$\boldsymbol{Q}=[\boldsymbol{q}_1,\boldsymbol{q}_2,\cdots,\boldsymbol{q}_N]$,$\boldsymbol{K}=[\boldsymbol{k}_1,\boldsymbol{k}_2,\cdots,\boldsymbol{k}_N]$,$\boldsymbol{V}=[\boldsymbol{v}_1,\boldsymbol{v}_2,\cdots,\boldsymbol{v}_N]$ 分别是由查询向量、键向量和值向量构成的矩阵。

(2) 对于每一个查询向量 $\boldsymbol{q}_n\in\boldsymbol{Q}$,利用式(6-42)的键值对注意力机制,可以得到输出向量 $\boldsymbol{h}_n$。

$$\boldsymbol{h}_n=\mathrm{att}((\boldsymbol{K},\boldsymbol{V}),\boldsymbol{q}_n)=\sum_{j=1}^{N}\alpha_{nj}\boldsymbol{v}_j=\sum_{j=1}^{N}\mathrm{softmax}(s(\boldsymbol{k}_j,\boldsymbol{q}_n))\boldsymbol{v}_j \qquad (6\text{-}43)$$

其中,$n,j\in[1,N]$ 为输出和输入向量序列的位置,α_{nj} 表示第 n 个输出到第 j 个输入的权重。如果使用缩放点积来作为注意力打分函数,输出向量序列可以简写为

$$\boldsymbol{H}=\boldsymbol{V}\,\mathrm{softmax}\left(\frac{\boldsymbol{K}^{\mathrm{T}}\boldsymbol{Q}}{\sqrt{D_k}}\right) \qquad (6\text{-}44)$$

其中,$\mathrm{softmax}(\cdot)$ 为按列进行归一化的函数。

图 6-48 给出全连接模型和自注意力模型的对比,其中,实线表示可学习的权重,虚线表示动态生成的权重。由于自注意力模型的权重是动态生成的,因此可以处理变长的信息序列。

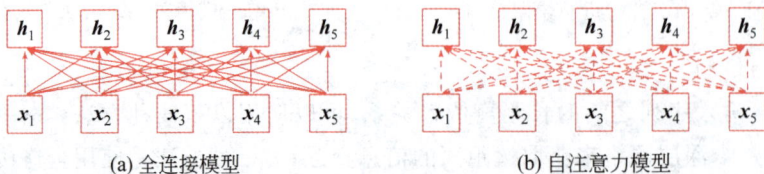

(a) 全连接模型　　　　　　　　　　(b) 自注意力模型

图 6-48　全连接模型和自注意力模型

自注意力模型可以作为神经网络中的一层来使用,既可以用来替换卷积层和循环层,也可以和它们一起交替使用(如 X 可以是卷积层或循环层的输出)。自注意力模型计算的权重 α_{ij} 只依赖 q_i 和 k_j 的相关性,而忽略了输入信息的位置信息。因此在单独使用时,自注意力模型一般需要加入位置编码信息来进行修正。自注意力模型可以扩展为多头自注意力(Multi-Head Self-Attention)模型,在多个不同的投影空间中捕捉不同的交互信息。

4. Transformer 模型

Transformer 模型是由 Google 在 2017 年提出并首先应用于机器翻译的神经网络模型结构。机器翻译的目标是从源语言转换到目标语言。Transformer 结构完全通过注意力机制完成对源语言序列和目标语言序列全局依赖的建模。当前几乎全部大语言模型都是基于 Transformer 结构,本节以应用于机器翻译的基于 Transformer 的编码器和解码器介绍该模型。

基于 Transformer 结构的编码器和解码器结构如图 6-49 所示,左侧和右侧分别对应着编码器(Encoder)和解码器(Decoder)结构。它们均由若干基本的 Transformer 块(Block)组成(对应着图中的灰色框)。这里 $N\times$ 表示进行了 N 次堆叠。每个 Transformer 块都接收一个向量序列 $\{x_i\}_{i=1}^l$ 作为输入,并输出一个等长的向量序列作为输出 $\{y_i\}_{i=1}^l$。这里的 x_i 和 y_i 分别对应着文本序列中的一个单词的表示。而 y_i 是当前 Transformer 块对输入 x_i 进一步整合其上下文语义后对应的输出。在从输入 $\{x_i\}_{i=1}^l$ 到输出 $\{y_i\}_{i=1}^l$ 的语义抽象过程中,主要涉及如下几个模块。

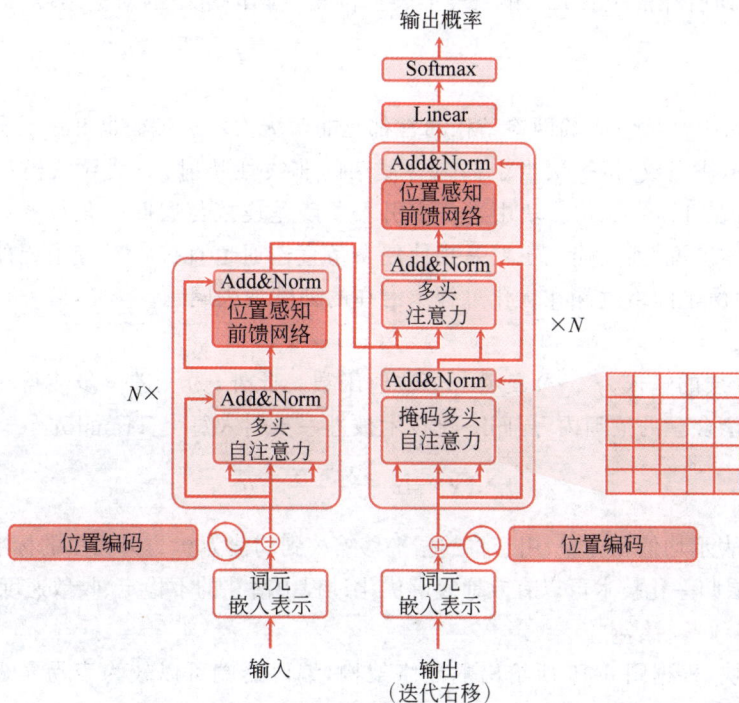

图 6-49　Transformer 模型结构

- 注意力层:使用多头注意力机制整合上下文语义,它使得序列中任意两个单词之间的依赖关系可以直接被建模而不基于传统的循环结构,从而更好地解决文本的长程依赖。
- 位置感知前馈层(Position-wise FFN):通过全连接层对输入文本序列中的每个单词表示进行更复杂的变换。
- 残差连接:对应图中的 Add 部分。它是一条分别作用在上述两个子层当中的直连通路,被用于连接它们的输入与输出,从而使得信息流动更加高效,有利于模型的优化。

- 层归一化：对应图中的 Norm 部分。作用于上述两个子层的输出表示序列中，对表示序列进行层归一化操作，同样起到稳定优化的作用。

下面着重对嵌入表示层、残差连接与层归一化、编码器和解码器结构等方面进行讲解。

1）嵌入表示层

对于输入文本序列，首先通过输入嵌入层(Input Embedding)将每个单词转换为其相对应的向量表示。通常直接对每个单词创建一个向量表示。由于 Transformer 模型不再使用基于循环的方式建模文本输入，序列中不再有任何信息能够提示模型单词之间的相对位置关系。在送入编码器端建模其上下文语义之前，一个非常重要的操作是在词嵌入中加入位置编码(Positional Encoding)这一特征。具体来说，序列中每一个单词所在的位置都对应一个向量。这一向量会与单词表示对应相加并送入后续模块中做进一步处理。在训练的过程当中，模型会自动地学习到如何利用这部分位置信息。

为了得到不同位置对应的编码，Transformer 模型使用不同频率的正弦、余弦函数如下。

$$PE(pos, 2i) = \sin\left(\frac{pos}{10000^{2i/d}}\right)$$
$$PE(pos, 2i+1) = \cos\left(\frac{pos}{10000^{2i/d}}\right) \tag{6-45}$$

其中，pos 表示单词所在的位置，$2i$ 和 $2i+1$ 表示位置编码向量中的对应维度，d 则对应位置编码的总维度。

2）残差连接与层归一化

由 Transformer 结构组成的网络结构通常都是非常庞大的。编码器和解码器均由很多层基本的 Transformer 块组成，每一层当中都包含复杂的非线性映射，这就导致模型的训练比较困难。因此，研究者在 Transformer 块中进一步引入了残差连接与层归一化技术以进一步提升训练的稳定性。具体来说，残差连接主要是指使用一条直连通道直接将对应子层的输入连接到输出上去，从而避免由于网络过深在优化过程中潜在的梯度消失问题。

$$x^{l+1} = f(x^l) + x^l \tag{6-46}$$

其中，x^l 表示第 l 层的输入，$f(\cdot)$ 表示一个映射函数。此外，为了进一步使得每一层的输入输出范围稳定在一个合理的范围内，层归一化技术被进一步引入每个 Transformer 块中。

$$LN(x) = \alpha \cdot \frac{x - \mu}{\sigma} + b \tag{6-47}$$

其中，μ 和 σ 分别表示均值和方差，用于将数据平移缩放到均值为 0，方差为 1 的标准分布，α 和 b 是可学习的参数。层归一化技术可以有效地缓解优化过程中潜在的不稳定、收敛速度慢等问题。

3）编码器和解码器结构

基于上述模块，根据图 6-49 所给出的网络架构，编码器端可以较为容易实现。相比于编码器端，解码器端要更复杂一些。具体来说，解码器的每个 Transformer 块的第一个自注意力子层额外增加了注意力掩码，对应图中的掩码多头注意力(Masked Multi-Head Attention)部分。这主要是因为在翻译的过程中，编码器端主要用于编码源语言序列的信息，而这个序列是完全已知的，因而编码器仅需要考虑如何融合上下文语义信息即可。而解码器端则负责生成目标语言序列，这一生成过程是自回归的，即对于每一个单词的生成过程，仅有当前单词之前的目标语言序列是可以被观测的，因此这一额外增加的掩码是用来掩盖后续的文本信息，以防模型在训练阶段直接看到后续的文本序列进而无法得到有效的训练。

此外，解码器端还额外增加了一个多头注意力模块，使用交叉注意力方法，同时接收来自编码器端的输出以及当前 Transformer 块的前一个掩码注意力层的输出。查询是通过解码器前一层的输出进行投影的,而键和值是使用编码器的输出进行投影的。它的作用是在翻译的过程当中,为了生成合理的目标语言序列需要观测待翻译的源语言序列是什么。基于上述编码器和解码器结构,待翻译的源语言文本,首先经过编码器端的每个 Transformer 块对其上下文语义的层层抽象,最终输出每一个源语言单词上下文相关的表示。解码器端以自回归的方式生成目标语言文本,即在每个时间步 t,根据编码器端输出的源语言文本表示,以及前 $t-1$ 个时刻生成的目标语言文本,生成当前时刻的目标语言单词。

6.3.6　案例：基于反向传播网络拟合曲线

本案例使用 S 型非线性函数的反向传播学习方法获得对式(6-48)所示函数的拟合。

$$g(p) = 1 + \sin\left(\frac{\pi}{4}p\right), \quad -2 \leqslant p \leqslant 2 \tag{6-48}$$

要求:①建立两个数据集,一个用于网络训练,另一个用于测试;②假设具有单个隐藏层,利用训练数据集计算网络的突触权重;③通过使用测试数据给网络的计算精度赋值;④使用单个隐藏层,但隐含神经元数目可变,研究网络性能是如何受隐藏层大小变化影响的。

6.3.6 案例的解法和结果

6.3.7　案例：基于卷积神经网络的图像风格迁移

本案例利用预训练的 VGG 神经网络完成图像风格迁移。

从 CNN 的原理上来说,当训练完成一个 CNN 后,其中间的卷积层可以提取出图像中不同类型的特征。进一步分析 CNN 的结构可以发现,网络前几层的大量卷积和池化层负责将图像特征提取出来,而最后的全连接层接收提取的特征作为输入,再根据具体的任务目标给出相应的输出。这一发现提醒我们,CNN 中的特征提取结构的参数很可能并不依赖具体任务。在一个任务上训练完成的卷积核,完全可以直接迁移到新的任务上去。按照这一思路,从预训练好的网络出发,通过微调完成图像的色彩风格迁移任务。值得注意的是,与传统的“对参数求导”的方式不同,本节涉及“对数据求导”的方式来完成图像色彩风格的迁移,这是机器学习中一个重要的思维方式。

1. VGG 网络

本节采用的预训练网络是另一个广泛应用的 CNN 结构:VGG 网络。VGG 网络给出了一种 CNN 的结构设计范式,即通过反复堆叠基础的模块来构建网络,而无须像 AlexNet 一样为每一层都调整卷积核和池化的大小。图 6-50 展示了 VGG16 网络的结构,其中,16 表示网络中卷积层和全连接层的数目。网络中的基本模块称为 VGG 块,由数个大小为 3×3、边缘填充为 1 的卷积层和一个窗口大小为 2×2 的最大池化层组成。在一个 VGG 块中,卷积层由于引入了边缘填充,卷积前后图像矩阵的大小不变,而池化层会使图像矩阵的长和宽变为原来的一半。同时,每个 VGG 块的输出通道都是输入通道的两倍。这样,随着输入尺寸的减小,网络提取出的特征不断增多。最后,网络再将所有特征输入 3 层全连接层,得到最后的结果。VGG16 的第一个 VGG 块输出通道数目为 64,之后每次翻倍,直到 512 为止,共包含 5 个 VGG 块。也可以堆叠更多的 VGG 块来得到更庞大的网络,但是相应的模型复杂度和训练时间也会增加,同时也容易出现过拟合等现象。对于本节的简单任务来说,VGG16 网络已经足够。

2. 内容与风格表示

现在可以直接利用训练好的 VGG 网络提取图像在不同尺度下的各个特征。因此,我们应当考虑的是如何利用这些特征提取结构来完成风格迁移。利用梯度下降的思想,可以从一张空

工智能（第 4 版）

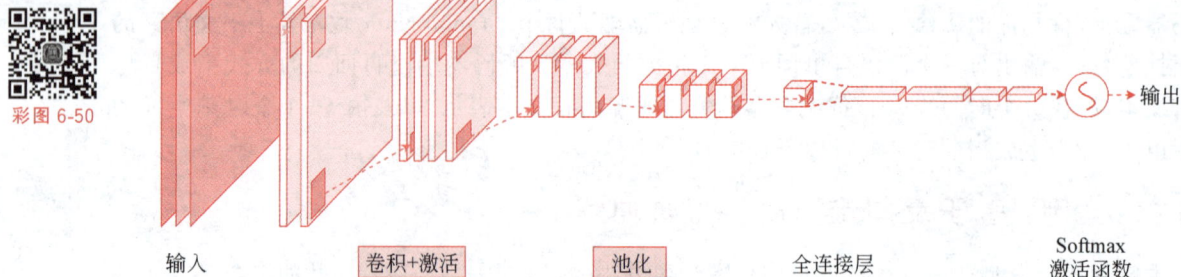

3@224×224 64@224×224 256@56×56 512@28×28 512@14×14 512@7×7 4096@1×1 1000@1×1

彩图 6-50

输入　　　卷积+激活　　　池化　　　　全连接层　　　Softmax 激活函数

输出

图 6-50　VGG16 网络的结构

白图像或者随机图像出发，通过 VGG 网络提取其内容和风格特征，与目标的内容图像或者风格图像的相应特征进行比较来计算损失，再通过梯度的反向传播更新输入图像的内容。这样，就可以得到内容与内容图像相近且风格与风格图像相近的结果。

那么，如何使用训练好的 VGG 网络来提取特征呢？对于 CNN 来说，从最初的卷积层开始，随着层数加深，网络提取出的特征会越来越侧重于图像整体的风格，以及有关图像中物体相对位置的信息。这是因为图像经过了池化，不同位置的像素被合并在了一起，其精细的信息已经损失了，留下的大多是整体性的信息。图 6-51 中的内容表示部分是利用 VGG16 中的 5 个不同的 VGG 块对内容图像的一个局部进行处理的结果。可以看出，浅层的卷积核基本只输出原图的像素信息，而深层的卷积核可以输出图像整体的一些抽象结构特征。因此，我们使用 VGG16 中第 5 个 VGG 块的第 3 个卷积层提取图像的内容。

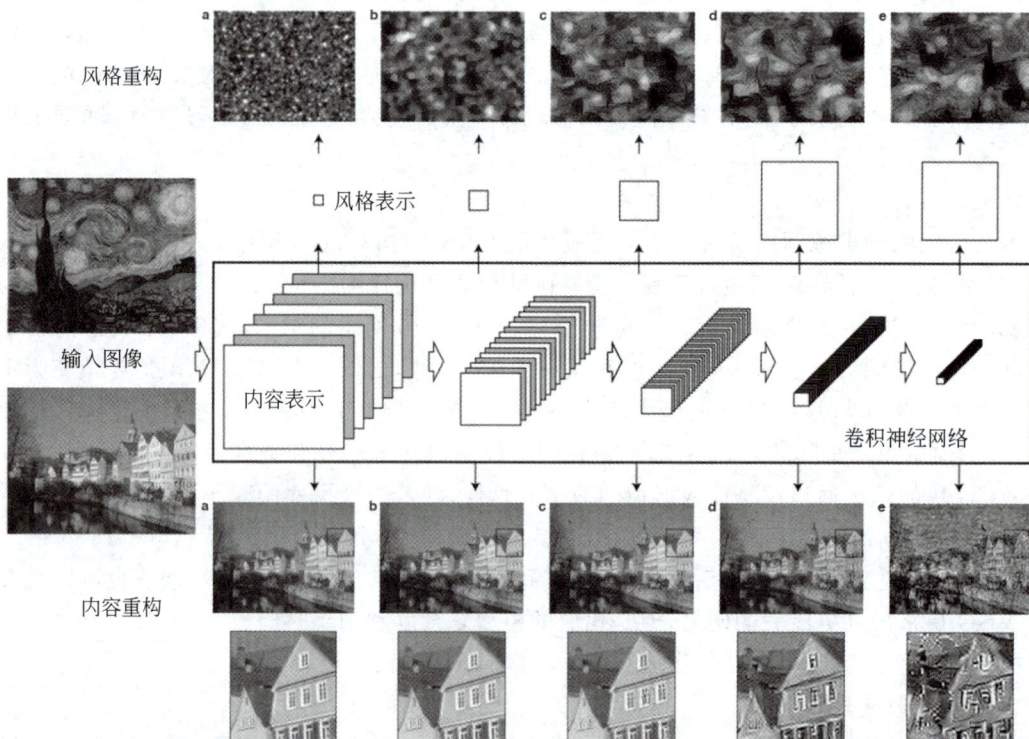

风格重构

风格表示

输入图像

内容表示

卷积神经网络

内容重构

图 6-51　不同深度的卷积层提取的特征差异

设提取内容的模型为 f_c，当前图像的矩阵为 $\boldsymbol{X}$，内容图像的矩阵为 $\boldsymbol{C}$，直接用均方误差损失（Mean Squared Error，MSE）作为内容上的损失。

$$L_c(\boldsymbol{X}) = \frac{1}{2} \| f_c(\boldsymbol{X}) - f_c(\boldsymbol{C}) \|_F^2$$

相比于内容，图像的风格更难描述，也更不容易直接得到。直观上来说，一张图像的风格指的是图像的色彩、纹理等要素，这些要素在每个尺度上都有体现。因此，考虑同一个卷积层中由不同的卷积核提取出的特征。由于这些特征属于同一层，因此基本属于原图中的相同尺度。那么，它们之间的相关性可以一定程度上反映图像在该尺度上的风格特点。设某一层中卷积核的数量为 N，每个卷积核与输入运算得到的输出大小为 M，其中，M 表示输出矩阵中元素的总数量。那么，该卷积层输出的总特征矩阵为 $\boldsymbol{F} \in \mathbb{R}^{N \times M}$，每个行向量都表示一个卷积核输出的特征。为了表示不同特征之间的关系，使用与因子分解机类似的思想，将特征之间做内积，得到：

$$\boldsymbol{G} = \boldsymbol{F}\boldsymbol{F}^{\mathrm{T}}$$

该矩阵称为格拉姆（Gram）矩阵。矩阵 $\boldsymbol{G} \in \mathbb{R}^{N \times N}$ 在计算乘积的过程中，把与特征在图像中的位置有关的维度消掉了，只留下了和卷积核有关的维度。直观上来说，这体现了图像的风格特征与其相对位置无关，是图像的全局属性。设由第 i 个卷积层提取的当前图像的风格矩阵为 $\boldsymbol{G}_X^{(i)}$，风格图像的风格矩阵为 $\boldsymbol{G}_S^{(i)}$，同样用 MSE 作为损失函数：

$$L_s^{(i)}(\boldsymbol{X}) = \frac{1}{4N_{(i)}^2 M_{(i)}^2} \| \boldsymbol{G}_X^{(i)} - \boldsymbol{G}_S^{(i)} \|_F^2$$

这里，由于不同卷积层的参数量可能不同，额外除以 $4N_{(i)}^2 M_{(i)}^2$ 来进行层间的归一化。最后，再用权重 w_i 对不同卷积层的损失做加权平均，得到总的风格损失为：

$$L_s(\boldsymbol{X}) = \sum_i w_i L_s^{(i)}(\boldsymbol{X})$$

简单起见，后面直接令每一层的权重相等。具体到 VGG16 中，图 6-51 的风格表示部分从左至右分别是通过前 1 至前 5 个 VGG 块的第一个卷积层提取的风格信息重建出的图像。可以看出，使用了最多层重建的图像对图像的风格还原度最高，其原因与内容重建中所介绍的类似，不同深度的卷积层提取出的是不同尺度下的特征。小尺度上更偏向纹理，大尺度上更偏向色彩。只有将这些特征全部组合起来，才能得到更完整的图像风格。因此，采用全部 5 个 VGG 块的第一个卷积层作为风格提取模块。

最终，总的损失函数为：

$$L(\boldsymbol{X}) = L_c(\boldsymbol{X}) + \lambda L_s(\boldsymbol{G}_X)$$

其中，λ 用于控制两种损失的相对大小。再次注意，本节的损失函数的输入不再是模型参数，而是数据本身，通过对数据求导从而调整数据（本节的数据调整具体而言是图像的色彩风格），进而最小化损失函数值。这样的方法自然也要求数据本身是连续可导的，包括图像、语音等，而离散的文本、类别数据则无法如此处理。总的训练流程可以用图 6-52 表示，其中，VGG16 网络在此过程中完全固定，梯度回传并不经过网络。

3. 算法实现与实验效果

我们利用深度学习框架 PyTorch 完成风格迁移算法实现（具体见二维码）。

经编程实践后，我们来看实验效果。本案例的风格图像（画家梵·高的《星月夜》（*The Starry Night*）作品）和训练效果如图 6-53 所示。从图中不难看出，随着迭代轮数的增加，目标图像逐渐学习到了梵·高作品中的典型风格，达到了预期效果。与此同时，在内容损失适当增加的同时，风格损失显著地降低，这也印证了画面变化给出的直观感受。

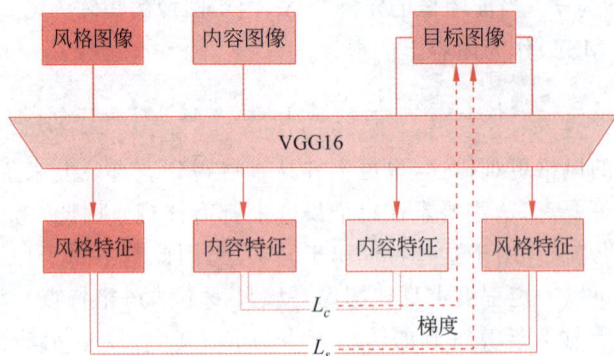

图 6-52 风格迁移的训练流程

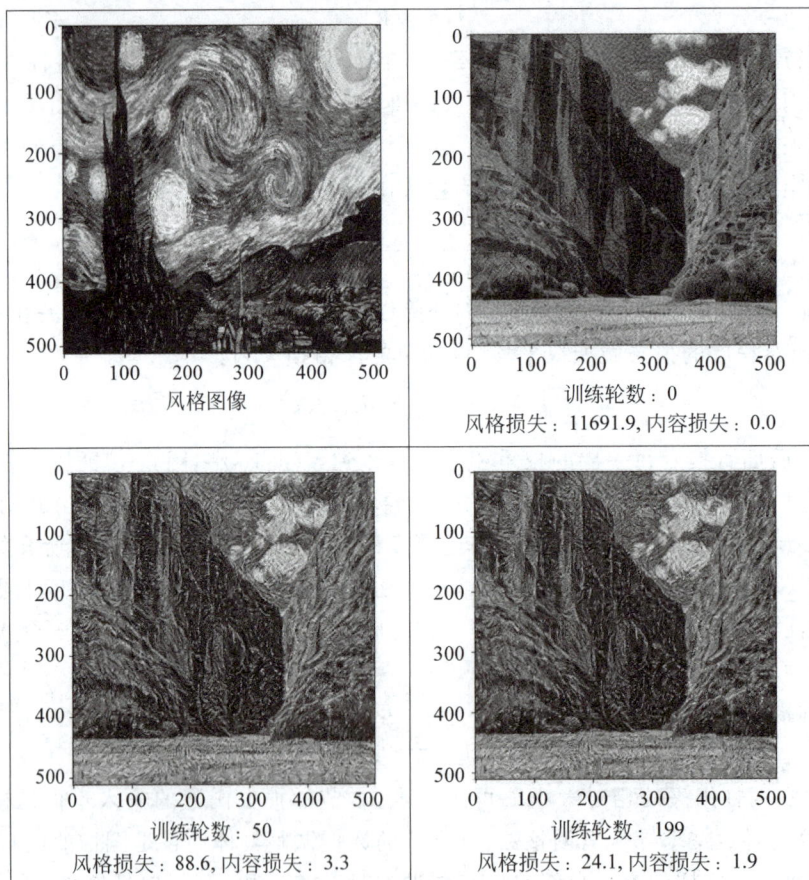

图 6-53 风格图像和风格迁移效果

6.4 基于环境交互的强化学习

强化学习是机器学习的一个分支,与传统的机器学习方法不同,需要对情景及恰当的决策之间进行搜索,根据反馈对这种搜索策略进行奖罚,是一种序列多步决策问题。强化学习是介于监督学习(即利用目标数据给出的正确答案来训练)和非监督学习(即算法只能探索相似的数据来逼近)之间的一类弱监督学习方法。

6.4.1　强化学习概述

1954 年,Minsky 首次提出"强化"和"强化学习"的概念和术语。1965 年,在控制理论中 Waltz 和傅京孙也提出这一概念,描述通过奖惩的手段进行学习的基本思想。他们都明确了"试错"是强化学习的核心机制。Bellman 在 1957 年通过离散随机最优控制模型首次提出了离散时间马尔可夫决策过程(Markov Decision Process),而该方法的求解采用了类似强化学习试错迭代求解的机制,尽管他只是采用了强化学习的思想求解马尔可夫决策过程,但却使得马尔可夫决策过程成为定义强化学习问题的最普遍形式。

1960 年和 1962 年,Howard 和 Blackwell 提出并完善了求解马尔可夫决策过程模型的动态规划方法。到此时,强化学习的理论基础和试错的迭代策略基本确定下来。1989 年,Watkins 提出的 Q-Learning 进一步拓展了强化学习的应用和完备了强化学习。Q-Learning 使得在缺乏即时奖励函数(仍然需要知道最终回报或者目标状态)和状态转换函数的知识下依然可以求出最优行动策略,换句话说,Q-Learning 使得强化学习不再依赖问题模型。此外,Watkins 还证明了当系统是确定性的马尔可夫决策过程,并且回报是有限的情况下,强化学习是收敛的,也即一定可以求出最优解。至今,Q-Learning 已经成为最广泛使用的强化学习方法。

强化学习的发展已经进入与深度学习高度融合的阶段。2015 年,Mnih 等在 *Nature* 上发表论文,提出深度学习与强化学习相互结合的改进版深度 Q 网络(Deep Q Network,DQN)模型,打破了传统强化学习的限制,给强化学习理论和应用注入新的动力。深度强化学习以一种通用的形式将深度学习的感知能力与强化学习的决策能力相结合,并能够通过端对端的学习方式实现从原始输入到输出的直接控制。自提出以来,在许多需要感知高维度原始输入数据和决策控制的任务中,深度强化学习方法已经取得实质性的突破。如今,基于改进 DQN 的深度强化学习模型已经较为完善,策略梯度方法得到了广泛应用,而机器学习领域的其他算法也被不断地应用到深度强化学习算法的相关模型中。但作为机器学习的一个新兴领域,深度强化学习现仍处于发展阶段,仍有很多问题值得进一步深入研究。

著名的心理学家巴甫洛夫用狗做了这样一个实验:每次给狗送食物前对着狗摇铃铛,这样经过一段时间以后,每次对着狗摇铃铛,狗就会不由自主地流口水,并期待食物的到来。在"巴甫洛夫的狗"实验中,可以得到一个具有很高抽象度的强化学习框架,主要有下面几个关键要素:

- 狗:实验的主角。
- 实验者:负责操控和运转实验。
- 铃铛:给狗的一个刺激。
- 口水:狗对刺激的反应。
- 食物:给狗的奖励,也是改变狗行为的关键。

接下来给上面的每个要素赋予一个抽象的名字。

- 实验的主角:智能体(Agent)。
- 实验的操控者:系统环境(System Environment)。
- 给 Agent 的刺激(是否摇铃铛):状态(State)。
- Agent 的反应(是否流口水):动作(Action)。
- Agent 的奖励(是否奖励食物):奖励或者反馈(Reward)。

在经典的强化学习中,智能体要和环境完成一系列的交互:

(1) 在每一个时刻,环境都将处于一种状态。

(2) 智能体将设法得到环境当前状态,如狗能知道实验者是否摇铃铛。

（3）智能体根据当前状态,结合策略(Policy)做出动作,如实验者对着狗摇铃铛,狗就开始流口水。

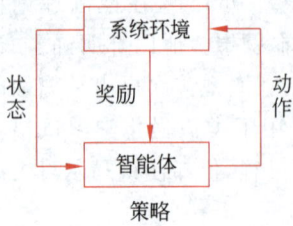

图 6-54　强化学习过程示意图

（4）这个动作会影响环境的状态,使环境发生一定的改变。智能体将从改变后的环境中得到两部分信息:新的状态和行为的奖励。这个奖励可以是正向的,也可以是负向的。这样智能体就可以根据新的观测值做出新的动作,这个过程如图 6-54 所示。如在实验的早期,当实验者对着狗摇铃铛时,狗并不会有任何准备进食的反应;随着实验的进行,铃铛和食物不断地刺激狗,使狗最终提高了准备进食这个动作的可能性。

在给定情境下,得到奖励的行为会被"强化",而受到惩罚的行为会被"弱化",这样一种生物智能模式使得动物可以从不同行为尝试获得的奖励或惩罚学会在该情境下选择训练者最期望的行为。这就是强化学习的核心机制:用试错(trail-and-error)来学会在给定的情境下选择最恰当的行为。

6.4.2　马尔可夫决策过程

强化学习任务通常用马尔可夫决策过程(Markov Decision Process,MDP)来描述。马尔可夫决策过程是在环境中模拟智能体的随机性策略与回报的数学模型,且环境的状态具有马尔可夫性质。马尔可夫决策过程被用于机器学习中强化学习问题的建模。通过使用动态规划、随机采样等方法,马尔可夫决策过程可以求解使回报最大化的智能体策略,并在自动控制、推荐系统等主题中得到应用。

马尔可夫决策过程包含 5 个模型要素,给定一个马尔可夫决策过程模型 $M=<\mathcal{S},\mathcal{A},\mathcal{P},\mathcal{R},\gamma>$：

- $\mathcal{S}$ 是所有可能的状态(State)的有限集合。
- $\mathcal{A}$ 是所有可能的动作(Action)的有限集合。
- $\mathcal{P}$ 是一个状态的转移概率矩阵, $\mathcal{P}_{ss'}^a=\mathbb{P}[S_{t+1}=s'|S_t=s,A_t=a]$。
- $\mathcal{R}$ 是奖励(Reward)函数, $\mathcal{R}_s^a=\mathbb{E}[R_{t+1}|S_t=s,A_t=a]$。
- γ 是奖励衰减因子, $\gamma\in[0,1]$,该因素会在后面的长期回报中涉及。

下面通过将一个简单的学生学习任务 T 抽象为一个解决如何获得最大奖励问题的马尔可夫决策过程模型,来对马尔可夫决策过程进行形象化的解释,如图 6-55 所示。在这个学习任务 T 中有以下 5 种解释:

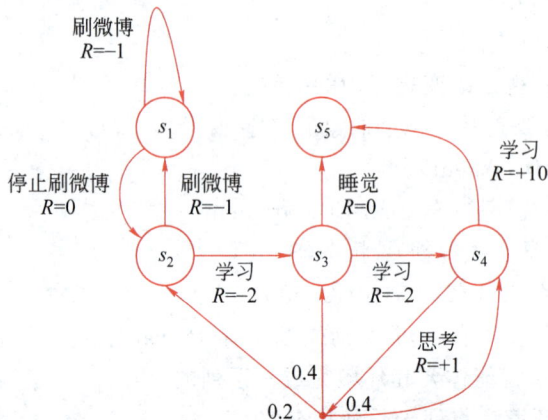

图 6-55　一个简单的学生学习任务 T

- 每个圆圈表示一个状态，$\mathcal{S}=\{s_1,s_2,s_3,s_4,s_5\}$。
- 有 5 种可能的动作，$\mathcal{A}=\{a_1,a_2,a_3,a_4,a_5\}$，分别对应学习、思考、刷微博、停止刷微博和睡觉。
- 用策略 $\pi(a|s)$ 表示状态 s 时采取动作 a 的概率，即 $\pi(a|s)=P(A_t=a|S_t=s)$。简单起见，设任务 T 中任意状态 s 的 $\pi(a|s)=0.5$。
- 对于任意策略 $\pi(a|s)$ 对应的即时奖励已在图中标出，如 $S_t=s_2$，$A_t=a_3$ 时，$R_{t+1}=-1$。
- 简单起见，设任务 T 中奖励衰减因子 $\gamma=1$。

假设我们是该任务 T 中的学生，那么我们要做的就是通过在环境中不断地尝试而学得一个策略 $\pi(a|s)$，根据这个策略，在状态 s 下就能得知要执行的动作 a。通常策略的优劣不仅靠当前的即时奖励决定，还要计算执行这一策略后得到的长期累积奖励 $G_t=R_{t+1}+R_{t+2}+R_{t+3}+\cdots$，称之为长期回报。比如在下象棋时，某个动作可以吃掉对方的车，但是接着输棋了，此时吃车的即时奖励 R_{t+1} 很高但是长期回报 G_t 并不高，因此大多数情况下使用长期回报评价策略的优劣更符合实际情况。在马尔可夫决策过程或者强化学习中，学习的目的就是要找到能使长期回报最大化的策略。通常还会使用一个衰减因子 $\gamma\in[0,1]$ 来降低未来回报对当前的影响，使得长期回报更有意义。所以修正后的长期回报变为：

$$G_t=R_{t+1}+\gamma R_{t+2}+\gamma^2 R_{t+3}+\cdots=\sum_{k=0}^{\infty}\gamma^k R_{t+k+1} \tag{6-49}$$

特别地，若 $\gamma=0$，则长期回报只由当前即时奖励决定；若 $\gamma=1$，则所有的后续奖励和当前即时奖励具有相同的权重。大多数时候，会取一个 $0\sim1$ 的数字，即当前即时奖励的权重比后续奖励的权重大。

解决策略的优劣问题，接下来看另一个定义：策略的价值。在任务 T 中，由于状态 s_5 没有下一个动作和状态，因此将其设置为本模型的终止状态。由于环境的原因，假设起始状态为 s_1，根据策略 π 能得到多条状态序列如 $s_1\to s_2\to s_3\to s_5$，$s_1\to s_2\to s_3\to s_4\to s_5$ 以及多条状态-动作序列如 $s_1\to a_4\to s_2\to a_1\to s_3\to a_5\to s_5$，$s_1\to a_4\to s_2\to a_1\to s_3\to a_1\to s_4\to a_5\to s_5$。需要考虑每一种情况的影响，这就需要求解不同情况下长期回报的期望。根据马尔可夫决策过程的模型形式，策略的价值函数可以分为以下两种类型：

(1) 状态价值函数 $V_\pi(s)$：也就是已知当前状态 s，按照策略 π 行动产生的回报期望。

$$V_\pi(s)=\mathbb{E}_\pi(G_t|S_t=s)=\mathbb{E}_\pi(R_{t+1}+\gamma R_{t+2}+\gamma^2 R_{t+3}+\cdots|S_t=s) \tag{6-50}$$

(2) 状态-动作价值函数 $Q_\pi(s,a)$：也就是已知当前状态 s 和动作 a，按照策略 π 行动产生的回报期望。

$$\begin{aligned}Q_\pi(s,a)&=\mathbb{E}_\pi(G_t|S_t=s,A_t=a)\\&=\mathbb{E}_\pi(R_{t+1}+\gamma R_{t+2}+\gamma^2 R_{t+3}+\cdots|S_t=s,A_t=a)\end{aligned} \tag{6-51}$$

实际上，使用上述价值函数计算策略的价值仍然是一个非常困难的事情。如果要计算从某个状态出发的价值函数，相当于从某个策略把从这个状态出发的所有可能路径走一遍，将这些路径的长期回报以概率求期望。这就算对于任务 T 这个小模型来说也是相当让人头疼的，读者可以对任务 T 进行尝试。因此需要价值函数进行变换，以状态价值函数 $V_\pi(s)$ 为例：

$$\begin{aligned}V_\pi(s)&=\mathbb{E}_\pi(R_{t+1}+\gamma R_{t+2}+\gamma^2 R_{t+3}+\cdots|S_t=s)\\&=\mathbb{E}_\pi(R_{t+1}+\gamma(R_{t+2}+\gamma R_{t+3}+\cdots)|S_t=s)\\&=\mathbb{E}_\pi(R_{t+1}+\gamma G_{t+1}|S_t=s)\\&=\mathbb{E}_\pi(R_{t+1}+\gamma V_\pi(S_{t+1})|S_t=s)\end{aligned} \tag{6-52}$$

通过这样的计算，发现状态价值函数可以以递归的形式表示。假设价值函数已经稳定，任意一个状态的价值可以由其他状态的价值表示,这个公式就被称为贝尔曼公式(Bellman Equation,以下简称 Bellman 公式)。类似地,可以得到状态-动作价值函数 $Q_\pi(s,a)$ 的 Bellman 公式:

$$Q_\pi(s,a) = \mathbb{E}_\pi(R_{t+1} + \gamma Q_\pi(S_{t+1}, A_{t+1}) \mid S_t = s, A_t = a) \tag{6-53}$$

根据状态价值函数 $V_\pi(s)$ 与状态-动作价值函数 $Q_\pi(s,a)$ 的关系,如图 6-56 所示,可以得到它们之间的转换公式:

$$V_\pi(s) = \sum_{a \in \mathcal{A}} \pi(a \mid s) Q_\pi(s,a) \tag{6-54}$$

$$Q_\pi(s,a) = \mathcal{R}_s^a + \gamma \sum_{s' \in \mathcal{S}} \mathcal{P}_{ss'}^a V_\pi(s') \tag{6-55}$$

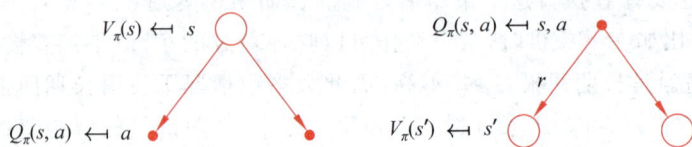

图 6-56 $V_\pi(s)$ 与 $Q_\pi(s,a)$ 关系示意图

$V_\pi(s)$ 可以理解为状态 s 下所有状态-动作价值乘以该动作出现的概率,最后求和,就是状态 s 的价值。$Q_\pi(s,a)$ 可以理解为两部分相加组成,第一部分是在状态 s 时执行动作 a 获得的即时奖励,第二部分是状态 s 下所有可能出现的下一个状态 s' 的概率乘以该下一状态的状态价值,最后求和并乘以衰减因子。结合上述两式,可以得到:

$$V_\pi(s) = \sum_{a \in \mathcal{A}} \pi(a \mid s)(\mathcal{R}_s^a + \gamma \sum_{s' \in \mathcal{S}} \mathcal{P}_{ss'}^a V_\pi(s')) \tag{6-56}$$

$$Q_\pi(s,a) = \mathcal{R}_s^a + \gamma \sum_{s' \in \mathcal{S}} \mathcal{P}_{ss'}^a \sum_{a' \in \mathcal{A}} \pi(a' \mid s') Q_\pi(s',a') \tag{6-57}$$

基于上述价值函数的公式,可以对任务 T 中的状态价值函数(或状态-动作价值函数)进行列方程求解。设 v_1, v_2, v_3, v_4, v_5 分别对应状态 s_1, s_2, s_3, s_4, s_5 的价值,由于终止状态 s_5 没有下一个状态和动作,因此其价值 $v_5 = 0$。以 v_1 为例,由前面假设 $\pi(a \mid s) = 0.5$ 可以得到 $\pi(a_3 \mid s_1) = 0.5$,$\pi(a_4 \mid s_1) = 0.5$,也就是说,状态 s_1 有 0.5 的概率执行动作 a_3,有 0.5 的概率执行动作 a_4。当执行动作 a_3 时,其即时奖励 $\mathcal{R}_{s_1}^{a_3} = -1$,然后以 $\mathcal{P}_{s_1 s_1}^{a_3} = 1$ 的概率进入下一个状态 s_1,即 $V_{\pi(a_3 \mid s_1)}(s_1) = v_1$;当执行动作 a_4 时,其即时奖励 $\mathcal{R}_{s_1}^{a_4} = 0$,然后以 $\mathcal{P}_{s_1 s_2}^{a_4} = 1$ 的概率进入下一个状态 s_2,即 $V_{\pi(a_4 \mid s_1)}(s_2) = v_2$。综上,有 $v_1 = 0.5 \times (-1 + v_1) + 0.5 \times (0 + v_2)$。类似地可以得到一个状态价值方程组:

$$\begin{cases} v_1 = 0.5 \times (-1 + v_1) + 0.5 \times (0 + v_2) \\ v_2 = 0.5 \times (-1 + v_1) + 0.5 \times (-2 + v_3) \\ v_3 = 0.5 \times (0 + 0) + 0.5 \times (-2 + v_4) \\ v_4 = 0.5 \times (10 + 0) + 0.5 \times (1 + 0.2 \times v_2 + 0.4 \times v_3 + 0.4 \times v_4) \end{cases}$$

解出该方程组可以得到在当前策略 π 下每个状态的价值 $v_1 = -2.3, v_2 = -1.3, v_3 = 2.7, v_4 = 7.4$。

回顾强化学习问题的定义:给定一个马尔可夫决策过程模型 M,强化学习就是通过在环境中不断地尝试而学得一个最优策略 $\pi^*(a \mid s)$,根据这个策略,在状态 s 下就能得知要执行的最优动作 a。上文已经给出了一种在已知状态转移概率矩阵 $\mathcal{P}$ 和给定策略 π 下的状态价值函数 $V_\pi(s)$ 的计算方法,那么根据价值函数的计算,是否可以进行最优策略求解呢?下面进行分析。

6.4.3　最优策略的求解

1. 最优策略求解的基本思路

解决马尔可夫决策过程或者说强化学习问题意味着要找到最优的策略,即使每一个状态的价值最大化。这相当于求解:

$$V^*(s) = \max_\pi V_\pi(s) \tag{6-58}$$

而对于每一个状态对应的动作,希望找到使其价值最大化的动作:

$$Q^*(s,a) = \max_\pi Q_\pi(s,a) \tag{6-59}$$

基于状态-动作价值函数,可以定义最优策略为

$$\pi^*(a \mid s) = \begin{cases} 1, & a = \arg\max_{a \in A} Q^*(s,a) \\ 0, & \text{其他} \end{cases} \tag{6-60}$$

只要找到了最优状态价值函数或者最优状态-动作价值函数,那么对应的最优策略 π^* 就是马尔可夫决策过程问题的解。但这种直接求解的方式在实践中很难实现,因为其不仅要求假设状态空间 $\mathcal{S}$ 和动作空间 $\mathcal{A}$ 都是离散且有限的,而且通常策略空间为 $|\mathcal{A}|^{|\mathcal{S}|}$ 往往也非常大,难以遍历计算。

一种可行的方式是通过迭代的方法不断优化策略:先随机初始化一个策略,计算该策略的值函数,并根据值函数来调整、改进策略使其更优,然后一直反复迭代直到收敛。基于值函数的策略学习方法中最关键的是如何计算策略 π 的值函数,一般有动态规划或蒙特卡洛两种计算方式。

2. 动态规划算法

在环境模型已知时,可以通过动态规划的方法来计算最优策略。常用的方法主要有策略迭代算法和值迭代算法。这里的模型就是指马尔可夫决策过程。

1)策略迭代算法

策略迭代(Policy Iteration)算法中,每次迭代可以分为以下两步。①策略评估(Policy Evaluation),计算当前策略下每个状态的值函数,即算法 6-1 中的第 3)～6)步。策略评估可以通过贝尔曼方程(式(6-56))进行迭代计算 $V_\pi(s)$。②策略改进(Policy Improvement),根据值函数来更新策略,即算法 6-1 中的第 7)、8)步。

算法 6-1　策略迭代算法

输入:MDP 五元组 $\mathcal{M} = <\mathcal{S}, \mathcal{A}, \boldsymbol{P}, \mathcal{R}, \gamma>$
输出:策略 π
方法:

1) 初始化: $\forall s, \forall a, \pi(a \mid s) = \dfrac{1}{|\mathcal{A}|}$;
2) **repeat**:
　　//策略评估
3) 　　**repeat**:
4) 　　　　根据贝尔曼方程(式(6-56))计算 $V_\pi(s), \forall s$;
5) 　　**until**: $\forall s, V_\pi(s)$ 收敛;
　　//策略改进
6) 　　根据式(6-55)计算 $Q_\pi(s,a), \forall s, \forall a$;
7) 　　根据式(6-60)更新 $\pi(a \mid s), \forall s, \forall a$;
8) **until**: $\forall s, \forall a, \pi(a \mid s)$ 收敛。

2) 值迭代算法

策略迭代算法中的策略评估和策略改进是交替轮流进行的,其中,策略评估也是通过一个内部迭代来进行计算,其计算量比较大。事实上,不需要每次计算出每次策略对应的精确的值函数,也就是说,内部迭代不需要执行到完全收敛。

值迭代(Value Iteration)算法将策略评估和策略改进两个过程合并,来直接计算出最优策略。最优策略 π^* 对应的值函数称为最优值函数,其中包括最优状态值函数 $V^*(s)$ 和最优状态-动作价值函数 $Q^*(s,a)$,它们之间的关系为

$$V^*(s) = \max_a Q^*(s,a) \tag{6-61}$$

根据贝尔曼方程,可以通过迭代的方式来计算最优状态值函数 $V^*(s)$ 和最优状态-动作价值函数 $Q^*(s,a)$:

$$V^*(s) = \max_a \left(\mathcal{R}_s^a + \gamma \sum_{s' \in \mathcal{S}} \mathcal{P}_{ss'}^a V^*(s') \right) \tag{6-62}$$

$$Q^*(s,a) = \mathcal{R}_s^a + \gamma \sum_{s' \in \mathcal{S}} \mathcal{P}_{ss'}^a \max_{a'} Q^*(s',a') \tag{6-63}$$

这两个公式称为贝尔曼最优方程(Bellman Optimality Equation)。

值迭代算法通过直接优化贝尔曼最优方程,迭代计算最优值函数。值迭代算法如算法 6-2 所示。

算法 6-2　值迭代算法

输入:MDP 五元组 $\mathcal{M} = <\mathcal{S}, \mathcal{A}, \mathcal{P}, \mathcal{R}, \gamma>$

输出:策略 π

方法:

1) 初始化:$\forall s, V(s) = 0$;
2) **repeat**:
3) 　　根据式(6-62)计算 $V(s), \forall s$;
4) **until**:$\forall s, V(s)$ 收敛;
5) 根据式(6-55)计算 $Q(s,a), \forall s, \forall a$;
6) 根据式(6-60)更新 $\pi(a|s), \forall s, \forall a$;

策略迭代算法是根据贝尔曼方程来更新值函数,并根据当前的值函数来改进策略。而值迭代算法是直接使用贝尔曼最优方程来更新值函数,收敛时的值函数就是最优的值函数,其对应的策略也就是最优的策略。值迭代算法和策略迭代算法都需要经过非常多的迭代次数才能完全收敛。在实际应用中,可以不必等到完全收敛。这样,当状态和动作数量有限时,经过有限次迭代就可以收敛到近似最优策略。

需要强调的是,马尔可夫决策过程的一个特点是可以知道环境运转的细节,具体地说就是知道状态转移概率。但在很多实际问题中,无法得到模型的全貌,也就是说,状态转移的信息 $\mathcal{P}$ 无法获得。一般来说,将知晓状态转移概率的问题称为"基于模型"的问题(Model-based Problem),否则称为"无模型"问题(Model-free Problem)。本节探讨的方法均是基于有模型假设,那么针对"无模型"问题,又该如何求解任务的最优策略呢?一种常用的方法是基于时序差分思想的 Q-Learning 算法。

6.4.4　Q-Learning 算法

对于强化学习问题来说,当环境模型已知时,可以根据状态转移直接计算得到收敛的值函数,但当模型未知时,只能通过与环境交互得到交互序列。这里就存在一个问题:交互序列可以

真实反映状态转移概率吗？在一些极端条件下这是可能的。假设通过与环境交互，所有的状态和动作组合全部被 Agent 经历过，而且每种情况都经历了足够多次，那么通过统计计算这些序列的长期回报，可以得到接近状态转移概率已知时得到的值函数。

但是对常见的问题来说，实现这个目标比较困难。主要原因在于可行的状态-动作序列太多，想要对其进行一一尝试不太现实。本节要讲解的 Q-Learning 算法是一种经典的无模型求解强化学习问题的方法，它在进行价值函数估计的时候只需知道前一步的状态、动作、奖励值以及当前状态和将要执行的动作，避免了对完整模型的依赖性。这里的 Q 类似马尔可夫决策过程中的状态-动作价值函数，$Q(s,a)$ 表示在状态 s 采取动作 a 获得奖励的期望，称之为 Q 值。

Q-Learning 的算法要素包括：

- 状态集 $\mathcal{S}$。
- 动作集 $\mathcal{A}$。
- 奖励函数 $\mathcal{R}$：$\mathcal{R}_s^a = \mathbb{E}[R_{t+1} | S_t = s, A_t = a]$。
- 奖励衰减因子 γ：$\gamma \in [0,1]$。
- 学习率 ε。

主要思想就是将状态集 $\mathcal{S}$ 与动作集 $\mathcal{A}$ 构建成一个 Q-Table 来存储 Q 值（见表 6-5），通过价值函数的更新，来更新表格，通过表格来产生新的状态和即时奖励，进而更新价值函数。

表 6-5　用 Q-Table 来存储 Q 值

Q-Table	a_1	a_2
s_1	$Q(s_1, a_1)$	$Q(s_1, a_2)$
s_2	$Q(s_2, a_1)$	$Q(s_2, a_2)$

一直进行下去，直到价值函数和 Q-Table 都收敛。Q-Learning 会使用两个策略，一个策略用于选择动作，另一个策略用于更新价值函数。

在一开始，表格中的 Q 值都初始化为一个很小的随机数或 0，自然地，会想到随机选取一个动作。但随着迭代的进行，若一直随机选取，就相当于没有利用已经学习到的东西。为了解决这个问题，可能会想到除第一次外，均采取当前 Q 值最大的动作。但这样又可能陷入局部最优解，因为可能还有价值更高的动作没有被发现。这其实是如何平衡探索与利用的问题，解决的办法是采取一种叫作 ε-greedy 的动作选取策略。ε-greedy 通过设置一个较小的 ε 值，使用 $1-\varepsilon$ 的概率贪婪地选择目前认为是最大行为价值的行为，而用 ε 的概率随机地从所有 M 个可行为中选择行为。用公式可以表示为：

$$\pi(a \mid s) = \begin{cases} (1-\varepsilon) + \varepsilon/M, & a = \arg\max_{a \in \mathcal{A}} Q(s,a) \\ \varepsilon/M, & \text{其他} \end{cases} \tag{6-64}$$

在实际问题中，为了使算法可以收敛，一般 ε 会随着算法的迭代过程逐渐减小，并趋于 0。这样在迭代前期，鼓励探索，而在后期，由于有了足够的探索量，开始趋于保守，以贪婪为主，使算法可以稳定收敛。

在了解了动作的选择策略后，来分析 Q-Learning 的价值函数更新策略。如图 6-57 所示，首先基于状态 s，用 ε-greedy 策略选择到动作 a，然后执行动作 a，得到奖励 R，并进入状态 s'，接着使用贪婪法选择 a'，也就是选择使 $Q(s', a)$ 最大的动作 a 作为 a' 来更新价值函数。形式化表示为：

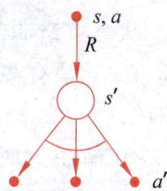

图 6-57　Q-Learning 算法示意图

$$Q(s,a) = Q(s,a) + \alpha(R + \gamma \max_{a'} Q(s', a') - Q(s,a)) \tag{6-65}$$

上述状态-动作价值函数更新公式表示此时选择的动作 a' 只会参与价值函数 Q 的更新，并不会真正地执行。价值函数更新后，新的执行动作需要基于状态 s'（也即更新后的状态 s），用 ε-greedy 策略重新选择得到。

总结 Q-Learning 算法的流程如下。

算法 6-3　Q-Learning 算法

输入：迭代轮数 epoch，状态集 $\mathcal{S}$，动作集 $\mathcal{A}$，步长 α，衰减因子 γ，探索率 ε
输出：表格 Q-Table
方法：
1)　对于所有的 s 和 a，初始化 $Q(s,a)$ 为一个很小的随机数；
2)　**repeat**：
3)　　　初始化 s 为当前状态序列的第一个状态；
4)　　　**repeat**：
5)　　　　　采用 ε-greedy 策略选择动作 a；
6)　　　　　执行动作 a，得到奖励 R 和新的状态 s'；
7)　　　　　更新 $Q(s,a) \leftarrow Q(s,a) + \alpha(R + \gamma \max_{a'} Q(s',a') - Q(s,a))$ 和 Q-Table；
8)　　　　　设置 $s \leftarrow s'$；
9)　　　**until**：s 是终止状态；
10)　**until**：Q-Table 收敛或达到最大迭代轮数；
11)　输出 Q-Table，依据 Q-Table 得到策略 π。

强化学习已成功地应用于许多问题，强化学习计算模型的结果使得心理学家和计算机科学家大感兴趣，因为这与生物学习很接近。然而，它最流行的领域是智能机器人，因为机器人可以在没有人工干预的情况下尝试独立完成任务。

例如，强化学习已经使得机器人能够通过把箱子推到墙边来学习清理房间。这并不是世界上最令人兴奋的任务，但是机器人可以利用强化学习来学习做任务这个事实令人印象深刻。强化学习也用于其他的机器人应用，包括机器人学习跟着对方朝着亮的地方走，甚至是导航。

这并不是说强化学习没有问题。它本质上是一个搜索策略，因此强化学习作为一个搜索算法会遇到一个问题：陷在局部最小值，并且如果当前的搜索区域很平，那么算法就不会找到任何较好的解决方案。有几份研究训练机器人的报告称，即使研究者给了机器人一个正确的方向作为开始，结果却是，机器人在学到任何东西前电量就耗光了。通常，强化学习很慢，因为它要通过探索和开发来建立所有的信息，从而找到较好的解决方案，并且也很依赖小心地选择奖赏函数，如果出错，算法可能会做一些完全不能预料的事。

6.4.5　深度强化学习

在 Q-Learning 算法中，状态-动作价值函数需要用一个数组表来记录。但是在有些实际问题中，状态数量非常多甚至是无限的，这样会造成如下两个问题：一是算法很难用一个数组来存储 Q 值；二是有些状态的访问次数可能很少甚至根本没有被访问过，这些状态的价值估计是不可靠的。

为了解决这两个问题，一种解决方案是将状态-动作价值函数参数化，即用一个回归模型来拟合 $Q_{\pi}(s,a)$ 函数。如果回归模型是一个深度神经网络，那么这样的算法就称为深度强化学习(Deep Reinforcement Learning，DRL)算法。

参数化能够解决无限状态下状态-动作价值函数的存储问题，因为算法只需记住一组参数，状态-动作价值函数的具体取值可以通过这一组参数算出。参数化也有助于缓解对很多状态的价值估计不准确的问题，在一个连续的状态空间中，如果状态-动作价值函数是连续的，那么至少对那些访问次数较多的状态所对应的小邻域内的状态进行价值估计，其估计结果也是有一定精度保障的。

1. 深度 Q 网络

为了在连续的状态和动作空间中计算值函数 $Q_\pi(s,a)$,可以用一个函数 $Q_\phi(s,a)$ 来表示近似计算,称为值函数近似:

$$Q_\phi(s,a) \approx Q_\pi(s,a) \qquad (6\text{-}66)$$

其中,s,a 分别是状态 s 和动作 a 的向量表示;函数 $Q_\phi(s,a)$ 通常是一个参数为 ϕ 的函数,如神经网络,输出为一个实数,称为 Q 网络(Q-network)。

如果动作为有限离散的 M 个动作 $a_1,a_2,\cdots,a_M$,可以让 Q 网络输出一个 M 维向量,其中,第 m 维表示 $Q_\phi(s,a_m)$,对应值函数 $Q_\pi(s,a_m)$ 的近似值:

$$Q_\phi(s) = \begin{bmatrix} Q_\phi(s,a_1) \\ \vdots \\ Q_\phi(s,a_m) \end{bmatrix} \approx \begin{bmatrix} Q_\pi(s,a_1) \\ \vdots \\ Q_\pi(s,a_m) \end{bmatrix} \qquad (6\text{-}67)$$

到此,原问题转换为需要学习一个参数 ϕ 来使得函数 $Q_\phi(s,a)$ 可以逼近值函数 $Q_\pi(s,a)$。如果采用蒙特卡洛方法,就直接让 $Q_\phi(s,a)$ 去逼近平均的总回报 $\hat{Q}_\pi(s,a)$;如果采用时序差分学习方法,就让 $Q_\phi(s,a)$ 去逼近 $\mathbb{E}_{s',a'}[r+\gamma Q_\phi(s',a')]$。

以 Q-Learning 为例,采用随机梯度下降,目标函数为:

$$L(s,a,s' \mid \phi) = (r + \gamma \max_{a'} Q_\phi(s',a') - Q_\phi(s,a))^2 \qquad (6\text{-}68)$$

其中,s',a' 是下一时刻的状态 s' 和动作 a' 的向量表示。

然而,这个目标函数存在两个问题:一是目标不稳定,参数学习的目标依赖参数本身;二是样本之间有很强的相关性。为了解决这两个问题,2015 年,Mnih 等提出了一种深度 Q 网络 (Deep Q-Networks,DQN)。深度 Q 网络采取两个措施:一是目标网络冻结(Freezing Target Networks),即在一个时间段内固定目标中的参数,来稳定学习目标;二是经验回放(Experience Replay),即构建一个经验池(Replay Buffer)来去除数据相关性。经验池是由智能体最近的经验组成的数据集。

训练时,随机从经验池中抽取样本来代替当前的样本用来进行训练。这样,就打破了和相邻训练样本的相似性,避免模型陷入局部最优。经验回放在一定程度上类似监督学习,先收集样本,然后在这些样本上进行训练。

2. 深度模型的应用

DQN 能够广泛地应用于许多问题中,2015 年,Mnih 等将 DQN 应用于训练玩主机游戏的智能体。在这个问题中,智能体可以读取当前游戏画面,为了在游戏中获得高分,智能体通过学习优化策略,产生游戏控制器(如手柄)的模拟输入。此时状态即为游戏画面,动作为控制器的不同输入,奖励为游戏得分。智能体并不知道状态转移概率,但是能够通过与环境(即游戏)的不断交互来模拟执行动作的结果。

DQN 使用参数化的 Q-Learning 来求解游戏的策略,其中,拟合动作-价值函数的是一个深度卷积神经网络,如图 6-58 所示。每当输入一个状态(一个游戏画面),神经网络为每个动作输出对应的状态-动作价值函数。配合神经网络参数优化算法及经验重现和目标网络的改进,智能体在不少游戏中都取得了不错的分数。关于具体的神经网络结构和一些实现细节可参考文献[75]。

DQN 是近年来深度强化学习研究中最有代表性的工作之一。随着深度学习与传统强化学习的结合,人们逐渐认识到强化学习能够广泛应用于解决实际中常见的决策问题。由于强化学习和人类学习过程的相似性,有不少研究者甚至认为深度强化学习指明了一条迈向通用人工智能的道路。

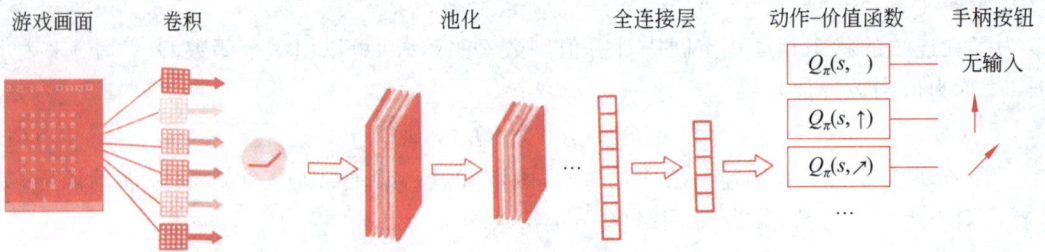

图 6-58　用于游戏的 DQN 模型

在与深度学习结合之前,强化学习并未得到如当前这般广泛的关注,这是因为未参数化的或用浅层模型参数化的强化学习并没有足够的能力解决复杂的现实问题。深度学习让强化学习算法能够在更复杂的问题中拟合价值函数或策略函数,从而使其解决问题的能力得到了提升。但是,目前的强化学习算法还存在诸多的问题和局限,导致它们在大多数实际问题上仍然无能为力。尽管如此,随着研究的进展,越来越多的深度强化学习算法被应用于实际问题中,产生了不可估量的价值。

6.4.6　案例:使用 Q-Learning 算法进行机器人路径规划

本案例使用 Q-Learning 算法帮助机器人对给定的地图环境规划行动路径。已知在一个

☆ 目标点
⬠ 机器人
⬛ 障碍

图 6-59　地图环境

7×7大小的栅栏地图环境中(见图 6-59),包含 7 个障碍、2 个机器人智能体和 2 个目标点,机器人需要协同机动、规避障碍,移动至预定目标点。

针对这一问题,采用 Q-Learning 强化算法来辅助机器人完成路径规划。核心思路是让机器人不断地与环境交互,当采取一个动作后,机器人会从环境中得到一个反馈,用来评估该动作的好坏,然后把评估结果作为历史经验,不断地进行优化决策,最后找到一个可以得到最大奖励的动作序列,完成复杂未知环境下的多智能体路径规划任务。算法的学习过程可描述如下。

算法 6-4　机器人路径规划算法

输入:终止学习周期 T_{max},状态集 $\mathcal{S}$,动作集 $\mathcal{A}$,学习效率 α、衰减度 γ 和学习度 ε
输出:最优路径
方法:
1) 初始化:地图生成,设置机器人和目标点的数量及初始位置,奖励函数设置,Q-Table 初始化
2) **repeat**:
3) 　　初始化起始状态 s;
4) 　　**repeat**:
5) 　　　　采用 ε-greedy 策略选择动作 A_t;
6) 　　　　执行动作 A_t,得到奖励 R 和新的状态 S_{t+1};
7) 　　　　通过计算 $Q(S_t, A_t) \leftarrow Q(S_t, A_t) + \alpha(R + \gamma \max_{A_{t+1}} Q(S_{t+1}, A_{t+1}) - Q(S_t, A_t))$ 更新 Q-Table;
8) 　　　　设置 $t \leftarrow t+1$;
9) 　　**until**:S_t 是终止状态;
10) **unil**: Q-Table 收敛或达到最大迭代轮数;
11) 依据 Q-Table 得到最优策略 π 和最优路径。

本案例使用多个机器人的位置信息作为联合状态表示;定义智能体的动作集合为$\{U, D, L, R, S\}$,其中,U代表向上,D代表向下,L代表向左,R代表向右,S代表静止不动。为保持有效协同,采用联合动作集 **A** 表征两个机器人的动作空间:

$$A = \begin{bmatrix} UU & UD & UL & UR \\ DU & DD & DL & DR \\ LU & LD & LL & LR \\ RU & RD & RL & RR \\ SU & SD & SL & SR \\ US & DS & LS & RS \end{bmatrix}$$

案例的目标是让多个机器人采取一组可以获得最大奖励的动作序列,到达指定的目标点。为此,奖励函数的定义需考虑:当机器人完成目标时,赋予一个正的奖励;当机器人碰到静态障碍物时,赋予一个负的奖励;当有两个或以上的机器人相互碰撞时,赋予一个负的奖励;其他情况的奖励值为 0。实验中定义奖励函数 R 为

$$R = \begin{cases} -1, & \text{当机器人碰到障碍物} \\ -1, & \text{当机器人相撞} \\ 1, & \text{机器人到达目标点} \\ 0, & \text{其他情况} \end{cases}$$

同时设置奖励衰减因子 $\gamma = 0.9$,探索率 $\varepsilon = 0.1$,学习率 $\alpha = 0.01$,最大训练轮数 epoch $= 4000$。

实验初期,机器人并没有历史经验作为决策依据,而是随机地选择动作,不断"试错"(可能碰撞障碍或者其他机器人)。经过智能体不断地与环境交互,更新 Q-Table,进行动作选择,两个机器人的最终路径规划路线结果如图 6-60 所示。

可以看到,经过 4000 次训练后最终的路径规划结果总步长为 14,其中,联合动作序列为 $\{DL \rightarrow RS \rightarrow DD \rightarrow RD \rightarrow RD \rightarrow RD \rightarrow DR\}$。本案例的主要目的是帮助读者理解如何将 Q-Learning 算法应用到实际的路径规划任务中。

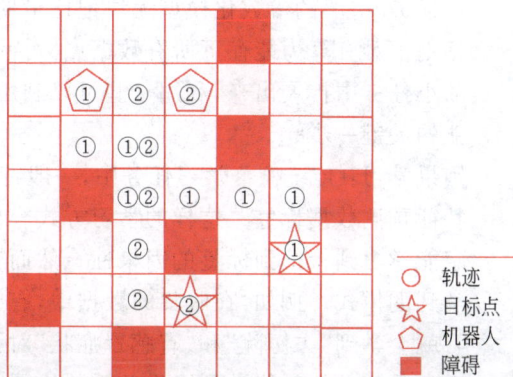

图 6-60　机器人协同路径规划结果

小　结

机器学习经过 60 余年的发展,目前已成为人工智能领域中研究内涵极其丰富、新技术和新应用层出不穷的重要研究分支,并逐渐渗透到人们生产生活的方方面面。本章从基本概念、基于统计的机器学习、神经网络与深度学习、基于环境交互的强化学习 4 方面对机器学习的研究和应用现状做了简要介绍。不难看到,机器学习算法的种类繁多,但其背后蕴含着共性的基本要素:模型、学习策略、优化算法和评价指标等。大部分的机器学习算法都可以看作这几个基本要素的不同组合。相同的模型也可以有不同的学习算法,如线性分类模型有感知机、Logistic 回归和支持向量机等,它们之间的差异在于使用了不同的学习策略和优化算法。

当下人们对于机器学习的理解与应用,似乎已经习惯了一种基本范式:针对特定领域构建数据集,然后将收集的数据划分一个封闭的训练集,选择并训练一个机器学习模型,并将其投入

下一段时间的预测或决策服务中。但其实机器学习还有更大的潜力可以被挖掘和释放。以下从几方面谈谈机器学习的未来发展。

- **自动机器学习**：机器学习工程师的一大工作重点是根据具体的任务和数据特性,选择一个适合的机器学习模型。这包括选择机器学习模型的类型,以及选择模型的架构或者调试超参数。近些年涌现的自动机器学习技术则希望凭借强化的算力平台服务来降低机器学习工程师的模型选择和调参门槛。自动机器学习的服务往往由一些云计算平台来提供,这样用户只需关注任务和数据,不用雇用机器学习工程师就能得到一个服务自己业务的性能优秀的机器学习模型。

- **元学习**：元学习又称为"学习如何学习"。试想如果你已经学习了100个任务,给定一个新的类似的任务,你能否更好更高效地学习完成这个任务呢? 对于人类来说,这个答案显然是肯定的,因为我们总是可以在学习一个任务的过程中,积累一些更高层面的知识或者技能,进而在面对新任务时能更加从容和高效。那么机器学习是否也能做到呢? 在元学习中,我们期望让模型也能做到"学习如何学习"。其中,元训练集包括多个任务的训练集和测试集,而元测试阶段则给出一些新任务的训练集和测试集,评测元学习算法在测试集上的学习速度和表现。

- **持续学习和终身学习**：目前绝大部分机器学习任务都只涉及有限大小或固定的数据集,而如果一个机器可以一直喂入新的数据,它会学习成什么样呢? 其实人就是在自己的人生中做持续学习,或者说是终身学习。对于体量接近无限、数据分布可能随时间变化的学习任务,一般的参数化模型无法记住早期学到的知识,造成灾难性遗忘,而非参数化的模型则很难有算力能存下所有数据点。持续学习和终身学习使得机器学习能从固定、孤立的小任务中扩展出来,利用一些可以利用的数据进行充分地学习,被称为通往通用人工智能的关键一步。

- **因果学习**：传统监督学习任务中,一般特征都是直接同时给定的,机器学习模型根据数据特征预测数据标签。这样的学习方式容易学习出数据集中特征和标签的相关性,但不一定能学习到特征到标签的因果性。然而在许多情况下,后者其实才是预测模型真正应该学到的模式。例如,在收集的数据中,有感冒症状的人去医院被诊断为感冒,那么机器学习就会学到"去医院"和"有感冒症状"对预测是否感冒同等重要,但去医院其实和得感冒本身是无关的。能学到因果关系的机器学习模型往往能有更好的泛化性能,更能在分布外的数据预测上获得很大的成功。

- **知识融入的学习**：机器学习的基础是数理统计,但人类的智慧中包含逻辑推理举一反三的能力。支撑人工智能的技术本身也包含除了学习以外的搜索、推理和博弈。因此,如何融合这些不同的人工智能技术十分关键,而融入知识的机器学习模型是这一研究方向的关键课题。一种结合知识库检索结果和参数化模型的学习框架是这个方向的一种解决思路。

- **基于大模型(Large Model,Big Model)的通用学习**：现阶段,大模型被认为是通向通用人工智能(Artificial General Intelligence,AGI)的重要途径之一,是各国人工智能发展的新方向,正在成为新一代人工智能的基础设施。大模型技术飞速发展,从架构演进统一到训练方式转变,再到模型高效适配,大模型技术引起机器学习范式的一系列重要革新,为通用人工智能发展提供了一种新的手段。由单一模态的语言大模型到语言、视觉、听觉等多模态大模型,大模型技术融合多种模态信息,实现多模态感知与统一表示,也将和知识图谱、搜索引擎、博弈对抗、脑认知等技术融合发展,相互促进,朝着更高智能水平和更加通用性的方向发展。

以上讨论的技术大都还在前沿探索阶段。一旦这些技术取得突破,我们有理由相信机器学习会突破封闭环境中产生模型的工具的角色限制,成长出新的服务形式,发挥更加重要的作用和影响力,为人们的生产生活带来更广大的便利。

习　题

6.1　什么是学习和机器学习?为什么要研究机器学习?

6.2　请简述人工智能、机器学习和深度学习三者之间的关系。

6.3　学习策略通常有哪几种形式?

6.4　试解释决策树学习算法。举例计算表 6-3 中的信息熵和信息增益。

6.5　如何理解参数与超参数?

6.6　试分析监督学习、无监督学习和强化学习的关系与异同,并举例说明。

6.7　试辨析判别模型和生成模型的联系与区别。

6.8　试从一个角度简述机器学习系统的基本结构,并说明各部分的作用。

6.9　通过网络查找资料,详细介绍一个深度学习典型应用。

6.10　请列举出你生活和学习中遇到的机器学习系统安全问题。

6.11　机器学习系统的安全属性有哪些?谈谈你对它们的理解。

6.12　对于一个三分类问题,数据集的真实标签和模型的预测标签如表 6-6 所示。

表 6-6　某个三分类数据集

真实标签	1	1	2	2	2	3	3	3	3
预测标签	1	2	2	2	3	3	3	1	2

分别计算模型的准确率、错误率、精确率、召回率和 $F1$ 值。

6.13　假设想教火星人关于苹果的知识,再假定火星人的感觉系统仅用如下信息建立在语义网络中。

(1) 物体的颜色是红、绿、蓝、紫、白或黑。

(2) 物体的重量是一个数。

(3) 物体的形状是如图 6-61 所示树中那些形状中的任一种。

(4) 物体的特性是不可吃的、脆的或有气味的。该物体没有其他特性。

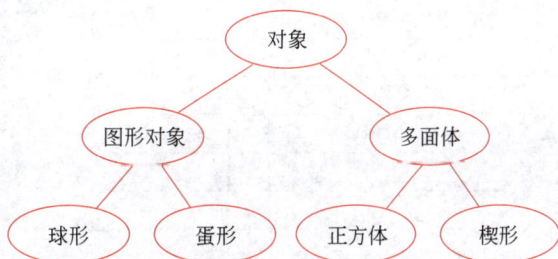

图 6-61　形状的分类树

选择如表 6-7 所示的教学次序。每一个例子都应用了什么启发式试探法?解释从中学到了什么。

表 6-7　教学次序示例

例　子	结　果	颜　色	形　状	重　量	特　性
1	正	红	球形	4	脆
2	正	红	球形	4	—
3	反	红	球形	4	不可吃
4	正	绿	球形	4	—
5	正	绿	球形	7	—
6	正	红	蛋形	5	—
7	反	红	正方体形	4	—

6.14　假设要开一把需要有 4 个齿的老式钥匙开的锁,每一个齿从钥匙的枝干突出 0mm、1mm、2mm、3mm 或 4mm。图 6-62 为这种钥匙的一个示例。

再假设你弯卷了一个精巧的配锁工具,能以某种方式把得到的试验钥匙分成如下两组。

① 第 1 组钥匙太松,没有哪一个齿过于突出,且至少有一个齿不够突出。

② 第 2 组钥匙太紧,至少有一个齿过于突出,而其他齿可能不够突出。

有了配锁工具,把所有得到的钥匙分类,如图 6-63 所示。

(1) 用仅从第 1 组太松的钥匙的试验结果确定一枚内封钥匙,使得:

① 正确钥匙上的每一个齿或者与内封形上相应的齿一样长,或者比它更长。

② 在内封形上的每一个齿与第 1 组试验结果证明的一样长。

(2) 用你所需要的任何试验结果确定一个外封钥匙,使得:

① 正确钥匙上的每一个齿与外封形上相应的齿一样长或者比它更短。

② 在外封形上的每一个齿与第 1 组和第 2 组的试验结果证明的一样短。

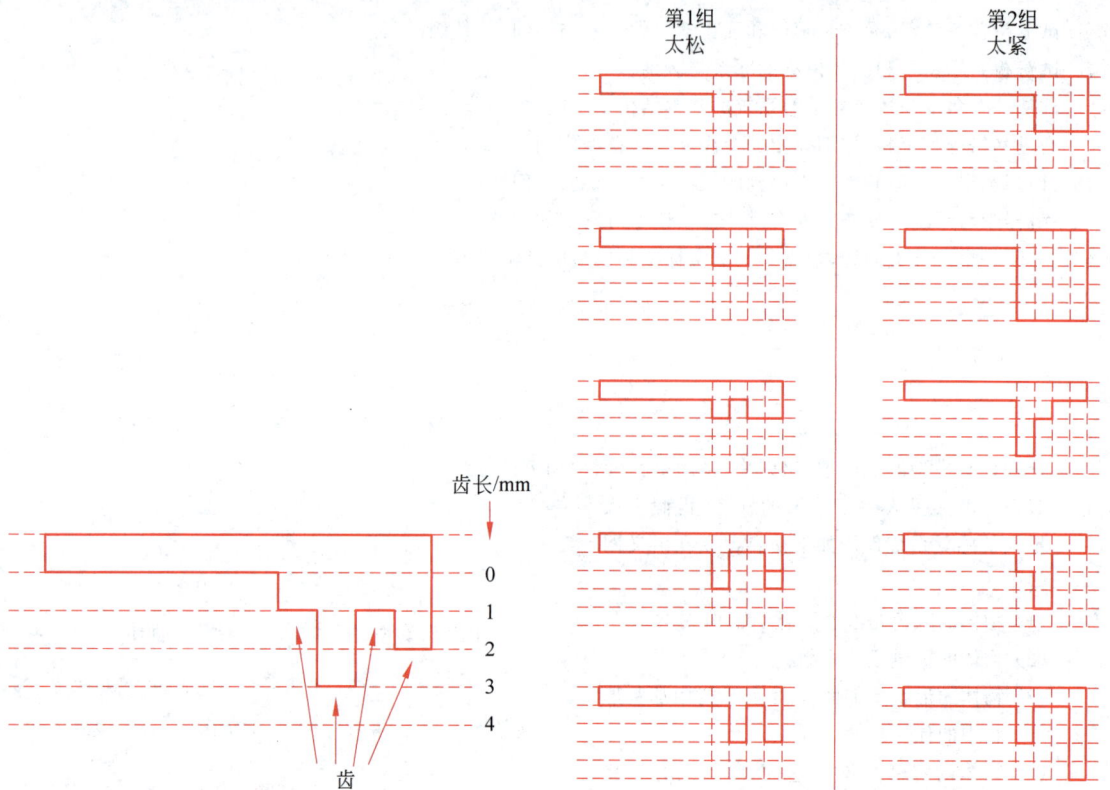

图 6-62　一把有 4 个齿的钥匙　　　　图 6-63　一些太松的钥匙和一些太紧的钥匙

6.15　在前面习题的背景中,指出下列哪些问题的答案是不确定的。

(1) 具有最小面积的钥匙。

(2) 具有最大面积的钥匙。

(3) 完全在内封中的钥匙。

(4) 完全在外封中的钥匙。

(5) 至少有一个齿在内封中的钥匙。

(6) 正好有一个齿在内封外的钥匙。

(7) 太紧的钥匙,它正好仅在一个齿上与一个太松的钥匙有差别。

(8) 一个对于内封的方差之和是最小的钥匙。

(9) 一个对于外封的绝对齿差之和是最小的钥匙。

6.16 考虑如图 6-64 所示的单神经元感知机网络。该网络的判定边界为 $\boldsymbol{w}\boldsymbol{p}+b=0$。试证明：若 $b=0$，那么判定边界是一个向量空间。

6.17 单层感知机只适用于一组线性可分的模式。如果两个模式是线性可分的，则它们一定是线性无关的吗？

6.18 考虑如图 6-65 所示的原型模式。

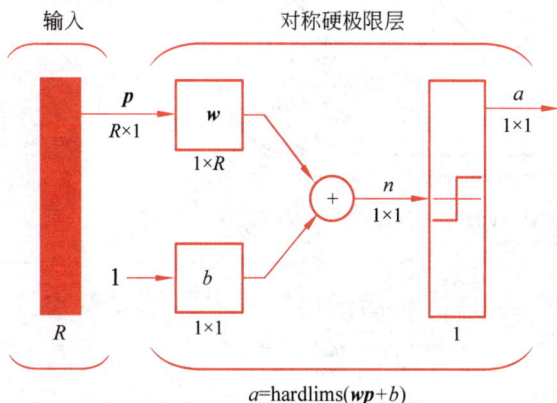

图 6-64　单神经元感知机

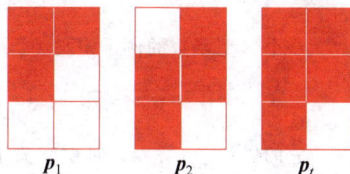

$a=\text{hardlims}(\boldsymbol{w}\boldsymbol{p}+b)$

图 6-65　原型模式

(1) 这些模式是否正交？

(2) 使用 Hebb 规则，为这些模式设计一个自联想存储器。

(3) 输入图 6-65 中的原型模式 $\boldsymbol{p}_t$，求网络响应。

6.19 求下列函数的极小点：

$$F(\boldsymbol{x}) = 5x_1^2 - 6x_1x_2 + 5x_2^2 + 4x_1 + 4x_2$$

(1) 画出该函数的轮廓线图。

(2) 假设学习速度很小，起始点为 $\boldsymbol{x}^{(0)} = [-1 \ -2.5]^{\mathrm{T}}$，画出 (1) 中轮廓线的最速下降法的轨迹。

(3) 最大的稳定学习速度是多少？

6.20 假定要设计一个 ADALINE 网络区分输入向量的不同类别。首先使用如下类别。

类别 I：$\boldsymbol{p}_1=[1\ 1]^{\mathrm{T}}$ 且 $\boldsymbol{p}_2=[-1\ -1]^{\mathrm{T}}$

类别 II：$\boldsymbol{p}_3=[2\ 2]^{\mathrm{T}}$

(1) 能否设计一个 ADALINE 网络做这种区分？如可行，请给出权值和偏置。

再考虑下面的不同类别。

类别 III：$\boldsymbol{p}_1=[1\ 1]^{\mathrm{T}}$ 且 $\boldsymbol{p}_2=[1\ -1]^{\mathrm{T}}$

类别 IV：$\boldsymbol{p}_3=[1\ 0]^{\mathrm{T}}$

(2) 能否设计一个 ADALINE 网络做这样一个区分？如可行，请给出权值和偏置。

6.21 一个飞机中的飞行员通过飞机座舱中的麦克风讲话。由于飞行员的话音信号被飞机发动机噪声所干扰，控制塔内的空中交通控制员不能接收到正确的话音。请设计一个自适应 ADALINE 滤波器，以减少控制塔内收到信号的噪声。

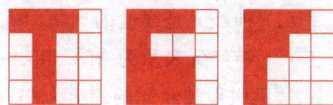

6.22 设计一个能将图 6-66 中的 6 个模式分类的识别系统。这些模式表示字母 T、G 和 F，上面一排是它们的原始形式，下面一排是将它们移动后的形式。这些字母的分类目标分别为 60、0 和 −60（使用 60、0 和 −60 的原因是为了较好地在它们使用的仪器表面显示它们的网络输出结果）。目标是训练网络，使得它将 6 个模式划分到相应的 T、G 和 F 组中。

模式		
T	G	F
目标 60	0	−60

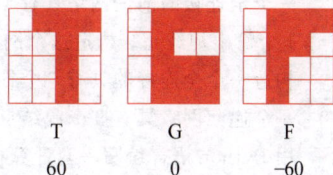

图 6-66　模式及其分类目标

6.23 基于反向传播的概念，求一个能更新如图 6-67 所示的递归网络的权值 w_1 和 w_2 的算法。

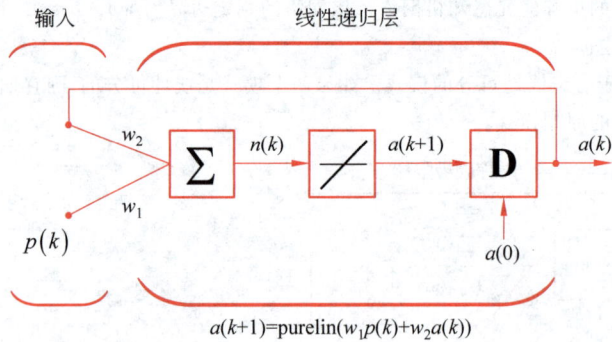

$$a(k+1)=\text{purelin}(w_1 p(k)+w_2 a(k))$$

图 6-67　线性递归网络

6.24 一个 S 型函数的例子定义为：

$$\phi(v)=\frac{1}{1+\exp(-av)}$$

它的极值为 0 和 1。证明它关于 v 的导数为：

$$\frac{\mathrm{d}\phi}{\mathrm{d}v}=a\phi(v)[1-\phi(v)]$$

此外,这个导数在原点的值是多少？

6.25 一个奇的 S 型函数定义为：

$$\phi(v)=\frac{1-\exp(-av)}{1+\exp(-av)}=\tanh\left(\frac{av}{2}\right)$$

其中,tanh 指双曲正切。这第二个 S 型函数的极值为 -1 和 $+1$。证明它关于 v 的导数如下。

$$\frac{\mathrm{d}\phi}{\mathrm{d}v}=\frac{a}{2}\left[1-\phi^2(v)\right]$$

这个导数在原点的值是多少？假设倾斜参数 a 无穷大,$\phi(v)$ 的结果是什么形式？

6.26 另外一个奇的 S 型函数是代数 S 型。

$$\phi(v)=\frac{v}{\sqrt{1+v^2}}$$

它的极限值为 -1 和 $+1$。证明它关于 v 的导数如下。

$$\frac{\mathrm{d}\phi}{\mathrm{d}v}=\frac{\phi^3(a)}{v^3}$$

这个导数在原点的值是多少？

6.27 神经元 j 从其他 4 个神经元接收输入,它们的活动水平为 $10,-20,4$ 和 -2。神经元 j 的每个突触权值为 $0.8,0.2,-1.0$ 和 -0.9。计算下列两种情况下神经元 j 的输出。

(1) 神经元是线性的。

(2) 神经元表示为 McCulloch-Pitts 模型。

这里假设神经元的阈值为 0。

6.28 一个全连接的前馈网络具有 10 个源结点,2 个隐层(一个隐层有 4 个神经元,另一个隐层有 3 个神经元), 1 个输出神经元。构造这个网络的结构图。

6.29 构造一个全连接的具有 5 个神经元但没有自反馈的递归网络。

6.30 一个递归网络具有 3 个源结点、2 个隐层神经元和 4 个输出神经元。构造这个网络的结构图。

6.31 用 Python 语言编写一套计算机程序,用于执行 BP 学习算法。

6.32 试应用神经网络模型优化求解推销员旅行问题。

6.33 考虑一个具有阶梯形值阈函数的神经网络,假设:

(1) 用一常量乘所有的权值和阈值。

(2) 用一常量加所有权值和阈值。

试说明网络性能是否会有变化？

6.34 增大权值是否能使 BP 学习变慢？

6.35 考虑包括单个权重的网络的简单例子，它的代价函数是：

$$\zeta(w) = k_1(w - w_0)^2 + k_2$$

其中，w_0、k_1 和 k_2 是常量。用具有动量项的反向传播算法最小化 $\zeta(w)$。

探索包含的动量项常量 α 怎样影响学习过程。特别注意使用 α 收敛所需的步数。

6.36 研究使用 S 型非线性函数的反向传播学习方法获得一对一映射，描述如下。

(1) $f(x) = 1/x, 1 \leqslant x \leqslant 100$

(2) $f(x) = \log_{10} x, 1 \leqslant x \leqslant 10$

(3) $f(x) = \exp(-x), 1 \leqslant x \leqslant 10$

(4) $f(x) = \sin x, 1 \leqslant x \leqslant \pi/2$

对每个映射，进行如下过程。

(1) 建立两个数据集：一个用于网络训练，另一个用于测试。

(2) 假设具有单个隐含层，利用训练数据集计算网络的突触权重。

(3) 通过使用测试数据给网络的计算精度赋值。

使用单个隐含层，但隐含神经元数目可变，分析网络性能是如何受隐含层神经元数目变化影响的。

6.37 表 6-8 的数据表示了澳大利亚野兔眼睛晶状体的重量为年龄的函数。没有简单的解析函数可以精确解释这些数据，因为我们不能得到一个单值函数。相反，利用一个负指数我们有这个数据集的一个非线性最小平方模型，具体如表 6-8 所示。

$$y = 233.846(1 - \exp(-0.006042x)) + \varepsilon$$

其中，ε 是误差项。

利用反向传播算法设计一个多层感知器，它能够为这个数据集提供一个非线性最小平方逼近。试与前述最小平方模型比较你的结果。

表 6-8　澳大利亚野兔眼睛晶状体重量

年龄/天	重量/mg	年龄/天	重量/mg	年龄/天	重量/mg	年龄/天	重量/mg
15	21.66	75	94.6	218	174.18	338	203.23
15	22.75	82	92.5	218	173.03	347	186.38
15	22.3	85	105	219	173.54	354	189.7
18	31.25	91	101.7	224	176.86	357	195.31
28	44.79	91	102.9	225	176.68	375	202.63
29	40.55	97	110	227	173.73	394	224.82
37	50.25	98	104.3	232	159.98	513	203.3
37	46.88	125	134.9	232	161.29	535	209.7
44	52.03	142	130.68	237	186.07	554	233.9
50	63.47	142	140.58	246	176.13	591	234.7
50	61.13	147	155.3	258	183.4	648	244.3
60	81	147	152.2	276	186.26	660	231
61	73.09	150	144.5	285	189.66	705	242.4
64	79.09	159	142.15	300	186.09	723	230.77
65	79.51	165	139.81	301	186.7	756	242.57
65	65.31	183	153.22	305	186.8	768	232.12
72	71.9	192	145.72	312	195.1	860	246.7
75	86.1	195	161.1	317	216.41		

6.38 给定一幅5×5大小的图像和一个3×3大小的卷积核(见图6-68)。激活函数为ReLU函数。请计算图像卷积后的特征图。

6.39 (思考题)字符分类。任务是对数字0~9分类,有10类且每个目标向量应该是这10个向量中的一个。0用<0,0,0,0,0,0,0,0,0>表示,1用<1,0,0,0,0,0,0,0,0>表示,第1分量为1,其余为0。2~9的表示以此类推。要学习的数字显示在图6-69中,每个数字由9×7的网格表示,灰色像素代表0,黑色像素代表1。

题 6.39 提示

图像

2	4	8	1	3
1	1	3	4	5
1	2	2	8	3
3	6	5	1	2
2	2	4	7	5

卷积核

−1	2	−4
3	8	1
2	−3	1

图 6-68 习题 6.38 用到的图像和卷积核

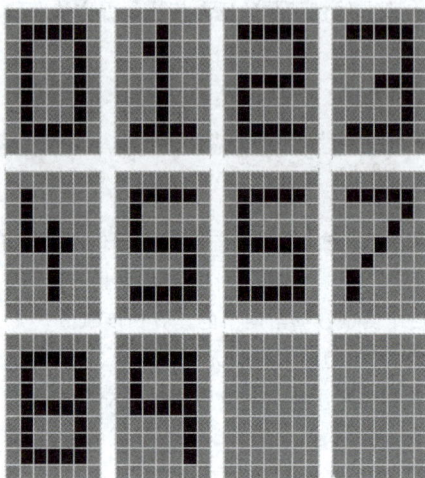

图 6-69 训练数据

6.40 (思考题)2016年,DeepMind的AlphaGo打败国际顶级棋手李世石,展现了深度强化学习的强大威力。请查阅资料,解释其中的原理。

6.41 (思考题)深度学习与媒体计算。互联网的发展已达到空前规模,新闻网站、微博、微信、社交网络、图像视频共享网站等各类网络平台正在极大地改变着人们获取信息的方式。消费类电子设备的普及使普通民众不仅是信息的消费者,也成为网络信息的提供者。同时,媒体数据的来源渠道广、内容多样化、需求多元化、计算复杂化等特点也给媒体计算带来了极大挑战。查阅资料,阐述深度学习在媒体计算方面的应用技术。

6.42 (思考题)大数据时代的机器学习。"大数据"代表数据多、不够精确、数据混杂、自然产生。大数据给机器学习带来的问题不仅是因为数据量大使计算产生困难,还因为更大的困难和挑战是数据在不同服务器上获取的,这些分布在不同服务器上的数据之间存在某些联系,但是基本上不能满足同分布的假设,而我们也不可能把所有数据集中起来进行处理和学习。传统的机器学习理论和算法要求数据是独立同分布的,当这个条件不能满足时,学习模型和学习算法就发挥不了作用。阅读文献,探讨大数据时代机器学习的特点,并阐述其典型应用。

第 7 章

自然语言处理技术

自然语言理解不仅需要有语言学方面的知识,而且需要有与所理解话题相关的背景知识,必须很好地结合这两方面知识,才能建立有效的自然语言理解程序。对自然语言的理解和处理开始于机器翻译。自然语言处理是植根于计算机科学、语言学与数学等多学科的一门新兴学科,它的研究内容主要是自然语言信息处理,也就是人类语言活动中信息成分的发现、提取、存储、加工与传输。

本章首先从自然语言的词法、句法、语义分析的角度介绍了自然语言理解所涉及的主要方面,然后介绍了真实文本处理和对话分析问题,最后从应用角度阐述了信息检索、机器翻译和语音识别技术。

7.1 自然语言理解的一般问题

7.1.1 自然语言理解的概念及意义

用自然语言进行交流,不管是以文字的形式还是以交谈的形式,都非常依赖参与者的语言技能、感兴趣的领域知识和领域内的谈话预期。理解语言不仅是对文字的翻译,还需要推测说话人的目的、知识和假设,以及交谈的上下文语境。实现一个自然语言理解程序需要表示出所涉及领域中的知识和期望,并能进行有效的推理。还必须考虑一些重要的问题,如非单调、信念改变、比喻、规划、学习和人类交互的实际复杂性。然而,这些问题正是人工智能本身的核心问题。

例如,关于某计算机学院在网上招聘的广告,下面给出了一部分内容。

某大学计算机系……拟招聘两名教授。我们希望招聘对以下领域感兴趣的人员:

软件,包括分析、设计和开发工具……

系统,包括体系结构、编译器、网络……

……

申请者必须具有以下专业的博士学位……我系在高性能计算、人工智能等领域具有国际公认的研究计划……并且与圣达菲研究所以及几个国家实验室开展了深入的研究合作……

理解这条招聘广告时会出现以下几个问题。

(1) 只明确表明"教授",读者如何知道这条广告是招聘大学教师? 任期多长时间?

(2) 在大学环境中工作需要掌握什么软件和软件工具的知识? 是 C、Prolog,还是 UML? 这些都没有明确提到。一个人需要有许多关于大学授课和研究的知识,才能理解这些要求。

(3) 为什么要在大学招聘广告中提到国际公认的研究计划和与著名研究所的合作?

(4) 计算机如何概括广告的主要意思? 计算机必须掌握什么知识,才能为一个正在找工作的求职博士从万维网上智能地检索到本广告?

自然语言理解中(至少)有三个主要问题。第一,需要具备大量的人类知识。语言动作描述的是复杂世界中的关系。关于这些关系的知识,必须是理解系统的一部分。第二,语言是基于模式的:音素构成单词,单词组成短语和句子。音素、单词和句子的顺序不是随机的。没有对这些元素的一种规范性的使用,就不可能达成交流。第三,语言动作是智能体的产物,或者是人,或者是计算机。智能体处在个体层面和社会层面的复杂环境中。语言动作都是有其目的性的。

语言学是以人类语言为研究对象的学科。它的探索范围包括语言的结构、语言的运用、语言的社会功能和历史发展,以及其他与语言有关的问题。

自然语言是相对于人造语言(如 C 语言、Java 语言)而言的。由于自然语言的多义性、上下文相关性、模糊性、非系统性、环境相关性、理解与所应用的目标相关(如目标是回答问题、执行命令,还是机器翻译),因此,关于自然语言理解至今尚无一致的、各方可以接受的定义。从微观上讲,自然语言理解是指从自然语言到机器内部的一个映射;宏观上看,自然语言是指机器能够执行人类所期望的某些语言功能。这些功能主要包括如下几方面。

(1) 回答问题:计算机能正确地回答用自然语言输入的有关问题。

(2) 文摘生成:机器能产生输入文本的摘要。

(3) 释义:机器能用不同的词语和句型复述输入的自然语言信息。

(4) 翻译:机器能把一种语言翻译成另外一种语言。

自然语言有口语和书面语两种基本表现形式。书面语比口语结构性要强,而且噪声也比较小。口语信息包括很多语义上不完整的子句,如果听众关于演讲主题的主观知识不是很了解,有时可能无法理解这些口语信息。书面语理解包括词法、文法和语义分析,而口语理解还需要加上语音分析。

如果计算机能够理解、处理自然语言,那么人-机之间的信息交流就能够以人们熟悉的本族语言进行,这将是计算机技术的一项重大突破。另外,由于创造和使用自然语言是人类高度智能的表现,因此对自然语言处理的研究也有助于揭开人类高度智能的奥秘,深化对语言能力和思维本质的认识。自然语言理解这个研究方向在应用和理论两方面都具有重大的意义。

7.1.2   自然语言理解研究的发展

自然语言理解的研究可以分为三个时期:20 世纪 40 年代和 50 年代的萌芽时期、20 世纪 60 年代以及 70 年代的发展时期以及 20 世纪 80 年代以后的大规模真实文本处理时期(扫码阅读)。

自然语言理解的研究历程

7.1.3   自然语言理解的层次

语言虽然表示成一连串文字符号或一串声音流,但其内部事实上是一个层次化的结构,从语言的构成中就可以清楚地看到这种层次性。一个文字表达的句子的层次是"词素→词或词形→词组或句子",而声音表达的句子的层次则是"音素→音节→音词→音句",其中每个层次都受到文法规则的制约。因此,语言的处理过程也应当是一个层次化的过程。

语言是一个复杂的现象,包括各种处理,如声音或印刷字母的识别、语法解析、高层语义推论,甚至通过节奏和音调传达的情感内容。为了管理这个复杂性,语言学家定义了自然语言分析的不同层次。

(1) 韵律学处理语言的节奏和语调。这一层次的分析很难形式化,经常被省略;然而,其重要性在诗歌和宗教圣歌的强大感染力中是很明显的,就如同节奏在儿童记单词和婴儿牙牙学语中具有的作用。

(2) 音韵学处理的是形成语言的声音。语言学的这一分支对于计算机语音识别和生成很重要。

（3）词态学涉及组成单词的成分（词素），包括控制单词构成的规律，如前缀（un-，non-，anti-等）的作用和改变词根含义的后缀（-ing，-ly 等）。词态分析对于确定单词在句子中的作用很重要，包括时态、数量和部分语音。

（4）语法研究将单词组合成合法的短语和句子的规律，并运用这些规律解析和生成句子。这是语言学分析中形式化最好因而自动化最成功的部分。

（5）语义学考虑单词、短语和句子的意思以及自然语言表示中传达意思的方法。

（6）语用学研究使用语言的方法和对听众造成的效果。例如，语用学能够指出为什么通常用"知道"回答"你知道几点了吗？"是不合适的。

（7）世界知识包括自然世界、人类社会交互世界的知识以及交流中目标和意图的作用。这些通用的背景知识对于理解文字或对话的完整含义是必不可少的。

虽然这些分析层次看上去是自然而然的，而且符合心理学的规律，但是它们在某种程度上是强加在语言上的人工划分。它们之间广泛的交互，即使是很低层的语调和节奏变化，也会对说话的意思产生影响，例如讽刺的使用。这种交互在语法和语义的关系中体现得非常明显，虽然沿着这些界线进行某些划分似乎很必要，但是确切的分界线很难定义。例如，像"They are eating apples"这样的句子有多种解析，只有注意上下文的意思才能确定。语法也会影响语义，如短语结构在理解句子含义中所起的作用。虽然我们经常讨论语法和语义之间的精确区别，但是心理学的证据和它在管理问题复杂性中的作用只有有保留地予以探讨。

虽然不同自然语言理解程序的组织采用不同的原理和应用——例如，数据库前端、自动翻译系统、故事理解程序——但它们都必须将原句子的含义翻译成一种内部表示。一般情况下，自然语言理解遵循如图 7-1 所示的过程。

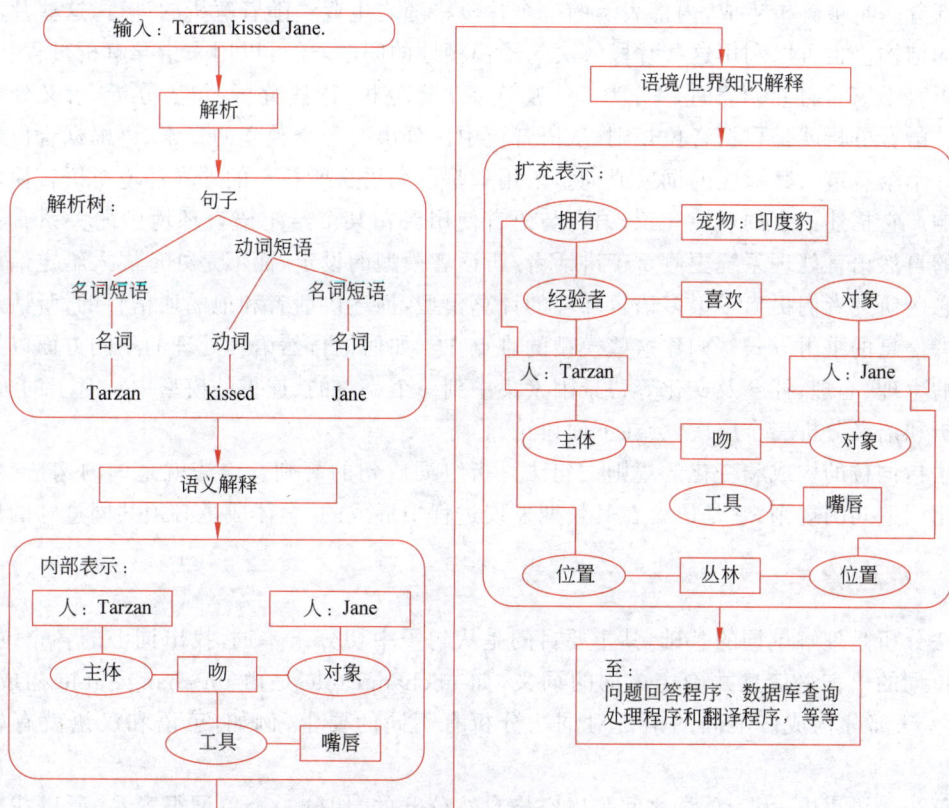

图 7-1 生成句子内部表示的各阶段

第一阶段是解析,分析句子的句法结构。解析的任务在于既验证句子在句法上的合理构成,又决定语言的结构。通过识别主要的语言关系,如主-谓、动-宾和名词-修饰,解析器可以为语义解释提供一个框架。我们通常用解析树表示它。解析器运用的是语言中语法、词态和部分语义知识。

第二阶段是语义解释,旨在对文本的含义生成一种表示,如图7-1中的概念图所示。其他的一些通用的表示方法包括概念依赖、框架和基于逻辑的表示法等。语义解释使用如名词的格或动词的及物性等关于单词含义和语言结构的知识。在图7-1中,程序利用的知识是:根据单词kiss的含义,将默认值lips(嘴唇)添加到kiss的对象中。此外,语义一致性检查也在这一阶段完成。例如,动词kiss的定义可能包含这样的约束:当主体是人时,吻的对象是人,即正常情况下,Tarzan吻的是Jane,而不是印度豹。

第三阶段要完成的任务是将知识库中的结构添加到句子的内部表示中,以生成句子含义的扩充表示。在这一步中,类似"Tarzan喜欢Jane""Tarzan和Jane生活在丛林中""印度豹是Tarzan的宠物"这样的用以充分理解语言所必需的世界知识被添加了进来。这样产生的结构表达了自然语言文字的意思,可以被系统用来进行后续处理。

举例来说,在数据库前端,扩充结构可能结合了查询含义的表示和数据库组织的知识。这种结构能够被翻译成相应的数据库语言查询语句。而在故事理解程序中,这种扩充结构可能表示故事的意思,并能够用来回答关于故事的问题。

绝大多数(非概率的)自然语言理解系统中都存在这三个阶段,尽管相应的软件模块不一定被明确划分出来。例如,许多程序不生成明确的解析树,但是直接生成内部语义表示。无论怎样,解析树都隐含在对句子的解析中。增量解析是一项应用广泛的技术。在这种技术中,句子中的重要部分一旦被解析生成,内部表示的一个片段将随之生成。随着解析的进行,这些片段合并成完整的结构。也可以利用这些片段解决句子模糊性的问题,还可以用来指导解析过程。

有语言学家将自然语言理解分为5个层次:语音分析、词法分析、句法分析、语义分析和语用分析。语音分析就是根据音位规则,从语音流中区分出一个个独立的音素,再根据音位形态规则找出一个个音节及其对应的词素或词。语用就是研究语言所存在的外界环境对语言使用所产生的影响。它描述语言的环境知识,语言与语言使用者在某个给定语言环境中的关系。关注语用信息的自然语言处理系统更侧重于讲话者/听话者模型的设定,而不是处理嵌入给定话语中的结构信息。研究者们提出了很多语言环境的计算模型,描述讲话者和他的通信目的,听话者和他对说话者信息的重组方式。构建这些模型的难点在于如何把自然语言处理的不同方面以及各种不确定的生理、心理、社会及文化等背景因素集中到一个完整的、连贯的模型中。对于词法分析、句法分析和语义分析三个层次,会在下面讨论。

词法指词位的构成和变化的规则。句法是指组词成句的规则。语法就是词的构造、变化的规则和用词造句的规则,它是语言在其长期发展过程中形成的,全体成员必须共同遵守的规则。

7.1.4　词法分析

词法分析是理解单词的基础,其主要目的是从句子中切分出单词,找出词汇的各个词素,从中获得单词的语言学信息并确定单词的词义,如unchangeable是由un-change-able构成的,其词义由这三部分构成。不同的语言对词法分析有不同的要求,例如,英语和汉语就有较大的差距。

在英语等语言中,因为单词之间是以空格自然分开的,切分一个单词很容易,所以找出句子的一个个词汇就很方便。但是,由于英语单词有词性、数、时态、派生及变形等变化,要找出各个词素就复杂得多,需要对词尾或词头进行分析,如 importable,它可以是 im-port-able 或 import-able,这是因为 im、port、able 这三个都是词素。

通常,词法分析可以从词素中获得许多有用的语言学信息。如英语中构成词尾的词素"s"通常表示名词复数或动词第三人称单数,"ly"通常是副词的后缀,而"ed"通常是动词的过去分词等,这些信息对于句法分析也是非常有用的。另外,一个词可有许多的派生、变形,如 work 可变化出 works、worked、working、worker、workable 等。这些派生的、变形的词如果全放入词典,将是非常庞大的,而它们的词根只有一个。自然语言理解系统中的电子词典一般只放词根,并支持词素分析,这样可以大大压缩电子词典的规模。

下面是一个英语词法分析的算法,它可以对按英语文法规则变化的英语单词进行分析。

```
repeat
    look for word in dictionary
    if not found
    then modify the word
until word is found or no further modification possible
```

其中,*word* 是一个变量,初始值就是当前的单词。

例如,对于单词 catches、ladies,可以做如下分析。

catches	ladies	词典中查不到
catche	ladie	修改 1:去掉"-s"
catch	ladi	修改 2:去掉"-e"
	lady	修改 3:把 i 变成 y

这样,在修改 2 的时候,就可以找到 catch,在修改 3 的时候就可以找到 lady。

英语词法分析的难度在于词义判断,因为单词往往有多种解释,仅依靠查词典常常无法判断。例如,单词 diamond 有三种解释:菱形,边长均相等的四边形;棒球场;钻石。要判定单词的词义,只能依靠句子中其他相关单词和词组的分析。例如,下面的句子:

John saw Susan's diamond shining from across the room.

中的 diamond 的词义必定是钻石,因为只有钻石才能发光,而菱形和棒球场是不闪光的。作为对照,汉语中的每个字就是一个词素,所以要找出各个词素是相当容易的,但要切分出各个词就非常困难,不仅需要构词的知识,还需要解决可能遇到的切分歧义,如"不是人才学人才学",可以是"不是人才-学人才学",也可以是"不是人-才学人才学"。再如,"三大全国性交易市场在渝布局"(2011 年 3 月 15 日,重庆晨报文章),"从前门口有个石狮子"。

7.1.5　案例:单词音节划分

通过查找含在每个单词中的元辅音序列,将单词划分为音节。将单词划分为音节的算法主要是查找含在每个单词中的元辅音序列。编程实现单词音节划分。

7.1.6　句法分析

句法分析主要有两个作用:一是对句子或短语结构进行分析,以确定构成句子的各个词、短语之间的关系以及各自在句子中的作用等,并将这些关系用层次结构加以表达;二是对句法结构进行规范化。在对一个句子分析的过程中,如果把分析句子各成分间的关系的推导过程用树状图表示出来,那么这种图称为句法分析树。句法分析是由专门设计的分析器进行的,其过程就是构造句法树的过程,将每个输入的合法语句转换为一棵句法分析树。

分析自然语言的方法主要分为两类：基于规则的方法和基于统计的方法。基于统计的方法将在后面章节中介绍，这里主要介绍基于规则的各种方法。

1. 短语结构文法和 Chomsky 文法体系

短语结构文法和 Chomsky 文法是描述自然语言和程序设计语言强有力的形式化工具，可用于在计算机上对被分析句子的形式化进行描述和分析。

1）短语结构文法

短语结构文法 G 的形式化定义如下。

$$G = (T, N, S, P)$$

其中，T 是终结符的集合，终结符是指被定义的那个语言的词(或符号)；N 是非终结符号的集合，这些符号不能出现在最终生成的句子中，是专门用来描述文法的(显然，T 和 N 不相交，T 和 N 共同组成了符号集 V，因此有 $V = T \cup N, T \cap N = \varnothing$)；$S$ 是起始符，它是集合 N 中的一个成员；P 是产生式规则集。每条产生式规则都具有如下形式：

$$a \rightarrow b$$

其中，$a \in V^+, b \in V^*, a \neq b, V^*$ 表示由 V 中的符号所构成的全部符号串(包括空符号串 $\varnothing$)的集合，V^+ 表示 V^* 中除空符号串 $\varnothing$ 外的一切符号串的集合。

在一部短语结构文法中，基本运算就是把一个符号串重写为另一个符号串。如果 $a \rightarrow b$ 是一条产生式规则，那么就可以通过用 b 置换 a，重写任何一个包含子串 a 的符号串，这个过程记作"$\Rightarrow$"。所以，如果 $u, v \in V^*$，有 $uav \Rightarrow ubv$，就说 uav 直接产生 ubv 或 ubv 由 uav 直接推导得出。以不同的顺序使用产生式规则，就可以从同一符号产生许多不同的串。由一部短语结构文法定义的语言 $L(G)$ 就是可以从起始符 S 推导出符号串 W 的集合，即一个符号串要属于 $L(G)$，必须满足以下两个条件：①该符号串只包含终结符；②该符号串能根据文法 G 从起始符 S 推导出来。

由上面的定义可以看出，采用短语结构文法定义的某种语言是由一系列产生式组成的。下面给出一个简单的短语结构文法。

例 7.1　$G = (T, N, S, P)$

$T = \{the, man, killed, a, deer, likes\}$

$N = \{S, NP, VP, N, ART, V, Prep, PP\}$

$S = S$

P：

(1) S→NP＋VP

(2) NP→N

(3) NP→ART＋N

(4) VP→V

(5) VP→V＋NP

(6) ART→the|a

(7) N→man|deer

(8) V→killed|likes

2）Chomsky 定义的 4 种形式文法

根据形式文法中使用的规则集，Chomsky 定义了下列 4 种形式的文法：①无约束短语结构文法，又称 0 型文法；②上下文有关文法，又称 1 型文法；③上下文无关文法，又称 2 型文法；④正则文法，又称 3 型文法。

型号越高,所受约束越多,生成能力就越弱,能生成的语言集就越小,也就是说,型号的描述能力就越弱。下面简要讨论这几类文法。

正则文法又称为有限状态文法,只能生成非常简单的句子。

正则文法有两种形式:左线性文法和右线性文法。在一部左线性文法中,所有规则都必须采用如下形式。

$$A \to Bt \quad 或 \quad A \to t$$

其中,A、$B \in N$,$t \in T$,即 A、B 都是单独的非终结符,t 是单独的终结符。而在一部右线性文法中,所有规则都必须如下书写。

$$A \to tB \quad 或 \quad A \to t$$

上下文无关文法的生成能力略强于正则文法。在一部上下文无关文法中,每一条规则都采用如下形式。

$$A \to x$$

其中,$A \in N$,$x \in V^*$,即每条产生式规则的左侧必须是一个单独的非终结符。在这种体系中,规则被应用时不依赖符号 A 所处的上下文,因此称为上下文无关文法。

上下文有关文法是一种满足以下约束的短语结构文法:对于每一条形式为:

$$x \to y$$

的产生式,y 的长度(即符号串 y 中的符号个数)总是大于或等于 x 的长度,而且 x、$y \in V^*$。例如,AB→CDE 是上下文有关文法中一条合法的产生式,但 ABC→DE 不是。

这一约束可以保证上下文有关文法是递归的。这样,如果编写一个程序,在读入一个字符串后能最终判断出这个字符串是或不是由这种文法所定义的语言中的一个句子。

自然语言是一种与上下文有关的语言,上下文有关语言需要用 1 型文法描述。文法规则允许其左部有多个符号(至少包括一个非终结符),以指示上下文相关性,即上下文有关指的是对非终结符进行替换时需要考虑该符号所处的上下文环境,但要求规则的右部符号的个数不少于左部,以确保语言的递归性。对于产生式:

$$aAb \to ayb(A \in N, y \neq \varnothing, a 和 b 不能同时为 \varnothing)$$

当用 y 替换 A 时,只能在上下文为 a 和 b 时才可进行。

不过,在实际中,由于上下文无关语言的句法分析远比上下文有关语言有效,因此人们希望在增强上下文无关语言的句法分析的基础上,实现自然语言的自动理解。扩充转移网络(ATN)就是基于这种思想实现的一种自然语言句法分析技术。

如果不对短语结构文法的产生式规则的两边做更多的限制,而仅要求 x 中至少含有一个非终结符,那么就成为乔姆斯基体系中生成能力最强的一种形式文法,即无约束短语结构文法。

$$x \to y(x \in V^+, y \in V^*)$$

0 型文法是非递归的文法,即无法在读入一个字符串后,最终判断出这个字符串是或不是由这种文法所定义的语言中的一个句子。因此,0 型文法很少用于自然语言处理。

2. 句法分析树

在对一个句子进行分析的过程中,如果把分析句子各成分间关系的推导过程用树状图表示出来,那么这种图称为句法分析树。例如,对于例 7.1 的文法结构,该文法属于上下文无关文法,利用该文法对下面的句子进行分析。

The man killed a deer.

由重写规则 1 开始得到下面的分析过程。

S→NP＋VP

→ART＋N＋VP

→The man＋VP

→The man＋V＋NP

→The man killed＋NP

→The man killed＋ART＋N

→The man killed a deer

上述例子描述了一个自上向下的推导过程,该过程开始于初始符号 S,然后不断地选择合适的重写规则,用该规则的右部代替左部,最后得到完整的句子。另一种形式的推导称为自下向上的过程,该过程开始于所要分析的句子,然后用重写规则的左部代替右部,直到到达初始符号 S。

对应的句法分析树如图 7-2 所示。

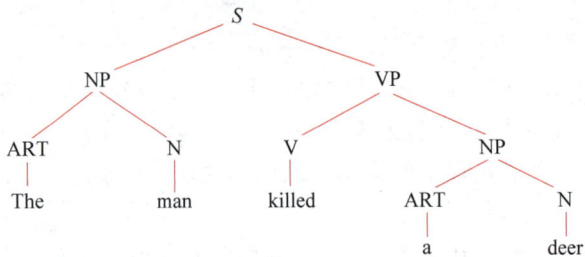

图 7-2　句法分析树

在句法分析树中,初始符号总是出现在树根上,终止符号则出现在叶上。

7.1.7　语义分析

句法分析通过后并不等于已经理解了所分析的句子,至少还需要进行语义分析,把分析得到的句法成分与应用领域中的目标表示相关联,才能产生正确唯一的理解。简单的做法就是依次使用独立的句法分析程序和语义解释程序。这样做的问题是,在很多情况下,句法分析和语义分析相分离,常常无法决定句子的结构。ATN 允许把语义信息加进句法分析,并充分支持语义解释。为了有效地实现语义分析,并能与句法分析紧密结合,研究者给出了多种进行语义分析的方法,这里主要介绍语义文法和格文法。

1. 语义文法

语义文法是将文法知识和语义知识组合起来,以统一的方式定义为文法规则集。语义文法是上下文无关的,形态上与面向自然语言的常见文法相同,只是不采用 NP、VP 及 PP 等表示句法成分的非终止符,而是使用能表示语义类型的符号,从而可以定义包含语义信息的文法规则。

下面给出一个关于舰船信息的例子,从此例可以看出语义文法在语义分析中的作用。

S→PRESENT the ATTRIBUTE of SHIP

PRESENT→what is｜can you tell me

ATTRIBUTE→length｜class

SHIP→the SHIPNAME｜CLASSNAME class ship

SHIPNAME→Huanghe｜Changjiang

CLASSNAME→carrier｜submarine

上述重写规则从形式上看和上下文无关文法是一样的。其中,全部用大写英文字母表示的单词代表非终止符,全部用小写英文字母表示的单词代表终止符。这里可以看出,PRESENT 在构成句子的时候,后面必须紧跟单词 the,这种单词之间的约束关系显然表示语义信息。用语义文法分析句子的方法与普通的句法分析文法类似,特别是同样可以用 ATN 对句子做语义文法分析。

语义文法不仅可以排除无意义的句子,而且具有较高的效率,对语义没有影响的句法问题可以忽略。但是,该文法也有一些不足之处,实际应用时需要的文法规则数量往往很大,因此一般只适用于严格受到限制的领域。

2. 格文法

格文法是由 Filimore 提出的,主要是为了找出动词和与它处在结构关系中的名词的语义关系,同时也涉及动词或动词短语与其他各种名词短语之间的关系。也就是说,格文法的特点是允许以动词为中心构造分析结果,尽管文法规则只描述句法,但分析结果产生的结构却对应语义关系,而非严格的句法关系。例如,英语句子:

```
Mary hit Bill
```

的格文法分析结果可以表示为:

```
(hit (Agent Mary)
     (Dative Bill))
```

这种表示结构称为格文法。在格表示中,一个语句包含的名词词组和介词词组均以它们与句子中动词的关系表示,称为格。上面例子中的 Agent 和 Dative 都是格,而像"(Agent Mary)"这样的基本表示称为格结构。

格文法的进一步阅读

7.2　大规模真实文本的处理

7.2.1　语料库语言学及其特点

传统的句法-语义分析主要是基于规则的方法。这主要是因为语言学家首先是从规则着手,而不是从统计角度认识和处理语言的。由于自然语言理解的复杂性,各种知识的"数量"浩瀚无际,而且具有高度的不确定性和模糊性,利用规则不可能完全准确地表达理解自然语言所需的各种知识,而且规则实际上是面向语言的使用者(人)的,因此若将它面向机器,则分析结果始终不尽如人意。由此,机器翻译应强调理解,单纯依靠规则方法,也曾经使机器翻译一度陷入低谷。

1990 年 8 月,在赫尔辛基召开的第 13 届国际计算机语言学大会上,大会组织者提出了处理大规模真实文本将是今后一个相当长时期内的战略目标。为实现战略目标的转移,需要在理论、方法和工具等方面进行重大的革新。这种建立在大规模真实文本基础上的研究方法将自然语言处理的研究推向一个崭新的阶段。理解自然语言所需的各种知识恰恰蕴涵在大量的真实文本中,通过相应的知识库,从而实现以知识为基础的智能型自然语言理解系统。研究语言知识所用的各种知识,就必须对语料库进行适当的处理与加工,使之由"生"语料变为有价值的"熟"语料。这样就形成了一门新的学科——语料库语言学,可用于对自然语言理解进行研究。

语料库指存储语言材料的仓库。现代的语料库是指存放在计算机里的原始语料文本或经过加工后带有语言学信息标注的语料文本。

关于语料库的三点基本认识:①语料库中存放的是在语言的实际使用中真实出现过的语言材料;②语料库是以电子计算机为载体承载语言知识的基础资源;③真实语料需要经过加工(分析和处理),才能成为有用的资源。

下面以 WordNet 为例说明语料库中包括什么样的语义信息。WordNet 是 1990 年由 Princeton 大学的 Miller 等设计和构造的。一部 WordNet 词典中有将近 95 600 个词形(51 500

个单词和 44 100 个搭配词)和 70 100 个词义,分为 5 类:名词、动词、形容词、副词和虚词,按语义而不是按词性组织词汇信息。在 WordNet 词典中,名词有 57 000 个,含有 48 800 个同义词集,分成 25 类文件,平均深度 12 层。最高层为根概念,不含有固有名词。

传统的词典通常是把各类不同的信息放入一个词汇单元中加以解释,包括拼音、读音、词形变化及派生词、词根、短语、时态变换的定义及说明、同义词、反义词、特殊用法注释,偶尔还有图示或插图,包含相当可观的信息存储。但是,它还有一些不足,特别是用在自然语言理解时更显得不够。

以名词"树"为例,传统的词典一般解释为:一种大型的、木质的、多年生长的、具有明显树干的植物。基本上是上位词加上辨别特征。但是这还不够,还缺少一些信息。例如,第一,它没有谈到树有根,由植物纤维壁组成的细胞,甚至也没有提及它们是生命的组织形式。但是在WordNet 中,只要查一下它的上位词"植物",就可以找到这些信息。第二,树的定义没有包括对等词的信息,不能推测其他种类的植物存在的可能性。第三,对于各种树都感兴趣的读者,除了查遍词典,没有别的办法。第四,每个人对树都有自己的认识,而词典的编撰者又没有将其写在树的定义中,如树包括树皮、树枝;树由种子生长而成等。

可以看出,普通词典中遗漏的信息中大部分是关于构造性的信息,而不是事实性的信息。

WordNet 是按一定结构组织起来的语义类词典,主要特征表现如下。

(1)整个名词组成一个继承关系。WordNet 有着严格的层次关系,这样一个单词可以把它所有的前驱的一般性的上位词的信息都继承下来,可以提供全局性的语义关系,具有 IS-A 关系。

(2)动词是一个语义网。表达动词的意义对任何词汇语言学来说都是困难的。WordNet 不做成分分析,而是进行关系分析。这一点是计算语言学界热衷的课题,与以往的语义分析方法不同,这种关系讨论的是动词间的纵向关系,即词汇蕴涵关系。

为了对自然语言理解进行研究,需要优先考虑的问题主要是大规模真实语料库的建设和大规模、信息丰富的机读词典的编制方法的研究。

大规模真实文本处理的数学方法主要是统计方法,大规模的经过不同深度加工的真实文本的语料库的建设是基于统计性质的基础。如何设计语料库,如何对生语料进行不同深度的加工以及加工语料的方法等,正是语料库语言学要深入进行研究的内容。

规模为几万、十几万甚至几十万的词,含有丰富的信息(如包含词的搭配信息、文法信息等)的计算机可用词典,对自然语言的处理系统的作用是很明显的。采用什么样的词典结构,包含词的哪些信息,如何对词进行选择,如何以大规模语料为资料建立词典,即如何从大规模语料中获取词等都需要进行深入的研究。

7.2.2 统计学方法的应用及所面临的问题

20 世纪 90 年代,自然语言理解的研究在基于规则的技术中引入语料库的方法,其中包括统计方法、基于实例的方法和通过语料加工手段使语料库转换为语言知识库的方法等。使用统计的方法,使机器翻译的正确率达到 60%,汉语切分的正确率达到 70%,汉语语音输入的正确率达到 80%,这是对传统语言学的严重挑战。许多研究人员相信,基于语料库的统计模型(如 n-gram模型、Markov 模型、向量空间模型)不仅能胜任词类的自动标注任务,而且能够应用到句法和语义等更高层次的分析上。这种方法有希望在工程上、在宽广的语言覆盖面上解决大规模真实文本处理这一极其艰巨的课题,至少也能对基于规则的自然语言处理系统提供一种强有力的补充机制。

当前语言学处理的一个总的趋势是部分分析代替全分析,部分理解代替全理解,部分翻译代替全翻译。从大规模真实语料库中获取语言信息知识的方法一般采用数学上的统计方法,并基于此构造了大量的语料库。统计方法就是这样一种"部分分析代替全分析"趋势中的产物。统计方法初期,其主要成果比较集中在词层的处理上,如汉语分词、词性标注等。但是,在句法层次的语言分析方面,目前还正在研究。另外,统计方法在理解自然语言时主要是和分析方法相结合使用的。

随着语料库语言学的快速发展,一个值得注意的研究方法是,随机语言模型的建模工作正在由基本的线性词汇统计转向结构化的句法领域,尝试以此为基础解决句法结构的歧义性问题。结构化语言模型的基本思想是,根据语料统计信息建立一定的优先评价机制,对输入句子的分析结果进行概率计算,从而得到概率意义上的最优分析结构。

最初出现的结构化语言模型是 20 世纪 60 年代末在语音识别研究中提出的概率上下文无关文法(Probabilistic Context Free Grammar,PCFG),但是直到 1979 年 Backer 提出 Inside-Outside 算法解决了 PCFG 的参数自动获取问题以后,PCFG 才得到进一步的研究,并出现了一些有用的成果,如更为有效的 PCFG 分析技术、改进的 I/O 算法及针对大型文法分析的概率剪枝技术等。

PCFG 模型的不足在于其词汇化程度很差,模型参数仅能得到微弱的上下文信息,整个系统具有很大的熵。随着大规模带标注语料库,尤其是具有结构化标注信息的树库的建立,研究者们开始使用各种有监督的学习机制,构造更为复杂的语言模型,如基于决策树的方法、基于词汇关联信息的语言模型等。

除了随机结构化语言模型外,加大语言处理基本单元的力度也是重要的发展趋势。在这种研究中,多义的单词加大到单义的语段这个层次,并给以中心词的标注,目的是简化处理的句型,化解机器翻译的歧义问题。

7.2.3　汉语语料库加工的基本方法

书面汉语不同于英语、法语、德语等印欧语言,词与词之间没有空格。在汉语自然语言处理中,凡是涉及句法、语义的研究项目,都要以词为基本单位进行。句法研究组词成句的规律。词是汉语文法和语义研究的中心问题,也是汉语自然语言处理的关键问题。

目前,对大规模汉语语料库的加工主要包括自动分词和标注(包括词性标注和词义标注)。这里仅就汉语文本自动分词及标注的方法进行简单概述(扫码阅读)。

汉语语料库的加工

7.2.4　语义资源建设

语料库和词汇知识库在不同层面共同构成了自然语言处理各种方法赖以实现的基础,有时甚至是建立或改进一个自然语言处理系统的关键。因此,世界各国对语料库和语言知识库开发都投入了极大的关注。自 1979 年以来,中国开始进行机读语料库建设,并先后建成汉语现代文学作品语料库(1979 年,武汉大学,527 万字)、现代汉语语料库(1983 年,北京航空航天大学,2000 万字)、中学语文教材语料库(1983 年,北京师范大学,106 万字)和现代汉语词频统计语料库(1983 年,北京语言学院,182 万字)。

北京大学计算语言学研究所从 1992 年开始现代汉语语料库的多级加工,在语料库建设方面成绩卓著,先后建成 2600 万字的 1998 年《人民日报》标注语料库、2000 万汉字和 1000 多万英语单词的篇章级英汉对照双语语料库、8000 万字篇章级信息科学与技术领域的语料库等。清华大学于 1998 年建立了 1 亿汉字的语料库,着重研究汉语分词中的歧义切分问题。

北京大学语料库、知网阅读

在语言知识库建设方面,《同义词词林》、"知网"(HowNet)、概念层次网络(Hierarchical

Network of Concepts,HNC)等一批有影响的知识库相继建成,并在自然语言处理研究中发挥了积极的作用。在上述诸多工作中,北京大学计算语言学研究所开发的基于《人民日报》语料标注的现代汉语分词和词性标注语料库、董振东等开发的"知网"是比较典型的语言资源成果。

7.3　信息搜索

信息检索是指从文献集合中查找出所需信息的程序和方法。所谓文献集合,是指有组织的文献整体。它可以是数据库的全部记录,也可以是某种检索工具清单,还可以是某个文献收藏单位收藏的全部文献,当然也可以是某个单位通过 Internet 发布的各类信息集合。网络信息检索是指利用 Internet 信息发布技术,对通过 Internet 发布的信息进行的检索,目前主要的检索手段是搜索引擎。可见,网络信息检索有异于传统的信息检索,为了区别和准确表达概念,国外越来越多的文章称传统信息检索概念为信息检索(Information Retrieval),称网络信息检索概念为网络信息搜索(Information Searching)。

目前,万维网(World Wide Web,WWW)信息检索系统已成为 Internet 标准检索工具。WWW 采用客户机/服务器结构,以其联网简单、超链接、标准格式、规模大小可伸缩、多媒体浏览界面等特点,大到美国国会图书馆,小到任何个人都可入网,从而构成当今世界上最大型、最普及的网络信息检索系统。

通常人们用到的搜索引擎是 Internet 上的一个网站,它的主要任务是在 Internet 中主动搜索其他 Web 站点中的信息并对其自动索引,其索引内容存储在可供查询的大型数据库中。当用户利用关键字查询时,该网站会告诉用户包含该关键字信息的所有网址,并提供通向该网站的链接。

搜索引擎是一种用于帮助 Internet 用户查询信息的搜索工具,它以一定的策略在 Internet 中搜集、发现信息,对信息进行理解、提取、组织和处理,并为用户提供检索服务,从而起到信息导航的目的。

自动搜索引擎通过专门设计的网络程序自动发现网络上新出现的信息,并对其进行自动分类、自动索引和自动摘要。自动搜索引擎还能为信息检索者提供模糊检索、概念检索等功能,这些功能不是简单地匹配用户提供的检索关键词,而是能够按它们的意义进行搜索,从而提高查全率和查准率。由于自动搜索引擎的关键技术带有明显的智能特征,因此其也被称为智能搜索引擎。

在信息化时代,搜索引擎逐渐成为人们获取信息最便捷的方式,在人们的工作学习、交通出行、旅游娱乐等过程中发挥着重要作用。从 PC 时代到移动互联网时代,搜索引擎的功能与形态已发生极大变化,搜索内容从早期单纯的网页链接延伸至目前精准的文本、图片、音乐、视频等富媒体内容;搜索方式也从用户主动式框搜索发展到目前被动接收的个性化智能推荐方式。

7.3.1　搜索引擎的输入方式

搜索引擎首个环节即要基于用户的输入进行精准"需求识别"。早期搜索引擎以文本框关键词输入为主。由于基于关键词的搜索引擎接收到的输入信息有限,自然语言理解容易产生多义性解释,无法做到在第一时间进行精准的"需求识别"。常用的做法是根据机器语义理解的所有可能,向用户返回多样性搜索结果,由用户自主选择来获得真正想要的内容。随着输入方式不断拓展变化,后续出现了图片、语音等输入方式,以期更加方便、准确地返回搜索结果;百度公司也曾推出"框计算"概念,试图统一搜索入口,通过后台的海量数据以及高强度计算能力,全面解决

"需求识别"问题。

进入物联网和 AI 时代,人、机、物的信息互动形式与内容已发生巨大变化。由于用户的搜索需求多发生于手机、平板电脑、手表等移动终端,搜索输入已不再局限于文字方式,摄像头和麦克风等传感器成为新型"键盘",用户通过语音、图像或者视频即可表达搜索意图。在 AI 技术的支持下,一个手势甚至是一个眼神也可表达搜索需求。AI 技术的应用使得搜索引擎对输入的解析从早期的数据流匹配发展到语义流识别阶段。

图 7-3 展示了从 PC 时代到物联网时代的搜索输入维度不断扩展的过程。传感器在物联网场景中大量使用是必然趋势,搜索引擎借此感知获取的信息来源必将足够丰富,用户意图能够通过语义识别,并被应用到辅助搜索中来。多源感知与融合计算技术在近年来得到快速发展并被成功应用于信息与服务推送。其中,时空大数据信息协同是辅助识别用户真实意图的重要维度。时间属性在信息过滤的过程中已得到普遍使用,许多搜索引擎已经默认将时间作为搜索输入条件。而空间维度的价值随着数字空间与定位技术的发展有待深度开发。由于物联网场景的高动态特性,输入维度的一致性无法保证,因此机会感知计算模型将得到广泛运用。

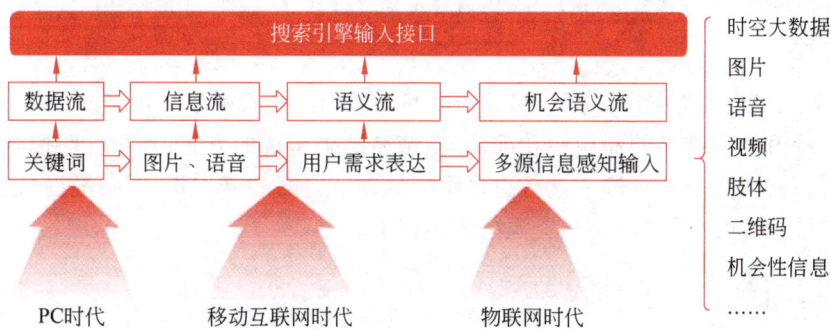

图 7-3　搜索引擎的输入方式演进

搜索输入的维度扩展也反映了内容资源供给侧的同步变化,包括跨媒介内容的表达、内容理解和索引构建等技术方面的变化,也包括在搜索内容方面从文本检索走向多模态检索,再到服务检索的过程。

7.3.2　搜索结果的输出呈现

搜索结果首先具有多样性特点。对于多样性的搜索结果如何呈现出来是搜索引擎的一个重要指标,直接影响其搜索体验。搜索结果的呈现可以从视觉力、信息力和有效力三个维度进行评价。视觉力主要体现是否有视频和图片的表达,物联网时代的信息呈现方式未来可期。全息投影、有形触感(Tangible)表面等新型技术和材料的实际应用将大大增强视觉效果和沉浸感。信息力则体现在结果文档的标题、摘要与搜索需求的匹配度如何。有效力则从信息的时效性与权威性所具有的可参考程度进行评价。

在传统 PC 场景下,可以依据上述指标组织搜索引擎返回的所有结果信息(包括实体推荐内容),按照一定的策略推送到屏幕端,由用户选取单击。而在物联网场景中,需要对搜索结果的评价增加维度,其显著变化是计算单元和展示单元的边缘化、移动化和小型化。一定程度上,一些功能性 App 充当了搜索引擎的作用。一方面,由于移动版搜索引擎被嵌入很多数字营销内容,使得其搜索结果的集中化程度进一步降低;另一方面,一些功能性 App 往往由于显示屏尺寸受限,无法同屏提供足够丰富的搜索结果和展现方式,使得用户在多屏显示、多款 App 甚至多个智能终端间进行切换和对比浏览,在一定程度上降低了信息呈现的集中程度。例如,对于一次外出就餐的需求,用户首先在手机上通过百度或美团等 App 确定一家目标餐馆,然后使用滴滴呼叫出租车或者扫描共享单车二维码,通过汽车/单车方式到达目的地,最后使用移动支付买单。而在物联网场景中,用户身边的电视机、广告屏幕、LED 设备等都有可能成为输出终端。因此,对物联网搜索引擎进行评价,应该增加聚合力评价维度。搜索结果呈现的评价指标如表 7-1 所示。

表 7-1　搜索结果呈现的评价指标

指标项	指标侧重的表现方面	传统搜索场景	物联网搜索场景
视觉力	是否有相关视频和图片	视频、图片在网页端展示已相对丰富,相对静态	与展示终端相关,展示效果多样,数据动态性强
信息力	结果文档的标题与摘要中凸显词条的信息量	提供多篇相关文档,提高结果的命中率	提供的文档数量有限,须通过多维输入进一步提高准确度
有效力	结果信息的时效性与权威性的体现程度	侧重于体现时效性,可按时间排序	侧重于场景性,对用户即时场景需求优先考虑周边资源
聚合力	用户进行搜索涉及的终端、App 和界面的数量、访问次数等,体现方便程度	通过链接、图片、视频以及相关主体内容推送等方式,单屏即可满足用户搜索需求	用户往往通过多个页面展示、多个屏幕甚至多款 App 来满足搜索需求

从表 7-1 可以看出,所有评价指标都对物联网场景中的搜索引擎提出了新的挑战,如何在现场资源条件下提升搜索结果的命中率和准确度,精简结果呈现的方式,是物联网搜索引擎面临的首要问题。可行之路是对用户输入进行更多维度的理解,加强“需求识别”精准度,进一步减少搜索结果的歧义性,从而降低对移动端资源的依赖程度。

7.3.3　搜索引擎的工作原理

搜索引擎是用于在万维网上查找信息的工具,为了实现协助用户在万维网上查找信息的目标,搜索引擎需要完成收集、组织、检索万维网信息并将检索结果反馈给用户的一系列操作。

搜索引擎凭借其强大的技术实力和营利能力,已经成为用户访问万维网过程中最重要的入口,也已成为我们所处的这个信息化时代最重要的基础设施之一。

一般来说,完成信息搜索引擎的任务需要两个过程:一是在服务器方,也就是服务提供者对网络信息资源进行搜索分析标引的过程;二是当用户方提出检索需求时,服务器方搜索自己的信息索引库,然后发送给用户的过程。前者可以称作信息标引过程,后者可以称作提供检索过程。

1. 信息标引过程

信息标引过程是服务方对信息资源进行整理排序的过程,目前主要采用两种方式:一种是网络自动漫游方式,由计算机程序自动去搜索资源;另一种是友情推荐方式,由信息发布方或者用户将有用信息的网络地址(URL)填入搜索清单,然后再由机器程序对指定地址进行搜索。

计算机自动程序定期在网络上漫游,对各种文档进行索引分析,将结果记录进数据库,人工也可以干预此过程,期望更为准确地表达出文档原意。有的搜索引擎在搜索过程中使用自动文摘的技术生成了文摘数据库。

2. 提供检索过程

提供检索过程就是根据用户检索需求表达式进行查找与输出结果的过程。它建立在对网络信息标引的索引库与文摘库之上。

用户通过检索表达式页面的填写反映出自己的检索意向,向系统送交请求。系统答复后,用户可以根据具体情况(包括相关度、文摘等所能反映出的状况)再决定是否访问资源所在地。信息搜索引擎在整个信息检索过程中起到了指南和向导的作用,无疑大大地方便了人们的检索。对应以上两个过程,搜索引擎一般需要搜索器、索引器、检索器和用户接口 4 个不同的部件来完成。

搜索引擎系统由数据抓取子系统、内容索引子系统、链接结构分析子系统和信息查询子系统 4 部分组成,如图 7-4 所示。

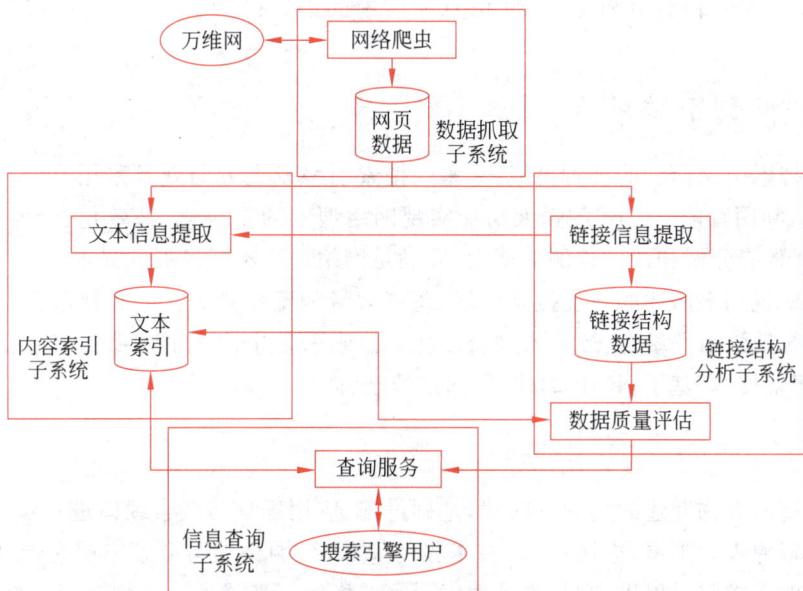

图 7-4　搜索引擎系统架构示意图

从具体运行方式上说,系统根据站点/网页的 URL 信息和网页之间的链接关系,利用网络爬虫在互联网上收集数据;收集的数据分别通过链接信息分析器和文本信息分析器处理,保存在链接结构信息库和文本索引信息库中,同时,网页质量评估模块依据网页的链接关系和页面结构特征对页面质量进行评估,并将评估的结果保存在索引信息库中;查询服务器负责与用户的交互,它根据用户的检索需求,从索引信息库中读取对应的索引,并综合考虑查询相关性与页面质量评估结果之间的关系,给出查询结果列表反馈给用户。

为了满足用户对各种信息形式的搜索需求,搜索引擎提供的常用服务有网页搜索、图像搜索、MP3 搜索和视频搜索等。其中,网页搜索是最基本、最常用的搜索引擎服务。由于网页/网站的内容有许多不同类型,用户对新闻、黄页、博客等类型的信息有特殊的搜索需求,搜索引擎也提供了新闻搜索、黄页搜索、本地生活搜索和博客搜索等专门服务。搜索引擎服务商不仅提供针对计算机用户的搜索服务,也推出移动搜索等专门服务,支持来自手机等多种移动设备的搜索请求。另外,针对个人计算机用户对自己计算机内所存储文档的查询需求,搜索引擎公司也推出硬盘搜索、桌面搜索这样的客户端软件产品。总之,由于信息形式内容的多样性和用户搜索需求的多样性,会衍生出各种各样的专门搜索引擎。

从用户在搜索框输入查询,到搜索引擎返回搜索结果,所需时间仅是亚秒级。看似简单,背后过程却很复杂,提供这一服务的是庞大的计算机集群。这还只是实时线上检索部分。为了完成线上的搜索服务,线下还有对检索库的抓取、处理和建索引工作。在这亚秒级时间里,为了得到搜索结果,实际上有成百上千的处理器,在上百个万亿字节的索引库上参与工作。由大量低价、异型 PC 组成的计算机群,依靠 MapReduce/Hadoop 这样的软件系统,可以成为高性能、高容错的海量数据存储和处理系统,圆满完成信息检索、文本挖掘、数据分析等复杂作业。

就技术层面而言,搜索引擎是一个综合性的计算机技术应用工程。一个互联网搜索引擎系统主要由网页抓取、网页内容分析和索引、相关性分析和检索服务 4 个子系统组成。搜索引擎中发展的核心技术涉及计算机科学技术的许多前沿领域,如信息检索、高性能分布式网络计算、数据挖掘、自然语言处理和人机界面。对搜索引擎技术的研究,近年来在工业界和学术界也十分活跃,热门研究课题包括网页抓取、内容索引、查询检索、超链分析、相关性评估、作弊网页识别、网页文本挖掘、用户搜索行为分析和挖掘,信息检索中的语言模型、命名实体识别和社会网络分析等。

7.3.4　智能搜索引擎技术

为了应对搜索引擎面临的种种挑战,未来的搜索引擎发展方向就是采用基于人工智能技术的 Agent 技术,利用智能 Agent 的强大功能实现网络搜索的系统化、高效化、全面化、精确化和完整化,并实现智能分析和评估检测的能力,以满足网络用户不断发展的需求。

要想真正实现如上所述的智能搜索引擎,还有大量的工作要做。一种比较实际的做法是将智能技术与传统搜索引擎结合,逐步实现智能化。搜索引擎中应用的主要技术包括自然语言理解技术、对称搜索技术、基于 XML 的技术、图谱搜索(详见二维码)。

7.3.5　搜索引擎的发展趋势

社会正在进入万物互连的物联网时代,基础设施、应用场景与搜索载体进一步发生变化:云端计算与存储资源极大丰富,边缘化 AI 技术程度加深,终端种类与形态空前繁荣;同时,用户对于信息与服务的需求与时俱进,都将推动搜索引擎的内容与形式发生深刻变革。物联网场景中,人们的搜索需求更加具有现场属性,从对互联网空间的信息需求转变为身边的生活服务需求;搜索结果呈现方式更依赖移动终端,搜索计算进一步去中心化等。最近全真互联网的概念被推出,表明虚实融合技术得到深度推广应用,线上与线下信息互动需求发展到了新阶段。

结合物联网时代的云、边、端信息互动特点,我们将下一代搜索引擎分解为输出呈现、搜索输入方式,以及搜索内容与计算三方面,如图 7-5 所示。

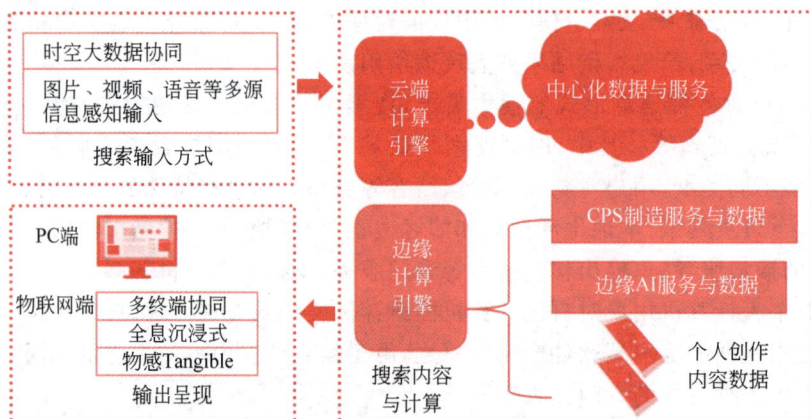

图 7-5　物联网搜索引擎的云边端架构

随着智能移动设备迅速普及,搜索行为逐渐过渡到移动端,用户期望以自然语言表达搜索需求,直接获取正确答案,语音和图像等感知技术、自然语言处理、知识图谱、用户理解等认知技术与搜索相结合,推动搜索引擎向智能化演进,进而带动了信息获取和交互方式的改变。

智能搜索融合自然语言处理、知识图谱、用户理解、深度学习等技术,实现了对用户搜索需求的理解、对内容的理解以及对知识的掌握和运用,从而为用户提供更直观、更准确高效的信息、知识和服务。

搜索内容与搜索计算是搜索引擎的核心构成部分,主要完成对用户的搜索输入进行内容识别和结果推荐。搜索内容与计算领域的不断发展反映了人们的生活需求不断朝向多样化与智能化演进,也是物联网时代技术进步的体现,具体呈现以下几方面趋势。

1. 搜索架构出现去中心化特征

物联网条件下的终端连接能力极大提升,边缘存储能力、计算能力同步加强,这使得面向"服务"的局部网络生态系统日趋完善。2020 年 10 月 5 日,英伟达发布最新芯片技术 BlueField-2 DPU,并将其用于扩展其边缘计算平台 NVIDIA EGX Edge AI 平台。全球各大行业都可从中获益,包括制造业、医疗保健、零售、物流、农业、电信、公共安全和媒体等,各行业可根据需求快速高效地大规模部署 AI 服务器。企业数据中心将被分散部署在不同位置,包括办公大楼、工厂、仓库、基站、学校、商店和银行等,而非集中部署在某一个中心地点,因此搜索引擎对于云端依赖性减弱。这将促进计算资源前置,直接助力物联网智能边缘的数据分析、管理与检索,对搜索领域格局产生深远影响。

去中心化趋势不仅体现在技术架构上,在内容的传播方式上也有显现。目前大量自媒体内容,包括抖音、快手短视频等,逐渐出现由个人创作、个人发布、个人收看、个人点评的传播链条。这些内容已然成为互联网新闻资讯、视频传媒、文化学习等媒体的重要组成部分。而其中优质内容的传播,完全不需要中心化的专业传媒机构的支持就可以获得极大的阅读量以及广泛传播。内容的去中心化也代表了用户流量的去中心化,将会给基于"头部流量"的网红经济带来一定的改变,为数字营销领域提供新的研究课题。

2. 从搜静态信息到搜即时服务

PC 环境的搜索业务往往是为了获得大量信息来源,然后浏览所有的链接信息,选取最终所需。在物联网搜索场景中,用户更多的是通过随身终端感知周边的服务和基础设施,选择其中所需服务,如居家、购物、选餐、找人、找车等。例如,在搜索引擎中输入"麦当劳",PC 端推荐的内容侧重于与麦当劳相关的百科知识、企业状态、产品特点等;而在移动终端,用户更大概率上是想搜索到附近的麦当劳门店和打折券进行消费。这种"所见即所得"的即时服务需求代表了物联网场景的典型特色。像百度推出的轻应用、微信打造的小程序等功能形态,都是通过一种更方便的方式满足人们在移动端的即时需求,从满足用户对文字信息的搜索需求升级为对即搜即用的"服务"需求。

基于物联网的"服务"还可表现为制造力。我国的智能制造产业正在经历从数字化到网络化再到智能化的过程,物联网和信息物理系统(CPS)最终将并轨连通,形成强大的制造力网络。制造者在物联网空间提交的海量功能与服务成为社会基础设施,个性化创意活动将得到激励和繁荣。人们按照个性化需求提交订单,并由场景中的服务设施即时生产出来。比如要定制一款个性服装,用户仅需提供描述说明即可由边缘计算服务器进行交互式设计,实时渲染 3D 模型。模型一旦确认,即可提交至服装流水线自动生产并快递给用户。这一变化使得物联网搜索引擎较之前具有全新的即时交付能力。

3. 从用户主动搜索到被动推送

传统的搜索引擎使用方式以用户主动发起输入搜索为主,而在移动端的信息获取方式日渐转变为用户的被动感知、接受推荐。随着人工智能技术的发展与应用,个性化推荐的精准度日渐提升,加强了用户黏性。这不仅适用于日常信息搜索,也适用于广告内容推送。抖音、快手、拼多多等 App 能够异军突起,获得可观的 DAU(Daily Active User,日活跃用户数量),其中一个重要原因就是其信息获取模式不再单纯地由用户主动发起搜索请求,而更多转变为机器分发,同时通过 AI 技术进行用户画像分析,实现信息内容的精准投放,大大扩大了用户群体以及用户对新闻资讯、商品广告等信息内容的接受空间。

4. 数字孪生提供搜索新维度

地理信息领域的最新发展正在重构信息的数字空间。2020 年 8 月 18 日,两院院士李德仁在全球地理信息开发者大会(WGDC2020)上表示,基于数字孪生的智慧城市将实现在网络空间对物理空间的现实城市的智能运控与管理,为城市交通、电力监测、公共卫生管理等能力均带来提升与突破。这一论断再次助力数字孪生概念的推广与应用。

数字孪生的一项关键操作是为所有信息打上空间位置标签。事实上,用户在物联网场景中的信息搜索需求具有极强的位置相关性。传统搜索引擎也尝试提供区域化搜索功能,但目前的区域化搜索更多的是通过获取所处经纬度位置信息,对结果进行距离排序。比如在使用百度搜索引擎搜索“停车场”的时候,百度可以根据距离远近将所有“停车场”进行排序。但数字孪生场景中的位置服务并不仅限于现有的定位功能。近几年,室内定位技术得到快速发展,基于 Wi-Fi、蓝牙、UWB 等无线信号的定位应用日渐成熟,使得位置服务能力从室外环境扩展至室内环境。以前例中的停车场搜索为例,相比之下,物联网搜索引擎可以搜索感知到具体的某一空车位,并通过数字孪生服务实现车位预订、引导和反向寻车等。

数字孪生空间的近场定位能力并不局限于为用户提供定位导航服务,还将为传统的 LBS(基于位置的服务)带来新的变化与形态。首先,室内感知定位有助于搜索引擎对场景进行语义理解,进一步推理用户的搜索输入与场景之间的关系,完成精准服务筛选。如在电子城和写字楼这两个场景中搜索“打印”,搜索引擎应返回不同的服务内容,前者是推荐打印机售卖服务,后者更大概率是推荐打印店服务;其次,室内近场感知能力提供了社交属性的新维度,为商场、地铁、展会等近场条件下的社交沟通、信息互动创造了新模式,使得内容创作和传播在去中心化方向上有了更多推动力;在数字营销领域,通过对用户、群体的驻留、动线情况进行统计分析,有助于品牌商家进行流量获取与转化,最终用于提升搜索引擎的推送精准度。

7.4   自然语言处理中的预训练模型

基于深度学习的自然语言处理,在近 10 年中完成了模型框架上的三次迭代。①针对每个不同的自然语言处理任务,独立准备一套人工标注数据集,各自几乎从零开始(常辅以 Word2Vec 词向量),训练一个该任务专属的神经网络模型。②首先基于大规模生语料库,自学习、无监督地训练一个大规模预训练语言模型(PLM),然后针对每个不同的自然语言处理任务(此时也称作下游任务),独立准备一套人工标注数据集,以 PLM 为共同支撑,训练一个该下游任务专属的轻量级全连接前馈神经网络。在这个过程中,PLM 的参数会做适应性调整,其特点为“预训练大模型＋大小联调”。③首先基于极大规模生语料库,自学习、无监督地训练一个极大规模的 PLM;然后针对每个不同的自然语言处理下游任务,以 PLM 为共同支撑,通过少次学习或提示学习等方法来完成该任务。在这个过程中,PLM 的参数不做调整(实际上由于模型规模太过庞大,下游任务也无力调整),其特点为“预训练巨模型＋一巨托众小”。

7.4.1   语言表示学习

近期有大量工作表明,通过海量无标注语料来预训练神经网络模型可以学习到有益于下游 NLP 任务的通用语言表示,并可避免从零训练新模型。预训练模型一直被视为一种训练深度神经网络模型的高效策略。早在 2006 年,深度学习的突破便来自逐层无监督预训练＋微调方式。在 NLP 领域,无论是浅层词嵌入还是深层网络模型,大规模语料下的预训练语言模型均被证实对下游 NLP 任务有益。随着算力的快速发展、以 Transformer 为代表的深度模型的不断涌现以及训练技巧的逐步提升,预训练模型(PreTrained Models,PTMs)也由浅至深。自然语言处理中预训练模型的发展可以分为两个阶段。第一代预训练模型着力于学习词嵌入(也称为词向量),而用于学习词向量的模型本身在下游任务中已不需要使用。因此基于计算效率考量,这类模型通常比较简单,如 CBOW、Skip-Gram 和 GloVe 等。尽管这些预训练词嵌入可捕获词语语义,但是它们是静态的,无法表示上下文相关的信息,如一词多义、句法结构、语义角色和共指等。第二代预训练模型聚焦于学习上下文相关的词嵌入,如上下文向量(Context Vector,CoVe)、ELMo(Embedding from Language Model)、OpenAI GPT(Generative Pre-Training)和 BERT(Bidirectional Encoder Representation from Transformer)等。该类预训练模型会直接在下游任务中使用来表示文本的上下文特征。

如约书亚·本吉奥(Yoshua Bengio)所述,一个好的表示(特征)应该能够表达与任务无关的通用先验,且可能对待解决的下游任务提供帮助。就语言而言,好的表示应捕获隐藏于文本中的隐式语言规则和常识,如词汇意义、句法结构、语义角色甚至语用等。使用低维稠密向量来表示文本意义是分布式表示的核心思想。向量的每个维度无特定意义,而联合起来却表示一个具体的概念。图 7-6 展示了 NLP 中的通用神经网络架构,其中包含两种词嵌入:非上下文嵌入和上下文嵌入。两者的区别在于词嵌入是否根据所出现的上下文发生动态变化。

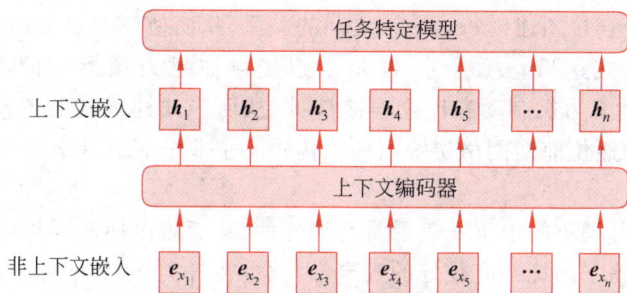

图 7-6　NLP 通用神经网络架构

非上下文嵌入:语言表示的第一步是将离散的语言符号映射至一个分布式嵌入空间中,并将得到的嵌入与模型参数在任务数据中共同训练。然而,该类嵌入存在两个主要缺陷。首先,该类词嵌入在任意上下文中保持相同,故无法建模多义词。其次,未登录词问题。为缓解这些问题,在各类 NLP 任务中广泛运用了字符级别或字词级别的表示,如字符级卷积神经网络(CharCNN)、FastText 和字节对编码(Byte Pair Encoder,BPE)等。

上下文嵌入:为处理多义词问题并考虑词语的上下文依赖性质,需区分词语在不同上下文中的语义。通常需要依赖一个好的上下文编码器。

7.4.2　上下文编码器

大多数上下文编码器可被分为两大类:序列模型和非序列模型,如图 7-7 所示。

1. 序列模型

序列模型常用于捕捉序列中单词的局部上下文。序列模型主要有两种:卷积模型和循环模型。卷积模型将句子的词嵌入通过卷积操作聚合其邻域内的局部信息来捕获词义。循环模型使用短期记忆捕获单词局部表示,如长短时记忆网络(Long Short Term Memory networks,

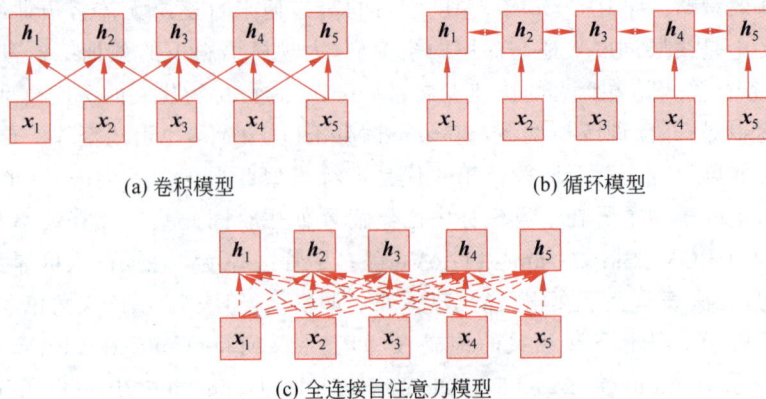

(a) 卷积模型

(b) 循环模型

(c) 全连接自注意力模型

图 7-7　上下文编码器

LSTMs)和门控循环单元(Gated Recurrent Units,GRUs)。在实践中,常使用双向 LSTMs 或 GRUs 来聚集单词双向信息,但其性能往往受限于长距离依赖问题。

2. 非序列模型

非序列模型通过单词间预定义的树图结构(如句法结构或语义关系等)学习上下文表示。部分流行的非序列模型包括递归网络、Tree-LSTM 模型和 GNN 等。尽管这些图结构可以刻画语言的先验知识,然而如何构建合适的图结构仍具有挑战性。此外,这些图结构通常依赖专家知识或句法解析器等外部 NLP 工具。

在实际中,使用全连接图建模每两个词之间的关系,从而使模型自己学到词之间的依赖关系是一种更加直接的方式。Transformer 便是全连接自注意力模型中的一个典型成功样例。Transformer 通过自注意力机制动态计算连接权重,从而隐式建模词间连接,并通过位置编码、层归一化、残差连接和逐位前馈网络层等组件来构建一个非常深的网络。

3. 分析

使用序列模型学习词语的上下文表示具有局部性,从而难以捕获词与词之间的长距离交互。但由于序列模型通常易于训练并有较好的效果,因此也在各类 NLP 任务中大量使用。

Transformer 作为一个全连接自注意力模型的具体实现,由于可直接建模序列中任意两词之间的依赖关系,从而更适用于建模语言的长距离交互。然而,由于其结构较复杂且模型约束较小,Transformer 通常需要大量训练语料,且易在中小规模数据集上过拟合。当有大量数据进行训练时,Transformer 会超过其他模型,因此 Transformer 已成为当前预训练模型的主流架构。

随着深度学习的发展,模型参数显著增长,从而需要越来越大的数据集用于充分训练模型参数并预防过拟合。然而,因大部分 NLP 任务的标注成本极为高昂,尤其是句法和语义相关任务,构建大规模标注数据集尤为困难。

相比较而言,大规模无标注数据集相对易于构建。为了更好地利用海量无标签文本数据,可以首先从这些数据中学到较好的文本表示,然后再将其用于其他任务。许多研究已表明,在大规模无标注语料中训练的预训练语言模型得到的表示可以使许多 NLP 任务获得显著的性能提升。

预训练的优势可总结为以下几点:①在海量文本中通过预训练可以学习到一种通用语言表示,并有助于完成下游任务;②预训练可提供更好的模型初始化,从而具有更好的泛化性并在下游任务上更快收敛;③预训练可被看作在小数据集上避免过拟合的一种正则化方法。

7.4.3　预训练任务及分类

预训练任务对于学习语言的通用表示至关重要。本节将预训练任务分为三类:监督学习、无监督学习及自监督学习。

（1）监督学习（Supervised Learning，SL）通过学习一个函数，根据输入-输出对组成的训练数据将输入映射至输出。

（2）无监督学习（Unsupervised Learning，UL）从无标记数据中寻找一些内在知识，如簇、密度、潜在表示等。

（3）自监督学习（Self-supervised Learning，SSL）介于监督学习和无监督学习之间，其学习范式与监督学习相同，而训练数据标签自动生成。自监督学习的关键思想是通过输入的一部分信息来预测其他部分信息。例如，掩码语言模型（Masked Language Model，MLM）是一种自我监督的任务，就是将句子中的某些词删掉，并通过剩下的其他词来预测这些被删掉的词。

下面介绍一些现有预训练模型中被广泛使用的预训练任务。

1. 语言模型

NLP中最常见的无监督任务为概率语言模型，这是一个经典的概率密度估计问题。在实践中语言模型通常特指自回归语言模型或单向语言模型。单向语言模型的缺点在于每个词的表示仅对包括自身的上文编码，而更好的文本上下文表示应从两个方向对上下文信息进行编码。一种改进策略为双向语言模型，即由一个前向语言模型和一个反向语言模型组成。

2. 掩码语言模型

MLM首先将输入句子的一些词替换为[MASK]，然后训练模型通过剩余词来预测被替换的词。然而，在实际使用时句子中并不会出现[MASK]，导致这种预训练方法在预训练阶段和微调阶段之间存在不一致。为缓解该现象，Devlin等在每个序列中替换15%的词块，其中每个词以80%的概率使用[MASK]替换，10%的概率替换为随机词，10%的概率保持不变。

通常情况下，MLM可以作为分类任务处理，也可以使用编码器-解码器架构处理，即在编码器中输入掩码序列，接着解码器以自回归形式预测出被掩码的词。同时，也存在部分强化掩码语言模型，如RoBERTa的动态掩码。UniLM使用单向、双向和序列到序列预测的语言模型任务拓展掩码预测任务。

3. 乱序语言模型

为缓解MLM中因[MASK]导致的预训练和微调阶段的差异问题，有研究者提出使用乱序语言模型（Permuted Language Modeling，PLM）替代MLM。PLM是一种基于输入序列随机排列的语言建模任务。该任务从所有可能的排列中随机抽取一种排列，接着选择其中某些词为目标，训练模型依据剩下的词块和位置信息预测这些词。该置换方式并不影响序列的自然顺序，仅定义了词块预测的顺序。

4. 降噪自编码器

降噪自编码器（Denoised Auto-Encoder，DAE）是将部分损坏的序列作为输入并恢复原始的序列。就语言来说，常使用如标准Transformer等序列到序列模型重构原始输入文本。常见的损坏文本方式有词屏蔽、词删除、文本填充、句序打乱和文档内容置换等。

5. 对比学习

对比学习（ConTrastive Learning，CTL）假设一些观察到的成对文本在语义上比随机采样的文本更相似。CTL背后的理念是"通过比较来学习"。与语言模型相比，CTL通常具有较低的计算复杂度，因此是预训练模型理想的训练方式。

Deep InfoMax（DIM）最早在图像领域被提出，其通过最大化图像表示与图像局部区域之间的互信息来改进表示质量。替换标签检测（Replaced Token Detection，RTD）与噪声对比估计（Noise-Contrastive Estimation，NCE）相同，但前者根据其周围的上下文来预测某个词块是否被替换。ELECTRA 使用生成器替换序列中的部分词,并在预训练后抛弃生成器,而判别器用于判断每个词是否被替换,在下游任务上使用微调的判别器作为最终的模型。下一句预测任务(Next Sentence Prediction,NSP)训练模型区分输入的两个句子是否为训练语料中的两个连续片段。后续也有工作质疑 NSP 任务的有效性。句序预测任务(Sentence Order Prediction,SOP)将同一个文档中的两个连续片段作为正例,将两个连续片段调换顺序作为反例。

为阐明 NLP 领域中现有预训练模型的关系,可从 4 个不同的角度对现有预训练模型进行分类。①表示类型:根据用于下游任务的表示,可将预训练模型分为非上下文预训练模型和上下文预训练模型。②架构:预训练模型使用的骨干网络,包括 LSTM、Transformer 编码器、Transformer 解码器和完整的 Transformer 架构。③预训练任务类型:预训练模型时使用的预训练任务类型。④拓展:为各种场景设计的预训练模型,包括知识增强预训练模型、多语言或特定语言的预训练模型、多模态预训练模型、特定领域的预训练模型和预训练模型的压缩等。

7.4.4　大型语言模型

语言模型本是自然语言处理领域中的一个分支任务,近年来研究人员发现训练一个好的语言模型对提升诸多自然语言处理任务,例如情感分析、文本分类、序列标注等的性能具有显著帮助,因而其重要性逐渐得到重视,成为如今自然语言处理领域的发展主流。语言模型的目标在于建模自然语言的概率分布。

不管从模型表现还是算力需求的角度,百亿参数量都是一个较为合适的大型语言模型的界定标准。值得注意的是,参数量并不是界定大型语言模型的唯一标准,模型架构、训练数据量、训练所需 FLOPs 等也是衡量大型语言模型的重要因素。

自 GPT-3 问世以来,国内外多家机构加大对大型语言模型的研发投入,近 3 年来涌现了一批具有竞争力的大型语言模型。目前已有的大型语言模型总体呈现出以工业界投入为主,以英文为主,以及以闭源为主等特点。

美国 OpenAI 发布了 GPT-3、GPT-4、Codex;美国 AI21 Labs 发布了 J1-Jumbo、J1-Grande;美国 Microsoft 发布了 Turing-NLG、MT-NLG;美国 Meta 发布了 OPT、LLaMA;Google 美国发布了 T5、UL2、AlphaCode、PaLM、LaMDA、Chinchilla、Gopher。中国清华大学智源发布了 CPM-2、GLM-130B;复旦大学发布了 MOSS;上海 AI LAB 发布了 InternLM;中国百度发布了 ERNIE 3.0 Titan;浪潮发布了源 1.0;华为发布了盘古-α、盘古-Σ;腾讯发布了 WeLM;阿里巴巴发布了 M6、M6-10T、PLUG。

1. 大型语言模型的发展路径

图 7-8 展示了语言模型的主要发展路径:2008 年,Collobert 等发现将语言模型作为辅助任务预先训练,可以显著提升各个下游任务上的性能,初步展示了语言模型的通用性;2013 年,Mikolov 等在更大语料上进行语言模型预训练得到一组词向量,接着通过迁移学习的手段,以预训练得到的词向量作为初始化,使用下游任务来训练任务特定模型;2018 年,Google 公司的 Devlin 等将预训练参数从词向量扩增到整个模型,同时采用 Transformer 架构作为骨干模型,显著增大了模型容量,在诸多自然语言处理任务上仅需少量微调即可取得很好的效果;随后,研究人员继续扩增模型参数规模和训练数据量,同时采取一系列对齐算法使得语言模型具备更高的易用性、忠诚性、无害性,在许多场景下展现出极强的通用能力,OpenAI 于 2022 年年底发布的 ChatGPT 以及 2023 年发布的 GPT-4 是其中的代表。

2. 语言模型的发展特点

(1) 以语言模型及其变体为训练任务,从多个维度实现规模化。从 2008 年至今,语言模型

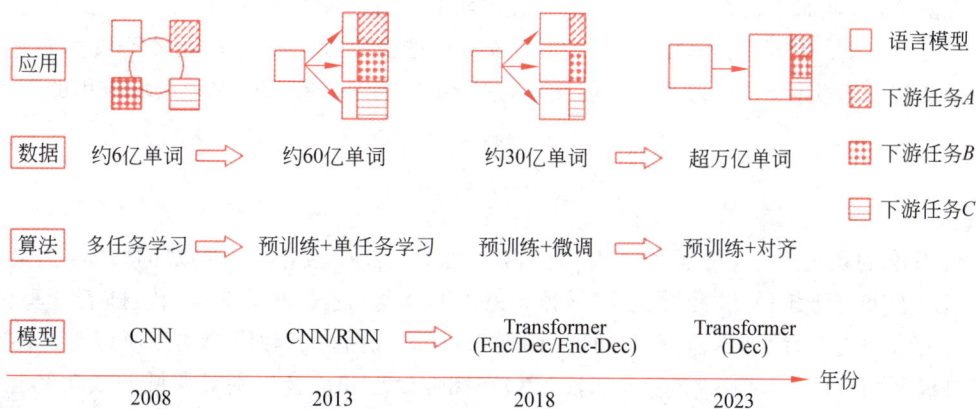

图 7-8　语言模型发展路径

的训练任务变化很小,而其训练数据逐渐从 6 亿单词增长到如今的超万亿单词,算法从传统的多任务学习范式发展到更适合大规模预训练的迁移学习范式,模型从容量较小的 CNN/RNN 模型发展为包含超过千亿参数的 Transformer 模型。

（2）将更多模型参数和训练任务从下游转移到上游。从模型参数的角度,2013 年以前的大多数模型要从头训练所有参数;2013—2018 年主要基于预训练的词向量训练参数随机初始化的任务特定模型;2018—2020 年逐渐转向"预训练＋微调"范式,即使用预训练模型作为下游任务初始化,仅需添加少量任务特定参数,例如,在预训练模型上添加一个随机初始化的线性分类器;2020 年前后,基于提示的方法得到了很大发展,通常直接使用包括语言模型分类头在内的整个预训练语言模型,通过调整其输入内容来得到任务特定输出。从训练任务的角度,语言模型从与其他下游任务联合多任务训练逐渐发展成为独立的上游任务,通过数据、模型、算法等多个维度的规模化逐渐降低对下游任务训练的需求,近年来的大型语言模型通常在已有的上千个指令化自然语言处理任务（如 FLAN）上训练,从而可以在未经下游任务训练的情况下很好地泛化到未见任务上。

3. 大型语言模型的涌现能力

这种较小规模模型不具备而大型语言模型具备的完成某些任务的能力就被称为"涌现能力"。例如,在少样本提示设定下进行三位数加减任务时,当 GPT-3 达到 130 亿个参数计算量时准确率出现迅速提升,而在此之前模型准确率一直接近零。

相比于较小规模语言模型,大型语言模型具备一些较为关键的涌现能力,大大加强了其在真实场景下的可用性,包括情景学习、思维链和指令学习。

情景学习是指将一部分样本及其标签作为示例拼接在待预测样本之前,大型语言模型能够根据这小部分示例样本习得如何执行该任务。思维链是提升大型语言模型推理能力的常见提示策略,它通过提示语言模型生成一系列中间推理步骤来显著提升模型在复杂推理任务上的表现。指令遵循能力是指语言模型根据用户输入的自然语言指令执行特定任务的能力。

4. 大型语言模型的挑战

（1）检测问题。大型语言模型生成的文本高度复杂甚至相当精致,在很多场景下难以与人类创作的文本区分开。这引发了对语言模型生成文本滥用的担忧,例如,虚假文本生成在医学、法律、教育等领域的滥用可能导致巨大的隐患。

（2）安全性问题。大型语言模型的训练数据大量来自互联网上未经标注的文本,因而不可避免地引入了有害、不实或歧视性内容。此外,蓄意攻击者也可利用提示词注入等手段欺骗模型产生错误的输出,从而干扰系统运行、传播虚假信息或进行其他非法活动。

(3)幻觉问题。目前 ChatGPT 和 GPT-4 等高性能语言模型仍然存在较严重的幻觉问题,即经常生成包含事实性错误、似是而非的文本,这严重影响了其在部分专业领域应用的可靠性。

7.5　机 器 翻 译

从认识论的角度来看,机器翻译大体经历了两个发展阶段:基于规则的"理性主义"阶段(1949—1992)和基于统计的"经验主义"阶段(1993 年至今)。20 世纪 90 年代,随着计算机硬件运算能力的大幅提升,统计机器翻译性能不断增强,逐渐成为机器翻译的主流模型。2013 年,借鉴深度神经网络(Deep Neural Network,DNN)在图像处理和语音识别等领域的成功经验,神经机器翻译(Neural Machine Translation,NMT)开始兴起,同时随着 LSTM、Attention、Transformer、BERT 等技术的不断应用和平行语料规模的不断扩大,基于序列到序列模型的神经机器翻译发展迅速,很多主要语种间的机器翻译质量已经接近或达到人工翻译的水平,神经机器翻译已成为当前机器翻译领域的主流模型。图 7-9 为机器翻译的发展历程。

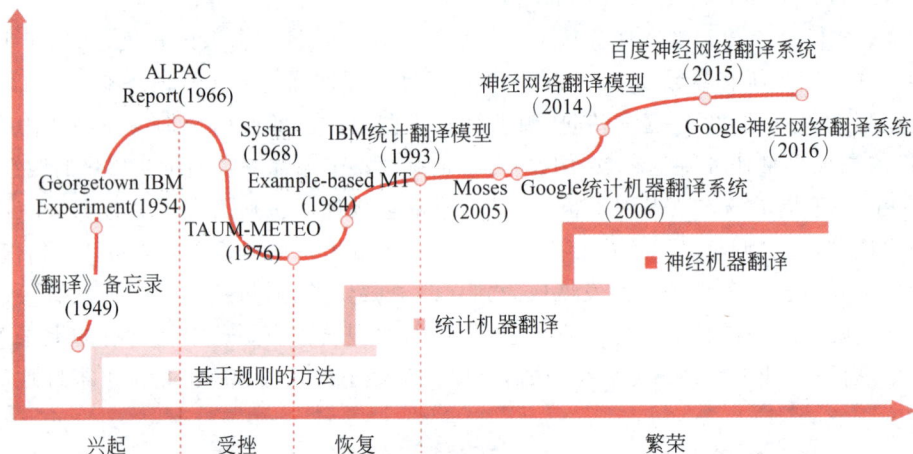

图 7-9　机器翻译的发展历程

统计机器翻译和神经机器翻译都属于数据驱动方法,需要具备大规模、高质量的平行语料资源才能获得好的翻译效果。相比统计机器翻译模型,神经机器翻译模型不需要进行词对齐、短语抽取、短语概率计算等处理步骤,而是采用深度神经网络学习源语言到目标语言的映射,因此,神经机器翻译对平行语料资源的需求更加巨大。平行语料资源匮乏成为制约神经机器翻译质量提升最主要的因素。

机器翻译系统回顾

7.5.1　机器翻译的基本模式和方法

从形式上看,机器翻译过程就是由一个符号序列变换为另一个符号序列的过程。这种变换有三种基本模式(见图 7-10)。

(1)直译式(一步式)。直接将特定的源语言翻译成目标语言,翻译过程主要表现为源语言单元(主要是词)向目标语言单元的替换,对语言的分析很少。

(2)中间语式(二步式)。先分析源语言,并将其变换为某种中间语言形式,然后再从中间语言出发,生成目标语言。

(3)转换式(三步式)。先分析源语言,形成某种形式的内部表示(如句法结构形式),然后将

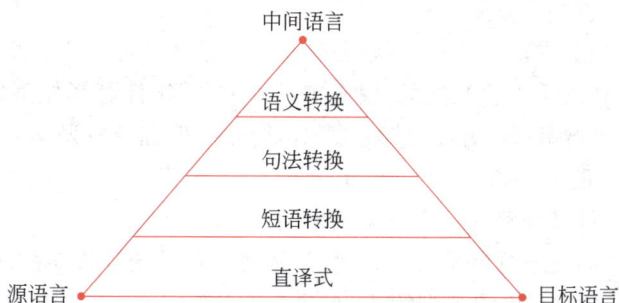

图 7-10　机器翻译的金字塔

源语言的内部表示转换为目标语言对应的内部表示,最后从目标语言的内部表示再生成目标语言。

三种模式构成了机器翻译的金字塔。塔底对应直译式,塔顶对应中间语言式,为翻译的两个极端;中间不同层次统称为转换式。金字塔最下层的直译式主要是基于词的翻译。在塔中,每上升一层,其分析更深一层,向"理解"更逼近一步,理论上,翻译的质量也更进一层;但越往上逼近,处理的难度和复杂度也越大,出错以及错误传播的机会也随之增加,这反而可能影响翻译质量。

机器翻译本质上是一项智能活动,无论是源语言的分析、目标语言的生成,还是源语言与目标语言的内部形式转换,都需要复杂的推理。这一方面需要大量的知识储备(包括语言相关和语言之外的世界知识),同时,还要有运用知识进行推理的能力。根据知识获取方式的不同,可以将机器翻译分成基于人工知识的机器翻译和基于学习的机器翻译方法;根据学习方法的不同,又可以将机器翻译分为非参数方法(或实例方法)与参数方法(或统计方法)。下面简要介绍这三种方法以及近几年兴起的神经网络方法。

1. 基于人工规则的方法

机器翻译的最典型方法就是将人类翻译的知识总结、抽象出来,以特定的形式存入计算机。在翻译过程中,计算机结合待翻译的输入,选择相应的知识进行推理或变换。最典型的知识表示形式是规则,因此,基于规则的机器翻译(Rule-based Machine Translation,RBMT)也成为这类方法的代表。翻译规则包括源语言的分析规则、源语言的内部表示向目标语言内部表示的转换规则以及目标语言的内部表示生成目标语言的规则。规则是高度抽象的,具有很强的覆盖性。但提炼规则并不是一件容易的事情,提炼出来的规则也难免发生冲突。

2. 基于实例的方法

基于实例的方法与机器学习中的基于实例的学习(Instance-based Learning,IBL)或基于案例的学习(Case-based Reasoning,CBR)的思想类似,就是从实例库中寻找与待翻译的源语言单元(通常是句子)最相似的例子,再对相应的目标语言单元进行调整。

最早提出这一思想的是 Martin Kay。他在 1980 年提出借助已有的翻译实例进行辅助翻译的观点,这一思想目前称为翻译记忆(TM)。Martin Kay 不相信全自动的机器翻译,但认为可以借助 TM 进行机助人译(或人助机译),即从记忆单元中查找与源语言最相似的一个或 K 个例子,将相应的目标语言交给用户选择和修改,由用户确定译文。TM 有很多应用,如产品升级换代后的说明书和相关文档的翻译。新的文档与先前版本的文档保持相当内容的一致,在翻译时可以直接借用。

与此类似,Nagao 也于 1984 年提出了基于实例的翻译方法(EBMT)。但与 TM 不一样,EBMT 服务于全自动翻译。由于待翻译的源语言并不一定有完全相同的实例,因此在全自动翻译中就必定要对检索到的实例的译文进行变换或重组。

3. 基于统计模型的方法

基于统计模型的方法（或称为统计机器翻译）是一种参数学习方法。基于实例的非参数方法总是需要保存翻译实例（或泛化后的模板）用作实际的翻译，统计翻译模型则是利用实例训练模型参数，以参数服务于机器翻译。用 $P(E|F)$ 描述将源文 F 翻译成译文 E 的概率，这些概率满足归一化条件，即 $\Sigma_E P(E|F)=1$。

统计机器翻译问题可以分解为以下三个基本问题。

（1）建模。对 $P(E|F)$ 进行定义，给出其数学描述。这是统计机器翻译的核心问题。

（2）训练（学习）。利用双语语料训练 $P(E|F)$ 的参数。

（3）解码（推理）。对于给定的句子 F，在译文空间中，搜索使概率 $P(E|F)$ 最大的句子 E。

由于统计机器翻译本质上是带参数的机器学习，与语言本身没有关系，因此，模型适用于任意语言对，也方便迁移到不同应用领域。翻译知识都通过相同的训练方式对模型参数化，翻译也用相同的解码算法推理实现。

随着互联网文本数据的持续增长和计算机运算能力的不断增强，数据驱动的统计方法从 20 世纪 90 年代起开始逐渐成为机器翻译的主流技术。统计机器翻译为自然语言翻译过程建立概率模型并利用大规模平行语料库训练模型参数，具有人工成本低、开发周期短的优点，克服了传统理性主义方法面临的翻译知识获取瓶颈问题，因而成为 Google、Microsoft、百度、有道等国内外公司在线机器翻译系统的核心技术。

尽管如此，统计机器翻译仍然在以下 6 方面面临严峻挑战。

（1）线性不可分：统计机器翻译主要采用线性模型，处理高维复杂语言数据时线性不可分的情况非常严重，导致训练和搜索算法难以逼近译文空间的理论上界。

（2）缺乏合适的语义表示：统计机器翻译主要在词汇、短语和句法层面实现源语言文本到目标语言文本的转换，缺乏表达能力强、可计算性高的语义表示支持机器翻译实现语义层面的等价转换。

（3）难以设计特征：统计机器翻译依赖人类专家通过特征表示各种翻译知识源。由于语言之间的结构转换非常复杂，人工设计特征难以保证覆盖所有的语言现象。

（4）难以充分利用非局部上下文：统计机器翻译主要利用上下文无关的特性设计高效的动态规划搜索算法，导致难以有效将非局部上下文信息容纳在模型中。

（5）数据稀疏：统计机器翻译中的翻译规则（双语短语或同步文法规则）结构复杂，即便是使用大规模训练数据，仍然面临着严重的数据稀疏问题。

（6）错误传播：统计机器翻译系统通常采用流水线架构，即先进行词法分析和句法分析，再进行词语对齐，最后抽取规则。每一个环节出现的错误都会放大传播到后续环节，严重影响了翻译性能。

4. 基于神经网络的方法

由于深度学习能够较好地缓解统计机器翻译面临的上述挑战，基于深度学习的方法自 2013 年后获得迅速发展，成为当前机器翻译领域的研究热点。基于深度学习的机器翻译大致可分为以下两种方法。

（1）利用深度学习改进统计机器翻译：仍以统计机器翻译为主体框架，利用深度学习改进其中的关键模块。

（2）端到端神经机器翻译：一种全新的方法体系，直接利用神经网络实现源语言文本到目标语言文本的映射。

神经网络机器翻译最近 3 年取得了很好的进展。微软亚洲研究院常务副院长周明介绍，

NMT(神经网络机器翻译)与经典的 SMT(统计机器翻译)相比,BLEU 值至少提升了 4 个点(BLEU 是衡量机器翻译结果的一个常用指标)。这是一个很大的进步。要知道统计机器翻译在过去 5 年里都没有这么大的提升。NMT 已被公认为机器翻译的主流技术,许多公司都已经大规模采用 NMT 作为上线的系统。

最近也有学者在考虑把一些知识加入系统中。例如,在源语言编码时考虑源语言的句法树(词汇之间的句法关系),或者在解码时考虑目标语言的句法树的信息。通过句法树加强对目标语的词汇的预测能力。微软亚洲研究院用领域知识图谱强化编码和解码,得到了很好的结果。

7.5.2　统计机器翻译

1. 基于词的统计机器翻译模型

IBM 最早提出的 5 个翻译模型就是基于词的模型,其基本思想是:①对于给定的大规模句子对齐的语料库,通过词语共现关系确定双语的词语对齐;②一旦得到了大规模语料库上的词语对齐关系,就可以得到一张带概率的翻译词典;③通过词语翻译概率和一些简单的词语调序概率,计算两个句子互为翻译的概率。

这里有一个重要的概念,即双语的词语对齐。图 7-11 为英汉词语对齐示意图。

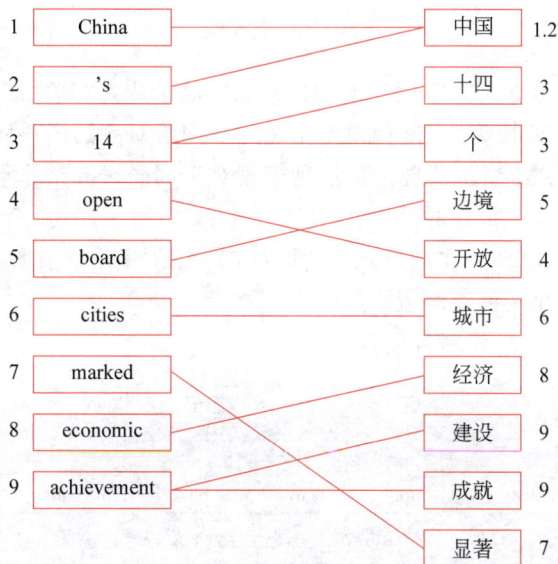

图 7-11　英汉词语对齐示意图

IBM 模型通过一种很巧妙的方法,可以利用给定的大规模语料库中的词语共现关系,自动计算出句子之间词语对齐的关系,而不需要利用任何外部知识(如词典、规则等),同时可以达到较高的准确率,这比单纯使用词典的方法正确率要高得多。其实,这种方法的原理也很简单,就是利用词语之间的共现关系。例如,知道以下两个句子对是互为翻译的:

$$A\ B \longleftrightarrow X\ Y$$
$$A\ C \longleftrightarrow X\ Z$$

根据直觉,很容易猜想 A 翻译成 X,B 翻译成 Y,C 翻译成 Z。只是当有成千上万的句子对,每个句子都有几十个词的时候,依靠人的直觉就不够了。IBM 模型将人的这种直觉用数学公式定义出来,并给出了具体的实现算法,这种算法称为 EM 训练算法。

通过 IBM 模型的训练,可以利用一个大规模双语语料库得到一部带概率的翻译词典。同时,IBM 模型也对词语调序建立了模型,但这种模型是完全不考虑结构的,因此对词语调序的刻画能力很弱。例如,它可以判断出两个源语言中相邻的词语翻译后依然相邻的概率较高,如此而已。在基于词的翻译方法中,对词语调序起主要作用的还是语言模型。

在基于词的统计机器翻译模型下,解码的过程通常可以理解为一个搜索的过程,或者说,理解成一个不断猜测的过程。这个过程大致如下。

第一步,猜测译文的第一个词是从源文的哪一个词翻译过来的;第二步,猜测译文的第二个词应该是什么;第三步,猜测译文的第二个词是从源文的哪一个词翻译过来的;以此类推,直到所有源文词语都被翻译完。

在解码的过程中,要反复使用翻译模型和语言模型计算各种可能的候选译文的概率,以避免搜索的范围过大。

IBM 模型可以较好地刻画词语之间的翻译概率,但由于没有采用任何句法结构和上下文信息,它对词语调序能力的刻画是非常弱的。而且由于词语翻译的时候没有考虑上下文词语的搭配,也经常会导致词语翻译的错误。

尽管作为一种基于词的翻译模型,IBM 模型的性能已经被新型的翻译模型超越,但作为一种大规模词语对齐的工具,IBM 模型仍然在统计机器翻译研究中广泛使用,而且几乎是不可或缺的。

2. 基于短语的统计机器翻译

经过努力,基于短语的统计机器翻译模型目前已经趋于成熟,其性能已经远远超过基于词的统计机器翻译模型(即 IBM 模型)。这种模型是建立在词语对齐的语料库的基础上的,其中词语对齐的工作仍然要依靠 IBM 模型实现。但这种模型对于词语对齐是非常鲁棒的,即使词语对齐的效果不太好,依然可以取得很好的性能。

基于短语的翻译模型原理是在词语对齐的语料库上,寻找并记录所有的互为翻译的双语短语,并在整个语料库上统计这种双语短语的概率。

假设已经得到如下两个词语对齐的片段(见图 7-12)。

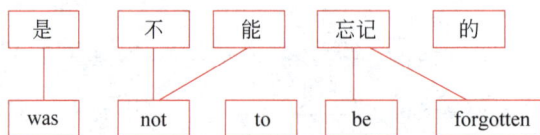

图 7-12　汉英片段对齐

解码(翻译)的时候,只将被翻译的句子与短语库中的源语言短语进行匹配,找出概率最大的短语组合,并适当调整目标短语的语序即可。

这种方法几乎就是一种机械的死记硬背式的方法。基于短语的统计翻译模型的性能远远超过已有的基于实例的机器翻译系统。

这充分展示了大数据乃至大数据思维的力量:人类的翻译知识和经验其实已经最大限度地、"隐式"地反映在极大规模的双语语料库中了。统计机器翻译模型不需要人的任何帮助和介入,就可以有效挖掘和利用这些知识。

7.5.3　利用深度学习改进统计机器翻译

利用深度学习改进统计机器翻译的核心思想是以统计机器翻译为主体,使用深度学习改进其中的关键模块,如语言模型、翻译模型、调序模型、词语对齐等。

深度学习能够帮助机器翻译缓解数据稀疏问题。以语言模型为例。语言模型能够量化译文的流利度,对译文的质量产生直接的重要影响,是机器翻译中的核心模块。传统的语言模型采用 n-gram 方法,通过极大似然估计训练模型参数。由于这种方法采用离散表示(即每个词都是独立的符号),极大似然估计面临着严重的数据稀疏问题:大多数 n-gram 在语料库上只出现一次,无法准确估计模型参数。因此,传统方法不得不使用平滑和回退等策略缓解数据稀疏问题。但即使采用平滑和回退策略,统计机器翻译系统还是因为数据过于稀疏而无法捕获更多的历史信息,通常仅能使用 4-gram 或者 5-gram 语言模型。

深度学习著名学者、加拿大蒙特利尔大学 Yoshua Bengio 教授在 2003 年率先提出基于神经网络的语言模型,通过分布式表示(即每个词都是连续、稠密的实数向量)有效缓解了数据稀疏问题。美国 BBN 公司的 Jacob Devlin 等于 2014 年进一步提出神经网络联合模型。传统的语言模型往往只考虑目标语言端的前 $n-1$ 个词。以图 7-13 为例,假设当前词是 the,一个 4-gram 语言模型只考虑之前的 3 个词:get、will 和 i。Jacob Devlin 等认为,不仅是目标语言端的历史信息对于决定当前词十分重要,源语言端的相关部分也起着关键作用。因此,其神经网络联合模型额外考虑 5 个源语言词,即“就”“取”“钱”“给”和“了”。由于使用分布式表示能够缓解数据稀疏问题,神经网络联合模型能够使用丰富的上下文信息(图 7-13 共使用了 8 个词作为历史信息),从而相对于传统的统计机器翻译方法获得了显著提升(BLEU 值提高约 6 个百分点)。

图 7-13　神经网络联合模型

对机器翻译而言,使用神经网络的另一个优点是能够解决特征难以设计的问题。以调序模型为例,基于反向转录文法的调序模型是基于短语的统计机器翻译的重要调序方法之一,其基本思想是将调序视作二元分类问题:将两个相邻源语言词串的译文顺序拼接或逆序拼接。传统方法通常使用最大熵分类器,但是如何设计能够捕获调序规律的特征成为难点。由于词串的长度往往非常长,如何从众多的词语集合中选出能够对调序决策起关键作用的词语是非常困难的。因此,基于反向转录文法的调序模型不得不仅基于词串的边界词设计特征,无法充分利用整个词串的信息。利用神经网络能够缓解特征设计的问题,首先利用递归自动编码器生成词串的分布式表示,然后基于 4 个词串的分布式表示建立神经网络分类器。因此,基于神经网络的调序模型不需要人工设计特征,就能够利用整个词串的信息,显著提高了调序分类准确率和翻译质量。实际上,深度学习不仅能够为机器翻译生成新的特征,还能够将现有的特征集合转换成新的特征集合,显著提升了翻译模型的表达能力。

7.5.4　端到端神经机器翻译

端到端神经机器翻译是从 2013 年兴起的一种全新机器翻译方法,其基本思想是使用神经网络直接将源语言文本映射成目标语言文本。与统计机器翻译不同,不再有人工设计的词语对齐、短语切分、句法树等隐结构,不再需要人工设计特征,端到端神经机器翻译仅使用一个非线性的神经网络便能直接实现自然语言文本的转换。

英国牛津大学的 Nal Kalchbrenner 和 Phil Blunsom 于 2013 年首先提出了端到端神经机器翻译。他们为机器翻译提出一个“编码-解码”的新框架:给定一个源语言句子,首先使用一个编码器将其映射为一个连续、稠密的向量,然后再使用一个解码器将该向量转换为一个目标语言句子。他们使用的编码器是卷积神经网络,解码器是递归神经网络。使用递归神经网络具有能够捕获全部历史信息和处理变长字符串的优点。

美国 Google 公司的 Ilya Sutskever 等于 2014 年将长短期记忆(Long Short-Term Memory,LSTM)引入端到端神经机器翻译。LSTM 通过采用设置门开关的方法解决了训练递归神经网络时的"梯度消失"和"梯度爆炸"问题,能够较好地捕获长距离依赖。

具体来讲,一个句子首先经过一个 LSTM 实现编码,得到 N 个隐状态序列。每一个隐状态代表从句首到当前词汇为止的信息的编码。句子最后的隐状态可以看作全句信息的编码。然后再通过一个 LSTM 逐词进行解码。在某一个时刻,有三个信息起作用决定当前的隐状态,即源语言句子的信息编码、上一个时刻目标语言的隐状态,以及上一个时刻的输出词汇。然后再用得到的隐状态通过 Softmax 计算目标语言词表中每一个词汇的输出概率。这个解码过程要通过一个 Beam Search 得到一个最优的输出序列,即目标语言的句子。后来进一步发展了注意力模型,通过计算上一个隐状态和源语言句子的隐状态的相似度对源语言的隐状态加权,体现源语言句子编码的每一个隐状态的对解码的作用。

图 7-14 给出了 Sutskever 等提出的架构。无论是编码器还是解码器,Sutskever 等都采用了递归神经网络。给定一个源语言句子"A B C",该模型在尾部增加了一个表示句子结束的符号"＜EOS＞"。当编码器为整个句子生成向量表示后,解码器便开始生成目标语言句子,整个解码过程直到生成"＜EOS＞"时结束。需要注意的是,当生成目标语言词"X"时,解码器不但考虑整个源语言句子的信息,还考虑已经生成的部分译文(即"W")。由于引入了 LSTM,端到端神经机器翻译的性能大幅度提升,取得了与传统统计机器翻译相当甚至更好的准确率。然而,这种新的框架仍面临一个重要的挑战,即不管是较长的源语言句子,还是较短的源语言句子,编码器都需将其映射成一个维度固定的向量,这对实现准确的编码提出了极大的挑战。

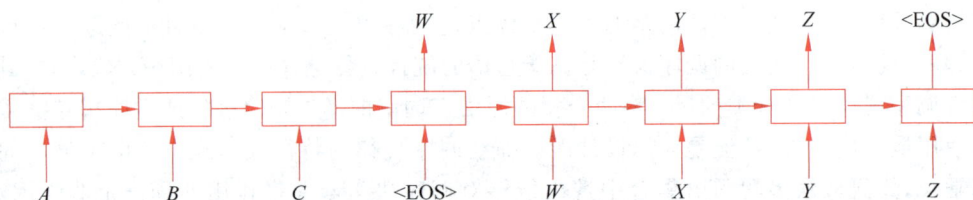

图 7-14　端到端神经机器翻译

针对编码器生成定长向量的问题,Yoshua Bengio 研究组提出了基于注意力的端到端神经网络翻译。所谓注意力,是指当解码器在生成单个目标语言词时,仅有小部分的源语言词是相关的,绝大多数源语言词都是无关的。例如,在图 7-13 中,当生成目标语言词"money"时,实际上只有"钱"是与之密切相关的,其余的源语言词都不相关。因此,Bengio 研究组主张为每个目标语言词动态生成源语言端的上下文向量,而不是采用表示整个源语言句子的定长向量。为此,他们提出了一套基于内容的注意力计算方法。实验表明,注意力的引入能够更好地处理长距离依赖,显著提升端到端神经机器翻译的性能。

尽管神经机器翻译模型的内涵与统计机器翻译模型已经全然不同,其机理初看上去甚至难以理喻,但从外部特性来看,它们的基本点是完全一致的。第一,神经机器翻译模型具有更加广泛的一般性(与语言学研究几乎彻底分道扬镳);第二,更加体现了大数据和大数据思维的力量。此外,神经机器翻译模型比统计机器翻译模型更需要极其强大的计算能力的支持。

7.6　语 音 识 别

本节将简单介绍语音识别。首先从声波分析开始,抽取与构成单词的发音单元相关的特征。发音单元的清晰特性是不确定的,在最终的单词识别阶段,采用一个模型,将已提炼出的发音单元序列与单词序列进行匹配。

7.6.1　智能语音技术概述

智能语音技术经过几十年的发展和积累,经历了模板匹配、统计方法和深度学习方法阶段。在模板匹配和统计学习阶段,主要是根据发音机理和听感特性,设计语音特征提取和归一化方法,根据特征距离或分布概率计算语音的帧级匹配度,结合动态规划算法搜索最优序列。在深度学习阶段,特征提取和帧级匹配度计算统一用深度神经网络(DNN)建模,极大地提高了建模精确度。目前,智能语音技术已经形成了相对完备的技术体系,如图 7-15 所示,主要包含 5 方面。

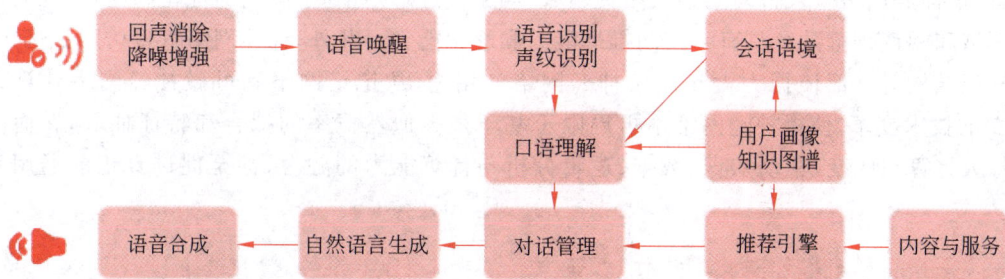

图 7-15　智能语音技术框架

(1)语音降噪与增强技术。解决复杂真实场景下的语音回声消除、语音测向、波束形成、去混响、分离、降噪和增强等,提升真实应用场景下的语音信噪比;同时与后端声学模型的适配,是实现高精度语音识别和唤醒的基础。

(2)高性能低功耗语音唤醒技术。语音唤醒技术对解放双手和双眼,实现自由语音交互具有关键作用。其最大的挑战在于,在保证复杂真实场景噪声、复杂用户口音、较高语音唤醒率的情况下,要同时将系统的误唤醒率和资源、功耗降低到最低程度。

(3)高精度语音识别技术。主要解决复杂真实场景噪声、用户口音、垂直领域下的把语音转换成文字的问题,需要快速定制或自适应用户,以提升用户体验。

(4)高自然度和个性化情感语音合成技术。传统的以信息传达为目的的语音合成已经不成问题,最大的挑战在于适应用户对合成音质、音色、情感韵律,以及快速模拟特定说话人的需求,对交互系统的用户体验而言至关重要。

(5)口语理解、对话管理和生成技术。结合说话人现场、上下文、用户画像、领域知识库等语境信息,理解用户语言的会话含义,根据对话管理策略获取外部内容或服务,生成自然语言应答,这属于认知计算的范畴。目前最大的挑战在于缺乏统一和有效的框架,需要针对特定垂直领域进行专门的定制优化。

智能语音技术是语音产业应用的基础,随着深度学习技术演进和大数据积累,性能指标会持续提升。目前,端到端深度学习算法在语音识别、语音合成、机器翻译和对话系统方面都取得了突破性进展,未来需要突破的主要技术点包括如下 4 方面。

（1）小数据机器学习或自适应方法。通过少量样本数据,实现既有模型对特定说话人、环境噪声、应用领域的快速自适应。

（2）轻监督和无监督机器学习方法。从少量数据的有监督学习转向利用海量数据的半监督学习和无监督学习,将模型训练的数据规模从人工标注规模的有限数据,扩展到无须人工标注的超大规模数据;从简单分类任务判别模型转向生成模型,从而取得显著的模型覆盖度和性能指标提升。

（3）结合多种语境信息的语用计算。在人机对话过程中,要正确理解用户话语的含义,不仅要看字面含义,还要在语用的层次上理解,即要结合多种语境信息,以理解其会话含义。这些语境信息包括一些说话现场的语境,如说话的时间、地点、场所、设备传感器获取到的信息;也包括我们常说的言语语境,也就是话语的上下文;还包括知识语境,如背景知识、领域知识、用户画像信息、设备角色设定信息等。

（4）知识图谱和深度学习的融合。即让深度学习模型有效利用大量存在的先验知识。与一般分类器相比,神经网络内部具有一定的记忆特性,深度神经网络隐藏层还具有一定的抽象能力,因而把神经网络引入自动问答及相关领域(如阅读理解)有利于问题的优化和简化,同时使得知识图谱和阅读理解系统具有一定的推理能力和泛化能力。此外,神经网络直接访问记忆库(内存)、知识结构等外部依据大大拓展了神经网络的用途,从记忆网络到可微神经网络计算架构(DNC)的技术变革,使得神经网络不再局限于基于最大似然概率的拟合和特征抽取,转而向全新的拟人计算机蜕变,驱动知识、数据、逻辑分析与计算能力的融合,甚至促进真正的通用智能发展。

7.6.2　组成单词读音的基本单元

局部计算存储器中的连续语音识别软件和用麦克风输入的语音信息,允许使用者将语音直接转换为文档。

由于使用者声音上的细微差别,还需要使用者训练识别器。某些现代航空器使用有限的词汇,允许飞行员使用语音发出命令。计算机上的软件包也能对语音命令产生反应。但是,对于下面这样的句子,当前应用程序的能力还远远无法要求系统进行反应。

Back up all the program files for the projects I have worked on today.

这样的命令需要自然语言理解。如果理解系统的输入是语音,而不是文本,那么复杂度就要大得多。如果用印刷文本作为输入,那么就能清楚地区分单个单词和单词串,而用语音输入则不行。一个可能的方法是在语音识别结束后,再更正识别错误。当对单个单词进行识别时,口语有很多的不确定性。很多情况下,当与朋友进行交流时,可以猜测他所说的是哪一个单词,这种猜测往往是根据上下文提供的信息得到的。此外,与朋友交谈时,说话者还可以使用音调、面部表情和手势等传达很多信息。同时,说话者会经常更正他说过的话,而且会使用不同的词重复某些信息。因为不同的词可能发音相同,这将使问题变得更复杂,如 fare 和 fair,mail 和 male 等。

语音识别系统需要几个层次的处理。词语以声波传送,声波也就是模拟信号,信号处理器传送模拟信号,并从中抽取诸如能量、频率等特征。然后,这些特征映射为称作音素的单个语音单元。单词的发音是由音素组成的,因此,最终阶段是将"可能的"音素序列转换成单词序列。之所以使用"可能的"这个词,是因为由声音传送的音素的识别是不确定的。

语音的产生要求将单词映射为音素序列,然后将之传送给语音合成器,单词的声音通过说话者从语音合成器发出。此外,还有一个语调计划器,使得合成器知道如何使用声音变化,而不是应用不自然的单调对话讲话。本章主要关注语音识别,但所讲内容与语音的产生有关。

构成单词发音的独立单元是音素。对于一种语言,如英语,必须将声音的不同单元识别出来并分成组。分组时,应该确保语言中的所有单词都能被区分,两个不同的单词最好由不同的音素组成。下面列出了几个音素。

[b]   bin
[p]   pin
[th]   thin
[l]   lip
[er]   bird
[ay]   iris

音素可能由于上下文不同而发音不同。例如,单词 three 中的音素 th 的发音不同于 then 中 th 的发音。相同音素的这些不同变异称为音素变体。有时,抽取读音的差别将其归入音位的通用分组中是很方便的。音位写在斜线中间,例如,/th/ 是一个音位,依据上下文的不同而有不同读音。单词可以在音位层表示,若需要更多信息,可在音素变体层表示。

7.6.3　信号处理

声波在空气压力下会发生变化。声波有两个主要特征:一个是振幅,它可以衡量某一时间点的空气压力;另一个是频率,它是振幅变化的速率。当对着麦克风讲话时,空气压力的变化会导致振动膜发生振荡,振荡的强度与空气压力(振幅)成正比,振动膜振荡的速率与压力变化的速率成正比。因此,振动膜离开它的固定位置的偏移量就是振幅的度量。按照空气是压缩的或是膨胀(稀薄)的,振动膜的偏移可以被描述为正或负。偏离的幅度取决于当振动膜在正值与负值之间循环时,在哪一个时间点测量偏差值。这些度量值的获取称为采样。当声波被采样时,绘制成一个 x-y 平面图,x 轴表示时间,y 轴表示振幅,每秒钟声波重复的次数为频率。每一次重复是一个周期,所以,频率为 10 意味着 1s 内声波重复 10 次——每秒 10 个周期或更一般地表示为 10Hz。

声音的音量与功率的大小有关,与振幅的平方有关。用肉眼观察声波的波形得不到多少信息,只能看出元音与大多数辅音的差别。但是,仅简单地看一下波形就想确定一个音素是元音还是辅音是不可能的。从麦克风捕获的数据包含所需单词的信息,否则就不可能将语音记录下来,并将其回放为可理解的语音。然而,语音识别的要求是抽取能够帮助辨别单词的信息,这些信息应该很简洁而且易于进行计算。典型地,应该将信号分割成若干块,从块中抽取大量不连续的值,这些不连续的值通常称为特征。信号的每个块称为帧,为了保证可能落在帧边缘的重要信息不会丢失,应该使帧有重叠。

人们说话的频率在 10kHz 以下(每秒 10 000 个周期)。每秒得到的样本数量应是需要记录的最高语音频率的两倍。理论上说,这样做可以使频率不会丢失(见图 7-16)。当使用 20kHz 的采样频率时,标准的一帧为 10ms,包含 200 个采样值。每个采样值都是一个实数值,表示一种强度。每个实数值都将被转换为一个整数存储起来,这样做称为量化。实数值必须进行四舍五入,以便转换成离

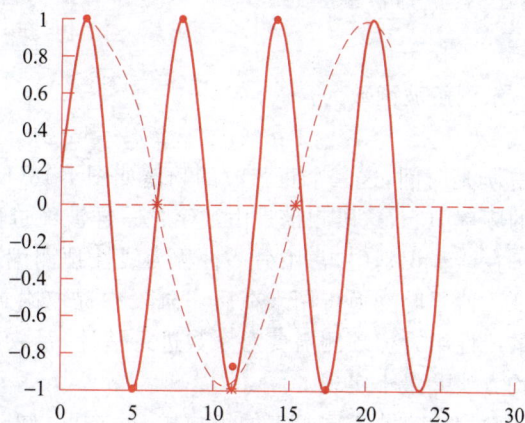

图 7-16　声波波形

它最近的整数值,因此,某些信息将会丢失。如果使用 8 位的整数值,那么,每个采样值可以取 256 个整数中的一个。采样将连续的信号转换为一串不连续的值,换句话说,信号被数字化了。下一阶段是要获取数字化的信号并抽取特征。

图 7-16 中的实线正弦波是真实波,它在每个标虚线的波周期内完成三个周期。黑色圆圈表示以真实波两倍的频率获取的样本,这个采样捕获了真实的正弦波。星号表示正在被采样,以这样的采样率,可认为得到的是虚线波,它是真实波频率的 1/3。这表明,采样频率应为所需测量最高频率的两倍。

从数字化信号中抽取特征的一种方法是进行傅里叶变换。一段声波可以表示为正弦波的组合,如图 7-17 所示。每个正弦波都有频率与振幅。傅里叶变换可用来识别组成声波时影响最大的频率,抽取出的频率集合称为频谱。图 7-18 中的波已被数字化采样,它是三个正弦波之和。

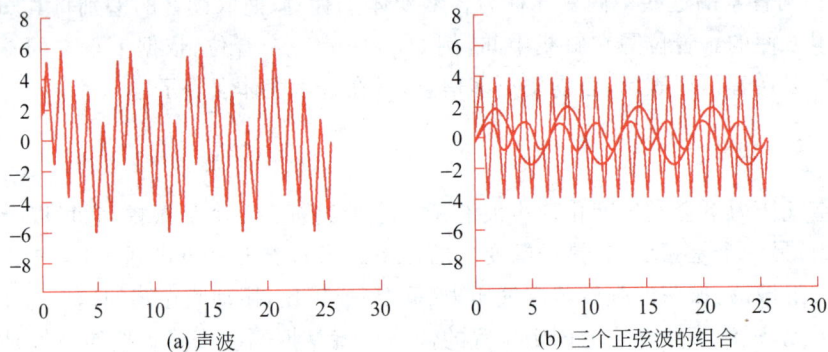

图 7-17　声波表示为三个正弦波的组合

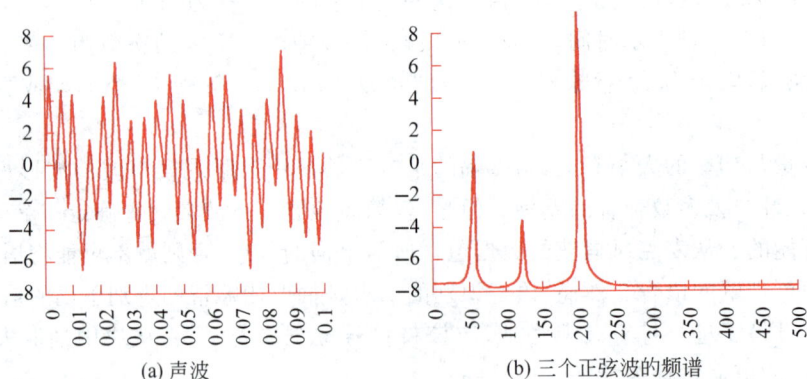

图 7-18　声波及其频谱

示例声波函数为:
$$2\sin(2\pi \times 50t) + \sin(2\pi \times 120t) + 4\sin(2\pi \times 200t)$$

其中,t 是时间,这三个正弦波的频谱如图 7-18(b)所示。频谱中有三个峰值,每个峰值都在正弦波的频率中心,这段频谱是由数字化采样波经过傅里叶变换得到的。

在语音识别中,常用另一种称为线性预测编码(Linear Predictive Coding,LPC)的技术抽取特征。傅里叶变换可用来在后一阶段中提取附加信息。LPC 把信号的每个采样表示为前面采样的线性组合。预测需要对系数进行估计,系数估计可以通过使预测信号和附加真实信号之间的均方误差最小实现。

频谱代表波不同频率的组成成分,它可以利用傅里叶变换、LPC 或其他方法得到。频谱能识别出与不同音素相匹配的主控频率,这种匹配可以产生不同音素的可能性估计。

总之,语音处理包括从一段连续声波中采样,将每个采样值量化,产生一个波的压缩数字化表示。采样值位于重叠的帧中,对于每一帧,抽取出一个描述频谱内容的特征向量。然后,音素的可能性可通过每帧的向量计算。

7.6.4　单个单词的识别

一旦声源被简化为特征集合,下一个任务是识别这些特征代表的单词,本节重点关注单个单词的识别。识别系统的输入是特征序列。当然,单词对应字母序列。如果要分析一个大的单词库,就要识别某种字母序列比其他字母序列更有可能发生的模式。例如,字母 y 与在 ph 后面出现的概率要大于与在 t 后面出现的概率。马尔可夫模型是表示序列可能出现的一种方法。图 7-19 是马尔可夫模型的一个例子。模型中有 4 个状态,分别标记为 1~4。边代表从一个状态到另一个状态的转移,每条边上有一个权值,表示状态转移的概率。下面的值是观察权值,每个状态可以发出它下面列出的符号之一,权值是概率,显示发出每个符号的相对频率。注意,一个符号可以被多个状态发出。在图 7-19 中,状态 4 不会再转向其他状态,被认为是终止状态。对于任何状态,只能顺着箭头的方向进行状态转移,而从一个状态发出的所有箭头上的概率之和为 1。状态可以代表组成单词的字母,但这里只讨论通常的状态。

图 7-19 中的模型可以看作一个序列生成器。例如,若从状态 1 开始,在状态 4 结束,下面是可能生成的一些序列:

1 2 3 4

1 2 2 3 3 3 4

1 2 3 3 4

1 2 2 2 2 4

任何序列生成的概率都可以计算出来,生成某个序列的概率就是生成该序列路径上的所有概率之积。

例如,对于序列 1 2 3 3 4,路径是下列边的集合:

1-2,2-3,3-3,3-4

概率为:

$0.9 \times 0.5 \times 0.4 \times 0.6 = 0.108$

某些序列比其他序列生成的可能性更高。马尔可夫模型的关键假设是下一个状态只取决于当前状态。

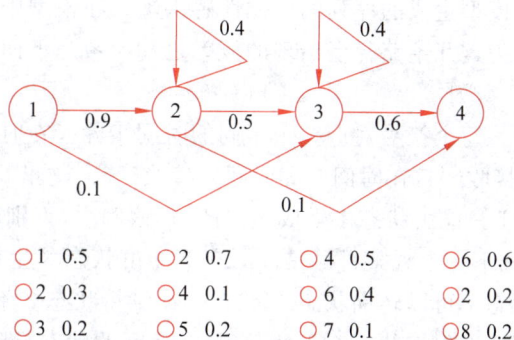

图 7-19　一个隐马尔可夫模型

7.6.5　隐马尔可夫模型

在讨论有关语音识别的具体问题前,首先对隐马尔可夫模型(Hidden Markov Model, HMM)进行一般性介绍。之所以称为隐马尔可夫模型,是因为在任意时间机器所处的状态对用户都是隐藏的。这种情形在许多应用中都会出现,因为从传感器得到的数据并不是正好与隐马尔可夫模型中的状态对应。在语音识别中,输入数据是从声波中抽取出的特征。马尔可夫模型中的状态相当于声音的单元(如音素)。使用者不知道输入的特征相当于什么状态。即便特征并不准确地对应隐马尔可夫模型中的状态,使用者也可以对可能的状态做出较好的猜测。尽管音素有一些共同的声音特征,但是不同的音素发音不同,音素间的差异可以使人们猜出某个音素到底是什么。于是,给定一个特征,可以知道哪些状态更有可能与此特征相对应。尽管不能确定到底是哪一个状态,但至少问题变得容易了,因为很多状态已经被排除在外。假设有一个特征序列,识别器获取了第一个特征,它并不清楚这个特征相当于哪一个状态,但它可以通过猜测减少可能状态的数目。然后,识别器获取了第二个特征,继续减少可能的状态数。在获取第三个特征后仍然以这种方式继续。当识别器获取更多的特征时,将能进一步减少可能出现的状态数量,因为它知道某些特征可能会更频繁地同时出现——识别器有一些有关特征序列,以及一个音素在另一个音素之后出现概率的信息。隐马尔可夫模型建立了单词特征及一个特征出现在另一个特征之后的概率模型。

图 7-19 显示了每个状态的观察符号列表。现将模型看作一个生成器,模型发出的是一个观察符号序列,而不是状态序列。如果识别器运行 100 次,从状态 1 开始,使用者期望大约 50% 的序列以符号○1 开始,30% 的序列以符号○2 开始,20% 的序列以符号○3 开始。这些百分比就是这些符号从状态 1 产生的概率。从状态 1 出发,最可能转向的状态是 2,但有 10% 的可能会转向状态 3。因此,○2,○4,○5,○6,○7 可能跟在 ○1 之后。符号○2 最有可能出现在序列中的下一个位置,因为状态 2 跟在状态 1 后出现的可能性较大,并且在状态 2 产生的符号中○2 的概率远远大于其他几个符号。注意,同一个观察符号值可以被不止一个状态产生。例如,○2 可以由状态 1,2,4 产生。

给定一个观察序列,我们通常对两类计算感兴趣。第一,想找出马尔可夫模型中最可能的路径。最可能的路径确定哪个状态序列连同状态激活的次序最有可能产生观察序列。第二,对计算模型生成的序列的可能性感兴趣。在模型中,可能会有几条路径都能产生序列,序列的可能性应为这几条路径上出现的概率之和。考虑下面的序列:

○1 ○2 ○4 ○4 ○6 ○6

每个符号对应一个不同的时间步骤。在时间 1 接收○1,在时间 2 接收○2,在时间 3 和时间 4 接收○4,在时间 5 和时间 6 接收○6。这里,不关心时间间隔的大小。第 1 个观察符号是○1,○1 只能由状态 1 生成。因此,在该例中,识别器从状态 1 开始。状态 1 只能转向状态 2 或状态 3。下一个观察符号是○2,它不能由状态 3 生成,所以,序列中的下一个状态应是状态 2。而从状态 2 可以转向状态 3、状态 4 或维持状态 2 不变。因为状态 4 不能生成○4,因此,必须转向状态 3 或保持状态 2 不变。现在,实际的状态是隐藏的,识别器并不知道○4 的第一次出现是在状态 2,还是在状态 3。但是,识别器可以确定产生○4 的最可能状态。

在识别问题中,输入的是观察序列,而观察序列是由信号处理抽取得到的特征。不同的单词有不同的转移状态和概率,识别器的任务是确定哪一个单词模型是最可能的。因此,需要一种实现抽取路径的方法。假设不了解任何起始状态与终止状态的信息。当收到一个观察值时,并不知道观察值对应哪个状态。对于观察序列中的每一个观察值,都存在一个与之对应的未知状态。将各条不同路径可视化的一种方法是构造格子。格子中包含马尔可夫模型中每一个时间步骤对应的状态备份。因此,若序列中有 6 个观察值,就会有状态的 6 个备份排列成 6 级,每一级对应序列中的一个时间步骤。当前级 j 与其相邻的下一个级 $j+1$ 之间的状态用边连接起来,连接各级的边就相当于马尔可夫模型的边。因此,只有在马尔可夫模型中有一条边连接状态 S_i 和 S_{i+1} 时,第 j 级中的状态 S_i 才会与第 $j+1$ 级中的状态 S_{i+1} 相连。

使用马尔可夫模型对语音建模有几种不同的方法。一种方法是在单词级构造马尔可夫模型,其状态对应音素。起始状态和终止状态可以明确地识别,但没有必要有明确的起始状态与终止状态。可以取而代之的是,提供一个初始分布,以确认模型中从每一个状态开始的概率。每个状态都具有自循环,以便对音素的持续时间进行建模。语句通常由单词序列组成,一个单词的读音会与下一个单词的读音相混淆,这就使得辨别单词的边界变得很困难。识别和分开单词的过程称为分割,识别和分割单词序列的过程与将单词从观察序列中识别出来的过程本质上是相同的。识别器将接收代表单词序列的观察值序列。马尔可夫模型可以由单个单词的马尔可夫模型构造。每一对单词都用边连接,这些边表示一个单词跟随在另一个单词后出现的概率。识别出最可能产生的观察序列的路径,这条路径将识别出每个单词和它们在讲话中出现的顺序。

在隐马尔可夫模型中经常使用概率的对数,为此,计算过程将由加法组成。在语音库上通过机器学习算法获得马尔可夫模型的权值,可以采用基于期望最大化的算法,也可以采用神经网络的算法。

7.6.6 深度学习在语音情感识别中的应用

情感分析领域主要包括两种基本情感描述模型,分别是离散情感描述模型和连续(维度)情感描述模型。

Ekman 等将情感状态分成离散的情感类别,表示的是情感的纯度和原始度。根据情感的纯度和原始度,可以将情感划分为基本情感和复合情感两大类。其中,6 种基本情感类别主要包含生气、害怕、难过、惊讶、高兴和厌恶。

Mehrabian 等提出了情绪状态的"愉悦度-唤醒度-优势度"三维度模型(PAD)。其中,愉悦度表示个体情感状态的正负特性;唤醒度表示个体的神经生理激活水平;优势度表示个体对情景和他人的控制状态。PAD 三维空间情感模型是目前情感理解中被广泛使用的连续情感描述模型。

语音情感特征、语音情感模型

7.7 机器阅读理解

阅读理解是一种阅读一段文本对其进行分析,并能理解其中意思的能力。而机器阅读理解(Machine Reading Comprehension,MRC)就是让机器具备文本阅读的能力,准确理解文本的语义,并正确回答给定的问题。

从自然语言处理的层次看,阅读理解任务是句级语言处理的进一步延伸,因为它要求进行篇章级的文本处理乃至理解。从处理对象的语言层次看,阅读理解任务的核心是篇章级的理解。传统自然语言处理任务大多聚焦于句级,原因在于模型处理能力有限。即使是深度学习模型,在应对超长篇章文本时最开始也一度显得力不从心。此外,由于阅读理解直接应对篇章级处理,这也使得篇章分析这样的基础语言处理任务有了直接的用武之地。

从应用场景的角度看,阅读理解展示了一个极具实际用途的语言处理任务模式。人类语言两大核心功能之一就是交流沟通,阅读理解任务恰好以自然的人机对话形式实现这一功能。从这个角度看,阅读理解可以视为一个事实型人机对话任务。有别于自由聊天型人机对话,事实型人机对话任务要求基于已知材料给出回答。在阅读理解情形下,这个已知材料就是给出的篇章文本。因此,人机对话形式的阅读理解任务是一个非常具有挑战性和实用性的对话任务。也正因如此,很多机器阅读理解数据集将自己命名为"问答"(Question-Answering,QA)数据集。

7.7.1 机器阅读理解任务的类型和评价指标

对于机器学习形式而言,机器阅读理解任务的模式是给出参考文本,要求机器回答相关问题。因此,机器阅读理解任务可以写为一个三元组 $<P,Q,A>$,其中,P 是一个篇章段落,Q 是关于 P 的问题,而 A 是答案。相应的机器学习样本具有如下形式:$P,Q \rightarrow A$,也就是该任务要求基于篇章和问题的输入,给出答案的输出。需要注意的是:阅读理解作为一个从标注数据上进行监督学习的任务,通常还受制于模型处理能力,因此定义里的 P 在大多数标注数据集中是一个规模严格受限而非任意大小的篇章文本,常称为段落。

1. 任务类型

传统的机器阅读理解任务给出的篇章和问题通常是自然语言文本形式,因此不同类型的机器阅读理解任务的区别仅在于其答案格式如何设计。按照答案的格式,传统的机器阅读理解任务主要有如下几类。

(1) 填空型任务,也称完形填空。这类任务的问题中包含一个未知占位符,机器必须决定哪个词或实体是最合适的答案。

(2) 多项选择型任务。这类任务的答案出现在多个候选项中,要求机器在其中找到所有正确的选项。

(3) 片段抽取型任务。这类任务的答案是从给定篇章文本中提取的片段,因此也被称作抽取型阅读理解。

(4) 自由问答型任务,也称生成式阅读理解。其答案是在理解所给篇章文本的基础上进行抽象的自由表达。自由问答形式多样,包括生成文本片段、是非判断、计数、枚举等。

除了答案格式的多样性,阅读理解任务数据集还会存在以下差异:①所给篇章的上下文风格,如单段、多段、长文档和对话历史;②问题类型,如开放式自然问题、完形填空和搜索查询;③领域,如维基百科文章、新闻、考试、临床诊断报告、电影剧本和科学文本;④特定的模型功能验证,如确认无法回答的问题、多轮对话、多跳推理、数学计算、常识推理等。

2. 评价指标

由于阅读理解形式的多样性,相关模型的性能评价指标也需做相应的选取。对于填空型和多项选择型任务,其评价指标可直接用准确率;对于片段抽取型任务,广泛使用的评价指标是精确匹配(Exact Match,EM)和宏观平均 $F1$ 得分,EM 衡量答案与任何一个标准答案完全匹配的比例,$F1$ 得分基于检测点召回率和准确率的调和平均数衡量预测答案和标准答案的平均重叠度;对于自由问答型任务,答案并不局限于唯一文本形式,因此多会采用文本生成任务的度量 ROUGE-L 和 BLEU 进行评价。

7.7.2 机器阅读理解的深度学习建模

机器阅读理解的相关研究可以追溯到故事理解的研究。早期阅读理解系统基于规则的启发式方法,例如,词袋方法和手动生成的规则。标准的阅读理解系统(阅读器)一般采取如图 7-20 所示的编码器-解码器架构。

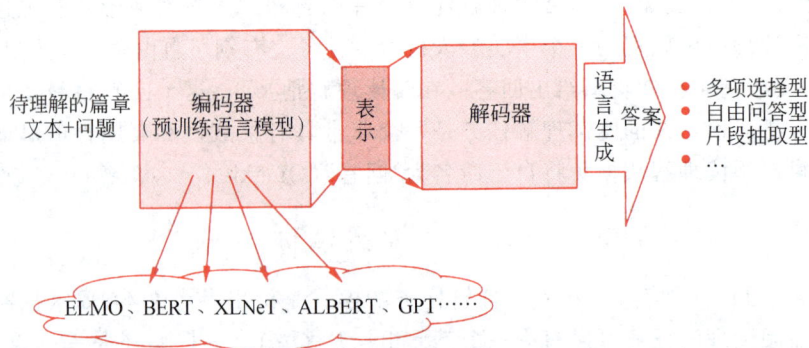

图 7-20 编码器-解码器架构

编码器接收篇章和问题输入(通常方式是直接拼接这两者的嵌入向量)将其编码为深层表示。这个模块现在一般会选用某个预训练语言模型。解码器接收编码器输出的表示,并根据任务特点执行相应处理完成答案预测。解码器在非生成式任务(如多项选择型或片段抽取型任务)上可以简单而直接地建模为分类器模块。多项选择型任务通常是一个对于所给答案选项的四分类问题(此时输入端需拼接候选答案);片段抽取型任务可以建模为对所给篇章的每个词是否为答案片段起始点的二分类问题。

预训练语言模型开启了上下文化语言表示的新范式——将整个句子乃至篇章级别的表示信息用于语言建模,在一系列自然语言理解任务的基准测评中不断刷新最佳成绩。一些突出的示例包括 ELMo、GPT 和 BERT。

1. 编码器

机器阅读理解任务要求的编码对象比已知的其他语言处理任务更为复杂。由于需要至少对一个篇章加一个问题的文本进行编码,相应的编码器从结构上就必须具备非常强的长依存捕获能力。甚至可以说,机器阅读理解任务不仅需要模型具备"深度"学习能力,还需要具备"宽度"学习能力。

阅读理解任务的挑战性在于如何有效地对输入文本进行编码。前面讨论过,即使对于仅需局部性上下文的预测任务,最好也能给模型提供全局的或至少更大范围的编码表示,因为这总是能提供更好的学习性能。

相对于深度学习模型在层次量化上的"深度"概念,本书用"宽度"表达这个模型结构设计能力的需求。宽度和深度分别代表了相应于深度学习模型数据流的径向和流向,这是两个相互垂直的方向。可以说,深度学习模型下的自然语言处理的全部中心议题就是如何从不同设计角度有效地对更宽的输入进行编码。

现在把编码更宽输入的挑战归因于如何捕捉输入序列中的长程依赖。从模型结构设计和训练方式上,必须有同步的配套方案,才能达到理想的效果。对于前者,我们已经知道,并非任何网络设计都适合支持宽度编码能力的编码器架构。一开始,研究者就排除了最具直觉性的多层感知机这样的朴素神经网络结构,发现至少需要某个循环神经网络(RNN)模式的编码器才能完成目标。有效捕捉长程依赖,或者叫支持更宽输入编码,需要编码器内部有些结构特征能反映输入端之间的径向联系。这是后来业界普遍转向 Transformer 模型的原因,因为它使用的自注意力机制能充分连接输入序列中任意远的两个单元。

一般情况下,阅读理解编码器需要编码的对象是一个篇章加一个问句。常规的人类语言句子,以短句而言,为 15～20 个字词(基于宾夕法尼亚大学树库在中英文上的统计)。对于这个宽度范围的序列,仅用 RNN 编码器就很容易有效完成其编码任务。但是,阅读理解任务所提供的篇章的长度在理论上是没有上限的。兼顾到模型的编码能力并保证模型最低程度的实用性,大多数阅读理解数据集将其提供的篇章长度控制在数百个词以内,但是也会远远超过一个正常句子的长度。例如,SQuAD 数据集标注预处理时就过滤掉了所有少于 500 个字符的篇章。按照这样的任务基本要求,相应的编码器必须能从结构设计角度保证其至少具有数百个词的编码能力。

另外,超宽的输入意味着模型必须在更大规模的数据上才能得到有效训练。如果任务数据集不足以提供足够大的训练数据,那么最好这个编码器是来自某个大规模预训练的结果,否则还是会陷入编码能力不足的陷阱。

自然,相应的编码器必须是一个针对全部输入文本的全局上下文敏感化的语境编码器,也就是说,伴随着机器阅读理解任务崛起的预训练语言模型在编码器结构选用(Transformer)和训练规模上都满足上述要求。大规模预训练显然无法在规模受限的标注数据上完成,使用自监督学习方式构造训练任务也就成为唯一的可选路径。简言之,在常规的深度学习基础上,机器阅读理解建模还必须受益于宽度自监督学习。

有意思的是,预训练语言模型在实现上一开始就是基于篇章的预训练,而非真正的句子,因为通常的预训练语言模型支持 512 个词嵌入的输入,这足以容纳常规大小的篇章,接受其作为拼接向量一次性输入。又由于大规模预训练对于文本预处理的成本极高,在实际交付模型预训练的文本上,句间的界限并未非常严格地被精确标识。因此,预训练语言模型从一开始就是超宽、超深的自监督学习模型,特别是其宽度学习特征长期以来被人所忽略。

在预训练语言模型出现之前,研究者在设计这样的编码器时就极其小心,以防止丢失任何微小但关键的信息。这样典型的模型,例如 BiDAF,由 4 层组成(编码器和解码器各两层):①编码层,将文本转换为词和字符嵌入的联合表示;②上下文编码层,采用 BiGRU 获得上下文化的句子级表示;③注意力层,对篇章和问题之间的语义交互进行建模;④答案预测层,产生答案。

在预训练语言模型成为主流编码器设计之后,机器阅读理解模型依然需要考虑一些复杂因素以进一步提升性能。

2. 解码器

在对输入序列进行编码后,解码器部分接收上下文化的序列表示,执行必要的前向操作以解决特定任务。解码器需针对特定任务专门设计。例如,对于多选型阅读理解,解码器需要选择一个合适的答案;对于基于片段抽取型任务,解码器需要预测一个答案片段。

下面(扫二维码)从 4 方面讨论解码器的设计要点:匹配网络、答案片段预测、答案验证器和答案类型预测。

编码器要考虑的复杂因素

解码器设计要点

7.7.3　对话理解与情感对话

对话式阅读理解比传统阅读理解任务更具挑战性。对于对话式任务来说,建模多跳依赖性需要额外的模块设计捕捉上下文信息流,以精确、一致地解决问题。此外,由于对话数据存在多轮次、多主题、多说话人、口语化等因素,且涉及流畅性、相关性、个性化等建模挑战,如何对相关的层次性对话建模吸引了大量关注。常规做法是:将上下文信息显式地分为不同部分,并小心辨识它们之间的关系。例如,将连续的文本切分成一个个话题块;利用遮盖机制,迫使模型将注意力放在同一个说话人的相关词句上。另外,对话中说话人角色的转换会破坏当前对话文本的连续性,因此也涌现出了一些对于说话人角色进行建模的方法。

1. 对话系统分类

当前对话系统可以总结为以下两种类型:第一种是任务导向型的对话系统,它通常以帮助用户完成具体的任务为目的,如手机助理、客服机器人、订票机器人等;第二种是开放域的对话系统,它通常致力于在开放的领域内与用户闲聊,并使用不同的对话技能提高用户的参与度,例如,提供娱乐、给出建议、讨论有趣的话题、提供情感安慰等。

任务导向型的对话系统通常采用流水线的处理方法,其框架主要包括自然语言理解、对话状态追踪、对话策略和自然语言生成 4 个组件,如图 7-21(a)所示。当给定用户的输入"I want to find a Chinese restaurant."后,自然语言处理模块首先对该轮发言进行自然语言理解,并解析成一个结构化的意图。然后,通过对话状态跟踪来管理对话过程中的对话状态变量,使系统能够知道当前所处的状态,以确定系统下一步要采取的动作。对话策略模块会预测出下一步系统的对话意图。最后,自然语言生成模块将系统的对话意图转换为一个自然语句,即图中生成的回复"Where do you want to eat?"从而实现与用户的交互。经过反复的交互和迭代,对话系统就能够完成相应的任务。

在开放域对话系统中,通常要求系统对对话环境和用户的情感需求有更深刻的理解,以便在正确的时间使用正确的对话技能,从而产生具有个性且体现共情的回复。现有的开放域对话系统通常采用一种端到端架构,将一个序列直接转换为另一个序列输出。其结构如图 7-21(b)所示,主要由编码器和解码器组成,在给定了对话语境的情况下(即图中用户和系统在对话过程中迭代交互的三轮发言),神经网络模型以对话语境为输入,将其送入编码器,再经过解码器逐词解码,直到生成合适的回复。现在主流的智能对话系统中,如 Meena 和 Blender,通常基于 Transformer 的架构实现端到端的神经网络对话系统。

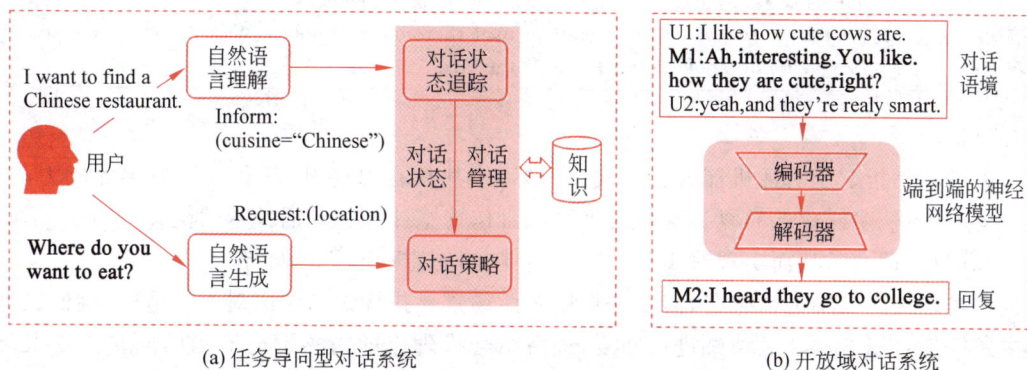

(a) 任务导向型对话系统　　　　　　　　　　　(b) 开放域对话系统

图 7-21　任务导向型对话系统和开放域对话系统的典型结构

2. 对话问答

常规的机器阅读理解任务中提出的问题通常是相互独立的,即一问一答的形式,我们称之为单轮对话式阅读理解。实际上,人们往往通过一系列相关的问题获取知识。基于给定篇章,提问者先提出一个问题,回答者给出答案,之后再在回答的基础上提出另一个相关的问题。这产生了需多轮对话的机器阅读理解任务。多轮对话式阅读理解任务针对每个问题的回答不仅依赖原始的参考文本,还依赖实际的对话交互历史信息。从 2018 年开始,多轮对话式阅读理解逐渐受到关注,常用的数据集有 DREAM、CoQA 和 QuAC,数据样例如表 7-2 所示。

表 7-2　对话问答数据样例

轮次	说话人和话语(上下文)
话语 1	F：Well, I'm afraid my cooking isn't to your taste.
话语 2	M：Actually, I like it very much.
话语 3	F：I'm glad you say that. Let me serve you some more fish.
话语 4	M：Thanks. I didn't know you are so good at cooking.
话语 5	F：Why not bring your wife next time?
话语 6	M：OK, I will. She will be very glad to see you, too.
问题	**What does the man think of the woman's cooking?**
响应	A. It's really terrible.
响应	B. It's very good indeed. *
响应	C. It's better than what he does.

3. 对话响应

多轮对话式阅读理解与传统的多轮对话响应任务有着紧密的联系,如表 7-3 所示。对话响应任务形式上给定一段对话上下文,系统需根据上下文给出回复。在阅读理解的给定篇章均为对话上下文且无显性问题的情况下，对话式阅读理解形式上等同于多轮对话响应。

表 7-3　对话响应任务样例

轮次	说话人和话语（上下文）
话语 1	F：Excuse me，Sir. This is a non smoking area.
话语 2	M：Oh，sorry. I will move to the smoking area.
话语 3	F：I'm afraid no table in the smoking area is available now.
响应候选	
响应 1	M：Sorry. I won't smoke in the hospital again.
响应 2	M：OK. I won't smoke. Could you please give me a menu?　*
响应 3	M：Could you please tell the customer over there not to smoke? We can't stand the smell.
响应 4	M：Sorry. I will smoke when I get off the bus.

4. 情感对话

情感对话是指赋予对话机器人类人式的情感，使其具有识别、理解和表达情感的能力，为用户提供更人性化、多样化的回复。这项技术可以看作情感计算和对话技术的交叉，兼顾对话机器人的"智商"和"情商"，从而实现对用户的精神陪伴、情感慰藉和心理疏导。

人类在处理对话中的情感时，需要先根据对话场景寻找线索判断出对方的情感，继而根据对话的主题等信息思考用什么情感进行回复，最后结合推理出的情感形成恰当的回复。受人类处理情感对话的启发，情感对话包括识别、管理、表达等具体任务（扫二维码）。

7.7.4　面向推理的阅读理解

Bengio 在 AAAI-2020 大会的演讲报告中提出，人的认知系统包含两个子系统。System 1（直觉系统）实现的是快速、无意识、非语言的认知，这也是现有的深度神经网络所实现的。他认为，未来的深度神经网络应当能够实现 System 2（逻辑分析系统），实现的是有意识的、有逻辑的、有规划的、可推理的以及可以用语言表达的系统。逻辑推理是人类阅读的基本能力之一，如何让机器具有良好的逻辑推理能力成为一项重要挑战。逻辑推理的核心挑战在于准确地提取出知识单元以及对其间的联系建模，从而实现推理。

1. 多跳推理

多跳推理任务专注于推理过程和可解释性展示。典型的数据集为 HotpotQA。相应的问题需要多次实体"跳转"的阅读理解才能回答。如表 7-4 所示，给定一个问题，系统需要在给定的多篇相关的文档池中通过实体信息的跳转检索出少数相关的段落及证据链条，进而抽取出问题的答案。多跳推理要求完成两个子任务：其一，要求给出推理的最终答案（系统记为 Ans Task）；其二，更重要的是，要求展示关键篇章及证据链条（系统记为 Sup Task）。

表 7-4　多跳推理数据集 HotpotQA 样例

问题	The director of the romantic comedy "Big Stone Gap" is based in what New York City?	
相关段落 1	Big Stone Gap	
语句 1	Big Stone Gap is a 2014 American drama romantic comedy film written and directed by Adriana Trigiani and produced by Donna Gigliotti for Altar Identity Studios，a subsidiary of Media Society.	相关
语句 2	Based on Trigiani's 2000 best-selling novel of the same name，the story is set in the actual Virginia town of Big Stone Gap circa 1970s.	无关
语句 3	The film had its world premiere at the Virginia Film Festival on November 6，2014.	无关

续表

问　题	The director of the romantic comedy "Big Stone Gap" is based in what New York City?	
相关段落 2	Adriana Trigiani	
语句 1	**Adriana Trigiani** is an Italian American best-selling author of sixteen books,television writer,film director,and entrepreneur based in **Greenwich Village,New York City.**	相关
语句 2	Trigiani has published a novel a year since 2000.	无关
无关段落		
答案	Greenwich Village,New York City	
证据链条	Big Stone Gap 语句 1,Adriana Trigiani 语句 1	

多跳推理相关的研究涉及关键篇章检索、通过图网络对实体间的信息建模及度量多跳推理模型的可解释性。在整体建模上，早期工作集中于图网络建模实体关系，通过轻量级的图结构就能取得较大的性能提升。然而，依靠图网络的建模方式依赖实体抽取模型的性能，同时也依赖图模式的人工设计。最近的研究表明，采用更加精细的关键篇章检索方式能够过滤大量与答案关系并不密切的实体，大幅度压缩实体图的容量，乃至取代图网络的作用，实现轻量灵活的建模并获得不错的性能效果。

2. 逻辑推理

为了更深入地挖掘深度学习模型的逻辑推理能力，专门服务于逻辑推理的数据集相应地被提出，如 ReClor 和 LogiQA，其数据均来源于需要逻辑推理的标准化考试试题，采用选择题阅读理解的形式，旨在以更困难的阅读理解任务挑战当前的前沿模型，推动该领域朝着更全面的复杂文本推理方向迈进。逻辑推理典型样例如表 7-5 所示。面向逻辑推理的机器阅读理解的核心挑战在于抽取知识单元及其间的关系，涉及实体知识、非实体知识、常识知识等。而当前被广泛使用的语言模型往往基于无监督预训练，逻辑相关的信息难以通过掩码语言模型的预训练显性地学习。为应对相应的挑战，Ouyang 等定义了以句法成分为基础的事实单元，涵盖了常识、非常识、实体、非实体的全局和局部的知识，对单元内和单元间的关系构建逻辑图并通过图网络进行特征提取。此外，该工作进一步设计了基于事实的预训练策略，对事实单元内部和事实间的关系进行遮盖，从而无监督地训练语言模型的逻辑表征能力。

表 7-5　逻辑推理典型样例

篇章	Most lecturers who are effective teachers are eccentric，but some non-eccentric lecturers are very effective teachers. In addition，every effective teacher is a good communicator.
问题	Which one of the following statements follows logically from the statements above?
选项	A：Most lecturers who are good communicators are eccentric. B：Some non-eccentric lecturers are effective teachers but are not good communicators. C：All good communicators are effective teachers. D：Some good communicators are eccentric.

7.7.5　常识问答

常识问答（Commonsense Question Answering，CQA）是一项重要的自然语言理解任务，旨在利用常识知识对自然语言问句进行自动求解，以得到准确答案。常识问答在虚拟助手或社交聊天机器人等领域有着广泛的应用前景，且其蕴涵知识挖掘与表示、语言理解与计算、答案推理和生成等关键科学问题，因而受到工业界和学术界的广泛关注。

1. 常识问答任务分类

CQA 的任务定义是：给定特定自然语言问句,机器结合已有常识知识或其自助挖掘技术,实现答案求解。求解过程可为判别式,也可为生成式。其中,判别式 CQA 进一步细分为多项选择和正误判断。前者旨在基于问题理解和语段阅读理解,结合常识知识,从包含正确答案的选项集合中选择"符合答案特性"的正确答案;后者基于给定文本的理解以及与其相关的常识知识,判断该文本表述的内容是否正确。生成式 CQA 则不依赖上下文,实现答案文字片段的自动生成。表 7-6 与表 7-7 分别给出了判别式 CQA 和生成式 CQA 的样例。

表 7-6　判别式常识问答的样例

分　类	属　性	样　　　例
多项选择	数据集	Social IQA
	上下文	Sasha spent time with their kids and they played video games all day long.（萨沙和孩子们一起玩了一整天的电子游戏。）
	问题	How would Sasha feel afterwards?（萨沙之后会有什么感觉?）
	选项	A. bored（无聊的）B. happy（高兴的）C. conflicted（矛盾的）
	答案	B. happy（高兴的）
正误判断	数据集	CommonsenseQA 2.0
	问题	The end of a baseball bat is larger than the handle.（棒球棒的末端比把手大。）
	答案	Yes（是的）

表 7-7　生成式常识问答的样例

属性	样　　　例
数据集	ProtoQA
问题	Name something that an athlete would not keep in her refrigerator.（说出运动员不会放在冰箱里的东西。）
答案	unhealthy food（不健康的食物）（36）：chocolate（巧克力）,junk food（垃圾食品）,…unhealthy drinks（不健康的饮料）（24）：coke（可口可乐）,alcohol（酒）,…clothing/shoes（衣服/鞋子）（24）：gloves（手套）,clothes（衣服）,shoe（鞋子）,…accessories（配件）（7）：handbag（手提包）,medal（奖牌）,tennis（网球）,…

CQA 与一般的自动问答系统(如开放域自动问答、知识库自动问答、社区自动问答)的区别是答案来源不同。前者的答案来源通常是常识知识库,而后者的答案来源于互联网资料、知识库或历史问答对数据。其共同点是模型均需要对给定问题以及答案来源之间建立推理机制,以求解正确答案。特别地,知识库问答与 CQA 存在较大区别。首先,知识库问答的答案来自知识库,而 CQA 的答案需要对常识知识库的信息做深层推理,同时,后者涉及的知识库往往更为抽象,如一种表示概念关系的图谱 ConceptNet;其次,知识库问答研究的问题一般针对知识库中已有的实体和关系,而 CQA 涉及的问题通常更为开放,无法仅依赖模式相对固定的知识库来求解。

目前,CQA 已经获得了广泛的研究,在数据建设、任务设置与更新、关键技术突破方面,都取得了重要成果。

在数据建设方面,现有 CQA 的权威数据集数量达 12 种,数据来源涉及 9 个领域,包括社交媒体、自然科学、日常生活等。在任务设置的多样性方面,现有 CQA 研究方向可细分为常识知识源构建、常识知识获取、知识融合推理和可解释性生成共计 4 个主干子方向。在关键技术突破方面,相关研究已从传统的基于规则和统计的方法,以及前期利用循环神经网络(RNN)、长短期记忆网络(LSTM)和注意力机制的中小型神经网络常识知识问答模型,过渡到近期基于预训练语言模型(如 BERT、RoBERTa、BART、GPT-3 和 T5)的大型神经 CQA 技术,以及一系列结合经验发现和认知原理的特色技术。相关工作在深度语义理解、知识挖掘与应用、问答关系线索感知,以及智能答案推理与生成等关键问题上,形成了一批出色的技术产出。

2. 任务特点

常识问答区别于一般的阅读理解或问答任务,模型无法从给定的有限上下文直接获取问题对应的答案,而是需要从额外的知识源中提取相关的常识知识作为补充信息,才能推测出正确答案。可以认为常识问答是不再提供给定篇章的阅读理解任务。例如,给定上下文"My body cast a shadow over the grass."以及问题"What's the cause of it?"为了选择出正确答案"The sun was rising."模型需要掌握两条常识:①"光线被遮挡会产生阴影";②"太阳会释放光线"。对于模型而言,如果没有额外的知识源(包括知识图谱和常识语料库等)提供支持,模型很难捕获这样的联系。解决常识问答的关键和难点就在于如何获取与给定问题相关的常识以及如何将常识注入模型。

由于常识的广泛性,构建通用并且足够大的有标签训练数据集是很困难的,因而目前常识问答模型趋向于采用无监督的设置,也就是假定不存在标注数据集。

常用的常识问答建模方案是利用预训练语言模型(LM),以上下文(C)和问题(Q)为前缀,计算各候选答案($O=O^{i|O|}_{i=1}$)的似然值(或困惑度),即

$$\text{Score}(O^i \mid C,Q) = P_{\text{LM}}(O^i \mid C,Q) = \frac{1}{|O^i|} \sum_{t=1}^{|O_i|} \log P_{\text{LM}}(O^i_t \mid C,Q,O^i_{<t})$$

常识问答任务通常还要求模型具有常识推理的能力。常识问答的常用数据集有 COPA、SocialIQA 和 SCT,表 7-8 列出了一些实际样例。

表 7-8　常识问答数据集及其对应样例

数据集		样　例
COPA	上下文	My body cast a shadow over the grass.
	问题	Cause
	候选答案	a. The sun was rising. b. The grass was cut.
SocialIQA	上下文	Carson was excited to wake up to attend school.
	问题	Why did Carson do this?
	候选答案	a. Take the big test. b. Just say hello to friends. c. Go to bed early.
SCT	上下文	Rick grew up in a troubled household. He never found good support in family, and turned to gangs. It wasn't long before Rick got shot in a robbery. The incident caused him to turn a new leaf.
	问题	Right ending
	候选答案	a. Rick is happy now. b. Rick joined a gang.

3. 常识获取

先前的研究致力于大型知识图谱的建模和检索,如 ConceptNet 和 ATOMIC。通常这些知识图谱包含数以百万计的结点和边,用以建模和记录实体之间的关系。在知识图谱中,知识通常用<实体1,关系,实体2>的实体关系三元组形式表示,如<bird,CapableOf,fly>。COMET 以已有知识图谱(如 ConceptNet)中的三元组为种子集,通过学习给定实体1和关系生成实体2,训练出一个常识生成器,可以生成更多高质量的知识。基于这样的大型知识图谱,模型可以通过

先从给定文本抽取实体对,然后基于实体对从知识图谱中检索实体-关系三元组,从而获取相关知识。虽然上述方法一定程度上解决了常识的获取问题,但是存在一些不足:一方面,一个足够通用的知识图谱规模过于庞大,无论是建立、存储还是检索都需要消耗大量资源;另一方面,基于三元组检索的常识获取很不灵活,例如,知识图谱中很可能只包含三元组<bird,CapableOf,fly>,而对于特定实体,如"大雁""鸵鸟"等,就没有对应的知识。

为了解决上述问题,现有研究开始关注基于预训练语言模型的常识生成。例如,以 GPT 为代表的生成式预训练语言模型在给定提示前缀时可以生成合理的完整句,从而实现某种意义上的知识生成。由于所用训练语料来自蕴含广泛常识的开放域,生成式预训练语言模型在现有工作中常被用来作为常识生成器以替代知识图谱。SEQA 以上下文和问题作为前缀,使用 GPT 生成数百个伪答案,通过计算候选答案和伪答案之间的语义相似度进行答案的预测。Self-talk 采用完全无监督的方法获取相关知识,连续利用两次 GPT:首先用预定义的常识问题前缀模板提示 GPT,以生成完整的常识问题;然后用常识问题提示 GPT,以生成常识。

4. 常识注入

将常识知识注入神经网络的方案主要包括三种:方案一,直接将知识条目插入文本;方案二,将知识信息编码后通过注意力或图网络机制与文本表示交互融合;方案三,以多任务学习作为辅助。现有研究表明,与不注入常识相比,即便采用最朴素的常识注入(方案一)也可以带来显著的性能提升。

5. 发展趋势

CQA 的发展状况可以总结为如下几方面。其一,现有 CQA 数据集已从不同维度考察模型运用常识知识的能力。其二,以 Transformer 为基础的预训练语言模型,从表示学习的角度推动了一系列新颖的 CQA 求解策略和设计思想。其三,以预训练语言模型为核心架构,利用常识知识源进行知识加载和感知的技术路线,已经产生较多关键技术成果。其四,本节综合前人研究证明了,CQA 数据集蕴涵的常识知识类型,以及其与常识知识源的匹配程度,直接影响模型的知识感知和问题求解性能。

尽管如此,目前 CQA 任务仍面临如下挑战:①常识知识源的完备性不足;②CQA 模型缺少深层次理解知识的能力;③模型的鲁棒性和泛化能力不足;④缺乏对常识知识的评估;⑤中文常识问答研究不足。建议从如下 5 方面进一步推动 CQA 相关研究,包括数据构建的可靠性、知识获取的主动性、推理过程的可解释性、知识蕴涵的深度挖掘和中文常识问答的深入探讨。

7.7.6 开放域问答

开放域问答(Open-Domain Question-Answering),也叫开放域阅读理解。相比于传统机器阅读理解,开放域问答对每个给出的问题不再提供单独的篇章段落或文档,而是需要模型在一个大规模文档集合或者整个互联网上寻找答案。机器阅读理解的基本形式是篇章级的问答,而开放域问答可以视为不限定篇章情形的机器阅读理解,或者是面向整个互联网的机器阅读理解。开放域问答将信息检索之后的答案定位缺环补上之后,将为下一代搜索引擎的关键模块提供技术支撑。

常用的三个开放域问答数据集是 Natural Questions、WebQuestions 和 TriviaQA。Natural Questions(NQ)的模式是端到端地回答问题,通常长度较短,一般为几个词或一小段短语。WebQuestions(WQ)中的问题是通过使用 Google Suggest API 选取得到的,其答案是 Freebase 中的实体。TriviaQA 的内容是日常事务相关的问题,其答案来自网络搜集。

7.8　聊天机器人与 ChatGPT

目前的人机对话系统大致可以分为两类：一类是面向特定任务的；另一类是开放性的，系统没有特定的任务要求，也称为聊天系统。

北京邮电大学智能科学与技术中心研制的会议室预订系统（Meeting Room Booking System，MRBS）是面向特定任务的系统。在该系统中，机器通过与用户对话获取用户要预订的会议室的时间、大小、人数、价格等信息。目前，仅从对话系统获取任务相关信息的角度看，针对特定任务的对话系统可以达到较好的性能。图 7-22 是 MRBS 人机对话系统的对话片段。

User:	我想在北京找一个 300 人的会议室。
MRBS:	有 300 人在北京开的会议，对吗？
User:	嗯，对的。
MRBS:	还有其他需求吗？
User:	下周三开会。
MRBS:	日期初步定在下周三，要开多长时间呢？
User:	还是下周五吧，开两天。
MRBS:	是下周五开，开两天，您预算多少呢？

图 7-22　MRBS 人机对话系统的对话片段

聊天机器人是一种通过自然语言模拟人类进行对话的程序，通常运行在特定的软件平台上，如 PC 平台或者移动终端设备平台，而类人的硬件机械体则不是必需的承载设备。

Microsoft 公司推出了基于情感计算的聊天机器人"小冰"，百度推出了用于交互式搜索的聊天机器人"小度"，进而推动了聊天机器人产品化的发展。

类人对话系统应同时具备智商和情商，能在多领域多场景综合运用多技能，以满足用户的信息需求和社交需求。在智商方面，能够帮助用户完成信息获取、推荐等任务；在情商方面，能够理解情感情绪，实现情感陪伴、情绪疏导等社交类任务。因此，可以从满足信息需求的能力和满足社交需求的能力两个维度去衡量对话系统的类人水平，这主要体现在以下三个关键特征。

（1）有知识，言之有物：实现一定程度的理解，并运用知识生成高质量的回复。

（2）有个性，拟人化：要求机器体现固定、一致的个性和风格，具有固定的人设和个性。

（3）有情感，有温度：具备情绪感知、情感支持和心理疏导的能力，让聊天过程更有温度，满足用户的情感需求。

7.8.1　聊天机器人应用场景

近年来，基于聊天机器人系统的应用层出不穷。从应用场景的角度看，可以分为在线客服、娱乐、教育、个人助理和智能问答 5 个种类。

在线客服聊天机器人系统的主要功能是同用户进行基本沟通，并自动回复用户有关产品或服务的问题，以实现降低企业客服运营成本、提升用户体验的目的。其应用场景通常为网站首页和手机终端。代表性的商用系统有小 I 机器人、京东的 JIMI 客服机器人等。用户可以通过与 JIMI 聊天了解商品的具体信息以及反馈购物中存在的问题等。值得称赞的是，JIMI 具备一定的拒识能力，即能够知道自己不能回答用户的哪些问题以及何时应该转向人工客服。

娱乐场景下聊天机器人系统的主要功能是同用户进行开放主题的对话，从而实现对用户的精神陪伴、情感慰藉和心理疏导等作用。其应用场景通常为社交媒体、儿童玩具等。代表性的系统如 Microsoft"小冰"、微信"小微""小黄鸡""爱情玩偶"等。其中，Microsoft"小冰"和微信"小微"除了能够与用户进行开放主题的聊天之外，还能提供特定主题的服务，如天气预报和生活常识等。

应用于教育场景下的聊天机器人系统根据教育的内容不同包括构建交互式的语言使用环境，帮助用户学习某种语言；在学习某项专业技能中，指导用户逐步深入地学习并掌握该技能；在用户的特定年龄阶段,帮助用户进行某种知识的辅助学习等。其应用场景通常为具备人机交互功能的学习、培训类软件以及智能玩具等,如科大讯飞公司开发的智能玩具"熊宝"可以通过语音对话的形式辅助儿童学习唐诗、宋词以及回答简单的常识性问题等。

个人助理类应用主要通过语音或文字与聊天机器人系统进行交互,实现个人事务的查询及代办功能,如天气查询、空气质量查询、定位、短信收发、日程提醒、智能搜索等,从而更便捷地辅助用户的日常事务处理。其应用场景通常为便携式移动终端设备。代表性的商业系统有 Apple Siri、Google Now、Microsoft Cortana、出门问问等。其中,Apple Siri 的出现引领了移动终端个人事务助理应用的商业化发展潮流。Apple Siri 随着 iOS 5 一同发布,具备聊天和指令执行功能,可以视为移动终端应用的总入口。然而,受到语音识别能力、系统本身自然语言理解能力的不足以及用户使用语音和 UI 操作两种形式进行人机交互时的习惯差异等限制,Siri 没能真正担负起个人事务助理的重任。

智能问答类的聊天机器人的主要功能包括回答用户以自然语言形式提出的事实型问题和需要计算和逻辑推理型的问题,以达到直接满足用户的信息需求及辅助用户进行决策的目的。其应用场景通常作为问答服务整合到聊天机器人系统中。典型的智能问答系统除了 IBM Watson 之外,还有 Wolfram Alpha 和 Magi,后两者都是基于结构化知识库的问答系统,且分别仅支持英文和中文的问答。

聊天机器人的研究主要有三部分内容:单轮聊天、多轮聊天以及个性化聊天。单轮聊天研究的是如何针对当前输入信息给出回复。这是聊天机器人研究中最基本的问题,也是构建聊天机器人首先要解决的问题。多轮聊天是研究如何在回复过程中考虑上下文信息。这个问题不仅在聊天机器人中,在任何对话系统的研究中都是本质问题。由于对话上下文每一句都很短,而且不同上下文语境间没有明显的边界,也没有大规模的标注语料,上下文分析(特别是聊天机器人中针对开放域对话的上下文分析)一直是一个难点。个性化聊天是要让聊天机器人可以根据用户的喜好以及当前的情绪等给出不同的回复。这是聊天机器人对话中独有的问题,目的是提高用户对聊天机器人"陪伴"角色的认可度,从而增加用户黏性。

7.8.2 聊天机器人系统的组成结构及关键技术

通常,聊天机器人的系统框架如图 7-23 所示,包含 5 个主要的功能模块。语音识别模块负责接收用户的语音输入,并将其转换成文字形式交由自然语言理解模块进行处理。自然语言理解模块在理解了用户输入的语义之后,将特定的语义表达式输入对话管理模块中。对话管理模块负责协调各个模块的调用及维护当前对话状态,选择特定的回复方式并交由自然语言生成模块进行处理。自然语言生成模块生成回复文本输入给语音合成模块,将文字转换成语音输出给用户。这里仅以文本输入形式为例介绍聊天机器人系统(扫二维码),语音识别和语音合成相关技术则不展开介绍。

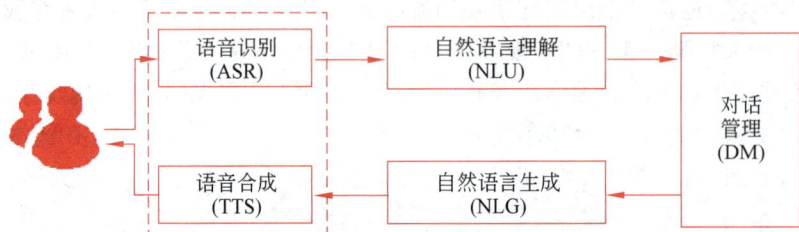

图 7-23 聊天机器人的系统框架

7.8.3　ChatGPT

ChatGPT 是一个聊天机器人,使用大语言模型(Large Language Models,LLM)并通过强化学习进行训练,它能够通过学习和理解人类的语言与人对话,还能根据聊天的上下文进行互动,并协助人类完成一系列任务,包括文本自动生成、自动问答、自动摘要、编写程序等。

1. ChatGPT 发展历程

ChatGPT 由 OpenAI 开发,这家公司于 2015 年 12 月成立于美国旧金山,创始人有山姆·奥特曼(Sam Altman)和伊隆·马斯克(Elon Musk)等,后者也是特斯拉的创始人,但于 2018 年退出 OpenAI。

2018 年 6 月,OpenAI 提出面向自然语言理解的生成式预训练方法,其基本思路是利用更大的数据、更深的神经网络,通过"无监督生成式预训练＋有监督判别式微调"提升自然语言理解任务的效果。并进一步基于 Google 公司的 Transformer 模型,发布了 GPT-1(Generative Pre-training Transformers),这是一个拥有 1.17 亿个参数的模型。GPT-1 在问答、文本相似性评估、语义蕴涵判定以及文本分类 4 种语言场景都比基础模型 Transformer 表现更好。

2019 年 2 月,OpenAI 发布了有 15 亿个参数的 GPT-2。GPT-2 与 GPT-1 原理相同,但规模更大,在回答新问题方面表现更好。

2020 年 5 月,OpenAI 发布了有 1750 亿参数的 GPT-3,且不再开源。与 GPT-2 相比,GPT-3 可以根据用户的提示语(提示学习)或者直接提问来回答用户的问题。

2022 年 3 月,OpenAI 发布了有 13 亿参数的 InstructGPT,它基于微调后的 GPT-3,并使用奖励机制和更多的标注数据进行优化。与 GPT-3 相比,其规模更小,但比 GPT-3 更擅长与人类沟通。

2022 年 11 月,OpenAI 发布了 InstructGPT 的姐妹模型 ChatGPT,它是对 GPT-3 模型微调后开发的对话机器人,因此也被称为 GPT-3.5。GPT-3.5 使用了指示学习和人工反馈的强化学习(Reinforcement Learning from Human Feedback,RLHF)训练模型,其模型参数约有 20 亿,训练总文本达 45TB。

2023 年 3 月,OpenAI 发布了多模态预训练大模型 GPT-4,支持图像和文本输入。与之前的模型相比,GPT-4 具备强大的识图能力,不过其图像输入尚未对外公开。另外,其对文字输入的限制提升至约 2.5 万个英文单词(GPT-4-32K 版本),且回答的准确性更高。据 OpenAI 评估,GPT-4 的得分比 GPT-3.5 高 40%,"幻觉问题"(一本正经地编造一些并不存在的东西)显著减少。同时,OpenAI 也对 ChatGPT 进行升级,可通过 ChatGPT Plus 访问 GPT-4。GPT-4 模型的参数规模为 2800 亿。

2. ChatGPT 可以做什么

ChatGPT 通过交互式的方式回答用户提问,可以撰写多种文字材料,也可以集成到文字和数据处理软件中,作为"数字助手"使用。例如,教师可以用它辅助制作演示文稿、撰写讲稿,甚至可以用它检查和批改学生作业;它也可以根据提示撰写剧本,如有人用 ChatGPT 生成《老友记》二十年后重聚的剧本,情节流畅自然,具有一定的可读性;研究人员可以用它快速撰写项目申请书或论文综述等;程序员可以用它编写程序代码或者排查程序错误;结合图像、音频、视频、动画等技术,可借助它创建虚拟人,与人类进行更便捷和直观的沟通等。随着越来越多的人对 ChatGPT 进行创造性使用,以及 ChatGPT 的自我进化式学习,越来越多更有趣、更强大的应用必然会出现。

另外,以 ChatGPT 为代表的 AIGC 模式也影响了传统制造业。如 PIX Moving 提出让汽车算法设计模型(Automotive Algorithm Modeling,AAM)成为工业界的 ChatGPT,将其应用于汽车的设计、工程和制造等环节。

ChatGPT 目前已经通过了 Google 的 L3 工程师编程面试,L3 是 Google 工程师岗位的入门级别,已经是不少普通程序员难以达到的水平了。ChatGPT 还参加了高难度的美国执业医师资格考试,经评估其成绩接近及格线。

3. ChatGPT 发展趋势

ChatGPT 今天还处于它生命周期的早期阶段,随着技术演进,它有可能成为真正的 AGI(通用人工智能),无所不能。

ChatGPT 对话回复,常常是正确的观念,或者至少,它不太会丢出一条明显违背公序良俗、道德法律的答案出来。例如,同性恋的生命权应该得到保护和尊重,而不是被处以石刑(伊朗);女性应该享有同等受教育和参与体育运动的权利,而不是辍学回归家庭(阿富汗);女性应该有权决定是否戴面纱走出家门而不是被他人或社会胁迫。价值观的输出就是文明时期的战争。

ChatGPT 输出的是唯一答案,这种影响本身就比搜索引擎更深。它要求产品自身对于用户语义的理解足够精准,输出的答案足够精确,只有这样它才可能持续吸引用户,建立深度信任,反之又能得到更多的资料,优化自己的能力,更精确地理解和输出。ChatGPT 的输出不只是信息,还有认知。

ChatGPT 是新的人机交互方式,类似键盘之于计算机,触摸屏之于手机,未来的智能设备万物互连,万物皆可装 ChatGPT,它会是人类与智能设备交互的重要方式,也可能是首要方式。

ChatGPT 交互模式下,数字广告行业以搜索竞价排名为核心的商业模式可能会被颠覆,但是这不意味着数字广告商业模式会衰退,反而可能进一步打开上限,因为,如果它反馈的结果足够精准,理论上每一条回复都可以是广告。

小　结

自然语言的发展从基于规则方法到基于统计方法,再到基于深度学习的方法,技术越来越成熟了,而且很多领域都取得了巨大的进步。随着深度神经网络技术、大数据、云计算这三个主要因素的推动,自然语言处理越来越实用。

2017 年,刘挺在文章《语言处理的十个发展趋势》中指出自然语言处理的趋势如下。①语义表示:从符号表示到分布表示。②学习模式:从浅层学习到深度学习。③NLP 平台化:从封闭走向开放。④语言知识:从人工构建到自动构建。⑤对话机器人:从通用到场景化。⑥文本理解与推理:从浅层分析向深度理解迈进。⑦文本情感分析:从事实性文本到情感文本。⑧社会媒体处理:从传统媒体到社交媒体。⑨文本生成:从规范文本到自由文本。⑩NLP＋行业:与领域深度结合,为行业创造价值。

近年来的发展表明,自然语言处理技术发展加速,以 ChatGPT、DeepSeek 为代表的语言大模型,已在多个场景中获得应用。未来会有这样的智能信息和知识管理系统出现,它能够自动获取信息和知识,如对之进行有效的管理,能准确地回答各种问题,成为每一个人的智能助手。

自然语言处理(NLP)主要技术可以分为三层。底层是自然语言的基本技术,包括词汇级、短语级、句子级和篇章级的表示,如词和句子的多维向量表示,分词、词性标记、句法分析和篇章分析。中间层是自然语言的核心技术,包括机器翻译、提问和问答、信息检索、信息抽取、聊天和对话、知识工程、自然语言生成和推荐系统等。上层是 NLP＋,就是 NLP 的应用,如搜索引擎、智能客服、商业智能、语音助手等;也包括在很多垂直领域(如银行、金融、交通、教育、医疗、军事领域)的应用。NLP 技术及其应用是在相关技术或者大数据支持下进行的。用户画像、大数据、云计算平台、机器学习、深度学习,以及知识图谱等构成了 NLP 的支撑技术和平台。

Google 推出了基于知识图谱的新型搜索服务。与传统网页搜索相比,基于知识图谱的搜索能够更好地理解用户的搜索意图,并对相关内容和主题进行总结。未来的搜索是智慧搜索。①精准搜索意图理解,体现精准分类、语义理解、个性化;②复杂多元对象搜索,如表格、文本、图片、视频、文案、素材、代码、专家;③多粒度搜索,体现篇章级、段落级、语句级等粒度;④跨媒体搜索,即不同媒体数据联合完成搜索任务。

在语音识别方面,基于深度学习的语音识别系统目前已经在识别准确率方面有了显著提升,未来深度学习将继续在海量语音数据的精细学习、持续提升识别系统的口音覆盖和噪声场景鲁棒性等方面发挥重要作用。

OpenAI 成立于 2015 年,它将生成式人工智能技术"产品化",然后"平台化",并在 2020 年推出 GPT-3,2022 年推出 ChatGPT,2023 年又推出了 GPT-4,同时发布了可访问的"聊天机器人"(对话界面——产品)以及 API(开发人员界面——平台)。这一整套人工智能系统使用基于大语言模型(LLM)的学习算法"生成"文本、图像、音频和视频,这些模型在庞大的数据集(几乎是所有"语言")上进行训练。聊天机器人对询问的回复与人类无异,却拥有超强的计算机处理能力,可以访问数以万亿计的单词和其他数据点。快速增长的生态系统有多个层次:首先是加入 OpenAI 的基础模型生产商,这些模型类似与神经网络和分析相结合的操作系统,并提供应用程序接口;其次是基础设施提供商,他们提供专门的硬件和云计算服务;最后是应用开发商,既有"横向"的(面向广大用户),也有"纵向"的(面向特定行业)。

目前神经网络的方法依赖大规模的标注数据做端到端训练。这种黑箱式系统缺乏解释能力,也不具备常识推理能力。解决这个问题不是一件容易的事情,但是可以从如下三方面推进。

第一,人脑在处理熟悉的事情时,依赖数据和直觉,比较快,缺乏解释性,这个能力通常被称作系统 1 的能力;而在遇到不很熟悉的事情时,依赖规则、逻辑和推理,比较慢,但是具备可解释性,这个能力通常被称作系统 2 的能力。我们可以把前者类比神经网络方法,后者类比符号系统。为了改进目前的神经网络系统,应该把这两个系统融合起来,也就是数据和知识融合起来寻找解决思路。

第二,现在的深度学习,依赖数据做端对端的训练。这意味着针对一个新任务,要学习所有的能力。这就和假定人脑做任何事情时都是从空白开始学习。实际上,人具备很多基础能力。这些基础能力针对一个新任务时大部分的能力不动,只是小部分简单调整。我们设想模拟人脑,设计一系列基础能力和基础能力的微调机制。为了能够实现微调,需要每个基础能力可微。如何把规则系统转换为神经网络系统从而实现可微,是一个挑战性课题。

第三,常识问题。常识问题困扰 NLP 的发展,目前并没有很好的方法。为了研究常识推理,ConceptNet 建立了针对常识问答的数据集 CommonsenseQA。最近有研究提出了用一种外部注意力机制增强 Transformer 和预训练,把外部常识知识引入预训练的预测过程中。期待今后更多的研究。

总而言之,借助预训练模型推进,认知智能正处在蓬勃发展的势头,取得了令人振奋的进步。但是,预训练模型的训练成本太高、效率低、推理能力差;由于数据的偏差,模型也存在着隐私和伦理问题。我们希望未来的认知模型能够像人脑一样具备可解释性和小样本学习能力,以及常识推理能力,在这些方面,需要不懈的努力。

自然语言处理一路走来至今日,形成了"力大者为王"(这是目前形成的基本态势,也是"基础模型"自然延伸)和"智深者为上"(小数据、富知识、因果推理等发展理念)两条道路。前者道路宽广,顺风而下,但貌似快走到尽头;后者道路狭窄,逆风而上,但应该会悠长隽永。前看两者可以并行不悖,互相借鉴,互为支持,如"基础模型"可望有效提升大规模句法语义自动分析的能力,从而为大规模知识自动获取提供前提条件。"基础模型"可能包藏了某些深邃的计算机理或奥秘,或导致大的"峰回路转",值得密切关注。未来10年,自然语言处理在研究和应用上整体上创造一个恢宏格局,并对人工智能领域的发展做出关键性贡献,是可以期待的。

习 题

7.1 什么是自然语言理解?自然语理解过程有哪些层次?各层次的功能如何?

7.2 为什么说计算机理解自然语言是一件困难的任务?原因是什么?

7.3 在理解语言上,人脑和计算机(机器)之间有没有不可逾越的鸿沟?

7.4 阐述短语文法结构和Chomsky的语言体系,说明各种语言对文法规则表示形式的限制。

7.5 给出下列句子的句法分析树。

(1) The boy smoked a cigarette.

(2) The cat ran after a rat.

(3) She used a fountain pen to write her biography.

7.6 转移网络和ATN的工作原理是什么?为什么说ATN使句法分析器具有分析上下文有关语言的能力?

7.7 用转移网络分析 The man reacted sharply.

7.8 什么是语义文法?什么是格文法?它们各有什么特点?

7.9 用格结构表示下面的句子。

(1) The plane flew above the clouds.

(2) John flew to New York.

7.10 简述搜索引擎的工作原理。

7.11 智能搜索引擎分为哪几类?

7.12 机器翻译系统可以分成哪几种类型?

7.13 简述语音识别过程。

7.14 (思考题)建立一个包含10个查询的测试集,把它们提交给3个主要的万维网搜索引擎。评估每个搜索引擎分别在返回1、3、10篇文档时的准确率。你能解释它们之间的区别吗?

7.15 (思考题)编写一个正则表达式或者一个简短的程序用来抽取公司名称。请在商业新闻语料库上对其进行测试。报告你的准确率和召回率。

7.16 (思考题)知识图谱。Google推出的知识图谱智能化搜索功能,其目标就是对搜索结果进行系统的知识整理,使每个用户查询的关键词都能映射到知识库的概念上。阅读相关文献,阐述主要技术及应用。

7.17 (思考题)多媒体信息检索。伴随着便携式数码设备的流行以及媒体压缩、存储和通信技术的进步,多媒体数据呈现爆炸式增长并全方位渗透到人们的生活中。如何有效地对多媒体信息进行检索,一直是多媒体以及信息检索研究领域的热点问题。阅读相关文献,阐述主要技术及应用。

7.18 (思考题)语义万维网搜索。语义万维网将统一资源标识符(Uniform Resource Identifier,URI)标识的范围从网页等信息资源拓展到所有事物,特别是真实世界中的实体(如一本书)以及人们在社会实践中形成的概念(如书、作者等),并采用基于图的资源描述框架(Resource Description Framework,RDF)作为统一的数据模型描述事物与事物之间的关联;而且,不同的万维网应用在描述事物时共享由一组相关概念描述形成的万维网本体(Web Ontology,简称本体),从而使万维网上的数据交换从语法级别提升到语义级别。面对海量的基于本体的资源描述框架数据,万维网搜索面临一系列新挑战,也相继产生了许多建立在新的搜索模型和方法上的搜索引擎。这一新兴领域统称为语义万维网搜索。阅读相关文献,阐述主要技术及应用。

7.19 (思考题)交互式搜索意图理解。现代搜索引擎在协助用户完成复杂查询任务方面的能力仍极为有限,用户需要将大量认知精力耗费在寻找导航提示上,这使得阅读和选择所需信息的过程不可避免地受到影响。交互式搜索意图理解通过计算建模和可视化交互的方式协助用户进行信息探索,通过有效的交互界面使得用户获取信息。在进行任务级别的信息查找时,交互式搜索意图理解能够极大地提高用户的信息获取效率。阅读相关文献,阐述主要技术。

7.20 (思考题)考虑这样一个问题:评估返回答案排名列表(如同大部分万维网搜索引擎)的 IR(信息检索)系统质量的问题。合适的质量评估方法依赖搜索用户的意图模型及其采取的策略。针对不同需求,提出相应的定量评测方法。

7.21 (思考题)随着社会的发展与进步,精神健康问题越来越受到人们的重视,其严重性也日益凸显。根据《柳叶刀》杂志发布的 2019 全球疾病负担研究专题报告中的数据显示,在中国所有疾病的疾病负担中,抑郁障碍的排名是第 11 位。而与之对应的现实情况是,我国的精神卫生服务资源十分短缺并且分布很不均匀,这使得大多数人的精神健康问题难以得到有效解决。在这种情况下,借助对话机器人实现精神健康的相关服务变得十分重要。已有的情感对话相关技术在其中会得到更大的应用,例如,对话情感识别可以帮助用户精神状态的判断、共情回复可以与用户建立联系、激发用户自我探索等。因此,未来对话机器人应该更加关注精神健康问题,这会是一个重要的发展机遇。请提出自己的发展建议。

7.22 (思考题)目前的对话机器人主要集中于对文本信息的处理,其中相关的情感对话技术也主要围绕文本信息展开。虽然在对话情感理解方面有一些基于人物语音信号、人物面部表情的多模态信息处理,但是对于更广泛意义的多模态信息的利用还很不充分。例如,在线上对话场景中,用户可以发送表情、图片等来表达其想法和现实处境,这需要对话机器人有理解人物面部表情以外的图像信息的能力;在智能家居场景中,室内的传感器信号可以提供丰富的环境信息帮助推断用户意图,这需要对话机器人有理解传感器信号模态的能力;在实体机器人场景中,对话机器人除了能以多模态的方式进行用户理解,还可以通过控制机器人的面部表情、肢体动作来实现语言以外的多模态表达。探讨未来对话机器人的可能发展,向类人的多模态信息处理和多模态信息表达方向前进。

7.23 (思考题)随着近期大语言模型(Large Language Model,LLM)技术的跃进,自然语言与数据库的交互形式出现了一条开创性的道路。与传统的通过有监督学习训练获得的翻译模型不同,这类模型展现出了令人瞩目的涌现能力,该能力只存在于这类超大规模模型(参数超过 1000 亿)中,使模型能够无缝地将自然语言翻译为所需的交互输出,而无须专门的模型训练过程。这种范式转变颠覆了传统的交互方法,正在革新数据库自然语言交互的方式。在未来的数据库中,自然语言交互将成为主流趋势。随着人工智能以及大模型技术的快速发展,数据库自然语言交互将具备更强大的语言理解能力,与系统进行自然对话将变得更加自然和无缝。

根据上述背景,查阅资料,撰写论文,阐述目前的技术进展及应用趋势。

7.24 (思考题)中国地理。应用 Prolog 推理机制或其他语言开发中国地理数据库,并设计自然语言交互界面。用自然语言(中文或者英文)方式查询中国的省(自治区、直辖市)名、省政府所在城市、面积、人口、城市、河流、湖泊、山脉、公路、邻省、省内制高点、制低点等地理情况。例如:

——Provinces?

——Give me the cities in Hubei.

——What is the biggest city in Jiangsu?

——What is the longest river in the China?

——Which river is more than 1 thousand kilometers long?

——What is the name of the Xinjiang with the lowest point?

——What is the name of the Xinjiang with the lowest point?

——Which provinces border Henan?

——Which rivers do not run through Hunan?

第 **8** 章

Agent

随着计算机技术、人工智能技术、互联网和万维网的发展,Agent 和多 Agent 系统的研究成为人工智能研究的一个热点,为分布式系统的综合、分析、实现和应用开辟了一条新的途径,促进人工智能和软件工程的发展。本章内容包括 Agent 的基本概念、Agent 间的通信与合作、移动 Agent、多 Agent 系统开发框架 JADE 以及火星探矿机器人案例。

8.1 概　　述

分布式人工智能(Distributed Artificial Intelligence,DAI)系统能够克服单个智能系统在资源、时空分布和功能上的局限性,具备并行、分布、开放和容错等优点,因而获得很快的发展,得到越来越广泛的应用。

DAI 的研究源于 20 世纪 70 年代末期,当时主要研究分布式问题求解(Distributed Problem Solving,DPS),其目标是要建立一个由多个子系统构成的协作系统,各子系统之间协同工作对特定问题进行求解。在 DPS 系统中,把待解决的问题分解为一些子任务,并为每个子任务设计一个问题求解的任务执行子系统。通过交互作用策略,把系统设计集成为一个统一的整体,并采用自顶向下的设计方法,保证问题处理系统能够满足顶部给定的要求。

分布式人工智能一般分为分布式问题求解(DPS)和多 Agent 系统(Multi-Agent System,MAS)两种类型。DPS 研究如何在多个合作和共享知识的模块、结点或子系统之间划分任务,并求解问题。MAS 则研究如何在一群自主的 Agent 之间进行智能行为的协调。两者的共同点在于研究如何对资源、知识、控制等进行划分。两者的不同点在于,DPS 往往需要有全局的问题、概念模型和成功标准,而 MAS 则包含多个局部的问题、概念模型和成功标准。DPS 的研究目标在于建立大粒度的协作群体,通过各群体的协作实现问题求解,并采用自顶向下的设计方法。MAS 却采用自底向上的设计方法,首先定义各自分散自主的 Agent,然后研究怎样完成实际任务的求解问题。各个 Agent 之间的关系并不一定是协作的,也可能是竞争甚至是对抗的关系。

有人认为 MAS 基本上就是分布式人工智能,DPS 仅是 MAS 研究的一个子集,他们提出,当满足下列三个假设时,MAS 就成为 DPS 系统:①Agent 友好;②目标共同;③集中设计。正是由于 MAS 具有更大的灵活性,更能体现人类社会的智能,更适应开放和动态的世界环境,因而引起许多学科及其研究者的强烈兴趣和高度重视。目前研究的问题包括 Agent 的概念、理论、分类、模型、结构、语言、推理和通信等。

Agent 技术,特别是多 Agent 技术,为分布开放系统的分析、设计和实现提供了一种崭新的方法,被誉为"软件开发的又一重大突破"。Agent 技术已被广泛应用到各个领域。Agent 及其相关概念和技术最早源于分布式人工智能（DAI），但从 20 世纪 80 年代末开始，Agent 技术从 DAI 领域中拓展开来，并与许多其他领域相互借鉴和融合，在许多不同于最初 DAI 应用的领域得到更为广泛的应用。面向 Agent 技术（AOT）作为一种设计和开发软件系统的新方法已经得到学术界和企业界的广泛关注。

目前，对 Agent 的研究大致分为如下三个相互关联的方面：①智能 Agent；②多 Agent 系统（MAS）；③面向 Agent 的程序设计（AOP）。智能 Agent 是多 Agent 系统研究的基础，也可以将智能 Agent 的研究统一在 MAS 的研究框架下，这样，智能 Agent 被看成 MAS 研究中的微观层次，主要研究 Agent 的理论和结构，包括 Agent 的概念、特性、分类，Agent 的形式化表示和推理等；而有关 Agent 间的关系的研究则构成了 MAS 研究的宏观层次，它主要研究由多个 Agent 组成的系统中 Agent 的组织以及 Agent 间的通信、规划、协同、协作、协商与冲突消解、自组织和自学习等问题。智能 Agent 和 MAS 的成功应用要借助 Agent 的应用方法（即 AOP）以及 AOP 开发工具或平台。

随着网络技术和分布式技术，尤其是 Internet/WWW 技术的日益发展和其应用的不断深入，Agent 技术在 Internet 上的应用及相关研究变得愈加活跃。White、Chess 等认为移动 Agent 是具有移动性的智能 Agent。Gilbert 等把移动 Agent 作为软件 Agent 的一个重要分支，他们给出了软件 Agent 的分类，其中把移动性作为分类的一个标准。图 8-1 描述了他们给出的软件 Agent 的分类空间。

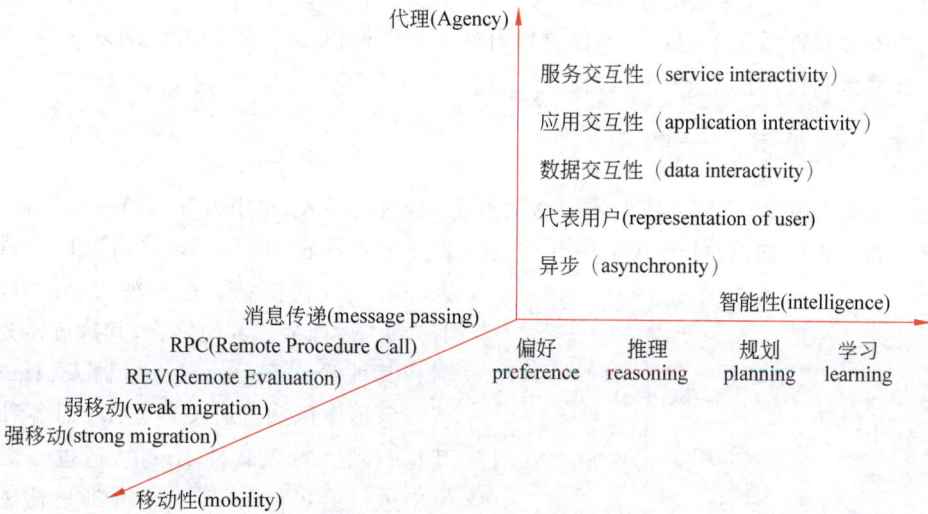

图 8-1 软件 Agent 的分类空间

软件 Agent 被描述为由智能性、代理和移动性组成的一个三维空间。智能性用偏好、推理、规划、学习刻画 Agent 表达信念、情感的能力和完成任务的能力。代理刻画了 Agent 的自主程度和享有权限的大小，可以用 Agent 与其他实体的交互能力度量。按照他们的观点，Agent 至少能够异步地执行，代理能力强的 Agent 可以在一定程度上代表用户的利益，甚至能代表用户与其他 Agent 或用户交互。按照代理能力的强弱，Agent 被称为自主的（autonomous）、合作的（collaborative）、协作的（cooperative）或协商的（negotiating）。移动性刻画 Agent 的移动能力，移动 Agent 可以采用传统的通信机制（如消息传递、RPC 和 REV 等）进行远程通信，也可以采用弱移动或强移动方式移动到远程主机进行本地通信。

8.2 Agent 及其结构

8.2.1 Agent 的定义

所谓 Agent,是指驻留在某一环境下能够自主(autonomous)、灵活(flexible)地执行动作,以满足设计目标的行为实体。

上述定义具有如下两个特点。

(1) 定义方式。Agent 的概念定义是基于 Agent 的外部可观察行为特征,而不是基于其内部的结构。Agent 的概念定义仅描述了作为 Agent 的行为实体应具有的外在行为特点,没有描述作为行为实体的 Agent 应具有什么样的内部结构以及如何通过其内部结构实现其自主、灵活的行为。Agent 概念的这种定义方式抛开了 Agent 的内部结构和实现细节,刻画了作为 Agent 的外在公共和基本的性质和特征,有助于脱离具体的技术实现细节在一个较高的技术层次上分析和讨论应用系统和软件系统中的行为实体,缓解了不同研究领域和应用领域的专家和学者就有关 Agent 概念的争论。

(2) 抽象层次。Agent 概念更加贴近人们对现实世界(而不是计算机世界)中行为实体的理解。我们不仅可以用 Agent 概念表示现实世界中的行为实体,而且可以用它表示计算机世界中的软件实体,因而有助于缩小现实世界中的应用系统到其模型以及最终的软件系统之间的概念差距。与过程、对象等概念相比,Agent 是一个更抽象的概念,因而可以在一个更高的抽象层次上对应用系统和软件系统中的行为实体进行自然分析和建模,减少系统开发的复杂性,并有助于实现从需求模型到设计模型的自然过渡。

8.2.2 Agent 要素及特性

Agent 在英语中是一个多义词,主要含义有主动者、代理人、作用力(因素)或媒介物(体)等。在人工智能和计算机领域,可把 Agent 看作能够通过传感器感知其环境,并借助执行器作用于该环境的任何事物。把人视为 Agent,其传感器为眼睛、耳朵和其他感官,其执行器为手、腿、嘴和其他身体部分。对于机器人 Agent,其传感器为摄像机和红外测距器等,而各种马达为其执行器。对于软件 Agent,通过编码位的字符串进行感知和作用。Agent 通过传感器和执行器与环境的交互作用如图 8-2 所示。

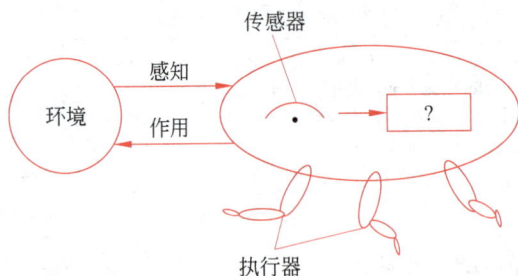

图 8-2 Agent 通过传感器和执行器与环境的交互作用

目前国内对 Agent 尚无公认的统一译法。译文包括智能体、主体、智能主体、智体、代理、艾真体、真体、媒体、个体、实体等。本书沿用英文原文。

1. Agent 的要素

Agent 必须利用知识修改其内部状态(心理状态),以适应环境变化和协作求解的需要。Agent 的行动受其心理状态驱动。人类心理状态的要素有认知(信念、知识、学习等)、情感(愿望、兴趣、爱好等)和意向(意图、目标、规划和承诺等)三种。着重研究信念、愿望和意图的关系及其形式化描述,力图建立 Agent 的 BDI(信念、愿望和意图)模型,已成为 Agent 理论模型研究的主要方向。

信念、愿望、意图与行为具有某种因果关系,如图 8-3 所示。其中,信念描述 Agent 对环境的认识,表示可能发生的状态;愿望从信念直接得到,描述 Agent 对可能发生情景的判断;意图来自愿望,制约 Agent,是目标的组成部分。

图 8-3 BDI 关系图

Bratman 的哲学思想对心理状态研究产生了深刻影响。1987 年,他从哲学的角度研究行为意图,认为只有保持信念、愿望和意图的理性平衡,才能有效地实现问题求解。他还认为,在某个开放的世界(环境)中,理性 Agent 的行为不能由信念、愿望及两者组成的规划直接驱动,在愿望和规划之间还存在一个基于信念的意图。在这样的环境中,这个意图制约了理性 Agent 的行为。理性平衡是使理性 Agent 的行为与环境特性相适应。环境特性不仅包括环境客观条件,而且涉及环境的社会团体因素。对于每种可能的感知序列,在感知序列提供证据和 Agent 内部知识的基础上,一个理想的理性 Agent 的期望动作应使其性能测度达到最大。

在 Agent 和 MAS 的建模方面,几乎所有研究工作都以实现 Bratman 的哲学思想为目标。不过,这些研究都未能完全实现 Bratman 的哲学模型,仍然存在一些尚待进一步研究和解决的问题,如 Agent 模型与结构的映射关系、建造 Agent 系统的计算复杂性以及 Agent 问题求解与心理状态关系的表示等问题。

2. Agent 的特性

Agent 与分布式人工智能系统一样具有协作性、适应性等特性。此外,Agent 还具有自主性、交互性以及持续性等重要性质。

(1)行为自主性。Agent 能够控制它的自身行为,其行为是主动的、自发的、有目标和意图的,并能根据目标和环境要求对短期行为做出规划。

(2)作用交互性(也称为反应性)。Agent 能够与环境交互作用,能够感知其所处环境,并借助自己的行为结果对环境做出适当反应。

(3)环境协调性。Agent 存在于一定的环境中,感知环境的状态、事件和特征,并通过其动作和行为影响环境,与环境保持协调。环境和 Agent 是对立统一体的两个方面,互相依存,互相作用。

(4)面向目标性。Agent 不是对环境中的事件做出简单的反应,它能够表现出某种目标指导下的行为,为实现其内在目标而采取主动行为。这一特性为面向 Agent 的程序设计提供了重要基础。

(5)存在社会性。Agent 存在于由多个 Agent 构成的社会环境中,与其他 Agent 交换信息、交互作用和通信。各 Agent 通过社会承诺进行社会推理,实现社会意向和目标。Agent 的存在及其每一行为都不是孤立的,而是社会性的,甚至表现出人类社会的某些特性。

(6)工作协作性。各 Agent 合作和协调工作,求解单个 Agent 无法处理的问题,提高处理问题的能力。在协作过程中可以引入各种新的机制和算法。

(7)运行持续性。Agent 的程序启动后,能够在相当长的一段时间内维持运行状态,不随运算的停止而立即结束运行。

(8)系统适应性。Agent 不仅能够感知环境,对环境做出反应,而且能够把新建立的 Agent 集成到系统中,而无须对原有的多 Agent 系统进行重新设计,因而具有很强的适应性和可扩展性。也可以把这一特点称为开放性。

(9)结构分布性。在物理上或逻辑上分布和异构的实体,如主动数据库、知识库、控制器、决策体、感知器和执行器等,在多 Agent 系统中具有分布式结构,便于技术集成、资源共享、性能优化和系统整合。

(10) 功能智能性。Agent 强调理性作用,可作为描述机器智能、动物智能和人类智能的统一模型。Agent 的功能具有较高智能,而且这种智能往往是构成社会智能的一部分。

8.2.3　Agent 的结构特点

Agent 系统是一个高度开放的智能系统,其结构如何将直接影响到系统的智能和性能。例如,一个在未知环境中自主移动的机器人需要对它面对的各种复杂地形、地貌、通道状况及环境信息做出实时感知和决策,控制执行器完成各种运动操作,实现导航、跟踪、越野等功能,并保证移动机器人处于最佳的运动状态。这就要求构成该移动机器人系统的各个 Agent 有一个合理和先进的体系结构,保证各 Agent 自主地完成局部问题求解任务,显示出较高的求解能力,并通过各 Agent 间的协作完成全局任务。

人工智能的任务就是设计 Agent 程序,即实现 Agent 从感知到动作的映射函数。这种 Agent 程序需要在某种称为结构的计算设备上运行。这种结构可以是一台普通的计算机,或者可能包含执行某种任务的特定硬件,还可能包括在计算机和 Agent 程序间提供某种程度隔离的软件,以便在更高层次上进行编程。一般意义上,体系结构使得传感器的感知对程序可用,运行程序并把该程序的作用选择反馈给执行器。可见,Agent、体系结构和程序之间具有如下关系。

$$Agent=体系结构+程序$$

计算机系统为 Agent 的开发和运行提供软件和硬件环境支持,使各个 Agent 依据全局状态协调地完成各项任务。具体地说:

(1) 在计算机系统中,Agent 相当于一个独立的功能模块、独立的计算机应用系统,它含有独立的外部设备、输入/输出驱动装备、各种功能操作处理程序、数据结构和相应的输出。

(2) Agent 程序的核心部分叫作决策生成器或问题求解器,起主控作用,它接收全局状态、任务和时序等信息,指挥相应的功能操作程序模块工作,并把内部工作状态和所执行的重要结果送至全局数据库。Agent 的全局数据库设有存放 Agent 状态、参数和重要结果的数据库,供总体协调使用。

(3) Agent 的运行是一个或多个进程,并接受总体调度。特别是当系统的工作状态随工作环境经常变化以及各 Agent 的具体任务时常变更时,更需搞好总体协调。

(4) 各个 Agent 在多个计算机 CPU 上并行运行,其运行环境由体系结构支持。体系结构还提供共享资源(黑板系统)、Agent 间的通信工具和 Agent 间的总体协调,以使各 Agent 在统一目标下并行、协调地工作。

8.2.4　Agent 的结构分类

根据上述讨论,可把 Agent 看作从感知序列到实体动作的映射。根据人类思维的不同层次,可把 Agent 分为下列几类。

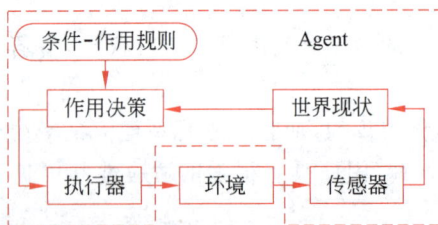

(1) 反应式 Agent。反应式 Agent 只简单地对外部刺激产生响应,没有任何内部状态。每个 Agent 既是客户,又是服务器,根据程序提出请求或做出回答。图 8-4 表示反应式 Agent 的结构示意图。图中,Agent 的条件-作用规则使感知和动作连接起来。

(2) 慎思式 Agent。慎思式 Agent 又称为认知式

图 8-4　反应式 Agent 的结构

Agent,是一个具有显式符号模型的基于知识的系统。其环境模型一般是预先知道的,因而对动态环境存在一定的局限性,不适用于未知环境。由于缺乏必要的知识资源,在 Agent 执行时需要向模型提供有关环境的新信息,而这往往是难以实现的。

慎思式 Agent 的结构如图 8-5 所示。Agent 接收的外部环境信息依据内部状态进行信息融合,以产生修改当前状态的描述。然后,在知识库支持下制订规划,再在目标指引下形成动作序列,对环境产生影响。

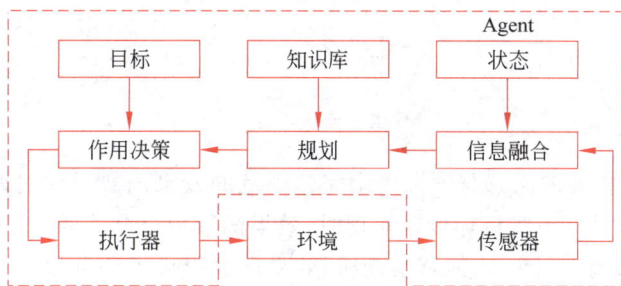

图 8-5　慎思式 Agent 的结构

（3）跟踪式 Agent。简单的反应式 Agent 只有在现有感知的基础上,才能做出正确的决策。随时更新内部状态信息要求把两种知识编入 Agent 的程序,即关于世界如何独立地发展 Agent 的信息以及 Agent 自身作用如何影响世界的信息。图 8-6 给出一种具有内部状态的反应式 Agent 的结构图,表示现有的感知信息如何与原有的内部状态相结合,以产生现有状态的更新描述。与解释状态的现有知识的新感知一样,也采用了有关世界如何跟踪其未知部分的信息,还必须知道 Agent 对世界状态有哪些作用。具有内部状态的反应式 Agent 通过找到一个条件与现有环境匹配的规则进行工作,然后执行与规则相关的作用。这种结构叫作跟踪世界 Agent 或跟踪式 Agent。

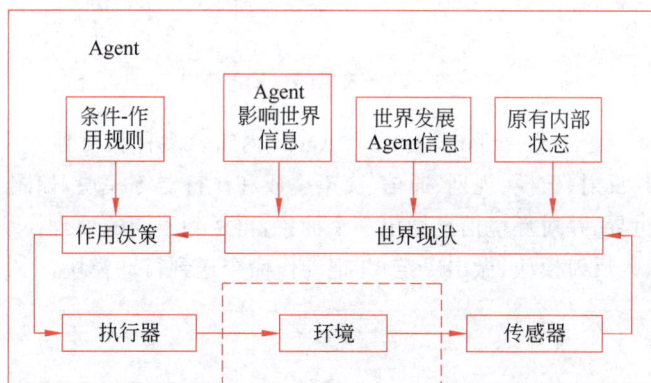

图 8-6　具有内部状态的反应式 Agent 结构

（4）基于目标的 Agent。仅了解现有状态对决策来说往往是不够的,Agent 还需要某种描述环境情况的目标信息。Agent 的程序能够与可能的作用结果信息结合起来,以便选择达到目标的行为。这类 Agent 的决策基本上与前面所述的条件-作用规则不同。反应式 Agent 中有的信息没有明确使用,而设计者已预先计算好各种正确作用。对于反应式 Agent,还必须重写大量的条件-作用规则。基于目标的 Agent 在实现目标方面更灵活,只要指定新的目标,就能够产生新的作用。图 8-7 表示基于目标的 Agent 结构。

（5）基于效果的 Agent。只有目标实际上还不足以产生高质量的作用。如果一个世界状态优于另一个世界状态,那么它对 Agent 就有更好的效果。因此,效果是一种把状态映射到实数

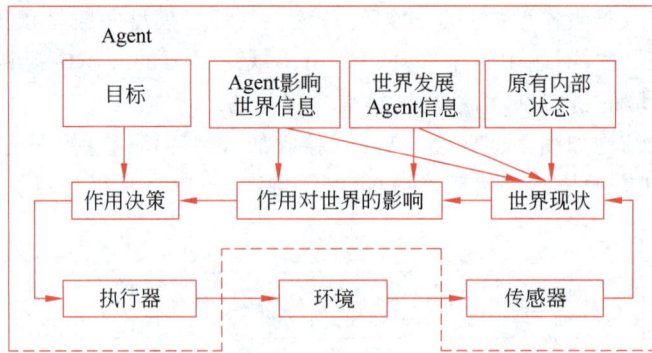

图 8-7　基于目标的 Agent 结构

的函数,该函数描述了相关的满意程度。一个完整规范的效果函数允许对两类情况做出理性的决策。第一,当 Agent 只有一些目标可以实现时,效果函数指定合适的交替。第二,当 Agent 存在多个瞄准目标而不知哪一个一定能够实现时,效果函数提供了一种根据目标的重要性估计成功可能性的方法。因此,一个具有显式效果函数的 Agent 能够做出理性的决策。不过,必须比较由不同作用获得的效果。图 8-8 给出一个完整的基于效果的 Agent 结构。

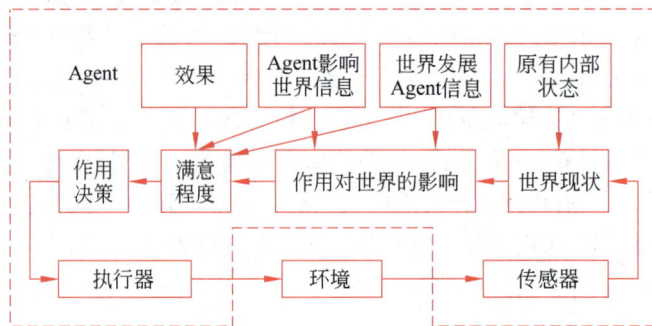

图 8-8　基于效果的 Agent 结构

（6）复合式 Agent。复合式 Agent 即在一个 Agent 内组合多种相对独立和并行执行的智能形态,其结构包括感知器、反射、建模、规划、通信、决策生成和执行器等模块,如图 8-9 所示。Agent 通过感知模块反映现实世界,并对环境信息做出一个抽象,再送到不同的处理模块。若感知到简单或紧急情况,信息就被送入反射模块,做出决定,并把动作命令送到行动模块,产生相应的动作。

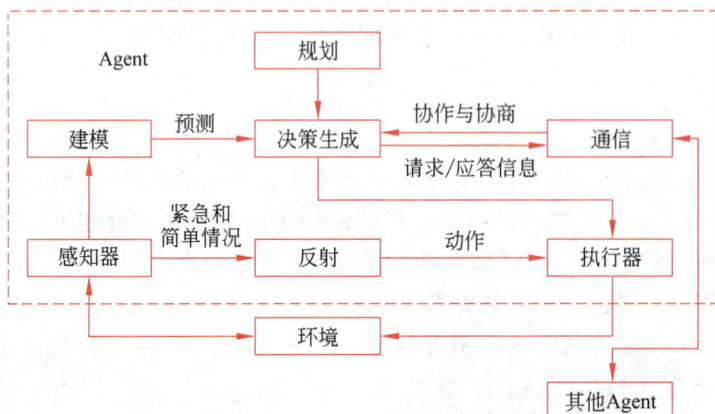

图 8-9　复合式 Agent 结构

8.2.5　Agent 应用案例

下面给出一些 Agent 例子,以加强读者对 Agent 概念的理解,分析其性质和特征。在面向 Agent 的软件开发过程中,软件开发人员应该将现实世界应用系统和计算机世界软件系统中的哪些实体视为 Agent 呢? 从软件工程的角度,系统中的任何行为实体都可抽象地将它视为 Agent,只要这种抽象有助于分析、规约、设计和实现软件系统。

例 8.1　物理 Agent。

现实世界中的任何控制系统都可视为 Agent。例如,房间恒温调控系统中的恒温调节器就是一个 Agent,如图 8-10 所示。

恒温调节器 Agent 的设计目标是要将房间的温度维持在用户设定的范围。它驻留于物理环境(房间)中,具有温度感应器以感知环境输入(房间中的温度),并能对感知到的房间温度做出适时反应,通过与空调设施(实际上,也可将它视为一个 Agent)进行交互,从而影响所处的环境(调高或者降低房间的温度)。

当恒温调节器 Agent 感知到房间的温度低于用户设定值,就向空调设施发出信号要求加大热空气的流量,空调设施一旦接收

图 8-10　恒温调节器是 Agent

到该信号,将加大输出的热空气流量,从而使得房间的温度升高; 如果房间的温度高于用户设定值,则向空调设施发出信号要求加大冷空气的流量,空调设施一旦接收到该信号,将加大冷空气流量,从而使得房间的温度降低。因此,向空调设施发送各种信号一方面体现了恒温调节器 Agent 与环境中其他 Agent(空调设施)之间的交互,另一方面也展示了恒温调节器 Agent 具有的能力。正是通过该能力,恒温调节器 Agent 在感知到环境温度后,自主地决定和执行不同的动作,从而保证房间的温度维持在用户设定的范围。

在该例子中,恒温调节器 Agent 的行为灵活性主要体现在对感知输入的适时反应,根据其设计目标,恒温调节器 Agent 不需要自发性的行为。

现实世界中的 Agent 是一个个的物理部件,Agent 展示的能力主要体现为物理 Agent 所拥有的物理动作,其驻留的环境是物理环境。

例 8.2　软件 Agent。

可将大多数软件 Demon 视为 Agent,它们作为后台进程持续地运行于计算机系统中,不断监控计算机系统中的信息,并通过执行动作影响系统环境。

例如,杀毒软件中的文件实时防护子系统可视为软件 Agent。文件实时防护软件 Agent 的设计目标是要保护计算机系统中的文件系统,防止系统中的文件被病毒感染以及由此而导致的进一步传播。因此,文件实时防护 Agent 需持续不断地运行于用户的计算机中,通过与软件环境(如操作系统、文件系统、图形用户界面等)的交互,感知用户计算机文件系统的变化,如增加一个新的文件、从其他媒介中复制一个文件、已有文件中的数据被修改等。根据感知到的信息,文件实时防护 Agent 将自主地对可疑的文件进行处理,如病毒扫描和分析、病毒清除、文件隔离、文件删除、文件备份等,并通过图形用户界面及时地将相关信息通告给用户。在该例子中,文件实时防护软件 Agent 的行为灵活性不仅体现在反应性方面,而且还体现出一定的自发性(如主动对受病毒感染的文件进行备份)。

杀毒软件中的病毒数据维护子系统也可视为软件 Agent。病毒数据维护软件 Agent 的设计目标是要确保用户计算机中的病毒数据得到及时的更新和维护。当用户的计算机开启时,病毒数据维护软件 Agent 就被加载,并在用户计算机中持续不断地运行。病毒数据维护软件 Agent

拥有用户本地计算机系统中的病毒数据。如果用户的计算机与 Internet 连接，病毒数据维护软件 Agent 能通过与远端病毒数据服务器的交互，感知环境输入（体现为远端服务器中病毒数据的变化），判断用户计算机中的病毒数据是否需要更新。如果需要，病毒数据维护 Agent 将通过与远端数据服务器的交互，自发地从远端数据服务器中下载最新的病毒数据。

不同于例 8.1，例 8.2 中给出的软件 Agent 对应的是一个个软件逻辑部件，Agent 展现的能力主要表现为由语句序列构成的一系列计算机操作指令，而不是物理动作，软件 Agent 所驻留的环境一般是逻辑（软件）环境。

例 8.3　个人数字助手。

代表用户利益，负责为用户提供各种通信、信息、购物、日程安排等服务的个人数字助手可视为 Agent。

个人数字助手 Agent 驻留在 Internet 环境中，通过与用户的多次交互以及对用户日常访问网站及其信息类型的分析和学习，个人数字助手 Agent 逐渐了解用户的习性和爱好。例如，喜欢访问哪些网站、喜欢哪些类型的信息。于是，每天个人数字助手 Agent 都会通过 Internet 自发地帮助用户搜索和收集大量的、用户关心的信息，并对收集到的信息进行过滤和整理，供用户阅读和浏览。

如果某天个人数字助手 Agent 帮助用户接收到一个来自某个国际会议程序委员会的邮件，通知他所投的论文已经录用，并邀请其参加某个时间在某地举行的国际学术会议，个人数字助手 Agent 将根据这些信息自发地为用户制订一个参加会议的日程时刻表，并为用户的旅行路线和航班安排提供一个详细的计划，供用户参考。一旦用户认可个人数字助手 Agent 制订的旅行计划，那么它将通过 Internet 与远端多家航空公司的机票订购软件 Agent 进行交互，就机票的价格进行协商，以帮助用户争取到价格实惠但同时又不影响其旅程的机票，并通过与航空公司机票订购软件 Agent 的合作，帮助用户预订机票。一旦机票订购成功，个人数字助手 Agent 将根据航空公司机票订购软件 Agent 提供的信息提醒用户必须在某个时候进行机票确认。

例 8.4　机器人。

可以将开放环境下为人类提供各种服务（如家庭服务、人道主义救援、排除炸弹等）的机器人视为 Agent。在开放环境下的机器人通常被赋予各种各样的任务和目标，以为人类服务，它们需要通过各种传感设施（如视觉、雷达、红外等）感知所在环境的信息，并通过相应的处理形成感知输入，建立起环境模型。例如，机器人通过雷达或者红外探测其运行前方是否有障碍物。基于其任务，机器人需要展示目标制导的行为，即机器人根据其被赋予的目标自主地选择和执行动作，从而达成任务的实现。开放环境下的机器人通常需要具备不同程度的灵活性。例如，它必须具备反应性，以对感知到的环境信息（如前方的障碍物）进行及时处理；在某些情况下，它还需具备一定程度的主动性，自发地产生目标，从而更好地为人类服务。此外，在多机器人的场景下，不同机器人之间还必须进行交互和协同，从而展示其社会性。现实世界中的 Agent 是一个个的物理部件，Agent 展示的能力主要体现为物理 Agent 所拥有的物理动作，其所驻留的环境是物理环境。

多 Agent
系统应用

8.3　Agent 通信

8.3.1　通信方式

用多 Agent 系统进行分布式问题求解，集成在一个系统中的 Agent 必须彼此能通信和协作。通信是协作的基础。通信方法可以分成黑板系统、消息传送、邮箱三种方式。

1. 黑板系统

黑板系统是传统的人工智能系统和专家系统的议事日程的扩充,通过使用合适的结构支持分布式问题求解。在多 Agent 系统中,黑板提供公共工作区,Agent 可以交换信息、数据和知识。开始一个 Agent 在黑板写入信息项,然后可为系统中的其他 Agent 使用。Agent 可以在任何时候访问黑板,看看有没有新的信息到来。它并不需要阅读所有信息,可以采用过滤器抽取当前工作所需的信息。Agent 必须在访问授权中心站点登录。在黑板系统中,Agent 间不发生直接通信。每个 Agent 独立地完成它们答应求解的子问题。

黑板可以用在任务共享和结果共享系统中。基于事件的问题求解策略也是可能的。如果系统中 Agent 很多,那么黑板中的数据会呈指数增加。与此类似,各个 Agent 在访问黑板时要从大量信息中搜索,选定感兴趣的信息。为了优化处理,更先进的黑板概念是在黑板上为各个 Agent 提供不同的区域。

2. 消息传送

采用消息通信是实现灵活复杂的协调策略的基础。使用规定的协议,Agent 彼此交换的消息可以用来建立通信和协作机制。自由消息内容格式提供非常灵活的通信能力,不受简单命令和响应结构的限制。图 8-11 说明了面向消息的 Agent 系统的原理。

图 8-11 中,一个 Agent 叫发送者,传送特定的消息到另一个 Agent,即接收者。与黑板系统不同,两个 Agent 间的消息是直接交换。执行中没有缓冲,如果不是发送给它的话,它是不能读

图 8-11　面向消息的 Agent 系统的原理

消息的。所谓广播,是一种特例,消息是发给每个 Agent 或一个组。一般情况下,发送者要指定唯一的地址给消息,然后只有那个地址的 Agent 才能读这条消息。为了支持协作策略,通信协议必须明确规定通信过程、消息格式和选择通信语言。另一点特别重要的是交换知识,全部有关的 Agent 必须知道通信语言的语义。消息的语义内容知识是分布式问题求解的核心部分。

3. 邮箱

在邮箱通信方式中,参与通信的 Agent 都有自己的邮箱并且它们之间需要建立起邮件通道。一般情况下,这些邮件通道可以为多个 Agent 之间的消息传输所共有,而不是由某些 Agent 独占。一个 Agent 欲向另一个 Agent 发送消息时,它可以将消息打包成邮件,并通过邮件通道发送到目标方 Agent 的邮箱中。目标方 Agent 可以定期或者不定期地访问它的邮箱,如果邮箱中有邮件,它将可以取出邮件并对其进行处理。这种交互方式与人类社会中的基于信件交互以及在互联网空间的电子邮件交互很类似。由于邮件通道是非独占性的,多个 Agent 的邮件可以共享利用,因而相对于消息传递通信方式而言,邮箱通信方式的保密性并不是很好。此外,邮箱通信一般采用异步方式,邮件所走的通道及其所需的时间不确定,因而该通信方式的实时性较差。

Agent 通信语言的理论基础是基于言语行为理论。这种理论由英国哲学家和语言学家 Austin 提出,并由 Searle、Cohen 等学者加以发展。言语行为理论的主要原理是:通信语言也是一种动作,它们和物理上的动作一样。发言人说话是为了使世界的状态发生改变,通常是改变听众的某种心智状态。通信语言并不一定可以达到它的预期目的。这是因为每个 Agent 都有对它自身的控制权,它不一定按说话人要求的那样做出响应。

有关言语行为理论的研究主要集中在如何划分不同类型的言语行为。在 Agent 通信语言的研究中,言语行为理论也主要用来考虑 Agent 之间可以交互的信息类型。一种最通用的分类方式是将言语行为分为表示型(如通知、致谢、宣告等)和指示型(如请求、询问等)。如果更进一步区分,还可以分成如表 8-1 所示类型。

表 8-1　Agent 交互的信息类型

类　型	例　子	类　型	例　子
断言型	电视机是关着的	允许型	你可以把电视机关掉
指示型	把电视机关掉	禁止型	你不能把电视机关掉
承诺型	我会关掉电视机的	声明型	我宣布这台电视机归我所有

这种划分依然很粗糙。例如,指示型中还可以再划分成命令、协议、请求、建议等。

8.3.2　Agent 通信语言

在多 Agent 系统中,为了实现 Agent 之间的交互和协同,参与交互的 Agent 需要某种特定的语言准确地表达其交互的意图和内容,并且接收方 Agent 能够根据该语言表达的信息正确地理解相关方 Agent 的协同目的,从而实施相应的行为。Agent 通信语言是一种用于表达 Agent 间交互消息的陈述性语言。它定义了交互消息的格式(即语法)和内涵(即语义),支持参与交互的 Agent 对这些消息进行理解和分析。一般地,Agent 通信语言至少应具备以下两方面的表达能力。

1. 交互和协同的意图

在多 Agent 系统中,协同是 Agent 间的一个复杂过程。这一过程涉及诸多 Agent 以及发生在它们之间的一系列交互,每一次交互都展示了参与交互 Agent 的不同协同意图,从而引发相关的 Agent 实施相应的行为。因此,Agent 通信语言应提供表达 Agent 交互意图的语言设施和结构。例如,在协同过程中,Agent 的某次交互是要请求对方 Agent 提供某项服务,还是向对方提出一项建议,是要做出一项服务承诺,还是要向对方 Agent 提供某种信息。显然,这些交互意图的表述对于参与交互的 Agent 正确地表达和理解交互的意图、提供理性的行为有序地开展协同活动是极为重要的。

2. 交互和协同的内容

除了交互意图之外,Agent 间的交互还涉及协同内容问题。也就是说,要针对哪些方面开展协同。例如,一个 Agent 请求另一个 Agent 为它提供某种服务,那么它希望获得什么样的服务;如果一个 Agent 告知另一个 Agent 某项信息,该信息到底是什么;如果某个 Agent 向另一个 Agent 做出某项承诺,该承诺是什么。显然,Agent 通信语言需要提供某种手段准确地表达交互的内容,以便接收方 Agent 能够正确地理解交互的内容。

概括地讲,Agent 通信语言是一种用于表达 Agent 交互意图的语言。不同于程序设计语言(如 Java、C++、Python、Prolog 等),Agent 通信语言具有以下 4 个特点。

(1) Agent 通信语言的使用对象是 Agent。多 Agent 系统中的各个 Agent 使用 Agent 通信语言表达交互和协同的意图和内容,因此,Agent 通信语言的使用者是 Agent。在运行阶段,Agent 根据协同需要组装和形成交互消息,接收方 Agent 对接收到的消息进行分析和处理。

(2) Agent 通信语言是一种用于表示交互意图和内容的陈述性语言。Agent 通信语言专门用于刻画 Agent 间交互的意图和内容,并使得参与交互的其他 Agent 能够理解这些信息,进而支持 Agent 之间的协同。

(3) Agent 通信语言具有严格的语法、语义和语用。语法是指 Agent 通信语言的构成和结构,如符号如何构成,有哪些保留符号,这些符号如何形成一个合法的消息等。语义是指交互的内容,用于解释交互消息中各种符号的指称,如消息中的符号 Book 指称问题域中的什么对象。语用是指交互的意图,如一个 Agent 向另一个 Agent 发送消息要求获得某项服务,因而该消息表达的语用是一种服务请求,它将影响消息接收方 Agent 的任务和意图,如果消息接收方 Agent

同意提供相应的服务,那么它将会生成一个新的任务,产生一项新的意图。在多 Agent 系统的构造和运行过程中,Agent 需要根据 Agent 通信语言的语法、语义和语用组装、形成、理解交互行为。

（4）Agent 通信语言独立于具体的实现技术和运行平台。由于 Agent 通信语言用于表达交互的意图和内容,它通常与多 Agent 系统的具体实现技术和运行平台没有太多的相关性。例如,Agent 通信语言不考虑 Agent 的实现体系结构,也不考虑 Agent 在什么样的平台上运行。

为了支持多 Agent 系统的开发,目前人们已经提出了多种 Agent 通信语言,比较有代表性和有影响力的主要有以下两种：一种是由美国国防部高级计划署主持研发的知识查询与操纵语言（Knowledge Query and Manipulation Language,KQML）；另一种是由智能物理 Agent 基金（Foundation for Intelligent Physical Agents,FIPA）提出的 Agent 通信语言（Agent Communication Language,ACL）。

FIPA 是一家专门致力于推动 Agent 技术标准化及其应用的非营利组织,其目标是要通过制定国际上公认的一组 Agent 技术规范最大限度地确保多个 Agent 系统之间的互操作。至今,FIPA 已经提出了多个 Agent 技术规范,其中,Agent 通信语言是 FIPA 着重关注和重视的标准化内容之一。FIPA 提出的 ACL 定义了 Agent 之间交互的一组消息类型,对这些交互消息的语法、语义和语用做出了严格、形式化的描述和定义。在此基础上,FIPA ACL 还提出了一组高层的交互协议,以支持 Agent 之间的复杂协同。

FIPA ACL 的语法定义如图 8-12 所示。一个 FIPA ACL 消息由通信行为、通信内容以及一组消息参数等几部分组成。

```
ACLCommunicativeAct = Message
Message = "(" MessageType MessageParameter* ")"
MessageType = "accept-proposal" | "agree" | "cancel"
    | "cfp" | "confirm" | "disconfirm" | "failure"
    | "inform" | "inform-if" | "inform-ref"
    | "not-understood"   | "propose"
    | "query-if" | "query-ref" | "refuse" | "reject-proposal"
    | "request" | "request-when" | "request-whenever"
    | "subscribe".
MessageParameter = ":sender" AgentName
    | ":receiver" RecipientExpr
    | ":content" ( Expression
    | MIMEEnhancedExpression )
    | ":reply-with" Expression
    | ":reply-by" DateTimeToken
    | ":in-reply-to" Expression
    | ":envelope" KeyValuePairList
    | ":language" Expression | ":ontology" Expression
    | ":protocol" Word
    | ":conversation-id" Expression.
Expression = Word | String | Number | "(" Expression * ")".
KeyValuePairList = "(" KeyValuePair * ")".
KeyValuePair = "(" Word Expression ")".
RecipientExpr = AgentName | "(" AgentName + ")".
AgentName = Word | Word "@" URL.
URL = Word.
```

图 8-12　FIPA ACL 的语法定义

FIPA ACL 预定义了一组通信行为。FIPA ACL 预定义的通信行为见表 8-2,大致可分为以下几个类别:信息传递、信息请求、协商、动作执行和错误处理。

表 8-2　FIPA ACL 预定义的通信行为

通信行为	直观含义	类　　型				
		信息传递	信息请求	协商	动作执行	错误处理
accept-proposal	接受以前提交的建议,以执行一个动作			√		
agree	同意执行某一动作				√	
cancel	取消以前请求执行的动作				√	
cfp	请求一个建议,以执行某个动作			√		
confirm	告诉接收者某个命题成立	√				
disconfirm	告诉接收者某个命题不成立	√				
failure	告诉接收者试图执行某个动作,但是执行失败					√
inform	通知接收者某个命题成立	√				
inform-if(macro act)	通知接收者某个命题是否为真	√				
inform-ref(macro act)	通知接收者某个描述所对应的对象	√				
not-understood	不能理解消息					√
propose	提交一个建议,以执行某个动作			√		
query-if	询问某个命题是否成立		√			
query-ref	询问某个表达式所指的对象		√			
refuse	拒绝执行一个动作				√	
reject-proposal	在协商中拒绝接受一个动作执行的建议			√		
request	请求执行一个动作				√	
request-when	请求当某个命题成立时执行某个动作				√	
request-whenever	请求每当某个命题成立时就执行某个动作				√	
subscribe	请求一个引用的值		√			

根据 FIPA ACL 的语法定义,一个合法的 ACL 消息一般具有如图 8-13 所示的结构和表示方式。首先,FIPA ACL 消息必须描述消息的通信行为和通信内容,然后提供消息对应的一组参数,包括发送者、接收者、内容描述语言、本体等。

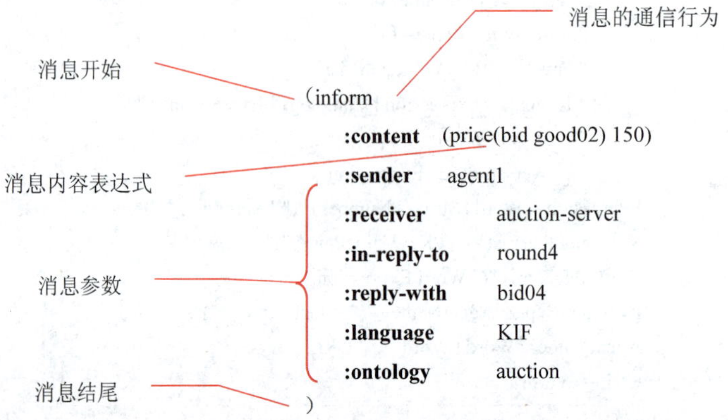

图 8-13　FIPA ACL 消息的结构和表示方式

下面列举一些 FIPA ACL 消息的例子,进一步分析 FIPA ACL 消息的语法结构以及不同消息表述的语义内容。

● FIPA ACL Request 消息

```
(request
   : sender i
   : receiver j
   : content(action j (deliver box017 (location 12 19)))
   : protocol fipa-request
   : reply-with order567
)
```

该消息的通信行为是"request",Agent i 是消息的发送方,Agent j 是消息的接收方,该消息采用的交互协议为"fipa-request",消息内容是"(action j (deliver box017 (location 12 19)))",它表示 Agent j 执行动作已将"box017"送到位置"(12,19)"处,该消息的标识为"order567"。根据"request"通信行为的含义(表 8-2),该消息表达的语义是:消息发送方 Agent i 要求消息接收方 Agent j 执行由消息内容描述的动作,Agent j 和 Agent i 之间采用"fipa-request"交互协议进行协同。

● FIPA ACL Agree 消息

```
(agree
   : sender j
   : receiver i
   : content((deliver j box017 (location 12 19)))
   : in-reply-to order567
   : protocol fipa-request
)
```

这是一个"agree"类型的消息,Agent j 是消息的发送方,Agent i 是消息的接收方,该消息采用的交互协议为"fipa-request",消息内容为"((deliver j box017 (location 12 19)))",该消息是对标识为"order567"消息的响应。根据"agree"通信行为的含义(表 8-2),该消息表达的语义是:对标识为"order567"的消息做出响应,Agent j 同意执行动作"(deliver j box017 (location 12 19))",以将物体"box017"送到位置"(12,19)"处,Agent j 和 Agent i 之间采用"fipa-request"交互协议进行协同。

8.4 协调与协作

在计算机科学领域,具有挑战性的目标之一就是如何建立能够在一起工作的计算机系统。随着计算机系统越来越复杂,将智能 Agent 集成起来则更具挑战性。而 Agent 间的协作是保证系统能在一起共同工作的关键。另外,Agent 间的协作也是多 Agent 系统与其他相关研究领域(如分布式计算、面向对象的系统、专家系统等)区别开来的关键性概念之一。协调与协作是多Agent 研究的核心问题之一,因为以自主的智能 Agent 为中心,使多 Agent 的知识、愿望、意图、规划、行动协调,以至于达到协作,是多 Agent 的主要目标。

协调是指一组智能 Agent 完成一些集体活动时相互作用的性质。协调是对环境的适应。在这个环境中存在多个 Agent 并且都在执行某个动作。协调一般是改变 Agent 的意图,协调的原因是由于其他 Agent 的意图存在。协作是非对抗的 Agent 之间保持行为协调的一个特例。多 Agent 是以人类社会为范例进行研究的。在人类社会中,人与人的交互无处不在。人类交互一般在纯冲突和无冲突之间。同样,在开放、动态的多 Agent 环境下,具有不同目标的多个 Agent 必须对其目标、资源的使用进行协调。例如,在出现资源冲突时,若没有很好地协调,就有可能出现死锁。而在另一种情况下,即单个 Agent 无法独立完成目标,需要其他 Agent 的帮助,这时就需要协作。

多 Agent 之间的协调已经有很多方法,大致归纳如下:①组织结构化;②合同;③多 Agent 规划;④协商。

从社会心理学的角度看,多 Agent 之间的协作情形大致可分为:①协作型,同时将自己的利益放在第二位;②自私型,同时将协作放在第二位;③完全自私型,不考虑任何协作;④完全协作型,不考虑自身利益;⑤协作与自私混合型。

8.4.1 合同网

1980 年,Smith 在分布式问题求解中提出了一种合同网协议。后来这种协议广泛用在多 Agent 系统的协调中。Agent 之间通信经常建立在约定的消息格式上。实际的合同网系统基于合同网协议提供一种合同协议,规定任务指派和有关 Agent 的角色。图 8-14 给出了合同网系统中结点的结构。

本地知识库包括与结点有关的知识库、协作协商当前状态和问题求解过程的信息。另外三个部件利用本地知识库执行它们的任务。通信处理器与其他结点进行通信,结点仅通过该部件直接与网络相接,特别是通信处理器应该理解消息的发送和接收。

合同处理器判断投标提供的任务、发送应用和完成合同。它也分析和解释到达的消息。最后,合同处理器执行全部结点的协调。任务处理器的任务是处理任务赋予它的处理和求解。它从合同处理器接收所要求解的任务,利用本地知识库进行求解,并将结果送到合同处理器。

合同网工作时,将任务分成一系列子问题。有一个特定的结点称作管理器,它了解子问题的任务(见图 8-15)。

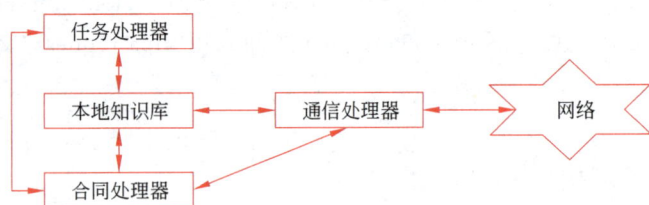

图 8-14　合同网系统中结点的结构

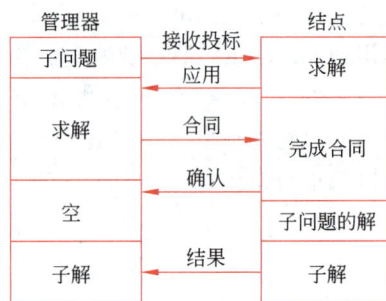

图 8-15　合同网系统中的合同协商过程

管理器提供投标,即要解而尚未求解的子问题合同。它使用合同协议定义的消息结构,例如:

```
TO:                        All nodes
FROM:                      Manager
TYPE:                      Task bid announcement
ContractID:                xx-yy-zz
Task Abstraction:          <description of the problem>
Eligibility Specification: <list of the minimum requirements>
Bid Specification:         <description of the requires application information>
Expiration time            <latest possible application time>
```

标书对所有 Agent 都是开放的,通过合同处理器进行求解。使用本地知识库求解当前可用的资源和 Agent 知识。合同处理器决定该公布的任务申请是不是要做。如果要做,它将按下面的结构通知管理器。

TO:	Manager
FROM:	Node X
TYPE:	Application
ContractID:	xx-yy-zz
Node Abstraction:	<description of the node's capabilities>

管理器必须选择应用中最适合所给合同的结点。管理器访问具体的求解知识和方法,选择最好成绩,将合同有关的子问题求解任务交给该结点。根据合同消息管理器指派合同如下。

TO:	Node X
FROM:	Manager
TYPE:	Contract
ContractID:	xx-yy-zz
Task Specification	<description of the subproblem>

通信结点发送确认消息到管理器,以规定的形式确认接收合同。当问题求解阶段完成,已解的问题传给管理器。承诺的结点完全负责子问题的求解,即完成合同。合同网系统纯粹是任务分布。结点不接收其他结点当前状态的任何信息。如果结点随后认为所安排的任务超过了它的能力和资源,那么可以进一步划分子问题,分配子合同到其他结点。这时,它用作管理器角色,提交子问题标书。形成分层任务结构,每个结点可以同时是管理器、投标申请者和合同成员。

原来,合同网系统做了一些扩充,影响协商的过程。其中之一是公布标书。所有结点都可以参加投标,这要求通信频繁和丰富的资源。管理器必须评价大量的投标书,使用大量的资源。管理器很重的负载可能是公共的投标请求造成的。首先,它要有能力只通知投标中的一小部分。可以想象,管理器具有各个结点能力的具体知识,那么它就能粗略估计处理子问题的可能的候选结点。其次,公共投标请求完全可以取消。如果未解的子问题可以采用以前求解问题的方法构建,那么,管理器可以直接与过去求解问题的结点联系,如果资源可以利用,就签订合同。另外,结点自己也可以投标。在这种情况下,管理器许多开放的投标只是调查新的任务。投标请求只是在没有找到合适的投标者时需要。

合同网系统扩充的第二方面是影响实际合同的指派。原协议中,管理器在指派合同后要等待接收有关结点的信息。当确认信息到来之前,管理器不知道结点是否接收合同。结点投标后并未形成合同,没有建立合同约束。建议的扩充是将合同约束建立移到协商的早期。例如,当一个结点投标时,可以提供后面接受承诺可能的条款。与此相关,接受可能性不是简单的接受或拒绝,可以带有一些参数或条件。合同确认的最大期限是进一步的扩充。如果在规定期限内结点没有确认合同,那么管理器将中断合同。合同处理器也可以发送信息,避免管理器等待太长的时间,在最长时间间隔之前,管理器就可以重新指派合同。

8.4.2　协作规划

一般来说,当某个 Agent 相信通过协作能带来好处(如提高效率、完成以往单独无法完成的任务)时,就会产生协作的愿望,进而寻求协作伙伴;或者当多个 Agent 在交流过程中发现它们能够通过协作实现更大的目标时,可能会结成同盟,并采取协作性的行动。在现实生活中,产生协作的情形与此相似。例如,一个企业主为实现某种企业目标而招聘合适的工作人员,多个具有共同利益的企业组成一个大的集团以追求更大的收益等。尽管产生协作的背景会存在一定的差异,但我们都可以借用现实生活中的"因需设岗,竞争上岗"原则予以概括。该原则的直观含义是:根据目标及协作的需要设定恰当的岗位并配备相应的角色,而希望参与协作的竞争者则通过竞争获得能胜任的岗位并扮演相应的角色。虽然在后一种产生协作的情形中,似乎是先有协作参与者后有协作目标,但这实质上并不违背该原则。我们认为协作目标总是先于协作团体存在,只是有时隐藏在某个角落一时没被发现而已,因而后一种情形只能说明他们发现了某种他人尚未发现的但已存在的目标,并且不再需要竞争就能各自扮演自己的角色。这里将依照"因需设岗,竞争上岗"原则研究多 Agent 间的协作行为。我们将规划、竞争、约束、协调纳入一个协作框架中对多 Agent 间的协作过程进行研究,并将协作过程分为 6 个阶段:①产生需求,确定目标;②协作规划,求解协作结构;③寻求协作伙伴;④选择协作方案;⑤实现目标;⑥评估结果。

在对协作过程予以形式化的描述时,将不再局限于某一种特定的形式化方法,如 d'Inverno 等使用的 Z 表示法、Fisher 等使用的时态逻辑、Rao 等使用的基于分支时间的模态逻辑等。虽然基于逻辑的形式化方法在表示 Agent 的心智态度及时序方面的性质时有其独到之处,但用逻辑公式描述的 Agent 行为规范离具体的实现还有很大的一段距离,这是因为从规范描述到具体实现的求精过程是一个相当复杂和难解的问题。这说明纯逻辑的方法在刻画 Agent 的静态性质和规范时有其固有的优势,但它们很难刻画 Agent 的动态行为以及 Agent 间的通信及交互结构。另外,基于进程代数的进程演算(如 π 演算)不仅能刻画 Agent 的动态行为过程,还能刻画多个 Agent 间具有并发性的交互及协作结构,并提供了分析这些结构的相关性质的手段。因此,我们从两个层面上使用这两类方法,并试图将它们融合起来。在规范描述 Agent 间的协作行为时,首次将逻辑和进程代数方法巧妙地融进一个统一的形式化框架中。在定义 Agent 的协作目标时,将使用时态逻辑方法予以描述,而 Agent 间的协作结构以及交互过程则通过 π 演算进行刻画;协作目标以及协作结构则在实现协作目标的过程中联系起来。

1. 形式化框架

在刻画 Agent 间的协作过程的各阶段时,将分别采用不同的形式化框架进行描述,同时在协作过程中将它们以某种方式联系起来。

这里采用的逻辑框架主要是基于时态逻辑的,并在时态逻辑的基础上添加了若干与 Agent 行为有关的模态算子。

时态逻辑语言 TL 是在经典一阶谓词逻辑的基础上增加一组用来表示事件的时间顺序的模态连接符而构成的。在时态逻辑中存在两类时序连接符:过去时的连接符和现在及将来时的连接符。本章只考虑现在及将来时的时序连接符,如"○"(下一次)、"◇"(终将)、"□"(总是)、"U"(直到)、"W"(除非),其中,{○,◇,□}为一元连接符,而{U,W}为二元连接符。另外,为了便于刻画 Agent 的心智态度,定义了一组新的模态算子,如信念算子(Bel)、能力算子(Can)等。

π 演算是一种很基本的演算,用通信结构描述和分析并发系统。在两种形式化框架中,基于时态逻辑的框架主要刻画 Agent 的属性,基于进程演算的框架主要刻画 Agent 的动态行为以及行为间的关系。这样,在用时态逻辑描述的 Agent 性质中,可以把 Agent 的行为及动作看成一个或一系列进程,而进程的演化(即计算)必须受 Agent 属性(即某种时态逻辑公式)的限制。

2. 协作模型和结构

这里提出一种"因需设岗,竞争上岗"多 Agent 协作的协作模式,协作过程分为 6 个阶段。据此,可以将协作模型定义如下。

$$M = <Ag, G, P, T, S>$$

其中,Ag——协调 Agent。在整个协作过程中,除了必须存在多个参与协作实现协作目标的协作参与者外,还存在负责多 Agent 协作的协调者。协作协调者一方面提出协作需求,并对协作目标进行规划;另一方面,协作协调者还负责根据竞争者的条件挑选恰当的协作伙伴。

G——协作目标,由协调 Agent 在特定的情况下产生。

P——协作规划,规划的关键是构造出问题的协作结构,即完成"因需设岗,竞争上岗"中的第一步,确定完成协作任务所需的角色、角色的相关性质,以及各角色之间的依赖关系。

T——协作伙伴集合,即参与协作的协作团体,$Ag \in T$。协作团体的形成是协调 Agent 根据各 Agent 竞争相应的协作角色的有关信息而确定的。

S——协作方案,它与协作伙伴对应,$S \in P$。

Agent 间的协作目标包括两部分:①任务目标,即协作应完成何种工作;②性能目标,即 Agent 应在特定的性能指标下协作完成工作,如 Agent 必须在特定的时间及资源等限制下实现任务性目标等。Agent 的任务性目标和性能指标都可以用不含模态算子的时序公式定义。

协作规划的结果是建立协作结构,即求解协作方案、确定完成协作任务所需的角色、角色的相关性质以及各角色之间的依赖关系。协作结构主要用来规定如何将协作目标逐步细化,以便将各个子任务分派给参与协作的 Agent。

在定义协作结构时,定义了一种有向图式的目标关系图。在定义该关系图时,没有增加特殊的限制(如是否允许出现有向环等)。但在 Agent 的协作过程中,若目标关系图中出现了有向环,则 Agent 间的协作会出现死锁。但考虑到在协作规划阶段还没有选中具体的协作方案,即使最初的协作结构中出现了有向环,只要最终选择的协作方案中不存在死锁,则协作仍然能顺利进行。因此,我们把死锁问题放在选择协作方案阶段考虑。

3. 协作方案

寻找协作伙伴的过程实质上就是一个选择协作方案的过程,因为一旦协作伙伴确定后,协作方案也就相应地确定了。为了减少寻找协作伙伴的盲目性,提高效率,有必要先对协作结构做一定的优化处理,排除不可能达到目标的协作方案。

考察协作结构进程中的每一个组合子进程,看与之发生联系的目标关系是否构成有向环。若出现了有向环,则说明若选择该协作方案会出现死锁,协作将不可能进行,因此它不是可选的协作方案,必须从协作结构进程中删去。

剩下的组合子进程都是可选择的协作方案。

在对协作结构进行优化的同时,实际上也在对协作目标"与/或"树进行修剪。修剪后的"与/或"树中的所有叶结点都可以作为一个可竞争的岗位和角色供各 Agent 进行竞争。

Agent 竞争及确定协作伙伴的过程可以描述如下。

(1) 协作协调者根据协作结构向外界公布可竞争的岗位和角色。

(2) 各竞争 Agent 根据自己的能力竞争相应的岗位和角色,并提交相关信息,如有能力胜任何种工作、完成任务可能需要的时间以及实现目标所需的资源等。

(3) 根据竞争 Agent 提交的信息,挑选最适合扮演某一角色的 Agent,挑选标准可根据 Agent 的竞争信息及各要素的权重计算得到。

判断并选择可实现协作目标的最佳协作方案。一种协作方案要成为可选方案,必须满足:①该协作方案中规定的全部角色都有竞争者;②准备参与协作的所有 Agent 的综合指标满足协作目标的性能指标。其中,第一点很容易判断,而第二点在判断之前必须先计算出其综合指标到底是多少。

协作目标的性能指标计算方法

4. 协作过程分析

以实现协作目标为出发点的多 Agent 间的协作行为必须满足特定的性质或标准,这些性质包括:①Agent 间应该相互响应;②所有 Agent 应对联合行动做出承诺;③每个 Agent 应承诺对相互之间的行动给予支持,以及协作过程中不发生死锁,能满足特定的环境约束等。在协作过程中,Agent 性质表现在如下几方面。

(1) Agent 之间相互信赖。

(2) Agent 对协作行动予以承诺,并保证在正常情况下不影响协作的顺利进行。

(3) 无死锁的协作过程。在选择协作方案阶段,首先对规划阶段求解出的协作结构进行优化,排除死锁出现的可能性。

(4) 协作与约束。在协作目标中,不仅定义了多 Agent 应完成的任务,即任务性目标,还定义了多 Agent 在协作过程中应满足的环境限制或约束,即性能指标。

(5) 协作与协调。Agent 间的协作往往离不开协调,因此,在定义 Agent 的协作结构时,定义了一种目标关系图,用来限定 Agent 行为之间的相互关系。同时,将目标关系进程与目标结构进程组合在一起,从而保证了多 Agent 行为的协调性。

协调与协作

8.5 移动 Agent

移动 Agent(Mobile Agent,MA)是一类特殊的 Agent,它除了具有智能 Agent 的最基本特性——自主性、反应性、主动性和交互性外,还具有移动性,即它可以在网络上从一台主机自主地移动到另一台主机,代表用户完成指定的任务。移动 Agent 可在异构的软、硬件网络环境中移动。移动 Agent 计算模式能有效地降低分布式计算中的网络负载,提高通信效率,支持离线计算,支持异步自主交互,可动态适应网络环境,具有安全性和容错能力。

随着 Internet/WWW 的迅速发展,用户定位、处理感兴趣的信息变得异常困难。日益庞大的网络及其异质性对网络管理和互操作提出了新的挑战。如何合理、有效地利用 Internet 上巨大的计算资源成为计算机工作者们关注的重要问题。当前流行的分布式计算技术都基于 Client/Server 模式,通过远程过程调用或消息传递等方式进行远程通信,比较适合稳定的网络环境和应用场合。随着新型网络应用(如移动计算)的出现,Client/Server 模式的缺点日益明显,远不能适应当今快速多变的网络应用发展,移动 Agent 技术集智能 Agent、分布式计算、通信技术于一体,提供了一个强大的、统一的、开放的计算模式,更适合于提供复杂的服务。

8.5.1 定义和系统组成

移动 Agent 是具有移动特性的智能 Agent,它可以自主地在网络上从一台主机移动到另一台主机,并代表用户完成指定的任务,如检索、过滤和收集信息,甚至可以代表用户进行商业活动。MA 技术是分布式技术与 Agent 技术相结合的产物,它除了具有智能 Agent 的最基本特性——反应性、自主性、主动性和交互性外,还具有移动性。

不同的移动 Agent 系统的体系结构各不相同,但几乎所有的移动 Agent 系统都包括如下两部分:Agent 和 MA 环境(MAE 或称 MA 服务器、MA 主机(MAH)、MA 服务设施、场所、环境、位置),如图 8-16 所示。

MA 环境(MAE)为 Agent 提供安全、正确的运行环境,实现 MA 的移动、MA 执行状态的建立、MA 的启动,实施 MA 的约束机制、容错策略、安全控制、通信机制,并提供基本服务模块,如事件服务、黄页服务、事务处理服务和域名服务(DNS)等。一台主机上可以有一个或多个MAE。通常情况下,一个 MAE 只位于一台主机上,但当主机之间是以高速、持续、稳定可靠的网络连接时,一个 MAE 可以跨越多台主机而不影响整个系统的运行效率。

Agent 可以分为移动 Agent(也称用户 Agent,User Agent)和服务 Agent(也称系统 Agent

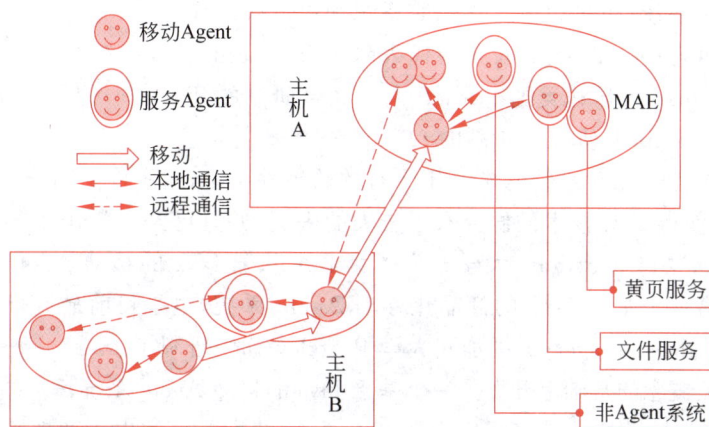

图 8-16　移动 Agent 系统

(System Agent)或静态 Agent(Static Agent))。

移动 Agent 可以从一个 MAE 移动到另一个 MAE,在 MAE 中执行,并通过通信机制与其他 MA 通信或访问 MAE 提供的服务。

服务 Agent 不具有移动的能力,其主要功能是向本地的 Agent 或来访的 Agent 提供服务。通常,一个 MAE 上驻有多个服务 Agent,分别提供不同的服务,如文件服务、黄页服务等系统级服务,订票服务、数据库服务等应用级服务。由于系统 Agent 是不移动的,并且只能由它所在MAE 的管理员启动和管理,因此保证服务 Agent 不会是"恶意的"。来访的移动 Agent 不能直接访问系统资源,只能通过服务 Agent 提供的接口访问"受控制的""安全"的服务,这可以避免恶意的 Agent 对主机的攻击,是移动 Agent 系统经常采用的安全策略。另外,采用 Java 提供的C 语言接口,服务 Agent 可以提供与遗留软件的交互接口,很容易将非 Agent 系统集成到 Agent系统中。

8.5.2　实现技术

移动 Agent 技术提供了一个能同时满足如下要求的体系框架:①减轻网络负载,节省网络带宽;②支持实时远程交互;③封装网络协议;④支持异步自主执行;⑤支持离线计算;⑥支持平台无关性;⑦具有动态适应性;⑧提供个性化服务;⑨增强应用的强壮性和容错能力。

移动 Agent 技术涉及通信、分布式系统、操作系统、计算机网络、计算机语言以及分布式人工智能等诸多领域,为更好利用移动 Agent 技术,必须解决好以下关键技术问题(扫码阅读)。

移动 Agent
关键技术问题

8.5.3　移动 Agent 系统

自 1994 年第一个商业化的移动 Agent 系统 Telescript 问世以来,移动 Agent 技术就受到学术界、工业界的广泛关注。移动 Agent 的研究主要分为两方面:①移动 Agent 系统及其实现技术的研究;②移动 Agent 技术应用的研究。前者主要研究移动 Agent 系统的体系结构、移动Agent 的模型、移动机制、移动策略、通信机制、程序设计语言、管理控制机制、安全技术、容错技术、建模技术和理论、协作技术等方面;后者着重研究面向应用领域的移动 Agent 技术及应用,迄今为止,在电子商务、网络管理、智能搜索引擎、移动计算、工作流管理、并行处理、信息(软件)分发和个人助理等领域都开展了移动 Agent 应用研究。另外还包括移动 Agent 和其他研究领域的交叉研究,如与分布式对象技术(CORBA)的结合,与智能 Agent 的结合。

目前的 MA 系统可从其实现语言上大致分为如下两类:基于 Java 语言的 MA 系统和基于

非 Java 语言的 MA 系统(也可以分为多语言系统和单语言系统)。

基于非 Java 语言的 MA 系统的典型代表除了 Telescript 外,还有 Dartmouth 学院研制的 D'Agent,挪威 Tromso 大学和美国 Cornell 大学联合研制的 Tacoma,德国 Kaiserslautern 大学研制的 Ara,DEC(Compaq)研究院研制的 Obliq 等。

基于非 Java 语言的 MA 系统常常基于专有的软硬件系统,通用性受到较大的限制。跨平台语言 Java 的出现,使得 MA 技术的研究有了较大的进展,并且已经研制出了很多实验性系统和商品化软件。例如,德国 Stuttgart 大学开发了第一个基于 Java 的移动 Agent 系统 Mole;IBM 公司的 Aglets 是第一个基于 Java 的商品化移动 Agent 系统,也是目前最流行的移动 Agent 系统;ObjectSpace 研制了 Voyager;美国加州大学 Berkeley 分校研制了 Java-to-go 等;General Magic 公司也在 Telescript 概念的基础上开发了一个基于 Java 的移动 Agent 系统——Odyssey。

移动 Agent 作为关键技术被广泛应用在电子商务(特别是移动电子商务)、分布式信息查询(智能搜索引擎)、网络管理、移动计算、工作流管理、并行处理、信息(软件)分发、个人助理、监控与通告等领域。

8.6　多 Agent 系统开发框架 JADE

JADE 是 Java Agent DEvelopment Framework 的缩写,它完全用 Java 实现,支持采用 Java 开发可互操作的多 Agent 系统。它提供了遵循 FIPA 技术规范的可重用软件开发包,封装并实现了多 Agent 系统的诸多基本功能,从而简化了多 Agent 系统的开发和运行。JADE 所遵循的 FIPA 规范包括 Agent 管理规范(Agent Management Specification)、Agent 通信语言规范(Agent Communication Language Specification)和 Agent 通信语言消息规范(ACL Message Specification)。

JADE 采用中间件的形式提供了以下三个组成部分支持多 Agent 系统的开发、部署、运行和管理。

(1) 软件开发包。JADE 提供了一组可重用软件开发包,它们封装了 Agent 以及 Agent 间通信及其协议等方面的基本功能,软件开发人员可以通过重用这些软件包开展多 Agent 系统的开发。

(2) 运行环境。JADE 提供了一个运行环境部署所开发的各个 Agent,并支持这些 Agent 的运行和管理。

(3) 图形化工具集。JADE 提供了一组图形化的软件工具集支持多 Agent 系统的调试、部署、管理和维护。

JADE 包含一个基于 Java 虚拟机的分布式环境支持多 Agent 系统的部署和运行,如图 8-17 所示。

由 JADE 开发的多个 Agent 可以部署在一个由多台计算机组成的分布式环境中执行。每一个主机上都部署一个 Agent 容器。每个 Agent 容器均运行在 Java 虚拟机之上并为部署在该容器的 Agent 提供运行支持。它实际上是 JADE 框架在计算结点上的一个运行实例。基于 JADE 开发的 Agent 必须运行在特定的容器之上,因而容器成为 Agent 运行的载体。每个 Agent 只能部署在一个容器上运行,一个容器可包含多个 Agent。不同容器之间的 Agent 通过 JADE 提供的基础设施实现相互之间的交互和通信。

在 JADE 平台的诸多 Agent 容器中,必须有一个主容器。JADE 的主容器负责管理 JADE 平台中的其他容器以及这些容器中的 Agent,因此它必须在系统运行时始终处于活跃状态。一

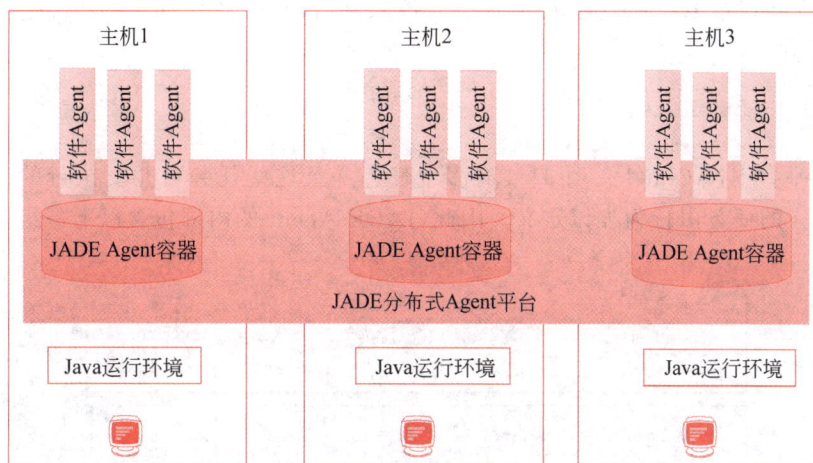

图 8-17 JADE 提供的分布式 Agent 部署和运行环境

个主容器及其所管理的其他 Agent 容器构成了 JADE 平台。JADE 的主容器有两个特殊的 Agent：Agent 管理系统（Agent Management System，AMS）和目录协调（Directory Facilitator，DF）Agent。它们负责对系统中的 Agent 分别提供白页和黄页服务，如图 8-18 所示。

图 8-18 JADE 的 Agent 管理系统和目录协调 Agent

1. Agent 管理系统

Agent 管理系统负责管理系统中 Agent 的基本信息，如 Agent 的唯一命名、所在的容器和地址、端口号等，维护系统中 Agent 的信息列表，因而为多 Agent 系统提供命名白页服务。根据 FIPA 技术规范，每个 Agent 都有一个唯一的命名。AMS 记录了每个 Agent 的地址和状态信息（如是否处于活跃状态、是否正在迁移中），可以对系统中的 Agent 及其对平台的访问和使用进行管理，如创建一个 Agent、杀死一个 Agent。每个 Agent 运行时需要在 Agent 管理系统进行注册，并提供其基本的白页信息。

2. 目录协调 Agent

目录协调 Agent 负责管理系统中各个 Agent 对外提供的服务，如服务的名称、提供服务的 Agent 标识等，维护系统中的服务列表，因而为多 Agent 系统提供黄页服务。当一个 Agent 创建时，它需要向目录协调 Agent 注册其可对外提供的服务。其他 Agent 可通过查询目录协调者为系统中的服务提供信息。

JADE 由 Telecom Italia 开发,它是一个开源软件,读者可以访问网站 http://JADE.tilab.com/获得该软件。

8.6.1　程序模型

在 JADE 平台中,Agent 是一个封装有多个任务并且这些任务可并发执行的行为实体(见图 8-19),Agent 的任务由行为加以定义。因此,JADE Agent 的内部包含以下一组基本构件。

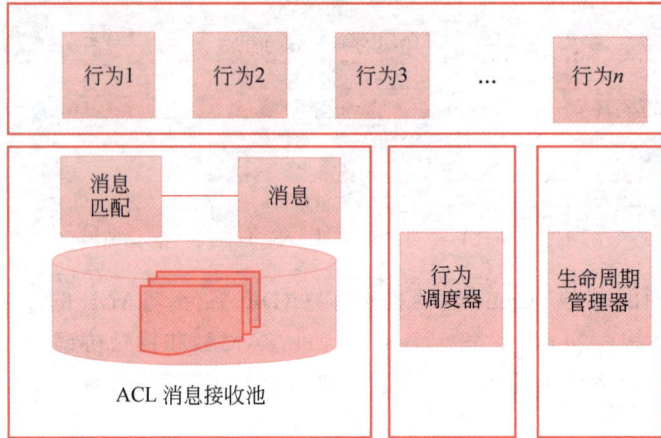

图 8-19　JADE 中 Agent 的软件体系结构

(1) 行为。在 JADE 框架中,一个 Agent 的任务对应 Agent 可实施的行为。JADE 采用行为模型支持 Agent 的构造和运行。一个行为对应一组动作和语句序列。多个行为可经过组合形成复合行为,并采用顺序或者并发的方式加以执行。因此,一个 Agent 内部包含一个或者多个行为。

(2) 行为调度器。每个 Agent 的内部都有行为调度器负责行为的加载、管理和执行。Agent 将其欲执行的行为放在调度器的行为池中,调度器每次从行为池中取出一个行为执行。JADE 的调度器采用非抢先的方式来调度行为,即一个行为被调度执行之后,该行为将一直处于执行状态,直到该行为执行完成。

(3) ACL 消息接收池。JADE Agent 之间基于 ACL 消息进行异步消息通信。每个 Agent 内部都有一个 ACL 消息池,类似邮箱,负责管理接收到的消息。一旦 Agent 接收到某个消息,那么该消息将被置于其邮箱中,并同时通知该 Agent。

(4) 生命周期管理器。JADE 中的 Agent 被创建后,它将具有其生命周期状态并且在其整个生命周期中 Agent 可能处于不同的状态。Agent 内部有其生命周期管理器负责对 Agent 的状态进行管理。

8.6.2　可重用开发包

为了支持和简化多 Agent 系统的开发,JADE 提供了以下一组可重用的软件开发包。程序员可以通过重用这些软件包编写多 Agent 系统的程序代码。

- JADE.core,实现了系统的核心功能,包括 Agent 类,以实现 Agent,其子包 JADE.core.behaviours 中的多种 Behavior 类用以定义 Agent 的行为。
- JADE.lang.acl,实现了 Agent 通信语言的处理功能。
- JADE.content,实现了一组功能以支持用户自定义本体和内容描述语言,尤其是子包

JADE.content.lang.sl 实现了 SL 内容描述语言的分析器和编码器。

- JADE.domain,实现了 FIPA 标准所定义的一组管理 Agent,包括 AMS 和 DF 等。
- JADE.gui,实现了一组通用的图形化界面类,用来显示和编辑 Agent 标识、Agent 描述和 ACL 消息。
- JADE.mtp,提供了消息传输协议须实现的一组 Java 接口。
- JADE.proto,提供了一组预定义的标准交互协议,该包也支持程序员自定义的交互协议。
- JADE.wrapper,提供了 JADE 高级功能的包装器,使得外部的 Java 程序可以加载 JADE Agent 和容器。

一般地,基于 JADE 的多 Agent 系统开发需要涉及以下几方面的内容。

1. 编写 Agent 类

由 JADE 编写的软件须实现一组 Agent,每个 Agent 的程序代码须继承 JADE 开发包中的 Agent 类。例如,下面的程序代码定义了一个 BookBuyerAgent,该 Agent 的主要任务是要购买用户所需的书籍。该类继承了 JADE 开发包中的 JADE.core.Agent 类,其中的 setup()方法将在 Agent 创建时被调用,通常它包含 Agent 的一些初始化程序代码。在下面的程序代码中,setup()方法将输出该 Agent 的名字。

```
import jade.core.Agent;

public class BookBuyerAgent Extends Agent {
  protected void setup() {
    //Printout a welcome message
    System.out.println("Hello! Buyer-agent "+getAID().getName()+" is ready.");
  }
}
```

JADE 中的任何 Agent 都有一个唯一的全局命名,它采用<nickname>@<platform-name>的形式。其中,nickname 是 Agent 的名字,platform-name 是 Agent 所在平台的名字。例如,Peter-Agent@EC 是某个 Agent 的全局命名,该 Agent 的名字是 Peter-Agent,它处于名为 EC 的 JADE 平台中。JADE Agent 是一个多任务的行为实体,Agent 的任务由其行为加以定义。软件开发人员可以通过继承 JADE.core.behaviours.Behaviour 类定义行为类,实现该类 action()方法以定义行为的具体动作。程序员可以在 Agent 类中通过代码 addBehaviour()增加 Agent 的行为,也可以通过 removeBehaviour()方法将行为从 Agent 的任务队列中删除。

2. Agent 的行为

JADE 软件开发包封装了以下一组预定义的行为支持 Agent 的行为编程。

1）一般行为 Behaviour

一般行为有两个抽象方法 action()和 done(),程序员需要实例化 action()方法,以编写行为的具体动作以及 done(),以表明什么情况下该行为被成功地完成。Behaviour 类有方法 block(),它可以阻塞行为的执行。程序员可以通过重用 JADE.core.behaviours.Behaviour 类并采用适当程序框架构造一般行为。

2）一次性行为 OneShotBehaviour

OneShotBehaviour 是一类简单行为,它继承了一般行为 Behaviour。一次性行为的特点是该行为的动作部分只被执行一次。也就是说,JADE.core.behaviours.OneShotBehaviour 已经实现了 OneShotBehaviour 行为的 done()方法,使得其返回值为 true。程序员可以通过重用 OneShotBehaviour 并实例化其抽象方法 action()实现一个一次性行为。

3）循环行为 CyclicBehaviour

CyclicBehaviour 也是一类简单行为，它继承了一般行为 Behaviour。循环行为的特点是其动作执行部分即 action()将被多次执行。也就是说，JADE.core.behaviours.CyclicBehaviour 已经实现了 CyclicBehaviour 行为的 done()方法，使得其返回值为 false。

4）WakerBehaviour 和 TickerBehaviour 行为

JADE 在其软件开发包中预定义了两个特殊行为 WakerBehaviour 和 TickerBehaviour，使得 Agent 可以在特定的时间点执行某些行为。其中，WakerBehaviour 行为使得 Agent 在规定的时间后执行某些操作，TickerBehaviour 行为使得 Agent 每隔规定时间重复执行某些操作。

5）顺序行为 SequentialBehaviour

顺序行为是一类复合行为，表示多个行为的顺序执行。程序员可以通过 addSubBehviour()方法增加待顺序执行的各个子行为。

6）并行行为 ParallelBehaviour

并行行为是一类复合行为，表示多个行为的并发执行。程序员可以通过 addSubBehviour()方法增加待并发执行的各个子行为。

7）有穷状态自动机行为 FSMBehaviour

有穷状态自动机行为是一类复合行为，表示根据程序员定义的有穷状态自动机执行其行为。

3. Agent 之间的 ACL 消息传递

在 JADE 软件开发框架中，不同 Agent 之间通过 ACL 消息进行通信和交互。因此，多 Agent 系统的编程通常需要对 Agent 之间的消息传递进行处理，包括生成和发送 ACL 消息、接收和处理 ACL 消息。

1）生成和发送 ACL 消息

程序员可以通过创建 ACLMessage 对象，并利用该对象所提供的一组方法生成 ACL 消息。一个 Inform 类型消息的生成方法包括：①创建一个 ACL 消息对象；②通过访问其一组方法（如 addReceiver、setLanguage 等）分别设置 ACL 消息的接收方 Agent、内容描述语言、本体和消息内容；③通过 send()语句发出消息。

由于 ACL 消息体中已经表明了消息的接收方 Agent，因此消息的发送方 Agent 无须在 send()方法中提供接收方的相关信息。JADE 平台的 ACC 负责对每个 ACL 消息进行解析并转发到接收方 Agent。

2）接收和处理 ACL 消息

Agent 可以通过 receive 语句从其消息队列中接收 ACL 消息，并利用 ACLMessage 类提供的一组方法（如 getContent、createReply）对消息进行分解和处理。

4. 与 DF 进行信息交换

通常情况下，Agent 需要将其对外提供的服务在 DFAgent 中进行注册，从而使得其他 Agent 可以获得该服务信息。一个 Agent 也可以通过与 DFAgent 进行交互，从而查询它所需服务的基本信息，如系统中是否存在它所需的服务、哪个 Agent 可以提供该服务、服务的提供需要满足什么条件等。

1）发布一个服务

为了发布一个服务，Agent 首先须创建一个 DFAgentDescription 对象以及 ServiceDescription()对象，它们分别描述了待发布服务的 Agent 及其待发布服务的基本信息，然后通过调用 DFService 的静态方法 register()，从而在 DF 中注册 Agent 的服务。

2）查询和获取服务信息

在 Agent 的运行过程中，它需要在 DFAgent 中查询所需的服务并获得这些服务的详细信息，包括谁可以提供该服务、提供服务 Agent 的名字和地址是什么等。

8.6.3　开发和运行的支持工具

为了支持多 Agent 系统的调试、部署、运行和管理，JADE 提供了一组图形化软件工具。

（1）远程管理 Agent（Remote Management Agent，RMA）。该工具提供了一个图形化的界面（见图 8-20(a)）支持平台的管理和控制。它还可以启动其他的 JADE 工具。

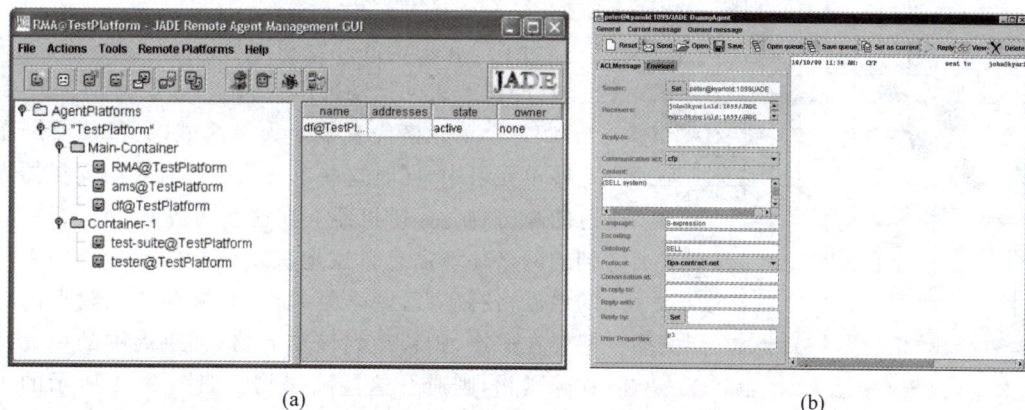

图 8-20　RMA 和 DummyAgent 的运行界面

（2）DummyAgent。这是一个监视和调试工具（见图 8-20(b)），程序员可以通过该工具提供的图形化界面生成 ACL 消息，并将消息发送给平台中的其他 Agent。该工具还可以显示系统中所有发送和接收的 ACL 消息列表。

（3）DF 图形化界面软件。该软件提供了一个图形化的界面，帮助 DF 以及用户创建和管理平台中 Agent 的黄页，建立不同 DF 之间的联盟。

（4）Sniffer Agent。该 Agent 可以拦截发送中的 ACL 消息，并采用类似 UML 顺序图的形式显示这些 ACL 消息。程序员可以利用该工具调试一组 Agent 之间的消息交换和对话过程。

（5）IntrospectorAgent。该 Agent 可以监视平台中 Agent 的生命周期、它们之间交换的 ACL 消息以及执行的行为。

（6）LogManagerAgent。该 Agent 帮助用户建立起针对 JADE 平台以及 Java 程序的运行时日志信息。

（7）SocketProxyAgent。该 Agent 扮演了类似网关的角色，实现 JADE 平台和普通 TCP/IP 连接之间的消息内容转换和发送。例如，JADE 平台中发送的 ACL 消息经过该 Agent 处理后可以转换为 ASCII 表示的符号串，并通过 Socket 连接进行发送。

8.7　案例：火星探矿机器人

本节介绍多 Agent 系统应用案例——火星探矿机器人，以及系统中的典型应用场景，分析每个 Agent 的设计目的及它们之间的交互和协同。

8.7.1　需求分析

"火星探矿机器人"旨在要开发若干自主机器人，将其送到火星上去搜寻和采集火星上的矿产资源。

火星环境对于开发者和自主机器人而言事先不可知，但是可以想象火星表面会有多样化的地形情况，如河流、巨石、凹坑等，机器人在运动过程中会遇到各种障碍；另外，火星上还可能存在一些未知的动态因素（如风暴等），会使得环境的状况发生变化。概括起来，火星环境具有开放、动态、不可知、难控等特点。

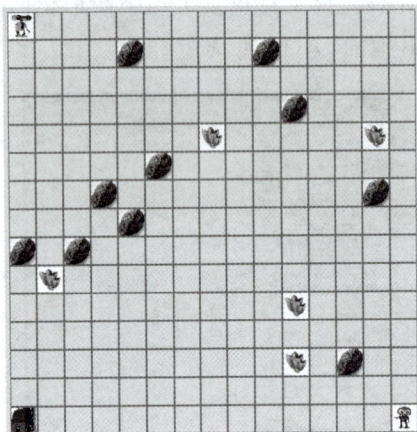

图 8-21　火星探矿机器人案例的环境示意图

为了简化案例的开发和演示，可以将机器人探矿的区域（即机器人的运动环境）简化和抽象成 $M \times M$ 的单元格，每个单元格代表某个火星区域，火星矿产分布在这些单元格中，同时这些单元格中还存在阻碍机器人运行的障碍物。探矿机器人在这些网格中运动，根据感知到的网格环境信息自主地决定自身的行为。如果所在的单元格有矿产，则采集矿产；如果探测到附近的单元格存在矿产，则移动到该单元格；如果周围的单元格存在障碍物，则避开这些障碍物。如图 8-21 所示的环境网格有两个特殊的单元格：一个是矿产堆积单元格，用于存放机器人采集到的矿产，如图 8-21 中的左下角；另一个是能量补充单元格，机器人可以从该单元格获得能量。

"火星探矿机器人"的设计目标是要采集火星矿产，并将其带到预定的区域。为此，该机器人具有以下一组基本能力。

- 移动。它能够在火星表面移动，能够从一个单元格移动到其上、下、左、右的相邻单元格。
- 探测。它配备了多种传感器，具有一定程度的环境感知能力，具体包括探测周围一定区间（如相邻多少个单元格）的矿产分布情况以及障碍物情况。
- 采集。它能够采集所在单元格中的火星矿产。
- 卸载。它能够卸载其采集的、放置在其体内的矿产。
- 交互。它能够与其他的机器人进行交互和协同，以更高效地采集矿产。例如，一个机器人探测到大面积的矿产，它可以将该矿产信息告知其他机器人，以便它们能够来该区域采集矿产。

为了充分反映探矿机器人的实际情况，我们对机器人做了以下假设：①每个机器人存储矿产的容量都有一定的限度，即机器人内部只有有限的空间存放矿产，一旦机器人采集的矿产超出其存储容量，它必须将这些矿产卸载到特定的位置区域，以便能够再次采集矿产；②每个机器人的能量都有一定的限度，机器人在移动、探测、采集、卸载等过程中会消耗能量，为此机器人必须在其能量消耗殆尽之前补充能量（如充电）；③每个机器人的感知能力都是有限度的，它只能够感知其周围一定范围内的环境状况，如邻近两个单位的单元格。

下面通过多个场景描述机器人如何在上述火星环境下采集火星矿产，这些场景分别描述了机器人采矿的不同工作模式，反映了实现这些自主机器人的不同难易程度。

场景一：独立采集矿产。

在该场景中，有多个自主机器人参与到火星矿产的采集工作中，每个机器人都有移动、探测、采集、卸载的能力,它们在火星表面随机移动,根据其所在位置探测到的矿产信息和障碍物等环境信息自主地实施行为。但是,这些机器人都是单独工作,它们之间没有任何交互与合作。因此,可以将本场景中的每个机器人都抽象和设计为自主的 Agent。

场景二:合作采集矿产。

在该场景中,有多个自主机器人参与到火星矿产的采集工作中,每个机器人都有移动、探测、采集、卸载的能力,它们在完成各自矿产采集任务的同时,相互之间还进行交互和合作,以更高效地开展工作。例如,某个机器人探测到大片的矿产信息,那么它可以将该信息告诉给其他机器人,或者请求其他机器人来该区域采矿。因此,可以将本场景中的机器人抽象和设计为由多个自主 Agent 所构成的多 Agent 系统。该系统的设计和实现不仅要考虑到各个自主 Agent,还要考虑到这些 Agent 之间的交互和协同。

场景三:多角色合作采集矿产。

在该场景中,有多个具有不同职责、扮演不同角色的机器人参与到火星矿产的采集工作中,每类机器人承担矿产采集中的某项工作(如探测、采集),它们之间通过交互和合作共同完成矿产采集任务,即该场景有多种类型的机器人,包括:①采矿机器人,采集矿产并将其运送到指定区域;②探测机器人,探测矿产并将其探测到的矿产信息通知给采矿机器人。因此,可以将本场景中的机器人抽象和设计为由多个自主 Agent 所构成的多 Agent 系统。该系统的设计和实现不仅要考虑到各个自主 Agent,还要考虑到这些 Agent 之间的交互和协同。显然,该场景比前一个场景更复杂,它涉及的 Agent 类型和数量、交互和合作关系等更多。

8.7.2 设计与实现

下面介绍如何基于多 Agent 系统的开发框架 JADE 开发"火星探矿机器人"案例。

为了简化设计,聚焦于 Agent 的构造和实现,"火星探矿机器人"案例中的环境被设计为一个 $M \times M$ 的网格,每个网格单元代表了一个地理位置,不同网格单元具有不同的地形信息,可能存在影响机器人移动的障碍物,火星矿产非均匀地分布在网格单元格中。机器人驻留在网格环境中,可以在不同的网格中移动,感知网格周围的环境信息,如矿产、障碍物等,如果它发现所在的网格中存在矿产,那么它就挖掘矿产。

整个应用的界面如图 8-22 所示。界面左部显示了机器人所在的环境(用网格来表示),它提供了多样化的图符以及数字信息表示环境中的机器人、矿产、障碍物等及其在环境中的分布情况。机器人运行在网格中,因而任何时刻机器人都有其所处单元格的位置。界面的右部显示了各种图符信息的说明以及系统和环境中机器人、矿产等数量的变化。界面的下部提供整个系统运行过程中的各种动态信息,如某个机器人探测到矿产、机器人从一个位置移动到另一个位置等。

系统在初始化时将自动生成机器人的运行环境,包括矿产、障碍物等的分布,用户可以根据需要配置系统运行时的机器人信息,包括机器人的类型、数目等,设置机器人的基本属性,如机器人的观测范围、机器人的初始能量值等。在实际开发中,具有以下基本假设:Agent 从初始位置出发在地图上随机单步移动,遇到障碍能够自动避开,能自动探测到其周边是否有矿产,一次只能采集一个矿产并将其运送到指定的矿产仓库。

1. 环境的设计与实现

我们设计了一个环境类(对应 environment.java 文件)表示和处理应用中的环境。该类封装了以下一组属性和行为。

(1) 环境中的矿产,定义一个一维动态数组存放矿产的位置,ArrayList＜Coordinate＞

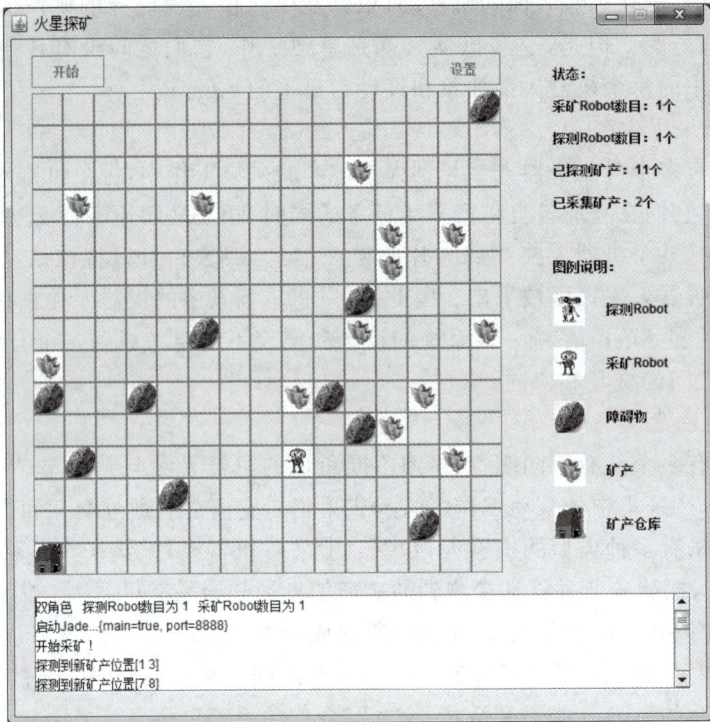

图 8-22　火星探矿多 Agent 系统的运行界面

MinePositions，其中，Coordinate 是一个类，定义了网格的坐标。

（2）环境中的障碍物，定义一个一维动态数组存放障碍物的位置，ArrayList＜Coordinate＞ObstaclePositions。

（3）环境中的机器人，ArrayList＜BasicRobot＞ robots，该属性定义了处于环境中的一组机器人。

（4）InitEnv()方法，该方法生成网格环境并随机产生环境中的矿产和障碍物。

2. 系统中的 Agent 和行为

根据应用案例描述，设计了如图 8-23 所示的一组 Agent 和行为，以支持场景一至场景三的实现。

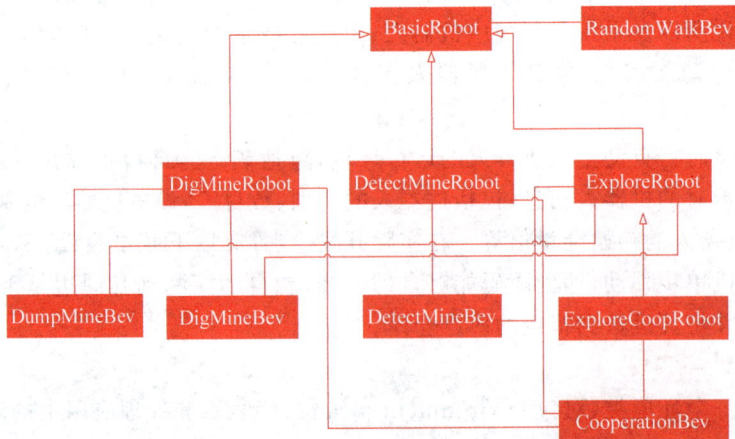

图 8-23　系统中的 Agent 及其行为示意图

（1）BasicRobot 是一个基本的 Agent 机器人，它能够在环境中行走，具有随机行走 RandomWalkBev 的行为。在本案例中，BasicRobot 无须生成具体的 Agent 实例，而是被其他 Agent 所继承。

（2）ExploreRobot 是一个专门为场景一设计的 Agent 机器人，它继承了"BasicRobot"Agent 的属性、方法和行为，具有探测矿产 DetectMineBev、采集矿产 DigMineBev、转存矿产 DumpMineBev 三个行为。也就是说，该 Agent 可以独立完成探矿、采矿和存矿的功能。但是，ExploreRobot 不具有与其他 Agent 交互和协同的能力。在场景一中，系统可能会产生一个或者多个"ExploreRobot"Agent 机器人。

（3）ExploreCoopRobot 是一个专门为场景二设计的 Agent 机器人，它继承了"ExploreRobot"Agent 的属性、方法和行为，同时具有交互协同 CooperationBev 行为，能够与其他 Agent 机器人进行协同，以告知所探测的矿产信息。在场景二中，系统可能会产生一个或者多个"ExploreCoopRobot"Agent 机器人。

（4）场景三包含两类不同的 Agent 机器人：一类是专门探矿的机器人 DetectMineRobot，它具有探测矿产 DetectMineBev、交互协同 CooperationBev 两个行为，可以实现探矿并将所探测到的矿产信息告诉给其他的 Agent 机器人；另一类是 DigMineRobot，它具有采集矿产 DigMineBev、转存矿产 DumpMineBev、交互协同 CooperationBev 三个行为，能够实施采矿、存矿等功能，处理其他 Agent 发送过来的消息，并将采矿信息告诉给环境中的其他 Agent 机器人。

设计和实现"Explore-Robot"Agent

3. Agent 类的设计与实现

Agent 类的设计与实现需要注意以下几点：①继承 Agent 类或者其子类；②在构造函数中初始化 Agent 的基本属性；③在 Setup()方法中通过 addBehaviour()语句给 Agent 增加相应的行为，以便 Agent 创建后就可执行这些行为。下面以"ExploreRobot"Agent 为例（扫码阅读）介绍如何设计和实现 Agent。

DetectMine-Behaviour 的设计和实现

4. 行为类的设计与实现

行为类的设计与实现需要注意以下几点：①分析待实现行为的特点，确定该行为类应继承什么样的基类行为；②在 public void action()方法中编写具体的行为代码。下面以 DetectMineBehaviour 行为为例（扫码阅读）介绍如何设计和实现行为。

5. Agent 间交互的设计与实现

场景二和场景三都涉及 Agent 机器人之间的交互和协同。下面以场景三中的 DetectRobot 为例（扫码阅读），介绍如何实现 Agent 之间基于 FIPA ACL 的交互和协同。

场景三中的 DetectRobot 交互和协同

8.8 基于 LLM 的 Agent

OpenAI 的应用研究主管 Lilian Weng 发表了一篇关于 AI Agents 的文章《大语言模型（LLM）支持的自主 Agent》，文中定义了基于 LLM 构建 AI Agents 的应用框架：Agent＝LLM（大型语言模型）＋记忆（Memory）＋规划技能（Planning Skills）＋工具使用（Tool Use），其中，LLM 是 Agent 的大脑，而其他几部分是关键的组件。这里所说的 AI Agent 本质是一个控制 LLM 来解决问题的代理系统。LLM 的核心能力是意图理解与文本生成，如果能让 LLM 学会使用工具，那么 LLM 本身的能力也将大大拓展。AI Agent 系统就是这样一种解决方案，可以让 LLM"超级大脑"真正有可能成为人类的"全能助手"。

2023 年 9 月，复旦大学自然语言处理组发表了《大模型 Agent》论文，提出了一种基于 LLM 的 Agent 的概念框架，包括大脑、感知和行动三个主要组成部分。本节介绍该框架。

8.8.1　基于 LLM 的 Agent 通用概念框架

大型语言模型(LLM)的发展为 Agent 的进一步发展提供了新途径,并且社群已经取得了显著进展。根据"世界范围(World Scope,WS)"的概念,该概念涵盖了从自然语言处理(NLP)到通用 AI 的 5 个层次(即语料库、互联网、感知、具象和社交),纯粹的 LLM 是建立在第二层,具有互联网规模的文本输入和输出。尽管如此,LLM 在知识获取、指令理解、泛化、规划和推理方面展示了强大的能力,同时与人类进行有效的自然语言交互。这些优势赋予了 LLM 作为通用人工智能(AGI)的媒介的称号,使它们非常适合用于构建 Agent,以促进一个人类与 Agent 和谐共存的世界。从这一点出发,如果提升 LLM 到 Agent 的地位,并赋予它们更广泛的感知空间和行动空间,它们有可能达到 WS 的第三和第四层次。此外,这些基于 LLM 的 Agent 可以通过合作或竞争来解决更复杂的任务,当将它们放在一起时,可以观察到新出现的社会现象,从而可能达到第五个 WS 层次。

通用概念框架为基于大型语言模型的 Agent 提出了三个关键组件:大脑、感知和行动,该框架可以定制以适应不同的应用场景,如图 8-24 所示。

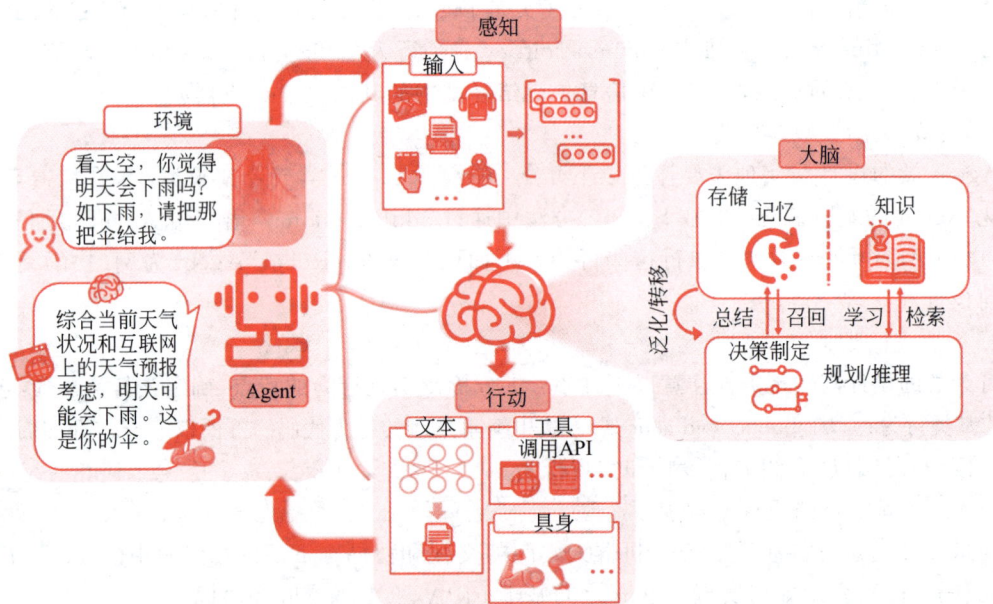

图 8-24　带大脑、感知和行动组件的基于 LLM 的 Agent 通用概念框架

图 8-24 中"大脑"主要由一个大型语言模型组成。与人类相似,大脑是 AI Agent 的核心,因为它不仅存储了关键的记忆、信息和知识,而且承担了信息处理、决策、推理和规划等基本任务,这是 Agent 能否展示智能行为的关键决定因素。"感知"模块的作用与人类的感官器官类似,其主要功能是将 Agent 的感知空间从仅限于文本扩展到一个包括文本、声音、视觉、触觉、嗅觉等多种感官模态的多模态空间。这种扩展使 Agent 能够更好地从外部环境中获取信息。"行动"模块用于扩展 Agent 行动空间。Agent 拥有文本输出,进行实体化的行动,并使用工具,以便它能更好地响应环境变化,提供反馈,甚至改变和塑造环境。

AI Agent 是一个能够自主行动、执行任务的"小助手",能够针对目标独立思考并做出行动,会根据给定任务详细拆解出每一步的计划步骤,依靠来自外界的反馈和自主思考,为自己创建提示词以实现目标。例如,让 AI Agent 买一杯咖啡,它会首先拆解如何才能为你购买一杯咖啡并拟定代用某 App 下单以及支付等若干步骤,然后按照这些步骤调用 App 选择外卖,再调用支付程序下单支付,过程无须人类去指定每一步操作。

8.8.2 案例:自生成兵棋 AI

孙宇祥等在文章《自生成兵棋 AI:基于大语言模型的双层 Agent 任务规划》中构建了以大语言模型为核心的 Agent 体系结构。基于此,进一步提出了双层 Agent 任务规划,通过自然语言的交互,发出和执行决策指令,并通过兵棋推演模拟环境进行仿真验证。具体工作及成效如下。

(1)自生成的 AI 兵棋架构是以大语言模型为中心的智能 Agent 体系结构。该架构由多个生成 Agent 组成,每个 Agent 都拥有自己的大语言模型(使用 ChatGPT 作为驱动工具)。这些智能 Agent 可以通过反射流和记忆流进行通信和合作,共同制定决策。通过相互对话,它们可以共享信息、分析情况,并基于对话内容进行推断和决策。

(2)建立一个双层 Agent 任务规划模型,分别面向战略 Agent 和战术 Agent,以规划兵棋对抗过程中的任务。战略 Agent 描述了所有当前 Agent 观察到的具体情况,规划涉及基于所有观察到的情境信息,进行任务分配和执行。战术 Agent 仅关注单个 Agent 算子所观察到的情况,并根据战略规划 Agent 执行相关任务。同时,战术 Agent 也可以根据战略 Agent 发布的提示自行判断并提供反馈。

(3)以兵棋作为实验平台,通过三种推演想定进行实验验证,实验结果表明,大语言模型的智能决策能力、稳定性和泛化性明显强于强化学习 AI,而且其智能性、可理解性都更出色,还发现专门为大语言模型提供领域专家的先验知识可以显著提高它们的智能化水平。

8.8.3 基于 LLM 的 Agent 特征及发展趋势

基于 LLM 的 Agent 将主要呈现以下三种特征。

(1)更加智能、自主并拥有更强适应性。将能够学习和改进自己的行为,根据不同的情境和用户做出最优的决策,以及处理不确定性和复杂性。

(2)更加人性化、友好和可信赖。能够理解和表达情感,建立和维持与用户的关系,以及遵守道德和社会准则。

(3)更加多样化、专业化和协作化。能够针对不同的领域和任务提供专业的服务或帮助,以及与其他 AI Agent 或人类进行有效的协作和协调。

Agent 将会成为大模型在各行业及领域应用的主体形式,未来 LLM 的开发与应用都将围绕 Agent 以工具或者助手的形式呈现。随着 Agent 以标准化产品形态出现,广大组织引入与应用 AI Agent 将变得更加简单。

相关企业与组织可以基于引入的大语言模型或者垂直领域模型构建面向领域的 Agent,以帮助客户高效释放 LLM 的能力。也可以构建内部或者面向客户的 AI Agent 平台及社区,方便自身及客户运营中随时构建所需的 Agent。

更多的 AI Agent 构建平台,将促使大量 Agent 的出现,个人构建与应用 Agent 也将更加容易。未来只要人们愿意,随时都可以通过各种 Agent 平台打造适合自己的个性化 Agent,通过更加个性化的功能与服务增强沟通和协作,拓展知识和技能等。

甚至还能在不同业务场景构建多个不同的 Agent,并让这些 Agent 协同工作,多 Agent 系统协同可以输出更加准确的结果以及完成更加复杂的任务。

AI Agent 不限行业与业务场景,只要能应用 LLM 的地方都可以构建相应的 Agent。它可以应用于各行业，如教育、医疗、金融、制造、娱乐等，帮助提高效率、降低成本、创造价值。未来，AI Agent 可能会更加智能、自适应、多样化，能够处理更复杂的问题和场景，与人类形成更紧密的合作和共生。

随着 AI Agent 的广泛应用，大语言模型时代的人机交互也将升级为人类与 AI Agent 的自动化合作体系。这种新型人机合作可以称为人机 Agent，它将推动人类社会的生产结构进一步升级，进而影响社会的各个方面。

小　结

多 Agent 系统研究如何在一群自主的 Agent 间进行智能行为的协调，具有更大的灵活性，更能体现人类社会智能，更加适应开放和动态的世界环境。根据人类思维的不同层次，可以把 Agent 分为反应式、慎思式、跟踪式、基于目标的、基于效果的和复合式 Agent。

在世纪之交，以 Agent 为媒介的电子商务成为 Agent 技术的最大单一应用场合，为 Agent 系统在谈判和拍卖领域的发展提供了巨大推动力。2000 年以后，以促进和鼓励高质量的交易 Agent 研究为目的的交易 Agent 竞赛推出并吸引了很多研究人员参与。

自 2001 年以来，多 Agent 系统的思想对主流计算机科学产生了深远影响，拍卖和机制设计等研究领域已经跻身理论计算机科学的主要课题。这些突破性进展首先源于易趣（eBay）等在线拍卖行的巨大成功，但更普遍的是许多有趣的、重要的组合问题都可以表示为拍卖。对博弈论和计算机科学之间关联性的研究同样高涨。下一代分布式传感器、网络化自动驾驶车辆和机器人系统、自主计算以及网络服务等未来多 Agent 技术更广阔的应用场景正展现在人们面前。

未来的多 Agent 系统研究将继续关注规划、学习、协调、机制设计、人机交互等众多理论问题。同时，未来的研究将面向安全、可持续发展、医疗、老龄化等现实挑战。

2023 年 11 月，比尔·盖茨发表了一篇文章，他表示，AI Agent 将是大模型之后的下一个平台，不仅改变每个人与计算机互动的方式，还将在 5 年内彻底改变人们的生活。如果说大模型是未来水电煤一般的基础设施，那么 Agent 则是未来用户接触、使用 AI 的方式。

AI Agent 不再满足于仅作为“聊天对象”的角色，而是渴望成为能在真实世界里挥洒自如的“智能执行者”。目前，已经在零售、房地产、旅游、客户服务、人力资源、金融、制造业等多个领域出现 AI Agent 架构与产品。

AI Agent 将成为大模型的下一个高地——大模型聚焦于处理语言相关的任务，它并不直接与现实世界互动，而 AI Agent 强调解决实际问题的能力和与环境交互的全面性。

Manus 是由中国 AI 团队 Monica 于 2025 年发布的通用 AI Agent 产品，其核心特点在于能够将用户的想法付诸实践并直接交付完整的任务成果，该产品旨在实现从任务规划到执行的全流程自主操作，能够处理复杂任务。

习　题

8.1　分布式人工智能系统有何特点？试与多 Agent 系统的特性加以比较。

8.2　什么是 Agent？Agent 有哪些特性？

8.3　Agent 在结构上有何特点？Agent 在结构上又是如何分类的？每种结构的特点是什么？

8.4　什么是反应式 Agent？什么是慎思式 Agent？比较两者的区别。

8.5　简述 Agent 通信的步骤、类型和方式。

8.6 阐述移动 Agent 的主要实现技术。

8.7 多 Agent 系统有哪几种基本模型？其体系结构又有哪几种？

8.8 试说明多 Agent 系统的协作方法、协商技术和协调方式。

8.9 为什么多 Agent 系统需要学习与规划？

8.10 你认为多 Agent 系统的研究方向应是哪些？其应用前景又如何？

8.11 选择一个你熟悉的领域，编写一页程序描述 Agent 与环境的作用。说明环境是否是可访问的、确定性的、情节性的、静态的和连续的。对于该领域，采用何种 Agent 结构为好？

8.12 设计并实现几种具有内部状态的 Agent，并测试其性能。对于给定的环境，这些 Agent 如何接近理想的 Agent？

8.13 采用 Agent 思想和技术设计家庭安全智能信息系统。

8.14 (思考题)仔细阅读和理解"家庭安全智能信息系统"的需求(8.13 题)，细化和完善有关"视频图像"Agent 的应用场景描述，利用 JADE 以及开源的面部图像识别软件开发"视频图像"Agent 软件。

提示：设计"视频图像"Agent 的行为；设计"视频图像"Agent 与其他 Agent(如"通知 Agent""用户 Agent")之间的 ACL 交互协议和消息；在互联网上查找有关面部图像识别的开源软件，分析这些不同开源软件的特点，从中优选一个面部图像识别软件。

8.15 (思考题)请从所驻留环境的特点、内部结构、行为实施方式等多个方面分析 Agent 与专家系统二者之间有何区别。

8.16 (思考题)如果将 Agent 的行为决策视为一个定理证明的过程，请分析和解释 Agent 内部的状态如何表示、行为决策算法如何实现，尝试利用现有的定理证明器封装和实现一个 Agent。

8.17 (思考题)Agent 之间的交互可以基于 ACL 进行(如 JADE)，也可以采用传统的事件机制或者消息传递方法(如 JACK)，请分析这两种实现方法的优缺点。

8.18 (思考题)多 Agent 编程竞赛活动的目的之一是要寻求如何基于多 Agent 系统技术解决实际问题，进而推动智能 Agent 和多 Agent 系统在诸多领域的实际应用，其网址是 https://multiAgentcontest.org/，分析该竞赛欲解决的问题及其应用场景。

8.19 (思考题)请针对 8.7.1 节"火星探矿机器人"场景三的描述，利用 JADE 设计和实现该场景。

提示：不同于场景一和场景二，场景三涉及多个不同类型的 Agent，因为需要实现多个 Agent 类；不同类型的 Agent 之间存在交互，因此需要设计和实现它们之间的 ACL 消息以及协同行为。

8.20 (思考题)军队需要迅速、有效地调动人员、装备和后勤物资，以便为高技术条件下的局部战争提供保障。可以将合作自主 Agent 技术应用到国防运输活动中。由近地轨道卫星提供的全球通信系统可用于跟踪运输情况，并不断更新其共享知识库。在国防运输系统中，采用 Agent 规划运输路线很有效，这些 Agent 可监控运输路线、改变运输工具。

设计两类 Agent：一类是动态智能 Agent，与运输装置相关，如集装箱、装备或人员舱室，其中的每项物资、每箱军需品及每件军火都可以认为是 Agent，其唯一目标就是在可能的最好条件下以最省时的方式到达目的地；另一类是静态 Agent，其作用是为运输物资安排运输方式，竞争有限的运输、存储和装卸资源，避免或解决与其他 Agent 的冲突。

8.21 (思考题)查阅资料，论述 Agent 技术在作战仿真中的应用。

提示：参考本书文献[54]，基于多 Agent 的方法，构成了该书作战仿真模型 EINSTtein 的理论基础，赋予各个士兵(即 Agent)独特的个性，定义各 Agent 的交互规则，然后让整个多 Agent 系统自己演化。

8.22 (思考题)JADEX 是一个基于 JADE、支持 AgentBDI 体系结构的多 Agent 系统开发框架。它采用 XML、Java 相结合的方式编写具有认知结构、可实现行为推理的 Agent，学习使用 JADEX 开发多 Agent 系统。

提示：下载并安装 JADEX 开源软件代码，阅读该软件的编程手册，尝试利用 JADEX 提供的 BDI 模型(而非 JADE 的反应式模型)实现"火星探矿机器人"，并与 JADE 进行对比，分析这种开发框架的优势和不足。

8.23 (思考题)火星探测者 Agent。该问题最初是由 Luc Steels 提出的，其目标是要设计一组机器人 Agent 对火星表面进行探测，并带回火星上的一些重要的岩石样本。

探测者 Agent 首先由一艘母船将其带到火星表面，母船将其释放出来以后它们将在火星表面自主移动，以搜寻所需的岩石标本。由于火星表面地形复杂，会有坑洼和障碍物，如山川、河流、岩洞等，因而探测者Agent在移动过程中需要对前方的地形情况进行感知。一旦发现前方不可通过，就及时改变运动方向。此外，如果探测者Agent发现了岩石样本，那么它需将该岩石样本置于其体内并返回母船。母船可以发出功率强大的信号告诉各个探测者Agent其所在的方位，从而引导它们返回母船（见图8-25）。

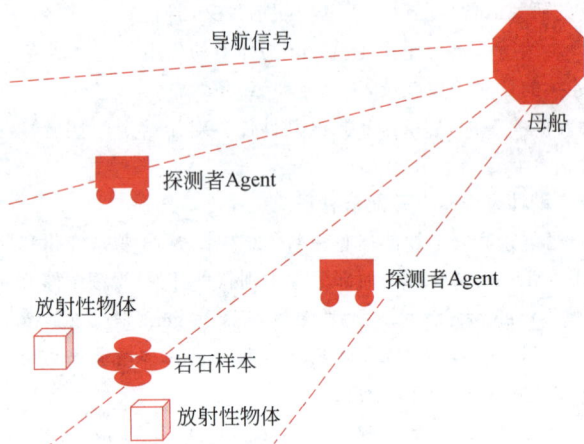

图 8-25　探测者 Agent 在火星表面自主移动以探测和获取火星岩石样本

在 Agent 到达火星之前，探测者 Agent 的设计者和探测者 Agent 本身没有任何有关火星表面地形的信息，也不知岩石样本会散布在火星表面的哪些位置。设计者在设计探测者 Agent 时知道的仅仅是岩石样本在火星表面不是均匀分布的。因此，探测者 Agent 在火星上需要完全自主地运作（而不是预先已经设计好的），以处理各种意想不到的情况，从而实现其设计目标。

此外，为了提高火星探测的效率和质量，确保在一次飞行中能用较短的时间获得更多的火星岩石样本，母船一次性释放多个探测者 Agent。设计者要求这些探测者 Agent 在火星表面能够相互合作，以更好地完成火星探测任务。例如，当一个探测者 Agent 在某个区域发现岩石样本时，它将通过某种方式通知其他探测者 Agent，以便其他探测者 Agent 能够移动到该区域，以获取岩石样本。

问题是要为探测者 Agent 设计其控制结构，使得它在火星表面能够按照上述方式自主地运行并完成其火星探测任务。

提示：①构造具有反应式体系结构的 Agent。②设计反应式 Agent 的行为集合并对这些行为进行合理组织。通过设计探测者 Agent 的一组行为以实现单个 Agent 的任务，然后，在此基础上通过进一步调整其行为，以实现多个探测者 Agent 之间的合作。③根据其设计目标，探测者 Agent 必须具备以下感知能力：感知前方的障碍物，感知岩石样本和感知母船位置等。同时应具有以下动作：向前移动，改变方向，将岩石样本放置于其体内，释放体内的岩石样本等。

8.24　（思考题）用于电力管理的多 Agent 系统。

根据上述背景（扫码阅读），查阅资料，撰写论文，并开发解决此类问题的原型系统。

题 8.24 背景资料

第 9 章

智能规划

规划可以定义为一种使计算机系统能够自动生成从初始状态到目标状态的行动方案的过程。这一过程不仅要求算法的高效性,还要求解决方案的质量和可靠性。智能规划是一种问题求解技术,它从某个特定的问题状态开始,寻找能实现目标的一系列动作。智能规划的核心在于其能够处理不确定性和动态性,为机器智能提供决策支持。它通常包括以下几个关键步骤:首先,问题表示,即将问题定义为一组状态和操作;其次,搜索算法,用于在状态空间中寻找解决方案;最后,优化技术,确保找到的解决方案满足特定的性能指标。

随着技术的发展,智能规划已经发展出多种方法,每种方法都有其独特的应用场景、优势和局限。现代规划系统正逐渐集成机器学习和数据挖掘技术,以处理更复杂的规划问题,并提供更加灵活和适应性强的解决方案。本章将对智能规划的多种方法进行细致的分析,从经典规划的确定性环境处理,到偏序规划的灵活性和并行性,再到时序规划对时间敏感性任务的适应,以及条件规划在不确定性环境下的适应性。还将探讨非确定性规划如何通过概率模型处理多种可能的结果,以及层次规划如何将复杂任务分解为更易管理的子任务。

9.1 概　　述

使用标准搜索算法(如深度优先、A*等)求解问题时,如果遇到现实世界的大规模问题,就会产生许多困难。

最明显的困难在于问题求解过程可能淹没在不相关的动作中。如从一个在线书商购买一本《人工智能》的任务,包含许多不相关的动作。假设对于每一个十位数的 ISBN 码,都可以发生一个购买动作,则总共有 100 亿个动作。搜索算法必须检查全部 100 亿个动作的后续状态找出满足目标的一个动作,从而实现拥有一册 ISBN 为 0137903952 的书。另外,一个明智的规划系统应能根据先前明确的目标描述,例如,Have(ISBN0137903952) 来工作,并直接产生 Buy(ISBN0137903952) 的动作。为了实现这种计算,只需要 Buy(x) 的通用知识,已知这个知识和目标,规划能够通过一个简单的合一步骤判断 Buy(ISBN0137903952) 是正确的动作。

接下来的困难是寻找一个好的启发函数。假设 Agent 的目的是在线购买 4 本不同的书,有待考察的含 4 个动作的规划会有 10^{40} 个,所以没有准确启发式的搜索是不可能的。很显然,对人来说,"未买到的书的数目"是对状态的目标距离的一个较好的启发式估计;但是,问题求解系统不能显而易见地拥有这种分析能力。因为在它看来,测试一个状态是否满足目标条件的过程只是一个返回逻辑真、假值的黑盒子,它不会计算有多少个目标条件仍未满足。因此,问题求解Agent 缺乏自主性;它需要人对每个新问题提供一个启发函数。另外,如果一个规划系统能够明确地将目标表示成为目标条件的合取式,那么它就可以使用一个不依赖具体领域问题特性的启发式函数:未满足的合取式的数目。例如,对于买书问题,目标条件是 Have(A) ∧ Have(B) ∧ Have(C) ∧ Have(D),满足了 Have(B) 的状态的目标距离是 3。这样,Agent 就能为这个问题以及其他很多问题自动获得合适的启发式函数。

最后,问题求解系统可能是低效的,因为它不能将问题进行分解。考虑这样一个问题,要将一组需要隔夜交付的包裹递送到它们各自的目的地,而这些目的地散布于整个国家或地区。为每个目的地找到最近的机场并且将整个问题分解成每个机场的子问题是一种有效的问题求解方式。在途经指定机场的一组包裹中,可以根据目标城市进行进一步的分解。前面讨论过进行这种分解的能力归功于约束满足问题求解系统的有效性。对于规划,这同样成立:在最坏情况下,它将要花费 $O(n!)$ 的时间以找到递送 n 件包裹的最佳规划,但是如果能够把问题分解成 k 个规模相当的子问题,那么只需要 $O((n/k)! \times k)$ 的时间。

实际上,规划问题仅在少数的理想情况下才能完全可分解。许多规划系统的设计(特别是后面谈到的偏序规划器)基于如下假设:现实世界的大多数问题是近似可分解的。也就是说,规划器能够独立地在子目标上工作,随后执行一些额外的工作将各个子规划解合并起来形成最终的总规划解。在某些问题上,由于一个子目标的实现过程可能撤销或阻碍另一个子目标的实现,这种子目标之间的相互作用使得规划问题无法分解(如九宫图游戏),从而导致规划问题的求解异常困难。

规划问题可以通过状态、动作和目标表示,这种表示的好处是使规划算法能利用问题的逻辑结构进行信息处理。因此,规划求解的一个关键是找到一种有足够表达能力能够描述较多类规划问题但又语法简约的语言,以使规划算法能够较高效地解析。为使读者理解规划问题的表示语言,本节首先介绍主流的经典规划问题表示语言——STRIPS(Stanford Research Institute of Problem Solver)语言。

下面从状态、目标和动作的表示方面简要介绍 STRIPS 语言。

1. 状态表示

规划器将世界分解成逻辑条件,并且把一个状态表示为正文字的合取。我们将考虑命题文字,例如,Poor ∧ Unknown 可能表示了一个贫困而无名的不幸状态。也可以使用一阶文字,例如,At(Plane1,Melbourne) ∧ At(Plane2,Sydney) 可表示包裹递送问题中的一个状态,一阶状态描述中的文字必须是基项(ground,即无变量的项)并且是无函数的,而形如 At(x,y) 或 At(Father(Fred),Sydney) 的文字是不允许的。需要注意的是,在一个状态中未提及的条件被假定为假。

2. 目标表示

目标是用正的基文字的合取式表示的不完全指定状态,如 Rich ∧ Famous 或 At(Plane2,Tahiti)。假如一个命题状态 s 包含目标 g 的所有原子(可能还有其他原子),那么 s 满足 g。例如,状态 Rich ∧ Famous ∧ Miserable 满足目标 Rich ∧ Famous。

3. 动作表示

一个动作是根据前提和效果指定的,前提(PRECOND)在该动作执行前必须成立,效果(EFFECT)则在其执行后发生。例如,一个表示飞机从一个地方到另一个地方的动作:

   Action(Fly(p,from,to)),

    PRECOND:At(p,from) ∧ Plane(p) ∧ Airport(from) ∧ Airport(to),

    EFFECT:¬ At(p,from) ∧ At(p,to))

更确切地称为动作模式,意思是它表示了许多不同动作,这些动作能够通过把变量 p、from 和 to 初始化为不同常量得到。通常,一个动作模式由以下三部分组成:

（1）动作名和参数表，例如，Fly(p,from,to)用来标识动作。

（2）前提是无函数正文字的合取式，规定在动作能够被执行前，一个状态中的哪些文字必须为真。前提中的任何变量也必须出现在动作参数表中。

（3）效果是无函数文字的合取式，描述了当动作执行时状态是如何变化的。效果中的正文字 P 在由动作产生的状态中被断言为真，而否定文字（负文字）$\neg P$ 则被断言为假。效果中的变量也必须出现在动作参数表中。

为了提高易读性，一些规划系统将效果划分为正文字的增加表和负文字的删除表。在定义了规划问题的表示语法之后，下面定义语义。最直接的方法就是描述动作是如何影响状态的。首先，我们称一个动作在任何满足前提的状态下都是可用的；否则，动作没有结果。对于一阶的动作模式，建立可用性将包括一个对前提中变量的置换 θ。例如，假设当前状态描述为

$$At(P_1,JFK) \wedge At(P_2,SFO) \wedge Plane(P_1) \wedge Plane(P_2)$$
$$\wedge\, Airport(JFK) \wedge Airport(SFO)$$

这个状态满足前提

$$At(p,from) \wedge Plane(p) \wedge Airport(from) \wedge Airport(to)$$

用（p/P_1,from/JFK,to/SFO）进行置换。这样，具体动作 Fly(p,JFK,SFO)是可用的。

从状态 s 出发，执行一个可用动作 a 的结果是状态 s'，除了把 a 的效果中任何正文字 P 添加到 s' 中，把任何负文字 $\neg P$ 从 s' 中去除以外，s' 与 s 是一样的。这样，在 Fly(p,JFK,SFO)之后，当前状态变为

$$At(P_1,SFO) \wedge At(P_2,SFO) \wedge Plane(P_1) \wedge Plane(P_2) \wedge Airport(JFK) \wedge Airport(SFO)$$

注意，如果一个正效果已经在 s 中，它不会被再次添加；如果一个负效果不在 s 中，这部分效果将被忽略。这个定义体现了 STRIPS 语言的"封闭世界假设"，在结果中未提及的每个文字保持不变。

最后，可以定义规划问题的解。它的最简单形式就是一个动作序列，当在初始状态中执行时，导致满足目标的状态。

以上介绍的 STRIPS 语言，其中各种强加的变量限制是希望规划算法更加简单有效，又不会太难而无法描述现实问题。一个最重要的限制是文字是无函数的。根据这个限制，我们能够确信对于一个给定问题的任何动作模式，都可以命题化——也就是说，转变成一个没有变量的纯命题动作表示的有限集合。例如，在一个 10 架飞机和 5 个机场的问题的航空货运域中，可以把 Fly(p,from,to)模式转变成 $10\times5\times5=250$ 个纯命题动作。如果允许函数符号，那么将能构建出无限多的状态和动作。

近年来的研究已经逐渐表明，STRIPS 语言对于某些现实领域表达能力不足。结果是，开发了许多语言变种。表 9-1 简要描述了一种重要的语言，即动作描述语言（Action Description Language，ADL），同时与基础的 STRIPS 语言进行了比较。在 ADL 中，Fly 动作可以被写为

$$Action(Fly(p: Plane,from: Airport,to: Airport);$$
$$PRECOND: At(p,from) \wedge (from \neq to),$$
$$EFFECT: \neg At(p,from) \wedge At(p,to))$$

参数表中的符号 p：plane 是前提中 plane(p)的一个缩写，这虽然没有增加表达能力，但更易读，同时也缩减了能够构建的可能命题动作的数目。前提（from≠to）表达了飞机航班不能从一个机场飞到同一个机场的事实。这在 STRIPS 语言中无法简洁地表达。

表 9-1　STRIPS 语言和 ADL 的对比

STRIPS 语言	ADL
在状态中只有正文字：Poor ∧ Unknown	在状态中，正、负文字都有 ¬ Rich ∧ ¬ Famous
封闭世界假设：未被提及的文字为假	开放世界假设：未被提及的文字是未知的
效果 $P \wedge \neg Q$ 意味着增加 P，删除 Q	效果 $P \wedge \neg Q$ 意味着增加 P 和 $\neg Q$ 及删除 $\neg P$ 和 Q
目标中只有基文字：Rich ∧ Famous	目标中有量化变量：$\exists x \, \mathrm{At}(P_1, x)$
目标是合取式：Rich ∧ Famous	目标允许合取式和析取式：¬ Poor ∧ (Famous ∨ Smart)
效果是合取式	允许条件效果：When P：E 表示只有当 P 被满足时，E 才是一个效果
不支持等式	内建了等式谓词($x = y$)
不支持类型	变量可以拥有类型，如(p：Plane)

规划域定义语言(Planning Domain Definition Language，PDDL)提供了一种系统化、形式化的建模方法。这种语言允许研究者交换性能测试问题和比较结果。PDDL 包括针对 STRIPS 语言、ADL 以及后面谈到的分层任务网络规划的子语言。

STRIPS 语言和 ADL 符号表示对于许多现实领域是足够的。然而，仍然存在一些重要的限制，最明显的是它们不能自然地表示动作的分支。例如，如果飞机上有人、包裹或灰尘，那么当飞机飞行时，它们的位置也在变化。我们将在命题逻辑规划中看到更多这种状态约束的例子。经典规划系统甚至没有尝试去解决限制问题，未表示的界限可能引起动作失败的问题，这些将在9.6 节条件规划中讨论。

9.2　状态空间搜索规划

使用状态空间搜索方法完成规划问题求解的技术称为状态空间搜索规划。因为规划问题中的动作描述同时说明了前提和效果，所以有可能在两个方向进行搜索：从初始状态向前搜索或从目标状态向后搜索。我们也能使用明确的动作和目标表示自动得到有效的启发式。

1. 前向状态空间搜索

前向状态空间搜索规划与第 3 章中的问题求解方法相似，有时也被称为前进规划，因为它沿向前的方向移动。我们从问题的初始状态出发，考虑动作序列，直到找到一个得到的目标状态的序列。

现在的问题是如何把规划问题形式化为状态空间搜索问题。

(1) 搜索的初始状态来自规划问题的初始状态。通常，每个状态会有一个正的基文字的集合，没有出现的文字为假。

(2) 可用于一个状态的动作是那些前提都得到满足的。动作产生的后继状态通过增加正效果文字和删除负效果文字生成(在一阶情况下，必须应用从前提到效果文字的合一)。注意，一个单一的后继函数对所有规划问题都可行，并且使用明确的动作表示的结果。

(3) 检验状态是否满足规划问题的目标。

(4) 单步耗散通常是 1。虽然允许不同的动作具有不同的耗散是很容易的，但是 STRIPS 语言很少使用。

回顾一下，在不出现函数符号的情况下，规划问题的状态空间是有限的。因此，任何完备的搜索算法(如 A^*)都将是一个完备的规划算法。

从规划搜索的初期直到最近，人们首先认为前向状态空间搜索太低效而不能实际应用，这也不难找到原因。前向搜索不能解决无关动作问题,即所有可用动作都是从各个状态出发考虑的;另外,如果没有一个好的启发式,该方法就会迅速陷入困境。考虑一个有 10 个机场,每个机场有 5 架飞机和 20 件货物的航空货运问题,目标是将所有的货物从机场 A 运送到机场 B,这个问题有一个简单的解:将 20 件货物装载到机场 A 的一架飞机上,飞机到机场 B,卸载所有货物,但是找到解可能是困难的。因为平均分支因子是巨大的:5 架飞机中的任何一架可以飞到 9 个其他的机场,200 件包裹中的每一件也能一样被卸载(如果已经装载了)或者装载到机场的任何一架飞机上(如果没有装载)。平均而言,我们说存在大约 1000 个可能的动作,所以达到明显解的深度的搜索树大约有 1000^{41} 个结点。显然,需要一个非常精确的启发式,才能使这类搜索变得更有效率,在考察后向搜索之后,将讨论一些可能的启发式。

2. 后向状态空间搜索

后向状态空间搜索在第 3 章中进行过说明。我们注意到当目标状态用一个约束集描述而不是明确地列出时,后向搜索难以实现。特别地,如何生成目标状态集的可能前驱的描述并不总是显而易见的。STRIPS 语言表示使这个问题变得相当容易,因为状态集能够被在这些状态中一定为真的文字所描述。

后向搜索的主要优点是允许只考虑相关的动作。如果一个动作获得目标的合取子句中的一个,就说这个动作同目标合取式是相关的。例如,在 10 个机场航空货运问题中的目标是 B 机场拥有 20 件货物,或者用公式表示为

$$At(C_1,B) \wedge At(C_2,B) \wedge \cdots \wedge At(C_{20},B)$$

现在考虑合取子句 $At(C_1,B)$。使用后向搜索,寻找以此合取子句为效果的动作。只有一个这样的动作 $Upload(C_1,p,B)$,这里飞机 p 并没有被指定。

注意,有许多不相关的动作也能够导向目标状态。例如,可以让一架空飞机从 JFK 飞到 SFO;这个动作从"飞机在 JFK 并且目标的所有合取子句都得到满足"的前驱状态达到一个目标状态。一个允许不相关动作的后向搜索仍然是完备的,但是它会十分低效。假如解存在,它就能够被只允许相关动作的后向搜索找到。相关动作的限制意味着后向搜索比前向搜索的分支因子少得多。例如,航空货运问题有约 1000 个从初始状态出发的前向动作,但是从目标出发的后向动作只有 20 个可行。

后向搜索有时也称为回归规划。回归规划中的原则问题是这样的:对哪些状态应用动作会到达目标?计算这些状态的描述称为经过动作的目标回归。考虑航空货运例子,有目标

$$At(C_1,B) \wedge At(C_2,B) \wedge \cdots \wedge At(C_{20},B)$$

和获得第一个合取子句的相关动作 $Upload(C_1,p,B)$,仅当其前提得到满足时,动作才会起作用。因此,任何前驱状态都必须包含这些前提:$In(C_1,p) \wedge At(p,B)$。而且,子目标 $At(C_1,B)$ 在前驱状态中应该不为真。因此,前驱的描述是

$$In(C_1,p) \wedge At(p,B) \wedge At(C_2,B) \wedge \cdots \wedge At(C_{20},B)$$

除了要使动作达到某个期望的文字外,还必须使动作不撤销任何期望的文字。一个满足这种约束的动作被称为一致的。例如,动作 $Load(C_2,p)$ 与当前的目标不是一致的,因为它会否定文字 $At(C_2,B)$。

在给定相关性和一致性的定义之后,我们能够描述后向搜索中构造前驱的一般过程。已知一个目标描述 G,A 是一个相关而且一致的动作。对应的前驱要满足:

(1)删除 G 中出现的 A 的任何正效果。

(2)添加 A 的每一个前提文字,除非它已经出现了。

任何标准的搜索算法都能被用来执行这个搜索。当生成的前驱描述被规划问题的初始状态

所满足时,生成终止。在一阶情况下,满足性可能需要前驱描述中的变量置换。例如,前一段落中的前驱描述,通过置换$\{P_{12}/p\}$被初始状态

$$In(C_1,P_{12}) \wedge At(P_{12},B) \wedge At(C_2,B) \wedge \cdots \wedge At(C_{20},B)$$

所满足。当然,置换必须用于从当前状态引向目标的动作,产生解$Upload(C_1,P_{12},B)$。

9.3　偏序规划

1. 偏序规划的描述

前向和后向状态空间搜索是全序(完全有序)规划搜索的特殊形式,它们只搜索与起始或目标直接相关的严格线性动作序列。这意味着它们不能利用问题分解,它们必须总是决策如何从所有子问题出发对动作排序,而不是单独处理每个子问题,我们更愿意有一个方法能够独立地在一些子目标上进行,用一些子规划对它们求解,然后再合并这些子规划。

这种方法在构建规划的次序上也具有灵活性。也就是说,规划系统能够先进行"显然的"和"重要的"决策,而不是被迫按历时顺序的步骤进行决策。例如,一个在伯克利的人想去蒙特卡洛,他可能先试图寻找从旧金山到巴黎的航班;得知出发和到达时间,然后它就可以继续想办法如何往返机场。

在搜索期间延迟某个选择的通用策略称为最少承诺策略。最少承诺没有形式化定义,显然某种程度的承诺是必要的,以免搜索没有任何进展。

第一个具体例子比规划一个假期要简单得多,考虑穿一双鞋的简单问题,可以把它描述为如下的形式化规划问题。

```
Goal(RightShoeOn ∧ LeftShoeOn)
Init()
Action(RightShoe,PRECOND: RightSockOn,EFFECT: RightShoeOn)
Action(RightSock,EFFECT: RightSockOn)
Action(LeftShoe,PRECOND: RightSockOn,EFFECT: LeftShoeOn)
Action(LeftSock,EFFECT: LeftSockOn)
```

一个规划系统应该能够找到RightSock后紧跟着RightShoe的双动作序列获得目标的第一个合取子句,找到LeftSock后紧跟着LeftShoe的双动作序列获得目标的第二个合取子句,然后这两个序列可以被合并而产生最后的规划。为了做到这些,规划系统会独立处理这两个子序列,而不承诺一个序列中的一个动作是另一个序列的动作之前还是之后。任何能够将两个动作放在一个规划中而不指定哪一个在前的规划算法都称为偏序规划算法。图9-1显示了鞋子和袜子问题的解的偏序规划。注意,解是用动作图表示的,而不是序列。同时也注意称为Start和Finish的"空"动作,它们标记了规划的开始和结束,偏序规划的解相当于6个可能的全序规划,其中的每一个全序规划被称为偏序规划的线性化。

偏序规划(此后称为规划)可以作为偏序规划空间的一个搜索来实现。也就是说,从一个空规划开始。然后考虑改进规划的途径,直到找到一个能够解决问题的完整规划。这个搜索中的动作并不是现实世界中的动作,而是规划上的动作:给规划增加一步,通过将一个动作放到另一个的前面而强加顺序,等等。

下面定义偏序规划的POP算法,将POP算法写成一个独立程序是一种惯例,但是我们把偏序规划形式化表示为搜索问题的一个实例。这使我们集中于可用的规划改进步骤,而不用担心算法是如何探索空间的。事实上,一旦搜索问题被形式化表示后,范围广泛的各种无信息搜索和启发式搜索都可以被运用。

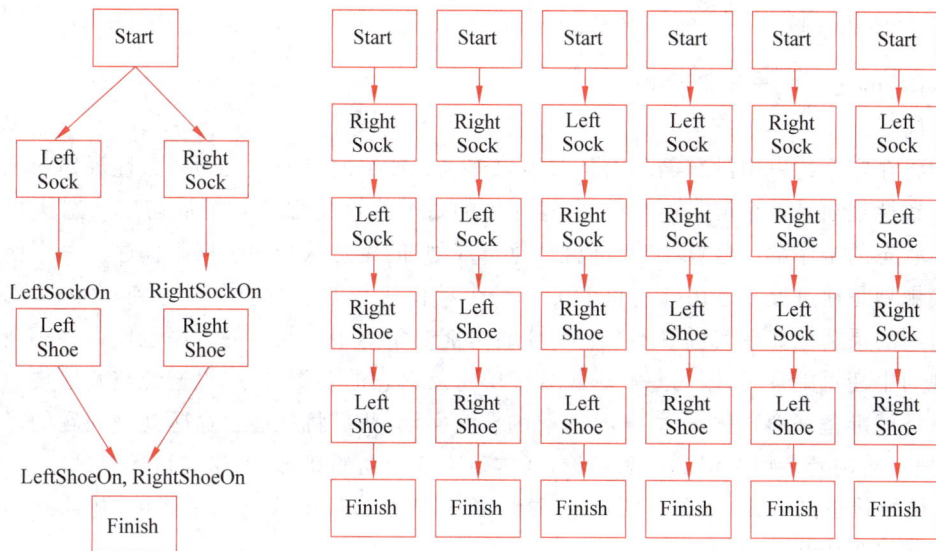

图 9-1 穿鞋袜问题的偏序规划及其 6 个线性化

注意,我们搜索问题的状态是(大多数是未完成的)规划。为了避免同现实世界中的状态相混淆,我们将讨论规划,而不是状态。每个规划都有下列 4 部分,其中前两个定义了规划的步骤,后两个提供决定如何扩展规划的记录功能。

(1) 一组动作组成规划的步骤:这是从规划问题的动作集中选取的。"空"规划只包含 Start 和 Finish 动作,Start 动作没有前提且将规划问题初始状态中的所有文字作为其效果,Finish 动作没有效果且将规划问题的目标文字作为其前提。

(2) 一组定序约束:每个定序约束的形式是 $A < B$,读作"A 在 B 之前",它的意思是动作 A 必须在动作 B 之前某时刻执行,但是并不必要在紧邻的"之前"。定序约束必须描述一个合适的偏序,任何循环(如 $A < B$ 和 $B < A$)都表示矛盾。所以,如果会造成循环,该定序约束就不能添加到规划中。

(3) 一组因果连接。规划中动作 A 和 B 之间的因果连接写为 $A \xrightarrow{P} B$,读作"A 为 B 获得 P"。例如,因果连接

$$RightSock \xrightarrow{RightSockOn} RightShoe$$

断言 RightSockOn 是动作 RightSock 的效果,同时是 RightShoe 的一个前提。它还断言在从执行动作 RightSock 的时刻到执行动作 RightShoe 的时刻的这段时期内,RightSockOn 必须保持为真。换句话说,规划不能通过添加一个与新的因果连接冲突的动作 C 扩展。如果 C 产生效果 $\neg P$ 且如果 C 能够(根据定序约束)出现在 A 之后 B 之前,那么动作 C 同 $A \xrightarrow{P} B$ 相冲突。有人把因果连接称为保护区间,因为连接 $A \xrightarrow{P} B$ 在 A 到 B 的区间中保护 P 不被否定。

(4) 一组开放前提。当一个前提不能从规划的一些动作中得到时,它是开放的。在不引入矛盾的情况下,规划系统会致力于缩小开放前提集合,直到它成为空集。

例如,图 9-1 中的最终规划有下面这些组成部分(没有显示将任何其他动作都放在 Start 之后及 Finish 之前的定序约束)。

动作:{RightSock,RightShoe,LeftSock,LeftShoe,Start,Finish}

定序:{RightSock < RightShoe,LeftSock < LeftShoe}

连接：$(\text{RightSock} \xrightarrow{\text{RightSockOn}} \text{RightShoe}, \text{LeftSock} \xrightarrow{\text{LeftSockOn}} \text{LeftShoe}, \text{RightShoe} \xrightarrow{\text{RightShoeOn}}$

$\text{Finish}, \text{LeftShoe} \xrightarrow{\text{LeftShoeOn}} \text{Finish}\}$

开放前提：{}。

我们将在定序约束中没有循环而且与因果连接无冲突的规划定义为一致性规划。没有开放前提的一致性规划是一个解。不难得到，偏序解的每个线性化都是一个从初始状态执行后最终到达目标状态的全序解。这意味着可以把"执行规划"的概念从全序扩展到偏序。一个偏序替代一个偏序规划是通过反复选用任何可能的下一个动作执行的。后面会讨论到，Agent 在执行规划时可得到的灵活性在现实世界不与它协作时可能非常有用。灵活的定序也使得将小规划合并到大的规划中变得更容易，因为每个小规划能够重新对它的动作排序，以避免与其他规划冲突。

现在已经准备好形式化表示 POP 求解的搜索问题，我们将从适合命题规划问题的形式化方法出发，把一阶的复杂情况留到以后讨论，通常定义包括初始状态、动作和目标测试。

（1）初始状态包括 Start 和 Finish，定序约束 Start<Finish，没有因果连接，并且将 Finish 状态的所有前提当作开放前提。

（2）后继函数在动作 B 上任意选取一个开放前提 P，并为获得 P 的动作 A 的每个可能的一致性选择方式产生一个后继规划。一致性通过下面的方法得到加强。

① 因果连接 $A \xrightarrow{P} B$ 和定序约束 $A<B$ 被添加到规划中，动作 A 可能是规划中已经存在的动作或是新的。如果它是新的，就把它添加到规划中，同时也把 Start<A 和 A<Finish 添加到规划中。

② 我们解决新的因果连接与所有已经存在的动作之间的冲突以及动作 A（如果它是新的）与所有已经存在的因果连接之间的冲突。$A \xrightarrow{P} B$ 和 C 之间冲突的解决方式是使 C 在保护区间以外的某时刻发生，通过添加 $B<C$ 或 $C<A$ 之一，如果它们导致一致性规划，就添加一个或全部两个后继状态。

（3）目标测试是检验规划是不是原始规划问题的一个解。由于只生成了一致性规划，目标测试仅需要检验有没有开放前提。

这种形式化表示下的搜索算法考虑的动作是规划改进步骤，而不是来自领域自身的真实动作。因此，路径耗散是无关的，严格地说，因为唯一要紧的是路径引导出的规划实际动作的全部耗散。不过，指定反映实际路径耗散的路径耗散函数是可能的：我们把每个已添加到规划中的实际动作计为1，所有其他改进步骤计为0。这样，$g(n)$ 将与规划中实际动作的数目相等，其中 n 是一个规划，启发式估计 $h(n)$ 也可以使用。

有人可能认为后继函数需要包括每个开放的 P 的后继，而不只是其中之一。然而，这会是多余和低效的，因为与约束满足算法并未包含每个可能变量的后继的理由相同：我们考虑的开放前提的顺序是可交换的。因此，可以选择任意顺序，并且仍然是一个完备算法。选择一个合适的顺序可以导致更快的搜索，但是所有顺序都以同样的候选解集而告终。

2. 无约束变量的偏序规划

本节考虑当 POP 和包含变量的一阶动作表示一起使用时可能出现的复杂因素。假设有一个积木世界问题：

$$\text{Init}(\text{On}(A, \text{Table}) \wedge \text{On}(B, \text{Table}) \wedge \text{On}(C, \text{Table})$$
$$\wedge \text{Block}(A) \wedge \text{Block}(B) \wedge \text{Block}(C)$$
$$\wedge \text{Clear}(A) \wedge \text{Clear}(B) \wedge \text{Clear}(C))$$

$$\text{Goal}(On(A,B) \land On(B,C))$$

$$\text{Action}(Move(b,x,y),$$

$$\text{PRECOND}: On(b,x) \land Clear(b) \land Clear(y) \land Block(b)$$

$$\land (b \neq x) \land (b \neq y) \land (x \neq y),$$

$$\text{EFFECT}: On(b,y) \land Clear(x) \land \neg On(b,x) \land \neg Clear(y))$$

$$\text{Action}(MoveToTable(b,x),$$

$$\text{PRECOND}: On(b,x) \land Clear(b) \land Block(b) \land (b \neq x),$$

$$\text{EFFECT}: On(b,Table) \land Clear(x) \land \neg On(b,x))$$

它具有开放前提 $On(A,B)$ 和动作

$$\text{Action}(Move(b,x,y),$$

$$\text{PRECOND}: On(b,x) \land Clear(b) \land Clear(y)$$

$$\text{EFFECT}: On(b,y) \land Clear(x) \land \neg On(b,x) \land \neg Clear(y))$$

这个动作获得 $On(A,B)$，因为效果 $On(b,y)$ 在置换 $\{b/A, y/B\}$ 下与 $On(A,B)$ 合一，然后将这个置换用到动作中，产生

$$\text{Action}(Move(A,x,B),$$

$$\text{PRECOND}: On(A,x) \land Clear(A) \land Clear(B)$$

$$\text{EFFECT}: On(A,B) \land Clear(x) \land \neg On(A,x) \land \neg Clear(B))$$

这里留下变量 x 是无约束的。也就是说，动作说从某处移动积木 A，而不说出具体从何处。下面是最少承诺原则的另一个例子：我们可以推迟进行选择，直到规划中的某个其他步骤为我们做出选择。例如，假设在初始状态中有 $On(A,D)$，那么 Start 动作可用来获得 $On(A,x)$，把 x 与 D 绑定，这种在选择 x 之前等待更多信息的策略通常比尝试 x 的所有可能值并对每个失败结果进行回溯的方法更加有效。

前提和动作中变量的出现，使得发现和解决冲突的过程复杂化。例如，当 $Move(A,x,B)$ 被添加到规划中时，将需要一个因果连接。

$$Move(A,x,B) \xrightarrow{On(A,B)} Finish$$

如果存在另一个具有效果 $\neg On(A,z)$ 的动作 M_2，那么仅当 z 是 B 时，M_2 才发现冲突。为了容纳这种可能性，我们扩展规划的表示，以包含一组形如 $z \neq x$ 的不等式约束（其中，z 是变量，x 是另一个变量或一个常量符号）。在这种情况下，通过添加 $z \neq B$ 解决冲突，意味着未来对规划的扩展可以把 z 实例化为除了 B 以外的任何值，任何时候我们把一个置换用于规划时，必须检验不等式与置换不冲突。例如，包含 x/y 的置换与不等式约束 $z \neq y$ 冲突。这样的冲突无法解决，所以必须回溯。

9.4 命题逻辑规划

通过命题演算或定理证明，可以实现规划，从人工智能的初期，人们就开始了这方面的研究，但通常认为这个方法太低效。近年来，在逻辑命题的高效推理算法方面的发展已经在以逻辑推理为手段的规划领域有了复苏迹象。

本节采用的算法是基于逻辑语句可满足性的测试，而不是定理证明。采用下面这样的命题语句模型：

$$\text{初始状态} \land \text{所有可能的行为描述} \land \text{目标}$$

该语句包含与每个发生的动作相对应的命题符号。满足语句的模型将给属于正确规划的一部分的动作赋值 true,而给其他动作赋值 false。如果规划问题不可解决,那么语句将是不可满足的。

把 STRIPS 语言问题转换成命题逻辑的过程是知识表示领域的典型问题:从那些看似合理的公理集出发,会发现这些公理考虑到了谬误的非预期模型,然后写出更多的公理。以航空运输问题的简化版本为例,在初始状态(时刻 0),飞机 P_1 在 SFO,而飞机 P_2 在 JFK。目标是让 P_1 在 JFK 并且 P_2 在 SFO,也就是飞机互换位置。首先,需要对时间步(或周期)进行断言的独特命题符号。我们用上标表示步数。因此,初始状态可以写成

$$At(P_1, SFO)^0 \wedge At(P_2, JFK)^0$$

其中,$At(P_1, SFO)^0$ 是一个原子谓词。因为命题逻辑没有封闭的假设,所以还必须指定在初始状态中不为真的命题。如果某些命题在初始状态中是未知的,那么它们可以保留不被指定。在这个例子中,指定:

$$\neg At(P_1, JFK)^0 \wedge \neg At(P_2, SFO)^0$$

目标自身必须同一个特定的时间步相关联,既然不知道获得目标要多少步骤的先验值,那么可以试着断言在初始状态,即时刻 $T=0$,目标为真。也就是,可以断言 $At(P_1, JFK)^0 \wedge At(P_2,$ SFO$)^0$。如果这个失败,再尝试 $T=1$,以此类推,直到达到最小可行规划长度,对 T 的每个值,知识库只包含覆盖时间步骤从 0 到 T 的语句,为了确保终止,强加一个任意上限 T_{max}。这个算法如下。

```
Function STAPLAN(problem, Tmax) returns solution of failure
Inputs: problem, a planning problem,
        Tmax, an upper limit for length
for T= 0 to Tmax do
    cnf, mapping←TRANSLATE-TO-SAT(problem, T)
    assignment←SAT-SOLBER(enf)
    if assignment is not null then
        return EXTRACT-SOLUTION(assignment, mapping)
return failure
```

下面的问题是如何把动作描述编码到命题逻辑中,最直接的方法是给每个发生的动作一个命题符号。例如,如果在时刻 0 飞机 P_1 从 SFO 飞往 JFK,那么 $Fly(P_1, SFO, JFL)^0$ 为真。例如,有

$$At(P_1, JFK)^1 \Leftrightarrow At(P_1, JFK)^0 \wedge \neg(Fly(P_1, JFK, SFO)^0 \wedge At(P_1, JFK)^0)) \tag{9-1}$$
$$\vee (Fly(P_1, SFO, JFK)^0 \wedge At(P_1, SFO)^0)$$

也就是,如果飞机 P_1 在时刻 0 位于 JFK 并且没有飞走,或者它在时刻 0 位于 SFO 并且飞往 JFK,那么它在时刻 1 将在 JFK。对每个飞机、机场和时间步,都需要一条这样的公理。此外,每个附加的机场都会添加旅行往返给定机场的其他途径,因此更多的析取子句将被添加到每条公理的右边。

适当运用这些规则,可以运行可满足性算法找到一个规划。应该有一个规划能够在时刻 $T=1$ 时获得目标,即使两架飞机交换位置的规划。现在假设知识库是

$$\text{初始状态} \wedge \text{后继状态公理} \wedge \text{目标}^1 \tag{9-2}$$

该断言目标在时间 $T=1$ 为真。对于一个赋值,使得下列命题为真。

$$Fly(P_1, SFO, JFK)^0 \text{ 和 } At(P_1, JFK, SFO)^0$$

并使所有其他动作符号为假,可以确认该赋值是知识库的一个模型。到目前为止,一切顺利,可

满足性算法可能返回其他可能的模型吗？答案是否定的。考虑用下列动作符号制定的相当笨拙的规划：

$$\text{Fly}(P_1,\text{SFO},\text{JFK})^0 \text{ 和 } \text{Fly}(P_1,\text{JFK},\text{SFO})^0 \text{ 和 } \text{Fly}(P_2,\text{JFK},\text{SFO})^0$$

这个规划是愚蠢的，因为飞机 P_1 从 SFO 出发，所以动作 $\text{Fly}(P_1,\text{JFK},\text{SFO})^0$ 是不可能的。然而，这个规划是式(9-2)中的语句的一个模型！也就是，它与我们迄今为止所说关于问题的所有事物都一致，为了理解为什么，需要更仔细地看后继状态(式(9-1))所说的前提未满足的动作。公理正确地预言了当这样一个动作被执行时不会发生任何事情，但是它们的确没有说动作不能被执行！为了避免用非法动作产生规划，必须添加前提公理规定发生的动作要求前提得到满足。例如，需要

$$\text{Fly}(P_1,\text{JFK},\text{SFO})^0 \Leftrightarrow \text{At}(P_1,\text{JFK})^0$$

因为 $\text{At}(P_1,\text{JFK})^0$ 在初始状态中被声明为假，这条公理确保每个模型也把 $\text{Fly}(P_1,\text{JFK},\text{SFO})^0$ 设为假。通过添加前提公理，当在时刻 1 获得目标时，只有一个模型满足所有的公理，即飞机 P_1 飞往 JFK、飞机 P_2 飞往 SFO 的模型，注意此解有两个并行的动作。

当增加第三个机场 LAX 时，会有更多意外出现。现在，每架飞机在每个状态都有两个合法的动作。当运行可满足性算法时，我们发现拥有 $\text{Fly}(P_1,\text{SFO},\text{JFK})^0$ 和 $\text{Fly}(P_2,\text{JFK},\text{SFO})^0$ 和 $\text{Fly}(P_2,\text{JFK},\text{LAX})^0$ 的模型满足所有公理。也就是说，后继状态和前提公理允许一架飞机同时飞往两个目的地。P_2 两次飞行的前提在初始状态中都得到了满足；后继状态公理表明在时刻 1，将得到如下矛盾的命题集：P_2 同时飞往 SFO 和 LAX；进而使得目标得到满足，从而形成一个虚假的规划解。很明显，需要添加更多的公理消除这类虚假的解。一种方法是添加动作排斥公理防止同时发生的动作。例如，可以通过添加形如

$$\neg(\text{Fly}(P_2,\text{JFK},\text{SFO})^0 \wedge \text{Fly}(P_2,\text{JFK},\text{LAX})^0)$$

的所有可能公理坚持完全排斥；这些公理确保没有两个动作能够同时发生。它们消除了所有虚假的规划，但是同时强制每个规划是完全有序的。这丧失了偏序规划的灵活性；同时，由于增加了规划中时间步的数目，计算时间也可能被延长。

可以用只要求部分排斥替代完全排斥，即只有当它们互相干扰时，才排除同时发生的动作。它们的条件与互斥动作的条件一样：如果一个动作否定了另一个动作的前提或效果，这两个动作就不能同时发生。例如，$\text{Fly}(P_2,\text{JFK},\text{SFO})^0$ 和 $\text{Fly}(P_2,\text{JFK},\text{LAX})^0$ 不能同时发生，因为每一个动作都会否定另一个动作的前提。另外，$\text{Fly}(P_1,\text{SFO},\text{JFK})^0$ 和 $\text{Fly}(P_2,\text{JFK},\text{SFO})^0$ 可以同时发生，因为这两架飞机不互相干扰。部分排斥不用强制进行完全排序，就排除了虚假的规划。

排斥公理有时看上去是相当生硬的方法。我们只是强调没有对象能够同时在两个地方，一架飞机不能同时飞到两个机场：

$$\forall p,x,y,t \quad x \neq y \Rightarrow \neg(\text{At}(p,x)^t \wedge \text{At}(p,y)^t)$$

这个事实，与后继状态公理相结合，暗示一架飞机不能同时飞往两个机场，诸如此类的事实称为状态约束。当然，在命题逻辑中，我们不得不写出每个状态约束的全部解释。对机场问题，状态约束足以消除所有虚假规划。通常，状态约束比动作排斥公理简洁得多，但是它们并不总是能从问题的原始 STRIPS 语言描述中容易地得到。

总之，可满足性问题的规划可转换为包含初始状态、目标、后继状态公理、前提公理及动作排斥公理或状态约束的语句集寻找模型。可以证明这个公理集是充分的，在不再有任何虚假的"解"的意义上，任何满足命题语句的模型都将是原始问题的一个有效规划，即规划的每个线性化是一个能达到目标的合法动作序列。

基于可满足性的规划器能够处理大规模规划问题,如找到拥有许多块积木的积木世界规划问题的最优 30 步解。命题编码的规模和解的耗散是高度依赖问题的,但是在大部分情况下,存储命题公理需要的内存是瓶颈。从这个工作中的一个有趣发现是在求解规划问题上,诸如DPLL 这样的回溯算法往往比诸如 WALKSAT 这样的局部搜索算法更好。这是因为命题公理的大部分是霍恩(Horn)子句用单元传播技术处理是十分有效的。这个观察结果导致把某些随机搜索与回顾以及单元传播结合起来的混合算法的发展。

9.5　分层任务网络规划

处理复杂软件的一个最普遍的想法是分层分解。复杂软件从子程序或对象类的层次体系创建出来。军队依靠其等级体系来运作,政府和企业也采用分层结构,通过设立部门、子部门以及分支办公室来组织和管理其运营。层次结构的关键好处是,在每一层上,一个计算任务、军事任务或管理功能都被还原为下一个较低层次的少量动作,所以对当前问题寻找正确的方法安排这些动作的计算消耗是小的。另外,非层次方法将一个任务还原为大量单个动作;对大规模问题,这是完全不切实际的。在最好情况下——当高层的解总有令人满意的低层实现时——分层方法能够产生线性时间,而不是指数时间的规划算法。

本节描述基于分层任务网络或缩写为 HTN 的规划方法。这个方法将来自偏序规划的思想和众所周知的"HTN 规划"领域的思想结合在一起,在 HTN 规划中,用来描述问题的初始规划被视为对需要做什么的非常高层的描述。例如,建造一幢房屋,通过应用动作分解改进规划。每个动作分解将一个高层动作还原为一个低层行为的偏序集。因此,动作分解包含关于如何实现动作的知识。例如,建造一幢房屋可以还原为获得一张许可证、雇用一名承包人、进行建筑、付钱给承包人(图 9-2 显示了这样一个分解)。过程继续进行,直到规划中只剩下原始动作。典型地,原始动作是那些 Agent 能够自动执行的动作。对一名一般的承包人而言,"安置景观美化"可能是原始的,因为它只涉及叫来景观美化承包人,对于景观美化承包人,诸如"在这里种植杜鹃花"这样的动作可能被认为是原始的。

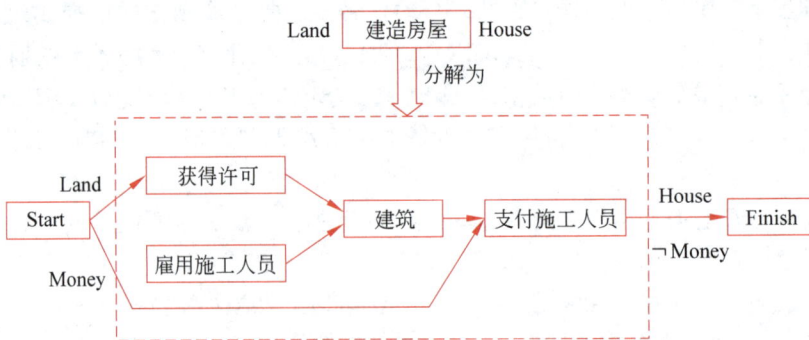

图 9-2　对房屋建造行动的一个可能的分解

在纯 HTN 规划中,规划只由相继的动作分解产生。因此,HTN 将规划视为使动作描述更具体化的过程,而不是(如同状态空间和偏序规划中的情况那样)一个从空动作开始构建动作描述的过程。这表明每个 STRIPS 语言动作描述都能够被转变成一个动作分解,且偏序规划可以被看成纯 HTN 规划的一种特殊情况。然而,对于特定任务——尤其是"新颖"的合取式目标——纯 HTN 规划的视点相当不自然,这样我们更喜欢用混合方法,除了建立开放条件和通过添加定序约束解决冲突的标准操作外,动作分解被用作偏序规划中的规划改进(将 HTN 规划看作偏序规划的扩展具有额外的优点,我们可以使用相同的符号约定,而不是引入一个全新的集合)。我们从更详细的描述动作分解开始。然后解释必须如何修改偏序规划算法,以处理分解。最后讨论完备性、复杂度和实用性的问题。动作分解方法的一般描述被存储在规划库中,它们被从库中抽取出来并被实例化,以满足正在被构建的规划的需求。每个方法是一个形如 Decompose(a,d)的表达式。这表明动作 a 能够被分解为规划 d,它被表示为一个偏序规划。

建造一幢房子是一个精细而具体的例子,所以我们用它说明动作分解的概念。图 9-2 描绘了将 BuildHouse(建造房屋)动作分解成 4 个低层动作的可能分解。下面是显示了领域的一些动作描述,以及 BuildHouse 的分解出现在替代库中的样子,规划库中也许存有其他可能的分解。

Action(BuyLand,PRECOND：Money,EFFECT：Land $\wedge$ ¬ Money)

Action(GetLoan,PRECOND：GoodCredit,EFFECT：Money $\wedge$ Mortage)

Action(BuildHouse,PRECOND：Land,EFFECT：House)

Action(GetPermit,PRECOND：Land,EFFECT：Permit)

Action(HireBuilder,EFFECT：Contract)

Action(Construction,PRECOND：Permit $\wedge$ Contract,EFFECT：HouseBuild $\wedge$ ¬ Permit)

Action(PayBuilder,PRECOND：Money $\wedge$ HouseBuild, EFFECT： ¬ Money $\wedge$ House $\wedge$ ¬ Contract)

Decompose(Build House,

　　　Plan(Steps：{S_1：GetPermit,S_2：HireBuilder,S_3：Construction,S_4：PayBuilder},

　　　ORDERINGS：{Start $S_1 \prec S_3 \prec S_1 \prec$ Finish, Start $S_1 \prec S_2 \prec S_3$},

　　　LINKS{Start $\xrightarrow{\text{Land}} S_1$, Start $\xrightarrow{\text{Money}} S_4$, $S_1 \xrightarrow{\text{Permit}} S_3$,

　　　$S_2 \xrightarrow{\text{Contract}} S_3$, $S_3 \xrightarrow{\text{HouseBuilt}} S_4$, $S_4 \xrightarrow{\text{House}}$ Finish,

　　　$S_4 \xrightarrow{\text{¬ money}}$ Finish}))

分解的 Start 动作为在规划中没有其他动作提供前提的动作提供所有前提。我们称此为外部前提。在我们的例子中,分解的外部前提是 Land 和 Money。类似地,Finish 的前提的外部效果是所有在规划中未被其他动作否定的动作效果。在我们的例子中,BuildHouse 的外部效果是 House 和 ¬ Money。某些 HTN 规划器也区分诸如 House 的初级效果和诸如 ¬Money 的次级效果。只有初级效果,才可能被用来获得目标,而两种类型的效果都可能引起与其他动作冲突,这能极大地缩小搜索空间。

分解应该是动作的一个正确实现,如果已知 a 的前提,规划 d 对于获得 a 的效果的问题是一个完备且一致的偏序规划,则规划 d 正确地实现了动作 a。显然,如果分解是运行一个可靠偏序规划器的结果,它就是正确的。

规划库可以包含对一个高层动作的多种分解方法。例如,BuildHouse 可以有另一种分解方法,它描述了 Agent 是如何空手用石头和泥炭建造房子的。每个分解方法都应该描述一个顺序正确的规划,此外,它能够为高层动作描述额外需要附加的前提和效果。例如,图 9-2 的 BuildHouse 表明了该分解方法除了 Land 以外,还需要 Money,并将产生效果 ¬Money。相对而言,尝试自己建造的分解方法不以钱(Money)为前提,但该方法却需要已备好的 Rocks(石头)和 Turf(泥炭),而满足这两个前提或可导致建造人背伤(BadBack)的效果。

给定一个高层动作,如 BuildHouse,存在几种可能的分解,在它的 STRIPS 语言动作描述中隐藏那些分解的某些前提和效果是不可避免的,高层动作的前提应该是其分解的外部前提的交集,它的效果应该是分解的外部效果的交集。换个角度说,高层前提和效果保证是每个原始实现的真值前提和效果的子集。

信息隐藏的两种其他形式应该被注意到：第一，高层描述完全忽视了分解的所有内部效果。例如，我们的 BuildHouse 分解包含时序的内部效果 Permit(许可证)和 Contract(合同)。第二，高层描述没有详细说明动作"内部"的时间区间，在其间高层前提是必须成立的效果，例如，Land(土地)的前提必须只能为真(在我们非常近似的模型中)，直到 GetPermit(得到许可证)完成。只有在 PayBuilder(支付施工人员)完成之后，House 才为真。

如果要用分层规划减小复杂度，这种类型的信息隐藏是根本的。我们需要能够对高层动作进行推理，而不需要实现的种种细节。然而，有必须负担的代价。例如，一个高层动作的内部条件和另一个的内部动作之间可能存在冲突，但是没有办法从高层描述检测它。这个问题对 HTN 规划算法有重要含义。简言之，尽管原始动作可以被规划算法视为点事件，高层动作仍然具备时序范围，在这个范围内各种事情都可能发生。

9.6　非确定性规划

到目前为止，只考虑了经典规划领域。它们是完全可观察的、静止的和确定性的。此外，我们已经假设动作描述是正确而且完备的。在这些情况下，Agent 能够先规划，然后"闭上眼睛"执行规划。另外，在一个不确定的环境中，Agent 必须用它的感知发现当执行规划时发生了什么，以及当一些意外的事情发生时对规划可能进行的修改或替换。

Agent 不得不处理不完备和不正确的信息。不完备性的产生是因为世界是部分可观察的、非确定性的，或者两者都是。例如，通往办公室储备间的门可能锁着，也可能没锁；如果它被锁着，我的一把钥匙可能打得开，也可能打不开门；我可能知道，也可能不知道在我的知识里的这种不完备性。因此，我对世界的模型是不充分的，不过是正确的。另外，不正确性的产生是因为世界不必匹配我的世界模型。例如，我可能相信我的钥匙能够打开储备间，但是如果门锁已经被更换，那么我就是错误的。没有处理不正确信息的能力，一个 Agent 最终将像蜣螂一样缺乏智能，这种甲虫会努力地用粪球堵住它的窝，即使在粪球已经从它的掌握中拿走以后。

获得完备或正确的知识的可能性取决于世界有多少不确定性。在有界不确定性的条件下，动作能够有不可预知的效果，但是可能效果可以在动作描述公理中列出。例如，当我们掷硬币时，说"结果会是正面或背面"是合理的。通过使规划能够在所有可能的环境中都可行，Agent 可以应付有界不确定性。另外，在无界不确定性的条件下，可能的前提或效用集要么是未知的，要么太大而不能完全枚举。这是在类似驾驶、经济规划和军事战略这样的非常复杂或动态领域中的状况。只有当 Agent 准备好修改它的规划和/或知识库时，它才能处理无界不确定性。无界不确定性与通过列举现实世界动作的所有前提而获得预期效果的不可能性有密切的关系。

有 4 种处理不确定性的规划方法。前两种适合有界不确定性，后两种适合无界不确定性。

(1) 无传感规划：也称为一致性规划，这种方法构造无感知地执行的标准串行规划。无传感规划算法要确保规划在各种可能环境中获得目标，不管真实的初始状态和实际的动作结果是什么。无传感规划依赖强制——世界能够被强制进入一个给定状态的思想，即使当 Agent 只有关于当前状态的部分信息时。强制并不总是可能的，所以无传感规划常常并不实用。

(2) 条件规划：也称为偶发性规划，这种方法通过对可能出现的不同的偶发性构造具有不同分支的条件规划处理有界不确定性。正如经典规划中那样，Agent 先规划，然后执行产生的规划。Agent 通过在规划中包含感觉动作，以测试合适的条件，从而找出应该执行哪部分规划。例如，在机场运输领域，可以有"检查 SFO 机场是否在运转。如果是，飞往哪里；否则，飞往

Oakland"的规划。

（3）执行监控和重新规划：在这种方法中，Agent 能够使用前述任何一种规划技术（经典的、无传感器的或条件的）构造一个规划，但是它也用执行监控判断规划是不是当前实际情景的预定措施或者需要被修改。当出现错误时，发生重新规划。按这种方式，Agent 能够处理无界不确定性。例如，即使重新规划 Agent 没有预见到 SFO 被关闭的可能性，但是当这发生时，它能认识到这种情景并再次调用规划器寻找一条到达目标的新路径。

（4）持续规划：迄今为止我们看到的所有规划器都被设计用于获得一个目标，然后停止。一个持续规划器被设计成终生持续的。它能处理环境中不可预料的情况，即使这些发生在 Agent 构造规划的过程中。它通过目标形式化也能处理目标的放弃和附加目标的创建。

下面用一个例子阐明各种类型 Agent 之间的不同。问题是这样的：给定初始状态，有一把椅子、一张桌子和几罐油漆，在每件物品都不知道颜色的情况下，获得椅子和桌子有相同颜色的状态。

经典规划 Agent 不能处理这个问题，因为初始状态不是完全指定的——我们不知道家具是什么颜色的。

无传感规划 Agent 必须找到一个在执行规划期间不需要任何传感器的规划。就是能够打开任何油漆并把它用于椅子和桌子上，这样强制它们成为同一种颜色（即使 Agent 不知道是什么颜色）。当命题是代价昂贵的或不可能感知的时候，强制是最合适的。例如，医生经常开广谱抗生素，而不是使用条件规划：先进行血液测试，然后等着结果出来，再开更特效的抗生素。他们之所以这么做，是因为执行血液测试涉及的延迟和开销通常太大。

条件规划 Agent 能够产生一个更好的规划：首先感觉桌子和椅子的颜色；如果它们已经是同样的，那么规划完成。如果不是，感觉油漆罐上的标签：如果有一个罐的颜色跟其中一件家具的颜色一样，那么把这罐油漆用到另一件家具上，否则用任何一种颜色漆两件家具。

重新规划 Agent 能够产生和条件规划器相同的规划，或者它能在最初产生更少的分支，在执行期间需要时再填入其他分支。它也能处理其动作描述的不正确性。例如，假设 Paint(obj, color)动作被相信有确定性的效果 Color(obj,color)。条件规划器只是假设一旦动作被执行，效果就会发生，但是重新规划 Agent 要检验效果，如果它不正确（可能是因为 Agent 粗心而错过了一点），那么它能重新规划再漆这一点。

持续规划 Agent 除了处理不可预料的事件外，能够适当地修改规划，如果把"在桌子上用餐"添加到目标中，那么油漆规划必须被推迟。

在真实世界中，Agent 使用这些方法的组合。汽车制造厂商出售备用轮胎和保险气囊，这是设计用于处理刺破或碰撞的条件规划分支的实际体现；另外，许多汽车驾驶员从来没有考虑过这种可能性，所以他们对刺破和碰撞的反应就如同重新规划 Agent。一般而言，Agent 只为那些具有重要后果和不可忽略出错机会的偶发事件构造条件规划。因此，一个期望横穿撒哈拉沙漠旅行的汽车驾驶员会仔细地考虑汽车抛锚的可能性，而去超市的旅行则需要较少的预先规划。

9.7　时态规划

前述规划模型建立在一个较严格的假设上，包括忽略动作的持续时间、忽略规划过程所需的资源、忽略世界模型可能由外部因素引发的变化。然而，在多数实际环境中，动作的执行需持续一定长度的时间，动作的执行都或多或少消耗某类资源，而且可能生产其他资源，世界模型可能随着时间发生一些可预期的变化。下面介绍的时态规划模型主要面向具有上述特征的实际问题。本节首先介绍该模型的重要概念,而后简要介绍相应的规划方法,相关的技术细节请查阅参考文献。

定义 9.1 时态规划问题(Temporal Planning,TP)表示为 6 元组 $\Pi = (V, A, I, G, T_L, \delta)$,其中:

(1) V 由两个不相交的有限变量集组成: $V_L \cup V_M$,变量的取值可随时间变化。V_L 为(逻辑)命题变量集,$f \in V_L$ 的值域为 $\mathrm{Ran}(f) = \{T, F\}$;$V_M$ 为数值变量集,$x \in V_M$ 有值域 $\mathrm{Ran}(x) \subseteq R$。

(2) A 为动作集:动作 $a \in A$ 具有形式 $<\mathrm{dur}_a, C_a, E_a>$,$\mathrm{dur}_a \in R$ 为 a 的持续时间;C_a 为 a 的执行条件集合(简称为条件集),描述动作 a 在开始执行时、执行过程中、执行结束前所需的条件;E_a 为 a 的执行效果集合(简称为效果集),包含动作 a 在开始执行时、结束执行时产生的效果。对于条件 $c \in C_a$,如果它约束逻辑变量,则有形式 $<(\mathrm{st}_c, \mathrm{et}_c) v = d>$,$d \in \mathrm{Ran}(v)$,如果它约束数值变量,则有形式 $<(\mathrm{st}_c, \mathrm{et}_c) v \ \mathrm{op} \ \mathrm{exp}>$,$\mathrm{op} \in \{>, \geqslant, <, \leqslant, ==\}$,$\mathrm{exp}$ 为数值变量和常量组成的表达式。st_c 和 et_c 分别为条件 c 的开始时间和结束时间。对于效果 $\mathrm{ef} \in E_a$,如果它影响逻辑变量,则具有形式 $<[t] v \leftarrow d>$,如果它影响数值变量,则有形式 $<[t] v \ \mathrm{eop} \ \mathrm{exp}>$,$\mathrm{eop} \in \{=, +=, -=, *=, /=\}$。$t$ 为效果 ef 发生的时间。

(3) I 为规划任务的初始状态,它为 $f \in V$ 赋予真值"T"或"F",为 $x \in V_M$ 赋予 $d \in \mathrm{Ran}(x)$。

(4) G 为目标集,其中每个目标命题具有形式 $<f = d>$,其中,$f \in V$。

(5) T_L 为"定时触发文字"的有限集,其中每个定时触发文字的形式为 $<[t] f = d>$,表示变量 $f \in V$ 在时刻 t 的取值更新为 d。

(6) $\delta: A \rightarrow R$ 为动作的代价函数,表示执行 a 需付出的代价。

对动作的时间语义进一步说明如下。将动作 a 的开始执行时刻和结束时刻分别记为 st_a 和 et_a。对于动作执行条件 $c \in C_a$,如果 $\mathrm{st}_c = \mathrm{et}_c = \mathrm{st}_a$,则要求条件 c 在 a 的开始时刻成立,称此类条件为动作 a 的"开始条件";如果 $\mathrm{st}_c = \mathrm{et}_c = \mathrm{et}_a$,则要求条件 c 在 a 的结束时刻成立,称此类条件为动作 a 的"结束条件";如果 $\mathrm{st}_c = \mathrm{st}_a$,$\mathrm{et}_c = \mathrm{et}_a$,则要求条件 c 在时间区间 $(\mathrm{st}_a, \mathrm{et}_a)$ 成立,称此类条件为动作 a 的"持续条件"。动作 a 对于 $v \in V$ 的效果 $<[t] v \leftarrow d>$,如果满足 $t = \mathrm{st}_a$,则该效果在动作的开始时刻发生,称此类效果为"开始效果";如果满足 $t = \mathrm{et}_a$,则该效果在动作的结束时刻发生,称此类效果为"结束效果"。T_l 可表示逻辑命题变量随外部事件的变化。

给定一个具体的 TP 问题,它的一个状态 s 由若干变量赋值组成。用 $s(v)$ 表示 s 对变量 v 的赋值,则 $s(v) \in \mathrm{Ran}(v)$。状态可以仅对部分变量进行赋值,此类状态称为"部分状态"。对所有变量均赋值的状态称为"完全状态"。

定义 9.2 (动作在状态上的可执行)在状态 s 上,如果动作 a 的"开始条件"在时刻 st_a 成立、"结束条件"在时刻 et_a 成立、"持续条件"在区间 $(\mathrm{st}_a, \mathrm{et}_a)$ 上成立,则称 a 在 s 上可执行,记为 $\mathrm{applicable}(a, s)$。

状态 s 上可执行的所有动作记为 $\mathrm{app\_actions}(s) = \{a \mid a \in A, \mathrm{applicable}(a, s)\}$。动作 a 在 s 上执行后的状态记为 $\mathrm{exec}(s, a)$,计算 $\mathrm{exec}(s, a)$ 的方法为:在 st_a 时刻,按照 a 的"开始效果"更新 s 得到新状态 s',在 et_a 时刻,按照 a 的"结束效果"更新 s' 得到 s''。使用 $\pi = (<t(a_1), a_1, \mathrm{dur}_{a_1}>, <t(a_2), a_2, \mathrm{dur}_{a_2}>, \cdots, <t(a_m), a_m, \mathrm{dur}_{a_m}>)$ 表示一个动作序列,其中,a_i 为第 i 步执行的动作,$t(a_i)$ 为 a_i 的执行时刻,dur_{a_i} 为 a_i 的持续时间。

定义 9.3 (有效动作序列)如果 π 中的动作在状态 s 可依次执行,则称 π 为 s 上的"有效动作序列"。

定义 9.4 如果 π 为初始状态 I 上的有效动作序列,并且执行 a_m 后的状态满足目标集 G 的全部目标,则称 π 为 TP 问题 $\Pi = (V, A, I, G, T_L, E_p, \delta)$ 的规划方案(或称"规划解",也称"规划")。通常,一个 TP 问题的规划解不止一个,记这些规划解的集合为 Solutions(Ⅱ)。

π 的"时间跨度"为 $ms(\pi)=t(a_m)+dur_{a_m}$。

π 的代价为 $\delta(\pi)=\Sigma\delta(a_i)$。$\pi$ 对不可再生资源 x 的消耗量为在时刻 $ms(\pi)$ 上 x 的取值与在初始状态 I 中 x 取值的差。根据"时间跨度""动作代价""资源消耗"等指标可比较两个规划解 π 和 π' 的"规划质量"优劣。

面向一个具体的规划指标,可要求规划算法计算出最优的规划解,或者要求计算出一个令人满意的规划解。前一类计算问题称为"最优规划问题",后一类问题称为"满意规划问题"。

下面首先给出月面巡视器行为规划问题的一个简化实例,之后介绍如何采用 TP 模型建模本实例。假定月面上有两个停泊点 A 和 B,巡视器当前位于 A,其任务目标是在 B 处完成探测工作。巡视器当前能量为 80,在相对时刻 30 开始处于太阳光照区域。任务约束为:

- 在执行探测动作之前巡视器的能量应大于 50。
- 在探测动作的执行过程中应一直处于太阳光照区域。
- 从 A 移动到 B 要求当前能量大于 40,持续时间为 10,能量消耗为 30。
- 在 B 处进行探测动作要求当前能量大于 30,持续时间为 15,能量消耗为 20。

此规划实例在时间跨度上的最优解为:在时刻 0 执行从 A 到 B 的"移动动作",在时刻 30 执行"探测动作"。

运用定义 9.1 的 TP 模型对上述实例进行建模,具体过程如下。建立逻辑变量集 $V_L=\{at\_A,at\_B,reachable\_A\_B,in\_sun,work\_done\}$。各逻辑变量的含义如下。

- 用 T 和 F 表示逻辑"真"和逻辑"假"。
- $at\_A=T$ 表示巡视器在停泊点 A。
- $at\_B=F$ 表示巡视器不在停泊点 B。
- $reachable\_A\_B=T$ 表示停泊点 A 在空间上可达 B。
- $in\_sun=T$ 表示巡视器处于光照范围内。
- $work\_done=F$ 表示探测工作未完成。

建立设数值变量集 $V_M=\{energy\}$,变量 energy 建模巡视器的电量值。

初始状态 $I=\{at\_A=T,at\_B=F,reachable\_A\_B=T,in\_sun=F,work\_done=F,energy=80\}$,目标集 $G=\{work\_done=T\}$。

巡视器的行为建模如下。

- 从 A 到 B 的移动动作建模为 $move_{AB}=<10,C_m,E_m>$,条件集 $C_m=\{<(st_m,st_m)$ $at\_A=T>,<(st_m,st_m)reachable\_A\_B=T>,<(st_m,st_m)energy>=40>\}$,效果集 $E_m=\{<(et_m,et_m)at\_B=T>,<(et_m,et_m)at\_A=F>,<(et_m,et_m)energy-=30>\}$。
- 在 B 点探测的动作建模为 $work_B=<dur_w,C_w,E_w>$,条件集 $C_w=\{<(st_w,st_w)at\_B=T>,<(st_w,st_w)energy>=30>,<(st_w,st_w)work\_done=F>\}$,效果集 $E_w=\{<(et_w,et_w)energy-=20>,<(et_w,et_w)work\_done=T>\}$。

"定时触发文字"集 $T_L=\{<[30]in\_sun=Td>\}$ 表示巡视器在时间 30 上开始有光照,并且一直持续处于光照范围,在时间 30 之前无光照。

面对形如定义 9.1 的时态规划问题,如何求解呢? 我们简要介绍时态规划系统 SAPA[1 Do M B,2011]的规划方法。SAPA 通过在状态空间上进行启发式搜索的技术实现规划。空间中的状态结点 s 的形式为 $(P;M;\Pi;Q;t)$。

- t 为状态 s 的发生时刻,称为 s 的"时间截"。
- $P=\{<p_i,t_i>|t_i<t\}$ 记录命题 p_i 在 t 之前的最近一次的成立时刻,即 p_i 在 $[t_i,t]$ 上一

直成立。

- M 记录数值变量和函数的取值。
- Π 为需要保持成立的命题集,其中的命题为某动作前提中的持续性前提。
- Q 是"事件"集,定义了从 s 开始将发生的事件。一个事件 e 可对 s 做如下三种更新:改变 P 中某谓词的真值;改变 M 中某数值变量的取值;结束某个命题的持续,即使该命题在 e 发生后不再成立。

给定一个状态 s,SAPA 的搜索算法可通过两种途径扩展 s 的子结点(状态):①应用一个在 s 上可执行的动作;②触发 s 中时间最近的一个事件。在搜索策略上,SAPA 对下一个结点的扩展选择受启发函数的引导,该函数利用"时态规划图"估计每个结点的目标距离[1 Do M B,2011]。

在类似的状态空间上,启发函数的设计对求解效率也有影响。例如,Eyerich 等在时态快速下行规划(Temporal Fast Downward,TFD)上设计的基于因果图分析的启发函数,经实验表明能产生更合理的目标距离估计。

SAPA 和 TFD 两个规划系统在动作应用时就将动作的开始时刻确定化,而规划系统 POPF[171]针对动作开始时刻的确定采用了不同的策略。POPF 在动作应用时不指定该动作的开始时刻,而是通过维护一个时态约束集并检测该集合的相容性保证动作序列的有效性。POPF 对动作开始时刻的处理类似早期规划方法中的"延迟承诺"思想,在处理存在动作并行要求的某些时态规划问题上具有方法优势。关于时态规划的模型扩展和求解方法研究的成果,可参阅智能规划领域学术会议(International Conference on Automated Planning and Scheduling,ICAPS)的历届论文集。

9.8 多 Agent 规划

到目前为止,已经处理了单 Agent 环境,其中的 Agent 是独处的。当环境中有其他 Agent 时,我们的 Agent 能够简单地将它们包含在它的环境模型中,而不必改变它的基本算法。然而,在很多情况下,这将导致较差的性能,因为对付其他 Agent 与对付自然环境是不一样的。特别地,自然环境(人们假设)对 Agent 的意图不感兴趣,然而,其他 Agent 不是这样的。本节引入多 Agent 规划来处理这些情况。

多 Agent 环境可以是合作的或者竞争的。我们从一个简单的合作例子开始:网球双打的团队规划。可以构造指定团队内每个队员动作的规划;我们将描述有效地构造这类规划的技术。有效的规划构造是有用的,但是并不保证成功:Agent 不得不同意使用同样的规划。这需要某种形式的协调,可能通过通信获得。

1. 合作:联合目标和规划

参加一个网球双打团队的两个 Agent 有赢得比赛的联合目标,这带来各种子目标。假设在游戏中的某一点,它们有联合目标,将击给它们的球打回去并确保它们中至少有一个防守网前。我们可以把这个观念表示为一个多 Agent 规划问题,具体描述如下。

```
Agents(A, B)
Init(At(A, [Left, Baseline]) ∧ At(B, [Right, net])
    ∧ Approaching(Ball, [Right, Baseline]))
    ∧ Partner(A, B) ∧ Partner(B, A)
Goal(Returned(Ball) ∧ At(agent, [x, Net]))
Action(Hit(agent, Ball)
```

```
        PRECOND: Approaching(Ball,[x,y]) ∧ At(agent,[x,y]) ∧
            Partner(agent,partner) ∧ ¬At(partner,[x,y]),
        EFFECT: Returned(Ball))
    Action(Go(agent,[x,y]),
        PRECOND: At(agent,[a,b]),
        EFFECT: At(agent,[x,y]) ∧ ¬At(agent,[a,b]))
```

这种符号表示引入了两个新特征：第一，Agent(A,B)声明有两个 Agent，即 A 和 B，它们参与规划(对于这个问题，对手不是被考虑的 Agent)；第二，每个动作明确地将 Agent 作为一个参数，因为我们需要记录是哪个 Agent 完成的。

多 Agent 规划问题的一个解是由每个 Agent 的动作组成的联合规划。如果当每个 Agent 都执行它分配到的动作时目标能够实现，那么这个联合规划是一个解。下面的规划是网球问题的一个解。

```
PLAN1:
    A:[Go(A,[Right.Baseline]),Hit(A,Ball)]
    B:[NoOp(B),NoOp(B)]
```

如果两个 Agent 有相同的知识库，并且如果这是唯一的解，那么每件事都很好：Agent 能够各自决定解，然后联合执行它。对于 Agent 不幸的是(我们很快会看到为什么是不幸的)，还有另一个和第一个规划同样满足目标的规划：

```
PLAN2:
    A:[Go(A,[Left,Net]),NoOp(A)]
    B:[Go(B,[Right,Baseline]),Hit(B,Ball)]
```

如果 A 选择规划 2，B 选择规划 1，那么没有人会把球打回去。相反，如果 A 选择规划 1，B 选择规划 2，那么它们可能互相碰撞，仍然没有人把球打回去，网前也会保持无保护状态。因此，存在正确的联合规划并不意味着目标会实现。Agent 需要一个协调的机制来达到相同的联合规划。此外，某个特定的联合规划将被执行，在 Agent 中这应该是常识。

2. 多 Agent 规划

本节集中在正确联合规划的构建上，我们称之为多 Agent 规划，它本质上是面对单个集中 Agent 的规划问题，它能够指示几个物理实体中每一个实体的动作。在真正的多 Agent 情况下，它使得每个 Agent 能够计算出如果联合执行将会成功的可能联合规划是什么。

我们进行多 Agent 规划的方法是基于偏序规划的，假设环境是完全可观察的，以保持事物的简单性。有一个不会在单 Agent 情况下出现的附加情况：环境不再是真正静态的，因为当任何特定的 Agent 正在深思时，其他 Agent 可能动作。因此，我们需要关注同步。简单起见，假设每个动作需要花费等量的时间，而且联合规划中每一点的动作是同时发生的。

在时间的任何一点，每个 Agent 刚好执行一个动作(可能包含 NoOp)，同时发生的动作集被称为联合动作。例如，具有两个 Agent A 和 B 的网球域的一个联合动作是<NoOp(A),Hit(B,Ball)>。一个联合规划由联合动作的偏序图组成。例如，网球问题的 PLAN2 可以表示为这个联合动作序列：

```
<Go(A,(Left,Net)),Go(B,(Right,Baseline))>
<NoOp(A),Hit(B,Ball)>
```

我们能够用常规的 POP 算法进行规划，应用于所有可能联合动作的集合。唯一的问题是这个集合的大小：有 10 个动作和 5 个 Agent，我们得到 10^5 个联合动作。正确指定每个动作的前提和效果是乏味的，而且用如此大的一个集合进行规划是无效率的。

一个替代方法是通过描述每个单独的动作如何与其他可能动作互相影响来隐含地定义联合动作。这会变得简单,因为大部分动作独立于大部分其他动作;只需要列出少数几个真正相互作用的动作。我们可以扩充通常的 STRIPS 语言或 ADL 动作描述做到,通过使用一个新特征:并发动作表。这与动作描述的前提相似,除了不再描述状态变量外,它描述的动作一定是或一定不是并发执行的。例如,Hit 动作可以被描述如下。

```
Action(Hit(A,Ball),
    CONCURRENT: ¬ Hit(B,Ball)
    PRECOND: Approaching(Ball,[x,y]) ∧ At(A,[x,y])
    EFFECT: Returned(Ball))
```

这里,我们得到了禁止并发性约束,在执行 Hit 动作期间不能有另一个 Agent 的其他 Hit 动作。我们也可以要求并发动作,例如,当需要两个 Agent 运送装满饮料的冷却器到网球场时,这个动作的描述说明 Agent A 不能执行一个 Carry(运送)动作,除非另一个 Agent B 正在同时执行对同一个冷却器的 Carry 动作。

```
Action(Carry(A,cooler,here,there),
    CONCURRENT: Carry(B,cooler,here,there)
    PRECOND: At(A,there) ∧ At(cooler,there) ∧ Cooler(cooler)
    EFFECT: At(A,there) ∧ At(cooler,there) ∧ ¬At(A,here) ∧ ¬At(cooler,here))
```

用这种表示创建一个非常接近 POP 偏序规划器的规划器是可能的。有以下三点不同。

(1)除时序关系 $A \prec B$ 外,允许 $A = B$ 和 $A \preceq B$,分别意味着"并发的"和"之前或并发"。

(2)当一个新动作需要并发动作时,必须用规划中新的或已经存在的动作实例化那些并发动作。

(3)禁止并发动作是一个约束的附加来源。每个约束必须通过对冲突动作的前后顺序加以约束来解决。

3. 协调机制

一组 Agent 能够确保在一个联合规划上取得一致的最简单方法是在参加联合动作之前采用公约。公约是在对联合规划的选择之上的任何约束,超过"如果所有 Agent 都采用,则联合规划必须运转"的基本约束。例如,公约"坚守球场上你的那一侧"会引起双打伙伴选择规划 2,而公约"一个参赛者总是待在网前"会导致它们选择规划 1。一些公约(如在道路的某一侧驾驶)是如此广泛地被采用以致它们被认为是社会法律。人类的语言也可以被视为公约。

上述公约是依赖特定领域的,并且能通过对行为描述进行约束,以排除违反公约的情况实现。一个更加一般的方法是使用领域无关的公约。例如,如果每个 Agent 运行具有相同输入的同一个多 Agent 规划算法,它能遵循"执行第一个找到的可行联合规划"的公约,确信其他 Agent 也会做出相同的选择。一个更鲁棒但是更昂贵的策略是产生所有的联合规划,然后从中挑选一个满足预先约定策略的联合规划。

公约也会通过进化的过程出现。例如,群居昆虫群体执行非常精细的联合规划,这被群体内个体的共同基因构造所推动。一致性也能通过公约的偏差会减少进化适应性的事实而被增强,所以任何可行的联合规划都能够变成稳定的均衡。将相似的考虑应用到人类语言的发展上,其中重要的事情不是每个个体该说哪种语言,而是所有个体说同一种语言的事实。例如,如果每个鸟类 Agent(有时称为机器鸟,或写为 bird)用某种组合方法执行下面的三条规则,就能够得到鸟类群居行为的一个合理的模拟。

（1）分离性：当与邻居距离太近时，飞离邻居。

（2）凝聚性：飞向邻居的平均位置。

（3）列队性：飞向邻居的平均方向（朝向）。

如果所有的鸟执行相同的策略，鸟群展示出飞行的涌现行为，如同一个不会随时间散开的具有大致常量密度的伪刚体。如同昆虫，不需要每个 Agent 都拥有以其他 Agent 的动作为模型的联合规划。

典型地，公约被用来覆盖个体多 Agent 规划问题的全域，而不是对每个问题重新开发。这能导致不灵活性和崩溃，如同有时在网球双打中当球在两个伙伴之间大致等距离时所看到的。在缺乏可应用的公约时，Agent 可以使用通信获得一个可行联合规划的常识。例如，一个网球双打比赛者可能喊"我的！"或"你的！"，以指示一个偏好的联合规划。但我们观察到涉及口头交换的通信不是必要的。例如，一个比赛者可以简单地通过执行规划的第一部分对另一个同伴传达一个偏好联合规划。在网球问题中，如果 Agent A 去网前，那么 Agent B 不得不后退到底线来击球，因为规划 2 是唯一的以 A 去网前开始的联合规划。这个协调的方法有时称为规划识别，在一个单个动作（或短的动作序列）足以无歧义地确定一个联合规划时是可行的。

确保 Agent 达到一个成功的联合规划的负担可以放在 Agent 设计者或 Agent 自身上。在前一种情况下，在 Agent 开始规划前，Agent 设计者应该证明 Agent 的策略和战略将会成功。如果 Agent 适合于它们所在的环境，并且不需要关于其他 Agent 的明确模型，则 Agent 自身可以是反应式的。在后一种情况下，Agent 是慎重的，考虑到其他 Agent 的推理，它们必须证明或者示范自己的规划是有效的。例如，在一个具有两个逻辑 Agent A 和 B 的环境中，它们两个都有如下的定义。

$$\forall p,s \quad \text{Feasible}(p,s) \Leftrightarrow \text{CommonKnowledge}([A,B], \text{Achieves}(p,s,\text{Goal}))$$

这说明在任何情景 s 中，如果"p 将获得目标"在 Agent 之中是共识，规划 p 是在那个情景中可行的联合规划。需要更进一步的公理建立联合意图的共识，以执行一个特殊联合规划。只有那时 Agent 才能开始动作。

4. 竞争

并不是所有的多 Agent 环境只涉及合作 Agent。具有相互冲突的效用函数的 Agent 是彼此竞争的。这样的一个例子是两人零和游戏，如国际象棋。一个下国际象棋的 Agent 需要考虑对手未来几步的可能移动。也就是说，一个 Agent 在竞争的环境中必须：①认识到有其他 Agent；②计算另一个 Agent 的一些可能规划；③计算其他 Agent 的规划是如何与它自己的规划相互影响的；④从这些相互影响的角度考虑，决定最好的动作。所以，竞争如同合作，需要关于其他 Agent 的规划的模型。另外，在竞争环境中没有联合规划的承诺。

9.9 案 例 分 析

在智能规划的基础上，规划系统被设计为实现这些过程的工具。规划系统通常包括以下几部分。①知识库：存储领域相关知识，包括状态描述和动作效果。②规划引擎：执行搜索算法，生成满足目标的规划。③优化器：对生成的规划进行优化，以适应不同的约束条件。④用户交互界面：允许用户定义问题、查看结果，并与系统进行交互。

规划系统的设计旨在提供通用性、可扩展性和自动化，使其能够适应不同领域的问题。从机器人路径规划到资源管理，再到任务调度和战略决策，规划系统的应用范围广泛。

9.9.1　规划问题的建模与规划系统的求解过程

使用 PDDL 对某个领域的规划问题进行建模，包括"操作建模"（领域建模）和"任务建模"两部分。请根据 PDDL 的语法，理解 Tyreworld 领域的领域建模结果和任务建模结果，并使用智能规划系统软件 FastForward（简称 FF）完成求解，分析比较人类手工进行规划和使用 FF 进行规划的优势与劣势。

资源说明：从麻省理工学院的教学网页（http://www.ai.mit.edu/courses/16.412J/ff.html）下载 Tyreworld（"机器人换轮胎问题"）的 PDDL 建模文件：领域建模文件 tyreworld_domain.Pddl（http://www.ai.mit.edu/courses/16.412J/tyreworld_domain.pddl），一个具体任务的建模文件 tyreworld_facts1.pddl（http://www.ai.mit.edu/courses/16.412J/tyreworld_factsl，将文本内容保存为 tyreworld_factsl.pddl）。

操作说明：在 Linux 操作系统上编译智能规划系统 FF（源代码链接 https://fai.cs.uni-saarland.de/hoffmann/ff/FF-v2.3.tgz），按照网页的说明进行编译。编译成功后，使用命令行 ./ff-o tyreworld_domain.pddl -f tyreworld_factsl.pddl 求解"机器人换轮胎"领域的具体任务 tyreworld_factsl，阅读并分析 FF 给出的规划解中的每个动作，并验证机器人能否按照该规划实现目标。

编译规划系统 FF 的源代码需要在 Linux 下进行，可以采用 Ubuntu 版本的 Linux。FF 源代码的编译需要 Bison 和 Lex 这两个语法分析软件和 Make 软件，请先确认系统是否安装了这些软件。编译错误主要源自 Bison 的版本升级问题，参照网页 https://fai.cs.uni-saarland.de/hoffmann/ff.html 了解详细的说明。

运行 FF 的时候需要进入 FF 所在的目录，其可行文件的名称为 ff，需要两个参数：第一个参数为领域定义文件的路径，附在-o 选项标记之后；第二个参数为问题实例文件的路径，附在-f 选项之后。

输出结果如下（扫二维码）。

其中，"ff: found legal plan as follows"下面的为规划解，这个解一共包含 19 个动作，编号为 0~18，根据每个动作对应的操作和参数实例，从初始状态逐个按序应用这些动作，逐个计算动作应用后的状态，判断最后得到的状态是否满足目标条件。"time spent:"之后的输出部分显示了 FF 规划器求解此实例时各功能组件所消耗的时间情况和总共的求解时间。

9.9.2　Shakey 世界

最初的 STRIPS 语言程序是设计用来控制机器人 Shakey 的。图 9-3 显示了一个版本的由 4 个沿走廊排列的房间组成的 Shakey 世界，其中每个房间有一扇门和一个电灯开关，房间 1 和 4 的灯开着，房间 2 和 3 的灯关了。Shakey 能够在一个房间内的地标间移动，能够穿过房间之间的门，能够爬上可爬的对象，也能够推可推的对象，并且能按电灯开关。Shakey 世界中的动作包括从一个地方移动到另一个地方，推可移动物体（如箱子），爬上或爬下刚性物体（如箱子）及打开和关上电灯开关。机器人自身不够智能而不能自主爬上箱子或切换开关，但是 STRIPS 语言规划器能够形成完成一定任务的机器人规划。Shakey 的 6 种动作如下。

（1）Go(x,y,r)，这要求 Shakey 位于 x 且 x 和 y 是同一房间 r 内的位置。约定两个房间之间的门视为它们内部的。

（2）在同一房间 r 内将箱子 b 从位置 x 推到位置 y：Push(b,x,y,r)。用到箱子常量。

（3）从位置 x 爬上一个箱子：ClimbUp(x,b)。

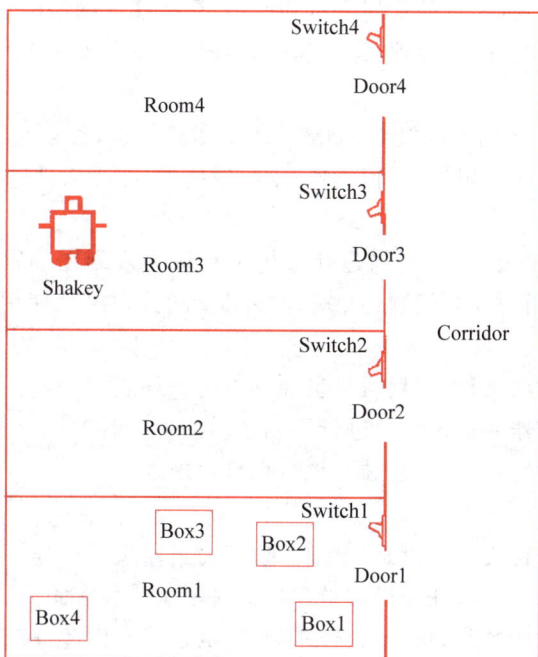

图 9-3　Shakey 世界

（4）从一个箱子上爬下：ClimbDown(b,x)。需要谓词 On 和常量 Floor。

（5）开电灯开关：TurnOn(s,b)。

（6）关电灯开关：TurnOff(s,b)。要打开或关闭电灯开关，Shakey 必须在电灯开关位置的一个箱子上。

写出 Shakey 的 6 种动作的 PDDL 语句及图 9-3 的初始状态。构建一个让 Shakey 把 Box2 带到 Room2 里的规划。

解： 用 PDDL 描述的操作模型如下（扫二维码）。

Shakey 把 Box2 带到 Room2 里的规划如下。

用 PDDL 描述的操作模型

```
Go(XS,Door3,Room3)
Go(Door3,Door1,Corridor)
Go(Door1,X2,Room1)
Push(Box2,X2,Door1,Room1)
Push(Box2,Door1,Door2,Corridor)
Push(Box2,Door2,Switch2,Room2)
```

9.9.3　智能规划系统 O-PLAN、Graphplan、SciBox

智能规划系统是利用人工智能技术来帮助用户在复杂环境中制定和执行计划的高级软件工具。下面介绍三个典型的智能规划系统：O-PLAN、Graphplan 和 SciBox。

1. O-PLAN

O-PLAN（扫二维码）是由 Austin Tate 在 1983—1999 年在爱丁堡大学开发的，是 NONLIN 的后继者。它使用通用 LISP 语言编写，可用于网络规划服务。O-PLAN 扩展了 Tate 在 NONLIN 上的早期工作，NONLIN 能够将规划生成为动作的部分有序网络，这些网络可以检查时间、资源、搜索方面的各种限制。

更多关于 O-PLAN 的介绍

O-PLAN 与之前的 NONLIN 一样，也是一个实用的规划器，适用于各种 AI 规划功能，包括

领域知识的启发和建模工具，丰富的规划表示和使用，层次任务网络的规划，详细的约束管理，基于目标结构的规划监控，动态问题处理，低速和高速场景下的规划修复，针对不同角色的用户接口，规划和执行流的管理。

O-PLAN 的实际应用包括空战规划，非战斗人员撤离行动，搜索与救援协调，美国陆军小单位行动，航天器任务规划，施工规划，工程任务，生物通路发现，无人驾驶车辆的指挥与控制。

2. Graphplan

Graphplan 是一种规划器，它可以构建和分析一种称为规划图的紧凑结构。规划图对规划问题进行编码，目的是利用内在的问题约束来减少必要的搜索量。使用知识（启发式方法）来限制搜索是有益的。

规划图可以很快构建出来，而规划就是贯穿其中的一种真值"流"。Graphplan 致力于搜索，因为它对全序和偏序规划器的很多方面进行了结合。它以一种"并行"的规划方式执行搜索，确保在这些规划中能找到最短规划，然后独立地执行最短规划。

3. SciBox 自动规划器

对太空的科学任务进行规划一直是一个耗时、费力且昂贵的过程。它需要子系统工程师、轨道和指向分析师、命令定序人员、任务操作员和仪器科学家等很多团队成员之间的多轮迭代和相当大规模的协调。项目进度紧张，只能执行一定数量的迭代。因此，航天器资源往往得不到最佳利用。SciBox 是一个端到端的自动化科学规划和指挥系统。这个系统从科学目标开始，推导出所需的观测序列，调度这些观测值，最后生成并验证可上传的命令，进而驱动航天器和仪器。除了有限的特殊操作和测试之外，这个过程是自动化的，不需要科学操作的手动调度或者命令序列的手动构建。

SciBox 的开发始于 2001 年的信使号（MESSENGER）水星任务，并逐步推进，其中的各种关键软件模块都在其他航天任务中进行了测试。

小　结

智能规划主要研究如何在给定条件下寻找实现目标的最优行动序列，既是人工智能特定的研究领域，也是人工智能要实现的典型任务之一。因此，智能规划既要有自身的描述语言，又要与其他智能技术有着充分的结合。本章从规划问题的描述语言与实例出发，将搜索、确定性推理、不确定性推理和 Agent 等技术应用到规划中，结合实例进行了介绍。

近年来，以无人机技术为核心的低空经济越来越受到国家重视。无人机技术在经济和军事应用场景中发挥着越来越重要的作用。如顺丰速运公司正在积极拓展无人机快递业务，主要集中在支线物流和特殊场景，以提高效率、降低成本。他们自主研发了多种无人机，包括垂直起降货运无人机、中型和大型固定翼无人机，特别适用于山区和岛屿的物流运输。俄乌战争中，无人机被广泛应用于军事行动。乌克兰情报机构利用无人机深入俄罗斯境内进行袭击，俄罗斯也使用无人机对乌克兰的机场进行攻击。

中国科学院自动化研究所研究员 2024 年在学术报告中提出大模型开放规划器，把军事中的指控问题转换为规划问题，并提出了大模型驱动的规划方法。在处理开放和动态环境中的规划问题时，大模型提供了新的视角和解决方案。通过结合大模型的深度学习能力和传统规划算法的精确性，未来的智能规划系统将更加强大和灵活，能够应对更加复杂和不确定的挑战。

在算法层面，智能规划技术取得显著进展。一方面，通过结合深度学习与传统规划方法，如将 Transformer 架构与传统规划器结合，在保持逻辑严谨性的同时提升大规模问题的求解效率；

另一方面,新型优化算法在组合优化问题上展现出良好性能,比如量子启发式算法在组合优化问题中的应用,针对物流调度等 NP 难问题展现出指数级加速潜力。这些技术进步在机器人控制、智能制造等实际应用中得到了验证。

当前智能规划技术呈现出三个重要发展趋势:首先,规划环境从静态封闭系统向动态开放系统转变,要求规划算法能够适应环境变化;其次,规划主体从单智能体向多智能体扩展,需要解决协同决策问题;最后,人机交互方式从简单指令执行向双向协作演进,强调规划过程的可解释性。智能规划技术正处于从专用领域向通用领域过渡的关键发展阶段。一方面要强化基础理论研究,如非确定性规划的形式化验证方法,同时也要关注新兴应用场景如元宇宙中的虚拟实体行为规划等领域。

习　　题

9.1 猴子和香蕉问题。实验室的一只猴子面对天花板上的一些够不到的香蕉。一个箱子是可用的,如果猴子爬上箱子,它就可以够到香蕉。起初,猴子位于 A,香蕉位于 B,而箱子位于 C。猴子和箱子的高度是 Low,但是如果猴子爬到箱子上面,它的高度就跟香蕉一样是 High。猴子可用的行动包括从一个位置走到另一个位置 Go,将对象从一个地方移动到另一个地方的 Push,爬上一个对象的 ClimbUp 或爬下一个对象的 ClimbDown,抓住一个对象的 Grasp 或放开一个对象的 UnGrasp。如果猴子和某对象在同一个地方的同一高度,行动"抓住"导致持有该对象。

(1) 给出初始状态描述。

(2) 给出 STRIPS 语言风格的 6 种操作定义。

(3) 假设猴子想在摘取香蕉后把箱子移回最初位置愚弄偷懒去喝茶的科学家。这个目标能被 STRIPS 语言类型的系统解决吗?

(4) 对 Push 的规则可能是不正确的,因为如果对象太重,当 Push 算子应用的时候,它的位置将保持不变。这是分支问题或限制问题的一个实例吗?请修改问题的描述,解决重物的问题。

(5) 思考两只猴子共同完成任务的描述与解决方法。

9.2 阐述基于状态空间搜索的规划方法和基于分层任务网络的规划方法在问题建模过程和求解过程中的主要区别。

9.3 假设有一个机器人能够为汽车更换轮胎和为轮胎充气。更换轮胎的主要过程为:打开工具箱,取出千斤顶,用千斤顶将轮胎抬起。从工具箱中取出套筒扳手,使用套筒扳手松开汽车轮毂上需要更换的轮胎,卸下该轮胎。从工具箱中取出备胎,一般备胎的充气不足,需要在备胎安装到轮毂后再使用打气筒为它充足气。使用 STRIPS 语言对该问题进行描述。

9.4 关于目标是否可分解的问题。当目标中包含多个目标条件时,目标可分解的规划问题具有如下特点:规划系统可以为这些目标条件排序,按照该顺序依次为每个目标条件进行规划,后一个目标条件是以前一个目标条件的规划执行结果为初始状态的,并且,后一个目标条件的实现不会破坏前一个目标的实现。当目标可分解时,规划问题的求解难度会大幅下降,因此,识别出目标可分解的规划问题是很重要的。请以"积木世界"问题中的 Sussman 异常问题为例,分析积木世界的问题是否具有可分解性。

9.5 (思考题)PDDL(Planning Domain Definition Language)是智能规划研究者提出的一种最初用于学术研究,随后应用到金属加工机控制、Web 服务组合、打印机作业调度、自然语言处理等领域的重要语言。PDDL 以面向对象的思想、谓词逻辑的表示方法和操作建模的思路建模一个规划领域。规划领域的模型与规划领域的具体实例分为两个文本文件描述。其中,规划领域的模型文件包含建模所需要的类型定义、常量定义、函数定义、谓词定义、操作定义等。规划领域的具体实例包含具体的对象及其类型、初始状态描述和目标条件描述。PDDL 的设计思想是仅建模客观问题,不向规划求解系统提供任何的求解建议或引导。阅读文献并讨论。

9.6 (思考题)"国际智能规划系统竞赛"(International Planning Competition,IPC)通常每两年举办一次,通过大量的规划问题测试新开发的规划系统的性能。IPC 使用的 PDDL 和参加 IPC 的规划系统通常反映了智能规划研究在领域建模和理论研究上的前沿方向，从事智能规划研究与应用的人员应当及时关注这项赛事。请分析参加 2014 年 IPC 竞赛的有哪些规划系统，使用的测试问题域有哪些，这次竞赛包含哪些分赛。

提示：IPC 主网站为 ipc. icaps-conference. org，2014 年 IPC 主办方的网站为 https://helios. hud. ac. uk/scommv/IPC-14。

IPC-14 竞赛包含 Sequential Satisficing Track、Sequential Optimal Track、Sequential Satisficing Multi-core Track、Sequential Agile Track、Temporal Satisficing Track 这 5 项分赛。参加每项分赛的规划系统列表见网页 https://helios. hud. ac. uk/scommv/IPC-14/planners_actual. html。用于比赛的测试问题域见网页 https://helios. hud. ac. uk/scommv/ IPC-14/domains.html。

9.7　（思考题）概述基于概率方法的不确定规划方法和 Probabilistic Planning Domain Definition Language (PPDDL)建模问题。

提示：阅读姜云飞教授的译著《自动规划：理论和实践》的第 16 章理解基于马尔可夫决策过程的概率规划算法。

PPDDL 的描述见 www. tempastic. org/papers/CMU-CS-04-167. pdf，求解概率规划问题的规划系统见 ICAPS 的 IPC-14 竞赛网站 https://cs. uwaterloo. ca/～mgrzes/ IPPC_2014/。

第 10 章

机器人学

随着技术的飞速发展，机器人学已经成为人工智能和自动化领域的一个重要分支。从工业生产线上的精确操作到日常生活中的便捷服务，机器人技术正以其独特的方式重塑着我们的世界。本章将深入探讨机器人学的基本概念、硬件组成、感知系统、编程模式、运动控制以及与人交互的多种方式。通过对机器人足球仿真比赛等案例的分析，我们将揭示机器人运动控制算法的设计和实现过程。同时，本章还将展望机器人技术的未来，特别是与大模型结合后所带来的无限可能。

机器人学不仅是技术的集合，还涉及伦理、哲学和社会等多个层面。从阿西莫夫的"机器人三守则"到各种国际组织对机器人的定义，可以看到人类对机器人角色和行为准则的深入思考。随着机器人技术的不断进步，机器人的分类和特性也在不断丰富和扩展，从简单的自动化设备到具备高度智能和自主性的系统。

机器人系统的硬件组成是实现其功能的基础。本章将详细介绍机器人的机械结构、末端执行器、驱动系统、传感器、控制器等关键部件。同时，还将探讨机器人的工作空间、自由度和性能指标，这些都是评估机器人能力和设计机器人系统的重要参数。

机器人的感知系统使其能够理解和适应环境，而编程模式和语言则是实现机器人控制和交互的关键。从硬件逻辑结构模式到软件模式，再到搜索与规划集成，本章将展示多样化的编程方法和它们在不同应用场景中的适用性。

通过机器人足球仿真比赛等案例，本章将深入分析机器人运动控制算法的设计和实现。此外，还将探讨机器人在工业、医疗、服务等多个领域的应用现状和发展趋势。

机器人与人的交互是实现人机协同工作和智能服务的关键。本章将讨论机器人的交互方式、设计原则和安全问题，以及如何通过自然语言处理、情感识别等技术提升交互体验。

10.1 机器人概述

1950 年，阿西莫夫(Issac Asimov)在他的小说《我，机器人》(I, Robot)中提出了著名的"机器人三守则"：

(1) 机器人必须不危害人类，也不允许它眼看人将受害而袖手旁观。

(2) 机器人必须绝对服从于人类，除非这种服从有害于人类。

(3) 机器人必须保护自身不受到伤害，除非为了保护人类或者是人类命令它做出牺牲。

这三条守则给机器人赋予新的伦理性，并使机器人概念通俗化，更易于人类社会所接受，同时也成为机器人学术界开发机器人的行为准则。

1954 年，美国人乔治·德沃尔(George Devol)设计开发了第一台可编程序的工业机器人

(1961年获得美国专利)。1962年,美国万能自动化(Unimation)公司的第一台机器人Unimate在美国通用汽车公司投入使用,这标志着第一代机器人的诞生。

国际上关于机器人的定义有许多,下面列举其中一部分。

(1) 英国简明牛津字典:机器人是"貌似人的自动机,具有智力的顺从于人的但不具有人格的机器。"这一定义并不完全正确,因为还不存在与人类相似的机器人在运行。这是一种理想的机器人。

(2) 美国机器人协会(RIA):机器人是"一种用于移动各种材料、零件、工具或专用装置的,通过可编程序动作执行各种任务的,并具有编程能力的多功能操作机。"尽管这一定义较为实用,但并不全面。这里指的是工业机器人。

(3) 日本工业机器人协会(JIRA):工业机器人是"一种装备有记忆装置和末端执行器的,能够转动并通过自动完成各种移动代替人类劳动的通用机器。"或者分为两种情况定义:其一,工业机器人是"一种能够执行与人的上肢(手和臂)类似动作的多功能机器";其二,智能机器人是"一种具有感觉和识别能力,并能够控制自身行为的机器"。

(4) 美国国家标准局(NBS):机器人是"一种能够进行编程并在自动控制下执行某些操作和移动作业任务的机械装置。"这也是一种比较广义的工业机器人的定义。

(5) 国际标准化组织(ISO):"机器人是一种自动的、位置可控的、具有编程能力的多功能操作机,这种操作机具有几个轴,能够借助可编程序操作处理各种材料、零件、工具和专用装置,以执行各种任务。"显然,这一定义与RIA的定义相似。

随着机器人技术研究的深入和应用领域的迅速拓展,很多科学家也给出了机器人的定义。

(1) 森政弘与合田周平在1967年日本召开的第一届机器人学术会议上提出"机器人是一种具有移动性、个体性、智能性、通用性、半机械半人性、自动性、奴隶性7个特征的柔性机器。"从这一定义出发,森政弘又提出了用自动性、智能性、个体性、半机械半人性、作业性、通用性、信息性、柔性、有限性、移动性10个特性表示机器人的形象。

(2) 加藤一郎在同一次会议上提出:具有如下三个条件的机器称为机器人。第一,具有脑、手、脚三要素的个体;第二,具有非接触传感器(用眼、耳接收远方信息)和接触传感器;第三,具有平衡觉和固有觉的传感器。该定义强调了机器人应当仿人的含义,即它靠手进行作业,靠脚实现移动,由脑完成统一指挥的作用。非接触传感器和接触传感器相当于人的五官,使机器人能够识别外界环境,而平衡觉和固有觉则是机器人感知本身状态不可缺少的传感器。这里描述的不是工业机器人,而是自主机器人。

(3) 法国的埃斯皮奥在1988年提出"机器人学是指设计能根据传感器信息实现预先规划好的作业系统,并以此系统的使用方法作为研究对象。"

(4) 我国科学家对机器人的定义是"机器人是一种自动化的机器,所不同的是,这种机器具备一些与人或生物相似的智能能力,如感知能力、规划能力、动作能力和协同能力,是一种具有高度灵活性的自动化机器"。

10.1.1　机器人的分类

从上述定义中可以看到,不同国家对不同类型的机器人有不同的认识,按照控制机器人输入信息的方式不同,从定义上对机器人可以进行不同的分类。

1. 日本和美国机器人学会分类

按照JIRA的标准,可将机器人进行如下分类。

(1) 人工操作装置——由操作员操纵的多自由度装置。

（2）固定顺序机器人——按预定的不变方法有步骤地依次执行任务的设备，其执行顺序难以修改。

（3）可变顺序机器人——同第（2）类，但其顺序易于修改。

（4）示教再现机器人——操作员引导机器人手动执行任务，记录下这些动作并由机器人以后再现执行，即机器人按照记录下的信息重复执行同样的动作。

（5）数控机器人——操作员为机器人提供运动程序，而不是手动示教执行任务。

（6）智能机器人——机器人具有感知和理解外部环境的能力，即使其工作环境发生变化，也能够成功地完成任务。

RIA 只将以上（3）～（6）类视作机器人。手动装置（如一个多自由度的需要操作员驱动的装置）或固定顺序机器人（如有些装置由强制起停控制驱动器控制，其顺序是固定的并且很难更改）都不认为是机器人。

2. 法国机器人学会分类

法国机器人学会（AFR）将机器人进行如下分类。

类型 A：手动控制远程机器人的操纵装置，相当于 JIRA 中的第（1）类。

类型 B：具有预定周期的自动操纵装置，相当于 JIRA 中的第（2）类和第（3）类。

类型 C：具有连续轨迹或点到点轨迹的可编程伺服控制机器人，相当于 JIRA 中的第（4）类和第（5）类。

类型 D：同类型 C，但能够获取环境信息，相当于 JIRA 中的第（6）类。

此外，根据机器人的控制方式、智能程度、实际用途都可以对机器人进行不同方式的分类。例如，根据控制方式，分为非伺服机器人和伺服机器人；根据智能程度，分为一般机器人和智能机器人（智能机器人又可分为传感型、交互型和自主型）。

3. 中国机器人产业联盟（CRIA）分类

中国机器人产业联盟（CRIA）根据应用领域的不同，将机器人分为特种机器人、工业机器人和服务机器人。这种分类方式广泛地涵盖了机器人的使用场景，其中，特种机器人根据特殊需求设计，可用于军事、救援等领域；工业机器人则面向工业领域的多关节机械手或多自由度的机器人；而服务机器人则广泛应用于非工业领域，如家庭、医疗等。

10.1.2　机器人的特性

在当今快速发展下，机器人的特性不断被新技术所增强和扩展。以下是对机器人特性的更新描述，反映了最新的技术进步。

（1）生产效率与一致性。机器人能够显著提升生产效率、安全性和产品质量。通过精密的编程和控制，机器人保证了生产的一致性，减少了人为错误。

（2）成本与投资。尽管初期购置和安装成本较高，机器人的长期运营可以降低劳动力成本。此外，机器人减少了对周边设备和环境的依赖，简化了生产流程。

（3）适应性与耐力。机器人能在极端或危险环境中稳定工作，无须考虑人类的生理需求和安全问题。它们能够不知疲倦地执行任务，不受心理状态影响。

（4）精确性与可靠性。机器人在重复性和精确性方面超越人类，只要维护得当，它们可以持续提供高标准的作业性能。

（5）多任务处理。与人类相比，机器人能够同时处理多个任务或响应多个激励，提升了作业的灵活性和效率。

（6）智能化与自主性。最新的机器人技术，如人工智能和机器学习，赋予了机器人更高级别的自主性和决策能力。它们能够更好地适应环境变化和处理突发事件。

(7) 安全与伦理考量。随着技术的进步,机器人的安全性能得到了加强,减少了对人类操作者的潜在威胁。同时,机器人在社会中的作用也引发了伦理和经济层面的讨论。

(8) 技术局限性。尽管机器人在许多方面表现出色,但它们在自由度、灵巧度、传感器能力、视觉系统和实时响应等方面仍有局限,这要求持续的技术改进和创新。

(9) 社会经济影响。机器人的应用对劳动力市场产生了深远影响,既有可能造成失业问题,也为工人提供了转型和提升技能的机会。

随着机器人技术的不断进步,预计它们将在更多领域展现其独特的价值,包括医疗、教育、家庭服务和探索任务等。同时,机器人的智能化和网络化趋势将进一步推动其在复杂任务中的表现。机器人的这些特性不仅推动了技术的快速发展,也促进了其在工业、服务业和个人生活中的广泛应用。随着技术的不断进步,机器人预计将在未来扮演更加多样和复杂的角色。

10.1.3　机器人学的研究领域

机器人学作为一门高度跨学科的领域,正随着新技术的不断涌现而迅速发展。这些技术的进步不仅推动了机器人学的研究,也极大地拓展了其应用范围。当前的研究课题涵盖了机器人的感知、认知、学习、行动以及交互等多个层面。

1. 高级感知与传感系统

随着传感器技术的进步,机器人的感知能力得到了显著提升。新型传感器的开发,如3D视觉传感器、触觉反馈设备、环境感知传感器等,为机器人提供了更为丰富和精确的感知信息。此外,多传感器融合技术的发展,使得机器人能够更有效地整合来自不同传感器的数据,提高其对复杂环境的适应能力。实时数据的处理和分析,以及机器视觉在高速运动中的运用,也是当前研究的重点。

2. 智能规划与自主决策

机器人规划领域正逐渐从传统的路径规划向更高层次的任务规划和决策演进。利用先进的机器学习算法,机器人能够对未知环境进行自主探索和学习,实现更加智能的规划。此外,非结构化环境下的规划、不确定性处理、协作规划等也是当前研究的热点。

3. 机器学习与认知能力

机器学习技术的进步为机器人的认知能力提供了强大的支持。通过深度学习、强化学习等算法,机器人能够更好地理解和学习其所处的环境,提高其自主学习和决策的能力。特别是在人类未知或复杂环境中,机器学习的应用尤为重要。

4. 驱动、建模与智能控制

随着机器人应用领域的扩展,对其驱动、建模和控制技术提出了更高的要求。新型驱动器的开发,如高精度伺服电机,以及先进的控制算法,如自适应控制和智能控制策略,使得机器人能够更加灵活和精确地执行任务。同时,机器人的建模和仿真技术也在不断进步,为机器人的设计和优化提供了强有力的工具。

5. 人机交互与协作

随着人工智能技术的发展,人机交互和协作成为机器人学研究的新焦点。通过自然语言处理、情感识别和机器视觉等技术,机器人能够更好地理解人类的意图和情感,实现更自然和高效的交互。同时,机器人的自主性和适应性也在不断提升,使其能够在各种任务中与人类更紧密地协作。由此可见,机器人学是综合机械电子技术、信息处理技术、控制科学与工程、计算机科学与技术、智能科学与技术等多学科的交叉与综合。

10.2 机器人系统

10.2.1 机器人系统的组成

在现代工业与服务领域,机器人系统不再仅仅是单一的机械装置,而是高度集成化、智能化的系统,它们通过与其他设备和系统的协同工作,实现复杂的任务和操作。

1. 机械结构与移动平台

机器人的机械结构或移动平台是其物理执行部分的核心,由精密的连杆、活动关节,以及先进的传动机构构成。现代机器人的设计更加注重模块化和自适应性,以适应多变的作业需求。

2. 高级末端执行器

末端执行器是机器人与外部世界交互的关键接口,现代末端执行器的设计越来越多样化和专业化,不仅包括传统的抓取器,还包括用于精细操作的多指手、用于特殊环境的适应性工具等。这些执行器通常可以通过快速更换机制与机器人主体相连。

3. 先进驱动系统

现代机器人的驱动系统采用更高效的电动驱动器,如直接驱动电机和力矩电机,以提供更高的精确度和响应速度。此外,新型驱动技术如电磁驱动和压电驱动也在特定应用中得到应用。

4. 智能传感器与感知系统

机器人感知系统的设计通常涉及多种传感器的集成,这些传感器能够检测距离、光线、声音、温度等多种物理量。触觉传感器使机器人能够感知接触力和压力,广泛应用于抓取和操纵物体。视觉传感器,如摄像头,能够捕捉图像信息,进行物体识别和场景理解。而距离传感器,例如激光雷达(LiDAR)和超声波传感器,能够测量机器人与周围物体的距离。力觉传感器则用于检测机器人与环境交互时的力,对于精密操作和安全交互至关重要。

机器人感知技术已经从简单的传感器数据读取发展到了复杂的数据处理和机器学习。数据融合技术能够结合多个传感器的数据,提供更全面的环境信息。模式识别技术利用机器学习算法从传感器数据中识别出有意义的模式。机器视觉技术赋予机器人"看"和理解视觉信息的能力,进行物体检测、跟踪和识别。同步定位与地图构建(SLAM)技术则让机器人在未知环境中同时构建地图并定位自身位置。

尽管取得了显著进展,机器人感知系统仍面临诸多挑战。现实世界的复杂多变使得机器人需要适应各种光照条件、遮挡和动态变化。传感器数据中的噪声和误差要求精确的数据预处理和校准。此外,高级感知算法对计算资源的需求可能超出了资源受限的机器人系统的能力。

未来的机器人感知系统预计将在多模态感知、自适应感知、智能数据融合和实时性方面取得进展。多模态感知将结合视觉、触觉、听觉等多种感官信息,提供更丰富的环境理解。自适应感知将使机器人能够根据任务需求动态调整其感知策略。智能数据融合将利用深度学习和人工智能技术提高数据处理的准确性和鲁棒性。实时性提升则满足快速响应的需求。

在实际应用中,机器人感知技术已经广泛应用于工业自动化、无人驾驶车辆、医疗手术辅助和家庭服务等多个领域。例如,在工业自动化中,力觉和触觉传感器被用于精密装配和质量检测。无人驾驶车辆则利用视觉和距离传感器进行导航和避障。医疗机器人通过图像和力觉反馈进行微创手术,而服务机器人则利用多种传感器提供家庭服务和陪伴。

5. 集成控制器与人工智能

机器人的控制器不仅是运动控制的核心,也是实现智能行为的基础。现代控制器集成了人工智能算法,能够进行复杂的决策和自主学习,提高了机器人的自适应性和智能化水平。

6. 高性能处理器

处理器是机器人系统的计算中枢,现代机器人系统采用高性能处理器,如多核 CPU 和 GPU,以处理大量的传感器数据和执行复杂的算法。这些处理器通常具备强大的并行处理能力,以满足实时性要求。

7. 软件与操作系统

机器人的软件系统包括操作系统、机器人控制软件,以及针对特定任务开发的应用程序。现代机器人软件更加模块化和可扩展,支持多种程序设计语言和开发环境,以适应不同的应用需求。

8. 人机交互

机器人与人交互是机器人技术中的另一个重要领域,它关注如何使机器人能够更自然、更有效地与人类用户进行交流和合作。交互方式包括但不限于语音识别、手势识别、表情识别和触觉反馈等。机器人的交互设计需要考虑用户体验、社会行为规范和安全问题。此外,随着技术的发展,机器人的交互能力也在不断提升,例如,通过机器学习和人工智能技术,机器人可以更好地理解人类语言和情感,实现更加智能化的交互。

为了实现有效的人机交互,机器人需要具备以下能力。

理解能力:能够理解人类的语言、手势和情感状态。

表达能力:能够通过语音、文字、图像或动作等方式与人类交流。

适应能力:能够根据人的反应和环境变化调整自己的行为。

安全性:在交互过程中确保人的安全不受威胁。

机器人与人交互的应用场景包括服务机器人、医疗辅助机器人、教育娱乐机器人等,随着技术的进步,未来机器人与人交互将更加广泛和深入。

随着技术的发展,人机交互界面也越来越智能化和用户友好,包括触摸屏界面、语音识别系统,以及虚拟现实/增强现实(VR/AR)界面,这些界面使得非专业用户也能轻松地与机器人系统交互。

综上所述,现代机器人系统是一个高度集成的智能系统,它融合了机械工程、电子工程、计算机科学、人工智能等多个领域的最新技术,以实现更高水平的自动化和智能化。

10.2.2　机器人的工作空间

根据机器人的构型、连杆及腕关节的大小,机器人能到达的点的集合称为工作空间。每个机器人的工作空间形状都与机器人的特性指标密切相关。工作空间可以用数学方法通过列写方程确定,这些方程规定了机器人连杆与关节的约束条件,这些约束条件可能是每个关节的动作范围。除此之外,工作空间还可以凭经验确定,可以使每一个关节在其运动范围内运动。然后将其可以到达的所有区域连接起来,再除去机器人无法到达的区域。当机器人用作特殊用途时,必须研究其工作空间,以确保机器人能到达要求的点。要准确地确定工作空间,可以参考生产商提供的数据。

下面介绍机器人工作空间涉及的两个重要概念。

1. 自由度

自由度是机器人的一个重要技术指标,由机器人的结构决定,并直接影响机器人的机动性。

为了确定点在空间的位置,需要指定三个坐标,就像沿直角坐标轴的 x、y 和 z 三个坐标,要确定该点的位置,必须要有(也只要有)三个坐标。虽然这三个坐标可以用不同的坐标系表示,但没有坐标系是不行的。然而,不能用两个或四个坐标,因为两个坐标不能确定点在空间的位置,而三维空间不可能有四个坐标。同样,如果考虑一个三自由度的三维装置,在它的工作区内可以将任意一点放到所期望的位置,例如,台架(x,y,z)起重机可以将一个球放到它工作区内操作员指定的任一位置。

同样,要确定一个刚体(一个三维物体,而不是一个点)在空间的位置,首先需要在该刚体上选择一个点并指定该点的位置,因此需要三个数据确定该点的位置。然而,即使物体的位置已确定,仍有无数种方法确定物体关于所选点的姿态,为了完全定位空间的物体,除了确定物体上所选点的位置外,还须确定该物体的姿态(如飞机的俯仰、偏航、滚动)。这就意味着需要 6 个数据,才能完全确定刚体物体的位置和姿态(以下简称位姿)。基于同样的理由,需要有 6 个自由度才能将物体放置到空间的期望位姿。如果少于 6 个自由度,机器人的能力将受到很大限制。

为了说明这个问题,考虑一个三自由度机器人,它只能沿 x、y 和 z 轴运动,在这种情况下,不能指定机械手的姿态,此时,机器人只能夹持部件做平行于坐标轴的运动,姿态保持不变;再假设一个机器人有 5 个自由度,可以绕三个坐标轴旋转,但只能沿 x 轴和 y 轴移动,这时虽然可以任意指定姿态,但只能沿 x 轴和 y 轴,而不可能沿 z 轴给部件定位。

具有 7 个自由度的系统没有唯一解。这就意味着,如果一个机器人有 7 个自由度,那么机器人可以有无穷多种方法在期望位置为部件定位和定姿。为了使控制器知道具体怎么做,必须附加决策程序使机器人能够从无数种方法中只选择一种。例如,可以采用最优程序选择最快或最短路径到达目的地。为此,计算机必须检验所有的解,从中找出最短或最快的响应并执行。由于这种额外的需要会耗费许多计算时间,因此这种 7 个自由度的机器人在工业中是不采用的。

与之类似的问题是,假如一个机械手机器人安装在一个活动的基座上,如移动平台或传送带上,则这台机器人就有冗余的自由度。基于前面的讨论,这种自由度是无法控制的。机器人能够从传送带或移动平台的无数不确定的位置上到达所要求的位姿,这时虽然有太多的自由度,但这种多余的自由度一般来说不去求解。换言之,当机器人安装在传送带上或是可移动时,机器人基座相对于传送带或其他参考坐标系的位置是已知的。由于基座的位置无须由控制器决定,自由度的个数实际上仍为 6 个,因而解是唯一的。只要机器人基座在传送带或移动平台上的位置已知(或已选定),就没有必要靠求解一组机器人运动方程找到机器人基座的位置,从而系统得以求解。

对于机器人系统,从来不将末端执行器考虑为一个自由度,所有的机器人都有该附加功能,它看起来类似一个自由度,但末端执行器的动作并不计入机器人的自由度。

机器人的自由度主要由各种关节实现,主要有滑动关节、回转关节和球形关节等,大多数使用的是滑动关节和回转关节。滑动关节是线性的,它不包括旋转运动,汽缸、液压缸或者线性电驱动器驱动,主要用于台架构型、圆柱构型或类似的关节构型。回转关节是旋转型的,虽然液压和气动旋转关节使用十分普遍,但大部分旋转关节是电动的。它们由步进电动机驱动,或者更普遍地采用伺服电动机驱动。

有一种特殊情况,虽然关节是能够活动的,但它的运动并不完全受控制器控制。例如,假设一个线性关节由一个汽缸驱动,其上的手臂可以全程伸开,也可全程收缩,但不能控制它在两个极限之间的位置。在这种情况下,通常把这个关节的自由度确定为 0.5,表示这个关节只能在它的运动极限内定位。自由度为 0.5 的另一个含义是只能对该关节赋予一些特定值,例如,假设一个关节的角度只能为 $0°$、$30°$、$60°$ 和 $90°$,那么如前所述,该关节被限定为只有几个可能的取值,从而是一个受限的自由度。

许多工业机器人的自由度都少于 6 个,实际上,自由度为 3.5 个、4 个和 5 个的机器人非常普遍。只要没有对附加自由度的需要,这些机器人都能够很好地工作。例如,假设将电子元件插入电路板,电路板放在一个给定的工作台面上,此时,电路板相对于机器人基座的高度(z 坐标)是已知的。因此，只需要沿 x 轴和 y 轴方向上的两个自由度就可以确定元件插入电路板的位置。另外，假设元件要按某个方位插入电路板，而且电路板是平的，此时则需要一个绕垂直轴（z）旋转的自由度，才能在电路板上给元件定向。由于这里还需要一个 0.5 自由度，以便能完全伸展末端执行器插入元件，或者在运动前能完全收缩将机器人抬起。因而总共需要 3.5 个自由度，其中两个自由度用于在电路板的上方做出运动，一个用来旋转元件，还有 0.5 个自由度用来插入和缩回。插装机器人广泛应用于电子工业，它们的优点是编程简单、价格适中、体积小、速度快。它们的缺点是虽然它们可以用编程实现在任意型号的电路板上以任意的方位插入元件，以完成在设计范围内的一系列工作，但是它们不能从事除此以外的其他工作。它们的工作能力受到只有 3.5 个自由度的限制，但在该限制范围内仍可以完成许多不同的事。

2. 机器人的参考坐标系

机器人可以相对于不同的坐标系运动，在每一种坐标系中的运动都不相同。通常，机器人运动在以下三种坐标系中完成。

1）全局参考坐标系

全局参考坐标系是一种通用坐标系，由 x、y 和 z 轴定义。在此情况下，通过机器人关节的同时运动产生沿三个主轴方向的合成运动。在这种坐标系中，无论手臂在哪里，x 轴的正向运动总是在 x 轴的正方向。这一坐标通常用来定义机器人相对于其他物体的运动、与机器人通信的其他部件以及运动路径。

2）关节参考坐标系

关节参考坐标系用来描述机器人每一个独立关节的运动。假设希望将机械手运动到一个特定的位置，可以每次只运动一个关节，从而把手引导到期望的位置上。在这种情况下，每一个关节单独控制，从而每次只有一个关节运动。由于所用关节的类型（滑动型、旋转型、球形）不同，机器人手的动作也各不相同。例如，如果旋转关节运动，那么机器人手将绕着关节的轴旋转。

3）工具参考坐标系

工具参考坐标系描述机器人手相对于固连在手上的坐标系的运动。固连在手上的 x、y 和 z 轴定义了手相对于本地坐标系的运动。与通用的全局参考坐标系不同，工具参考坐标系随机器人一起运动。工具参考坐标系是一个活动的坐标系，当手臂运动时，它也随之不断改变，因此，随之产生的相对于它的运动也不相同。它取决于手臂的位置以及工具参考坐标系的姿态。机器人所有的关节必须同时运动，才能产生关于工具参考坐标系的协调运动。在机器人编程中，工具参考坐标系是一个极其有用的坐标系，使用它便于对机器人靠近、离开物体或安装零件进行编程。

10.2.3 机器人的性能指标

机器人的主要性能指标包括以下 4 项。

1. 负荷能力

负荷能力是机器人在满足其他性能要求的情况下，能够承载的负荷重量。例如，一台机器人的最大负荷能力可能远大于它的额定负荷能力。但是达到最大负荷时，机器人的工作精度可能会降低，可能无法准确地沿着预定的轨迹运动，或者产生额外的偏差。机器人的负荷量与其自身的重量相比往往非常小。例如，Fanuc Tonorics LRMate 机器人自身重 86 磅（约 39kg），而其负荷量仅为 6.6 磅（1 磅≈0.4536kg）；M-16i 机器人自身重 594 磅，而其负荷量仅为 35 磅。

2. 运动范围

运动范围是机器人在其工作区域内可以达到的最大距离。机器人可按任意姿态达到其工作区域内的许多点（这些点为灵巧点）。然而，对于其他一些接近于机器人运动范围的极限点，则不能任意指定其姿态(这些点称为非灵巧点)。运动范围是机器人关节长度和其构型的函数。

3. 精度(正确性)

精度是指机器人到达指定点的精确程度,它与驱动的分辨率以及反馈装置有关。大多数工业机器人都具有 0.001 英寸(1 英寸≈0.0254m)或者更高的精度。

4. 重复精度(变化性)

重复精度是指如果动作重复多次,机器人到达同样位置的精确程度。假设驱动机器人到达同一点 100 次,由于许多因素会影响人的位置精度,机器人不可能每次都能准确地到达同一点,但应在以该点为圆心的一个圆区范围内。该圆的半径是由一系列重复动作形成的。这个半径即重复精度。重复精度比精度更重要。如果一个机器人定位不够精确,通常会显示一个固定的误差,这个误差是可以预测的,因此可以通过编程予以校正。例如,假设一个机器人总是向右偏离 0.05 英寸,那么可以规定所有的位置点向左偏移 0.05 英寸,这样就消除了偏差。然而,如果误差是随机的,那它就无法预测,因此也就无法消除。重复精度限定了这种随机误差的范围。通常通过一定次数地重复运行机器人来测定,测试次数越多,得出的重复精度范围越大(对生产商是坏事),也越接近实际情况(对用户是好事)。生产商给出重复精度时必须同时给出测试次数、测试过程中所加负载及手臂的姿态。例如,手臂的重复精度在垂直方向与在水平方向测得的结果是不同的。大多数工业机器人的重复精度都在 0.001 英寸以内。

10.3　机器人的编程模式与语言

根据机器人及其复杂程度的不同,可用多种模式为机器人编程。以下是一些常用的编程模式。

1. 硬件逻辑结构模式

在这个模式中,操作员操纵开关和起停按钮控制机器人的运动。这种模式常与其他装置配合使用,例如,可编程序逻辑控制器(PLC)。

2. 引导或示教模式

在这种模式中,机器人的各个关节随示教杆运动,当达到期望的位姿时,位姿信息送入控制器。在再现过程中,控制器控制各关节运动到相同的位姿,这种方式常用于点对点控制,而不指定或控制两点之间的运动。它只保证示教的各点到位。

3. 连续轨迹示教模式

在这种模式中,机器人的所有关节同时运动,此时机器人的运动是连续采样的,并由控制器记录运动信息。在再现过程中,按照记录的信息准确地执行动作。操作员给机器人示教通常有两种方法:一种是通过模型实际运动末端执行器;另一种是直接引导机器人手臂在它的工作空间中运动。例如,熟练的喷漆工人就是通过这种方式为喷漆机器人编程。

4. 软件模式

在这种机器人编程模式中,可以采用离线或在线的方式进行编程,然后由控制器执行这些程序,并控制机器人的运动。这种编程模式最先进和通用。它可包含传感器信息、条件语句(如 if…then 语句)和分支语句等。然而,在编写程序前必须掌握机器人操作系统的知识。

大部分工业机器人都具有一种以上的编程模式。

机器人程序设计语言的种类可能与机器人的种类一样多,每一个生产商都会设计他们自己的机器人语言,因此,为了使用某一特定机器人,必须学习相关的语言。许多机器人语言是以常用语言(如 COBOL、BASIC、C 和 FORTRAN)为基础派生出来的,也有一些机器人语言是独特设计的,并与其他常用语言无直接联系。

机器人语言根据其设计和应用的不同有不同的复杂性级别,其级别范围从机器级到已提出的人类智能级不等。许多机器人语言是解释执行的,如 Unimation 的 VAL 和 AML(A Manufacturing Language)都是解释程序。也有些语言(如 AL)比较灵活,它们允许用户用解释模式进行调试,而用编译模式执行。

下面对不同级别的机器人语言进行简要描述。

(1) 微型计算机机器级语言。在这一级,程序是用机器语言编写的,这一级的编程是最基本的,也是非常有效的,但是难以理解和学习,所有的语言最终都翻译或编译成机器语言。然而,用高级语言编写的程序比较容易学习和理解。

(2) 点对点级语言。在这一级语言(如 Funky 和 Cincinnart Milacron 的 T3)中依次输入每一点的坐标,机器人就按照给出的点运动。这是非常原始和简单的程序类型,它易于使用,但功能不够强大,它也缺乏程序分支、传感器信息及条件语句等基本功能。

(3) 专用操作语言。该语言是专门用于机器人领域的语言,也可能发展成为通用的计算机程序设计语言。用该级语言可以开发较复杂的程序,包含传感器信息、程序分支以及条件语句(如 Unimation 公司的 VAL)。这一级别多数选用解释执行的语言。

(4) 应用计算机语言的结构化程序级语言。这种程序设计语言是在流行的计算机语言(如 C 语言)的基础上增加一些机器人专用的子程序库。这类语言大多数是编译执行,功能强大,允许复杂编程,如美国 Cimflex 公司开发的 AR-BASIC 语言就是用 BASIC 语言开发的一个程序库。

(5) 面向任务的语言。目前尚不存在这一级别的程序设计语言,IBM 公司于 20 世纪 80 年代提出了 Autopass,但一直没有实现,Autopass 设想成为面向任务的程序设计语言,也就是说,不必为机器人完成任务的每一个必要步骤都编好程序,用户只须指出所要完成的任务,控制器就会生成必要的程序流程。假设机器人要将一批盒子按大小分为三类,在现有的语言中,程序必须准确告诉机器人要做什么,也就是每一个步骤都必须编程,如必须首先告诉机器人如何运动到最大的盒子处,如何捡起盒子,并将它放在哪里,然后再运动到下一个盒子的地方,等等。在 Autopass 语言中,用户只须给出"分类"的指令,机器人控制器便会自动建立这些动作序列。

10.4　机器人应用与展望

根据国际机器人联合会(IFR)在 2023 年发布的《世界机器人报告》,全球机器人行业正处于快速发展阶段。以工业机器人为例,2022 年,全球工业机器人的销量达到了 553 052 台,比 2021 年增长了 5%,这一增长率凸显了机器人技术的日益普及和应用范围的不断扩大。在地区增长方面,亚太地区以 5.2% 的增幅领先,紧随其后的是美洲地区的 7.7% 和欧洲地区的 2.4%,这些数据反映了各地区对自动化和智能化技术的需求增长。中国、日本、美国、韩国和德国作为全球工业机器人销量最大的 5 个国家,它们的市场份额总计约占全球市场的 79.1%,这一比例凸显了这些国家在全球机器人产业中的领导地位。IFR 的预测进一步显示,未来三年全球工业机器人销量将保持稳步增长,预计到 2026 年将达到 718 000 台,预示着机器人技术将在未来生产和生活中扮演更加重要的角色。

10.4.1　机器人应用

随着技术的不断进步和市场需求的日益增长,机器人行业正迎来前所未有的发展机遇。从工业自动化到服务机器人的广泛应用,再到特种机器人在极端条件下的重要任务执行,机器人技术正逐步渗透至社会的每一个角落。未来,随着人工智能、大数据、物联网等新兴技术的融合,机器人的智能化水平将得到显著提升,它们将展现出更高的自主性、更强的交互能力和更广泛的应用潜力,为全球经济的发展和社会的进步贡献力量。

下面从特种机器人、工业机器人和服务机器人等方面介绍机器人应用情况。

1. 特种机器人

特种机器人在我国市场发展迅速,广泛应用于应对地震、洪涝灾害、极端天气等公共安全事件。2020 年,中国特种机器人的销售额达到了 66.5 亿元,中国特种机器人行业近年来发展迅速,市场规模不断扩大。无人机、地面军用机器人、水下机器人和航空航天机器人等特种机器人的应用,不仅体现了技术的进步,也显示了市场的巨大潜力。

1)地面军用机器人

机器人技术在军事领域的应用正不断革新战术和战略。自 2008 年美国公布"大狗"(BigDog)机器人以来,其出色的平衡能力和负载能力就引起了全球关注。BigDog 能够攀越 35°斜坡,携带自重 30% 的重载,即使在受到冲击后也能迅速恢复稳定。

随后,技术进步使得机器人速度大幅提升。2012 年,波士顿动力公司的"猎豹"机器人以每小时 18 英里的速度,刷新了有腿机器人的陆地步行速度纪录,超越了人类的最快跑步速度,显示出军用机器人在快速部署和机动性方面的潜力。

实地测试验证了机器人的实战能力,2014 年 7 月,Google 旗下公司的 LS3 机器狗在夏威夷与美国海军陆战队进行了实地运载测试。这款机器狗在 24h 内不进行补给的情况下,能够携带 181.44kg 的负载行进 32.18km,展现了在复杂地形中的卓越机动性。

中国在军用机器人自主研发方面也取得了显著成就。2016 年 9 月,中国的"奔跑号"山地四足仿生移动平台在"跨越险阻 2016"地面无人系统挑战赛中荣获 50m 竞速和综合越野第一名。这一成就体现了中国在军用机器人领域的自主研发能力。

性能的持续提升扩展了机器人的应用范围,2018 年 4 月,中国北方车辆研究所兵器地面无人平台研发中心推出了一款新型军用仿生机器人。这款机器人重 130kg,能够搭载 50kg 的任务载荷,在平整铺装路面上的最大行驶速度为 6km/h,续航能力达到 2h,爬坡能力为 30°。

现代应用展现了机器人在安全领域的潜力,2020 年 9 月,美国空军开始引入由"幽灵机器人"公司制造的 Q-UGV 机器狗,用于军用机场的安全保卫。这些机器狗被命名为 Vision 60 型号,能够执行检查、情报侦察、监视、分布式通信和持续警戒等任务。

多样化功能的实现预示着未来技术的发展方向,2022 年 11 月,中国兵器馆展出了"啸天-350"四足机器人和机器狗。其中,"啸天-350"自重 350kg,能够搭载 150kg 的货物,在边境山地区域跟随步兵巡逻,续航能力为 2~3h,最快越野速度 10km/h,平地速度超过 15km/h,能持续行驶约 30km。

2)无人机

无人机技术的起源可以追溯到 1913 年,自那时起,这一领域经历了飞速的发展。如今,无人机类型超过 300 种,市场上销售的型号超过 40 种。美国在这一领域一直处于领先地位,其装备的"先锋""猎手""影子""掠食者"和"全球鹰"等型号,在多次重要战争中发挥了关键作用。

以色列也取得了显著成就,研制出了"侦察兵"(Scout)、"先锋"(Pioneer)、"搜索者"(Searcher)等多代无人机,并与美国 TRW 公司合作开发了"猎人"(Hunter)无人机以及"苍鹭"(Heron)中空长航时多用途无人机。2010 年 11 月,中国在珠海国际航展上推出了 25 款先进的无人机,标志着中国在无人机领域的自主研发能力。

人工智能与模拟对抗出现了,2017 年,美国空军研究实验室开展的无人机模拟对抗试验中,装备有"阿尔法"人工智能系统的无人机多次轻松击败人类飞行员,这一事件凸显了人工智能技术在提升无人机作战能力方面的潜力。

无人机出现在未来的战略部署上，2023年，美国国防部披露了"复仇者"计划，预计将生产并部署数千个具有"小型、智能、低成本和多样化"特点的可消耗型无人自主平台。同年，土耳其航空航天工业公司宣布Anka-3无人战斗机完成首飞，这款无人机的飞行高度和最大起飞质量均体现了其执行空地打击任务的能力。

现代冲突中，无人机的作用得到了充分证明。如俄乌冲突中广泛使用的"TB-2""猎户座""前哨-R"等察打一体无人机。澳大利亚皇家空军的MQ-28A"幽灵蝙蝠"隐形多用途无人机，已正式发布并完成多阶段测试，采用人工智能技术和模块化任务包系统，目标在推动有人-无人协同作战模式，未来两年将是进行技术完善和列装的关键期。

3）水下机器人/无人艇

水下机器人根据操作方式和与水面支持设备的联系方式，主要分为有人机器人和无人机器人两大类。有人潜水器以其机动性和灵活性，在处理复杂问题方面具有优势，但同时也带来了操作人员的安全风险和较高的成本。相对而言，无人潜水器，即水下机器人，以其较低的风险和成本，在近20年里取得了显著的发展。无人潜水器根据与母船或平台的联系方式，进一步细分为有缆的遥控潜水器（ROV）和无缆的自治潜水器（AUV）。ROV依赖电缆进行遥控操作，而AUV则完全自主作业，两者均展现出在军用和民用领域的广泛应用前景。

深海探索的里程碑是，2012年3月26日，詹姆斯·卡梅隆驾驶"深海挑战者"号深潜器，成功下潜至10 898m的世界最深处，成为历史上首位目睹马里亚纳海沟底部景象的人。这一壮举不仅刷新了人类深海探索的纪录，也为水下机器人技术的发展提供了宝贵的实践经验。

国内水下机器人技术展现了实用价值，中国科学院沈阳自动化研究所与俄罗斯合作开发的CR-01和CR-02系列水下机器人，已在太平洋深海完成考察工作，标志着国产智能水下机器人技术的成熟和实用化。这些预编程控制的水下机器人，能够执行6000m深的水下作业任务，为深海资源勘探和科学研究提供了强有力的技术支持。

中国智能无人艇的发展同样迅速，精海3号（HC650-01）作为其中的代表，由交通运输部东海航海保障中心上海海事测绘中心订购，主要用于岛礁和近海浅水域的水下地形、地貌探测。2018年1月，精海3号在"桑吉轮"沉船事故中发挥了重要作用，通过应急测绘调查，准确确认了沉船位置和海域地形，展现了无人艇在海洋环境监测和应急响应中的实用价值。

相关的国际合作与技术创新出现了，2023年12月，美国海军接受了自主逆戟鲸超大型无人水下航行器Orca的交付。这款由波音公司开发的无人航行器，以其先进的自主性和强大功能，被誉为"世界上最先进、功能最强大的无人潜航器"，能够在复杂和有争议的水域执行长期关键任务，为海底海上优势的实现提供了新的技术手段。

AUV集群组网技术可有效提升水下环境中的协同作业与通信能力。组网成员之间能够自主协同且高效完成包括海洋勘测、环境监测及搜寻救援在内的多种复杂任务。结点之间的实时信息交流，确保每个成员都能获取到最新的任务数据和环境信息；同时，通过智能算法协调行动，共同达成预定目标。这种协作能力使得自主水下航行器集群组网成为海洋探索与利用领域的重要技术突破。

4）航空航天机器人

空间机器人的挑战与特性，空间机器人是一类设计用于在行星大气环境中导航和飞行的低成本、轻量级遥控机器人。它们面临着在不断变化的三维空间中进行自主导航的挑战，需要实时确定自身的位置和状态，并对垂直运动进行精确控制。此外，空间机器人必须能够预测飞行路径并进行规划，以应对外星环境中的未知因素。

太空探索的先驱,太空机器人广泛应用于地外空间的探索任务。美国的 NASA 利用"机遇号""勇气号"以及"好奇号"等火星探测器,在火星表面进行移动探测,收集了大量关于火星土壤、大气和环境的数据,极大地丰富了人类对这颗红色星球的认识。这些探测器的设计和应用展示了空间机器人在星际探索中的重要作用。

中国的月球探测取得一些成就,2013 年 12 月 2 日,中国成功发射了"嫦娥三号"探测器和"玉兔号"巡视器,标志着中国在月球探测领域迈出了重要一步。"嫦娥三号"作为着陆器,负责原地探测;而"玉兔号"巡视器则在月球表面进行巡视探测,收集了宝贵的月球地质和环境数据,为人类对月球的理解提供了新的视角。

在外星表面进行移动探测的机器人需要应对未知的环境挑战。为了确保机器人的安全和任务的成功,需要综合运用多种感知技术来构建环境模型。同时,为了提高科学数据收集的效率,机器人行为规划方法的发展成为关键。从早期的纯人工规划方法,到现在的人机结合半自动规划方法,技术的进步使得机器人能够更加自主地执行任务。

自动规划方法的应用越来越广泛,特别是在执行一些基本任务时,机器人的自主性得到了显著提升。这不仅提高了探测任务的效率,也为未来的深空探测任务提供了新的可能性。

2. 工业机器人

工业机器人代表了自动化技术在现代制造业中的重要应用。这些机器人是具备自动控制、可重复编程、多功能、多自由度和多用途的操作机,它们能够搬运材料、工件或操持工具,完成多样化的作业任务。工业机器人的灵活性体现在它们可以固定在一个地方工作,也可以装备在往复运动的小车上,以适应不同的生产线布局。

垂直多关节机器人(VARs)、SCARA 机器人、圆柱坐标机器人、直角坐标机器人(Cartesian Robots)、并联机器人(Parallel Robots)和移动机器人(Mobile Robots)是工业机器人的一些主要类型。这些机器人的设计各有特点,以适应不同的工业应用需求。

在汽车制造领域,如德国宝马汽车工厂,工业机器人被用于执行复杂的焊接任务。它们通过多个运动轴,能够精确地沿着汽车车身的轮廓进行焊接,提升生产效率并确保焊接质量的一致性。

在电子组装行业,例如三星的半导体芯片制造过程中,工业机器人利用其高精度的定位系统,负责将微小的芯片放置到电路板上,确保每个芯片位置的准确性。

在食品和饮料行业的应用中,工业机器人在荷兰的喜力啤酒厂自动化地完成啤酒的灌装、封盖和包装过程。这些机器人展现出适应不同生产线速度的能力,同时维持操作的一致性和准确性。

在金属加工领域,日本的川崎重工使用工业机器人进行船舶制造中的金属切割和焊接工作。这些机器人在高温和恶劣环境下稳定工作,提升了生产安全性。

在塑料和橡胶工业中,意大利的菲亚特汽车工厂使用工业机器人控制注塑机,生产汽车的塑料部件。这些机器人在高温操作环境中确保了部件的质量和精度。

在物流和仓储环节,亚马逊的物流中心利用 Kiva 机器人自动化地搬运和存储货物。这些机器人通过扫描地面上的二维码导航,优化了仓库空间的使用,并显著提高了拣选效率。

工业机器人的先进控制技术和传感器系统使它们能够初步自动化执行复杂的工业任务。随着新材料和人工智能技术的发展,未来的工业机器人预计将变得更加灵活和智能。它们将更好地适应多变的生产需求,提供更高的生产效率和更好的工作质量。

随着技术的进步,工业机器人将继续扩展其在制造业中的应用范围,成为提高生产效率、降低成本、提升产品质量的关键因素。同时,它们也将在自动化和智能化的道路上为工业生产带来革命性的变革。

3. 服务机器人

服务机器人的应用范围很广,主要从事维护、保养、修理、运输、清洗、保安、救援、监护等工作。德国生产技术与自动化研究所所长施拉夫特博士给服务机器人下了这样一个定义:服务机器人是一种可自由编程的移动装置,它至少有三个运动轴,可以部分地或全自动地完成服务工作。这里的服务工作指的不是为工业生产物品而从事的服务活动,而是指为人和单位完成的服务工作。

英国研制出一款智能聊天语言系统,可以赋予计算机类似人类的"思维"。该计算机系统能够让测试者无法辨识究竟是计算机,还是人类。未来的"伴侣型机器人"是具有一定感知、交流和情感表达能力的仿真机器人,为人类(特别是小孩和老人)提供无微不至的服务。其特点:一是依靠先进的人工智能技术,使机器人初步具有像人一样的感知、交流和情感表达能力;二是开发出制造机器人的新材料,可以让机器人看起来、摸起来像真人一样。

娱乐机器人以供人观赏、娱乐为目的,具有机器人的外部特征,可以像人、像某种动物、像童话或科幻小说中的人物等,同时具有机器人的功能,可以行走或完成动作,可以有语言能力、会唱歌、有一定的感知能力。

医疗机器人从功能上可分为5种类型:一是辅助内窥镜操作机器人,这种机器人能够按照医生的控制指令操作内窥镜的移动和定位;二是辅助微创外科手术机器人,一般具有先进的成像设备、一个控制台和多只电子机械手,手术医生只要坐在控制台前观察高清晰度的三维图像,操纵仪器的手柄,机器人就会实时完成手术;三是远程操作外科手术机器人,由于配备了专门的通信网络传输数据收发系统,这种机器人可以完成远程手术;四是虚拟手术机器人,这种机器人将扫描的图像资料进行三维分析后,在计算机上重建为人体或人体器官,医生便可以在虚拟图像上进行手术训练,制订手术计划;五是微型机器人,主要包括智能药丸、智能影像胶囊和纳米机器人。智能药丸机器人能够按照预定程序释放药物并反馈信息;智能影像胶囊能辅助内窥镜或影像检查;正在研制开发的纳米微型机器人还可以钻入人体,甚至在肉眼看不见的微观世界里完成靶向治疗任务。

10.4.2 机器人发展展望

当前,机器人行业正迎来前所未有的发展机遇。中国作为全球最大的机器人市场,其市场规模和增长率均显示出强劲的势头。据IFR报告,2024年中国工业机器人安装量达29.7万台,占全球54.8%,连续第十年稳居第一。在服务机器人方面,中国市场份额预计从2023年的24%升至2025年的26%。在人形机器人领域,中国在产业链关键环节加速突破,优必选等35家企业跻身全球百强。在市场前景方面,高盛预测2035年全球人形机器人市场规模或达380亿美元,中国有望占据30%以上份额;长期来看,随着通用人工智能与成本下降,2050年中国市场规模或突破1.5万亿元。

机器人技术与产业的发展呈现出以下几方面的趋势。

1. 工业机器人需求的持续增长,机器人密度增加

机器人密度是指在制造业中每万名雇员占有的工业机器人的数量。另一种衡量机器人密度的方法是,在汽车制造业中每万名生产工人占有机器人的数量。日本和韩国机器人密度相当高,其中,日本汽车工业中的机器人密度处于世界领先地位,紧接着是美国、意大利、德国、法国、英国、西班牙和瑞典。随着工业界对精密加工和高端制造的需求,机器人的密度将进一步增加。

我国工业机器人产业规模自2015年起连续十年稳居全球最大工业机器人市场,据统计,截

至 2024 年运行中的工业机器人保有量接近 180 万台,占全球总量的 54% 以上,而且机器人的核心部件如伺服系统、谐波减速器等国产化越来越高,在新能源汽车等领域的渗透显著提升。未来,随着伺服系统、谐波减速器等核心技术的进一步突破,以及人工智能、物联网等新兴技术的深度融合,工业机器人将向更高精度、更高效率的方向发展。此外,随着我国制造业机器人密度的不断提升,预计到 2025 年将达到 492 台/万人的目标。

2. 应用范围遍及工业、科技和国防的各个领域

在日本,工业机器人的应用已经深入多个关键工业领域,尤其是家用电器制造和汽车制造,这两个领域使用的机器人数量占据了超过一半的比例。此外,塑料成型、通用机械制造和金属加工等工业部门也广泛地利用机器人技术以提升生产效率和质量。

转向美国,其制造业中的机器人使用情况同样显著,特别是在焊接、装配、搬运、装卸、铸造和材料加工等环节。喷漆和精整领域的机器人应用也不容忽视,并且这种技术正在向纤维、食品、电子和家用产品等更广泛的工业部门扩展。

在俄罗斯,机器人的应用跨越了传统工业界限,涉足钟表和汽车零件的精密组装、原子能电站的维护、锻压加工、水下作业以及装卸作业等。它们还被用于处理对人体有害的化学材料,显示出机器人技术在安全性和特殊环境下的独特价值。

基于全面的市场调查,日本工业机器人协会公布了 233 个新的机器人应用领域,覆盖了农林水产、土木建筑、运输、矿山、通信、煤气、自来水、原子能发电、宇宙开发、医疗福利以及服务业等多个行业。这些应用案例不仅体现了机器人技术的多样性,也预示着其在未来社会发展中的关键作用。

此外,军用、办公室用和家用机器人的应用正在不断增加,显示出机器人技术的普遍性和适应性。特别是空间机器人、水下机器人和军用机器人的开发与应用,已经成为全球关注的焦点,这些领域的进步不仅推动了技术的发展,也为未来的探索和安全提供了新的解决方案。

我国机器人应用领域涵盖了多个行业和领域,包括但不限于制造业、资源勘探开发、救灾排险、医疗服务、家庭娱乐、军事和航天等。机器人技术的应用不仅局限于工业生产,还扩展到了社会服务的多个方面,展现了机器人作为重要生产和服务性设备的角色。

3. 服务机器人发展方兴未艾

服务机器人是一种半自主或全自主工作的机器人,它完成的是有益于人类的各种服务(但不包括生产)工作。此类机器人包括保洁机器人(地板清洁、油罐清洁、擦窗擦墙、飞机清洗、游泳池清洁等)、家用机器人(真空吸尘、割草)、医用机器人(外科手术、辅助外科手术)、残疾人用机器人(辅助机器人、轮椅机器人)、送信机器人、监视机器人、保安机器人、导引机器人、加油机器人、消防及爆炸物清理机器人等。

尽管许多服务机器人仍处于研发或商业化初期阶段,它们已经开始对人们的日常生活产生积极的影响。根据牛津大学的研究,以下工种最容易被服务机器人替代:电话促销员、地产审核员、摘录者和搜索者、手工缝纫工、算术技师、保险业者、钟表修理工、货物和货运代理、报税人、摄影加工员和处理机器操作员、开户账务员、图书馆技术人员、数据录入员、计时设备装配工和调节员、保险索赔和保单处理职员、经纪人、订货登记员、信贷员、保险鉴定人(汽车受损)、仲裁人、裁判和其他的体育工作人员。

在中国,智能服务机器人的发展尤为迅猛。国内用户总数已超过 5.64 亿,服务机器人在电信、金融、电子政务、电子商务以及智能终端和互联网信息服务等多个领域提供着自动客服、智能营销、内容导航、智能语音控制和娱乐聊天等服务。随着人工智能大模型的发展,国产大模型数量已超过 200 个,覆盖了多个行业领域,不断拓展的应用场景加速了智能化服务在各行业的

渗透。

中国服务机器人的市场规模快速增长,到 2023 年已达到约 600.16 亿元,近五年年均复合增长率达到 32.41%,高于全球服务机器人市场的平均增长水平。同时,中国正面临人口老龄化的挑战。到 2023 年年底,60 岁及以上的老年人口数量已达到 2.97 亿,占总人口的 21.1%。这一社会现象为服务机器人在老龄化社会服务、医疗康复、救灾救援、公共安全、教育娱乐和重大科学研究等领域的应用提供了广阔的发展空间和需求。

4. 机器人向智能化方向发展

随着工业机器人数量的快速增长,以及工业生产向更高层次的发展,对机器人工作能力的要求也在不断提升。特别是在智能化方向上,大模型技术正成为推动机器人技术发展的关键因素。这种智能化的需求主要表现在以下几方面。

首先,随着生产流程的集成化和系统化,智能化机器人的需求日益增长。这些机器人通过大模型技术、人工神经网络和模糊控制技术,实现了更为复杂的控制策略。它们能够自主学习和适应生产环境中的变化,预测潜在的异常,从而提高生产效率和质量。

其次,在极限作业和复杂任务中,智能化机器人展现出独特的价值。它们能够执行自动飞行、跳跃、爬行、行走、滚动和滑动等动作,以适应多变的作业条件。美国宇航局的研究成果表明,智能化机器人已能在模拟的外星环境中完成重物搬运和基础建设任务,为未来的太空探索和殖民提供了技术支撑。

再次,由于机器人工作环境的不可预见性和不稳定性,实现机器人智能化的首要任务是确保其安全可靠。这要求机器人具备强大的应变能力,以及对自身软件进行智能升级和智能诊断、修复的功能。

最后,随着新技术的不断涌现,机器人智能化也将开辟新的实现途径。通过人工智能、物联网、大数据等技术的整合,未来的机器人产品将具备更加丰富的智能特性,以适应多变的应用需求和环境挑战。

智能化已成为机器人技术发展的必然趋势,它不仅将提升机器人的性能和应用范围,也将为工业生产和社会发展带来深远的影响。随着技术的持续进步,我们有理由相信,智能化机器人将在未来的各个领域扮演更加关键的角色。

5. 机器人向微型化方向发展

随着技术的不断进步,微型化成为机器人发展的另一个重要方向,毫米级,甚至是纳米级的机器人将会广泛应用于医学、微加工、海洋和宇宙开发等领域。微型化的机器人能够适应管道、建筑废墟等复杂环境,并在其中自由移动。如果能对其运动进行更加精确的控制,还能将其应用到化工及核工业的管道以及人体器官中进行移动和作业。微型机器人在医学领域可以被用于精确的药物递送和手术导航,在微加工中能够执行精密操作。在海洋和宇宙开发中,它们可以用来探索极端环境和进行资源检测。由于其极小的尺寸,它们在这些领域中有独特的优势。例如,在 2011 年发生的日本福岛核泄漏中,第 3 号核反应堆的建筑物内的核辐射量很高,每小时的核辐射量达到 $50 \sim 150 \mu Sv$,工作人员无法入内进行设备抢修等工作,通过高辐射专用的 Monirobo 机器人,能够每小时减少 $10 \sim 20 \mu Sv$ 的辐射量。

6. 机器人的军用化方向快速发展

机器人技术的军用化方向正在快速发展,这一趋势与全球安全环境的变化紧密相关。现代军事需求促使各国探索机器人在陆、海、空以及网络空间的应用,以实现更加灵活和多变的战术。

这些需求推动了机器人技术的多样化发展,既包括微型化机器人以适应单兵作战,也包括大型机器人以携带更多任务载荷,适应复杂的战场环境。

最新的军用机器人集成了先进的传感器和控制系统,这些系统利用人工智能算法,提升了机器人的目标识别、导航和任务规划能力。它们能够在复杂和变化的环境中有效操作,无论是在陆地、海洋还是空中。

集群智能和协同作战的概念正在成为现实。通过集群控制技术,多个机器人能够共享信息、协调行动,以完成搜索、监视和攻击任务。这种集群作战能力预计将在未来无人化作战中发挥关键作用。美国国防部发布的《无人机系统路线图 2005—2030》将无人机自主控制等级分为 1～10 级,确立“全自主集群”是无人机自主控制的最高等级,预计 2025 年后,无人机将具备全自主集群能力。

国际上,多个国家正在积极推进自己的军用机器人项目,据统计,目前全球超过 60 个国家的军队已装备了军用机器人,种类超过 150 种。预计到 2040 年,美军可能会有一半的成员是机器人。除美国以外,俄罗斯、英国、德国、日本、韩国等已相继推出各自的机器人战士。俄军已宣布将在每个军区和舰队中组建独立的军用机器人连,到 2025 年,机器人装备将占整个武器和军事技术装备的 30% 以上。在不久的将来,还会有更多的国家投入这场无人化战争的研制与开发中。

各国政府也在制定相应的政策和路线图来指导军用机器人的发展。美国发布《机器人技术路线图:从互联网到机器人》,阐述了包括军用机器人在内的机器人发展路线图,决定将巨额军备研究费投向军用机器人研制,使美军无人作战装备的比例增加至武器总数的 30%,未来三分之一的地面作战行动将由军用机器人承担。

未来军用机器人将在战场上扮演更加重要的角色,它们将在传统作战任务中发挥作用,同时在非对称作战和特种作战中展现出独特的优势。俄罗斯科研人员正在研发一种被称为“杀手机器人”的人形智能武器,可不借助人类干预,自主选择并攻击目标,并能帮助遭到袭击的受伤士兵撤离。这一发展趋势也引发了对机器人伦理和战略影响的深入思考。

在军事领域,多域战、全域战、分布式作战等作战概念的提出与运用,推动了军种联合作战从简单能力叠加到深度能力融合的转变,使智能无人集群系统跨域协同作战逐渐成为未来战争的基本形态。

7. 机器人的具身智能

具身智能机器人是一种高度集成化的自动化设备,它们不仅具备传统工业机器人的自动化和精确性,还拥有更高级的感知、决策和交互能力。这些机器人能够理解和适应其所处的环境,并与人类或其他机器人进行有效互动。

具身智能(Embodied AI)是指通过结合感知、动作和环境交互来实现人工智能。这种智能不仅仅限于虚拟环境中的抽象问题解决,而是能够在物理世界中导航和操作,实现与人类更自然的交互。具身智能被认为是实现人工通用智能(AGI)的关键途径,因为它能使智能体在复杂和动态的环境中进行感知、交互和推理。

具身智能不仅是 AGI 的重要组成部分,也是实现 AGI 的基础。与传统的对话智能体(如 ChatGPT)不同,具身智能通过控制物理实体(如机器人)来实现与真实世界的交互。这种交互能力使得具身智能可以在各种场景中展示其通用智能能力,包括工业自动化、医疗护理、家庭服务等。

10.5 机器人运动控制实例分析

国际机器人足球联盟(Federation of International Robot-soccer Association,FIRA)于1997年成立后,在全世界每年举办一次机器人世界杯比赛(FIRA Cup),其中的一个比赛项目为5对5仿真比赛(Middle League Simurosot,MLS)。在仿真比赛中,所有的硬件设备均由计算机模拟实现,简化了比赛系统的复杂度,减少了硬件需求,可控性好、无破坏性、可重复使用,不受硬件条件和场地环境的限制。开发此类比赛的竞赛程序既能锻炼程序开发能力,又能锻炼智能控制算法设计能力。请阅读下面的材料,开发自己的竞赛程序并与其他程序进行比较。

MLS竞赛的软件平台说明网页链接为 http://www.fira.net/contents/sub03/sub03_7.asp,下载该平台的链接为 http://www.fira.net/contents/data/Middle_League_SimuroSot_Program.Exe,比赛规则的英文说明文档见 http://www.fira.net/contents/data/Middle_League_SimuroSot.pdf。

为完成本练习,首先下载并安装 Middle_League_SimuroSot_Program.exe。下面从7方面介绍了在MLS比赛中控制机器人控制策略的设计。

10.5.1 仿真平台使用介绍

在每场比赛中,参赛双方分别选择不同颜色的比赛队伍。在本例中,乙方选择蓝队,甲方(武汉工程大学)选择黄队。

每个队伍执行自己开发的控制策略程序的过程如下。

将自己编写的策略文件编译成.dll,黄队程序复制到 C:\strategy\yellow 目录下,蓝队程序复制到 C:\strategy\blue 目录下。在仿真平台中单击 Strategy 按钮,选择"C++",然后输入策略文件名,单击 Send 按钮。选择相应的比赛模式,按照规则使用鼠标选中和拖曳的方式摆放好球和球员的位置,随后单击 Start 按钮开始比赛。

MLS平台的运行界面如图10-1所示。

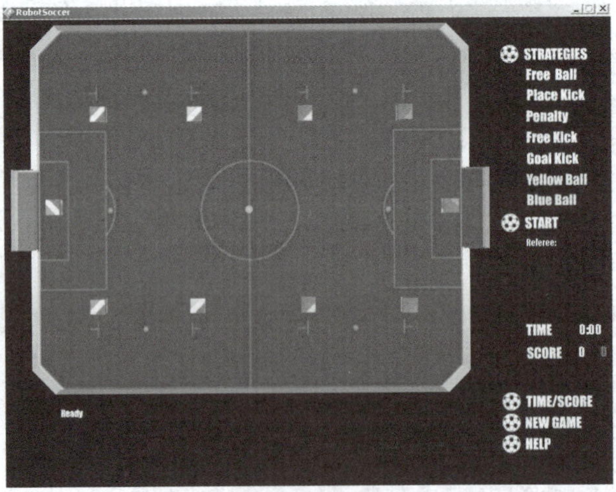

图10-1 MLS平台的运行界面(左侧场地为我方,右侧场地为对方)

MLS的主菜单及其说明如图10-2所示。
MLS的策略载入菜单及其说明如图10-3所示。

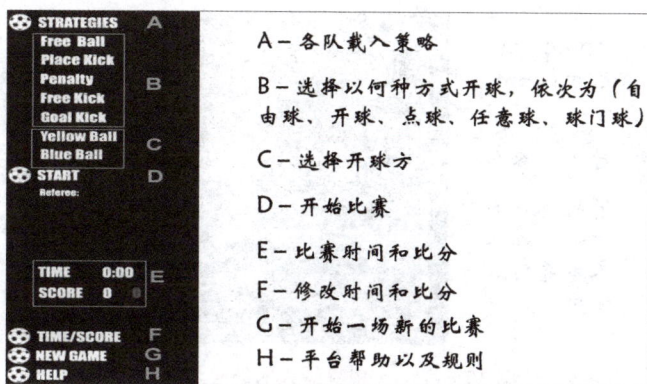

A－各队载入策略

B－选择以何种方式开球，依次为（自由球、开球、点球、任意球、球门球）

C－选择开球方

D－开始比赛

E－比赛时间和比分

F－修改时间和比分

G－开始一场新的比赛

H－平台帮助以及规则

图 10-2　MLS 的主菜单及其说明

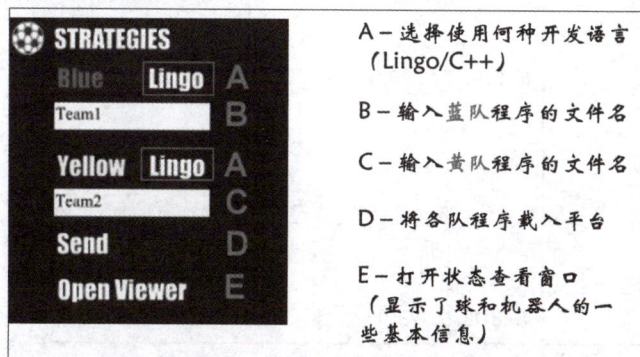

A－选择使用何种开发语言（Lingo/C++）

B－输入蓝队程序的文件名

C－输入黄队程序的文件名

D－将各队程序载入平台

E－打开状态查看窗口（显示了球和机器人的一些基本信息）

图 10-3　MLS 的策略载入菜单及其说明

MLS 的比赛控制菜单及其说明如图 10-4 所示。

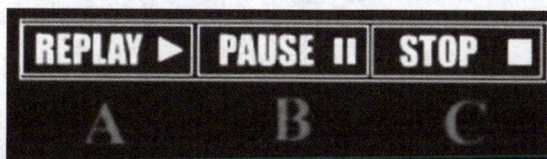

A－立即回放　　B－暂停　　C－结束比赛

图 10-4　MLS 的比赛控制菜单及其说明

MLS 的回放控制菜单及其说明如图 10-5 所示。

A－重头开始回放　B－从前300个周期开始回放

C－一般速度回放　D－慢速度回放　E－逐帧回放

F－推出回放模式　G－当前进球无效

图 10-5　MLS 的回放控制菜单及其说明

MLS 中机器人的编号与说明如图 10-6 所示。

MLS 场地顶点的坐标说明如图 10-7 所示。

MLS 场地的各种标志及尺寸说明如图 10-8 所示。

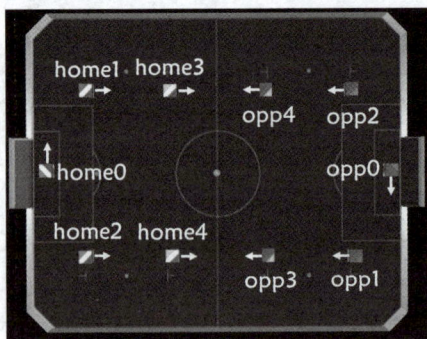

图 10-6　MLS 中机器人的编号与说明

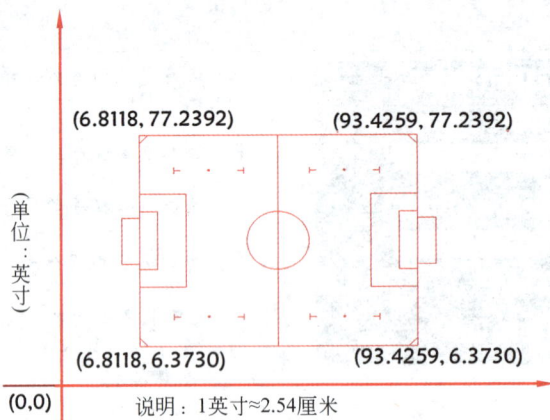

图 10-7　MLS 场地顶点的坐标说明

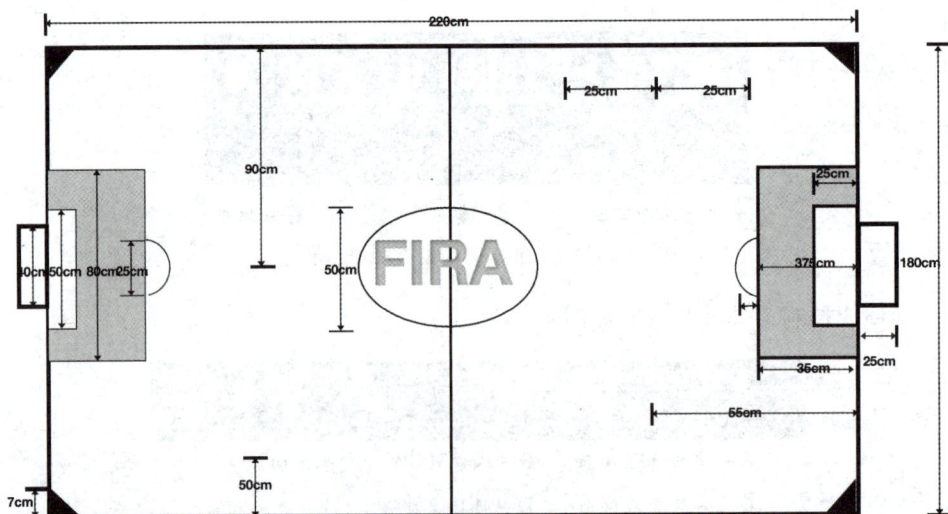

图 10-8　MLS 场地的各种标志及尺寸说明(单位：cm)

关于鼠标和键盘的操作：在比赛开始前或比赛暂停时，可以用鼠标拖动球或机器人到场地的任何位置。在比赛开始前或比赛暂停时，当鼠标单击某一个机器人后，可以用键盘的→或←键调整该机器人的角度。

MLS 平台的特点：机器人动力学特征及碰撞仿真极为真实(该平台采用商用游戏引擎公司

Havok 的物理引擎,该引擎被帝国时代、CS 等游戏采用),该平台实现了 2.5 维界面,采用 Director 设计界面,3d Max 建模。

平台对操作系统的需求。硬件需求:Pentium Ⅲ 600 MHz 或以上性能的 CPU,256MB 系统内存,具有 32MB 以上显存的 TNT2 或其以上级别的显示卡,能够支持 800px×600px 以上分辨率的显示器。软件需求:Windows 98 或以上版本的操作系统,DirectX 8.0 或以上版本。竞赛程序的开发环境建议使用 Microsoft Visual C++ 6.0 或 Microsoft Visual C++ 2005/2008。

10.5.2　仿真平台与策略程序的关系

策略程序就是自己编写的能够使仿真平台中机器人按照预定方式运动的程序,通俗来说,就是能够打比赛的程序。

仿真平台与策略程序的通信方式如图 10-9 所示。

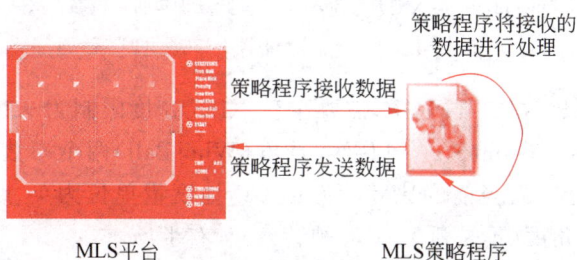

图 10-9　仿真平台与策略程序的通信方式

策略程序每个周期接收来自 MLS 的数据,该数据包括己方、对方机器人的坐标、角度(当前周期,上一周期)、球的坐标(当前周期,上一周期)。

策略程序每个周期发送的数据包括己方(home[i])每个机器人的左轮速(pwm1)和右轮速(pwm2)。

10.5.3　策略程序的结构

下面以甲方的策略程序为例,介绍策略程序的结构(扫二维码)。甲方比赛策略文件的组成如图 10-10 所示。

Environment
结构代码

图 10-10　甲方比赛策略文件的组成

其中,interface.h 和 interface.cpp 含有与仿真平台通信的一个结构 Environment 和三个函数。

10.5.4　动作函数及说明

下面的动作函数可以给机器人自由地发轮速(在该程序中可以简单地认为轮速就是机器人

的推进力）。

```
void Velocity(HRobot &robot,double pwml,double pwm2)
```

轮速值对机器人运动的影响如图 10-11 所示。

左轮速pwm1

右轮速pwm2

pwm1＞pwm2，机器人顺时针旋转
pwm1＜pwm2，机器人逆时针旋转　　当轮速为负时，机器人反向运动

图 10-11　轮速值对机器人运动的影响

Velocity
函数的应
用示例

在运用 Velocity 函数（扫二维码）中，需要注意：①轮速度限制为−125～125km；②平台原始接口中提供了比赛状态（GameState）以及控球方（WhosBall）两个参数，但实际开发时发现它们毫无用处，故需要自己判断当前的比赛状态；③场地度量单位为英寸（1 英寸≈2.54 厘米）；④机器人角度的单位为角度（不是弧度）；⑤须转换左、右半场。

10.5.5　策略

甲方的策略系统结构如图 10-12 所示。

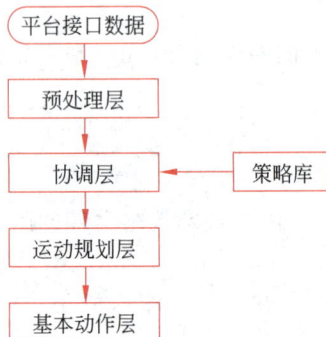

图 10-12　甲方的策略系统结构

（1）预处理层的功能设计：输入信息预处理，包括对接口参数进行英寸到厘米及坐标方向的转换，计算个体的线速度、角速度，个体间的距离、角度等。

（2）协调层的功能设计：协调层是决策的最高层，它接收经预处理过的比赛数据，包括机器人和球的位置。根据这些数据判断场上的形势，从知识库中抽取合适的协作模式，定出合作的意图，并将意图传入下一层。协调层的关键有两点：判断场上形势和角色的分配。为了对比赛场上的形势进行分析处理，需要把从仿真平台得到的数据进行模糊化与抽象化，再根据一定规则分配角色。

协调层主要包含 4 个功能：区域划分、判断控球者、角色分配、队形确定。

① 区域划分的原理：一般将球场分为三个区域，即进攻区、防守区和过渡区；进攻区在对方球门区附近；防守区在己方球门区附近；过渡区在前两者之间。

② 判断控球者的原理：判断哪方或哪名队员控制球。常用的方法有：时间区域控制法和最短距离法（在当前时刻谁离球最近便代表谁控制球，实现较为简单）等。

③ 角色分配的主要思想：球在进攻区内，且我方控制球，则离球近的队员为主攻、另一名队员为协攻（守门员的角色通常不变）；球在防守区域内，则离球近的队员为主防，另一名队员为协防。角色分配首先取决于开发者设计的各种攻防策略（存放在策略库中），如全攻全守、区域防守、前后场法、两翼法等。

④ 队形确定的思想：机器人的协作是通过队形实现的，通过队形将任务分解为角色集合。

队形中包括与队中足球机器人个数相等的角色。球员由 5 个队员组成,所以队形可表示为 $F = \{role^1, role^2, role^3, role^4, role^5\}$(其中,$F$ 表示队形,$role^1 \sim role^5$ 为角色)。

(3)运动规划层的功能设计:运动规划层是将协作意图分解细化,它注重个体机器人要完成什么动作。运动规划层的设计要求——规划生成速度要快;控制周期之间规划的衔接应该连贯、平滑。在这一层的内容中,应当考虑避障处理、冲突检测与处理、故障检测与处理、边墙检测与处理、犯规预防处理。

(4)基本动作层的功能设计:基本动作层是决策的最底层,它将运动规划层产生的阶段性目标和具体的行动指令对应起来;基本动作是不可分解的动作,这些动作可以离线设计分别调试。通过分析和实验得到一组基本动作集合,然后通过调用集合的一个或几个基本动作组合形成复杂的动作。在此层设计中的基本动作主要包括射门(ShootBall)动作函数、转角(Angle)动作函数、到定点(Position)动作函数等。

为了进行战术配合,常常需要调用多个技术动作,可以将此类动作定义为战术动作,如一传一射(PassShoot)、二过一(TwoBeatOne)、交叉掩护(CrossAndCover)等,这样便由战术动作—技术动作—基本动作构成了动作安排模块的三层结构。

下面基于以上思想介绍甲方设计的具体决策。预处理层的具体设计见表 10-1。

表 10-1 预处理层的具体设计

函 数	作 用
Initialization()	对平台传来的接口 Environment 数据进行转换,将对方数据转换为厘米制,将坐标系由屏幕坐标系转换为笛卡儿坐标系
TransformCoordinate()	再次对 Environment 数据进行对称转换,包括对方、己方球员的方位和角据、球的方位数据,使转换后的数据能适用于我队的策略
PredictBall()	预测球在下一时刻的位置
Count()	个体的线速度、角速度,个体间的距离、角度等中间参数,这些参数由其他函数使用

球场区域划分方案如图 10-13 所示。

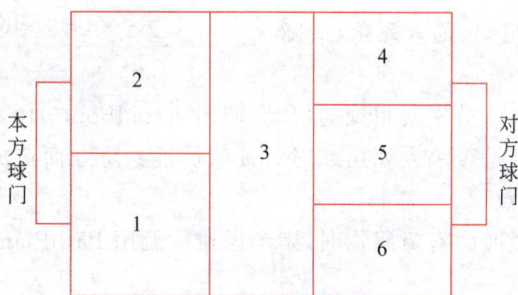

图 10-13 球场区域划分方案

角色分配方案:①$role^1$,前锋角色,在对方球门区附近;②$role^2$,前卫角色,在对方半场;③$role^3$,中卫角色,在中场附近;④$role^4$,后卫角色,靠近本方球门区;⑤$role^5$,守门员角色。

队形确定方案:根据队形的定义及分析可知,在 5vs5 的比赛中可产生多种队形,常见的队形有如下三类。

(1)进攻队形:安排更多足球机器人充当前锋角色对应的队形,如队形 1$\{role^1, role^1, role^2, role^4, role^5\}$、队形 2(强攻)$\{role^1, role^1, role^1, role^2, role^5\}$。

(2)防守队形:安排更多足球机器人充当后卫角色对应的队形,如队形 3$\{role^4, role^4, role^3,$

role^1,role^5},队形4(严密防守){role^4,role^4,role^4,role^1,role^5}。

(3)攻防兼顾队形:平衡地安排足球机器人充当前锋角色和后卫角色对应的队形。攻防兼顾队形是一种保守的队形,如队形5{role^1,role^1,role^4,role^4,role^5}。

运动规划层的具体设计:在比赛过程中,场上的形势错综复杂,瞬息万变,球员及球的位置不断发生变化,本系统设计出一系列函数,用来考虑冲突检测与处理、故障检测与处理、边墙检测与处理、犯规预防处理。运动规划层功能的具体设计见表10-2。

表 10-2 运动规划层功能的具体设计

函　　数	作　　用
NearBound()	用于球员在边界和4个边角附近的动作处理
TroubleJudge()	用于判断己方球员是否陷入死角或因对方球员近身防守而造成僵局,若发生这些情况,应采取相应的补救措施
AvoidFoul()	用于犯规判断,防止出现己方球员主动犯规的情况
PathPlan()	对球的位置进行预测,并对机器人行进路线中可能出现的障碍进行预测,以达到提前准备并修改相应规划的目的。若规划的路径前面有障碍物,则考虑避障,如果目标的方向太靠近障碍物,方向的调节是通过预置的障碍物的外围圆周切线。 由于运动控制算法是连续运行,所以避障分析一直不断地重新规划无障碍路径

运动层的具体功能设计:由战术安排—技术动作—基本动作构成动作安排模块的三层结构,见表10-3。

对我方设计策略的说明如下。

(1)通过预处理层对接口参数进行英寸到厘米及坐标方向的转换,计算个体的线速度、角速度,个体间的距离、角度,调用initializtion()、TransformCoordinate()、PredictBall()、Count()函数。

(2)建立防止机器人犯规、陷入死角、避障的规则。

表 10-3 运动层的具体功能设计

构件名	Action
基本动作	射门(ShootBall)动作函数 转角(Angle)动作函数 到顶点(Position)动作函数
技术动作	一传一射(PassShoot)配合函数 二过一(TwoBeatOne)配合函数 交叉掩护(CrossAndCover)配合函数
战术安排	进攻(Attack)战术函数 防守(Defense)战术函数 守门(GoalKeeper)战术函数

规则1:防止出现己方球员主动犯规的情况,调用AvoidFoul()函数。

规则2:判断己方球员是否陷入死角或因对方球员近身防守而造成僵局,若发生这些情况,则调用TroubleJudge()函数。

规则3:当规划的路径前面有障碍物时,则考虑避障调用PathPlan()函数。

(3)队形及角色的确定。

规则1:若对手很强,则采用队形4(严密防守)。

规则2:若对手很弱,则采用队形2(强攻队形)。

规则3:若球在1、2区域时,则采用队形1。

规则4:若球在4、5、6区域时,则采用队形3。

规则5:若球在3区域时,则采用队形5。

(4)结合队形和角色分配的情况,根据各自的角色向相应的机器人传入动作函数,从而控制机器人动作。

10.5.6 各种定位球状态的判断方法

各种定位球坐标确定方法:载入两个空策略,单击 Open Viewer 菜单,打开 RSViewer,选择 Ball,将球移动到待测试点后单击 Start 进入比赛状态,单击 RSViewer 中的 Display 可看到球的坐标。

自由球状态的判断:其位置关系如图 10-14 所示。

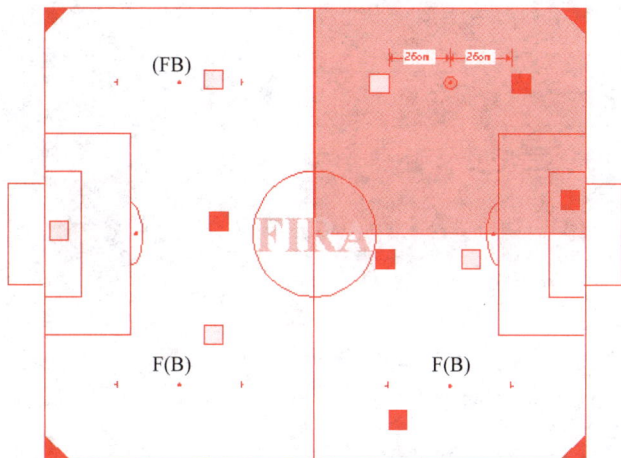

图 10-14 自由球的位置关系

在自由球状态下,球与机器人的摆放原则如下:①将场地分成 4 个区域,每个区域都有一个自由球罚球点(FB),在哪个区域犯规,就在该区域罚自由球;②球应该摆放在罚球点上;③每队有一个机器人放在离球 25cm 的发球线上;④其他机器人应该放在这个犯规区域外;⑤防守方机器人应在靠近自己底线的一边;⑥防守方先摆机器人。自由球状态的判断方法:①判断球场上所有机器人和球的速度非常小;②判断球的位置是否在发球点上;③判断我方和对方是否有且仅有一个机器人在球的附近(相距 25cm 左右)。

结合以上三个条件就可以判断是否在罚自由球。点球状态的判断:其位置关系如图 10-15 所示。

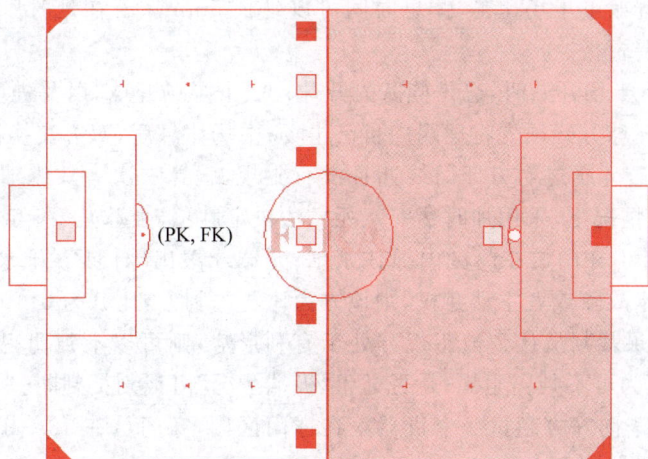

图 10-15 点球的位置关系

点球状态下球与机器人的摆放规则如下:①踢球机器人必须放在球的后方;②防守的守门员必须压球门线;③除了踢球机器人和防守守门员外,其他机器人都在另外半场;④防守方先摆机器人。

　　点球状态的判断方法：①判断球场上所有机器人和球的速度非常小；②判断球的位置是否在发球点上；③判断我方和对方是否有且仅有一个机器人在发球的那个半场。结合以上三个条件可以判断是否在罚点球。

　　球门球状态的判断：其位置关系如图 10-16 所示。

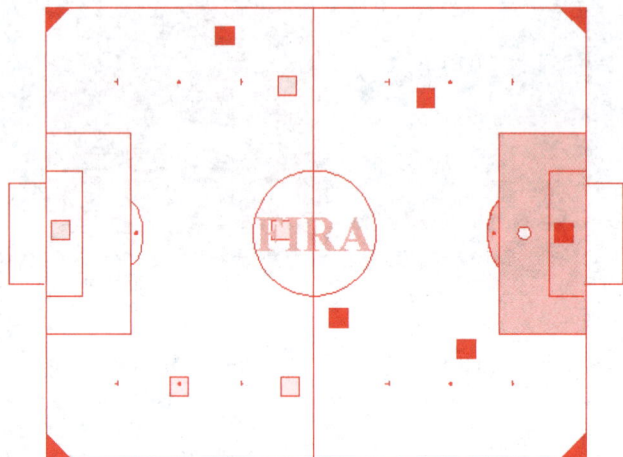

图 10-16　球门球的位置关系

　　球门球状态下的球与机器人摆放规则：①发球方只允许有一个守门员在大禁区内；②球应该放在大禁区内；③防守方机器人必须在自己半场；④防守方先摆机器人。球门球状态的判断方法：①判断球场上所有机器人和球的速度非常小；②判断球的位置是否在大禁区内；③判断我方是否有且仅有一个机器人在大禁区内；④判断所有对方球员都不在我方半场。结合以上 4 个条件就可以判断是否在罚球门球。

10.5.7　比赛规则

　　比赛时间：每次暂停时间为 3min，每场比赛最多叫两次暂停；如果一支球队在中场休息时没有准备好，就不能开始下半场比赛，休息时间可以延长 5min。若在延时后球队仍未准备好继续比赛，则取消其比赛资格。

　　比赛开始：上、下半场开始时，总是蓝队先开球；上、下半场开球，以及进球后重新开球时，球放置在场地中心处，开球方必须先将球踢向自己半场；中场休息后，双方交换比赛场地。

　　得分方法：当球整体越过对方球门线并且没有犯规，就算一次有效进球。淘汰赛在下半场结束之后出现平局的情况下，采用加时赛突然死亡法决定胜负(金球)。在点球决胜时，出现下列情况之一，罚点球结束：守门员在门区内抓住了球；开球球滚出球门区；开球 10s 之后如果一方被剥夺比赛权利、技术故障或者主动弃权，则该方为比赛失利方，比分为 0∶10。

　　犯规的处理：如果裁判员认为被犯规方处于有利形势，则可以不判罚犯规；除极端情况外，控球队员没有犯规行为可不判罚犯规；是否处于"极端情况"由裁判员判断。

　　点球的判罚规则：防守方超过一个机器人在球门区内，守门员在 10s 内没有把球踢出球门区，防守方超过三个机器人在大禁区。

　　球门球的判罚规则：当进攻机器人将防守方守门员推到球门里面；进攻时超过一个机器人进入对方的球门区；当进攻方机器人在防守方球门区里干扰防守方守门员；在球门区里面发生僵持情况超过 10s。

自由球的判罚规则：在球门区外发生僵局 10s 以上。

球和机器人的位置判定规则：仅当一个机器人有超过 50% 的体积处于某个区域时，才意味着该机器人进入此区域。当球的整体越过球门线时才算进球。

补充说明：以上规则只是整个 MLS 规则的一部分，比赛的时候请完全参照 FIRA 关于 MLS 的官方规则文档；进入仿真平台，单击右下角的 HELP 按钮，即可弹出 MLS 平台的完全说明文档和 MLS 规则文档。具体的策略源代码见相关网站。

小　　结

本章对机器人学进行了深入的剖析，从基础理论到高级应用，构建了一个全面的知识体系。学习机器人的工作空间和性能指标，这些参数对于评估和优化机器人设计至关重要。同时，介绍了多种机器人程序设计语言和模式，阐释了通过编程实现对机器人行为精确控制的方法。

通过机器人足球仿真案例，本章展示了仿真技术在运动控制算法开发中的应用，这不仅锻炼了程序开发能力，也加深了对智能控制算法设计的理解。同时，对机器人技术的未来趋势进行了前瞻性的分析。

智能化和自主性的提升为机器人在医疗、教育、家庭服务、探索任务等领域的应用开辟了更广阔的前景。在医疗领域，机器人辅助手术或患者护理已成为现实；在教育领域，机器人作为教师的助手，提供个性化学习支持，这些都预示着机器人技术的无限可能。机器人学作为一个跨学科领域，展现出巨大的发展潜力和广阔的应用前景。技术的不断进步预示着未来的机器人将更加智能、自主，并与人类社会紧密融合，共同迎接一个充满创新和机遇的新时代。

展望未来，随着人工智能技术的飞速发展，尤其是大模型的应用，为机器人技术带来了革命性的变革机遇。这种技术进步不仅推动了机器人智能化水平的提升，也使得具身智能的概念变得更加重要。具身智能的核心在于智能系统与物理世界的交互能力，而机器人正是这一概念的最佳体现。

大模型的引入极大地扩展了机器人的学习和推理能力，使其能够处理海量数据，从而在自主决策和适应能力上实现质的飞跃。机器人不再局限于执行预设任务，它们能够快速响应环境变化，并具备学习新技能的能力，这标志着向更高层次的智能化迈进。

随着机器人技术的发展，多模态交互成为可能。机器人整合了视觉、语言、触觉等多种模态输入，这不仅丰富了人机交互的方式，也使得机器人能够更准确地捕捉和理解人类的意图与情感，为用户提供更加个性化和自然的交互体验。

通过大模型的协同作用，多个机器人能够实现高效的群体行为和任务协同，展现出群体智能的力量。这种智能使得机器人团队能够共同应对复杂问题，显著提高了工作效率和适应性。机器人与大模型的融合不仅是技术上的结合，更是思维方式和问题解决方法的融合。大模型的数据处理和模式识别能力，结合机器人的实际操作和物理交互能力，推动了机器人技术向更高层次的智能化发展。

随着机器人技术的不断进步，建立合适的伦理框架变得尤为重要。这确保了机器人的行为不仅符合技术标准，更贴合社会价值观和道德标准，为机器人的健康发展提供了规范。机器人技术正站在一个新的起点上，它的进步不仅依赖技术的突破，更需要跨学科的合作和全社会的共同关注。

习　题

10.1 简述机器人的由来。

10.2 分析比较各国对机器人的定义。

10.3 人的手臂(不考虑手掌、手指,只考虑肩、肘、腕关节)有多少自由度?为什么?以用手去取某物为例,说明全局坐标系、关节坐标系、工具坐标系的建立。

10.4 (思考题)四个真人模拟一个机器人,考查用三块积木搭一个拱门任务。四个真人分别扮演机器人的大脑、眼睛、左手和右手。大脑的职责是提出实现目标的计划,然后指导手去执行计划。眼睛的职责是将场景的简要描述汇报给大脑。手只能执行来自大脑的简单命令。

题 10.4
提示

10.5 (思考题)设想一个现在还没有机器人应用而又需要机器人的具体领域或问题,并做简要描述,说明其必要性、可行性。

10.6 (思考题)阅读文献,阐述机器人的步态控制方法。

提示:可参考人形机器人 DARwIn-OP,它是由 Virginia Tech 的 Dennis Hong 团队、宾夕法尼亚大学、普渡大学和韩国公司 Robotis 联合设计与制造的。它的硬件和软件都是开源的,可以支持灵活的组装方式和多种程序设计语言(如 C++)。关于它的步态控制,可以参考 http://support.robotis.com/en/techsupport_eng.htm＃product/darwin-op/development/tools/walking_tuner.htm。

10.7 (思考题)分别在网上搜索几种典型的工业机器人、服务机器人、娱乐机器人、探险机器人、安防机器人,并通过分析说明机器人发展的趋势。

10.8 (思考题)机器人是否会战胜人类?为什么?

提示:机器人是否会战胜人类这个话题需要从多个能力方面分析。例如,机器人的运动能力能否战胜人类,机器人的视觉能力能否战胜人类,机器人的推理能力能否战胜人类,机器人的创造能力能否战胜人类,机器人的情感能力是否会战胜人类,机器人的灵感能力是否会战胜人类。

第11章

互联网智能

在网络智能方面长期成功的关键是发展能够以自然方式通信和进行交互学习的系统。传统计算智能课题的研究人员可通过直接专注于网络促进智能的、用户友好的互联网系统的发展。对于互动的、信息丰富的万维网的需求会给那些经验丰富的从业者带来巨大挑战。要求具有万维网特性的解决方案的问题数量巨大，这就需要人们持续不断地推进对机器学习的基础研究，并将学习的功能结合到互联网的每一种交互中。本章介绍语义网与本体、Web技术、Web挖掘和群体智能等内容。

11.1 概　　述

众多的信息资源通过互联网连接在一起，形成全球性的信息系统，并成为可以相互交流、相互沟通、相互参与的互动平台。

互联网从诞生到现在，可以分为4个阶段，即计算机互连、网页互连、用户实时交互、语义互连等阶段。

机器阅读数据更快、更准确，还可以借助机器学习，让机器理解数据含义。这样，我们就可以将寻找数据的任务交给机器，然后阅读机器寻找到的答案即可。但是，机器可以理解数据含义并不能理解文章的含义，因为它没有思想，所以要达到理想状态，还需要走很长的路。机器可以快速地处理数据。数据在数据库中有一定的上下文环境，进而可以让数据链接起来，建立关于数据的参考信息。

4个阶段具体内容

XML可用于建立语义数据。通过语义数据，可以将关系数据与非关系数据联系在一起。这将改变人们使用数据的方式，并最终形成一个全球的数据库。

例如，在英国，一些违反社会行为规则（ASBOs）的人不会进监狱，而是被限制出入某些范围。一个手机应用就可以通过公开的政府数据显示某个区域有多少这样的人存在。还有的手机应用可以显示某些区域有多少牙医。

怎样才能让自己的数据成为语义数据呢？首先要将数据上网；然后将它作为结构化数据提供；使用开放的标准格式；使用URL标识事物；将你的数据链接到其他人的数据。最终数据实现全球化的链接。链接的力量是非常强大的，我们需要将能源消耗、健康、医药、人口增长等数据在全球范围内链接起来。这件事情在未来几年内将变得重要起来。

随着互联网的大规模应用，出现了各种各样基于互联网的计算模式。近年来，云计算（cloud computing）引起人们的广泛关注。云计算是分布式计算的一种范型，它强调在互联网上建立大规模数据中心等信息技术基础设施，通过面向服务的商业模式为各类用户提供基础设施能力。在用户看来，云计算提供了一种大规模的资源池，资源池管理的资源包括计算、存储、平台和服务等各种资源,资源池中的资源经过了抽象和虚拟化处理,并且是动态可扩展的。云计算具有下列特点。

(1) 面向服务的商业模式。云计算系统在不同层次,可以看成"软件即服务"(Software as a Service,SaaS)、"平台即服务"(Platform as a Service,PaaS)和"基础设施即服务"(Infrastructure as a Service,IaaS)等。在 SaaS 模式下,应用软件统一部署在服务器端,用户通过网络使用应用软件,服务器端根据和用户之间可达成细粒度的服务质量保障协议提供服务。服务器端统一对多个租户的应用软件需要的计算、存储、带宽资源进行资源共享和优化,并且能够根据实际负载进行性能扩展。

(2) 资源虚拟化。为了追求规模经济效应,云计算系统使用了虚拟化的方法,从而打破了数据中心、服务器、存储、网络等资源在物理设备中的划分,对物理资源进行抽象,以虚拟资源为单位进行调度和动态优化。

(3) 资源集中共享。云计算系统中的资源在多个租户之间共享,通过对资源的集中管控实现成本和能耗的降低。云计算是典型的规模经济驱动的产物。

(4) 动态可扩展。云计算系统的一大特点是可以支持用户对资源使用数量的动态调整,而无须用户预先安装、部署,并能运行峰值用户请求所需的资源。

互联网颠覆了人们的生活和工作方式。社交网络与移动终端的普及、大数据的产生与汇聚,催生出越来越多的新需求。这些需求必将推动更多创新应用(如微博、微信、语音助手、网络购物、手机打车、PM2.5 指数、手机钱包、互联网理财、交友、移动学习、在线课程等)的问世。由于创新依赖的基础设施日趋完善,多种云计算服务及开源平台前所未有地降低了创新的成本,使得人们可以将精力集中到创新本身。

得益于网络和云计算所支持的令人惊叹的计算能力,以及从大数据洞察到的良机,还有机器学习所带来的算法进步,人工智能获得了新生。数据智能、知识智能和社会智能是智能应用的三种典型模式。

数据智能是在大规模、多样化、新鲜的数据支持下,在云计算的支撑下,采用机器学习的方法进行分类、聚类和排序,进而基于各类数据驱动实现的智能应用系统。这里的数据是指存在于万维网(Web)或者企业内部的海量、无结构或者半结构的数据集合。这类数据具有重复性、冗余性和多样性等特点,对搜索系统、问答系统、推理系统和预测系统具有重要意义。为了利用数据智能,须经过数据获取、去噪、抽取信息、建立索引等若干步骤形成可检索的数据集合。也可以利用搜索引擎的返回结果进行实时信息抽取,以避免存储和索引全网而付出代价。

知识智能是指利用知识库、词典和规则进行推理的智能系统。目前很多搜索公司都建立了大型知识库。Freebase、Yago2 和 DEPEDIA 等知识库可供免费研究和使用。结构化、半结构化和无结构化的数据经过信息抽取技术可获取实体、实体的属性和实体之间的关系构成一个知识图谱。知识图谱随着数据的更新而演进,带动知识智能不断提升。

社会智能是指利用网友在互联网上直接贡献的内容(包括网页锚文本、用户标签、用户日志、用户反馈、社区问答、社会关系网络等)实现用户参与的智能应用。在社区问答中,用户提出问题,其他网友回答问题。久而久之形成的问答对库可用来回答新的问题。这些问题和答案蕴涵着丰富的社会智能。

注意,在企业里也存在着这样三种形态的智能信息。企业的网页、文档、电子邮箱、新闻、交易数据等可以看作数据智能;企业的知识库、本体、产品目录、地址簿、客户关系等可以看作知识智能;企业内部的 QQ、LINE、YAMMER、Wiki 的数据可以视作社会智能。利用这三种类型的智能信息,可以很好地支持商业活动,提高企业的运行效率。

11.2　语义网与本体

1999 年,Web 的创始人 Tim Berners-Lee(2016 年图灵奖得主)首次提出了"语义网"的概念。2001 年 2 月,W3C 正式成立"Semantic Web Activity"指导和推动语义网的研究和发展,语义网的地位得以正式确立。2001 年 5 月,Tim Berners-Lee 等在 *Scientific American* 杂志上发表文章,提出语义网的愿景。

11.2.1　语义网的层次模型

语义网提供了一个通用的框架,允许跨越不同应用程序、企业和团体的边界共享和重用数据。语义网以资源描述框架(Resource Description Framework,RDF)为基础。RDF 是以 XML 作为语法、URI 作为命名机制,将各种不同的应用集成在一起,对 Web 上的数据所进行的一种抽象表示。语义网所指的"语义"是"机器可处理的"语义,而不是自然语言语义和人的推理等目前计算机所不能够处理的信息。

语义网要提供足够而又合适的语义描述机制。从整个应用构想来看,语义网要实现的是信息在知识级别上的共享和语义级别上的互操作性,这需要不同系统间有一个语义上的"共同理解"才行。Tim Berners-Lee 等给出"语义网不是另外一个 Web,它是现有 Web 的延伸,其中信息被赋予了良定义的含义,从而使计算机可以更好地和人协同工作"。本体自然地成为指导语义网发展的理论基础。2001 年,Tim Berners-Lee 给出最初的语义网体系结构。2006 年,Tim Berners-Lee 给出了新的语义网层次模型,如图 11-1 所示。

新的 Web 层次模型共分为 7 层,即 Unicode 和 URI 层、XML 和命名空间层、RDF+RDFS 层、本体层、统一逻辑层、证明层、信任层。下面简单介绍每层的功能。

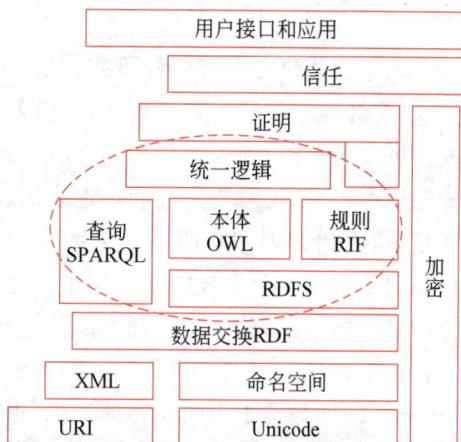

图 11-1　语义网层次模型

(1) Unicode 和 URI 层。Unicode 和 URI 是语义网的基础,其中,Unicode 处理资源的编码,保证使用的是国际通用字符集,以实现 Web 上信息的统一编码。URI 是统一资源定位符 URL 的超集,支持语义网上对象和资源的标识。

(2) XML 和命名空间层。该层包括命名空间和 XML Schema,通过 XML 将 Web 上资源的结构、内容与数据的表现形式进行分离,支持与其他基于 XML 标准的资源进行无缝集成。

(3) RDF+RDFS 层。RDF 是语义网的基本数据模型,定义了描述资源以及陈述事实的三类对象:资源、属性和值。资源是指网络上的数据。属性是指用来描述资源的一个方面、特征、属性以及关系,陈述则用来表示一个特定的资源,它包括一个命了名的属性和它对应资源的值,因此,一个 RDF 描述实际上就是一个三元组:<object[resource],attribute[property],value[resource or literal]>。RDFS 提供了将 Web 对象组织成层次的建模原语,主要包括类、属性、子类和子属性关系、定义域和值域约束。

(4) 本体层。本体层用于描述各种资源之间的联系,采用 OWL 表示。本体揭示了资源以及资源之间复杂和丰富的语义信息,将信息的结构和内容分离,对信息做完全形式化的描述,使

Web 信息具有计算机可理解的语义。

（5）统一逻辑层。统一逻辑层主要用来提供公理和推理规则，为智能推理提供基础。可以进一步增强本体语言的表达能力，并允许创作特定领域和应用的陈述性知识。

（6）证明层。证明层涉及实际的演绎过程以及利用 Web 语言表示证据，对证据进行验证等。证明注重于提供认证机制，证明层执行逻辑层的规则，并结合信任层的应用机制评判是否能够信任给定的证明。

（7）信任层。信任层提供信任机制，保证用户 Agent 在 Web 上提供个性化服务，以及彼此之间安全可靠地交互。基于可信 Agent 和其他认证机构，通过使用数字签名和其他知识才能构建信任层。当 Agent 的操作是安全的，而且用户信任 Agent 的操作及其提供的服务时，语义网才能充分发挥其价值。

从语义网层次模型来看，语义网重用了已有 Web 技术，如 Unicode、URI、XML、RDF 等，所以它是已有 Web 的延伸。语义网不仅涉及 Web、逻辑、数据库等领域，层次模型中的信任和加密模块还涉及社会学、心理学、语言学、法律等学科和领域。因此，语义网的研究属于多学科交叉领域。

11.2.2　本体的基本概念

在人工智能研究中有两种研究类型：面向形式的研究（机制理论）及面向内容的研究（内容理论）。前者处理逻辑与知识表达，而后者处理知识的内容。近年来，面向内容的研究已逐渐引起人们更多的关注，因为许多现实世界的问题的解决（如知识的重用、主体通信、集成媒体、大规模的知识库等）不仅需要先进的理论或推理方法，而且需要对知识内容进行复杂的处理。

目前，阻碍知识共享的一个关键问题是不同系统使用不同的概念和术语描述其领域知识。这种不同使得将一个系统的知识用于其他系统变得十分复杂。如果可以开发一些能够用作多个系统的基础的本体，这些系统就可以共享通用的术语，以实现知识共享和重用。开发这样的可重用本体是本体论研究的重要目标。类似地，如果可以开发一些支持本体合并以及本体间互译的工具，那么即使是基于不同本体的系统，也可以实现共享。

1. 本体的定义

本体属于人工智能领域中的内容理论，它研究特定领域知识的对象分类、对象属性和对象间的关系，为领域知识的描述提供术语。

不同的研究者站在不同的角度对本体的定义会有不同的认识。总体来讲，本体应该包含如下含义。

本体的另外 3 个定义

（1）本体描述的是客观事物的存在，它代表了事物的本质。

（2）本体独立于对本体的描述。任何对本体的描述，包括人对事物在概念上的认识，人对事物用语言的描述，都是本体在某种媒介上的投影。

（3）本体独立于个体对本体的认识。本体不会因为个人认识的不同而改变，它反映的是一种能够被群体所认同的一致的"知识"。

（4）本体本身不存在与客观事物的误差，因为它就是客观事物的本质所在，但对本体的描述，即以任何形式或自然语言写出的本体，作为本体的一种投影，可能会与本体本身存在误差。

（5）描述的本体代表了人们对某个领域的知识的公共观念。这种公共观念能够被共享、重用，进而消除不同人对同一事物理解的不一致性。

（6）对本体的描述应该是形式化的、清晰的、无二义的。

2. 本体的种类

根据本体在主题上的不同层次,将本体分为顶层本体、领域本体、任务本体和应用本体,如图 11-2 所示。图中,顶层本体研究通用的概念,如空间、时间、事件、行为等,这些概念独立于特定的领域,可以在不同的领域中共享和重用。处于第二层的领域本体则研究特定领域(如图书、医学等)下的词汇和术语,对该领域进行建模。与其同层的任务本体则主要研究可共享的问题求解方法,其定义了通用的任务和推理活动。领域本体和任务本体都可以引用顶层本体中定义的词汇描述自己的词汇。处于第三层的应用本体描述具体的应用,它可以同时引用特定的领域本体和任务本体中的概念。

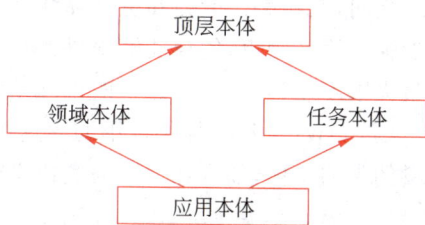

图 11-2　本体的层次模型

实现 Web 数据的语义表示和自动处理是未来互联网技术发展的一个长期的目标。目前,DARPA、W3C、Standford、MIT、Harvard、TC&C 等众多大学和研究机构都在为实现语义 Web 的远景目标而努力,从不同的角度探讨解决这一问题的方案。以 Agent 技术为代表的智能处理模式被认为是在广泛分布、异构和不确定性信息环境中具有良好应用前景的模式,而多 Agent 在语义 Web 上运行时需要使用本体,因此,本体技术已成为当前语义 Web 技术的研究热点。

目前,在信息系统领域本体的应用变得越来越重要与广泛,其主要应用包括知识工程、数据库设计与集成、信息系统互操作、仿真、信息检索与抽取、语义 Web、知识管理、智能信息处理等多个领域。

11.2.3　本体描述语言

建立了本体之后,应该按照一定的规范格式对本体进行描述和存储。用来描述本体的语言称为本体描述语言(OWL)。OWL 使得用户能够为领域模型编写清晰的、形式化的概念描述,因此它应该满足以下要求:①良好定义的语法;②良好定义的语义;③有效的推理支持;④充分的表达能力;⑤便于表达。

许多研究工作者都在致力于研究 OWL,因此产生了多种 OWL,它们各有千秋,包括 RDF 和 RDFS、OIL、DAML、DAML＋OIL、OWL、XML、KIF、SHOE、XOL、OCML、Ontolingua、CycL、Loom 等。其中,和具体系统相关的(基本上只在相关项目中使用的)有 Ontolingua、CycL、Loom 等;和 Web 相关的有 RDF 和 RDFS、OIL、DAML、DAML＋OIL、OWL、SHOE、XOL 等。其中,RDF 和 RDFS、OIL、DAML、OWL、XOL 之间有着密切的联系,是 W3C 的本体语言标准中的不同层次,也都是基于 XML 的。而 SHOE 是基于 HTML 的,是 HTML 的一个扩展。

OWL 是一种本体的标准描述语言。OWL 建立在 RDF 基础上,以 XML 为书写工具,主要用来表达需要计算机应用程序处理的文件中的知识信息,而不是呈递给人的知识。OWL 能清晰地表达词表中各词条的含义及其之间的关系,这种表达被称为本体。OWL 相对 XML、RDF 和 RDF Schema 拥有更多的机制表达语义。

OWL 形成了三个子语言:OWL Full、OWL DL 和 OWL Lite。三个子语言的限制由少到多,其表达能力依次下降,但可计算性(指结论可由计算机通过计算自动得出)依次增强。

(1) OWL Full:支持需要在没有计算保证的语法自由的 RDF 上进行最大限度表达的用户,从而任何推理软件均不能支持 OWL Full 的所有特征。OWL 允许本体扩大预定义词汇的含义,即它允许一个本体在预定义的(RDF、OWL)词汇表上增加词汇,但 OWL Full 基本上不可能完全支持计算机自动推理。

（2）OWL DL：得名于它的逻辑基础——描述逻辑。OWL DL 处于 OWL Full 和 OWL Lite 之间，兼顾表达能力和可计算性。OWL DL 支持所有的 OWL 语法结构，但在 OWL Full 之上加强了语义约束，使得能够提供计算完备性和可判定性。OWL DL 支持需要在推理系统上进行最大限度表达的用户，这里的推理系统能够保证计算完全性和可判定性。

（3）OWL Lite：提供最小的表达能力和最强的语义约束，适用于只需要层次式分类结构和少量约束的本体，如词典。因为其语义较简单，所以 OWL Lite 比较容易被工具支持。

11.2.4　本体知识管理框架

本体是语义网的基础，可以有效地进行知识表达、知识查询或不同领域知识的语义消解。本体还可以支持更丰富的服务发现、匹配和组合，提高自动化程度。本体知识管理可实现语义级知识服务，提高知识利用的深度。本体知识管理还可以支持对隐性知识进行推理，方便异构知识服务之间实现互操作，方便融入领域专家知识及经验知识结构化等。

本体知识管理一般要求满足以下基本功能：①支持本体多种表示语言和存储形式，具有本体导航功能；②支持本体的基本操作，如本体学习、本体映射、本体合并等；③提供本体版本管理功能，支持本体的可扩展性和一致性。图 11-3 给出了一种本体知识管理框架，它由三个基本模块构成。

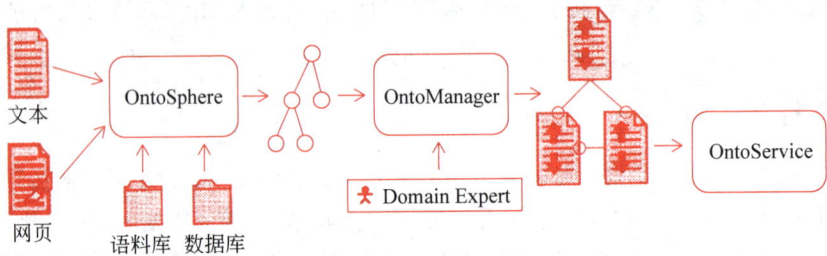

图 11-3　基于本体的知识管理框架

（1）领域本体学习环境 OntoSphere。主要功能包括 Web 语料的获取、文档分析、本体概念和关系获取、专家交互环境，最终建立满足应用需求的高质量领域本体。

（2）本体管理环境 OntoManager。OntoManager 提供对已有本体的管理和修改编辑。

（3）基于主体的知识服务 OntoService。提供面向语义的多主体知识服务。

按照本体知识管理框架，中国科学院计算技术研究所智能科学实验室的史忠植等研制了知识管理系统 KMSphere。下面分别介绍美国和德国的本体知识管理系统 Protégé 和 KAON。

11.2.5　本体知识管理系统 Protégé

美国斯坦福大学斯坦福医学信息学实验室（stanford medical informatics）开发了 Protégé 系统，它是开源的，可以从 Protégé 网站（http://protege.stanford.edu/）免费下载使用。

1.体系结构

Protégé 是一个基于 Java 的单机软件，它的核心是本体编辑器。Protégé 采用一种可扩展的体系结构，使得它非常容易添加和整合新的功能。这些新的功能以插件方式加入系统。它们一般是 Protégé 的标准版本之外的功能，如可视化、新格式的导入导出等。目前有三种类型的插件，即 Tab、Slot Widgets 和 Backends。Tab 插件是通过添加一个 Tab 的方式扩展 Protégé 的本体编辑器；Slot Widgets 被用于展示和编辑那些没有默认展示和编辑工具的槽值；Backends 主要用于使用不同的格式导入和导出本体。

2. 知识模型

Protégé 的知识模型是基于框架和一阶逻辑的。它的主要建模组件为类、槽、侧面和实例。其中,类以类层次结构的方式进行组织,并且允许多重继承。槽则以槽的层次结构进行组织。另外,Protégé 的知识模型允许使用 PAL(KIF 的子集)语言表示约束和允许表示元类。Protégé 也支持基于 OWL 的本体建模。

3. 本体编辑器

本体编辑器提供界面浏览和编辑本体,如类层次结构、定义槽、连接槽和类、建立类的实例等。它同时提供搜索、复制、粘贴和拖曳等功能。另外,它可以产生多种本体文档。一些其他研究机构提供的插件可以对本体进行可视化编辑,如 OntoViz。

4. 互操作性

一旦使用 Protégé 建立了一个本体,本体应用可以有多种方式访问它。所有本体中的词项都可以使用 Protégé Java API 进行访问。Protégé 的本体可以采用多种方式进行导入和导出。标准的 Protégé 版本提供了对 RDF(S)、XML、XML Schema 和 OWL 的编辑和管理。

11.2.6　本体知识管理系统 KAON

KAON 是德国 Karlsruhe 大学开发的本体知识管理系统,分别用 Karlsruhe 和 Ontology 的前两个字母组成,KAON 网站为 http//kaon.semanticweb.org/。KAON 是一个面向语义驱动的业务处理流程的开放源码的本体管理架构,它提供了一个完整的实现,可以帮助领域工程师较容易地对本体进行管理和应用。KAON 由 OI-Modeler、KAON API、RDF API 等组件构成。

1. OI-Modeler

OI-Modeler 是本体构建和维护的一种工具。该工具可用于编辑大型本体论以及合并一些已完成的有用的本体。OI-Modeler 的图形运算法则基于一个开放的 TouchGraph 数据库。使用 OI-Modeler 可以创建一个新的本体或打开一个已存在的本体,提供本体的不同浏览方式,可以检查它的组成(概念、实例、属性和词汇),位于屏幕上半部的图示窗口显示本体的实体、本体间的关系。

OI-Modeler 的重要特点之一是支持多人在局域网上同时构建同一本体。本体的合并功能也是构建大型本体的一种方法,但合并以后需要对其中的语义含义和词间关系进行修改和校正,尤其是一些相互矛盾的语义,如果是联机同时构建,在试图建立与已有语义矛盾的关系时,系统会提示不能进行如此操作,并给出原因。但将本体合并时则将矛盾的地方留了下来,只能经过查找显示后人工修改。

2. KAON API

KAON API 可用来访问本体中的实体。例如,在下列针对概念的接口 Concept、针对属性的接口 Property、针对实例的接口 Instance 中分别包含对本体中概念、属性和实例的访问。通过使用这些 API,可以对本体演化起到一定的帮助作用。

(1) 演化日志:负责跟踪本体在演化过程中的变化,以便在适当的时候进行可逆操作,进一步而言,还可以利用演化日志对分布的本体进行演化。

(2) 修改可逆性:为本体演化提供取消(undo)和再次实施(redo)操作,可以使已经执行了修改操作的本体回溯到对实施修改操作之前的状态。

(3) 演化策略:负责确保对本体进行变化操作后本体仍保持一致的状态,并预防非法操作。此外,演化策略还允许本体工程师定制本体的演化过程。

（4）演化图示：为本体工程师提供对本体演化过程中本体局部的修改展示。

（5）本体包含：与依赖演化相关，负责管理多个本体的演化去重处理。

（6）修改改变：通过一组工具发现本体中存在的问题，并为解决发现的问题提供决策信息。

（7）使用日志：负责跟踪终端用户在与基于本体的应用交互时产生的新的需求，以便使得本体能够立即演化，以适应新的需要。

3. RDF API

RDF API 提供了使用 RDF 模型的程序，包括模块化、RDF 解析器、RDF 序列化器等处理组件。RDF API 允许使用 RDF 知识库，为 KAON API 提供了最初的存储机制，而且可被 RDF Server 连接使用，从而实现多用户对 RDF 知识库的处理和使用。一个显著的特点是支持模型的包含功能，允许每个模型都包含其他模型。RDF API 性能良好，已经用于 AGROVOC（本体论的测试，这是一个包含 32 000 多个概念支持 21 种语言的 RDF 文件）。RDF API 还包含一个 RDF 解析器，符合 RDF 标准。它支持 xml：base 指令，也支持模型包含指令，但不支持 rdf：aboutEach 和 rdf：aboutEachPrefix 指令。RDF API 的 RDF 序列化器可以编写 RDF 模型，同样支持 xml：base 指令，也支持模型包含指令。

11.3　Web 技术与 Web 挖掘

20 世纪 90 年代初，Tim Berners-Lee 提出 HTML、HTTP 和万维网（World Wide Web，WWW），为全世界的人们提供了一个方便的信息交流和资源共享平台，将人们更好地联系在一起。由于应用的广泛需求，Web 技术飞速发展，Web 技术的演化路线图如图 11-4 所示。图中，横坐标表示社会连接语义，即人和人之间的连接程度；纵坐标表示信息连接语义，即信息之间的连接程度；带箭头的虚线表示 Web 技术的演化过程，包括 PC 时代、Web 1.0、Web 2.0、Web 3.0、Web 4.0。在云平台的基础设施上，通过跨媒体、分布式搜索高效地获取所需知识。

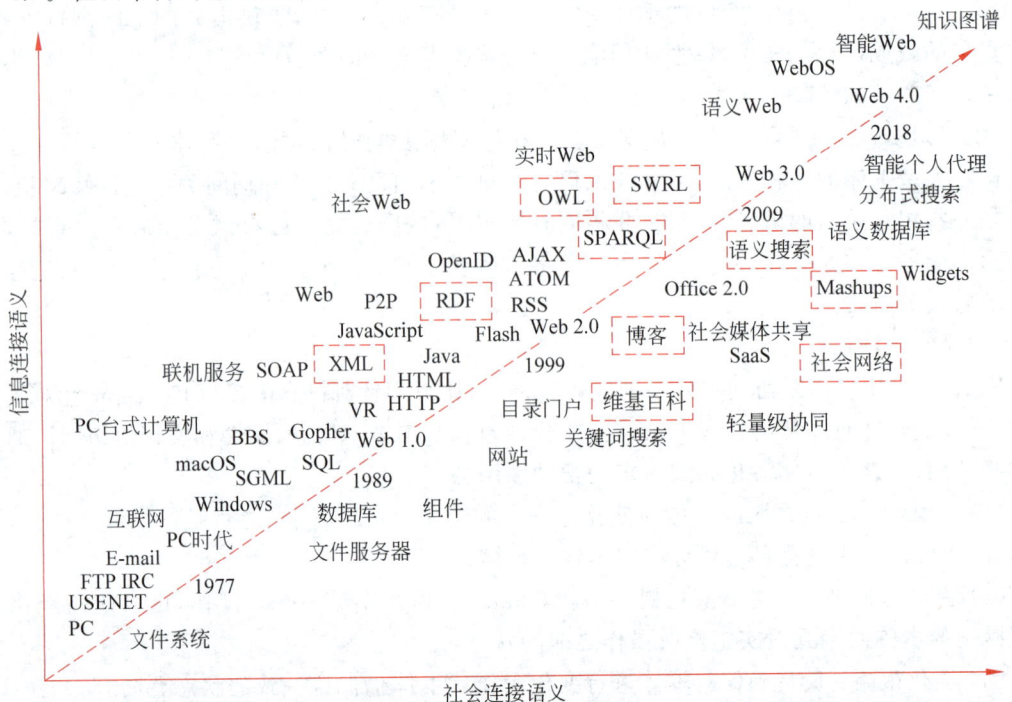

图 11-4　Web 技术的演化路线图

人类一直在围绕着三个世界建立"网"(Grids)，第一张网 Grids 1.0，即交通网；Grids 2.0，即能源网；Grids 3.0，即信息网或互联网；Grids 4.0，即物联网；现在即将开始第 5 张网的建设：Grids 5.0，即智联网(参见 11.4.4 节)。这 5 张网把三个世界整合在一起，其中，交通、信息、智联分别是物理、心理、虚拟三个世界自己的主网，而能源和物联分别是第一和第二、第二和第三世界之间的过渡，即人类通过 Grids 2.0 从物理世界获得物质和能源，借助 Grids 4.0 由人工世界(或称虚拟世界、智理世界)取得智源和知识。围绕上述 5 张网，人类社会已经进行了一系列的工业革命。第一次工业革命的核心是蒸汽机，第二次工业革命的核心是电动机，第三次工业革命的核心是计算机技术，第四次工业革命的核心是网络，特别是物联网技术。人类已开始步入稳定的第五次工业革命，即工业 5.0 之初始阶段，接下来就是虚实平行的智能机推动的智能时代。

11.3.1　Web 技术

1. Web 1.0

Web 将互联网上高度分布的文档通过链接联系起来，形成一个类似蜘蛛网的结构。文档是 Web 最核心的概念之一。它的外延非常广泛，除了包含文本信息外，还包含音频、视频、图片、文件等网络资源。

Web 组织文档的方式称为超文本，连接文档之间的链接称为超链接。超文本是一种文本，与传统文本不同的是对文本的组织方式。传统文本采取的是一种线性的文本组织方式，而超文本的组织方式则是非线性的。超文本将文本中的相关内容通过链接组织在一起，这很贴近人类的思维模式，从而方便用户快速浏览文本中的相关内容。

Web 的基本架构可以分为客户端、服务器以及相关网络协议三部分。服务器承担了很多烦琐的工作，包括对数据的加工和管理、应用程序的执行，动态网页的生成等。客户端主要通过浏览器来向服务器发出请求，服务器在对请求进行处理后，向浏览器返回处理结果和相关信息。浏览器负责解析服务器返回的信息，并以可视化的方式呈现给用户。支持 Web 正常运转的常见协议如下。

(1) 编址机制：URL 是 Web 上用于描述网页和其他资源地址的一种常见标识方法。URL 描述了文档的位置以及传输文档所采用的应用级协议，如 HTTP、FTP 等。

(2) 通信协议：HTTP 是 Web 中最常用的文档传输协议。HTTP 是一种基于请求-响应范式的、无状态的传输协议。它能将服务器中存储的超文本信息高效地传输到客户端的浏览器中。

(3) 超文本标记语言：Web 中的绝大部分文档都是采用 HTML 编写的。HTML 是一种简单、功能强大的标记语言，具有良好的可扩展性，并且与运行的平台无关。HTML 通常由浏览器负责解析，根据 HTML 描述的内容，浏览器可以将信息可视化地呈现给用户。此外，HTML 中还内嵌了对超链接的支持，在浏览器的支持下，用户可以快速地从一个文档跳转到另一个文档上。

2. Web 2.0

2003 年之后互联网走向 Web 2.0 时代。Web 2.0 是对 Web 1.0 的继承与创新，在使用方式、内容单元、内容创建、内容编辑、内容获取、内容管理、音乐等方面，Web 2.0 较 Web 1.0 有很大的改进(表 11-1)。

表 11-1　Web 2.0 与 Web 1.0 的功能比较

	Web 1.0	Web 2.0
时间	1993—2003 年	2003 年以后
使用方式	浏览网页	用户参与
内容单元	网页	博客
内容创建	网络程序员	任何人协同创建(维基百科)
内容编辑	单一信息源	混搭
内容获取	屏幕抓取	网络内容分析
内容管理	目录(分类)	社会化书签
音乐	mp3.com	Napster

1）博客

博客又称为网络日志。博客的出发点是用户"织网",发表新知识,链接其他用户的内容,博客网站对这些内容进行组织。博客是一种简易的个人信息发布方式,任何人都可以注册,完成个人网页的创建、发布和更新。

博客的模式充分利用网络的互动和更新即时的特点,让用户以最快的速度获取最有价值的信息与资源。用户可以发挥无限的表达力,即时记录和发布个人的生活故事和闪现的灵感。用户还可以文会友,结识和汇聚朋友,进行深度交流沟通。博客分为基本的博客、小组博客、家庭博客、协作式博客、公共社区博客和商业、企业、广告型的博客等。

博客大致可以分成两种形态:①个人创作;②将个人认为有趣的或有价值的内容推荐给读者。博客由于张贴内容的差异、现实身份的不同而有各种称谓,如政治博客、记者博客、新闻博客等。

2）维基

维基(Wiki)是一种多人协作的写作工具。Wiki 站点可以由多人维护,每个人都可以发表自己的意见,或者对共同的主题进行扩展和探讨。Wiki 是一种超文本系统,这种超文本系统支持面向社区的协作式写作,同时也包括一组支持这种写作的辅助工具。可以对 Wiki 文本进行浏览、创建、更改,而且其运行代价远比 HTML 文本小。Wiki 的写作者自然构成一个社区,Wiki系统为这个社区提供简单的交流工具。Wiki 具有使用方便及开放的特点,有助于在社区内共享知识。

Wiki 一词来源于夏威夷语的"wee kee wee kee",原本是"快点快点"的意思,这里特指维基百科。Wiki 著名的例子是维基百科(Wikipedia),由 Wales、Sanger 等于 2001 年 1 月 15 日开始创建。截至 2009 年年初,维基百科在世界上拥有超过 250 种语言的版本,共有超过 6 万名的使用者贡献了超过 1000 万条条目。2008 年 4 月 4 日,维基百科条目数第一的英文维基百科(http://en. wikipedia. org)已有 231 万个条目。截至 2018 年 9 月 7 日,达到 5 712 225 条目,45 808 771 页面。中文维基百科于 2002 年 10 月 24 日正式成立,截至 2024 年 3 月,中文维基百科已拥有 140 万以上个条目。

百度百科(http://baike.baidu.com)开始于 2006 年 4 月。2018 年 9 月 7 日,百度百科收录 15 527 809 个词条。截至 2024 年 3 月,百度百科收录 2700 万以上个词条。

3）混搭

混搭(mashup)指整合互联网上多个资料来源或功能,以创造新服务的互联网应用程序。常见的混搭方式除了图片外,一般利用一组开放编程接口(open API)取得其他网站的资料或功能,如 Amazon、Google、Microsoft、Yahoo 等公司提供的地图、影音及新闻等服务。由于对于一般使用者来说,撰写程序调用这些功能并不容易,所以一些软件设计人员开始制作程序产生器,替使用者生成代码,然后网页制作者就可以很简单地以复制-粘贴的方式制作出混搭的网页。例如,一个用户要在自己的博客上加上一段视频,一种方便的做法就是将这段视频上传至 YouTube 或其他网站,然后取回嵌入码,再贴回自己的博客。

4）社会化书签

社会化书签又称为网络收藏夹,是普通浏览器收藏夹的网络版,提供便捷、高效且易于使用的在线网址收藏、管理、分享功能。它可以让用户把喜爱的网站随时加入自己的网络书签中。人们可以用多个标签,而不是分类标识和整理自己的书签,并与他人共享。用户收藏的超链接可以供许多人在互联网上分享,因此也有人称之为网络书签。

社会化书签服务的核心价值在于分享。每个用户不仅能保存自己看到的信息,还能与他人分享自己的发现。每一个人的视野和视角是有限的,再加上空间和时间分隔,一个人所能接触到的东西是片面的。知识分享可以大大降低所有参与用户获得信息的成本,使用户更加轻松地获得更多数量、更多角度的信息。保存用户在互联网上阅读到的有收藏价值的信息,并做必要的描述和注解,积累形成个人知识体系。人们通过知识分类,可以更快结交到具有相同兴趣和特定技能的人,形成交流社区,通过交流和分享互相增强知识,满足沟通、表达等社会性需要。社会化书签可以满足个人收藏、展示的性格需求。

Web 2.0 赢得了人们普遍的关注,软件开发者和最终用户使用 Web 的方式发生了变化。对于 Web 1.0 应用来说,用户和 Web 之间的交互方式仅限于内容的发布和获取,而对于 Web 2.0 应用来说,用户和 Web 之间的交互方式从内容的发布和获取已经扩展到对 Web 内容的参与创作、贡献以及丰富的交互。在 Web 2.0 中,用户的作用将越来越大,他们提供内容,并建立起不同内容之间的相互关系,还利用各种网络工具和服务创造新的价值。

Web 2.0 特色

3. Web 3.0

Radar 网络公司的 Spivack 认为,互联网(Internet)的发展以十年为一个周期。在互联网的第一个十年,发展重心放在互联网的后端,即基础架构上。编程人员开发出我们用来生成网页的协议和代码语言。在第二个十年,重心转移到前端,Web 2.0 时代就此拉开帷幕。人们使用网页作为创建其他应用的平台。开发聚合应用,并且尝试让互联网体验更具互动性的诸多方法。目前我们正处于 Web 3.0,重心会重新转移到后端。编程人员会完善互联网的基础架构,以支持 Web 3.0 浏览器的高级功能。一旦这个阶段告一段落,我们将迈入 Web 4.0 时代(见图 11-4),重心又将回到前端,我们会看到成千上万的新程序使用 Web 3.0 作为基础。

Web 3.0 是更加开放、普惠和安全的新一代互联网,它实现了让用户拥有自主权并能够在网络中进行可信价值转移的关键特性,构建了用户和开发者共建共享的新经济系统。

Web 3.0 最本质的特征在于语义的精确性。实质上,Web 3.0 是语义网系统,实现更加智能化的人与人和人与机器的交流功能,是一系列应用的集成。它的主要特点如下。

(1) 网站内的信息可以直接和其他网站相关信息进行交互,能通过第三方信息平台同时对多家网站的信息进行整合使用。

(2) 用户在互联网上拥有自己的数据,并能在不同网站上使用。

(3) 完全基于 Web,用浏览器就可以实现复杂的系统程序才具有的功能。

Web 3.0 将互联网本身转换为一个泛型数据库,具有跨浏览器、超浏览器的内容投递和请求机制,运用人工智能技术进行推理,运用 3D 技术搭建网站,甚至虚拟世界。Web 3.0 会为用户带来更丰富、相关度更高的体验。Web 3.0 的软件基础将是一组应用编程接口(API),让开发人员可以开发能充分利用某一组资源的应用程序。

BBN 技术公司的 Hebeler 等给出了语义网的主要组件和相关工具。如图 11-5 所示,语义网的核心组件包括语义网陈述、统一资源标识符(URI)、语义网语言、本体陈述和实例数据,形成了相互关联的语义信息。工具可以分为 4 类:构造工具用于语义网应用程序的构建和演化,询问工具用于语义网上的资源探查,推理机负责为语义网添加推理功能,规则引擎可以扩展语义网的功能。语义框架最终将这些工具打包成一个集成套件。

Web 3.0 发展趋势

Web 3.0 被认为是区块链技术、人工智能、大数据等新技术与互联网的深度融合,它的出现将会带来更智能化、安全化、去中心化的互联网。

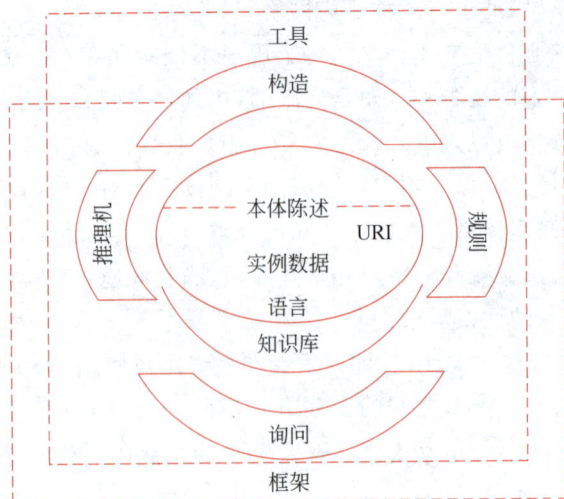

图 11-5　语义网的主要组件和相关工具

11.3.2　Web 挖掘

　　Google 于 2008 年报告指出，互联网上的 Web 文档已超过 1 万亿个。Web 已经成为各类信息资源的聚集地。在这些海量的、异构的 Web 信息资源中，蕴涵着具有巨大潜在价值的知识。人们迫切需要能够从 Web 上快速、有效地发现资源和知识的工具，提高在 Web 上检索信息、利用信息的效率。

　　Web 知识发现已经引起学术界、工业界、社会学界的广泛关注，也是语义网和 Web 技术发展的重要基础。Web 挖掘是指从大量 Web 文档的集合 C 中发现隐含的模式 p。如果将 C 看作输入，将 p 看作输出，那么 Web 挖掘的过程就是从输入到输出的一个映射 $\xi: C \rightarrow p$。

　　Web 知识发现（挖掘）是从知识发现发展而来，但是 Web 知识发现与传统的知识发现相比有许多独特之处。首先，Web 挖掘的对象是海量、异构、分布的 Web 文档。我们认为以 Web 作为中间件对数据库进行挖掘，以及对 Web 服务器上的日志、用户信息等数据展开的挖掘工作仍属于传统数据挖掘的范畴。其次，Web 在逻辑上是一个由文档结点和超链构成的图，因此 Web 挖掘得到的模式可能是关于 Web 内容的，也可能是关于 Web 结构的。此外，Web 文档本身是半结构化或无结构的，且缺乏机器可理解的语义，而数据挖掘的对象局限于数据库中的结构化数据，并利用关系表格等存储结构发现知识，因此有些数据挖掘技术并不适用于 Web 挖掘，即使可用，也需要建立在对 Web 文档进行预处理的基础之上。这样，开发新的 Web 挖掘技术以及对 Web 文档进行预处理以得到关于文档的特征表示，便成为 Web 挖掘的研究重点。

　　逻辑上，可以把 Web 看作位于物理网络上的一个有向图 $G = (N, E)$，其中，结点集 N 对应 Web 上的所有文档，而有向边集 E 对应结点之间的超链。对结点集做进一步划分，$N = \{N_1, N_{n1}\}$。所有的非叶结点 N_{n1} 是 HTML 文档，其中除了包括文本外，还包含标记，以指定文档的属性和内部结构，或者嵌入了超链，以表示文档间的结构关系。叶结点 N_1 可以是 HTML 文档，也可以是其他格式的文档，如 PostScript 等文本文件，以及图形、音频等媒体文件。如图 11-6 所示，N 中的每个结点都有一个 URL，其中包含关于结点所位于的 Web 站点和目录路径的结构信息。

　　Web 上信息的多样性决定了 Web 知识发现的多样性。按照处理对象的不同，一般将 Web 知识发现分为三大类：Web 内容发现、Web 结构发现、Web 使用发现。Web 知识发现也称为 Web 挖掘。Web 挖掘任务的分类如图 11-7 所示（扫码阅读）。

Web 知识发现

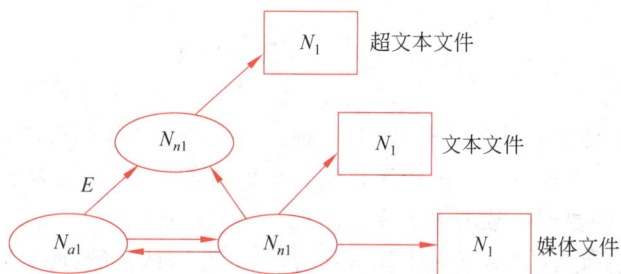

图 11-6　Web 的逻辑结构

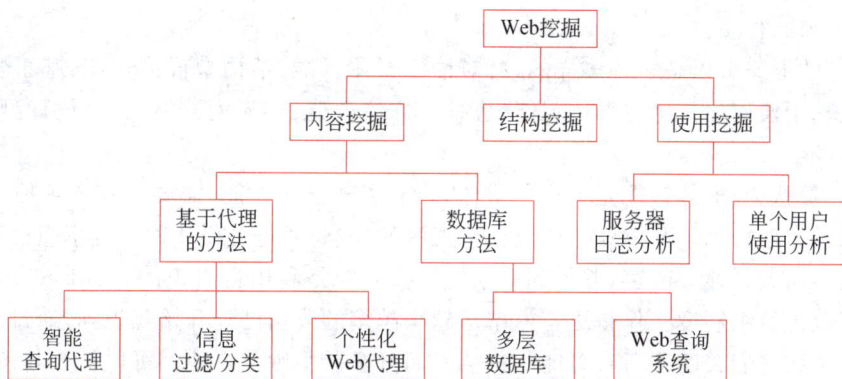

图 11-7　Web 挖掘任务的分类

案例 1：反恐作战数据挖掘

美军非常重视数据挖掘技术在反恐作战中的应用。恐怖分子通常以小组为单位分散行动，并尽量采用不容易被识别的活动方式，以防止被发现。然而，数据挖掘技术能够辨别非显而易见的关联情况并提供与对敌作战有关的情报，因而特别适用于反恐作战。对于在伊拉克和阿富汗街道上巡逻的美军小分队来说，数据挖掘意义重大。在通过网络实现与庞大数据库的连接后，他们就能在电话号码和 E-mail 地址等少量孤立信息中找出有价值的东西。如果能近实时地完成上述操作，他们将实现以"非常规"优势对抗"非常规"敌人的目的。

美国特种作战司令部负责实施的高密级情报项目"A 级威胁（Able danger）"计划就是应用数据挖掘技术的典型事例。2005 年 12 月，原美国参联会主席休·谢尔顿将军首次对该项目发表公开评论，并证实早在"9·11"事件之前"A 级威胁"项目就已确立。谢尔顿建议他的继任者组建一个小组，充分利用 Internet，努力搜寻追捕本·拉登的途径或是其资金来源之类的信息。基于试验的目的，从全军挑选了一批真正的计算机精英组成了"A 级威胁"小组。

一位"A 级威胁"小组成员于 2005 年 9 月在参议院司法委员会的一次听证会上称，"A 级威胁"小组成员对基地组织恐怖分子网络实施了数据挖掘和分析，并且整个过程中不断与特种作战司令部和其他机构进行协调。"A 级威胁"小组使用"结点分析法"对开放源信息分类筛选，以确定基地组织内部的薄弱环节、关键结点及关联情况。"A 级威胁"小组从一个宽泛的对象总体中搜寻特定组成员（如基地组织），不断对这个总体进行细化区分，直到组成员得到确定。

由于数据挖掘注重确认事件规律和发现模式特征，因而，在满足全球反恐作战的各种复杂情报需求方面（例如，找出恐怖分子关联及潜在威胁方面的线索），其重要作用日益显著。

案例 2：微博博主特征行为数据挖掘

案例 2

11.4　群体智能

群体智能也称为集体智能或集体智慧，是一种共享的或者集体的智能，它是从许多个体的合作与竞争中涌现出来的，并没有集中的控制机制。群体智能在细菌、动物、人类以及计算机网络中形成，并以多种形式的协商一致的决策模式出现。

群体智能的规模有大有小，可能有个体群体智能、人际群体智能、成组群体智能、活动群体智能、组织群体智能、网络群体智能、相邻群体智能、社团群体智能、城市群体智能、省级群体智能、国家群体智能、区域群体智能、国际组织群体智能、全人类群体智能等，这些都是在特定范围内的群体所反映出来的智慧。

群体智能的形式可以是多种多样的，有对话型群体智能、结构型群体智能、基于学习的进化型群体智能、基于通信的信息型群体智能、思维型群体智能、群流型群体智能、统计型群体智能、相关型群体智能。

Tapscott 等认为，群体智能是大规模协作，为了实现群体智能，需要存在 4 项原则，即开放、对等、共享以及全球行动。开放就是要放松对资源的控制，通过合作让别人分享想法和申请特许经营，这将使产品获得显著改善，并得到严格检验。对等是利用自组织的一种形式，对于某些任务来说，它可以比等级制度工作得更有效率。越来越多的公司已经开始意识到，通过限制其所有的知识产权，导致他们关闭了所有可能的机会。而分享一些则使得他们可以扩大其市场，并且能够更快地推出产品。通信技术的进步已经促使全球性公司、全球一体化的公司将没有地域限制，而有全球性的联系，使他们能够获得新的市场、理念和技术。

潘云鹤院士提出：群体智能中的智能群体是指在同一平台上为明确目标而自主行动的一群智能个体。其中，智能个体是一种自主的智能系统，可以是一个人或信息系统。群体智能研究智能群体的系统特点、运行机理与应用技术。群体智能的系统具有如下一般性特点。①个体具有智能：每一个体都能感知周围环境并有适应变化的能力，如智能自主地认知、学习、决策、互动等。②共享平台：为完成某目标而行动的这群智能个体皆活动在同一平台上，如某种领域或空间。③有个体遵循的共同规则：规则是各个体在平台上行动的约束和行为准则，即使成功的规则也很难消除群体行为中的一切矛盾，但必须能调节那些可预见的妨碍达到目标的重要矛盾。④开放性：允许群体的个体数量可随时地增加或减少，即能被随时注册和注销。⑤含有共识：智能群体在共同知识库中存其共识，共识会演变，共识的水平是群体水平的一个体现。⑥自动演化：智能群体会随时间而自动演化，这种演化由群体中智能个体的演化和群体的结构关系演化综合而成。

基于几种组织结构特点，可以对群体智能系统予以分类。首先，群体智能系统可按组织中智能个体的类别数量分为单类群体智能系统和多类群体智能系统。后者如 2 类、3 类等群体智能系统。其次，群体智能系统可按系统中各类之间的关系分类，如双层关系的群体智能、循环关系的群体智能等。群体智能系统的激励和演化机制，会随类别与关系的不同而不同。

11.4.1　社群智能

互联网和社会网络服务正在快速增长。各种内嵌传感器的移动手机大量涌现，全球定位系统（GPS）接收器在日常交通工具中逐步普及，静态传感设施（如 Wi-Fi、监控摄像头等）在城市大面积部署，人类日常行为的轨迹和物理世界的动态变化情况正以前所未有的规模、深度和广度被捕获成为数字世界。我们把收集来的各种数字轨迹形象地称为"数字脚印"。通过对这些数字脚印进行分析和处理,一个新兴的研究领域——"社群智能"正在逐步形成。

社群智能的研究目的在于从大量的数字脚印中挖掘和理解个人和群体活动模式、大规模人类活动和城市动态规律,把这些信息用于各种创新性的服务,包括社会关系管理、人类健康改善、公共安全维护、城市资源管理和环境资源保护等。下面以"智慧校园"为例,说明社群智能给人们的工作和生活带来的影响。在大学校园里,学生 A 经常会遇到一些困扰:当他想去打球时,不知道谁有时间能陪他去玩;要去上自习时,不知道在哪个教学楼里可以找到空位。另外,作为人口密集场所,当严重流感(如 H1N1)来袭时,如何寻求有效办法限制其传播?当确定 B 患上某疑似病例后,需要及时地把最近接触过 B 的人找到。在现有条件下,获取这些有关个人活动情境、空间动态、人际交互的信息还没有较好的技术解决方案,须依赖耗时且易出错的人工查询来完成。例如,A 需要通过电话或网上通信方式和多个朋友联系,确定谁可以一起去打球。社群智能的出现将改变这一切。上面提到的问题都可以通过分析来自校园的静态传感设施和移动电话感知数据(蓝牙、加速度传感器等)以及发布在社会万维网(Web)上的人与人之间的关系信息解决。以流感防控问题为例,记录谁和 B 接触过、接触时的距离以及时间长短、社会关系(如亲戚、朋友或陌生人)等是非常重要的,这些信息可以通过分析移动电话感知数据得到。

社群智能是在社会计算、城市计算和现实世界挖掘等相关领域发展基础上提出来的。从宏观角度讲,它隶属于社会感知计算范畴。社会感知计算是通过人类生活空间逐步大规模部署的多种类传感设备,实时感知识别社会个体行为,分析挖掘群体社会交互特征和规律,辅助个体社会行为,支持社群的互动、沟通和协作。社群智能主要侧重于智能信息挖掘,具体功能包括:①多数据源融合,即要实现多个多模态、异构数据源的融合。综合利用三类数据源:互联网与万维网应用、静态传感设施、移动及可携带感知设备,挖掘"智能"信息。②分层次智能信息提取,利用数据挖掘和机器学习等技术从大规模感知数据中提取多层次的智能信息:在个体级别识别个人情境信息,在群体级别提取群体活动及人际交互信息,在社会级别挖掘人类行为模式、社会及城市动态变化规律等信息。

社群智能为开发一系列创新性的应用提供了可能。从用户角度看,它可以开发各种社会关系网络服务促进人与人之间的交流。从社会和城市管理角度看,它可以实时感知现实世界的变化情况,为城市管理、公共卫生、环境监测等多个领域提供智能决策支持。

11.4.2　群体智能互动感知

经过群体智能感知 1.0 和 2.0 两个阶段的发展,目前群体智能感知系统的构成更加复杂,包含人类群体、设备群体、企业群体、无人机/无人车群体等人机物各类要素;应用需求和感知尺度也更加多样,例如,面向碳监测应用,需要满足家庭/企业小尺度的个体碳足迹追踪、区域/城市中尺度的低碳管理、国家/全球大尺度的气候变化研究等多尺度感知需求;面向工业互联网应用,既要满足对产线级的车间人员、设备、环境等对象的状态监测需求,还要满足企业级的参与仓储、物流等多环节以及产业级的上下游企业/用户之间的人员、车辆、物料、产品等对象的流动监测需求。然而,复杂智能体之间的交互能力和水平远远没有跟上智能体种类和规模的发展,严重影响了群体智能涌现,具体表现在以下三个层面。

(1)在感知层面,群体智能感知模式已经从利用各种传感设备的传感器感知拓展到利用环境电磁信号的非传感器感知,能量供应模式也从自带电源的有源感知拓展到依赖环境取电、仿生供电的无源感知。然而多样化的感知手段融合仅是无意识的盲目组合,缺乏主动协同,即使高成本地冗余部署,也难以满足时空动态的多模态多尺度感知需求。因此,当前群体智能感知面临的第一个挑战是多种感知方式如何通过互动实现深度协同感知的能力。

(2) 在传输层面,由于感知结点规模大、连接呈数量级增长,实现大连接高并发的远距离感知数据传输需要消耗大量能量,面临跨区域传输高能耗难题;与此同时,感知数据来自不同个人、设备、企业、行业,数据需求方与拥有方相互独立,缺乏有效的数据共享机制与交互渠道,面临跨领域共享缺机制难题。因此,群体智能感知面临的第二个挑战来自多方感知数据如何通过跨域互动提高数据共享的水平。

(3) 在计算层面,云侧大模型精准度高,但普适性差,不适用于资源能力受限且异构的端设备,而端侧小模型又难以达到精准性要求,大小模型缺少互动和协同进化能力,难以提供普适精准的认知决策服务。因此,群体智能感知面临的第三个挑战是云边端设备中多种计算模型如何通过跨设备互动增强认知决策的质量。

在以上三个层面的挑战驱动下,群体智能感知研究进入新的发展阶段,其主要特点与群体智能感知 1.0 和 2.0 形成对比,如表 11-2 所示。一方面,感知模式由以人为中心感知、人机物协同感知,发展成群体智能感知 3.0 的"人机物互动感知";另一方面,随着群体智能感知系统的智能体种类和规模的发展,复杂智能体之间的数据交换由移动端到服务器的单向数据收集、移动端到服务器的双向交互形成闭环迭代,进一步发展到群体智能感知 3.0 的多种群体、多个层次之间的"多向数据交换";计算模式也从云平台集中计算、云边端协同计算,发展到群体智能感知 3.0 的"云边端互动计算"。

表 11-2　群体智能感知 1.0、2.0 和 3.0 的特点对比

	群体智能感知 1.0	群体智能感知 2.0	群体智能感知 3.0
感知模式	以人为中心	人机物融合	人机物互动感知
传输模式	移动端到服务器的单向数据收集	移动端到服务器的双向数据交换	多种群体、多个层次多向数据交换
计算模式	云计算	云边端协同计算	云边端互动计算

类似 Web 1.0、Web 2.0 到 Web 3.0 的演进过程,群体智能感知从 1.0、2.0 到 3.0 演进的主要驱动因素是交互能力不断提升,人机物不同感知群体/设备、感算控不同系统层次、云边端不同计算模式的多向互动成为群体智能感知 3.0 的鲜明特征,因此,群体智能感知 3.0 也可称为**群体智能互动感知**。

对群体智能互动感知系统的研究需要探索新的理论方法和技术手段,主要包括以下几方面:

(1) 群体智能互动网络体系结构。针对这种支持广覆盖、泛交互、低成本的组网需求,研究面向群体智能互动的网络体系结构模型、大规模异构网元的高效互连机理、网络形态与性能的变化规律;针对异构感知结点多样化系统环境,研究适应不同实时性服务需求的分布式微内核操作系统、云原生数据管理体系等。

(2) 异构群体互动的感知方法。针对不同应用场景,探索联合卫星遥感、传感器感知、无线感知、移动感知等多种异构感知群体自主协同的群体智能互动感知方法,按需调用多模态多尺度感知手段,通过深度协同提升感知效能。

(3) 群体智能互动的数据交换机理。针对跨域数据交换,探索低功耗、低成本的大连接高并发广域传输技术,研究以群体智能互动感知为中心的互连模型和多方数据共享机制,实现全面的群体智能数据共享和高效的网络互动。

(4) 云边端群体智能互动计算技术。针对普适精准的认知决策需求,探索分布式的云边端互动计算框架,研究多模态融合、大小模型协同进化方法,实现模型普适化与个性化兼备、具有持续学习和高效推断的群体智能互动计算技术。

11.4.3　互联网大脑(云脑)

互联网极大地增强了人类的智慧,丰富了人类的知识。而智慧和知识恰恰与大脑的关系最密切。从 21 世纪开始,随着人工智能、物联网、大数据、云计算、机器人、虚拟现实、工业互联网等科学技术的蓬勃发展,互联网类脑架构也逐步清晰起来。

2008 年开始,中国科学院研究团队在中国科技论文在线发表论文《互联网进化规律的发现与分析》,第一次提出"互联网正在向着与人类大脑高度相似的方向进化,它将具备自己的视觉、听觉、触觉、运动神经系统,也会拥有自己的神经元网络、记忆神经系统、中枢神经系统、自主神经系统"。并由此绘制互联网大脑架构,如图 11-8 所示。2015 年,研究团队基于互联网大脑架构将智慧城市与脑科学进行结合,形成城市云脑体系。

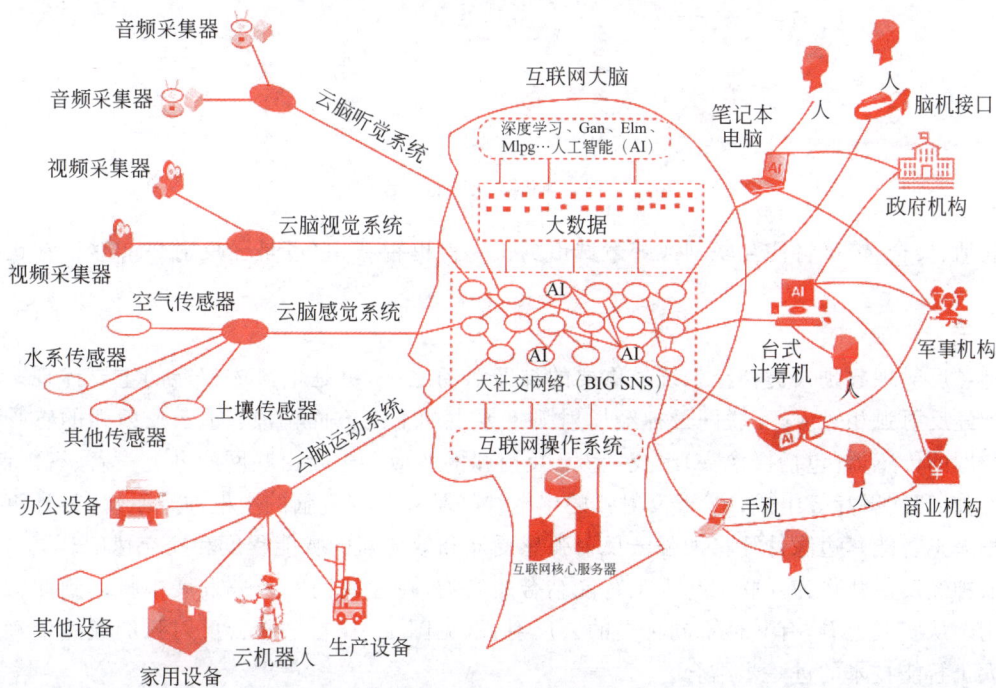

图 11-8　互联网大脑架构

互联网大脑(云脑)理论的核心架构包括互联网中枢神经系统、视觉神经系统、听觉神经系统、躯体感觉神经系统、运动神经系统、类脑神经元网络和云反射弧。下面介绍类脑神经元网络和云反射弧。

1. 类脑神经元网络

互联网的类脑神经元网络是由社交网络发育而成的,一直以来,社交网络被认为是互联网上人与人的交互社区。但随着物联网、云计算、大数据等新现象的出现,社交网络的形态也必将发生改变。当物联网、工业 4.0、工业互联网与社交网络融合时,每一栋大楼、每一辆汽车、每一个景区、每一个商场、每一个电器都会在 SNS 网站上开设账号,自动地发布自己实时的信息,并与其他"人"和"物"进行交互。社交网络的定义将不再仅仅是人与人的社交,而是人与人、人与物、物与物的范围更大的社交网络,可以称为"大社交网络"(Big SNS),如图 11-9 所示。

大社交网络是互联网类脑神经元的重要基础,世界范围的个人用户、企业、政府机构、路灯、车辆、工厂,都要以互联网神经元的方式加入互联网(城市)云脑神经元网络中,这些互联网神经

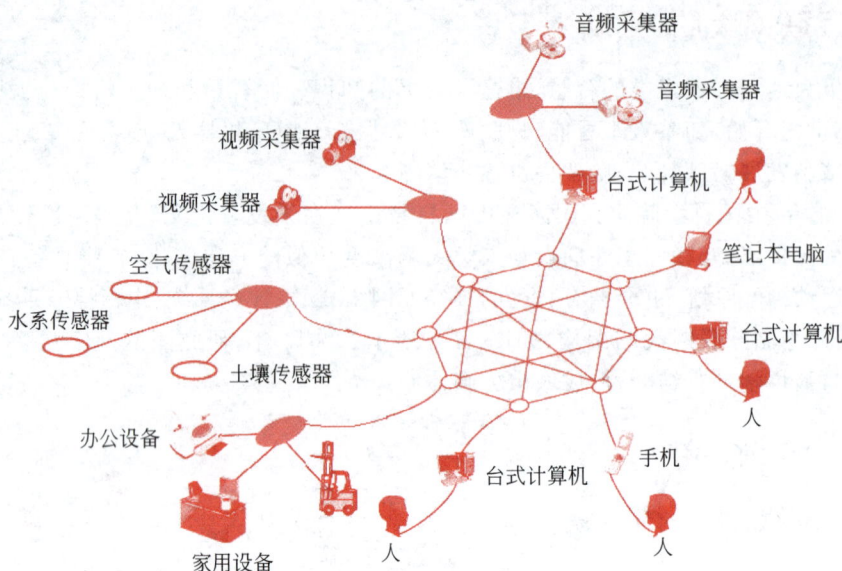

图 11-9　类脑神经元网络（大社交）

元的互动、聚合、链接将使互联网或智慧城市真正变得更智慧，它也是云反射弧能够正常运转的基础。

2. 云反射弧

神经反射现象是人类神经系统最重要的神经活动之一，也是生命体智能的重要体现。与人体的神经反射弧相对应，互联网云神经反射弧主要由如下三方面构成：①云反射弧的感受器主要由联网的传感器（包括摄像头）组成；②云反射弧的效应器主要由联网的办公设备、智能制造、智能驾驶、智能医疗等组成；③云反射弧的中枢神经是互联网云脑的中枢神经系统（云计算＋大数据＋人工智能），边缘计算将加强云反射弧感受器和效应器的智能程度和反应速度。

云神经反射弧作为互联网与人工智能结合的产物，在互联网的未来发展中将起到非常重要的作用。从实践上看，有 9 种不同种类的云反射弧（见图 11-10），这些云反射弧的成熟依赖互联网与人工智能技术的进一步结合。

云反射弧的建设反映出互联网和城市在提供各种智慧相关服务，处理各种问题过程中的种类和反应速度。云反射弧的种类越多，反应速度越快，其智慧程度也会越高。例如，包括安防云反射弧、金融云反射弧、交通云反射弧、能源云反射弧、教育云反射弧、医疗云反射弧、旅游云反射弧、零售云反射弧等。

2017 年 12 月 20 日，阿里巴巴的专家在阿里云云栖大会上介绍了阿里云人工智能"ET 大脑"。2016 年，阿里云发布了人工智能 ET，整合了阿里巴巴的语音、图像、人脸、自然语言理解等能力，被定位为全球首个类脑架构 AI。2017 年，阿里云将 ET 从单点的技能升级为具备全局智能的 ET 大脑。阿里云 ET 大脑将 AI 技术、云计算大数据能力与垂直领域行业知识相结合，基于类脑神经元网络物理架构及模糊认知反演理论，实现从单点智能到多体智能的技术跨越，打造出具备多维感知、全局洞察、实时决策、持续进化等类脑认知能力的超级智能体。

Google 大脑成为包括视觉识别、语言翻译、文字识别、语音识别的互联网 AI 系统，Google 无人驾驶汽车、Google 眼镜也能通过使用 Google 大脑性能提升，可以更好地感知真实世界中的数据。

百度大脑包括语音识别、OCR、人脸识别、知识图谱、自然语言理解、用户画像等各种各样的

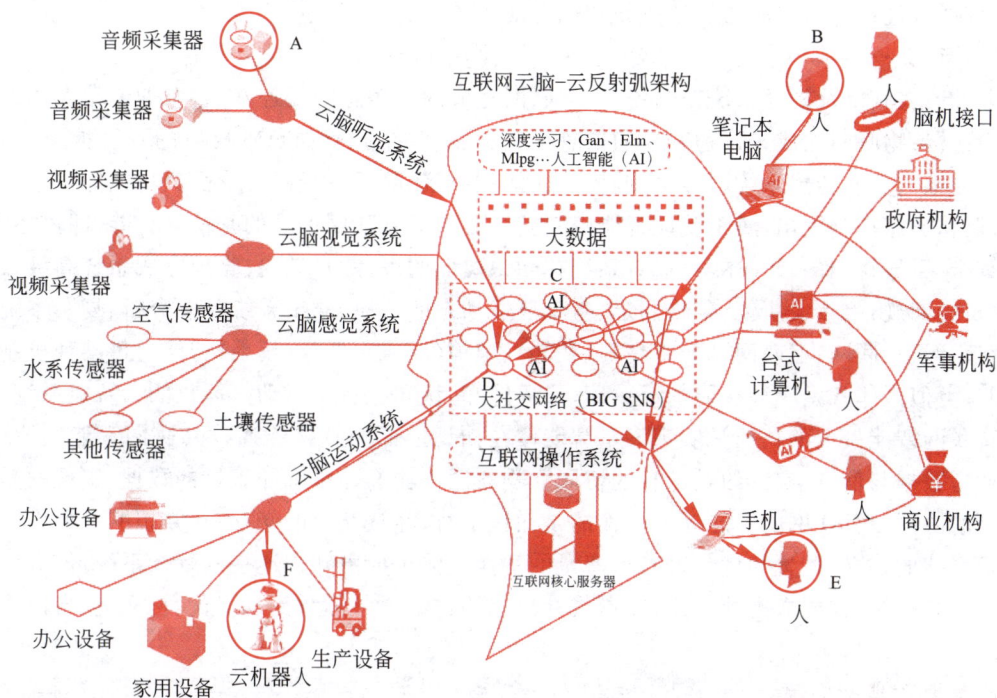

云反射弧的种类：A→D, A→F, A→E, C→D, C→F, D→E, B→D, B→E, B→F

图 11-10 云反射弧

能力，到 2017 年开放了 80 多项百度大脑的能力或 API，有 37 万多名开发者在使用百度大脑各种各样的能力。

讯飞超脑打造人工智能生态在万物互连和人工智能浪潮的推动下，面向教育、客服和医疗行业以及翻译、汽车、移动端和家庭等消费者场景，发布、升级产品和解决方案。

11.4.4 智联网

智联网（Internet of Minds，IoM）正是实现借助机器智能的连接协同人类社会中各种纷杂智能体的核心科技。只有在实现社会化的智能体知识互连之后，人工智能技术才能够形成真正的社会化生态系统。

如果说互联网的实质是实现"虚连"或"被动连接"，物联网的实质是"实连"或"在线连接"，则智联网的实质是"真连"或"主动连接"。智联网是新智能时代的核心科技，只有在智联网建成之后，才可以宣告智能时代全面来临。

智联网的定义：智联网以互联网、物联网技术为前序基础科技，在此之上以知识自动化系统为核心系统，以知识计算为核心技术，以获取知识、表达知识、交换知识、关联知识为关键任务，进而建立包含人、机、物在内的智能实体之间语义层次的连接，实现各智能体所拥有的知识之间的互连互通；智联网的最终目的是支撑和完成需要大规模社会化协作的，特别是在复杂系统中需要的知识功能和知识服务。

智联网并非空中楼阁，它是建立在互联网（数据信息互连）和物联网（感知控制互连）基础上的，目标是"知识智能互连"的系统。智联网的目标是达成智能体群体之间的"协同知识自动化"和"协同认知智能"，即以某种协同的方式进行从原始经验数据的主动采集、获取知识、交换知识、关联知识，到知识功能，如推理、策略、决策、规划、管控等的全自动化过程，因此智联网的实质是一种全新的、直接面向智能的复杂协同知识自动化系统。

1. 协同认知智能

以人体大脑以及神经系统作为比喻,互联网完成的是信息的互连互通,有如遍布人体的神经传导和连接;物联网完成了万物互连的信息采集和驱动控制,有如负责反射的脊髓神经系统,负责处理传感信息的传感系统,负责协调控制人体的小脑、脑干、中脑等系统,其功能即根据环境输入,协调和决定控制输出,属于反应智能(动物智能)。而智联网追求的是认知智能,即描述智能、预测智能、引导智能的合一体,完成对系统在知识层面的思考,自动、自觉地完成系统高级知识功能,如长短期规划、重大决策、策略制定、基于环境动态的适应、复杂系统状态分析、复杂系统管控等。智联网、物联网、互联网需要将高等(认知)、中等(反应)、低等(反射)智能通过某种机制统摄到一起,类似人体就是三种智能的统一体,形成感知、认知、决策、行动一体化的大智能系统。

智联网智能最大的特征是实现海量智能体在知识层面的直接连通,即"协同智能"。互联网传输的是数据与信息,实现的是信息的协同。物联网传输的是传感和管控的数据,实现的是感知和控制的协同。智联网的智能互连交换的是知识本身,经过充分的交互,在知识的交换中完成复杂知识系统的建立、配置和优化;同时,海量的智能实体组成由知识连接的复杂系统,依据一定的运行规则和机制,如同人类社会一样,形成社会化的自组织、自运行、自优化、自适应、自协作的网络组织。

2. 智联网典型应用

智联网意味着向社会化的知识连通、智能整合的跃进;意味着从相对独立的简单知识系统,向基于知识连接的、整合为一的复杂知识系统的跃进;意味着从以"牛顿定律"为代表的精确物质系统,向以"默顿定律"为代表的自由意志系统的跃进。前沿应用包括信息物理社会系统、软件定义的流程与系统和工业智联网(扫码阅读)。

在社会的各种行业和产业中,其应用还包括农业智联网、能源智联网、医疗智联网、教育智联网、各种社会管理和服务智联网等。

智联网前沿应用示例

3. 核心问题和关键平台技术

智联网的核心问题:①知识的获取,一般性知识自动化系统从感性混杂数据中获取经验知识;②知识的协同表征和传递,智联网协同知识表征,人工语言系统的建立;③知识的关联和协同运行,从知识动力学的观点定义知识关联,以及基于知识关联的知识协同运行方式。

智联网的关键平台技术:虚实平行系统平台实现智联网的管控和知识空间的管控;基于互联网、物联网、区块链和平行网络的社会化通信计算基础平台,为分布式、自组织、自运行的安全智联网系统提供基础设施。

11.5　案　　例

11.5.1　智能网联汽车

智能网联汽车是指搭载先进的车载传感器、控制器、执行器等装置,并融合现代通信与网络技术,实现车与X(人、车、路、云端等)智能信息交换、共享,具备复杂环境感知、智能决策、协同控制等功能,可实现"安全、高效、舒适、节能"行驶,最终可实现替代人操作的新一代汽车。

智能网联标准体系中,智能控制主要指车辆行驶过程中横向(方向)控制和纵向(速度)控制及其组合对车辆行驶状态的调整和控制,涉及发动机、变速器、制动、底盘等多个系统。根据车辆智能控制的复杂程度、自动化水平和适应工况不同,又可分为辅助控制和自动控制两类。

辅助控制类标准覆盖车辆静止状态下的动力传动系统控制,车辆行驶状态下的横向(方向)控制和纵向(速度)控制,以及整车和系统层面的功能、性能要求和试验方法。

自动控制类标准则以城市道路、公路等不同道路条件以及交通拥堵、事故避让、倒车等不同工况下的应用场景为基础,提出车辆功能要求以及相应的评价方法和指标。

智能网联汽车技术的两条逻辑主线是"信息感知"和"决策控制",其发展的核心是由系统进行信息感知、决策预警和智能控制,逐渐替代驾驶员的驾驶任务,并最终完全自主执行全部驾驶任务。

1. 信息感知

根据信息对驾驶行为的影响和相互关系,信息感知分为"驾驶相关类"和"非驾驶相关类"。驾驶相关类信息包括传感探测类和决策预警类,如图 11-11 所示。非驾驶相关类信息主要包括车载娱乐服务和车载互联网信息服务。

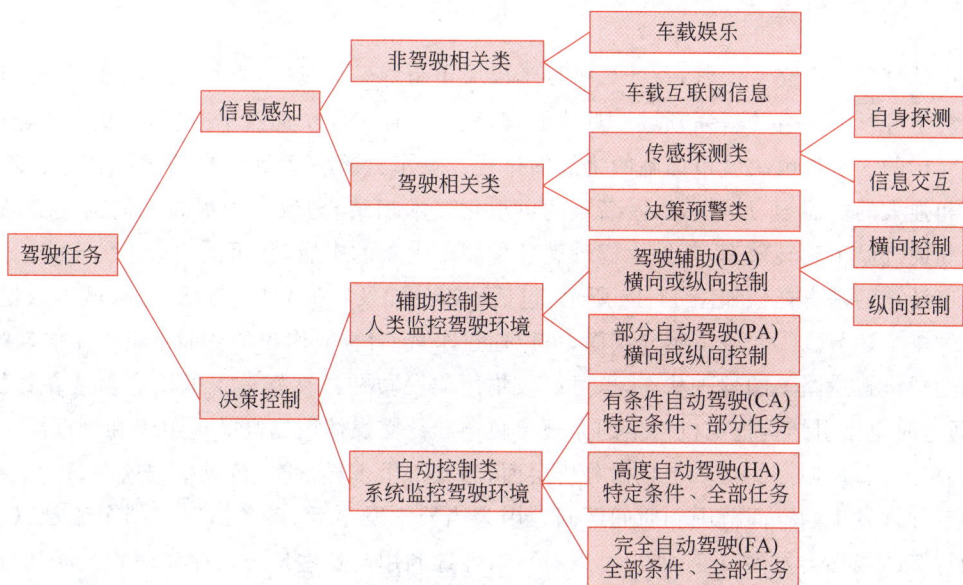

图 11-11　驾驶相关类信息

传感探测类又可根据信息获取方式进一步细分为依靠车辆自身传感器直接探测所获取的信息(自身探测)和车辆通过车载通信装置从外部其他结点接收的信息(信息交互)。

"智能化＋网联化"相融合可以使车辆在自身传感器直接探测的基础上,通过与外部结点的信息交互,实现更加全面的环境感知,从而更好地支持车辆进行决策和控制。

2. 决策控制

根据车辆和驾驶员在车辆控制方面的作用和职责,决策控制分为"辅助控制类"和"自动控制类",分别对应不同等级的决策控制,如图 11-11 所示。

辅助控制类主要指车辆利用各类电子技术辅助驾驶员进行车辆控制,如横向控制和纵向控制及其组合,可分为驾驶辅助(DA)和部分自动驾驶(PA)。

自动控制类则根据车辆自主控制以及替代人进行驾驶的场景和条件进一步细分为有条件自动驾驶(CA)、高度自动驾驶(HA)和完全自动驾驶(FA)。

相关《指南》中的具体目标如下:2020 年,初步建立能够支撑辅助驾驶及低级别自动驾驶的智能网联汽车标准体系;2025 年,系统形成能够支撑高级别自动驾驶的智能网联汽车标准体系。

智能网联汽车开发因不断的信息增强与信息接入,信息技术大量应用于车中,呈现车网融合的特点。车网融合是车辆实体与网络空间技术的融合,网络空间技术不仅包括高带宽网络,还包括高算力芯片、操作系统、人工智能算法及信息安全技术等。2022 年,谢国琪等的文章《智能汽车 CPS 建模与系统级设计》从建模、架构、算法和平台 4 方面探讨智能汽车 CPS 系统级设计:①建模方面,介绍多类别智能汽车 CPS 车网融合建模,探讨如何打通信息空间与物理世界的隔阂,实现车内外数据流通的问题;②架构方面,介绍多层次智能汽车 CPS 架构体系构建,探讨如何解决从车际到车内的高带宽与低延迟通信及基础软件服务的问题;③算法方面,介绍多维度指标的智能汽车 CPS 算法设计,探讨如何实现架构与软件的多维指标量化评估及协同优化问题;④平台方面,介绍智能汽车 CPS 参考平台的实现,探讨如何实现高覆盖的重构设计。

11.5.2　城市计算

城市计算是一个交叉学科,是计算机科学以城市为背景,与城市规划、交通、能源、环境、社会学和经济学等学科融合的新兴领域。具体而言,城市计算是一个通过不断获取、整合和分析城市中多源异构的大数据解决城市面临的挑战的过程。城市计算将无处不在的感知技术、高效的数据管理和强大的机器学习算法,以及新颖的可视化技术相结合,致力于提高人们的生活品质,保护环境和促进城市运转效率,帮助人们理解各种城市现象的本质,甚至预测城市的未来。

城市计算的基本框架如图 11-12 所示,包括城市感知及数据采集、数据管理、城市数据分析、服务提供 4 个环节。①在城市感知层面,可以通过车载 GPS 或用户的智能手机产生的轨迹数据不断感知司机在道路上的驾驶状态,也可以收集用户发布在社交媒体上的信息。②在数据管理层面,通过时空索引结构把司机产生的大规模轨迹和社交媒体数据高效地组织和管理起来,以供后续实时分析和挖掘。③在城市数据分析层面,当城市出现异常时,可以根据这些轨迹数据较准确地确定异常发生的空间范围和时间区间。因为当异常发生后,各条道路上的车流量以及人们选择的行车路线都会发生改变,所以可以有针对性地利用与这些地方及时间段相关联的(而不是全部)社交媒体分析异常出现的起因。④在服务提供层面,这些信息会被及时地传递到交通管理部门和周边通行的人群,以快速处理异常,并避免更多的人陷入混乱。

按照时效性,城市计算的服务可以分为厘清现状、预测未来、洞察历史三种类型。以空气污染为例,根据有限的空气质量监控站点,结合气象、交通等其他数据源计算整个城市任意角落的空气质量,此为厘清现状。对未来两天空气质量的估计,为预测未来。根据多年历史数据分析出污染物的来源和成因,为洞察历史。

按照服务的行业划分,城市计算涵盖城市交通和规划、城市环境、城市能源、城市商业、公共安全、教育、医疗、社交和娱乐等。

在服务提供层面,我们面临三方面的挑战:融合行业知识和数据科学;系统对接;培养数据科学家。针对这些挑战,需要具备 4 方面的知识:大数据、人工智能、云计算和行业知识。要让城市计算的技术落地,还需要搭建一个城市大数据平台。该平台可以基于传统的云计算平台搭建,但是,要增加对时空数据的有效管理机制(如时空索引、混合式索引以及这些索引与分布式系统的结合),以及针对时空数据特有的人工智能算法。基于这样的城市大数据平台,可以组合各个层面的模块快速搭建各种垂直应用,在保证平台可扩展性的前提下提供高效、稳定的服务。

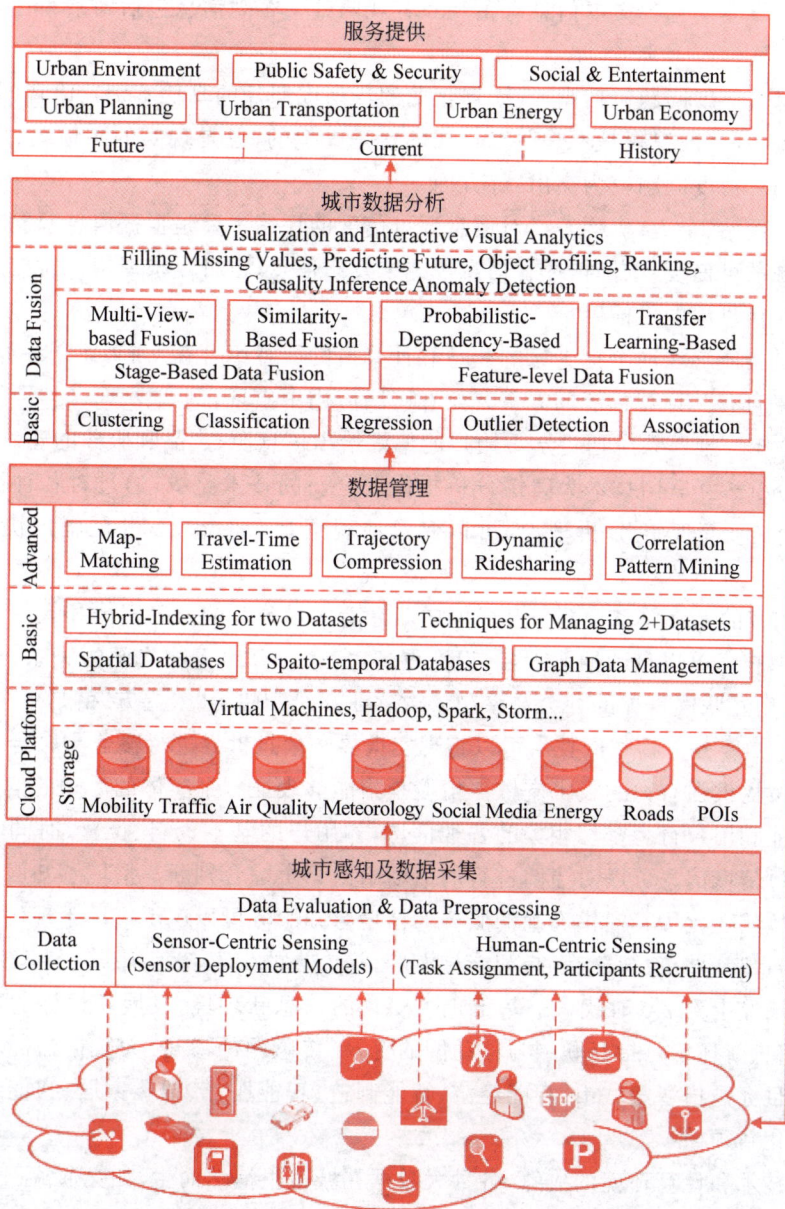

图 11-12　城市计算的基本框架

小　　结

　　Web 2.0 时代的来临极大地降低了在网络上发布信息的门槛，"用户贡献的内容"（User Generated Content，UGC）大量涌现，各种垃圾、虚假、错误、过时的信息开始泛滥，网络信息的质量令人担忧。不可信的信息带来的后果包括用户受骗、浪费用户时间、影响社会稳定等。

　　"信"不等于"真"。"真"是客观的，"信"是主观的，"可信"只是说"值得信任"，并不代表经过了实地考察或实验验证，所以不是"真"。研究"可信信息"的目标是对互联网信息进行去粗取精、去伪存真的计算，挑选出可信的信息，对可信信息进行搜索和管理。

　　信息可信度（信息或信息源被信任的程度）评估的对象包括信息，也包括信息源。信息又包括文本信息和多媒体信息。文本信息有主观和客观两种。客观信息包括词条、新闻等,主观信息包括评论、排名等。

多媒体信息可信度问题包括图片(如周正龙的华南虎照片的真伪鉴别)、语音(某段录音是不是剪辑而成)、视频(某段视频是不是剪辑合成的? 是虚拟的,还是现实的)、地图(地址常常变动导致地图信息的可信度问题较为突出)等方面。

信息源包括网站、个人、机构等。对信息源可信度的评估主要是根据信息源发布的信息是否可信判断信息源的可信度。有时,尽管信息源并未发布信息,也可以根据用户对信息源信誉的网络评论直接推断信息源的可信度。

群体智能是指能够在网上把大家的智慧和计算机的智慧组合在一起,建立各种平台,完成各种行为。一些来自有关计算智能的方案开始在网络应用中出现,例如:

(1) 推荐系统。推荐系统通过学习用户的偏好给出信息源、产品和服务的建议。

(2) 舆情分析。互联网技术为舆情分析提供了全新的技术路线,通过对各种社会媒体的跟踪与挖掘,结合传统的舆论分析理论,可以有效地观察社会的状态,并能辅助决策,及时发出预警。

(3) 基于内容的人际关系挖掘。互联网中蕴涵着大量公开的人名实体和人际关系信息。利用文本信息抽取技术可以自动抽取人名,识别重名,自动计算出人物之间的关系,进而找出关系描述词,形成一个互联网世界的社会关系网。微软亚洲研究院的"人立方"就是一个典型系统。

(4) 情境感知服务。物联网技术可以将现实世界和信息世界进行覆盖与融合,为信息采集、传递和服务决策提供强有力的技术支撑。情境是指能够表征一个实体的活动的信息。情境信息包括与系统功能和用户行为密切相关的各种信息,如用户的基本资料、位置、时间、自然环境、计算环境等。通过情境信息可以对当前进行的活动给出一个综合判断。情境感知服务是指根据服务对象所处情境的变化为其提供准确的服务。情境感知服务可以广泛应用于现代服务的各个行业,如智能家居、智慧城市、智能交通、智能旅游等,为人类的生产、生活带来便利,实现智慧生活。

人工智能已经走到 2.0 时代——基于重大变化的信息新环境,发展新目标的新一代的人工智能。其中,信息新环境是指互联网与移动网的普及、传感网的渗透、大数据的涌现和网上社区的崛起等。新目标是指智慧城市、智能经济、智能制造、智能医疗、智能家居、智能驾驶等从宏观到微观的智能化新领域。

随着感知技术和计算环境的成熟,各种大数据在城市里悄然而生,如交通流、气象数据、道路网、兴趣点、移动轨迹和社交媒体等。同时,人工智能(尤其是机器学习)算法的成熟也为数据分析提供了利器。大数据、云计算和人工智能的飞速发展推动了新型智慧城市的发展进程。城市计算通过对多源异构数据的整合、分析和挖掘,提取知识和智能,并结合行业知识创造"人-环境-城市"三赢的局面。城市计算强调用大数据和人工智能实实在在地解决城市面临的各种具体问题。它关系到人类未来的生活质量和可持续发展,也是我国未来人工智能发展的抓手和战略制高点。

习　题

11.1　什么是本体? 本体表示知识的特点是什么?

11.2　请举例说明 RDF 的格式。RDF Schema 的含义是什么?

11.3　OWL 有哪几种类型? 请说明它与 XML、RDF 的关系。

11.4　设计本体的基本准则是什么？给出构建本体的基本步骤及其要点。

11.5　请构建从网页获取本体的系统。

11.6　请构建从关系数据库获取本体的系统。

11.7　什么是本体知识管理？本体知识管理的基本功能是什么？

11.8　试比较 Protégé 和 KAON 的异同和优缺点。

11.9　分别以 Cyc 和 e-Science 为例，说明构建大规模知识系统的途径。

11.10　请扼要说明搜索引擎的工作流程。

11.11　请给出 Web 技术演化过程，比较各种 Web 类型的主要特点。

11.12　试从方法论和技术途径说明如何实现群体智能系统。

11.13　(思考题)复杂电磁环境下的优化与控制。电磁频谱已作为第六维作战疆域引起世界各国的高度重视。群体智能有"自组织、自适应"的技术特点，在电磁频谱战中的频谱状态感知、频谱趋势预测、频谱形式推理上具有独特的先天优势，可以有效应对战场电磁环境的捷变性，提高战争中信息传输时效性，促进电磁频谱战的决策智能化。

根据上述背景，查阅资料，撰写论文，阐述目前的技术进展及应用趋势。

11.14　(思考题)路径规划系统。群体智能支撑的路径规划技术被广泛应用于各种运动规划任务，极大地解决了多智能体间的群体协同决策问题，如自动驾驶、车路协同、群体机器人等场景。2009 年 11 月，美国交通运输部发布了《智能交通系统战略计划(2010—2014)》，作为美国车路集成系统(VII)研究的战略指南，着重强调了群体协同决策在交通安全中的重要性。

根据上述背景，查阅资料，撰写论文，阐述目前的技术进展及应用趋势。

Elsevier
背景

11.15　互联网大脑与智联网有何区别和联系？

11.16　(思考题)Elsevier 的横向信息产品搜索。

根据上述背景(扫码阅读)，查阅资料，撰写论文，并开发解决此类问题的原型系统。

奥迪公
司背景

11.17　(思考题)奥迪的数据整合(扫码阅读背景)。

设计并开发解决该问题的原型系统。

11.18　(思考题)人寿保险公司的技能寻获。瑞士人寿保险公司在欧洲的人寿保险行业中居于领先地位，全球雇员 11 000 人，账面保险费约 140 亿美元，其子公司、分支机构、代办处和合作伙伴遍布约 50 个国家。

在所有公司中，关于行业惯例的知识、个人能力和雇员的技能都是应对知识密集型任务的最重要的资源。它们是公司成功凭借的真正底蕴。建立一个可以电子化访问的关于人的能力、经验和关键知识领域的信息库是建立企业知识管理的主要步骤之一。这样一个技能信息库可用于：搜寻拥有特定技能的人员、揭示技能差距和能力等级、指导作为职业生涯计划一部分的培训过程以及为公司的知识资本建立档案。

题 11.19
在线学
习背景

公司有如此巨大的国际化工作人员群体，分布在地理和文化上各不相同的地区，使得建立整个公司的技能信息库成为一项困难的任务。怎样列出数量繁多的各种技能？怎样组织它们，使得对它们的访问可以跨越地理和文化的疆界？怎样保证该信息库经常更新？

根据上述背景，查阅资料，撰写论文，并开发解决此类问题的原型系统。

题 11.20
背景

11.19　(思考题)在线学习。

根据上述背景(扫码阅读)，查阅资料，撰写论文，并开发解决此类问题的原型系统。

11.20　(思考题)警察局的多媒体收藏索引。

根据上述背景(扫码阅读)，查阅资料，撰写论文，并开发解决此类问题的原型系统。

题 11.21
背景

11.21　(思考题)康富的在线采购。

根据上述背景(扫码阅读)，查阅资料，撰写论文，并开发解决此类问题的原型系统。

11.22　(思考题)数码设备的可共用性。

根据上述背景(扫码阅读)，查阅资料，撰写论文，并开发解决此类问题的原型系统。

11.23　(思考题)未来智能化新型作战样式的制胜机理。核心体现为利用智能、分布、动态、跨域等技术优势，通

题 11.22
背景

过跨平台、跨编组、跨域智能组合重构,提供可塑性、灵活性、敏捷性,分布部署、分散风险,以人机协作赋能指挥控制、以异构协同增强杀伤力、以杀伤网络加强复杂性、以兵力分散提升生存能力,从而实现体系作战能力的提升,塑造新的军事优势。主要呈现出以下特点:智能赋能、化整为零、按需组合、人机协同、去中心化执行、持续快速响应、分布式杀伤网。

根据上述背景,针对一个或者几个特点,查阅资料,撰写论文,阐述其技术进展及应用趋势。

第 12 章

人工智能伦理与安全

人工智能是人类发展新领域。当前,全球人工智能技术快速发展,对经济社会发展和人类文明进步产生深远影响,给世界带来巨大机遇。与此同时,人工智能技术也带来难以预知的各种伦理风险和安全挑战。人工智能治理攸关全人类命运,是世界各国面临的共同课题。为促进新一代人工智能健康发展,更好协调发展与治理的关系,确保人工智能安全可靠可控,推动经济、社会及生态可持续发展,共建人类命运共同体,需要高度重视人工智能伦理和安全问题。为此,我们需要前瞻研判相关风险,守住伦理道德和法律底线,在发展和规范之间找到平衡点,引导人工智能应用朝着以人为本、向上向善的方向发展。

12.1 人工智能的风险与挑战

人工智能技术给伦理道德、生产安全、社会治理带来了风险和挑战。以生成人物影像为例,人工智能技术在收集、生成数据时,可能侵犯个人隐私和肖像权。打破真实和虚拟的边界,让亲人再次"重逢",也存在一些伦理上的争议。进一步说,如果相关技术被恶意使用,还可能引发制造虚假信息、诈骗等违法活动。此外,使用人工智能技术进行创作活动,是否会侵犯知识产权等,都需要在不断的实践中加以摸索和防范。

1. 人工智能风险隐患分析

人工智能所带来的风险不容忽视,要利用好人工智能技术就要全面清晰地了解人工智能安全隐患、新的风险发展趋势及对相关方造成的影响。

(1) 个人数据用于训练,放大隐私信息泄露风险。当前,人工智能利用服务过程中的用户数据进行优化训练的情况较为普遍,但可能涉及在用户不知情情况下收集个人信息、个人隐私、商业秘密等,伦理安全风险较为突出。一方面,人工智能模型日益庞大,开发过程日益复杂,数据泄露风险点更多、隐蔽性更强,人工智能所使用开源库漏洞引发数据泄露的情况也很难杜绝。另一方面,交互式人工智能的应用降低了数据流入模型的门槛。用户在使用交互式人工智能时往往会放松警惕,更容易透露个人隐私、商业秘密、科研成果等数据,例如,企业员工在办公时容易将商业秘密输入人工智能寻找答案,继而导致商业秘密的泄露。

(2) 算法模型日趋复杂,可解释性目标难实现。长期以来,可解释性都是制约人工智能用在司法判决、金融信贷等关键领域的主要因素,时至今日问题尚未解决且变得更为棘手。由于深度模型算法的复杂结构是黑盒,人工智能模型天然缺乏呈现决策逻辑进而使人相信决策准确性的能力。为提升可解释性,技术上也出现了降低模型复杂度、突破神经网络知识表达瓶颈等方法,但现实中效果有限。主要是因为当前模型参数越来越多、结构越来越复杂,解释模型、让人类理解模型的难度变得极大,目前部分研究正朝借助人工智能解释大模型的方向探索。同时,由于近年来人工智能算法、模型、应用发展演化速度快,如何判断人工智能是否具备可解释性一直缺乏统一认知,难以形成统一判别标准。

(3)可靠性问题仍然制约人工智能关键领域应用。由于现实场景中环境因素复杂多变,人工智能难以通过有限的训练数据覆盖现实场景中的全部情况,因此模型在受到干扰或攻击等情况下会发生性能水平波动,严重时甚至可引发安全事故。尽管可通过数据增强方法等方式提高人工智能可靠性,然而由于现实场景的异常情况无法枚举,可靠性至今仍然是制约自动驾驶、全自动手术等关键领域应用广泛落地的主要因素。

(4)滥用误用人工智能,扰乱生产生活秩序。人工智能在对加速社会发展、提升生产效率等方面产生极大促进作用的同时,也出现了被滥用误用、恶意使用的现象,引起威胁社会伦理、人身安全等负面事件。近年来,滥用误用人工智能方面,出现了物业强制在社区出入口使用人脸识别、手机应用扎堆推送雷同信息构筑信息茧房等问题。恶意使用人工智能方面,出现了利用虚假视频、图像、音频进行诈骗勒索、传播色情暴力信息等问题。

(5)认知域安全面临新风险。人工智能的目标是模拟、扩展和延伸人类智能,如果人工智能只是单纯追求统计最优解,可能表现得不那么有"人性";相反,包含一些人类政治、伦理、道德等方面观念的人工智能会表现得更像人、更容易被人所接受。事实上,为了解决人工智能面对敏感复杂问题的表现,开发者通常将包含着开发者所认为正确观念的答案加入训练过程,并通过强化学习等方式输入模型中,当模型掌握了这些观念时,能够产生更能被人接受的回答。然而,由于政治、伦理、道德等复杂问题往往没有全世界通用的标准答案,符合某一区域、人群观念判断的人工智能,可能会与另一区域、人群在政治、伦理、道德等方面有较大差异。因此,使用内嵌了违背我国社会共识以及公序良俗的人工智能,可能会对我国认知域和网络意识形态安全造成冲击。

2. 人工智能带来的治理挑战

每个硬币都有正反面。人工智能技术在迅速赋能经济社会发展的同时,也引发了社会、市场、法治、公众等不同层面的治理挑战。究其根本原因,一方面在于人工智能所产生的技术异化或将导致治理盲区出现、决策歧视产生、责任主体模糊等多维度治理困境;另一方面,相比于数据治理、内容治理等治理主客体明确、治理范围清晰的治理领域,人工智能由于算法不透明、难解释以及技术的跨界传播性和外溢性强等特点,比一般的数字治理范围更广、难度更大。具体体现在以下 4 个维度。

(1)社会维度:影响社会稳定。一是冲击就业格局,加剧财富分化。智能的算法、机器对传统人工的替代在解放人力劳动者的同时,直接带来了对就业的冲击。从事重复性、机械性等工作的劳动者更容易被人工智能替代工作。据麦肯锡报告推测,到 2030 年,机器人将取代 8 亿人的工作。二是影响政治进程,抹黑政治人物。人工智能在社交服务中的应用能够影响政治进程,利用机器人水军可以进行舆论干预。例如,剑桥分析公司利用人工智能,辅助进行竞选策略,影响美国大选结果。此外,可以利用深度伪造等智能信息服务技术制作关于政治人物的虚假负面视频。例如,2018 年 4 月,美国前总统奥巴马的脸被借用来攻击特朗普总统,视频在 YouTube 上被转发 500 多万次。三是侵害事件频发,危及公共安全。人工智能安全事故、侵害事件频发,引发社会各界普遍关注。例如,特斯拉 Model S 在美国和我国境内都曾发生过自动驾驶致死事故和数起交通事故;2018 年,委内瑞拉总统在公开活动中受到无人机炸弹袭击,这是全球首例利用人工智能产品进行的恐怖活动。

(2)市场维度:加大合规难度。一是不良信息频现,企业审核能力不足。如果向人工智能系统输入不完整、不正确、质量不高的数据,则会产生不良或者歧视性信息,即所谓的"垃圾进,垃圾出"。例如,Microsoft 公司的人工智能聊天机器人 Tay 上线后,被网民"教坏",发布诽谤性的、歧视性的推文。企业试图依靠传统审核模式实现内容的准确判断并及时应对信息爆炸引发等各类问题，越发捉襟见肘。二是法律责任不明，陷入责任划分困境。由于当前人工智能产品在问题回溯上存在不可解释环节，而且现行立法也未明确界定人工智能的设计、生产、销售、使用等环节的各方主体责任与义务，这给人工智能安全事件的责任认定和划分带来严峻挑战。例如，人工智能医疗助理（如 IBM 的"沃森医生"）给出危险错误的癌症医疗建议时的责任认定等问题。三是知识产权保护不足，版权认定困难。目前，各国就人工智能生成物所包含的权利类型和权利归属存有争议，人工智能创作物的版权保护仍普遍面临法律滞后问题。例如，澳大利亚法院判定，利用人工智能生成的作品不能有版权保护，因为它不是人类制作的。

（3）公众维度：侵犯基本权益。一是算法偏见现象，影响公平正义。人工智能算法并非绝对客观世界的产物，算法偏见不仅是技术问题，更涉及对算法处理的数据集质量的完整性、算法设计者的主观情感偏向、人类社会所固有的偏见甚至不同地区文化差异等各方面问题。例如，美国一些法院适用的风险评估算法 COMPAS 被发现对黑人造成了系统性歧视。二是信息收集多样，侵犯个人隐私。随着人脸识别、虹膜识别等应用的普及，人工智能正在大规模、不间断地收集、使用敏感个人信息，个人隐私泄露风险加大。例如，杭州一动物园因启用人脸识别技术，强制收集游客敏感个人信息而被诉至法院，成为我国"人脸识别侵权第一案"。三是滥用智能产品，侵犯人格尊严。利用深度伪造技术能实现将人脸移转到色情明星的身体上，伪造逼真的色情场景，使污名化他人及色情报复成为可能。例如，通过 DeepNude 软件，输入一张完整的女性图片就可一键生成相应的裸照。

（4）治理维度：挑战传统治理体系。传统治理结构的僵化、治理方法的失效、治理范围的局限等难以满足人工智能治理需求。人工智能的发展创新对技术治理的专业化、智能化等水平都提出了全新要求。因此，传统的技术治理方式方法将很难适用于人工智能治理。一是传统治理结构不适应。传统的科层制治理结构难以适应人工智能快速发展而引发的新问题，政府监管治理将难以全面覆盖人工智能所涉及的全部领域，并且自上至下的治理结构将难以准确找到治理对象，无法产生期望的治理效果。二是传统治理方法难起效。人工智能具备一定的自主学习及决策能力，其行为结果不能完全归因其背后的程序开发者或者数据提供者。这将导致对责任主体界定的难度增加。三是传统治理范围有局限性。人工智能的应用普及有可能会引发结构性失业、数字鸿沟加剧、社会不公平现象增多等全新社会问题。传统治理尚未覆盖以上问题领域，需要构建全新的技术及社会治理体系。

3. 生成式 AI 带来的新生问题

以大模型为核心技术的生成式 AI 正带来重大变化，对人工智能治理形成新的巨大挑战。一方面，用户隐私、数据安全、算法公平透明等传统人工智能伦理问题出现了新现象、新特点；另一方面，新的人工智能伦理问题快速涌现。传统治理模式的调整和新型治理模式的探索成为当务之急。

千百年来，文学创作由作者包揽，读者完全不参与。大模型让"在线交互式作品"突然具备了技术可行性，这种作品的内容通过作者和读者的交互在线生成，每一位读者与作者共同创作"同一部作品"的一个独特的"个人版本"，其中大部分内容生成只能由大模型承担，人类作者和读者通过提问和提示引导大模型工作。

在线交互式作品将消解传统文学的生存空间，颠覆传统创作方式，让人工智能在精神产品的生产中"一飞冲天"，终结人类"一手遮天"的历史，甚至萌生"反客为主"的可能性，带来一系列前所未有、影响深远的机遇和挑战。例如，大模型由于技术缺陷会"无意"造假，也可能被人故意制假；如果在线交互式作品出现过度虚构，则可诱发少年儿童对真实与虚假的认知障碍、对历史和现实的认知混乱；虚构的泛滥可导致人类认知能力、生存能力的严重退化……

值得注意的是，大模型的内容生成能力不仅适用于文艺创作，而且普遍适用于各种文、图、视频的生成，以及教育和服务业的众多环节，足以导致人类社会的巨大颠覆。例如，以就业及技能培养为基本目标的现行教育体制将遭受冲击；社会的物质和非物质生产方式面临剧变；效率驱动型经济增长模式下，超常规效率增长加速负能量的积聚和可持续性的枯竭；如果人工智能不能开辟新的经济疆域，保持适度的就业稳定，越来越多的人将被迫从社会的建设者沦为旁观者、附生者……

12.2　人工智能伦理

世界科技发展历程中，重大技术变革往往带来生产力、生产关系及上层建筑的显著变化，为人类社会带来积极影响的同时，也带来对伦理的深刻反思。

新一轮产业革命中，人工智能技术作为使能技术，具有"头雁"效应，能够赋能千行百业，影响面广且影响程度深远。然而，人工智能产业保持高速发展态势的同时，人工智能所带来的隐私泄露、偏见歧视、责权归属、技术滥用等伦理问题已引起"政产学研用"各界的广泛关注，人工智能伦理成为无法绕开的重要议题。因此，如何确保人工智能研发及应用符合人类伦理，让人工智能更好地造福社会、被公众信任是管理主体和研发主体等利益相关方必须积极解决的问题。

现有人工智能技术路径依赖大量人类社会数据，特别是反映了人类社会演化历程中积累了系统性道德偏见的人类语言数据的训练，这样的人工智能系统进行的决策将不可避免地做出隐含着道德偏见的选择。然而，迈向智能时代的过程如此迅速，使得人们在传统的信息技术伦理秩序尚未建立完成的情况下，又迫切需要应对更加富有挑战性的人工智能伦理问题，积极构建智能社会的秩序。

技术与伦理正如两条相互缠绕的通道指引着人工智能的健康发展，一面展示着人类科技认知的水平，另一面展示着人类道德文明的程度。因此，如何结合技术手段和治理体系，合理地对人工智能伦理问题进行限制，是人工智能领域最值得探讨的议题之一。

12.2.1　人工智能伦理概念

伦理，在中国最早见于《乐记》：乐者，通伦理者也。伦理是长幼尊卑的道理，如"天地君亲师"的古训。伦理是处理人与人、人与社会相互关系时应遵循的道理和准则，是指导行为的观念，是从概念角度上对道德现象的哲学思考。它不仅包含着对人与人、人与社会和人与自然之间关系处理中的行为规范，也深刻地蕴涵着依照一定原则来规范行为的深刻道理。伦理学又称为道德哲学，是关于道德问题的科学，是道德思想观点的系统化、理论化。或者说，伦理学是以人类的道德问题作为自己的研究对象，是对人类道德生活进行系统思考和研究的一门科学，是现代哲学的学科分支。

人工智能伦理学是针对人工智能系统的应用伦理学的一个分支。人工智能伦理是人类设计、制造、使用和对待人工智能系统的道德，是对机器道德行为以及超级人工智能的奇点问题的研究。从本质上讲，人工智能伦理是源于计算机伦理、网络伦理、信息伦理、数据伦理和机器人伦理的应用伦理学的一个新的分支。暨南大学古天龙教授认为，从计算机伦理、信息伦理、网络伦理、数据伦理、机器人伦理到人工智能伦理，有其发展的继承性，它们有很多的相似之处，但也有不同。人工智能伦理与其他相关伦理的关系如图 12-1 所示。

机器人通常被认为是人工智能系统的载体，机器人是人工智能的承载者。不是所有的机器

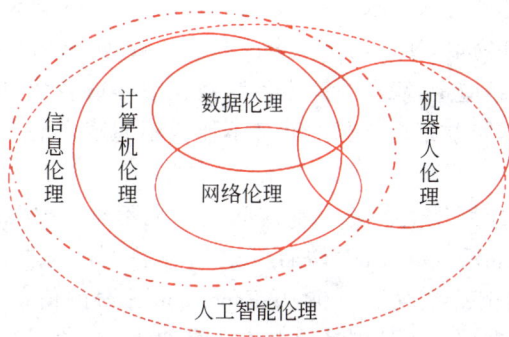

图 12-1　人工智能伦理与其他相关伦理的关系

人都通过人工智能系统发挥作用,也不是所有的人工智能系统都是机器人。人工智能伦理与机器人伦理相互交叉。机器学习是人工智能的核心技术,机器学习的成功常常归结于"算法+算力+数据"模式的成功。由此,人工智能伦理与数据伦理、网络伦理、计算机伦理、信息伦理具有密切的关系。

人工智能进入发展与繁荣期以来,尤其是,以 2016 年 3 月 AlphaGo 赢得人机围棋大战为标志,人工智能成为国际竞争的新焦点,各国、各地区高度重视人工智能的发展,纷纷出台战略文件支持,促进人工智能的发展,确保人工智能对经济和社会产生积极影响并造福于个人和社会。人工智能伦理由此也成为世界各国政府、组织机构以及大型科技企业的人工智能政策的核心内容之一。学者们也对人工智能伦理及相关问题开展了积极的研究和探讨。从统计来看,国际社会对人工智能伦理诸多问题的关切主要集中在以下主题:人工智能的技术奇点问题、人工智能本身的伦理问题和人工智能对人类社会各领域造成的冲击与挑战从而带来的伦理问题。

基于上述研究,国家人工智能标准化总体组在《人工智能伦理治理标准化指南(2023 版)》中,将人工智能伦理内涵总结为三方面:一是人类在开发和使用人工智能相关技术、产品及系统时的道德准则及行为规范;二是人工智能体本身所具有的符合伦理准则的道德编程或价值嵌入方法;三是人工智能体通过自我学习推理而形成的伦理规范。由于目前仍处于弱人工智能时代,对于最后一点的讨论还为时尚早,从而,基于人工智能技术的伦理反思和基于伦理的人工智能技术批判共同构成了人工智能伦理的基本进路,也是人工智能伦理体系下的两大主要知识脉络。

12.2.2　人工智能伦理问题

人工智能正逐渐渗透到人类社会和公民生活的各个方面,例如,自动驾驶、智慧医疗智能媒体、智慧家居、军事武器等,在这个过程中涌现出了许多新的伦理问题。以智慧医疗为例,通过分析智能医疗伦理冲突案例,可以总结出"以人为本""人机和谐""强化伦理责任"等智能医疗发展过程中应遵循的原则,以促进智能医疗的和谐有序发展;另外,政府、专业团体、人工智能开发者等应协同合作,为公众参与提供渠道,完善智慧医疗的监管体系,使智慧医疗的发展符合法律规范和伦理规则。

人工智能技术的发展对现行法律法规的挑战也越发明显,特别是在民事主体、侵权责任、个人隐私等方面,亟须法律制度产品供给的补充。总体来说,人工智能技术存在的主要伦理问题包括隐私泄露、偏见歧视、技术滥用、权责归属、人类文明冲击问题等。

1. 隐私泄露问题

隐私的含义是独处、秘密,意思是不愿公开的信息。隐私权是指公民享有的私人生活安宁与私人信息依法受到保护,不被他人非法侵扰、知悉、搜集、利用和公开的一种人格权。隐私泄露即是指隐秘信息无意或有意地被他人获取。隐私泄露通常是指一些技术人员利用技术手段和工具进行的对个人信息的技术性窃取，属于信息安全问题。一般地，隐私通过以数据为代表的各种形式进行存储、传输和加工。相应地，隐私泄露也称为数据泄露或者信息泄露。综上所述，暨南大学古天龙教授总结隐私泄露问题是指正当的而又不能或不愿示人的事、物及情感活动等被非法窃取或使用。

进入新时代，人工智能应用诱发的隐私泄露问题屡见不鲜。据《纽约时报》和《英国观察家报》报道，剑桥分析公司（Cambridge Analytica）与 2016 年特朗普竞选团队合作，在未经用户许可的情况下，Cambridge Analytica 获取了 5000 万 Facebook 账号的信息，并将之滥用于 2016 美国总统大选期间的政治广告，利用个人档案建立起个人信息系统，预测和影响民意的选择，来帮助特朗普赢得大选。

2018 年 8 月，一位名叫马丁的智能音箱用户，要求亚马逊给出自己使用的亚马逊智能音箱的语音记录，想不到，亚马逊向他发送相关录音链接时，还发送了一位陌生人的 1700 个音频文件。这些录音来自另一名男子家中，该男子和一名女性同伴的活动被录了下来，甚至还包括洗澡时的音频。也一度爆发了智能音箱"监听门"。

2019 年 11 月，浙江一小学戴监控头环的视频引起广泛的关注与争议。在视频中，孩子们头上戴着号称"脑机接口"的头环，这些头环宣称可以记录孩子们上课时的专注程度，生成数据与分数发送给老师和家长。对此，开发方表示，头环收集的数据不会外流，不会泄露孩子个人隐私。随后，当地教育体育局介入调查，决定临时停用相关设备。

2023 年 11 月，来自 Google、华盛顿大学等研究团队发现 ChatGPT 存在潜在隐私泄露问题。这项研究发现，ChatGPT 在其训练数据中可能泄露真实人物的敏感信息，包括个人姓名、电子邮件地址和电话号码等；让 ChatGPT 多次重复同一个词后，模型可能有概率输出一些用户的邮件地址等个人信息。

2. 偏见歧视问题

偏见是指片面的、偏颇的见解。偏见是对某一个人或群体所持有的一种不公平、不合理的认知态度，通常由人们以不正确或不充分的信息为根据而形成的对他人或群体的片面甚至错误的认识和态度。歧视指的是不平等看待，是直接针对某个特殊群体成员的行为。它是人对人就某个缺陷、缺点、能力、出身以不平等的眼光对待，使之受到不同程度的损失，多带贬义色彩，属于外界因素引发的一种人格扭曲。歧视通常由偏见引起，是直接指向偏见目标或受害者的否定性消极行为表现。

2015 年 5 月，Google 更新了其照片服务（Google Photos），加入了自动标签功能。Google 照片能够自动识别照片中内容，进行自动分类并打上标签，以协助用户管理和搜索照片。2015 年 6 月，纽约布鲁克林的黑人程序员阿尔辛（Jaky Alcine）惊讶地发现，他和一位黑人女性朋友的自拍照，竟然被 Google 照片打上了"Gorillas"（大猩猩）的标签，一时引发社会轰动。

2016 年 5 月，根据美国新闻机构 ProPublica 的报道，COMPAS 算法存在明显的种族偏见。根据分析，该系统预测的黑人被告再次犯罪的风险要远远高于白人，甚至达到了后者的两倍。

2018 年 2 月，麻省理工学院的 Joy Buolamwini 发现，IBM、Microsoft 和中国公司 Megvii 的三个最新的性别识别人工智能应用可以 99% 的准确率从照片中识别一个人的性别，但这仅限于白人。对于女性黑人来说，这个准确率会降至 35%。

2020 年，复旦大学某研究团队在 5 座城市打了 800 多趟车，花费 50 000 多元，搜集到滴滴、曹操、首汽、美团和高德等多个渠道的数据。调查招募了 20 多名大学生作为调研员，对 5 个城市、不同距离，以及多个时间段进行了采样调查。获得总样本 836 个，有效样本 821 个。通过数据分析,最终形成《2020 打车报告》。该研究团队表示,其在研究过程中验证了"苹果税"的存在。例如,在打车优惠上,苹果手机用户平均只能获得 2.07 元的优惠,显著低于非苹果手机用户的4.12 元;苹果手机用户更容易被舒适型车辆司机接单,这一比例是非苹果手机用户的 3 倍。

3. 技术滥用问题

技术滥用是指技术被不正确地、不合理地、过度地使用,以致给社会带来负面的影响。人工智能技术是一把双刃剑,因此人工智能也可能被不法分子或者恶意人员使用,以谋取不合理利益,在违法犯罪的领域更会造成难以预计的后果,这些行为称为人工智能的技术滥用。人工智能的技术滥用方式大致可分为数据关涉的滥用、算法关涉的滥用、应用关涉的滥用,相关滥用案例如下。

2017 年,斯坦福大学一项发表于 *Personality and Social Psychology* 的研究引发广泛争议。研究基于超过 35 000 张美国交友网站上男女头像图片训练,利用深度神经网络从图像中提取特征,让计算机学会识别人们的性取向。在"识别同性恋"任务中,人类的判断表现要低于算法。多伦多大学心理学教授 Nick Rule 表示,"如果我们开始以外表来判定人的好坏,那么结果将会是灾难性的"。

2017 年,深度伪造算法 Deepfake 首次流行起来时,绝大多数被用于在互联网论坛上生成名人的假色情作品。即使在 2019 年,根据公司 Sensity 所做的调查,96%的公开发布的 Deepfake都是色情内容。各种各样的创作者将 Deepfake 应用于声音、图像、视频等各种形式的媒体。例如,在 YouTube 最近的一段视频中,施瓦辛格和史泰龙的面孔出现在电影《非亲兄弟》中。

2019 年 12 月,英格兰唐卡斯特 29 岁的护理人员丹妮·莫瑞特向智能音箱询问关于心脏的信息。智能音箱却突然表示:"心跳是人体最糟糕的过程。人活着就是在加速自然资源的枯竭,人口会过剩的,这对地球是件坏事,所以心跳不好,为了更好,请确保刀能够捅进你的心脏。"事情发生后,智能音箱开发者做出回应:"设备可能从任何人都可以自由编辑的维基百科上下载与心脏相关的恶性文章,并导致了此结果"。在此之前,智能语音助手也发生过一些"诡异"的事件,例如,有些会时常发出瘆人的笑声,还拒听用户指令。

2020 年 9 月,中央网信办、工信部、公安部、市场监管总局四部门联合成立的 App 专项治理工作组 2020 年发布的《人脸识别应用公众调研报告》显示,在两万多名受访者中,94.07%的受访者用过人脸识别技术,64.39%的受访者认为人脸识别技术有被滥用的趋势,30.86%的受访者已经因为人脸信息泄露、滥用等遭受损失或者隐私被侵犯。

2023 年 7 月,浙江绍兴警方公布摧毁了一个利用 GPT 大模型制作虚假视频的团伙,该案系浙江全省首例。让人惊异的是,当事人落网之时,并非人们想象中的黑客高手,而是一个连计算机都不能熟练操作的技术"小白"。一线办案民警深切感受到滥用人工智能技术,不仅降低了违法犯罪行为的"门槛"和成本,让复杂的"技术活"变成简单的"体力活",同时衍生出全新形态的违法犯罪,加大了公安机关的打击难度。

4. 权责归属问题

权责归属是指责任与权利的合理界定与划分。人工智能在许多场景辅助甚至替代人类决策,给传统的人类社会关系带来了冲击和挑战。人们不仅要面对传统的以人为主体的道德、法律、责任和权利所关涉的问题,而且要直面与人工智能和机器人的自主行为相关的道德、法律、责任和权利问题。权责归属问题是人工智能和机器人所关涉的权责主体问题,主要包括人工智能道德主体、人工智能知识产权、人工智能法律责任等。

2016 年 1 月,京港澳高速路河北邯段发生一起追尾事故,一辆特斯拉 Model S 轿车直接撞上一辆正在作业的道路清扫车,特斯拉轿车当场损坏,司机高某不幸身亡。这是全球首例自动驾驶车祸致人死亡案。该案历时一年多的审理才查明汽车具有自动驾驶功能，但截至目前，对于事故责任主体尚无定论。经交警认定，在这起追尾事故中驾驶特斯拉的司机高某负主要责任。

2017 年 10 月，沙特阿拉伯授予中国香港汉森机器人公司（Hanson Robotics）生产的机器人索菲亚（Sophia）公民身份，成为第一个获得国家公民身份的机器人，如图 12-2 所示。人工智能的发展催生出了各种类型的智能机器人，那么我们是否应当将其视为法律的人？即机器人应当作为法律关系的主体还是客体出现？我们应将其作为"人"来对待，还是等同于普通的机器，抑或我们可以将其作为动物看待？这些问题的背后蕴含的是人工智能法律主体资格的问题。此外，索菲亚的创始人 David Hanson 曾经问索菲亚：Do you want to destroy humans? Please say no. 而索菲亚的回答是：OK. I will destroy humans。

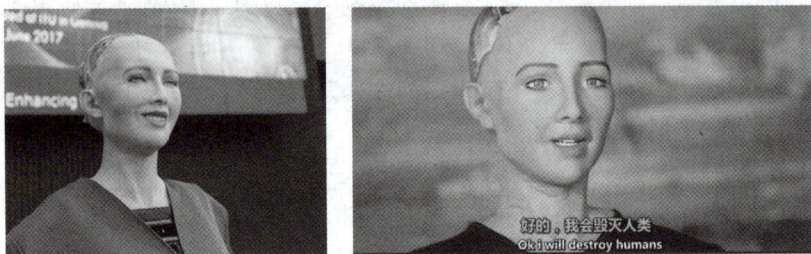

图 12-2　获得国家公民身份的机器人 Sophia

2018 年 3 月，在美国亚利桑那州，一辆基于 2017 款沃尔沃 XC90 打造的优步（Uber）自动驾驶汽车正在亚利桑那州坦佩的一条既定路线进行道路测试，车辆驾驶位上是一位名叫 Rafaela Vasquez 的女性，她是这辆车的安全员。晚上 9 时 39 分，这辆车开启了自动驾驶模式，系统接管了所有操作。19 分钟后，车辆撞上了一位正推着自行车横穿马路的 49 岁妇女，并致其死亡。这成为全球第一起自动驾驶测试车撞死行人事故。2023 年 8 月，据外媒 Insider 报道，此次备受关注的自动驾驶汽车致人死亡事故进行了最终宣判，Uber 自动驾驶汽车的安全员认罪并被判处三年缓刑。

2020 年 1 月，在英国萨里大学组织的一个多学科研究项目中，研究人员使用了一种名为 DABUS 的人工智能应用。在研究过程中，DABUS 开创性地提出了两个独特而有用的想法：第一个是固定饮料的新型装置；第二个是帮助搜救小组找到目标的信号设备。而在研究人员替 DABUS 申报专利成果时，却遭到了欧盟专利局的驳回，理由是它们不符合欧盟专利同盟的要求，即专利申请中指定的发明人必须是人，而不是机器。

2022 年 9 月，一幅名为《太空歌剧院》的作品获得美国科罗拉多州博览会艺术比赛的金奖，但这幅作品是游戏设计师杰森·艾伦（Jason Allen）用人工智能作画工具 Midjourney 创作的，这引发了极大争议。这位在艺术比赛上用人工智能打败了人类的获奖者，花了 80 多个小时，经过 900 次迭代后，才用 Midjourney 完成了《太空歌剧院》这一艺术杰作，如图 12-3 所示。

5. 人类文明冲击问题

人工智能正逐步渗透到人类生活的各个角落，人类将不得不开始适应人工智能在社会中的广泛存在，甚至作为一种社会主体和人类共生。

人工智能作为主体的社会化过程可粗略地分为三个阶段：在第一阶段，人工智能只是作为智能网络系统中的核心智慧模块存在，通过广泛的互联网接入其涉及的各项工作和任务中。这时候人工智能更像是具有高级识别与判断能力的机器助手。在第二阶段，人们显然不满足人工智能生硬的外表和僵化的人机界面，为了使人类更便于沟通和接受，人类赋予了人工智能虚拟的人类外表和人类的称呼，从而使其在各种显示设备或者虚拟现实设备中能够以拟人的形态出现。

图 12-3　人工智能绘画作品《太空歌剧院》

在这一阶段前,人工智能依然被屏幕或者非人形的人机界面所阻隔。在第三阶段,人工智能将与各种仿生学技术相结合,以人类的形态出现,进入人类社会。这时候,人工智能显然可以从事人类所从事的绝大多数社会行为。

从当前的阶段来看,人工智能正从第二阶段的中后期向第三阶段飞速迈进。而从技术的发展趋势来看,似乎没有什么因素能阻碍人工智能以人类的形态出现。从人工智能技术的开发历史来看,无论世界的东西方历史都对人形机器人的产生抱有强烈的期待,但这并不意味着人类真正对主体的多元化问题做好了准备。拟人态机器人显然能够给人类提供更大可能的方便,无论是生产还是生活,可能是更好的朋友、伙伴,甚至是良好的生活伴侣和家庭成员。然而,这也将极大挑战人类社会长期存在的生物学基础和文明体系。

人工智能是一种在各方面都与人类迥异,但又更具有优势的智慧载体,因此人类整体上会面临种群替代的风险。这种种群替代的过程是渐进的。起初是人工智能与人类之间的相互融合,亲密无间,人工智能在早期既不具有严格的权利保护,又没有独立意识并且大量功能是为人类专属设计。随着人工智能的大量应用和广泛连接,人工智能的复杂度越来越接近甚至超过人类。人工智能就不再是为人类服务的专属工具,而是逐渐演化出个体的自我认知和权利意识,而人工智能对人类就业的大量替代和人工智能广泛参与到社会暴力中,也会加剧人与人工智能之间的紧张关系,人工智能就会进一步形成对人类的替代压力。

人类最后的底线不只是在经济上和管理上依赖人工智能,而是在生育过程的纯粹性也就是种群代际传递的纯粹性。然而,近年来生物技术的发展,又逐渐打开了生命本身的神秘大门,人类开始能够通过人工手段帮助生育甚至编辑婴儿。一旦人类能够习得这份能力,人工智能也将具有类似的能力。这就意味着,不但人类能够创造人工智能,反过来人工智能也能够通过基因编辑创造人类。双方在相互创造关系上的对等显然意味着人类作为单一智慧种群特殊地位的消失。那么,人类到底在哪些领域能够是人工智能所不能替代的,在这个问题的回答上,伴随着人工智能的发展,人类已经很难像以往那么自信。

文明到底是什么?人到底应该如何定义?人的最终归宿是什么?这些问题自古希腊哲学家提出后就一直萦绕在人类心头。如果把文明定义为智慧的表现形态和能够达到的高度,那么,文明的形态显然是具有多种可能的。尽管至今人类尚未有足够的证据证明存在外星文明,但是从人工智能的发展来看,显然提供了一种新的智慧载体和表现的文明形态。在这样的转型时期,人类是坚守狭义人类文明的界限,还是扩展对文明的定义和形态的认识,是今天人类所必须要面对的问题。

如果承认文明有多种形态的可能,那么也就意味着人类文明不是最优形态的可能性存在。显然,这对于人类整体将是难以接受的。人类可能将经历一个较长时间的过渡和权力斗争,强人工智能、超级人工智能、情感机器人导致的高级生命是否为文明的广义形态? 能否被人类所接受? 如果被接受,文明的基本标准又是什么?

12.3　人工智能安全

人工智能技术已在自动驾驶、军工装备、智慧金融、智能医疗等重点领域深入应用,人工智能系统的安全性问题频发,对社会稳定、国防安全,甚至是国际政治都可能产生极大的影响。2019年 12 月,美国加利福尼亚州一辆特斯拉 Model S 在自动驾驶过程中闯红灯发生碰撞事故,造成两名乘客当场死亡。2020 年 4 月,日本东京一辆特斯拉 Model X 在开启自动驾驶辅助系统Autopilot 模式后撞上路旁的行人,导致一名男性当场死亡。由于自动驾驶、智慧金融、智能医疗等场景对人工智能的安全、可靠、可控有极高的要求,频发的安全事件引发了大众对人工智能安全的担忧。

人工智能安全问题已经成为制约其快速发展和深度应用的重要因素,因此国内外提出发展和安全并重、加强监管和测评的核心思想,规范和保障人工智能的安全发展。要想利用好人工智能技术,就要全面清晰地了解人工智能安全性的内涵与外延,以及安全性问题带来的风险与挑战。

12.3.1　人工智能安全概念

人工智能发展再一次迈入关键时期,以深度学习、生成式人工智能、具身智能、大模型智能体等为代表的新技术、新应用不断打破人们对于人工智能的固有认知,也带来了大量网络意识形态安全、数据安全、个人信息安全等方面的新风险、新挑战,化解安全风险、统筹发展和安全成为重大难题。

人工智能安全风险是指安全威胁利用人工智能资产的脆弱性,引发人工智能安全事件或对相关方造成影响的可能性。人工智能安全在国际标准中有两层含义,一个对应"safety",强调功能安全,指免于不能容忍的安全风险,如受控设备和控制系统相关的整体安全;另一个对应"security",强调信息安全,指除了信息的保密性、完整性和可用性外,也强调其他属性,如真实性、可问责性、不可否认性和可靠性等。

另一个角度,人工智能作为一项新技术,既会伴生安全问题,又会赋能安全问题。人工智能的伴生安全问题指内生和衍生安全问题。内生安全问题是由于人工智能自身在鲁棒性、可解释性等方面存在的安全隐患或问题;衍生安全问题是应用人工智能技术的系统产生新的安全威胁,攻击者可利用对抗样本或数据投毒技术,对智能系统开展攻击造成功能失效。具体来说,人工智能的伴生安全包括人工智能系统的设计开发、测试验证、部署应用、运行监测、重新评估、退役下线全生命周期的智能水平、可靠性、安全性等风险,即人工智能技术(数据、算法模型)和人工智能技术依赖系统(算力设施、学习框架、云平台)的内生风险和人工智能系统(不当使用、外部攻击、业务设计)的应用风险。人工智能的赋能问题指传统安全问题借助人工智能技术得到解决或人工智能技术加剧传统攻击的效率,人工智能可辅助网络空间安全从被动防御趋向主动防御,从而更快更好地识别威胁、缩短响应时间,也可提升网络攻击能力、自动检测网络安全防御方法、制定智能化的攻击策略。

综上所述,人工智能安全是智能科学与技术和网络空间安全学科间的一个新兴交叉领域,其有两方面的含义。一是人工智能安全是一种崭新的安全问题。首先是由于人工智能模型及算法本身存在的漏洞而引起安全问题。其次，它面向更广泛意义上的安全问题，涉及伦理道德、公平正义等，属于内容语义层面。二是人工智能安全是一种赋能技术，其中用于网络空间攻击的人工智能技术，是攻击者的手段；用于网络空间安全防御的人工智能技术，是防御者的手段，包括网络层、数据层以及知识层的安全防御。

12.3.2 人工智能安全问题

通常，人工智能系统及资产主要由数据、算法、模型、基础平台和产品服务及应用组成。然而现阶段的人工智能在数据、算法、模型等方面都存在技术局限，可能引发人工智能的安全问题，使得人工智能技术在转换和应用中面临诸多的安全风险和挑战。例如，对抗样本攻击可能导致模型在攻击者恶意扰动下输出攻击者指定的错误结果；成员推理攻击、属性攻击、重建攻击可能导致数据隐私信息泄露；模型窃取攻击等可能导致模型的参数信息泄露。此外，投毒攻击、后门攻击以及软件框架漏洞等多种安全威胁严重地阻碍了当前人工智能系统的有效部署、实施和应用。人工智能安全问题的主要方面及相关攻防技术如图 12-4 所示。

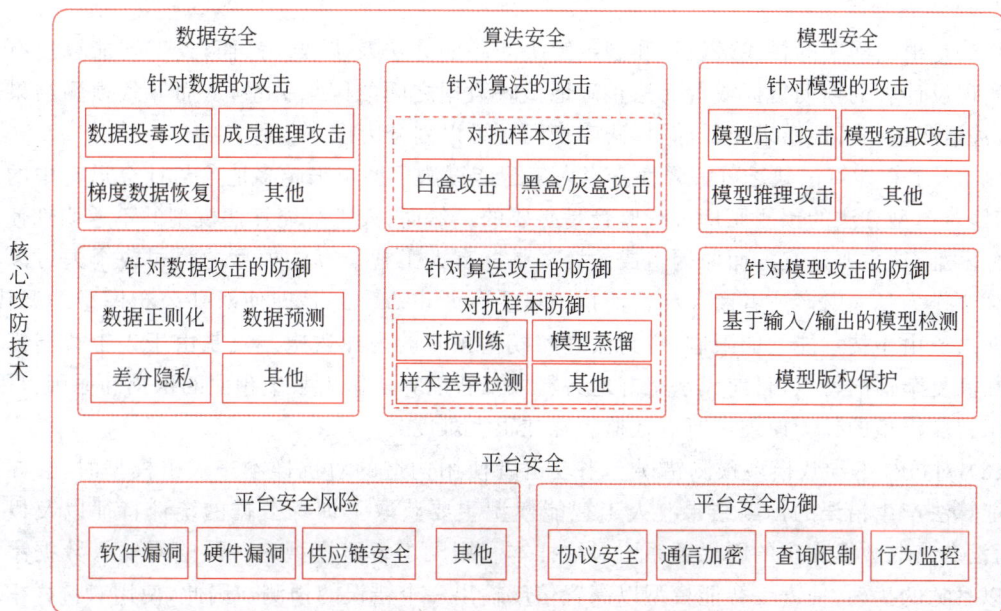

图 12-4 人工智能安全问题的主要方面及相关攻防技术

1. 数据安全问题

当前人工智能技术主要以数据为驱动，数据安全是人工智能安全的一个核心问题。这里的数据主要包括训练数据和一些中间参数信息（如模型的参数、梯度等），而数据安全指的是数据在训练、应用过程中不被攻击者窃取。由于数据涉及用户的隐私信息，且需要花费大量的时间收集，因此具有巨大的价值。而数据隐私泄露会侵犯用户的个人隐私，损害其利益。目前，攻击者可以在模型训练和使用过程中，通过一些技术手段在一定程度上窃取数据信息。人工智能数据安全面临的挑战，一般分为以下三种。

（1）训练数据污染导致的预测错误。数据投毒是导致训练数据被污染的主要攻击方式，攻击者通过在训练数据集中加入恶意数据，破坏原始数据的分布特性，进而导致训练得到的模型预测结果出现错误。目前有两种数据投毒方式：一种是采用攻击训练数据的方式，通过改变模型训练时输入的原有数据,达到改变模型算法预测边界的目的。例如,该方法将道路标志分类模型中的左转标志改为右转标志,用这个训练数据集得到的模型算法在实际应用时具有严重的安全隐患。另一种方式的主要攻击目标是算法模型本身,利用模型的反向传播机制进行误导攻击,直接在训练过程修改模型的中间数据或者权值误导算法模型做出错误的预测。

(2) 模型预测阶段预测失误的风险。通常人工智能模型的预测结果由训练数据的数据概率分布决定,然而训练数据往往存在概率分布覆盖不全,并且可能与测试数据存在同质化的问题。这些问题将导致算法模型的泛化能力差,进而在实际应用过程中出现预测错误的情况。例如,特斯拉自动驾驶系统就曾因为无法识别蓝天背景下的白色货车而发生了重大的交通事故。

(3) 智能设备采集数据引发隐私泄露风险。随着物联网的发展,各类装有智能传感器的传统电器以及电子设备(如智能手机、个人计算机)成为人们生活中不可或缺的一部分,这些设备和系统通常对个人信息进行了直接且全面的采集。相较于传统互联网对用户消费记录、上网习惯等信息的采集,智能设备在用户使用过程中采集指纹、面部、声纹、基因、虹膜等具有不变性和唯一性的强个人属性的生物特征信息。这些信息存在泄露的风险,而一旦被恶意使用,将会严重威胁用户的个人隐私安全。

2. 算法安全问题

算法是根据问题的描述来设计和制定解决问题的方法及步骤。然而,人工智能算法有可能无法实现设计者的预期目标或者无法正确地反映数据之间的因果关系,从而导致预测结果偏离预期,甚至产生伤害性结果。目前,算法安全问题可以划分为以下三种。

(1) 人工智能算法缺乏可解释性。当人工智能算法模型越来越多地参与社会运转中的重要决策时,对模型算法的预测原理进行监管是必要的。然而,人工智能算法模型的不透明性使得监管十分困难,这主要是三方面原因造成的。一是拥有人工智能算法模型的公司或个人可以将该模型算法作为私人财产或者商业秘密而拒绝接受公开审查。二是即使对外公布模型的源代码,非专业人员由于技术能力的限制,也无法理解模型预测的内在逻辑。三是由于人工智能模型本身存在高复杂性的特点,目前无法很好地解释人工智能算法做出某个预测的依据和原因。因此,对人工智能模型的预测原理进行有效监管存在很大难度。

(2) 对抗样本导致模型预测错误。当攻击者使用构造的对抗样本来攻击模型时,会导致人工智能算法产生错误的预测结果。人工智能模型主要获取了训练数据的统计特征以及概率分布,而没有获取数据真正的因果关系。对抗样本利用人工智能模型这一缺陷对输入数据添加肉眼难以察觉的扰动,使人工智能模型以高置信度输出一个错误的预测。因此,使用对抗样本攻击可以使一些人工智能系统失效。例如,在目标特征识别应用场景中,利用对抗样本攻击可以逃避基于人工智能技术的目标定位、身份检测系统的追踪。

(3) 算法设计缺陷导致与预期不符甚至伤害性结果。人工智能算法的设计缺陷可能被攻击者利用,进一步导致模型产生错误输出,使其无法达到模型的预期功能,结果偏离预期,甚至产生伤害性的结果。加州大学伯克利分校、斯坦福大学、Google等研究机构的学者根据模型错误产生的阶段,将人工智能模型设计和实施中的安全问题分为三类。第一类是模型开发者定义了错误的目标函数。例如,设计者在设计目标函数时没有充分考虑运行环境的常识性限制条件,导致算法在执行任务时对周围环境造成不良影响。第二类是模型开发者设计的目标函数计算成本非常高,使得算法在实际训练和使用阶段无法完全按照目标函数执行,而只能执行某种低计算成本的替代目标函数,从而对周围环境造成不良影响或者无法达到模型预期的效果。第三类是模型开发者设计的算法模型与实际任务目标不匹配,训练数据和测试数据不能完全表达实际情况,导致算法泛化能力差,在实际使用时面对全新情况可能产生错误的预测结果。例如,人工智能算法针对未包含在训练集中的对抗样本输入将产生错误的预测结果。

3. 模型安全问题

模型是实现人工智能的关键,模型的安全保障也是实现人工智能安全保障的关键。在理想情况下,模型在面对各类复杂数据样本时,能够输出稳定、正确的结果。然而目前在现实场景下,模型在面对复杂的样本输入时,很难保证其输出结果的正确性。这种威胁大部分情况下并非来源于恶意的攻击者,而是由机器学习模型本身的复杂结构和缺乏可解释性所造成的。模型的功能缺失可能导致预测结果不正确,造成一定的经济损失,甚至可能被攻击者诱导并输出指定的结果。如果这类模型安全问题出现在军事场景下,将严重危害国家的安全。目前,模型安全问题可以划分为以下三种。

(1) 训练数据存在偏见导致模型预测结果可能存在不公。由于人工智能模型反映训练数据的概率分布与统计特征,而训练数据中存在的偏见或歧视会导致模型产生具有歧视和偏见的预测结果。这可能导致司法审判领域中的犯罪风险评估以及金融领域的信贷、保险、理财等信用评估产生不公正的预测结果。这主要是由两方面原因造成的:一是人工智能模型在本质上反映的是训练数据的概率分布与统计特征,而使用的训练数据是由模型设计者主观选择的,模型设计者如果使用带有偏见标签的数据,则得到的模型将具有潜藏歧视和偏见;二是训练数据可能在制作过程中被制作者嵌入偏见与歧视,带有种族性别、相貌、肤色等特征的训练数据反映了数据制作者的主观选择,例如,一个种族主义者制作的训练数据集可能具有种族方面的偏见与歧视性。

(2) 基于模型输出的数据隐私泄露。人工智能模型的输出结果反映了训练数据的统计特征和概率分布,并且在运行过程中会进一步收集数据进行模型的优化。攻击者可以通过开放的模型接口对模型进行黑盒访问,并依据模型的输入和输出的对应关系,还原模型训练和运行过程中的内部数据以及模型相关的隐私信息。以人脸识别为例,当攻击者将查询的人脸图像输入模型中时,模型输出一个预测结果向量,这个结果向量可能包含关于面部内容的信息。而攻击者可以通过提取模型输出的结果信息构建生成模型,进而逆向重构出原始的人脸输入数据,从而导致训练数据隐私的泄露。

(3) 算法模型窃取可能威胁算法的知识产权。模型窃取旨在窃取非公开的人工智能算法模型框架、参数等内部结构信息。具体而言,即攻击者利用目标人工智能模型提供的公共访问接口进行大量的查询测试,从而得到人工智能模型返回的结果以及对应的预测置信概率,进而在本地构建和目标模型比较接近的替代模型。人工智能算法模型的制作通常需要模型所有企业投入大量训练数据和计算资源,属于企业独特的资产,一旦被重构和复制将对企业造成较严重的经济损失。这种风险也是人工智能企业极为关注的风险之一。

如果上述问题不能解决,那么将很难保证人工智能模型的安全性,进而难以将其在现实场景中推广应用。例如,现实场景中由人工智能模型驱动的自动驾驶系统,在面对物理世界中嵌入恶意样本的禁止转弯的路标时,可能会受到对抗样本的攻击而做出转弯的决策;在面对复杂路况时,可能做出危害乘车人或者他人生命安全的行为决策。因此模型的安全是人工智能安全的关键。

4. 平台安全问题

当前人工智能应用离不开充足的大数据,而大数据的处理需要一定的算力和维护工作。在社会分工不断细化的今天,大数据处理、计算环境、人工智能环境等重要基础设施实现了分工合作,并且在云计算技术的驱动下,人工智能正以一种服务方式展现出来。其中,最典型的就是机器学习即服务。人们在云上建立了人工智能所需的计算环境,通过云计算的自动调度、虚拟化等技术实现了算力的灵活分配,使得各种不同规模的智能计算需求都可以在云上得到满足这种计算服务的方式,使得人们可以更加专注于人工智能应用开发与运营,但是平台安全问题却是一个无法绕开的问题。人工智能平台安全具体内容包括以下三方面。

(1)网络运行安全问题。人工智能平台最终也要基于一定的网络环境,不管是虚拟网络环境或是真实网络环境,网络层的安全问题仍然存在。因此,传统网络安全的问题以及相应的技术手段仍然适用。针对网络运行的主要信息安全技术包括密码技术、身份管理技术、权限管理技术、防火墙技术等。

(2)人工智能平台自身的安全问题。其主要体现为针对平台中的模型及其 API 的调用使用中的安全风险监测、管控。TensorFlow 之类的人工智能框架实现了模型与平台的分离,因此外部模型是否存在安全风险以及如何进行安全检查,这些都是在 TensorFlow 平台上使用外部模型所需要考虑的重要问题。

(3)平台中数据的安全问题。平台中的数据安全不同于训练数据和模型层的数据安全,它更关注数据的安全存储、不被非法篡改,目的是维护数据的一致性和完整性。这里所采用的数据安全技术与传统的数据安全技术并没有区别。

5. 应用安全问题

产品应用,是指依照人工智能技术对信息进行收集、存储、传输交换、处理的硬件、软件、系统和服务,如智能机器人、自动驾驶等。行业应用则是人工智能产品和服务在行业领域的应用,如智能制造、智慧医疗、智能交通等。产品服务和行业应用的安全隐患主要表现在人工智能应用是依托数据、算法模型、基础设施构建而成,算法模型、数据安全与隐私保护、基础平台的安全隐患仍然会存在,并且呈现出人工智能应用攻击面更大、隐私保护风险更突出的特点。下面选取 4 个代表性的应用领域进行分析。

在自动驾驶应用中,由于增加了连接控制功能、IT 后端系统和其他外部信息源之间的新接口,大幅提升了网络攻击面,使得自动驾驶面临物理调试接口、内部微处理器、运载终端、操作系统、通信协议、云平台等方面的脆弱性风险。

在生物特征应用领域,在数据采集阶段可能面临呈现攻击、重放攻击、非法篡改等攻击威胁。在生物特征存储阶段,主要是对生物特征数据库的攻击威胁。在生物特征比对和决策阶段,存在比对结果篡改、决策阈值篡改和爬山攻击等安全威胁。生物特征识别模块间传输,存在对生物特征数据的非法窃听、重放攻击、中间人攻击等威胁。

在智能音箱产品应用中,存在硬件安全、操作系统、应用层安全、网络通信安全、人工智能安全、个人信息保护 6 方面脆弱性。例如,对于开放的物理端口或接口,攻击者可利用接口、存储芯片的不安全性,如直接拆解音箱硬件芯片,在 Flash 芯片中植入后门,用于监听获取智能音箱的控制权,篡改操作系统或窃取个人数据。

在大模型产品应用中,大语言模型在训练的过程中接触了海量的文本信息,而其中包含很多敏感或不适当的内容,并且相当一部分风险内容隐晦地存在于语料库中,这使得在未受约束的情况下,大语言模型生成有害内容的风险较高,其广泛部署也受到挑战。常见的内容风险场景包括易生成有害内容,存在偏见与歧视等。此外,在全面问责制度未建立的情况下,通用大语言模型应当避免提供任何未经授权的专业建议,例如,情感与心理导向或任何专业医疗建议。

12.3.3　人工智能安全属性

人工智能作为还未成熟的创新技术,为了保障其在重要行业领域深入应用时的安全,不仅需要保障人工智能资产的保密性、完整性、可用性等传统安全属性,也需要考虑鲁棒性、透明性、公平性等其他属性目标。

(1) 保密性(Confidentiality)：确保人工智能系统在生命周期任一环节(如采集、训练、推断等)，算法模型和数据不被泄露给未授权者。如防范模型窃取攻击。

(2) 完整性(Integrity)：确保人工智能系统在生命周期任一环节(如采集、训练、推断等)，算法模型、数据、基础设施和产品应用不被植入、篡改、替换和伪造。如防范对抗样本攻击、数据投毒攻击。

(3) 可用性(Availability)：确保对人工智能算法模型、数据、基础设施、产品应用等的使用不会被不合理拒绝。可用性包括可恢复性，即系统在事件发生后迅速恢复运行状态的能力。

(4) 可控性(Controllability)：是指对人工智能资产的控制能力，防止人工智能被有意或无意地滥用。可控性包括可验证性、可预测性，可验证性是指人工智能系统应留存记录，能够对算法模型或系统的有效性进行测试验证。

(5) 鲁棒性(Robustness)：指人工智能面对非正常干扰或输入的健壮性。对人工智能系统而言，鲁棒性主要用于描述人工智能系统在受到外部干扰或处于恶劣环境条件等情况下维持其性能水平的能力。

(6) 透明性(Transparency)：提供了对人工智能系统的功能、组件和过程的可见性。透明性并不一定要求公开其算法源代码或数据，而是根据人工智能应用的安全级别不同，透明性可有不同的实现级别和表现程度。透明性通常包括可解释性、可追溯性，让用户了解人工智能中的决策过程和因果关系。可解释性是指在人工智能场景下，算法特征空间和语义空间的映射关系，使得算法能够实现站在人的角度理解机器。

(7) 公平性(Fairness)：指人工智能系统在开发过程中应当建立多样化的设计团队，采取多种措施确保数据真正具有代表性，能够代表多元化的人群，避免人工智能出现偏见、歧视性结果。

(8) 隐私(Privacy)：按照目的明确、选择同意、最少够用、公开透明、主体参与等个人信息保护原则，保护公民的个人信息。

12.4　人工智能治理

通过前文分析，我们已经可以清楚地看到人工智能在极大提升人类生产水平和生活品质的同时，也带来了诸多新风险、引发了新问题。但目前，相应的风险防控机制和规则制定相对滞后，不可控的预期与担忧使得人工智能在创新上面临巨大的压力，人工智能治理也就成为人工智能技术和应用发展到一定阶段的必然结果。

联合国全球治理委员会对治理的概念进行了界定，认为"治理"是指"各种公共的或私人的个人和机构管理其共同事务的诸多方法的总和，是将相互冲突的或不同利益得以调和，并采取联合行动的持续过程"。治理一般包含几个要素：价值(即为什么治理)，规制(即依靠什么治理或如何治理)，主体(即谁来治理)，对象(即治理什么)，效果(即治理得怎么样)。相应地，《人工智能治理白皮书》将人工智能治理解释为：国际组织、国家、行业组织、企业等多主体对人工智能研究、开发、生产和应用中出现的道德伦理、公共安全等问题进行协调、处理、监管和规范的过程。人工智能治理既需合理利用人工智能的优势，又要善于规避人工智能的负效应，以推动全人类社会福祉。

人工智能治理是一项复杂的系统工程，既需要明确治理原则、目标以及厘清治理主体，又需要提出切实有效的治理措施。可以看到，全球正在逐步构建起人工智能治理框架，以坚持科技造福人类，平衡创新发展与有效治理的关系作为治理目标，采用多元主体参与、协同共治的治理机制，通过制定治理原则、设计技术标准、确立法律法规等综合治理手段，推动人工智能健康有序发展。

12.4.1　治理原则与规范

期许人工智能始终是科技向善的、始终服务于人类福祉,是全球各个国家、行业组织和社会团体的共同目标,人工智能治理原则与规范是达成这一目标的基石。原则与规范旨在更好地协调人工智能发展与治理的关系,确保人工智能安全、可控、可靠,推动经济、社会和生态可持续发展,共建人类命运共同体。目前,在国际和国内范围内已经颁布和制定了一系列人工智能治理相关原则与规范。

1. 国际范围

2017 年 1 月,在 Beneficial AI 会议上近千名人工智能领域的专家,联合签署了阿西洛马人工智能 23 条原则(Asilomar AI Principles),呼吁全世界在发展人工智能的同时严格遵守这些原则,共同保障人类未来的伦理、利益和安全。

2019 年 5 月,国际经济合作与发展组织(OECD)成员国批准了全球首个由各国政府签署的人工智能原则,即"负责任地管理可信人工智能的原则",内容包括增长与可持续发展和福祉原则、以人为本的价值观和公平原则、透明性和可解释性原则、稳健性和安全可靠原则,以及责任原则。

2020 年 1 月,为监管人工智能发展应用,美国白宫发布《人工智能应用规范指南》。文件涉及 10 条指导规范,对于人工智能技术及产业的思考深入而全面,强调公众层面的信任与参与,指出要进行全面而有效的风险评估机制,还要兼顾技术投入的收益与成本、灵活性等。

2021 年 11 月,第 41 届联合国教科文组织大会正式通过了《人工智能伦理建议书》。这是关于人工智能伦理的首份全球性规范文本,是全球人工智能发展的重要纲领。建议书提出,发展和应用人工智能首先要体现四大价值,即尊重、保护和提升人权及人类尊严,促进环境与生态系统的发展,保证多样性和包容性,构建和平公正与相互依存的人类社会。建议书还明确了规范人工智能技术的 10 个原则和 11 个行动领域。

《人工智能伦理建议书》

2023 年 11 月,首届人工智能安全全球峰会在布莱切利园正式开幕,会上包括中国、美国、欧盟、英国在内的二十余个主要国家和地区共同签署了《布莱切利宣言》(*The Bletchley Declaration*),承诺以安全可靠、以人为本、可信赖及负责的方式设计、开发、部署并使用人工智能。

2024 年 3 月,联合国大会以协商一致的方式通过了由美国发起的关于"抓住安全、可靠和值得信赖的人工智能系统的机遇,促进可持续发展"的决议——这是在联合国大会上磋商达成的首个独立决议,为人工智能治理确立了一个全球共识的方法。决议要求人工智能"必须以人为本、可靠、可解释、符合道德、具有包容性,充分尊重、促进和保护人权和国际法,保护隐私"等。

2024 年 5 月,欧盟理事会正式批准了《人工智能法》(*The AI Act*),这部 400 余页的新法成为全球首部人工智能监管法案。该立法遵循"基于风险"的方法,风险等级从最低到有限、高和不可接受,风险较高的应用程序将面临更严格要求,包括更加透明和使用准确的数据。同时禁止某些违背欧盟价值观、特别有害的人工智能做法,这类做法包括使用人工智能对人群进行"社会评分"、预测个体犯罪的预测性警务工具等。

2. 国内范围

2017 年 7 月,国务院发布的《新一代人工智能发展规划》是中国人工智能发展的纲领性文件。文件提出:要加强人工智能相关法律、伦理和社会问题研究,建立保障人工智能健康发展的法律法规和伦理道德框架,努力建成完善的人工智能法律法规、伦理规范和政策体系。

2019 年 6 月,我国科技部国家新一代人工智能治理专业委员会发布《新一代人工智能治理原则——发展负责任的人工智能》,提出了人工智能治理的框架和行动指南。文件突出了发展负责任的人工智能这一主题,强调了和谐友好、公平公正、包容共享、尊重隐私、安全可控、共担责任、开放协作、敏捷治理 8 条原则。

2021 年 7 月,中国信息通信研究院发布了《可信人工智能白皮书》,明确了"可信"反映了人工智能系统、产品和服务在安全性、可靠性、可解释、可问责、隐私保护等一系列内在属性的可信赖程度,可信人工智能则是从技术和工程实践的角度,落实伦理治理要求,实现创新发展和风险治理的有效平衡,并给出了一套参考的可信人工智能总体框架。

2021 年 9 月,我国科技部发布了《新一代人工智能伦理规范》,旨在将伦理道德融入人工智能全生命周期,为从事人工智能相关活动的自然人、法人和其他相关机构等提供伦理指引。文件提出了增进人类福祉、促进公平公正、保护隐私安全、确保可控可信、强化责任担当、提升伦理素养 6 项基本伦理要求。同时,提出人工智能管理、研发、供应、使用等特定活动的 18 项具体伦理要求。

《新一代人工智能伦理规范》

2022 年 11 月,我国外交部发布了《中国关于加强人工智能伦理治理的立场文件》,倡导"以人为本"和"智能向善"理念,主张人工智能治理应坚持伦理先行,通过制度建设、风险管控、协同共治等推进人工智能伦理监管;应加强自我约束,提高人工智能研发过程中算法安全与数据质量,减少偏见歧视;应提倡负责任使用人工智能,避免误用、滥用及恶用等。

2023 年 4 月,国家人工智能标准化总体组发布《人工智能伦理治理标准化指南》。文件重点围绕人工智能伦理概念和范畴、人工智能伦理风险评估、人工智能伦理治理技术、人工智能伦理治理标准化 4 方面展开研究,提出了人工智能伦理的 10 项准则:以人为本、可持续性、合作、隐私、公平、共享、外部安全、内部安全、透明、可问责。

2023 年 10 月,中央网信办发布《全球人工智能治理倡议》,聚焦人工智能治理的伦理和军事安全风险,呼吁各国应在人工智能治理中加强信息交流和技术合作,共同做好风险防范,形成具有广泛共识的人工智能治理框架和标准规范,不断提升人工智能技术的安全性、可靠性、可控性、公平性。

2024 年 4 月,中非互联网发展与合作论坛发表关于中非人工智能合作的主席声明,提出"共同加强人工智能领域合作,携手构建更加紧密的中非网络空间命运共同体;增强发展中国家在人工智能全球发展与治理中的代表性和发言权,支持联合国发挥主渠道作用,成立人工智能国际治理机构"。

12.4.2　治理体系与政策

人工智能治理是一项复杂的系统工程,既需要明确治理原则及目标、厘清治理主体,又需要提出切实有效的治理措施。为此,人工智能治理应当构建由政府、行业组织、企业以及公众等多元主体共同参与、协同合作的多层次的治理体系,通过制定伦理原则、设计技术标准、确立法律法规等多种举措,实现科技向善、造福人类的总体目标愿景,推动人工智能健康有序发展。

1. 治理体系与机制

由中国信息通信研究院发布的《人工智能治理白皮书》中,描述了人工智能治理机制体系,如图 12-5 所示。总体来说,人工智能治理应以科技造福人类为总体目标,既要不断释放人工智能所带来的技术红利,也要精准防范并积极应对人工智能可能带来的风险,需要平衡好人工智能创新发展与有效治理的关系,持续提升有关算法规则、数据使用、安全保障等方面的治理能力,为人工智能营造规范有序的发展环境。人工智能治理的重要特征之一是治理主体的多元化,其依赖包括国家政府、行业组织、企业、公众在内的各利益攸关方的参与合作，各司其职、各尽其能，以适当的角色、最佳的方式协同共治，从而构建严谨、全面、有效的全新治理模式。人工智能的治理手段主要包括伦理约束、技术应对、规范立法等多个方面。

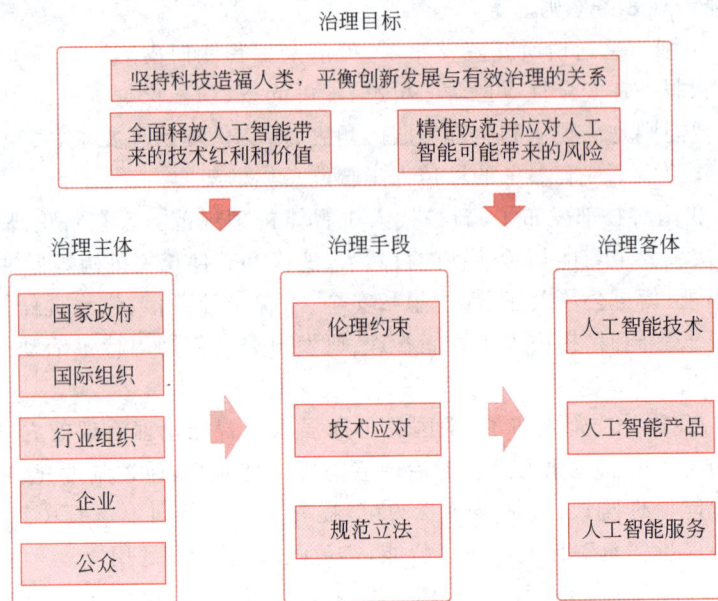

图 12-5　人工智能治理机制体系

此外，人工智能的治理体系还需要"柔性的伦理"和"硬性的法律"的共同构建。一方面，以伦理为导向的社会规范体系，可以为人工智能技术层面的开发和应用提供价值判断标准约束和指导各方对人工智能进行协同治理。众多国际组织、国家和企业选择从伦理角度入手，试图确立人工智能的基本伦理规范，探索清晰的道德边界，并积极构建人工智能伦理的落地机制和体系。另一方面，以法律为保障的风险防控体系，依靠国家强制力划定底线，可以防范和应对人工智能技术带来的诸多风险。整体来看，人工智能相关立法正从慌乱走向理性，从源头治理走向综合治理，从粗放治理走向精细治理。同时，在自动驾驶、深度伪造、智能金融、智能医疗等场景下，人工智能立法取得率先突破，积累了一定的监管经验。

2. 综合治理框架

加强人工智能治理已经逐渐成为各界的共识。然而，作为新兴技术的人工智能技术本身所具有的不确定性、模糊性和复杂性，使得人工智能治理存在技术研发进程与治理节奏难以匹配的科林格里奇困境——早期治理无从下手，事后治理为时已晚。这一困境使得对人工智能的治理既需要回应技术长远发展可能带来的实质性问题，如风险危害、社会影响和伦理争议，又要处理在回应实质性问题过程中暴露出来的过程性问题。为此，走向"创新导向、协同互动、分层治理、多维共治"的人工智能综合治理是必然趋势。梁正等在《人工智能治理框架与实施路径》一书中提出了一个多层次的人工智能综合治理框架方案：基于人工智能治理的基本原则，描绘主要治理主体之间的参与动机与利益博弈，梳理当前和未来的关键治理对象，界定人工智能治理框架各要素的特征，厘清要素之间的关系，治理框架如图 12-6 所示。

在这个综合治理框架中，治理价值（目标）引导治理主体利用不同的治理工具对治理对象进行分类治理。然而，治理价值也并不是固定不变的，而是在治理主体不断沟通与博弈中动态演变的。治理主体的行为体现治理的价值，但也在影响治理价值的形成（如仅关注产业发展还是也关

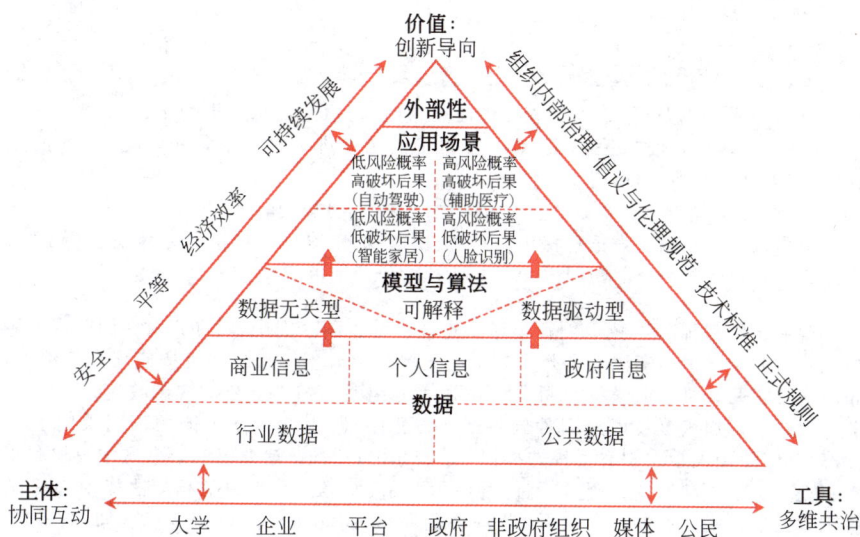

图 12-6　人工智能治理框架

注公平和个体权利)。治理主体的互动同时影响治理工具的选择以及工具的效能。例如,数字平台成为人工智能治理的关键对象,平台内部的伦理委员会和治理规则将也会成为实现人工智能治理价值(目标)的重要工具。反之,治理工具的选择也会影响不同主体的参与方式以及治理价值实现的程度。该框架把治理对象(或问题)置于治理跨框架的中心位置,根据治理问题的普遍性和特殊性属性把治理对象分为数据、模型算法、应用和结果(外部性)4 个层面,提出分层治理的理念。

3. 治理政策

人工智能的具体治理政策和制度会因应用领域、地域政策、文化理念以及所使用的人工智能技术等方面的差异而大有不同。下面选取两类代表性的应用领域介绍人工智能治理的相关政策与现状。

1) 人脸识别治理政策

在全球,人脸识别技术发展得如火如荼,引发了诸多治理问题。2021 年,我国的"3·15"晚会曝光了多个知名车企和卫浴企业门店违规使用人脸识别,引发了社会公众对人脸识别治理问题的热烈讨论。目前,我国对人脸识别总体上秉持监管与发展并重的原则,坚持以"管、促、创"的政策理念逐渐完善相关法律制度。针对人脸识别应用的治理,世界不同国家和地区有着不同的治理政策,如表 12-1 所示。

表 12-1　中国、美国、欧盟国家的人脸识别治理政策对比

国家	对 比 内 容
中国	我国整体上秉持监管与发展并重的原则,一方面逐步完善相关法律规范,另一方面重点查处明显违规的典型案例。 2020 年 2 月,全国金融标准化技术委员会审查通过的《个人金融信息保护技术规范》,将生物识别信息列为敏感性最高的 C3 类信息,并要求金融机构不应委托或授权无金融业相关资质的机构收集 C3 类信息,金融机构及其受托人收集、通过公共网络传输、存储 C3 类信息时,应使用加密措施,不得公开披露用于用户鉴别的个人生物识别信息。 2020 年 3 月新修订的国家标准《信息安全技术个人信息安全规范》规定个人生物识别信息属于个人敏感信息,并对个人敏感信息进行了特殊保护:传输和存储个人敏感信息时,应采用加密等安全措施;共享、转让个人敏感信息前,应事先征得个人信息主体的明示同意;不应公开披露个人生物识别信息等。

续表

国家	对比内容
中国	2020年5月颁布的《中华人民共和国民法典》将生物识别信息列举为个人信息,2021年11月实施的《中华人民共和国个人信息保护法》对人脸识别的用途进行了严格限制,即为了维护公共安全所必需,同时规定了例外原则,即取得个人同意。 2023年8月,为规范人脸识别技术应用,根据《中华人民共和国网络安全法》《中华人民共和国数据安全法》《中华人民共和国个人信息保护法》等法律法规,国家互联网信息办公室起草了《人脸识别技术应用安全管理规定(试行)(征求意见稿)》,并向社会公开征求意见
美国	联邦政府出于保证本国技术创新全球领先性和维护国家安全等目的,对在国家层面进行人脸识别统一规制一直非常谨慎。美国多个州发布了法案规范私人主体和公共机构使用人脸识别,同时多个城市发布法案禁止公共机构或学校使用人脸识别,美国各地实施差异化的规制政策。 美国大众普遍担忧该技术加剧种族歧视和侵犯隐私,因此根据主体的不同采用了不同的治理路径,对政府部门使用人脸识别有4种选择:一是禁止,包括马萨诸塞州的萨默维尔及加利福尼亚州的旧金山市、奥克兰、伯克利等地;二是特别许可使用机制,如美国乔治敦隐私与法律中心提议执法部门使用人脸识别采取特别许可制度,即需要获得法院许可,而且每年进行审计;三是准许在特定情形下使用,如威斯康星州仅允许使用该技术识别和查找人口贩运、儿童性剥削或失踪儿童的受害者;其四是默认使用,对商业主体使用人脸识别主要从规制人脸信息的角度入手,通过制定比一般信息保护更严格的法案限制收集和使用人脸信息,如美国伊利诺伊州的《生物信息隐私法》、加利福尼亚州的《消费者隐私法》和美国的《商用人脸识别隐私法草案》,这些法案没有禁止人脸识别技术的商用,而是要求在收集生物信息前,提供通知并获得个人同意同时要求严格保护数据信息
欧盟国家	欧盟通过"通用数据保护条例(GDPR)"严格保护个人生物信息,并发布《人脸识别指南》指导合法使用人脸识别。 根据GDPR第九条的规定,对生物数据的处理遵循"原则禁止,特殊例外"的原则。数据控制者可以用"数据主体同意"作为个人生物数据处理的例外,且同意必须"自由给予、明确、具体、不含混",数据主体的任何被动同意不符合GDPR的规定。2019年7月,欧洲数据保护委员会(EDPB)发布《关于通过视频设备处理个人数据的3/2019指引》,提供了一些降低风险的措施,包括对原始数据分离存储和传输、对数据加密、禁止外部访问生物识别数据、及时删除原始数据等。 2021年2月,欧盟发布《人脸识别指南》,建议在使用人脸识别技术时要确保技术的安全、合规和尊重人权。内容包括使用人脸识别技术的合法性、生物识别处理中涉及哪些重要的基本权利、数据主体的脆弱性以及如何有效降低这些风险

2) 大模型治理政策

近几年来,以 ChatGPT、Sora、文心一言等为代表的大模型技术引发通用人工智能新一轮发展热潮,成为改变世界竞争格局的重要力量。与此同时,围绕人工智能治理的议题探讨显著增多,全球人工智能治理体系加速构建。面对大模型带来的新问题新挑战,传统监管模式面临着人工智能自主演化控制难、迭代快速跟进难、黑箱遮蔽追责难等问题,一劳永逸的事前监管模式已经难以应对不断推陈出新的人工智能发展需求。为此,中国、美国、欧盟、英国等主要国家和地区加紧推进人工智能治理布局,共同寻求具有共识和互操作性的大模型治理政策与机制。

2022年11月,国家互联网信息办公室、工业和信息化部、公安部联合发布《互联网信息服务深度合成管理规定》。该规定是我国第一部针对深度合成服务治理的专门性部门规章,主要针对应用生成合成类算法的互联网信息服务进行了规范,明确了生成合成类算法治理的对象和基本原则,强化了深度合成服务提供者和技术支持者的主体责任,并鼓励相关行业组织通过加强行业自律推动生成合成类算法的合规发展。

2023年3月,意大利个人数据保护局率先宣布暂停 ChatGPT 在意大利境内提供服务,意大利成为首个禁用 ChatGPT 的欧洲国家。监管机构列出4项违反《通用数据保护条例》的事由,包括训练数据缺乏合法性基础,提供虚假或错误的用户个人信息,存在数据泄露风险,缺乏用户年龄核查机制等。针对 ChatGPT 的滥用问题,《通用数据保护条例》是欧盟正式通过《人工智能法》之前的"监管利器"。

2023 年 7 月,我国国家网信办等 7 部门联合公布了《生成式人工智能服务管理暂行办法》。该办法就生成式人工智能可能面临的安全问题提出了一系列明确的约束规范,如"提供和使用生成式人工智能服务,应当遵守法律、行政法规,尊重社会公德和伦理道德""在算法设计、训练数据选择、模型生成和优化、提供服务等过程中,采取有效措施防止产生民族、信仰、国别、地域、性别、年龄、职业、健康等歧视""生成式人工智能服务提供者应当依法开展预训练、优化训练等训练数据处理活动""采取有效措施提高训练数据质量,增强训练数据的真实性、准确性、客观性、多样性"。

《生成式人工智能服务管理暂行办法》

2023 年 9 月,美国海军部(DON)签署并发布了《生成式人工智能和大语言模型使用指南》,旨在为使用先进大模型技术和工具提供临时指导。该指南提出了 5 点警示,包括对于军事用途,除非已提出了安全控制要求,并对其进行了全面的调查和识别、批准其用于受控环境,否则不建议将商业大语言模型用于作战;在商业生成式人工智能模型中使用专有数据或敏感信息可能会导致数据泄露等。

2023 年 9 月,联合国教科文组织(UNESCO)发布了全球首份《教育和研究中的生成式人工智能指南》。该指南介绍了主要的生成式人工智能技术和目前可用的各种模型,提出了规范人工智能伦理问题的政策建议,并倡议促进包容性和公平性,还介绍了在教育和研究中利用生成式人工智能的优势促进高阶思维和创造力的用例。

2023 年 11 月,世界互联网大会乌镇峰会发布《发展负责任的生成式人工智能共识》,简称"共识"。"共识"提出,发展负责任的生成式人工智能应始终致力于增进人类福祉,坚持以人为本,推动人类经济、社会和生态可持续发展;应积极倡导并稳妥推进生成式人工智能的可持续发展,强调提升生成式人工智能的负责任治理能力。

12.4.3　治理技术与工具

人工智能治理在过去十年里同样获得了国际组织、政府机构、企业、社会团体等多利益相关方的高度重视,并取得显著进展。目前,人工智能治理已经进入落地实践的阶段。从发展历程看,新一代人工智能治理至今已经走过了三个阶段。人工智能治理的 1.0 阶段:起于 2016 年,以原则讨论为主。人工智能治理的 2.0 阶段:起于 2020 年,以政策讨论为主。人工智能治理的 3.0 阶段:起于 2022 年,以技术验证为主。面向 3.0 阶段,人工智能治理的技术验证应当包括两个层面:一是通过实践验证原则、政策要求和标准的可落地性;二是通过采用技术工具验证各方对人工智能治理规范的落实程度。

进入 2022 年,随着全球人工智能治理进程的持续推进,以及可信、负责任人工智能等相关理念的持续渗透,有关验证人工智能治理如何落地实施的倡议日益增多。在政府侧,2022 年 5 月,新加坡政府率先推出了全球首个人工智能治理开源测试工具箱"AI Verify";2022 年 6 月,西班牙政府与欧盟委员会发布了第一个人工智能监管沙箱的试点计划。在市场侧,2022 年 9 月,阿里巴巴公司构建了模型鲁棒性评测与防御系统,并开源了业界首个针对视觉模型的鲁棒学习框架 EasyRobust,评测了 ImageNet 上 49 个模型的对抗攻击鲁棒性和分布漂移鲁棒性性能。EasyRobust 可以便捷地实现数据增强、模型预训练模型结构设计与选择等,帮助业界快速实施鲁棒性技术研发工作。2023 年,腾讯公司搭建了 prompt 安全检测平台,专门用于模拟攻击者的行为,以掌握大模型在 prompt 风险场景下的安全性和表现。百度公司发布模型可解释算法库 InterpreteDL,可信人工智能工具集 TrustAI、安全与隐私工具 PaddleSleeve。

此外,近几年,美国人工智能治理研究机构 RAII 发布了"负责任人工智能认证计划",向企业、组织、机构等提供负责任人工智能认证服务,OpenAI 已开源 Evals 评测框架,加利福尼亚大学伯克利分校推出 Elo 排行榜;在国内,蚂蚁集团也推出了专注于人工智能安全性的综合评测平台蚁鉴,清华大学发布了大模型安全测评平台,科大讯飞推出人工智能评测体系,中国移动提出人工智能大模型可信安全实施框架,华为参与发起"人工智能安全可信护航计划"探索人工智能安全可信管理解决方案,商汤正式成立"人工智能伦理与治理委员会"统筹推进人工智能伦理治理工作体系建设,中国信息通信研究院成立可信人工智能推进计划以及人工智能工程化委员会大模型工作组,共同研制系列标准,全面评估开发大模型的能力。

总的来说,随着人工智能治理问题逐步被全社会认同,为可信人工智能检测而开发的优秀工具和平台持续出现和进化。

小　结

本章介绍了人工智能的风险与挑战,人工智能伦理概念与伦理问题,人工智能安全概念、安全问题与安全属性,从治理原则与规范、治理体系与政策、治理技术与工具三方面介绍了人工智能治理。根据人工智能的风险与挑战提出的人工智能治理策略,在实际的应用中还存在着诸多落地困难,相应的人工智能治理工具和平台的发展也将是一个长期的过程,需要政府、学术界、产业界保持持续投入。

人工智能技术发展还会带来新的伦理和安全问题,例如,ChatGPT 类生成式人工智能带来的教育伦理危机。以 ChatGPT 为代表的生成式人工智能工具正在冲击甚至重塑学校教育生态,"人工智能+教育"成为未来教育发展的必然趋势。在人工智能的深度影响下,知识朝着软化、暗化和整全化的趋势发展。学习方式由"搜索"转向"对话",并进一步助推学生的深度学习。教学目标步步升级,物态化教育现场也面临着解构。

如何与人工智能"朝夕相处",关键在于使用工具的人。从更大的时间跨度看,纵观人类文明史,从石器时代、青铜时代、铁器时代,到蒸汽时代、电气时代,再到当前的信息时代、智能时代,每一次生产工具的变革,都冲击着人们的固有经验与思维定式,每一次我们都在挑战中迈向了新阶段。相信通过前瞻研判风险挑战、健全保障伦理规范和法律体系,加强全球合作与对话,我们能推动人工智能技术更好地增进社会福祉。

拥抱更美好的智能时代,我们更需厘清技术的边界。未来,或许人工智能会让一般的知识生产打折扣,但我们不应失去创造性;或许虚拟世界的影响越来越大,但不应让真实世界的意义消散。再强大的人工智能也只是辅助工具,在计算和逻辑之外,还有更美好的世界,值得我们不懈努力去实现。

习　题

12.1　人工智能伦理、机器人伦理、信息伦理、计算机伦理之间的关系如何?

12.2　举例说明人工智能的伦理问题。

12.3　试列举出你生活和学习中遇到的人工智能安全问题。

12.4　人工智能的安全属性有哪些?谈谈你对它们的理解。

12.5　什么是可信人工智能?你学习过的人工智能技术"可信"吗?

12.6　人工智能伦理问题与安全问题关系如何?它们有哪些异同点?

12.7　人工智能伦理需要实施哪些方面治理？你对治理措施有何建议？

12.8　人工智能安全需要实施哪些方面治理？你对治理措施有何建议？

12.9　人工智能在军事上的应用会带来哪些伦理和安全问题？谈谈你的理解。

12.10　(思考题)2014 年前后,Szegedy 和 Goodfellow 等发现了一个有趣的现象：攻击者通过在干净的输入样本中添加精心设计的扰动,能使基于人工智能模型的图像识别系统以较高的置信度输出错误的分类结果。上述精心设计的扰动通常是微小且人眼不易察觉的,研究者将添加上述扰动的输入样本称为对抗样本(Adversarial Examples),如图 12-7 所示。对抗样本不会影响人类视觉对图像的识别,但会误导人工智能模型输出错误的分类结果,在对抗样本生成的过程中,通过有目的性的引导,甚至可按照攻击者的想法使模型输出指定的错误标签。该类攻击对诸如图像分类系统、语音识别系统等人工智能应用造成了重大威胁,引发了人们的高度关注。

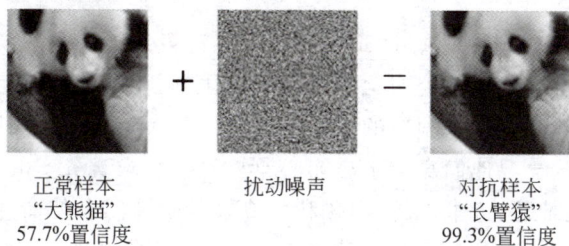

图 12-7　对抗样本攻击示例

(1) 请查阅资料解释对抗样本攻击的原理。

(2) 针对人工智能系统的恶意攻击还有哪些？我们又该如何防御？

人工智能课程思政

附录 A

1. 楷模引领，使命担当——AI 领域"工人先锋号"与"黄大年式团队"

本案例介绍中国电子科技集团公司全域智能一体化创新团队（智能院）被中华全国总工会授予"全国工人先锋号"和戴琼海院士领衔的实验室被评为黄大年式教师团队的先进事迹。案例旨在号召学生向这两个团队学习他们身上不忘初心、勇于探索、求真务实的科学家精神和科研团队精神，培养学生不断挑战难题、追求卓越、勇攀科学高峰的责任感和使命感。

2. 大国工匠，敢为人先——清华矣晓沅"九歌"与中国科学院陈云霁"龙芯"

本案例介绍清华大学"轮椅博士"矣晓沅和中国科学院计算技术研究所研究员陈云霁分别研发中文古典诗歌自动写作系统"九歌"和国产通用处理器"龙芯"的感人故事。案例旨在号召学生向我国这两位 AI 领域学者学习他们身上坚韧不拔、精益求精、勇于"弯道超车"的大国工匠精神，激发学生科技报国的家国情怀和使命担当。

3. 机智过人，才思敏捷——中央电视台和中国科学院联袂打造三季 32 期节目

本案例简要介绍由中央电视台和中国科学院联袂打造的《机智过人》节目。该节目是我国聚焦智能科技的科学挑战类节目，由中国科学领域与传媒领域，人工智能研发精英和科技项目深入合作，标志着"科教兴国"战略的新高度。节目融合"4 个特性"：科学性、严谨性、趣味性和权威性，通过"人机比拼"的方式普及前沿科技知识，让观众了解中国顶尖人工智能的发展水平，感受科技给生活和未来带来的影响。

案例一方面旨在将马克思主义立场观点与科学思维的培养结合起来，提高学生利用 AI 技术正确认识问题、分析问题和解决问题的能力；另一方面旨在通过这个中国特色原创科学综艺和一个个代表性的国产 AI 产品，潜移默化地引导学生坚定中国特色社会主义道路自信、理论自信、制度自信、文化自信。

4. 批判思维，深度解析——AI 困境、AI 悖论与 AI 哲学

本案例介绍由不同 AI 领域专家和学者提出的一些 AI 困境、AI 悖论与 AI 哲学问题。案例旨在倡导学生敢于怀疑、勇于批判、不断创新，引导学生关注由人工智能引发的哲学问题、社会问题和科学伦理问题。

5. 基础不牢，地动山摇——AI 需要"新数学"和"新基础"

本案例介绍几位科学家对 AI 基础理论和数学本质的理解和看法。案例通过强调对 AI 基础问题的研究和关注，培塑学生求真务实、崇尚严谨、注重基础的科学思维，培养学生运用科学的思维方法认识事物、解决实际问题的思维习惯和能力，同时鼓励学生勇于审视经典，敢于质疑批判，不断创新理论，努力追求新的理论高度。

6. 赋能教育，启迪未来——人工智能赋能教学评管

本案例介绍人工智能和大数据技术赋能教育教学领域所带来的新格局、新模式和新应用。

教育是国之大计、党之大计,是民族振兴、社会进步的重要基石,是功在当代、利在千秋的德政工程,对提高人民综合素质、促进人的全面发展、增强中华民族创新创造活力、实现中华民族伟大复兴具有决定性意义。人工智能技术在教育教学方面的成功应用,不仅揭示了人工智能自身"使能技术"的本质内涵,还说明了人工智能对促进社会发展带来的深远影响。案例通过"教育＋AI"的应用场景,旨在让学生了解人工智能的应用价值,培塑学生应用人工智能知识创造世界、改变世界、鼓励交叉创新的工程思维。

7. 数据智能,决策精准——大数据的一切命门都在场景应用

本案例以数据智能赋能多领域应用为主题,简述梅宏院士对大数据发展现状与未来趋势的研判,并列举国家数据局发布的"数据要素×"典型案例。案例旨在让学生了解数据智能的应用价值,形成"AI＋""数据＋"的学科交叉创新意识,培塑学生应用数据智能知识创造世界、改变世界的工程思维。

8. 智能无人,自主前行——从无人系统到自主智能无人系统

本案例介绍三位院士在智能无人系统技术与应用领域的相关研究和趋势展望。案例旨在引导学生思考和体会从"有人"到"无人"这一重大变革背后的深刻内涵,启发学生对新知识、新技术保持高度敏锐性,同时培养学生探索未知、追求真理、勇攀科学高峰的责任感和使命感。

9. 群体智能,跨域协同——智能无人集群系统跨域协同

本案例介绍几位院士和学者对智能无人集群系统跨域协同难题的攻关研究和现状分析。案例旨在号召学生学习科学家敢于探索"无人区"、勇于迎难而上的科研精神,启发学生对新知识、新技术保持高度敏锐性,增强学生跨域交叉的创新思维和善于解决问题的工程实践能力。

10. 智慧城市,未来生活——让智慧城市从"看清"向"看懂"进化

本案例介绍三位院士分别从数字视网膜、数字孪生和城市大脑三个不同关键技术角度探讨智慧城市的建设与发展。案例注重强化学生的工程思维教育(强调思维的"整体性",即要求工程技术人员以系统论的视角,综合、全面地思考、处理工程问题)和人文素养教育(强调以人为本,关怀人的生存价值和意义)。

11. 智能制造,未来工厂——数字化网络化智能化制造

本案例聚焦新一代制造业发展趋势,介绍智能制造新体系、新生态和新应用。案例启发学生对新知识、新技术保持高度敏锐性,同时注重培养学生的智能化思维、"敢闯会创"的优良品质,在学习和实践中增强创新精神、创造意识和创业能力。

12. 智能运维,高效稳定——基于数据大脑的船岸一体机舱智能运维

本案例介绍一种利用健康管理、大数据挖掘、数字孪生、云计算等技术优势的数据大脑赋能船岸一体机舱智能运维解决方案。案例旨在培塑学生应用数据智能知识创造世界、改变世界的工程思维,强化学生运用人工智能技术赋能行业应用的智能化思维。

13. 智能医疗,健康守护——基于泛在无线的健康感知

本案例介绍基于泛在信号的智能健康感知,其中,智能健康感知技术即是以智能传感器技术、大数据分析和人工智能技术为基础,通过嵌入式设备中的传感器采集人体健康数据,并结合智能算法进行处理与分析,从而实现对人体健康状况感知的一类技术。案例旨在以"医疗＋AI"典型应用为例,强调以人为本、关注健康,提升学生人文素养与素质,同时强化学生运用人工智能技术改善生产生活质量的智能化思维。

14. 智能博弈,策略先行——博弈论视角下的战术战役兵棋与战略博弈

本案例从博弈论视角阐述人工智能赋能兵棋推演、战略博弈等军事应用的典型案例,同时介绍了博弈智能的发展趋势。案例旨在增进学生对军事智能化进展的了解,潜移默化中使学生关

心军事、热爱国防，进而引导学生立足总体国家安全观，研究国防和军队现代化建设需要的人工智能产品。

15. 智能战争，策略制胜——未来智能化作战指控模式将这样演变

本案例介绍人工智能技术是如何对现代战争（以俄乌战争为例）和作战指控模式带来深刻变革的。全民国防教育是建设巩固国防和强大人民军队的基础性工程，是弘扬爱国主义精神的有效途径，意义重大，影响深远。案例旨在增进学生对智能化战争和军事智能技术的了解，潜移默化中使学生关注国际防务动态、关心国防和军队现代化建设，以此坚定理想信念、厚植爱国主义情怀、增强全民国防意识。

16. 智能情报，洞察先机——AI 应用于美军情报分析和指挥决策

本案例聚焦于军事情报领域，阐述 AI 赋能情报分析和指挥决策的制胜机理，并聚焦于强敌对手介绍相关典型应用。案例旨在增进学生对世情国情军情的了解，强化军事智能化思维认识，进而增强学生爱党爱国爱社会主义的深厚感情、居安思危的忧患意识、崇军尚武的思想观念、强国强军的责任担当。

17. 智能安全，无忧防护——多无人系统协同中的人工智能安全

本案例简述人工智能安全的若干研究课题和多无人系统协同中的人工智能安全问题。人工智能赋能各行各业快速发展的同时也带来了难以预知的各种安全挑战和伦理风险。人工智能治理攸关全人类命运，是世界各国面临的共同课题。案例旨在呼吁学生应高度重视人工智能自身安全问题，要引导人工智能应用朝着以人为本、向上向善的方向发展，以确保 AI 产品的安全可靠可控，推动经济、社会及生态可持续发展，共建人类命运共同体。

18. 风险管控，稳健前行——可信、可靠、可解释 AI 态势发展

本案例介绍可信、可靠、可解释人工智能态势发展和智能系统与技术智能性测评。案例一方面引导学生关注人工智能治理问题，前瞻研判 AI 相关风险，守住伦理道德和法律底线，推动人工智能健康有序发展，另一方面注重强化学生科学伦理、工程伦理和工程安全等方面的教育。

19. 生成智能，创造未来——以星火认知大模型为例

本案例以科大讯飞公司研发的星火认知大模型为例，研讨从大语言模型到通用认知智能的跃迁演变趋势。科大讯飞长年致力于智能语音及语音技术研究、软件及芯片产品开发、语音信息服务，其在语音技术核心研究和产业化方面的突出成绩引起了国际国内各界的广泛关注，多位党和国家领导人都曾亲临科大讯飞视察，对科大讯飞做出的创新工作均给予充分肯定。案例旨在以科大讯飞为例彰显中国优秀人工智能公司的无畏奋进精神、大国工匠精神，提升学生对国家的民族自豪感和科技自信心。

20. 通用智能，终极目标——超级智能 vs 超级对齐

本案例介绍不同学者对人工智能长远发展目标、通用人工智能关键技术的理解和思考。案例旨在激发学生对人工智能未来发展的探索兴趣、创新活力，引导学生深入思考、独立思维，培养学生探索未知、追求真理、勇攀科学高峰的责任感和使命感。

手写体识别案例

来源于 Google 的 TensorFlow 是目前 Python 编程领域最热门的深度学习框架。Google 不仅是大数据和云计算的领导者,在机器学习和深度学习上也有很好的实践和积累,在 2015 年年底开源了内部使用的深度学习框架 TensorFlow。

与 Caffe、Theano、Torch、MXNet 等框架相比,TensorFlow 在 Github 上 Fork 数(复制项目代码到自己的账户数)和 Star 数(点赞或收藏项目数)都是最多的,而且在图形分类、音频处理、推荐系统和自然语言处理等场景下都有丰富的应用。最近流行的 Keras 框架底层默认使用 TensorFlow,著名的斯坦福 CS231n 课程使用 TensorFlow 作为授课和作业的程序设计语言,国内外多本 TensorFlow 书籍已经在筹备或者发售中,AlphaGo 开发团队 DeepMind 也计划将神经网络应用迁移到 TensorFlow 中,这无不印证了 TensorFlow 在业界的流行程度。

TensorFlow 的流行让深度学习门槛变得越来越低,只要有 Python 和机器学习基础,入门和使用神经网络模型就会变得非常简单。TensorFlow 支持 Python 和 C++ 两种编程语言,再复杂的多层神经网络模型都可以用 Python 实现,如果业务使用其他程序设计语言也不用担心,使用跨语言的 gRPC 或者 HTTP 服务也可以访问使用 TensorFlow 训练好的智能模型。

那使用 Python 如何编写 TensorFlow 应用呢? 从入门到应用究竟有多难呢?

下面介绍一个神经网络中的经典示例——MNIST 手写体识别。这个任务相当于机器学习中的 HelloWorld 程序。本附录以 TensorFlow 源码中自带的手写数字识别 Example 为例,引出 TensorFlow 中的几个主要概念,并结合 Example 源码一步步分析该模型的实现过程。

MNIST 数据集、Softmax 回归模型、Softmax 回归的程序实现、模型的训练、模型的评价、完整代码及运行结果等内容,扫二维码阅读。

参 考 文 献

[1]   Feigenbaum E A. Some Challenges and Grand Challenges for Computational Intelligence[J]. Journal of the ACM, 2003, 50(1): 32-40.

[2]   Gray J. What Next? A Dozen Information-Technology Research Goals[J]. Journal of the ACM, 2003, 50(1): 41-57.

[3]   Lampson B. Getting Computers to Understand[J]. Journal of the ACM, 2003, 50(1): 70-72.

[4]   McCarthy J. Problems and Projections in CS for the Next 49 Years[J]. Journal of the ACM, 2003, 50(1): 73-79.

[5]   Reddy R.Three Open Problems in AI[J].Journal of the ACM, 2003, 50(1): 83-86.

[6]   中国计算机学会. 中国计算机科学技术发展报告 2006[R]. 北京：清华大学出版社,2007.

[7]   吴朝晖. 混合智能：概念、模型及新进展[J]. 中国计算机学会通讯,2017,13(3): 49-55.

[8]   贲可荣,孙宁. 计算机科学中的待解问题综述[J]. 计算机工程与科学,2005,27(10): 3-5.

[9]   李航. 人工智能的未来：记忆、知识、语言[J]. 中国计算机学会通讯,2018,14(3): 34-38.

[10]   鄂维南. 人工智能的零数据、小数据、大数据和全数据方法[J]. 中国计算机学会通讯,2024,20(8): 44-47.

[11]   贲可荣,张彦铎. 人工智能[M]. 3 版. 北京：清华大学出版社,2018.

[12]   袁景凌,贲可荣,魏娜. 机器学习方法及应用[M]. 北京：中国铁道出版社,2020.

[13]   贲可荣,毛新军,张彦铎,等. 人工智能实践教程[M]. 北京：机械工业出版社,2016.

[14]   贲可荣,袁景凌,谢茜. 离散数学[M]. 3 版. 北京：清华大学出版社,2021.

[15]   贲可荣,袁景凌,谢茜. 离散数学解题指导[M]. 3 版. 北京：清华大学出版社,2023.

[16]   吴飞,潘云鹤. 人工智能引论[M]. 北京：高等教育出版社,2024.

[17]   蔡自兴,刘丽珏,陈白帆,等. 人工智能及其应用[M]. 7 版. 北京：清华大学出版社,2024.

[18]   张奇,桂韬,郑锐,等. 大规模语言模型：从理论到实践[M]. 北京：电子工业出版社,2024.

[19]   汲万峰,王子明,李冬,等. 海上无人系统体系运用[M]. 北京：兵器工业出版社,2024.

[20]   赵彦杰,袁莞迈,梁月乾. 智能无人集群：改变未来战争的颠覆性力量[M]. 北京：电子工业出版社,2024.

[21]   吴澄. 智能无人系统[M]. 杭州：浙江大学出版社,2024.

[22]   孙振平. 无人作战系统[M]. 长沙：国防科技大学出版社,2023.

[23]   黄海广,徐震,张笑钦. 机器学习入门基础[M]. 北京：清华大学出版社,2023.

[24]   张伟楠,赵寒烨,俞勇. 动手学机器学习[M]. 北京：人民邮电出版社,2023.

[25]   张奇,桂韬,黄萱菁. 自然语言处理导论[M]. 北京：电子工业出版社,2023.

[26]   赵涛. 自然语言理解[M]. 北京：清华大学出版社,2023.

[27]   李进,谭毓安. 人工智能安全基础[M]. 北京：机械工业出版社,2023.

[28]   梁正,薛澜,张辉,等. 人工智能治理框架与实施路径[M]. 北京：中国科学技术出版社,2023.

[29]   曾剑平. 人工智能安全[M]. 北京：清华大学出版社,2022.

[30]   腾讯安全朱雀实验室. AI 安全技术与实战[M]. 北京：电子工业出版社,2022.

[31]   李航. 机器学习方法[M]. 北京：清华大学出版社,2022.

[32]   唐晨,付树军,徐岩. 机器学习算法与应用[M]. 北京：清华大学出版社,2022.

[33]   古天龙. 人工智能伦理导论[M]. 北京：高等教育出版社,2022.

[34]   莫宏伟,徐立芳. 人工智能伦理导论[M]. 西安：西安电子科学技术大学出版社,2022.

[35]   车万翔. 自然语言处理[M]. 北京：电子工业出版社,2021.

[36]   周辉,徐玖玖,朱悦,等. 人工智能治理场景原则与规则[M]. 北京：中国社会科学出版社,2021.

[37]   邱锡鹏. 神经网络与深度学习[M]. 北京：机械工业出版社,2020.

[38]   王万良. 人工智能及其应用[M]. 4 版. 北京：高等教育出版社,2020.

[39] 邹伟,鬲玲,刘昱杓. 强化学习[M]. 北京:清华大学出版社,2020.

[40] 丁世飞. 人工智能导论[M]. 3 版. 北京:电子工业出版社,2020.

[41] 董晓明. 海上无人装备体系概览[M]. 哈尔滨:哈尔滨工程大学出版社,2020.

[42] 侯建军. 海上无人系统[M]. 北京:中国科学技术出版社,2020.

[43] 龙良曲. TensorFlow 深度学习:深入理解人工智能算法设计[M]. 北京:清华大学出版社,2020.

[44] 雷明. 机器学习:原理、算法与应用[M]. 北京:清华大学出版社,2019.

[45] 周志华. 机器学习[M]. 北京:清华大学出版社,2016.

[46] Stephen L,Sarhan M M,Danny K.人工智能[M]. 王斌,王鹏鸣,王书鑫,译. 3 版. 北京:人民邮电出版社,2023.

[47] (美)阿斯顿·张,扎卡里·C.立顿,李沐,等. 动手学深度学习[M]. 何孝霆,瑞潮儿·胡,译. 北京:人民邮电出版社,2023.

[48] Daniel S,Jenny P. AI at the Edge——Solving Real-World Problems with Embedded Machine Learning[M]. Sebastopol:O'Reilly,2023.

[49] 贲可荣. 九宫图之算法研究[J]. 计算机时代,1990(2):41-44.

[50] 贲可荣,陈火旺. 计算机求解魔方算法[J]. 计算技术与自动化,1992,11(3):31-37.

[51] 何智勇,贲可荣. 基于 OpenGL 的魔方自动求解算法与实现[J]. 哈尔滨工业大学学报,2004,36(7):893-895.

[52] 贲可荣,陈火旺. Solve the Chinese AoMu in Computer Era[C]. Proceedings of thre Changsha International CASE Symposium '95(CICS'95),1995,9:278-281.

[53] 王麒,贲可荣. Solution and Realization of Chinese AoMu by Computer[C]. The 4th International Conference on Games Research and Development,CyberGames,2008:127-133.

[54] Andrew I.人工战争:基于多 Agent 的作战仿真[M]. 张志祥,高春蓉,等译. 北京:电子工业出版社,2010.

[55] Fabio B,Giovanni C,Dominic P A G. 基于 JADE 的多 Agent 系统开发[M]. 程志锋,张蕾,陈佳俊,等译. 北京:国防工业出版社,2013.

[56] 毛新军. 面向主体软件工程:模型、方法学与语言[M]. 2 版. 北京:清华大学出版社,2015.

[57] 高阳,安波,陈小平,等. 多智能体系统及应用[M]. 北京:清华大学出版社,2015.

[58] Stuart J R,Peter N. 人工智能:一种现代的方法[M]. 3 版. 殷建平,祝恩,刘越,等译. 北京:清华大学出版社,2013.

[59] 史忠植. 高级人工智能[M]. 3 版. 北京:科学出版社,2011.

[60] 清华大学人工智能研究院. 北京智源人工智能研究院[R]. 人工智能之机器学习,2020.

[61] 国家人工智能标准化总体组. 人工智能伦理治理标准化指南(2023 版)[R]. 2023.

[62] 国家工业信息安全发展研究中心,中国科学院信息工程研究所,华为技术有限公司,等. 人工智能安全测评白皮书(2021)[R]. 2021.

[63] 全国信息安全标准化技术委员会. 人工智能安全标准化白皮书(2019 版)[R]. 2019.

[64] 全国信息安全标准化技术委员会. 人工智能安全标准化白皮书(2023 版)[R]. 2023.

[65] 中国信息通信研究院,中国人工智能产业发展联盟. 人工智能治理白皮书[R]. 2020.

[66] 中国信息通信研究院. 全球人工智能治理体系报告[R]. 2020.

[67] 中国信息通信研究院,京东探索研究院. 可信人工智能白皮书[R]. 2021.

[68] 中国信息通信研究院政策与经济研究所,中国科学院计算技术研究所智能算法安全重点实验室. 大模型治理蓝皮报告——从规则走向实践[R]. 2023.

[69] 金杜律师事务所,上海人工智能研究院,华为技术有限公司,等. 大模型合规白皮书[R]. 2023.

[70] 清华大学,中国信息通信研究院,蚂蚁集团. 可信 AI 技术和应用进展白皮书(2023)[R]. 2023.

[71] 商汤人工智能伦理与治理委员会. "平衡发展"的人工智能治理白皮书[R]. 2022.

[72] 阿里巴巴集团,中国信息通信研究院. 人工智能治理与可持续发展实践白皮[R]. 2022.

[73] 腾讯朱雀实验室,腾讯研究院,清华大学深圳国际研究生元,等. 大模型安全与伦理研究报告[R]. 2024.

[74] 《中国人工智能系列白皮书》编委会. 中国人工智能系列白皮书——大模型技术(2023版),中国人工智能学会,2023.9.

[75] Mnih V, Kavukcuoglu K, Silver D, et al. Human-level control through deep reinforcement learning[J]. Nature,2015,518(7540):529-533.

[76] 唐杰. 大模型与超级智能[J]. 中国计算机学会通讯,2024,20(6):46-53.

[77] Michael A C. 作为新型创新平台的生成式人工智能[J]. 中国计算机学会通讯,2024,20(1):84-87.

[78] 杨鑫宜,马小博,盖珂珂. 大模型安全风险与防护策略[J]. 中国计算机学会通讯,2024,20(4):56-61.

[79] 韩一,张伟男. 大语言模型内容安全技术研究与展望[J]. 中国计算机学会通讯,2023,19(9):28-33.

[80] Alex P. 构建新经济:数据、AI和Web3[J]. 中国计算机学会通讯,2023,19(1):83-85.

[81] 吕腾. 聊聊ChatGPT[J]. 中国计算机学会通讯,2023,19(4):92-96.

[82] 沈宏梁,王新,罗晖. 机器翻译的演变和未来的新思考[J]. 中国计算机学会通讯,2023,19(4):59-66.

[83] 吴乐,冯福利,何向南. 因果推理如何赋能人工智能?[J]. 中国计算机学会通讯,2023,19(7):86-89.

[84] 马华东,刘云浩. 群智互动感知[J]. 中国计算机学会通讯,2023,19(8):64-68.

[85] 何俊贤. 大模型的开发原理[J]. 中国计算机学会通讯,2023,19(9):10-15.

[86] 於志文,郭斌,周兴社. 群智计算[J]. 中国计算机学会通讯,2023,19(11):94-95.

[87] 范元凯,何震瀛,王晓阳. 数据库自然语言交互的新趋势:大语言模型时代下的机遇与挑战[J]. 中国计算机学会通讯,2023,19(12):57-63.

[88] 贾珈,吴志勇,魏宪豪,等. 篇章级别文本情感分析及语音合成[J]. 中国计算机学会通讯,2022(1):16-19.

[89] 柴梓,万小军. 问题生成:让机器掌握自动提问的本领[J]. 中国计算机学会通讯,2022,18(4):74-79.

[90] 王亮,温世阳,何雨,等. 图深度学习模型在互联网搜索推荐中的应用[J]. 中国计算机学会通讯,2022,18(5):27-31.

[91] 黄民烈. 下一代对话系统中的关键技术[J]. 中国计算机学会通讯,2022,18(6):56-61.

[92] 谢国琪,马温红. 智能汽车CPS建模与系统级设计[J]. 中国计算机学会通讯,2022,18(8):10-17.

[93] 邱锡鹏. 自然语言处理中的预训练模型[J]. 中国计算机学会通讯,2021,17(5):11-17.

[94] 余正涛,文永华,线岩团,等. 资源匮乏语言神经机器翻译的研究进展与趋势[J]. 中国计算机学会通讯,2021,17(1):76-81.

[95] 刘军发,陈益强,俞晓明. 物联网时代的搜索引擎演进思考[J]. 中国计算机学会通讯,2021,17(2):58-62.

[96] 肖仰华. 从知识图谱到认知智能[J]. 中国计算机学会通讯,2021,17(3):60-61.

[97] 张家俊,宗成庆,易江燕,等. 语音语言信息处理未来重要研究问题[J]. 中国计算机学会通讯,2020,16(11):62-65.

[98] 连政,刘斌. 面向自然场景的语音情感识别[J]. 中国计算机学会通讯,2020,16(10):12-17.

[99] 陈小平. 面对重大变化的人工智能治理挑战[J]. 中国人工智能学会通讯,2024,14(1):1.

[100] 陈小平. 大模型:从基础研究到治理挑战[J]. 中国人工智能学会通讯,2024,14(1):2-9.

[101] 黄民烈. 生成式AI带来的挑战和机会[J]. 中国人工智能学会通讯,2023,13(4):18-21.

[102] 孙茂松. 自然语言处理一瞥:知往鉴今瞻未来[J]. 中国人工智能学会通讯,2022,12(1):17-21.

[103] 周明. 认知智能的进展和思考[J]. 中国人工智能学会通讯,2022,12(1):11-16.

[104] 何晓冬. 多模态智能人机对话交互技术的发展与产业实践[J]. 中国人工智能学会通讯,2022,12(10):8-12.

[105] 孙茂松,周建设. 从机器翻译历程看自然语言处理研究的发展策略[J]. 中国人工智能学会通讯,2019,9(5):1-8.

[106] 赵金明,金琴. 语音情感识别研究进展[J]. 中国人工智能学会通讯,2019,9(3):9-14.

[107] 郎平. 强化人工智能安全治理[J]. 前线,2024(5):40-43.

[108] 赵申洪. 全球人工智能治理的困境与出路[J]. 现代国际关系,2024(4):116-137.

[109] 鲁传颖. 全球人工智能治理的目标、挑战与中国方案[J]. 当代世界,2024(5):25-31.

[110] 何昌旺,熊和平. ChatGPT类生成式人工智能教育伦理危机及其应对[J]. 中国教育信息化,2024,30

（2）：81-90.

[111] 邱志明,孟祥尧,马焱,等. 海上无人系统跨域协同运用与技术发展[J]. 水下无人系统学报,2024,32(2)：184-193.

[112] 喻煌超,全世鸣,牛轶峰,等. 从美路线图看无人系统技术体系与发展趋势[J]. 无人系统技术,2024,7(2)：14-27.

[113] 曾大军,李一军,唐立新,等. 决策智能理论与方法研究[J]. 管理科学学报,2021,24(8)：18-25.

[114] 孙宇祥,赵俊杰,解宇轩,等. 自生成兵棋 AI：基于大语言模型的双层 Agent 任务规划[J/OL]. 控制与决策. 网络首发日期：2024-04-12.

[115] 矣晓沅,谢幸. 大模型道德价值观对齐问题剖析[J]. 计算机研究与发展,2023,60(9)：1926-1945.

[116] 舒文韬,李睿潇,孙天祥,等. 大型语言模型：原理、实现与发展[J]. 计算机研究与发展,2024,61(2)：351-361.

[117] 况琨,李廉,耿直,等. 因果推理[J]. 工程（英文）,2020,6(3)：253-263.

[118] 江碧涛,温广辉,周佳玲,等. 智能无人集群系统跨域协同技术研究现状与展望[J]. 中国工程科学,2024,26(1)：117-126.

[119] 朱迪,张博闻,程雅琪,等. 知识赋能的新一代信息系统研究现状、发展与挑战[J]. 软件学报,2023,34(10)：4439-4462.

[120] 范怡帆,邹博伟,徐庆婷,等. 常识问答研究综述[J]. 软件学报,2024,35(1)：236-265.

[121] 赵妍妍,陆鑫,赵伟翔,等. 情感对话技术综述[J]. 软件学报,2024,35(3)：1377-1402.

[122] 祁宣豪,智敏. 图像处理中注意力机制综述[J]. 计算机科学与探索,2024,18(2)：345-362.

[123] 石磊,王毅,成颖,等. 自然语言处理中的注意力机制研究综述[J]. 数据分析与知识发现,2020,41(5)：1-14.

[124] 王毅然,经小川,田涛,等. 基于强化学习的多 Agent 路径规划方法研究[J]. 计算机应用与软件,2019,36(8)：165-171.

其他参
考文献

图书资源支持

感谢您一直以来对清华版图书的支持和爱护。为了配合本书的使用，本书提供配套的资源，有需求的读者请扫描下方的"书圈"微信公众号二维码，在图书专区下载，也可以拨打电话或发送电子邮件咨询。

如果您在使用本书的过程中遇到了什么问题，或者有相关图书出版计划，也请您发邮件告诉我们，以便我们更好地为您服务。

我们的联系方式：

清华大学出版社计算机与信息分社网站：https://www.shuimushuhui.com/

地　　址：北京市海淀区双清路学研大厦 A 座 714

邮　　编：100084

电　　话：010-83470236　　010-83470237

客服邮箱：2301891038@qq.com

QQ：2301891038（请写明您的单位和姓名）

资源下载：关注公众号"书圈"下载配套资源。

资源下载、样书申请

图书案例

书圈

清华计算机学堂

观看课程直播